Ionizing Radiation Protection

游離輻射防護

姚學華　著

五南圖書出版公司 印行

編者序

　　輻射防護人員、放射性物質或可發生游離輻射設備操作人員與醫事放射師等測驗，游離輻射防護相關知識均列為必考內容，考試範圍包括密封放射性物質、非密封放射性物質、可發生游離輻射設備、核子反應器類與輻射防法規等領域，測驗難度顏高，編者基於此類測驗需求，另見游離輻射防護課程內容繁多，坊間未見適合教材，特編著此書。

　　本書共分成四章，第一章為輻射安全講義（Powerpoint檔案格式），涵蓋輻射線的基本特性、核種的衰變特性、輻射線與物質的作用、輻射量與單位、輻射偵檢器、輻射計測統計、輻射防護法規、屏蔽設計、放射生物與體外、內輻射防護等內容，深入淺出、精簡扼要、且配合例題，適合讀者一窺游離輻射防護的堂奧。

　　第二章為歷年操作人員輻射安全證書測驗（92年以前稱為操作能力及游離輻射防護知識測驗）、輻射防護人員認可測驗、專門職業及技術人員醫事放射師檢覈考試（94年以後停辦）、醫事放射師類專技人員高考、技專校院二技統一入學測驗中，有關游離輻射防護的單選題題庫與解答。本題庫題目多、難易均有、且經過精心分類，適合讀者反覆練習與測試實力。

　　第三章主要為歷年前述相關測驗中，計算題的題庫與解答，編者另針對部分游離輻射防護領域易混淆的觀念予以澄清。本章內容能幫助讀者建立輻射線的定量、輻射線與物質作用常數的應用、屏蔽設計、輻射效應的定量、法規的計算等輻射安全重要觀念。至於輻射防護人員認可測驗常考的問答題，因多屬法規的題目，多未收錄於本書中，請讀者面對此類問答題時，應熟稔下一章（第四章）內容，爭取好成績。

　　第四章為原子能法規選輯，由於相關法規過於繁多，編者只得一方面精選較重要者，即輻射安全證書、輻射防護人員與醫事放射師測驗較常考者，另一方面

則節略部分法規內容。本章收錄的游離輻射防護安全標準，雖為現行法規（97年實施版），但因立法主管機關（行政院原子能委員會）訂定此法規時，均參考國際放射防護委員會（ICRP）最新標準訂定（103號報告），應考時提醒考生仍應參酌其內容。另主管機關經常修正法規內容，也請經常注意法規修正資訊。

　　第四章未收錄者（如輻射防護人員測驗偶爾會考的放射性污染建築物事件防範及處理辦法、人員輻射劑量評定機構認可及管理辦法、輻射工作場所管理與場所外環境輻射監測準則等）尚可至行政院原子能委員會或全國法規資料庫查詢與下載。欲參加醫事放射師執照考試，尚必須了解醫事放射師法、醫事放射師法施行細則、醫事放射師申請執業登記接受繼續教育及更新執業執照辦法、醫用放射性物質與可發生游離輻射設備輻射安全及其作業規定、輻射醫療曝露品質保證標準等，可至衛生署或全國法規資料庫查詢與下載。

　　放射性物質或可發生游離輻射設備操作人員管理辦法、高強度輻射設施種類及運轉人員管理辦法、放射性物質生產設施運轉人員管理辦法、醫事放射師申請執業登記接受繼續教育及更新執業執照辦法與輻射防護人員管理辦法均訂有繼續教育之規定；游離輻射防護法及其施行細則訂有雇主應對在職之輻射工作人員定期實施從事輻射作業之防護及預防輻射意外事故所必要之教育訓練，每人每年受訓時數須為三小時以上之規定；放射性物質或可發生游離輻射設備操作人員管理辦法訂有申領輻射安全證書須受三十六小時輻射防護訓練之規定，另訂有操作一定活度以下之放射性物質或一定能量以下之可發生游離輻射設備者，須受十八小時輻射防護訓練之規定。本書可作為設有輻射防護相關科系之公立或立案之私立專科以上學校、設有輻射防護相關學術研究部門之研究機構、輻射防護相關學（協）會辦理前述繼續教育課程或輻射防護訓練之參考；參加前述課程或訓練之學員，此書則是完整的教材。

　　放射技術科專科畢業、有心取得放射技術系學士學位的同學，放射物理為必考的科目；放射技術系畢業、有意進修相關碩士學位的同學，放射物理為必考或選考的科目；本書為應考放射物理的利器。

教授放射物理、保健物理、輻射安全的教師，可參酌本書內容，作為授課或出題的指南。

本書雖再三校對，疏漏仍難免，請各方先進不吝指正，編者不盡感激。

姚學華 謹序

21/Aug/2009

目　錄

第 3 章 | 計算題題庫與解答　　593

第 1 章

輻射安全簡報

第一章

1.1 原子物理

- 動能
- 位能
- 熱能
- 電子伏特
- 束縛能
- 原子質量單位
- 質能互換
- 質點的速度、質量與動能
- 光的能量、頻率與波長
- 質虧
- 核力
- 核子平均束縛能

原子直徑與原子核直徑

- 長度單位為公尺（meter, m），細胞直徑大小的單位為微米（μm, 10^{-6} m），次細胞結構與生物巨分子大小的單位為奈米（nm, 10^{-9} m），例如 DNA 雙股間距離為 2 nm。
- 原子直徑與化學鍵長度的單位為埃(angstrom, Å, 10^{-10} m)。
- 原子核直徑與核力範圍長度的單位為費米（fm, 10^{-15} m）。

能 量

- 動能：$0.5\ mv^2$（m 為質量，v 為速度）
- 位能：mgh（m 為質量，g 為重力加速度，h 為高度）
- 動能與位能的單位：$1\ kg\ m^2\ s^{-2} = 1\ J$, $1\ g\ cm^2\ s^{-2} = 1\ erg$
- 熱能：1 卡（calorie）= 1 g 水升高 1℃
- 1 calorie = 4.18 J

電子伏特

- 電子伏特（electron volt, eV）：一個電子以 1 V 的電位差加速 1 m 時，所呈現或所具有之能量為 1 eV。
- $1 \text{ eV} = 1.6 \times 10^{-19}$ J。
- 電子束縛能（binding energy, E_b）：約 eV（外層軌域）至 keV（內層軌域）級。
- 核子平均束縛能：$\sim$ 8 MeV。

K電子與核子的平均束縛能

元素	*Ka(keV)	能量 (keV)	核種	能量 (MeV)
$_1$H	-	0.014	^{4}He	7.1
$_{26}$Fe	6.40	7.11	^{24}Na	8.4
$_{42}$Mo	17.5	20.0	^{56}Fe	8.8
$_{74}$W	59.3	69.5	^{93}Sr	8.7
$_{82}$Pb	75.0	88.0	^{140}Xe	8.4
$_{92}$U	98.4	116	^{236}U	7.6

*L 層電子補進 K 電子洞所釋出的光稱為 K_a

能量（Ex）

- 【1】eV（electron volt）是什麼單位？（①能量②電壓③磁場④電阻）。【91.1. 操作初級專業設備】
- 【1】下列能量單位，何者為最小？（①百萬電子伏特②爾格③焦耳④卡）。【89.3. 輻防初級基本】
- 【3】百萬電子伏特（MeV）、爾格（erg）與焦耳（J）皆為能量的單位，其大小關係為：（①MeV＞erg＞J ②erg＞MeV＞J ③J＞erg＞MeV ④J＞MeV＞erg）。【90.1. 輻防初級基本】

原子質量單位

- 原子質量單位（atomic mass unit, amu）：一個 ^{12}C 原子質量的 1/12 為 1 amu。
- 一個 ^{12}C 原子重：
  （$1/6.02×10^{23}$）×12 g = 12 amu
- 1 amu = $1.66×10^{-27}$ kg。
- 中子質量：1.008665 amu
  質子質量：1.007277 amu
  電子質量：0.000548 amu

原子質量（Ex）

- 【2】下列何者為電子的質量？（①0 ②0.000548 ③1.007277 ④1.008665）amu。【93.1. 放射師專技高考】
- 【1】已知一個粒子的質量為 1.008665 amu，則此粒子最有可能為（①中子②電子③微中子④12C 原子）。【92.1. 放射師檢覈】
- 【2】以下何粒子靜止質量的排序何者正確？（①質子 > 中子 > 正子②中子 > 質子 > 正子③質子 > 正子 > 中子④中子 > 正子 > 質子）。【93.2. 放射師檢覈】

質能互換

- 質能互換公式：
  E = mc² （E 指光能，m 指質量，c 指光速）
- 1 amu 經質能互換，相當於

$$E = mc^2 = (1.66 \times 10^{-27} \text{ kg}) \times (3 \times 10^8 \text{ ms}^{-1})^2$$
$$= 1.494 \times 10^{-10} \text{ J}$$
$$1.494 \times 10^{-10} \text{ J}/(1.6 \times 10^{-13} \text{ J/MeV}) \doteqdot 931.5 \text{ MeV}。$$

質能互換（Ex）

- 【3】反質子為帶負電荷的質子,若一個質子和一個反質子發生互毀時,會放出多少能量?(①1.022 MeV ②2.044 MeV ③1.86 GeV ④3.72 GeV)。【91.2. 放射師檢覈】

- 【4】電子的靜止質量可轉換為 0.511 MeV 的能量,若以質量單位來表示則相當於多少公斤?(①$1.4904\times10^{-10}$ ②$8.176\times10^{-14}$ ③$1.6749\times10^{-27}$ ④$9.1\times10^{-31}$)。【92.1. 放射師檢覈】

- 【4】根據愛因斯坦的質能互換公式,一公斤的物質相當於多少能量?(①0.511 MeV ②931.5 MeV ③$9\times10^{13}$ J ④$9\times10^{16}$ J)。【92.1. 放射師專技高考】

質點的速度、質量與動能

- 粒子速度(v)遠小於光速時,其動能(E_k)為 $0.5\ mv^2$（m 為粒子質量）

- 粒子速度(v)近於光速(c)時,其質量為 $m_0/[1-(v/c)^2]^{0.5}$（m_0 為靜止質量）;動能(E_k)為 $mc^2 - m_0c^2$

- 承上,動能 $(E_k) = mc^2 - m_0c^2$
  左右式均除以 m_0c^2 得
  $E_k/m_0c^2 = (m/m_0) + 1$
  ∴ $m/m_0 = (E_k/m_0c^2) + 1$

質點的速度與動能（Ex）

- 【1】能量為 0.025 eV 的中子，速度約為多少 ms^{-1}？（中子的質量為 1.67×10^{-27} kg，1 eV = 1.6×10^{-19} J）（①2.2 $\times 10^3$ ②2.2 $\times 10^5$ ③2.2 $\times 10^7$ ④2.2 $\times 10^9$）。【93.2. 輻射安全證書專業】

- 【3】電子的能量與其速度有關，若電子速度為 2.70×10^8 ms^{-1}，其動能約為：（①0.191 ②0.501 ③0.661 ④1.172）MeV。【93.1. 放射師專技高考】

- 【3】加速器加速質子能量至 0.936 MeV，質子的靜止質量為 936 MeV/c^2，則質子的速度為每秒：（①600 公里②9,490 公里③13,420 公里④300,000 公里）。【93.2. 放射師檢覈】

質點的速度與質量（Ex）

- 【4】某一質點，若其前進的速度是光速的 98%，則知其質量變為靜止質量的幾倍？（①1/5 ②1/2 ③2 ④5）。【92.1. 放射師檢覈】

- 【2】在醫用加速器中被加速的電子，其速度很接近光速，所以依照愛因斯坦的質能轉換公式，6 MeV 的電子加速後質量（m）是靜止質量（m_0）的多少倍？（①1.27 倍②12.7 倍③127 倍④1270 倍）。【91 放射師專技高考】

- 【4】若一電子具有 20 MeV 之動能，則其相對質量 m 約為靜止質量 m_0 之幾倍？（①10 ②20 ③30 ④40）。【92.2. 放射師專技高考】

光的能量、頻率與波長

- ■ $E = h\nu = hc/\lambda$（E 為光能，h 為 Plank 常數，c 為光速，ν 為頻率，λ 為波長）

- ■ $E = hc/\lambda = 6.63 \times 10^{-34}$ J s $\times 3 \times 108$ ms$^{-1}/\lambda = 1.989 \times 10^{-25}$ J m$/\lambda = 1.24 \times 10^{-9}$ keV m$/\lambda = 1240$ keV $\times 10^{-12}$ m$/\lambda$。

- ■ 即光子能量與波長分別以 keV 與 pm（10^{-12} m, 0.01 Å, 10^{-3} nm）表示時，$E = 1240/\lambda$，或 $\lambda = 1240/E$。

光的能量、頻率與波長（Ex）

- ■【3】光子能量愈大，則其：（①波長愈長，頻率愈高②波長愈長，頻率愈低③波長愈短，頻率愈高④波長愈短，頻率愈低）。【96.1. 輻安證書專業】

- ■【4】2 MeV 光子的速度與下列何者速度相同？（①10 MeV 阿伐粒子②20 MeV 阿伐粒子③1 MeV 貝他粒子④10 keV X 射線）。【95.1. 輻安證書專業】

- ■【3】已知 X 射線的波長為 5×10^{-12} m，則每一 X 射線光子所攜帶的能量為多少焦耳？（假設蒲郎克常數為 6.63×10^{-34} 焦耳 - 秒，光速為 3×10^{8} 米 / 秒）（①$1.11 \times 10^{-54}$ ②$9.95 \times 10^{-39}$ ③$3.98 \times 10^{-14}$ ④$4.89 \times 10^{-7}$）。【96.2. 輻安證書專業】

- ■【2】124 kVp 的 X 光，其最短波長為？（①0.01 ②0.1 ③1 ④10）Å。【93.1. 放射師專技高考】

質虧與核子束縛能

- ^{4}He 原子核重 4.002604 amu，求其核子的束縛能（質子質量約 1.007277 amu，中子質量約 1.008665 amu）。
- $2(1.008665 + 1.007277) - 4.002604 = 0.02928$ amu

  0.02928 amu $\times (931.5$ MeV$/1$ amu$) = 27.8$ MeV

核力

- 將質子與中子視為同類粒子。
- 一般為吸引力，比電磁力約大 35 倍。
- 為短程力，當粒子間的距離小於質子半徑的 2/3 時，為斥力，當粒子間的距離大於質子半徑的 4 倍時，可忽略不計。

核子平均束縛能

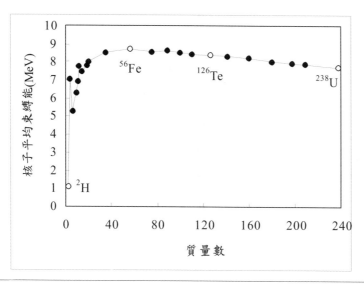

核子平均束縛能（Ex）

- 【3】比較下列核種每一核子之束縛能的大小，以何者最大？（①^6Li ②^{12}C ③^{60}Co ④^{238}U）。【93.1. 放射師檢覈】

- 【4】請根據下列各個元素的束縛能／核子（binding energy per nucleon）大小，依序排列：（①$^4He < ^6Li < ^{12}C < ^{16}O$ ②$^{16}O < ^{12}C < ^6Li < ^4He$ ③$^{12}C < ^{16}O < ^4He < ^6Li$ ④$^6Li < ^4He < ^{12}C < ^{16}O$）。【94.1. 放射師檢覈】

1.2 核種、衰變

- 核種
- 放射性核種
- 質子數與中子數比
- 奇偶律
- 放射性衰變
- 衰變能量
- 阿伐衰變與阿伐
- 回跳核
- 貝他衰變與貝他
- 正子衰變與正子
- 互毀與互毀輻射
- 電子捕獲
- 微中子
- 加馬遞移與加馬
- 內轉換與內轉換電子
- 同質異能遞移
- 特性輻射
- 奧杰電子
- 螢光產率
- 內轉換額

核種

- 核種（nuclide）：指原子之種類，由核內之中子數、質子數及核之能態區分之。
- 核種的表示法：$^A X$
- X 為元素符號，由週期表可查得 X 的原子序（Z），Z = 質子數 = 電子數。
- A 為質量數，等於質子數加中子數。
- 知某核種之質量數 A，其原子量 $\doteqdot$ A g mole^{-1}。
- 核種能態分為基（ground）態與介穩（meta-stable）態，基態以 $^A X$ 或 $^{Ag} X$ 表示，介穩態以 $^{Am} X$ 表示。

核種（Ex）

- 【2】$^{60}Co(Z = 27)$ 比 $^{32}P(Z = 15)$ 多幾個質子和幾個中子？（①12 個質子，14 個中子②12 個質子，16 個中子③16 個質子，12 個中子④28 個質子，12 個中子）。【90.2. 放射師檢覈】
- 【2】下列何種儀器可以用來分別同位素？（①比色計②質譜儀③色層分析儀④分光計）。【90 放射師專技高考】
- 【3】^{99m}Tc 中的 m 代表：（①質量②分鐘③介穩態④母核）。【93.1. 輻安證書專業】

穩定核種

- 質子與中子比例須適中：Z/N 值太大，進行電子捕獲或 β^+ 衰變；Z/N 值太小，進行 β^- 衰變；Z < 20 時，Z/N ≒ 1；Z 越大，Z/N 的值則越小。
- 質子與中子比例雖適中，但質子與中子數不得同時為奇數，如 $^{40}K(Z = 19)$，可能進行 β^- 衰變（89.3%）形成 $^{40}Ca(Z = 20)$，亦可能進行電子捕獲（10.7%）或 β^+ 衰變（0.001%）形成 $^{40}Ar(Z = 18)$。
- 原子序不得大於 83，因核內正電斥力過大，將進行 α 衰變。
- 衰變後子核不得處於介穩態 [可進行加馬（γ）遞移（transition）或內轉換（internal conversion）]。

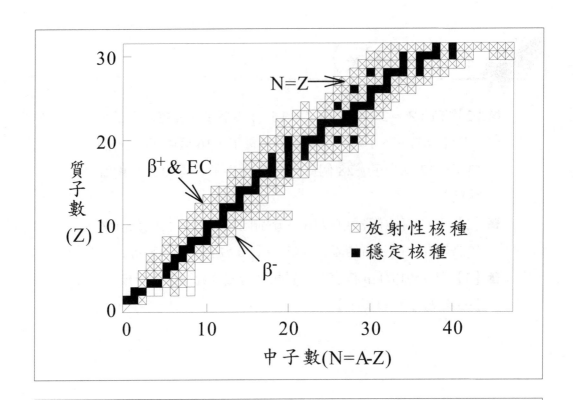

穩定核種的Z/N值

核種	Z	豐度（%）	Z/N 值
^{14}N	7	99.63	1
^{31}P	15	100	0.94
^{45}Sc	21	100	0.88
^{59}Co	27	100	0.84
^{89}Y	39	100	0.78
^{133}Cs	55	100	0.71
^{209}Bi	83	100	0.66

穩定核種的Z/N值（Ex）

- 【3】當穩定核種的原子序數大到某一程度（例如大於 25）時，核內的：（①中子的數目必小於質子的數目②中子的數目必等於質子的數目③中子的數目必大於質子的數目④中子的數目可大於亦可小於質子的數目）。【94.1. 放射師檢覈】

- 【1】已知 ^{127}I 為碘的穩定同位素核種，請問 ^{125}I 和 ^{132}I 會以何種方式進行衰變？（① ^{125}I 可能行 β^+ decay 或 electron capture ② ^{132}I 可能行 β^+ decay 或 electron capture ④ ^{125}I 和 ^{132}I 皆行 β^+ decay ④ ^{125}I 和 ^{132}I 皆行 β^- decay）。【97.1. 放射師專技高考】

奇偶律

- Z = 8,10,12 時，分別有 2,3,3 個穩定的核種。
  Z = 9,11,13 時，分別有 1,1,1 個穩定的核種。
- N = 18,20,22 時，分別有 3,5,3 個穩定的核種。N = 19,21,23 時，分別有 0,0,1 個穩定的核種。
- 自然界約有 275 種穩定核種。其中，約 60% 為中子與質子均為偶數者；40% 為中子或質子為偶數者；只有 6 種核種（^2H, ^6Li, ^{10}B, ^{14}N, ^{50}V, ^{180}Ta）是中子與質子均為奇數者。

α衰變

- $^{226}\text{Ra} \rightarrow {}^{222}\text{Rn} + \alpha$ [註：Ra 與 Rn 的 Z 分別為 88 與 86]，Q 值為 4.88 MeV，求 Rn 與 α 的能量。
- 假設 ^{222}Rn 的能量，質量與速度分別為 E_1、M_1 與 V_1，α 的質量與速度分別為 M_2 與 V_2，則
  能量守恆：$(1/2)(M_1 V_1^2) + (1/2)(M_2 V_2^2) = Q$ ……(1)
  動量守恆：$M_1 V_1 = M_2 V_2$ ………………………(2)
- ^{222}Rn 能量為 $E_1 = Q[M_2/(M_1 + M_2)] = 86.4$ keV
  α 能量為 $E_2 = Q[M_1/(M_1 + M_2)] = 4.79$ MeV

α衰變

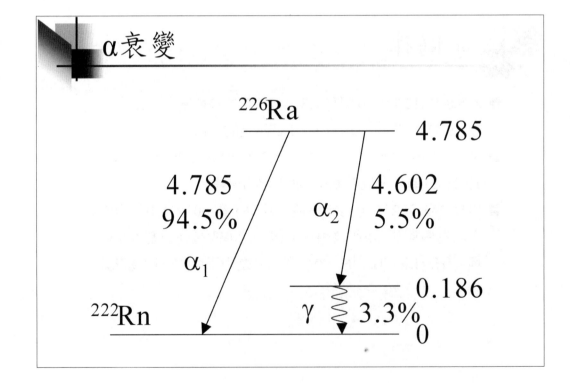

α衰變（Ex）

- 【3】有關阿伐（α）粒子，下列何者錯誤？（①它有兩個中子②它有兩個質子③它有兩個電子④它帶兩個正電）。【95.1. 放射師專技高考】
- 【1】鐳 226 的 α 衰變後蛻變為：（①氡 222 ②氡 220 ③鉛 208 ④鐳 227）。【93.2. 放射師檢覈】
- 【2】已知 Q = 4.88 MeV，則 ^{226}Ra 釋出之阿伐粒子的動能等於多少？（①4.88 MeV ②4.79 MeV ③2.44 MeV ④0.09 MeV）。【90.2. 輻防中級基本】

β⁻衰變

- ^{32}P(Z = 15) 與 ^{32}S(Z = 16) 原子的質量分別為 31.973909 與 31.972073 amu，求 ^{32}P → ^{32}S + β⁻ + $\bar{\nu}$ 的衰變能量（即 Q 值）。
- $(31.973909 - 15\ m_0) - (31.972073 - 16\ m_0 + m0) = 0.001836$ amu。

  0.001836 amu×$(931.5$ MeV/amu$) = 1.71$ MeV。
- 衰變能量主要由 β⁻ 與反微中子共同攜帶，均為連續能量。β⁻ 的平均能量約為最大能量的 1/3。

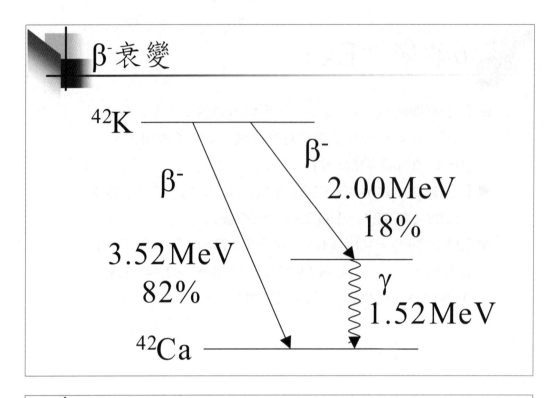

β⁻衰變（Ex）

- 【1】貝他蛻變後其子核之質子數比母核質子數（①增加一個②減少一個③不變④減少二個）。【88.2. 輻防初級基本】

- 【1】當不穩定核種的原子核中，中子數與質子數比值過大時，會產生下列何種蛻變？（①β⁻蛻變②β⁺蛻變③電子捕獲④內轉換）。【94.2. 放射師專技高考】

- 【2】貝他射線為連續能譜，通常它的平均能量約為最大能量的（①1/2 ②1/3 ③1/4 ④1/5）。【93.2. 放射師專技高考】

β^+ 衰變

- ^{13}N（$Z = 7$）原子質量為 13.0057388 amu，^{13}C（$Z = 6$）原子質量為 13.0033551 amu），求 $^{13}N \rightarrow ^{13}C + \beta^+ + \nu$ 的 Q 值。

- $Q = (13.0057388 - 7\ m_0) - (13.0033551 - 6\ m_0 + m_0)$
  $= 0.0023837 - 2\ m_0 = 0.0023837$ amu $\times$（931.5 MeV/1 amu）$- 1.022$ MeV $= 1.198$ MeV

- 此衰變反應之 Q 值（1.198 MeV），由 β^+ 與微中子共同攜帶，β^+ 與微中子均為連續能量，即 β^+ 粒子最大動能為 1.198 MeV。

β^+ 衰變

- 母核能量中，須消耗 0.511 MeV 於質子轉為中子的質虧所需，另須消耗 0.511 MeV 於形成 β^+ 之質量，故母核與子核之能階差（由質量轉換），需大於 1.022 MeV，才能進行 β^+ 衰變。

- 此例中，母核與子核之質量差（換算為 1.709 MeV），扣除 0.511 MeV（β^+ 之質量），才是衰變反應之 Q 值（1.198 MeV）。

- β^+ 經游離物質失去動能後，將與負電子**互毀**（annihilation），形成**互毀輻射**（共 1.022 MeV）。

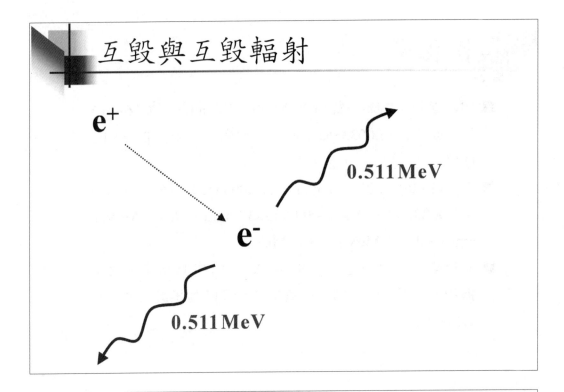

互毀與互毀輻射

β^+ 衰變（Ex）

- 【2】β^+ 衰變後，母原子核的質子數（Z）及質量數（A）的變化為（①Z＋1，A不變②Z－1，A不變③Z－1，A＋1④Z＋1，A－1）。【91.1. 放射師檢覈】

- 【4】因為 ^{15}O（Z＝8）核內有過剩的質子，所以 ^{15}O 進行 β^+ 衰變後的子核為：（①^{14}C ②^{15}C ③^{14}N ④^{15}N）。【93.1. 放射師檢覈】

- 【4】有關正子蛻變，何者為非？（①Na-22 → Ne－22 ②每次蛻變產生一個微中子③母核能階比子核者至少大1.022 MeV④母核若能產生正子蛻變，即不能產生電子捕獲）。【88.2. 輻防中級基本】

電子捕獲

- Z/N 比值太大的原子核亦可逕由電子軌域中捕獲電子（K 層電子被捕獲機率最大），使質子轉變為中子，如 $^7Be \rightarrow$ $^7Li + \nu$，衰變能量則由（所攜帶 [註：Be 與 Li 的原子序分別為 4 與 3]。

- 母核與子核之能階差，大於 1.022 MeV 者，可能進行**電子捕獲**（electron capture, EC）或 β^+ 衰變達到穩定；能階差小於 1.022 MeV 者，只能進行電子捕獲達到穩定。

- 電子捕獲後，內層電子軌域出現電子洞，外層或自由電子將補進此電子洞，能階能量將以生成**奧杰**（Auger）**電子**或**特性輻射**方式釋出。

β^+ 衰變與電子捕獲

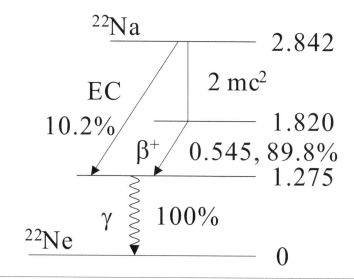

電子捕獲（Ex）

- 【2】下列何者會造成電子軌道上的空洞？（①成對發生
②電子捕獲③β蛻變④制動輻射）。【90.1. 放射師檢覈】
- 【1】電子捕獲後，會產生什麼輻射？（①特性 X 光②阿
伐粒子③貝他粒子④正電子）。【87.2. 輻防中級基本】
- 【4】已知 ^{A}P（原子序為 Z）→ ^{A}D（原子序為 Z－1），
母核與子核之質量差經質能互換後之能量值為 0.5 MeV。
這是什麼核衰變？（①內轉換②β⁻衰變③β⁺衰變④電子捕
獲）。【89.2. 輻防中級基本】

γ遞移與內轉換

- 伴隨衰變後子核仍處於激發態者，可進行（遞移（含同質
異能遞移）或內轉換，如 ^{226}Ra → ^{222}Rn ＋ α 式中，94.5%
不會釋出 γ 或進行內轉換，5.5% 會釋出能量為 0.18 MeV
之 γ 或進行內轉換。
- 內轉換指核內能量全部交給電子軌域之內層電子，沒有 γ
的釋出，僅有具固定能量的內轉換電子因被游離而伴隨衰
變產生。

γ與內轉換電子

■ 放射性母核衰變時，可能會先衰變到子核的激發態，當此子核自激發態返回基態時，多餘的能量若被核外電子所吸收，此電子將被游離，此現象稱為**內轉換**，此被游離的電子稱為**內轉換電子**；此能量若以光子的形式釋放，此過程稱為 **γ 遞移**，此過程釋出的光子稱為 **γ**。

■ **同質異能遞移**（isomeric transition, IT）指介穩態子核陸續進行 γ 遞移與內轉換的現象。

γ遞移與內轉換（Ex）

■【4】同質異能遞移後，母原子核的質子數（Z）及質量數（A）的變化為（①Z＋1，A 不變②Z－1，A 不變③Z－1，A＋1④Z 不變，A 不變）。【91.1. 放射師檢覈】

■【1】關於內轉換的敘述，下列何者正確？（①內轉換較易發生在高原子序的物質②內轉換係因特性 X 射線擊出外層軌道電子所致③內轉換電子可能產生互毀，以致放出 γ射線④內轉換發生後，在電子軌道上留下空洞，以致引發下一次的內轉換電子發生）。【94.1. 放射師檢覈】

奧杰電子與特性輻射

■ 原子的內層電子軌域出現電子洞（源於電子捕獲、游離、激發、內轉換等）時，外層或自由電子將補進此電子洞，此時將有多餘能階能量生成，此能量若被更外層電子所吸收，此更外層電子將被游離，此被游離的電子稱為**奧杰電子**；此能量若以光子的形式釋放，此光子稱為**特性輻射**。

K輻射

■ 當 K 層軌域出現電子洞，外層或自由電子將補進此 K 電子洞，此時能階能量若以光的形式釋放，此輻射稱為 **K 輻射**。

■ 當 K 層軌域出現電子洞，若 L 層電子補進此 K 電子洞且釋出特性輻射，此輻射稱為 $\mathbf{K_{\alpha}}$。若 L 層的最內層電子（LI）補進此電子洞且釋出特性輻射，此輻射稱為 $\mathbf{K_{\alpha 1}}$。

特性輻射（Ex）

- 【4】特性輻射 K_β 是電子由何層掉至何層所產生的？（① $N \rightarrow K$ ② $K \rightarrow L$ ③ $K \rightarrow M$ ④ $M \rightarrow K$）。【88.1. 輻防初級基本】

- 【2】在鎢的 X 射線能譜上，下列何者能量最大？（① K_α ② K_β ③ L_α ④ L_β）。【91.1. 放射師檢覈】

- 【2】特性 X 射線的敘述何者為正確？（①特性 X 射線由原子核放出②特性 X 射線在內殼電子產生空洞時放出③特性 X 射線的能譜為連續性④特性 X 射線在電子與原子核相互作用時放出）。【90.1. 操作初級基本】

KLM與KLL奧杰電子

- 當 K 層軌域出現電子洞，若 L 層電子補進此 K 電子洞且能階能量將 M 層電子游離，此電子為 **KLM 奧杰電子**。

- 同理，當 K 層軌域出現電子洞，若 L 層電子補進此 K 電子洞且能階能量將 L 層電子游離，此電子則稱為 **KLL 奧杰電子**。

奧杰電子（Ex）

- 【3】M 層電子躍遷至 L 層所產生之能階能量再將 N 層的電子游離出來，這種電子稱為何種奧杰電子？（①NML ②MLN ③LMN ④LNM）。【90 放射師專技高考】
- 【2】一個元素的 K 層電子束縛能為 69 keV，L 層電子束縛能為 11 keV，若一光電子由 K 層射出，並產生由 L 層射出的奧杰電子，該奧杰電子的動能為：（①36 ②47 ③58 ④69）keV。【91 放射師專技高考】

螢光產率與內轉換額

- **螢光產率**（fluorescence yield）：當 K 層軌域出現電子洞時，每個 K 電子洞產生 X 光的數目。
- **內轉換額**（IC coefficient）：當核發生遞移時，內轉換電子數與 γ 光子數之比值。
- 通常原子序越大的原子，當 K 層軌域出現電子洞時，X 光產率越高；通常原子序越大的原子，當核發生遞移時，越容易產生內轉換電子。

螢光產率與內轉換額（Ex）

- 【1】物質的螢光產率（Fluorescent yield）愈小，產生的什麼愈多？（①奧杰（Auger）電子②內轉換（internal conversion）電子③紫外線④雷射）。【93.1. 放射師檢覈】

- 【2】關於內轉換（internal conversion，IC）的敘述，下列何者正確？（①內轉換是指能量轉換為 X 光②內轉換常伴隨著奧杰電子（Auger electron）③內轉換電子具有連續的能量④內轉換產率愈小，X 光子產量愈少）。【93.1. 放射師檢覈】

天然放射性核種

- 極長半衰期（地球壽命約 46 億年）核種：例如 ^{40}K。
- 衰變系列成員：
  - 釷系 (4n)：$^{232}Th \rightarrow ... \rightarrow ^{220}Rn \rightarrow ... \rightarrow ^{208}Pb$。
  - 錼系 (4n + 1)：$^{237}Np \rightarrow ... \rightarrow ^{209}Bi$（所有成員皆已衰變）。
  - 鈾系 (4n + 2)：$^{238}U \rightarrow ... \rightarrow ^{226}Ra \rightarrow ^{222}Rn \rightarrow ... \rightarrow ^{210}Po \rightarrow ^{206}Pb$。
  - 錒系 (4n + 3)：$^{235}U \rightarrow ... \rightarrow ^{207}Pb$。
  - ^{3}H 與 ^{14}C：宇宙射線與大氣層中 ^{14}N 作用所生成。

天然放射性核種（Ex）

- 【1】空氣中的碳 14 是如何形成的？（①宇宙射線②土壤中擴散出來③水中擴散出來④人工放射性核種）。【89.2. 輻防初級基本】
- 【3】空氣中的碳 14 與宇宙射線的什麼輻射有關？（①μ粒子②π粒子③中子④阿伐粒子）。【90.2. 輻防初級基本】
- 【3】宇宙射線所產生核種中，何者對人造成最大之體內劑量？（①氚②鈹 -7 ③碳 -14 ④鈉 -22）。【88.2. 輻防初級基本】

天然放射性核種（Ex）

- 【1】氡 222 屬於那一系列核種？（①鈾系②釷系③錒系④鈽系）。【89.2. 輻防初級基本】
- 【1】空氣中的 Rn-222 是由那一個母核蛻變而來的？（①U-238 ②U^{-2}37 ③U-235 ④U-233）。【89.3. 輻防初級基本】
- 【3】大氣中存在的核種，對肺部劑量貢獻最大者為何？（①碳 14 ②氪 85 ③氡 222 ④氚 3）。【90.2. 操作初級基本】

天然放射性核種（Ex）

■【2】以下那一核種的半衰期最長？（①^{14}C ②^{40}K ③^{137}Cs ④^{90}Sr）。【90.2. 輻防初級基本】

■【3】我們身體內皆含有的天然核種是：（①I-131 ②I-133 ③K-40 ④K-41）。【89.3. 輻防初級基本】

■【4】目前地球上的^{40}K，主要存在的原因是？（①4n系列最終衰變至^{40}K ②人工加速器不斷製造產生③宇宙射線和氫氣作用不斷產生^{40}K ④其半衰期和地球壽命相當）。【92.2. 放射師檢覈】

背景輻射（未含人為輻射）

來源	年有效劑量（毫西弗）	
	台灣	全球平均
宇宙射線	0.25	0.38
宇宙射線產生核種	0.01	0.01
地表體外曝露	0.64	0.46
地表體內核種曝露	0.28	0.23
氡222	0.44	1.20
合　計	1.62	2.4

資料來源：陳清江等，物理雙月刊，23(3): 433. (2001)

背景輻射（Ex）

- 【2】台灣平地一般人的自然年平均輻射劑量約為若干毫西弗？（①0.2 ②2 ③20 ④200）。【90.1. 輻防中級基本】
- 【3】你現在所處的環境其背景輻射之直接量測值約為多少 mSv · h⁻¹？（①0.0012 ②0.012 ③0.12 ④1.2）。【93.2. 放射師檢覈】
- 【2】我國國民平均每年接受到人為輻射劑量主要來自（①核能設施②醫療輻射③非破壞檢測④氡氣）。【95.2. 輻安證書法規】

1.3　游離輻射

- 游離輻射
- 非游離輻射
- 直接游離輻射
- 間接游離輻射
- 原子輻射
- 核輻射
- 放射性物質
- 可發生游離輻射設備
- X 光機
- 非彈性碰撞

- 制動輻射
- 直線加速器
- 電子加速器
- 迴旋加速器
- 核子反應器
- 核分裂
- 核融合
- 中子
- 中子源

游離輻射

■ 游離輻射（簡稱輻射）：指直接或間接使物質產生游離作用之電磁輻射或粒子輻射。

■ 廣義而言，可分為**游離輻射**（如 α、β、γ、中子等）與非**游離輻射**（如紫外線、可見光、微波等）；狹義而言，則指游離輻射。（註：一般分子、原子的游離能約小於 15 eV，化學鍵能約為 1-5 eV）。

■ 通常，輻射能量大於 10 keV 者，較具有實務上應用價值。

游離輻射

■ 依輻射線的游離物質特性，亦可簡單區分為能造成物質**直接游離**（指荷電粒子，如 α、β 等）與**間接游離**（指電中性輻射線，如 X、γ、中子等）的輻射線。

■ 依輻射線的產生方式（來源），另可簡單區分為**原子輻射**（指來自核外者，如 X、奧杰電子等）與**核輻射**（指來自核內者，如 α、β、γ 等）的輻射線。

輻射線（Ex）

- 【3】能使中性原子分為正負兩個帶電離子的現象稱為（①原子分裂②輻射③游離④互毀）。【96.2. 輻安證書專業】
- 【3】游離輻射和非游離輻射是依據輻射的何種特性作為分別？（①粒子性②波動性③能量高低④有否帶電）。【96.2. 輻安證書專業】
- 【1】下列何者為間接游離輻射？（①X 光②質子③貝他④阿伐）。【91.1. 操作初級專業設備】

游離輻射

輻射線種類頗多，與物質發生作用之機制亦不盡相同，故依其物理性質可簡單區分為：

- 重荷電粒子
- 輕荷電粒子
- 光子
- 中子

輻射源

輻射源（radiation source）：指產生或可產生游離輻射之來源，包括**放射性物質**、**可發生游離輻射設備**或核子反應器（nuclear reactor）。

- **放射性物質**：指可經由自發性核變化釋出游離輻射之物質。
- **可發生游離輻射設備**：指核子反應器設施以外，用**電磁場**、**原子核反應**等方法，產生游離輻射之設備。
- **核子反應器**：謂具有適當安排之核子燃料，而能發生原子核分裂之自續連鎖反應之任何裝置。

放射性物質

- **放射性**：指核種自發衰變時釋出游離輻射之現象。
- **密封放射性物質**：指置於密閉容器內，在正常使用情形下，足以與外界隔離之放射性物質。
- **放射性物料**：指核子原料、核子燃料及放射性廢棄物。
- **天然放射性物質**：指天然生成且含有鈾、釷、鉀等天然放射性核種或含有其衰變後產生的放射性核種之物質。但不包括核子原料及核子燃料。

粒子加速器

粒子加速器（particle accelerator）：利用電場來<u>加速帶電</u>粒子使之獲得高能量。

■ **電子加速器**（betatron）：電子束焊機用於焊接，電子加速器用於表淺部腫瘤治療。

■ **直線加速器**（linear accelerator, Linac）：帶電粒子在直線中加速。常見的直線加速器將加速後的電子撞擊陽極靶，用以產生 X 光。

■ **迴旋加速器**（cyclotron）：常用以加速原子核，此高能重荷電粒子可應用於半導體的離子佈植、腫瘤治療、放射性核種的製造。

粒子加速器（Ex）

■【2】醫用直線加速器，加速管內主要加速下列何種粒子？（①光子②電子③質子④中子）。【94.1. 放射師檢覈】

■【2】醫用直線加速器利用何種波加速電子？增加其動能後再撞擊靶極可產生何種射線？（①高頻率電磁波；電子射線②高頻率電磁波；光子射線③低頻率電磁波；電子射線④低頻率電磁波；光子射線）。【94.2. 放射師檢覈】

■【3】下列何者可用來產生質子射束？（①臨床用 15 MV 直線加速器②鈷 60 機器③迴旋加速器④鐳錠）。【92.1. 放射師專技高考】

非彈性碰撞與制動輻射

- **制動輻射**（bremsstrahlung）：高能電子與原子核發生**非彈性碰撞**（inelastic collision）後，生成的電磁輻射。

- 動能為 E 的入射粒子，與靜止靶粒子發生碰撞後，入射粒子與靶粒子的動能分別為 E_1 與 E_2。若 $E = E_1 + E_2$，此碰撞稱為彈性碰撞；若 $E \neq E_1 + E_2$，此碰撞稱為非彈性碰撞。

- 高能輕荷電粒子與原子核發生彈性碰撞時，動能轉移極少（通常＜1/2000），可忽略不計。

- 高能中子與原子核碰撞時，彈性與非彈性碰撞均重要。

X光機與X光（Ex）

- 【1】X 光機的管電壓愈高，則產生的 X 光：（①波長愈短 ②波長愈長 ③數量愈多 ④數量愈少）。【90.1. 輻防初級基本】

- 【1】X 光管球中之陰極射線電子束能量，約有多少％轉變成 X 光射出？（①1 ②10 ③30 ④90）。【95.1. 輻安證書專業】

- 【2】若 X 光機操作在 100 kVp、2 mA 之條件，照射 1 秒鐘，則產生 X 光之最大能量為？（①80 keV ②100 keV ③120 keV ④200 keV）。【95.2. 輻安證書專業】

X光機與X光（Ex）

- 【2】在照射時間固定下，改變 X 光機管電流的大小，最直接的影響為何？（①射束品質改變②射束強度改變③足跟效應會增強④射束穿透能力會改變）。【96 二技統一入學】

- 【1】一般而言，產生 X 光的效率與靶材料的原子序呈什麼關係？（①正比②反比③無關④不一定）。【89.2. 操作初級選試設備】

- 【2】X 光機的設計上常會加入鋁濾片，其目的是什麼？（①產生特性輻射②過濾低能量 X 光③提高 X 光產率④提高解析度）。【90.1. 操作初級選試設備】

彈性與非彈性碰撞（Ex）

- 【3】制動輻射是由高速電子在下列何種反應所發生？（①與軌道電子發生非彈性碰撞②與原子核發生彈性踫撞③與原子核發生非彈性碰撞④與軌道電子發生彈性碰撞）。【94.1. 放射師檢覈】

- 【4】當電子撞擊到陽極靶時，下列何種情形不會產生？（①特性輻射②電子減速③制動輻射④電子捕獲）。【91.2. 操作初級專業 X 光機】

- 【1】快中子與下列何種物質作彈性碰撞時所損失的能量最大？（①氫②鐵③鉛④鈾）。【89.2. 操作初級選試設備】

X光機與X光（Ex）

- 【2】特性輻射的最大能量通常隨下列何者的增加而增加？（①入射電子的能量②靶的原子序③燈絲電流④管電流）。【90 放射師專技高考】
- 【1】有關 X 光特性輻射，下列敘述何者最不正確？（①它的能量和電子能量成正比②它的能量和靶的材質有關③它的形成和原子軌道的內層電子被擊出有關④它是單能量能譜）。【94.2. 放射師專技高考】
- 【2】診斷用 X 光機所產生的 X 射線最主要的成份是：（①特性輻射②制動輻射③電子捕獲④內轉換）。【95.1. 輻安證書專業】

放射性物質

- 放射性物質單位質量之活度濃度不超過「**輻射源豁免管制標準**」附表第 2 欄，或放射性物質之活度不超過附表第 3 欄所列者，免依「游離輻射防護法」規定管制。
- 依據「放射性物質與可發生游離輻射設備操作人員管理辦法」，**密封放射性物質 < 豁免管制量 1000 倍者**，或非密封放射性物質 < **豁免管制量 100 倍者**，屬登記備查類，超過者屬許可類，但 > 1000 TBq 者，屬高強度輻射設施。
- 鐘錶、微波接收器保護管、航海用羅盤、航海用儀器、逃生用指示燈、指北針、軍事用途之瞄準具、提把、瞄準標杆所含氚，氣體或微粒之煙霧警報器所含鋂 -241，另訂豁免管制標準。毒氣偵檢器或避雷針中鋂 -241、氣相層析儀或爆裂物偵檢器所含鎳 -63 活度之管制，另訂登記備查標準。

可發生游離輻射設備

- 依據「**輻射源豁免管制標準**」，公稱電壓不超過 30 kV 者，或距其任何可接近之表面 0.1 m 處之劑量率 < 1μSvh⁻¹ 者，免依「游離輻射防護法」規定管制。
- 依據「**放射性物質與可發生游離輻射設備操作人員管理辦法**」，公稱電壓 < 150 kV 者，屬登記備查類，150 kV − 30 MV 屬許可類，> 30 MV 者，屬高強度輻射設施。櫃型或行李檢查 X 光機、離子佈植機、電子束焊機或靜電消除器，其可接近表面 5 cm 處劑量率 < 5μSvh⁻¹ 者，屬**登記備查類**。

原子核反應

- **原子核反應**（nuclear reaction）：指光、核子或核經碰撞產生不同粒子的過程。
- **核分裂**（fission）：指由重核分裂成較輕核的核反應。其中鈾的核分裂最常見，鈾捕獲中子後放出 2 到 3 個中子，中子再撞擊其他鈾，形成連鎖反應。
- **核融合**（fusion）：指特定條件下（如超高溫和高壓），輕核（例如氘或氚）發生的核聚合作用。此核反應將生成新的重核並伴隨巨大能量的釋放。

可分裂物質

- **可分裂物質**：指鈾-233、鈾-235、鈽-239、鈽-241，或以上放射性核種之任何組合。但不包括未照射之天然鈾、耗乏鈾及僅在熱中子反應器中照射之天然鈾或耗乏鈾。
- **天然鈾**：指用化學方法分離之鈾，其同位素之分布為鈾-238 約佔總質量 99.28%，鈾-235 約佔總質量 0.72%。
- **耗乏鈾**：指其所含鈾-235 質量百分數低於天然鈾。

核分裂（Ex）

- 【3】核子反應器中所進行的連鎖核分裂為：（①自發分裂②光子誘發分裂③中子誘發分裂④質子誘發分裂）。【94.1. 放射師專技高考】
- 【3】我國目前核電廠熱量的主要來源是來自於何種作用？（①快中子與 U-235 ②快中子與 U-238 ③熱中子與 U-235 ④熱中子與 U-238）。【89.3. 輻防中級基本】
- 【1】我國核電廠之核燃料是下列何者？（①含有約 3% 的鈾-235 ②含有約 30% 的鈾-235 ③含有約 3% 的鈾-238 ④含有約 30% 的鈾-238）。【90.1. 輻防初級基本】

中子源

- 自發核分裂：

  Ex: ^{252}Cf、^{244}Cm、^{232}U、^{238}Pu 等

- 反應器（誘發核分裂）：

  Ex: ^{235}U + 1n → ^{236}U → ^{131}I + ^{102}Y + 3n

  能量自數 keV 至超過 10 MeV，平均 2 MeV

- 光中子源（γ, n）：

  Ex: ^{24}NaBe、^{116}InBe 等

- 加速器與（α, n）中子源：

  Ex: ^{3}H(d, n)^{4}He、^{9}Be（^{4}He 或 α, n）^{12}C 等

核分裂中子源（Ex）

- 【2】中子照相所使用的元素為（①氪 -85 ②鉲 -252 ③鈷 -60 ④銥 -192）。【90.1. 輻防初級基本】

- 【3】核子反應器中所進行的連鎖核分裂為：（①自發分裂②光子誘發分裂③中子誘發分裂④質子誘發分裂）。【94.1. 放射師專技高考】

- 【2】下列哪一種核種易吸收熱中子而形成核分裂？（①Np-237 ②U-235 ③U-238 ④Co-60）。【90 放射師專技高考】

常見（γ, n）中子源

中子源	平均中子能量（MeV）	半化期
^{24}NaBe	0.97	15.0 小時
^{24}NaD$_2$O	0.26	15.0 小時
^{116}InBe	0.38	54 分鐘
^{224}SbBe	0.024	60 天
^{140}LaBe	0.75	40 小時
^{226}RaBe	0.7（最大能量）	1600 年

常見加速器中子源

反應	Q 值（MeV）
^{3}H(d, n)^{4}He	17.6
^{2}H(d, n)^{3}He	3.27
^{12}C(d, n)^{13}N	−0.281
^{3}H(p, n)^{3}He	−0.764
^{7}Li(p, n)^{7}Be	−1.65

常見（α, n）中子源

中子源	平均中子能量（MeV）	半化期
$^{210}Po^9Be$	4.2	138 天
^{210}PoB	2.5	138 天
$^{226}Ra^9Be$	3.9	1600 年
^{226}RaB	3.0	1600 年
$^{239}Pu^9Be$	4.5	24100 年

中子源（Ex）

- 【2】中子照相所使用的元素為：（①氪 -85 ②鉲 -252 ③鈷 -60 ④銥 -192）。【90.1. 輻防初級基本】
- 【1】利用迴旋加速器產生中子射束時，其靶材料為何？（①鈹（Be）②鋁（Al）③鎢（W）④鉛（Pb））。【94.1. 放射師專技高考】
- 【4】$^2H(Z = 1) + {}^9Be(Z = 4) \rightarrow {}^{10}B(Z = 5) + n$；左式的反應適合做何種放射治療的射束位子來源？（①氘粒子射束②π 粒子射束③質子射束④快中子射束）。【96.2. 放射師專技高考】

輻射線

■ 衰變過程中釋出之輻射線有 α、β、互毀輻射、特性輻射、奧杰電子、γ、內轉換電子、回跳核等。

■ X 光機可產生特性輻射與制動輻射。

■ 迴旋加速器加速的重荷電粒子，直線加速器加速的電子射線或生成的高能 X 光。

■ ^{252}Cf 自發核分裂反應、^{235}U(n, f)誘發核分裂反應、^{9}Be(γ, n) 與 ^{9}Be（α, n）反應可生成中子。

■ 間接游離輻射與物質作用後，可生成 δ 射線與回跳核等二次射線。

輻射線

■ 間接游離輻射與物質的作用屬機率性，即於單位介質距離內，輻射線將有某分率會與介質發生作用。直接游離輻射與物質的作用屬確定性，即於單位介質距離內，輻射線將損失固定能量。

■ 間接游離輻射（原始或一次輻射）所造成的物質游離，經由二次荷電粒子完成，光子經由生成二次電子射線（δ 射線）游離物質，中子經由生成二次重荷電粒子（回跳核）游離物質。

輻射線（Ex）

- 【2】以下那一輻射不屬於游離輻射？（①中子②微中子（neutrino）③制動輻射④貝他粒子）。【90.2. 輻防初級基本】
- 【3】下述何者不是游離輻射？（①α 及 β 粒子②電子及中子③微波及紫外射線④X 及 γ 射線）。【94 二技統一入學】
- 【3】X-ray 與 γ-ray 最主要的差異是在何處？（①能量大小②速度③產生的來源④照野大小）。【90.2. 放射師檢覈】
- 【3】δ 射線是一種：（①重荷電粒子②中子③電子④電磁波）。【92.1. 放射師專技高考】

輻射線的能譜（Ex）

- 【3】哪一種輻射的能譜為連續分布？（①α ②ν ③β ④γ）。【90.2. 操作初級基本】
- 【2】內轉換電子、奧杰電子、β⁺ 粒子及 β⁻ 粒子，能譜為連續分布的共有幾種？（①1 ②2 ③3 ④4）。【91.1. 放射師檢覈】
- 【2】下列何種輻射的能譜是連續的？A）制動輻射；B）加馬射線；C）貝他粒子；D）特性 X 射線。（①A 與 B ②A 與 C ③A 與 D ④B 與 C）。【95.1. 輻安證書專業】

1.4 活度

- 莫耳
- Avogadro 數
- 原子量
- 活度
- 衰變常數
- 半化期
- 平均壽命
- 貝克
- 居里
- 比活度
- 指數減少特性
- 發射輻射
- 放射性核種的製造
- 核反應截面
- 飽和活度
- 中子活化分析

活度－物質的量

- 莫耳（mole）：1 莫耳指 6.02×10^{23} 個原（分）子。
- 質量：1 莫耳原（分）子的質量為原（分）子量。
- 體積：自由空間、STP（0℃，1 atm）下，1 莫耳理想氣體的體積為 22.4 升（L）。氣體的體積，與壓力（760 mmHg）成正比，與絕對溫度（273°K）成反比。
- 濃度：1 升溶液中溶有 1 莫耳溶質時，此溶質的**容積莫耳濃度**為 1 M。

活度—核種的穩定性

- **衰變常數**（decay constant, λ, 單位為 s^{-1}）：指單位時間內放射性核種進行衰變的機率；故可用以代表一放射性核種穩定性的程度，即單位時間內衰變機率高者穩定性差，反之則優。
- **半化期**（half-life, T 或 $t_{1/2}$）：放射性核種衰變至原有數量一半所需的時間，稱為該放射性核種的半化期，λ = 0.693/T。
- **平均壽命**（average life, τ）：τ = 1/λ = 1.44 T。
- 放射性核種經 N 個半化期後，活度將降為原來的（1/2）^{N} 或降為原來的 e$^{-\lambda t}$。

核種的穩定性（Ex）

- 【1】半衰期又稱為半化期，是放射性核種於單一放射衰變過程，使活度（①減半②加半③為零④加倍）的過程所需要的時間。【89.1. 輻防初級基本】
- 【2】銥 192 的半衰期為 74 天，它的衰變常數為：（①0.014 天$^{-1}$ ②0.009 天$^{-1}$ ③744 天$^{-1}$ ④51.3 天$^{-1}$）。【94.2. 輻安證書專業】
- 【2】鈉 -24 的半化期為 15 小時，現有一活度為 2×10^{10} Bq 的鈉 -24 射源，試問經過 45 小時後該射源的活度衰減為（①$5 \times 10^9$ ②$2.5 \times 10^9$ ③ 5×10^8 ④$2.5 \times 10^8$）Bq。【93.2. 輻安證書專業】

活度（Activity）

- 活度：定量放射性物質的危險性。
- 活度（A）：$A = \lambda N$，其中 λ 為衰變常數，N 為放射性核種的原子數。
- 活度：指一定量之放射性核種在某一時間內發生之自發衰變數目。某射源一秒內若有一放射性原子衰變，其活度稱為 1 貝克（Bacquerel, Bq）。
- 居里（Curie, Ci）：活度的傳統單位，定義為 1 g ^{226}Ra 的活度。1 Ci = 3.7×10^{10} Bq。

活度（Ex）

- 【4】原子數為 6×10^{16} 個的 P-32，試問其重量約多少毫克？（①$3.2 \times 10^{-6}$ ②$6.4 \times 10^{-5}$ ③$6 \times 10^{-4}$ ④$3.2 \times 10^{-3}$）。【91.2. 放射師檢覈】
- 【1】某樣品經 5 分鐘計測得 600 counts，若此儀器效率為 20%，則此樣品之活度為若干 Bq ？（①10 ②60 ③100 ④600）。【93.2. 輻安證書專業】
- 【3】1 GBq 的無載體 11C（半衰期 1200 秒）的質量（g）約為多少？（①$3.2 \times 10^{-8}$ ②$2.2 \times 10^{-8}$ ③$3.2 \times 10^{-11}$ ④$2.2 \times 10^{-11}$）。【93.2. 放射師專技高考】

比活度（Specific activity）

- 比活度（SA）：指單位量物質的活度。μCi g⁻¹、Bq mL⁻¹、MBq mol⁻¹ 等均是比活度的常用單位。
- 放射性核種（半化期為 $T_{1/2}$ s，質量數為 A）的比活度

$$SA(Bq\ g^{-1}) = 0.693 \times 6.02 \times 10^{23}/(A \times T_{1/2})$$

比活度（Ex）

- 【2】放射性核種比活度的單位為（①J kg⁻¹ ②s⁻¹ kg⁻¹ ③C kg⁻¹ ④cm⁻² s⁻¹）。【91.2. 放射師檢覈】
- 【1】硫 -32 的半衰期是 87 天，請問其比活度約為多少？（①47000 Ci/g ②4700 Ci/g ③470 Ci/g ④47 Ci/g）。【94.1. 放射師檢覈】
- 【3】⁶⁰Co($T_{1/2}$ = 5.3 年)、¹³⁷Cs($T_{1/2}$ = 30 年)、¹⁹²Ir($T_{1/2}$ = 73.8 天)及 ²²⁶Ra($T_{1/2}$ = 1600 年)，四個核種的比活度何者最大？（①⁶⁰Co ②¹³⁷Cs ③¹⁹²Ir ④²²⁶Ra）。【92.1. 放射師檢覈】

活度隨時間成指數減少

$$A/A_0 = e^{-\lambda t} = (1/2)^N$$

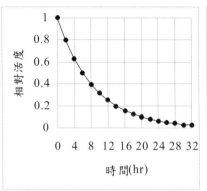

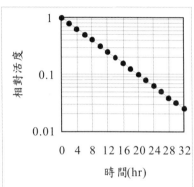

活度隨時間成指數減少（Ex）

- ■【3】某一放射核種衰變 200 天後，活度只剩原有的 200 分之一，其半衰期約為（①1 天②13 天③26 天④39 天）。【87.1. 輻防中級基本】

- ■【3】購入工業用非破壞檢查用 192Ir 射源（半化期 74 天）370 GBq，如果此射源在衰變成 3.7 GBq 以前都可用來檢查，則此射源可使用多少天？（①300 ②400 ③500 ④600）。【89.2. 操作初級基本】

- ■【4】^{99m}Tc 以 6 小時的半衰期衰變至 ^{99}Tc，1 個摩爾的 ^{99m}Tc 經過三週後，蛻變成多少個 ^{99}Tc ？（①零個②3 個③3.7×10^{10} 個④1 個摩爾）。【93.2. 放射師檢覈】

活度隨時間成指數減少（Ex）

- 【2】某一甲狀腺病患治療需要 ^{131}I（半衰期為 8 天）100 mCi，且要三天後 ^{131}I 才能到貨，請問出貨時 ^{131}I 活度為何？（①33 ②130 ③200 ④300）mCi。【90.1. 放射師檢覈】
- 【4】已知某一放射性核種半化期為 34.5 分鐘，初始活度為 240 貝克，問經過 2 小時 18 分鐘後，其活度應該是多少貝克？（①60 ②45 ③30 ④15）。【92.2. 放射師專技高考】
- 【2】5 mCi 的 ^{131}I（$T_{1/2}$ = 8.05 天）與 2 mCi 的 ^{32}P（$T_{1/2}$ = 14.3 天）需經過多少天，兩者的活度才會相等？（① 14.33 ②24.34 ③34.24 ④42.43）。【93.1. 放射師專技高考】

發射輻射

- **發射輻射**（emitted radiation, Ã 或 U）：指一段時間（t）內放射性核種的衰變次數，也稱為**累積活度**（cumulated activity）。無單位，也可以使用 Bq s 或 μCi h 作為發射輻射的單位。
- $Ã = A_0(1 - e^{-\lambda t})/\lambda$。
- 長半化期核種或時間很短時，$Ã = A \times t$。

發射輻射（Ex）

- **【4】**活度為 1 毫居里的長半衰期核種，在一小時內有多少原子產生蛻變？（①$2.22 \times 10^8$ ②$2.22 \times 10^9$ ③$1.332 \times 10^{10}$ ④$1.332 \times 10^{11}$）。【91.2. 放射師檢覈】

- **【2】**放射治療時將活度為 A_0、蛻變常數為 λ 的某射源置於病人體內，經過 t 時間後取出，求其發射輻射為何？（①$(A_0 + A_0 e^{-\lambda t})/\lambda$ ②$(A_0 - A_0 e^{-\lambda t})/\lambda$ ③$(A_0 - A_0 e^{-\lambda t})\lambda$ ④$(A_0 + A_0 e^{-\lambda t})\lambda$）。【91.1. 放射師檢覈】

- **【2】**將 4.0 mCi 的 Au-198 射源（半衰期為 2.69 天）永遠插植在病人體內，則其發射輻射為多少？（①$2.48 \times 10^{13}$ ②$4.95 \times 10^{13}$ ③$7.44 \times 10^{13}$ ④$9.92 \times 10^{13}$）。【91.1. 放射師檢覈】

放射性核種的製造

- **迴旋加速器**（cyclotron）：利用迴旋加速器所加速的正荷電粒子，例如質子、氘核、^{3}He 或其他原子核，撞擊穩定的靶核，由於原穩定靶核添加了能量與／或核子，可能成為放射性核種。

- **反應器**（reactor）：可直接純化反應器內核分裂反應的產物；可利用反應器或其他核反應生成的中子，以中子捕獲反應產生放射性核種。

放射性核種的製造

- 迴旋加速器：

$$^{111}Cd + p \,(12 \sim 15 \text{ MeV}) \rightarrow {}^{111}In + n$$

- 反應器：
  - ◆ 核分裂（n, f）反應：

$$^{235}U + 1 \text{ n} \rightarrow {}^{236}U \rightarrow {}^{131}I + {}^{102}Y + 3 \text{ n}$$
$$\rightarrow {}^{99}Mo + {}^{135}Sn + 2 \text{ n}$$
$$\rightarrow {}^{137}Cs + {}^{97}Rb + 2 \text{ n}$$

  - ◆ 中子捕獲（n, γ）反應：

$$^{59}Co(n, \gamma)^{60}Co, \ {}^{98}Mo(n, \gamma)^{99}Mo$$

加速器製造的放射性核種（Ex）

- 【3】必須利用加速器製造的放射性同位素為（① ^{226}Ra ② ^{60}Co ③ ^{18}F ④ ^{137}Cs）。【91.1. 操作初級專業設備】
- 【3】一般核子醫學 PET 影像設備採用的同位素是如何產生？（①利用原子反應爐內產生的中子來撞擊②由原子爐內的燃料棒淬取出來③利用質子迴旋加速器產生的質子來撞擊④由天然鈾礦提煉出來）。【91.1. 放射師檢覈】
- 【4】下列何種正子同位素，不是利用迴旋加速器生產？（①Nitrogen-13 ②I-124 ③Oxygen-15 ④Rubidium-82）。【94.2. 放射師檢覈】

加速器製造的放射性核種（Ex）

- 【2】迴旋加速器製造 N-13，靶物質為 H_2O，其核反應為：（①(d, n) ②(p, α) ③(p, n) ④(d, 2n)）。【94.2. 放射師檢覈】
- 【2】利用氧 -18 水製作氟 -18 是經由何種反應？（①(n, p) ②(p, n) ③(p, α) ④(α, p)）。【95.1. 放射師專技高考】
- 【2】利用粒子加速器（如迴旋加速器）生產之放射性核種，通常屬於：（①多中子②缺中子③多電子④缺電子）。【95.1. 放射師專技高考】

反應器製造的放射性核種（Ex）

- 【1】目前人造放射性同位素，產量最大的產生器為：（①核子反應器②范氏高能加速器③迴旋加速器④鎝 99 m 產生器）。【92.1. 輻射安全證書專業】
- 【1】$^{235}U(Z = 92)$ 在原子爐反應分裂最後形成 $^{90}Zr(Z = 40)$ 及 $^{143}Nd(Z = 60)$，請問該反應包含幾次 $β^-$ 衰變？（①8 ②6 ③4 ④2）。【92.2. 放射師專技高考】
- 【1】利用原子爐製造的同位素，大部分進行那一種衰變？（①$β^-$ ②$β^+$ ③α ④電子捕獲）。【93.2. 放射師專技高考】

放射性核種的製造

- $A = \Phi\sigma N(1 - e^{-\lambda t})$

  A = 子核的活度，單位為 Bq

  Φ = 入射粒子通量率，單位為 $cm^{-2}\ s^{-1}$

  σ = 核反應機率（截面），單位為邦

  （b, barn），$1\ b = 10^{-24}\ cm^2$

  N = 母核（即靶核）的原子數

  λ = 子核的衰變常數

  t = 照射時間

- 飽和活度（A_{sat}）= $\Phi N\sigma$

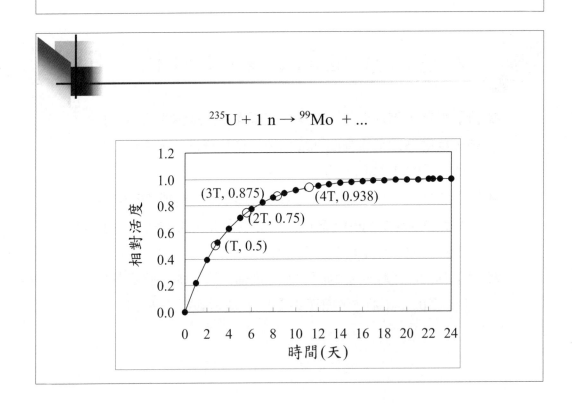

$$^{235}U + 1\ n \rightarrow\ ^{99}Mo\ + ...$$

中子活化分析（Ex）

- 【4】某金屬經中子活化照射兩個半衰期後，再經一個半衰期衰減，試問其活度為飽和活度的幾分之幾？（①1/8 ②3/4 ③1/4 ④3/8）。【91.1. 放射師檢覈】

- 【3】通率為 6×10^{12} cm^{-2} s^{-1} 的中子射束撞擊 1 克的 Co-59 樣品，則經過 30 天照射後共可產生多少 Co-60 原子？（Co-59 的原子量為 58.94，碰撞截面為 37 barns）（① 3.46×10^{20} ② 1.19×10^{20} ③ 5.88×10^{18} ④ 2.45×10^{17}）。【92.1. 放射師檢覈】

- 【4】可以用來作微量分析的射線為？（①阿伐②貝他③加馬④中子）。【93.2. 放射師檢覈】

反應式平衡（Ex）

- 【1】下列核反應正確組合為何？A.^{197}Au(n, γ)^{198}Au, B.^{127}I(p, 5n)^{123}Xe, C.^{65}Cu(α, n)^{67}Ga, D.^{37}Cl(n, α)^{32}P，（①A 與 B②A 與 C③A 與 D④B 與 C）。【91.1. 操作初級基本】

- 【4】以下何者錯誤？（①^{9}Be(α, n)^{12}C ②^{14}N(α, p)^{17}O ③^{32}S(n, p)^{32}P ④^{59}Fe(n, γ)^{60}Co）。【93.2. 輻射安全證書專業】

- 【4】下列的核反應式，何者為誤？（①^{12}C(n, 2n)^{11}C ②^{14}N(n, p)^{14}C ③^{62}Ni(n, γ)^{63}Ni ④^{6}Li(n, α)^{3}He）。【93.2. 放射師專技高考】

1.5 連續衰變

- 連續衰變
- 衰變平衡
- 不平衡
- 長期平衡
- 瞬時平衡
- 孳生器
- 流洗
- Bateman 方程式

連續衰變

- 幾乎所有原子序小於 83 的放射性核種均進行 β 衰變以趨於穩定，離核種圖中穩定帶較遠的核種，便需要經過連續數次衰變才能成為穩定核種。
- 由於加速器與反應器並不普遍，若已知衰變系列（decay series）中某子核適合醫用，可取得其長半化期母核，再利用孳生器（generator）原理，於臨床使用此子核。
- Ex. ^{99}Mo(T = 66.7 h) → ^{99m}Tc(T = 6 h) → ^{99}Tc

放射性子核的成長

■ A → B → C

■ 母核（衰變常數與原子數分別為 λ_1 與 N_1）、第一子核（衰變常數與原子數分別為 λ_2 與 N_2）、第二子核分別以 A、B、C 表示，則

$N_1 = N_{10}e^{-\lambda_1 t}$（$N_{10}$：最初母核原子數目，t：時間）……(1)

$dN_2/dt = \lambda_1 N_1 - \lambda_2 N_2$ ……………………………………(2)

由此二式可解得：

$N_2 = [N_{10}\lambda_1/(\lambda_2 - \lambda_1)](e^{-\lambda_1 t} - e^{-\lambda_2 t})$ ……………………(3)

放射性子核的成長

■ 將 (3) 式原子數目改以活度表示，得

$A_2 = [N_{10}\lambda_1\lambda_2/(\lambda_2 - \lambda_1)](e^{-\lambda_1 t} - e^{-\lambda_2 t})$

$= [A_{10}\lambda_2/(\lambda_2 - \lambda_1)](e^{-\lambda_1 t} - e^{-\lambda_2 t})$ ……………………(4)

■ 將 (4) 式結果左邊中 A_{10} 乘以 $e^{-\lambda_1 t}$，右邊 $(e^{-\lambda_1 t} - e^{-\lambda_2 t})$ 除以 $e^{-\lambda_1 t}$，得

$A_2 = A_1[\lambda_2/(\lambda_2 - \lambda_1)][1 - e^{-(\lambda_2 - \lambda_1)t}]$ ……………………(5)

放射性子核的成長（摘要）

- $A \rightarrow B \rightarrow C$
- λ_1 與 A_1 分別為母核（A）的衰變常數與活度、λ_2 與 A_2 分別為第一子核（B）的衰變常數與活度。
- 流洗後（時間 t 為 0 時），A_2 為 0；流洗後經時間 t，$A_2 = A_1[\lambda_2/(\lambda_2 - \lambda_1)][1 - e^{-(\lambda_2 - \lambda_1)t}]$。
- 上式中，A_2 為此次可流洗出第一子核的活度，A_1 為此次流洗時母核的活度，t 為上次流洗至此次流洗的間隔時間。

放射性子核的成長（Ex）

- 【3】一 $^{99}\text{Mo-}^{99m}\text{Tc}$ 孿生器之 ^{99}Mo 活度在星期五中午校正測量為 100 mCi，同週的星期一中午 ^{99}Mo 活度約為：（^{99}Mo 半衰期為 66 小時，^{99m}Tc 半衰期為 6 小時）（①37 ②50 ③272 ④370）mCi。【91 放射師專技高考】

- 【4】核子醫學部於星期一早上 10 點接到一部活性為 100 mCi 之 Mo-99 產生器。星期四早上 10 點把所有之 Tc-99m 都擠出來，且在早上就用完了，下午，因為有一新的病人需要 Tc-99m 檢查，請問下午 1 點可以從產生器擠出多少 Tc-99m 的活性來？（①87.1 mCi ②45.5 mCi ③23.5 mCi ④13.7 mCi）。【97.1. 放射師專技高考】

衰變平衡

■ 由母核與子核半化期的比較，可將衰變系列是否會形成平衡之特性，區分為以下三類：

◆ 不平衡（no equilibrium）：母核半化期小於子核者，不會產生平衡現象。

◆ 長期或永久平衡（secular equilibrium）：母核半化期遠大於子核者，長時間後，母核與子核的活度近似相等。

◆ 瞬時或短暫平衡（transient equilibrium）：母核半化期數或數十倍大於子核者，長時間後，母核與子核活度的比值為一常數。

衰變平衡（Ex）

■【3】當母核種的半衰期是子核種半衰期的 1/20 時，則二者可達何種狀態？（①長期平衡（secular equilibrium）②瞬時平衡（transient equilibrium）③不平衡（no equilibrium）④自然平衡（natural equilibrium））。【91 放射師專技高考】

■【3】放射性核種產生衰變時，若子核之半化期遠小於母核之半化期，子核與母核活度會達到何種狀態？（①不平衡（no equilibrium）②瞬時平衡（transient equilibrium）③長期平衡（secular equilibrium）④不一定）。【93.1. 放射師檢覈】

不平衡

■ 若母核的半化期小於子核者,一段時間後,母核將完全衰變成為子核,無母核與子核間的平衡現象,稱為不平衡。

■ 隨時間 (t) 增加,$A_2 = A_1[\lambda_2/(\lambda_2 - \lambda_1)][1 - e^{-(\lambda_2 - \lambda_1)t}]$ 中,A_1 漸趨近於 0,A_2 則以自己的衰變速率繼續衰變。

■ ^{131}Te(T = 25 min)/^{131}I(T = 8.04 d) 即為一不平衡的例子。

不平衡

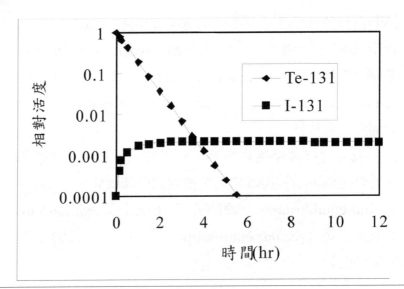

長期平衡

- 若母核的半化期遠大於子核者，一段長時間（$t \to \infty$ 或約 7 倍子核半化期）後，$[1 - e^{-(\lambda_2 - \lambda_1)t}] \to 1$，母核與子核的活度將近似相等。

- 即當 $t \to \infty$ 時，$A_2 \fallingdotseq A_1[\lambda_2/(\lambda_2 - \lambda_1)]$，$\because \lambda_2 \gg \lambda_1$，$\lambda_2/(\lambda_2 - \lambda_1) \fallingdotseq 1$，$\therefore A_2 \fallingdotseq A_1$。

- $^{226}Ra(T = 1600\ y)/^{222}Rn(T = 3.8235\ d)$ 即為典型長期平衡的例子。

長期平衡

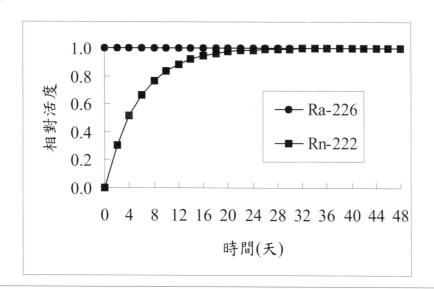

長期平衡（Ex）

- 【4】^{90}Sr 的半衰期為 28.78 年，^{90}Y 的半衰期為 64.1 小時，當 20 mg 的 ^{90}Sr 與 ^{90}Y 平衡時，有多少克的 ^{90}Y 產生？（① 7.38 mg ②5.08 mg ③7.38 μg ④5.08 μg）。【93.1. 放射師專技高考】
- 【4】半衰期為 10^6 年的母核與半衰期為 0.1 年的子核達到放射線平衡時，請問母核與子核的原子數之比為何？（① 10^3 ②$10^5$ ③$10^6$ ④$10^7$）。【93.2. 放射師專技高考】

瞬時平衡

- 若母核的半化期大於（數或數十倍）子核者，一段長時間後，母核與子核的活度將達成瞬時平衡 [子核與母核活度的比值 A_2/A_1 為一常數 $\lambda_2/(\lambda_2 - \lambda_1)$]。
- 將 $A_2 = A_1[\lambda_2/(\lambda_2 - \lambda_1)][1 - e^{-(\lambda_2 - \lambda_1)t}]$ 式微分，取斜率為 0，可知時間為 t_{max} 時，第一子核活度有極大值：$t_{max} = [\ln(\lambda_2/\lambda_1)]/(\lambda_2 - \lambda_1)$。
- ^{99}Mo(T = 66.7 h)/^{99m}Tc(T = 6 h) 即為一瞬時平衡的典型例子。

瞬時平衡

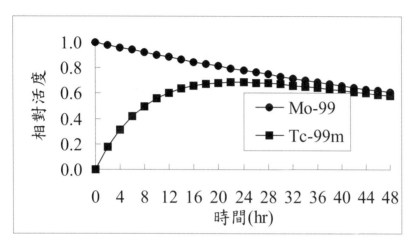

^{99}Mo/^{99m}Tc 孿 生 器

- $t_{max} = [\ln(\lambda_2/\lambda_1)]/(\lambda_2 - \lambda_1) \fallingdotseq 23$ h。
- 假設 ^{99}Mo 衰變時均衰變成 ^{99m}Tc（實際上僅 0.87 將衰變成 ^{99m}Tc），$A_2/A_1 = [\lambda_2/(\lambda_2 - \lambda_1)][1 - e^{-(\lambda_2 - \lambda_1)t}]$ 式中，$\lambda_2/(\lambda_2 - \lambda_1) \fallingdotseq 1.1$，當 t = 24 h 時，$1 - e^{-(\lambda_2 - \lambda_1)t} \fallingdotseq 0.92$，$\therefore A_2/A_1 \fallingdotseq 1$，於是，經過流洗後 1 天，當天 ^{99}Mo 的活度將與可流洗出 ^{99m}Tc 的活度約略相等；即每經過一天，^{99}Mo 的活度（即預期可流洗出的 ^{99m}Tc 活度）將降為前一天的約 0.78。
- 若考慮 ^{99}Mo 僅 0.87 衰變成 ^{99m}Tc，則每經一天，可流洗出 ^{99m}Tc 的活度將約為當天 ^{99}Mo 活度的 0.87；前一天 ^{99}Mo 活度的約 $0.87 \times 0.78 \fallingdotseq 0.68$。

^{99}Mo/^{99m}Tc 孿 生 器

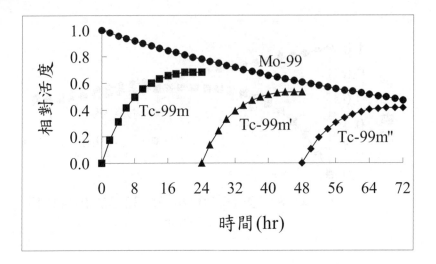

---

^{99}Mo/^{99m}Tc 孿 生 器 （Ex）

- 【4】在核子醫學部門常用的孿生器，子核種在下列核種情況下有最快的生產率？（①當母核種及子核種處於瞬時平衡②當母核種及子核種處於永久平衡③在洗出子核種之前④在洗出子核種之後）。【90.2. 放射師檢覈】

- 【2】醫院星期一早上 10 點接到一部活度為 100 mCi 的 ^{99}Mo（半衰期為 66.7 小時）產生器，星期二早上 10 點擠出 79 mCi 的 ^{99m}Tc（半衰期為 6.03 小時），則星期三早上 10 點可再擠出多少 mCi 的 ^{99m}Tc ？（①65 ②62 ③58 ④54）。【90 放射師專技高考】

Bateman方程式

- 連續衰變時，欲知時間為 t 時，第 n 個衰變成員的量（N_n），可使用 Bateman 方程式求解。
- 令第 $n-1$ 個衰變成員與第 n 個衰變成員，其原子數目分別以 N_{n-1} 與 N_n 表示，衰變常數分別以 λ_{n-1} 與 λ_n 表示。假設 t 為 0 時，只有第 1 個衰變成員（母核）存在，其原子數目為 $_0N_1$，其他衰變成員均不存在，則時間為 t 時：

  $N_n = C_1e^{-\lambda_1 t} + C_2e^{-\lambda_2 t} + ... + C_ne^{-\lambda_n t}$，

  $C_1 = {_0N_1}(\lambda_1\lambda_2...\lambda_{n-1})/[(\lambda_2 - \lambda_1)(\lambda_3 - \lambda_1)...(\lambda_n - \lambda_1)]$，

  $C_2 = {_0N_1}(\lambda_1\lambda_2...\lambda_{n-1})/[(\lambda_1 - \lambda_2)(\lambda_3 - \lambda_2)...(\lambda_n - \lambda_2)]$，其餘常數 C_n 以此類推。

1.6 荷電粒子與物質的作用

- Bragg 峰
- 制動輻射能量產率
- 阻擋本領
- 碰撞阻擋本領
- 輻射阻擋本領
- 質量阻擋本領
- Bragg-Gray 原理
- 限定阻擋本領
- 線性能量轉移
- 射質因數
- W 值
- 比游離
- 射程、平均射程
- 最大能量轉移

輻射線與物質的作用

- 重荷電粒子：例如 α，**游離**（含激發）。
- 輕荷電粒子：例如 β，δ，**游離**（含激發）為主要釋能方式，少量因**產生制動輻射**釋能。
- 光子：X 與 γ，以**光電效應、康普吞散射、成對發生**等方式產生 δ 射線。
- 中子：高能量中子的**彈性碰撞**，產生回跳核；高能量中子的**非彈性碰撞**，發生核反應；低能量中子的**中子捕獲**，形成放射性核種或釋出 γ。

重荷電粒子與物質的作用

- 重荷電粒子重且帶電荷，極易造成電子的游離（含激發），游離後本身行進路徑幾乎不偏折。
- α 在組織（或水）中的射程：由於組織與空氣有效原子序接近，α 在組織與空氣中的射程差異比即約為組織與空氣的密度比（1.293×10^{-3}）。
- 各輻射線體外曝露的劑量深度曲線（橫座標為深度，縱座標常使用比游離或阻擋本領）中，僅重荷電粒子有布拉格峰（**Bragg peak**）現象（射程末端具高比游離）。
- 7 MeV a 在一般物質中的射程（mm）：

空氣	水（組織）	鋁	銅	鉛
59,000	74	34	14	2

重荷電粒子與物質的作用（Ex）

- 【1】重荷電粒子在穿過物質時，損失動能的主要途徑，是和物質中的什麼起作用？（①電子之電場②質子之電場③原子核之磁場④原子之磁場）。【93.2. 放射師專技高考】
- 【1】下列那一種輻射在空氣中的射程最短？（①α粒子②β粒子③制動輻射④微中子）。【93.1. 放射師檢覈】
- 【4】阿伐粒子在空氣中的射程為 1 公分，則其在水中的射程大約等於幾公分？（①1.3 ②0.13 ③0.013 ④0.0013）。【89.2. 輻防中級基本】

重荷電粒子與物質的作用（Ex）

- 【2】那一輻射體外曝露的劑量深度曲線，有 Bragg peak？（①電子②質子③光子④中子）。【89.2. 輻防初級基本】
- 【4】高能的重荷電粒子照射人體的軟組織時，會在何處產生布拉格尖峰（Bragg peak）？（①皮膚表面②1/3 射程處③1/2 射程處④射程的末端）。【90.2. 放射師檢覈】
- 【4】使用 160 MeV 的質子射束作為病人治療之用，試問質子在何處會產生布拉格尖峰劑量？（①皮膚表面②5 公分深處③10 公分深處④射程的尾端）。【91.1. 放射師檢覈】

輕荷電粒子與物質的作用

- 輕荷電粒子能量損失機轉主要有二：(1) 主要因游離（含激發）損失能量；(2) 少量因與原子核發生非彈性碰撞，產生制動輻射而損失能量。
- β^+ 粒子的另一作用機轉：輕荷電粒子中的 β^+ 粒子將與電子互毀並產生互毀輻射。
- 次要機轉：高能粒子由一介質進入第二介質、且其理論速度將超過光速時，此粒子將減速並釋出契忍可夫（Cherenkov）輻射，通常此輻射能量為可見光能量範圍，尤以藍光最為常見。

輕荷電粒子與物質的作用

- 輕荷電粒子以游離或以產生制動輻射損失能量之相對重要性經驗公式如下，其中，Z 指物質原子序，E_{avg}、E_{max} 分別指平均、最大能量（MeV）：

$$\frac{\text{因產生制動輻射所損失的能量}}{\text{因游離所損失的能量}} \doteqdot \frac{ZE_{avg}}{800}$$

$$\text{或} \quad \frac{\text{因產生制動輻射所損失的能量}}{\beta \text{ 粒子的總能量}} \doteqdot 3.5 \times 10^{-4} ZE_{max}$$

$$\text{或} \quad \frac{\text{因產生制動輻射所損失的能量}}{\beta \text{ 粒子的總能量}} \doteqdot \frac{6 \times 10^{-4} ZE_{max}}{1 + 6 \times 10^{-4} ZE_{max}}$$

輕荷電粒子與物質的作用

- β 粒子造成的體外劑量來源，主要為 β 粒子本身與其產生的制動輻射，其中，β 粒子射程短且有固定射程，易於屏蔽，故需特別注意制動輻射造成的體外劑量。

- β 粒子屏蔽分為二層，第一層（接近射源）為低原子序物質，阻擋 β 粒子時可降低制動輻射產率；第二層為高原子序物質，以屏蔽制動輻射。

- β$^+$ 粒子產生的互毀輻射、β 粒子與物質作用後產生的制動輻射，其特性均與高能光子相同，穿透力強，需注意防護。

常見純 β$^-$ 射源

核種	半化期	最大能量	平均能量
^{3}H	12.3 y	18.6 keV	5.69 keV
^{14}C	5730 y	157 keV	49.5 keV
^{32}P	14.3 d	1.71 keV	695 keV
^{35}S	87.5 d	167 keV	48.6 keV
^{90}Sr	28.7 y	546 keV	196 keV
^{90}Y	64.1 h	2.28 MeV	934 keV
^{147}Pm	2.62 y	225 keV	62.0 keV

PET常用的β⁺射源

核種	半化期	主 β⁺ 平均動態	主 β⁺ 產率（%）
^{11}C	20.4 m	386 keV	99.8
^{13}N	9.97 m	493 keV	99.8
^{15}O	122 s	735 keV	99.9
^{18}F	110 m	250 keV	96.7
^{62}Cu	9.74 m	1.32 keV	97.2
^{68}Ga	67.6 m	836 keV	88.0
^{82}Rb	1.27 m	1.54 MeV	83.3

輕荷電粒子與物質的作用（Ex）

■【4】β射線與物質作用，正確的組合為何？A.光電效應 B.游離 C.康卜吞散射 D.制動輻射（①A 與 B ②A 與 C ③B 與 C ④B 與 D ⑤KC 與 D）。【90.2. 操作初級基本】

■【4】若 a、b、c、d 分別代表制動輻射、光電效應、與其他電子碰撞、產生 δ 射線，則電子射束與物質經由前述哪些作用而減低電子本身之能量？（①a + b ②c + d ③a + b + d ④a + c + d）。【92.2. 放射師檢覈】

■【2】屏蔽下列何種輻射時，要注意伴隨發生制動輻射？（①阿伐射線②貝他射線③加馬射線④中子射線）。【94.2. 輻射安全證書專業】

制動輻射的能量產率（Ex）

- ■【4】以 1 MeV 的電子撞擊於不同物質的靶，下列何者產生制動輻射的比例最高？（①^{12}C(Z = 6) ②^{27}Al(Z = 13) ③^{39}K(Z = 19) ④^{63}Cu(Z = 29)）。【90.2. 操作初級選試設備】
- ■【4】下列何種能量的電子與鎢靶作用後產生的制動輻射機率是最大？（①1 keV ②50 keV ③1 MeV ④5 MeV）。【90.2. 操作初級選試設備】
- ■【4】下列哪一種輻射在水中發生制動輻射的機率最大？（①1 MeV 的光子②5 MeV 的中子③10 MeV 的質子④2 MeV 的電子）。【92.1. 放射師專技高考】

制動輻射的能量產率（Ex）

- ■【4】制動輻射比較容易發生的情況為：（①低能量（E）入射粒子與高原子序（Z）物質②低 E 與低 Z ③高 E 與低 Z ④高 E 與高 Z）。【88.1. 輻防中級基本】
- ■【1】比較容易產生制動輻射的是：（①高速貝他②低速貝他③高速阿伐④低速阿伐）。【90.1. 輻防中級基本】
- ■【2】當一束能量為 150 keV 的電子打到下列元素所製成的靶，何者所放出來的制動輻射，數量最多？（①鎢（W）②鉛（Pb）③鉬（Mo）④銅（Cu））。【95.1. 放射師專技高考】

輕荷電粒子的屏蔽（Ex）

- 【3】屏蔽高能貝他粒子應選擇（①低原子序之材質②高原子序之材質③先用低原子序再加上高原子序之材質④先用高原子序再加上低原子序之材質）。【88.2. 輻防中級基本】
- 【2】若要減少屏蔽時產生制動輻射，下列屏蔽材料何者為宜？（①原子序數高的物質②原子序數低的物質③鉛板④鋼板）。【94.2. 輻射安全證書專業】
- 【1】β射源的屏蔽設計，其內層屏蔽與外層屏蔽應：（①內層用原子序低的材料②外層用原子序低的材料③內層用原子序高的材料④β射線穿透力低，不需屏蔽）。【94.2. 放射師專技高考】

荷電粒子與物質作用的特性

- 阻擋本領（S, stopping power）
- 線性能量轉移（LET 或 L, linear energy transfer）
- W 值（W, W value）
- 比游離（SI, specific ionization）
- 射程（R, range）
- 最大能量轉移（Q_{max}, maximal energy transfer）

阻擋本領

- 荷電粒子進入介質後，單位距離（常使用密度厚度，kg m^{-2}）內的平均能量損失（亦即 -dE/dx，其中，E 為能量，x 為距離），稱為阻擋本領，單位通常為 MeV m^2 kg^{-1}。
- 此值常被用以『定量』不同物質吸收輻射線的能力，例如 **Bragg-Gray** 原理：$dD_{material} = dD_{air} \times (S_{material} \div S_{air})$。即指物質的吸收劑量（$dD_{material}$），相當於空氣的吸收劑量（$d_{Dair}$），乘以物質與空氣吸收輻射線能力（質量阻擋本領）的比值（$S_{material} \div S_{air}$）。

阻擋本領（Ex）

- 【4】質量阻擋本領（S_o）常用的單位為何？（①keV/μm ②keV/cm ③MeV/cm ④MeV cm^2/g）。【97.1. 放射師專技高考】
- 【2】電子在介質中的阻擋本領與射程的關係為：（①阻擋本領與射程成正比②阻擋本領與射程成反比③阻擋本領與射程的平方成正比④阻擋本領與射程的平方成反比）。【91 二技統一入學】
- 【3】比較下列輻射在水中的碰撞阻擋本領，以何者較大？（①1 MeV 的電子②5 MeV 的電子③1 MeV 的阿伐粒子④5 MeV 的阿伐粒子）。【93.1. 放射師檢覈】

布拉格-戈雷原理（Ex）

- ■【2】使用布拉格 - 戈雷空腔理論計算腔壁物質所接受的吸收劑量時，會用到下列哪一種物理量？（①曝露率常數②平均阻擋本領比值③質量衰減係數④射質因數）。【91.1. 放射師檢覈】

- ■【2】以一有效體積為 0.6 c.c. 的圓柱型游離槍偵檢器測量一 X 光射束在水假體中所造成劑量，假設量得電量為 20.67 nC，空氣密度為 0.001293 g cm^{-3}，水對空氣的質量阻擋本領比為 1.104，則測得此射束在水假體中造成劑量為多少 cGy？（①602 ②100 ③82 ④2.94）。【91 放射師專技高考】

輕荷電粒子的阻擋本領

以『輕荷電粒子』而言，與物質作用的機制（即能量損失的機制）主要為游離與激發作用，但會有少部份能量損失，源於產生制動輻射，故阻擋本領可細分為**碰撞阻擋本領**（collisional stopping power）與**輻射阻擋本領**（radiative stopping power）兩項，即 $S = S_{col} + S_{rad}$。以『重荷電粒子』而言，能量損失則幾乎全為游離與激發作用，故毋須再分細項。

碰撞與輻射阻擋本領（Ex）

- 【2】10 MeV 的電子在水中的射程為 4.917 g cm^{-2}，其產生制動輻射的能量分數為 0.0404，則平均游離阻擋本領為多少 MeV cm^2 g^{-1}？（①1.34 ②1.95 ③2.46 ④4.96）。【91 放射師專技高考、91.2. 放射師檢覈】
- 【4】電子與物質的作用方式有彈性碰撞與非彈性碰撞等兩種，而電子作非彈性碰撞的能量損失，主要有下列那兩種？（①阻擋損失與輻射損失②限制阻擋損失與激發損失③彈性損失與輻射損失④碰撞（游離與激發）損失與輻射損失）。【93.1. 放射師檢覈】

質量阻擋本領與吸收劑量

- 荷電粒子吸收劑量 [D (J kg^{-1})]：通量 [Φ(m^{-2})] 與質量阻擋本領 [S$_ρ$(J m^2 kg^{-1})] 之積。
- 若一薄 LiF 劑量計，受到 T_0 = 20 MeV，通量為 $3×10^{10}$ e cm^{-2} 的電子束的照射，試求其劑量（Gy）。（不考慮 δ 射線）（電子射束的質量阻擋本領：1.654 MeV cm^2 g^{-1}）

  答：電子射束的吸收劑量為

  $3×10^{10}$ cm^{-2}×1.654 MeV cm^2 g^{-1}

  = $4.962×10^{10}$ MeV g^{-1} = 7.94 Gy

線性能量轉移

具有相同能量、但種類不同的荷電粒子，作用於介質或生物分子時，會有不同程度的破壞性，主要肇因於『重荷電粒子』較『輕荷電粒子』能在行進路徑內造成較濃密的游離作用。於是，ICRU 由阻擋本領衍生出 LET 的觀念，來『定量』不同輻射線破壞物質的能力。LET 的定義亦為 $-dE/dx$（E 為能量，x 為距離），但選用水作為標準介質以利於比較（阻擋本領未限定介質種類），使用的單位為 $keV\ \mu m^{-1}$。

射質因數Q與LET的相關性

LET, L($keV\ \mu m^{-1}$ in water)	Q
≤ 10	1
$10\text{-}\leq 100$	$0.32L\text{-}2.2$
≥ 100	$300/L^{0.5}$

■ 表中所列為荷電粒子在水中的 LET 值，對中子、光子等非荷電粒子而言，所列為其所產生二次荷電粒子的 LET 值。
■ 法規未述及輻射種類或能量範圍，其輻射加權因數可依以上公式求得。

LET（Ex）

- 【3】線性能量轉移（LET）是指帶電粒子通過介質時，在單位距離內所（①獲得的能量②拾回的能量③損失的能量④添加的能量）。【92.2. 輻射安全證書專業】

- 【1】線性能量轉移（LET）的單位，一般如何表示？（① keV/μm ②MeV/μm ③eV/μm ④V/μm）。【93.2. 放射師專技高考】

- 【1】射質因子 Q，與下述何者關係密切？（①輻射在水中的 LET ②輻射電量③輻射容量④輻射當量）。【92.1. 輻射安全證書專業科目】

阻擋本領的能量轉移與吸收

- 荷電粒子的動能，經碰撞（游離）轉給二次電子射線（δ射線）後，此 δ 射線的動能雖可能以制動輻射型式逸出靶外而未被吸收，但 δ 射線通常能量低（通常為 10-70 eV），不易形成制動輻射。

- 微劑量學中，靶通常很小，若 δ 射線的射程大於靶的大小，將使得 δ 射線部份動能逸出靶外而未被靶吸收。

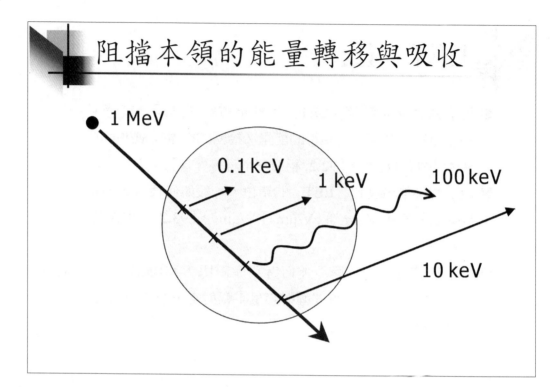

阻擋本領的能量轉移與吸收

- 前圖中，1 MeV 電子通過一大小相當於 2 keV 電子射程的靶，共發生 3 次游離事件，入射電子分別損失 0.1、1 與 10 keV 能量，另發生 1 次生成制動輻射事件，損失 100 keV 能量。

- 此過程中，入射電子共損失了 0.1 + 1 + 10 + 100 = 111.1 keV 能量。

- 此過程中，靶不吸收制動輻射能量，也不吸收射程比靶大的二次電子能量（此例中指能量超過 2 keV 的二次電子），於是，靶共吸收了 0.1 + 1 = 1.1 keV 能量。

限定阻擋本領

- 微劑量學中，為了區別荷電粒子因碰撞損失的能量與物質所吸收的能量，可在 S 後下標一能量值（例如 $S_\triangle$ 或 $S_{100\ eV}$），此時，此能量值代表作用後<u>二次荷電粒子的射程</u>，也代表<u>靶物質的大小</u>，此 $S_\triangle$（即 $(-dE/dx)_\triangle$）中的 $-dE_\triangle$ 指物質所吸收的能量，此 $S_\triangle$ 稱為限定(restricted)阻擋本領。
- 若不下標，S 中的 $-dE$ 代表輻射線損失的能量，稱為<u>非限定（或廣義）阻擋本領</u>，也可寫成 S_∞。
- 同理，L（或 L_∞）與 $L_\triangle$ 分別為<u>非限定線性能量轉移</u>與<u>限定線性能量轉移</u>。

碰撞、輻射、限定阻擋本領

- 輕荷電粒子與物質作用時，$S = S_{col} + S_{rad}$，其中，S_{col} 與 S_{rad} 分別代表因游離（碰撞）損失能量的阻擋本領與因產生制動輻射損失能量的阻擋本領。
- 述及微劑量學時，<u>荷電粒子與物質作用時</u>，$S_{col} = S_\triangle + S_{\triangle-\infty}$，其中，$S_\triangle$ 與 $S_{\triangle-\infty}$ 分別代表二次荷電粒子動能中，其能量值未超過△者與能量值介於△與∞者，前者能量將被物質吸收；反之，其能量值介於△與∞者，將不被物質吸收。

限定阻擋本領（Ex）

- 【2】下列那一物理量的值最大？（①LET$_{100\ ev}$ ② stopping power ③collisional stopping power ④radiative stopping power）。【87.2. 輻防高級基本】
- 【3】質量碰撞阻擋本領與限定質量碰撞阻擋本領的差別 主要在於是否包含：（①游離電子所需游離能量②轉移給 電子的動能③δ rays 的能量損失④制動輻射的能量損失）。 【91 放射師專技高考】
- 【4】1 MeV 的電子在水中的線性能量轉移（L$_{\triangle}$），在下列 各值中以何者為最大？（①L$_{100\ eV}$ ②L$_{1\ keV}$ ③L$_{10\ keV}$ ④L$_{\infty}$）。 【93.1. 放射師檢覈】

W 值

- 輻射線平均造成介質游離一次所需能量，稱為 W 值。
- 每游離一次，即造成一對離子對（或電子電洞對），ion pair，簡寫為 i.p. 或 ip。產生 1.6×10^{-19} C 電量。
- W 值單位通常以 eV 或 eV ip^{-1} 表示。例如 α 與 β 造成空 氣游離一次約各需 36 與 34 eV。造成水游離一次則約需 22 eV。造成半導體游離一次約需 3 eV。

W值（Ex）

- ■【3】乾燥空氣沒有經濕度修正之 $(W/e)_{air}$ 值應為：（①32.75 J/C ②33.15 J/C ③33.97 J/C ④34.75 J/C）。【93.1.放射師檢覈】

- ■【4】以 0.6 c.c. 的游離腔測量 X 光曝露，在空氣中的讀數為 1.2 pC，若空氣中 W 值為 33.97 eV/ip，則空氣中由 X 光所造成的能量為何？（①$4.1 \times 10^{-8}$ ②$4.1 \times 10^{-9}$ ③$4.1 \times 10^{-10}$ ④$4.1 \times 10^{-11}$）J。【91.1.放射師檢覈】

- ■【2】有一游離腔受 X 光照射後，在 0.6 立方公分的空腔內收集到 1.293×10^{-8} 庫侖的電荷，求空氣的吸收劑量為多少？（W = 33.85 eV/ion pair，空氣密度為 0.001293 g/cm^3）（①0.34 Gy ②0.56 Gy ③1.29 Gy ④1.39 Gy）。
【94.1.放射師檢覈】

比游離

- ■ **比游離**定量輻射線在行進路徑中的游離密度，定義為輻射線的路徑中，單位距離內平均產生的離子對數目。

- ■ 以 5 MeV 的 α 粒子而言，其在空氣中與軟組織中的 -dE/dx 分別為 1.23 MeV cm^{-1} 與 950 MeV cm^{-1}，發生一次游離平均分別需要 36 eV 與 22 eV；於是，比游離分別為 34,200 cm^{-1} 與 4.32×10^7 cm^{-1}。

比游離（Ex）

- 【1】阿伐射線穿透力最弱的原因是（①比游離度大②能量低③體積太大④重量大）。【90.2. 操作初級選試密封】
- 【1】下列何者是比游離（specific ionization）的定義？（①離子對／路徑長（ion pair/path length）②平均能量損失／離子對（average energy loss/ion pair）③平均能量損失／路徑長（average energy loss/path length）④路徑長／離子對（path length/ion pair））。【94.1. 放射師檢覈】

射程

- 荷電粒子均有其平均射程，但統計上會有蔓延（straggling）現象，因此也有所謂的外插射程與最大射程等名詞。
- 荷電粒子有固定射程，間接游離輻射沒有固定射程，僅有平均射程。
- 射程常用**密度厚度**表示，單位為 g cm^{-2}。使用密度厚度的好處主要有二：一是不受溫度與壓力（熱脹冷縮）的影響，一是與物質種類無關（例如 2.2 MeV 電子射程為 1.06 g cm^{-2}，所以在水與空氣中射程約分別為 1.02 cm 與 8.2 m）。

射程（Ex）

- 【3】同樣速度的粒子，射程最短者為何？（①^{3}H ②^{3}He ③^{6}Li ④^{4}He）。【93.2. 放射師專技高考】
- 【2】已知 6 MeV 的 X 光在肌肉中的質量衰減係數為 0.0273 cm^2 g^{-1}，肌肉的密度為 1040 kg m^{-3}，則其平均射程為多少公分？（①33.7 ②35.2 ③36.6 ④38.1）。【91.1. 放射師檢覈】
- 【3】若以錫（假設物理密度 ρ = 5.75 g cm^{-3}）作為 ^{60}Co 治療機中電子濾片的材料，若 ^{60}Co 之二次電子射程為 0.5 g cm^{-2}，則濾片厚度約為（①0.5 ②0.7 ③0.9 ④1.15）mm。【92.2. 放射師專技高考】

最大能量轉移

- 依據能量與動量守恆，每次碰撞時入射粒子（能量為 E、質量為 M）轉移給靶粒子（質量為 m）的最大能量（Q_{max}）為 $E[4mM/(m + M)^2]$，最大能量轉移率（Q_{max}/E）為 $4mM/(m + M)^2$。
- 例如中子撞擊質子與 ^{12}C 時，最大能量轉移率分別約為 100% 與 28.4%。入射粒子與靶粒子質量差異越大，最大或平均能量轉移率均越低。

最大能量轉移（Ex）

- 【2】中子的屏蔽須先以含什麼較多的材料，將快中子緩速成熱中子？（①碳②氫③氧④氮）。【92.1. 放射師檢覈】
- 【3】中子的屏蔽設計，首先要用低原子序材料來阻擋，其作用方式是利用低原子序材料與中子產生何種反應？（①光電效應②捕獲效應③彈性碰撞④成對產生）。【94.1. 放射師檢覈】
- 【3】中子與下列何種位子發生彈性碰撞後，中子可能減少的能量最大？（①碳原子②氮原子③氫原子④氧原子）。【94.2. 放射師專技高考】

1.7　光子、中子與物質的作用

- 間接游離輻射
- 二次荷電粒子
- 光電作用
- 康普吞散射
- 成對發生
- 合調散射
- 三相發生
- 光核反應
- 光電峰
- 逃逸峰

- 康普吞邊緣
- 回散射峰
- 中子的彈性碰撞
- 中子的非彈性碰撞
- 中子捕獲
- 1/v 律

光子與物質的作用機轉

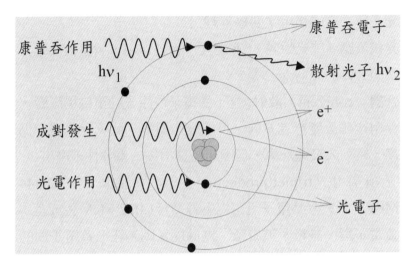

光子與物質的作用機轉（I）

光子與物質的作用主要機轉有三：

■ **光電作用**：光子將全部能量交給某 (緊) 束縛電子，此電子被游離。

■ **康普吞散射**：光子將部份能量交給某 (自由) 電子，此電子吸收能量後被游離，原入射光子則攜帶剩餘能量，以另一方向繼續行進。

■ **成對發生**：光子能量大於 1.022 MeV，且於受核電磁場影響後，1.022 MeV 生成正、負電子對，剩餘能量則為正、負電子對的動能。

光子與物質的作用機轉（II）

光子與物質的作用次要機轉有三：

- **光核反應**（或光蛻變）：高能光子與核作用，發生核反應，例如（γ, n）,（γ, α）等。
- **合調**（coherent）**散射**：光子受電子或原子的電磁場影響，作用後雖改變行進方向，但能量無損失。此項發生機率仍高，常列入衰減計算，但因無能量損失，重要性不高。
- **三項發生**（triplet production）：光子能量大於 2.044 MeV，且於受某電子電磁場影響後，1.022 MeV 生成正、負電子對，該電子被游離，剩餘能量則為正、負電子對的動能。

常用 γ 射源

核種	半化期	主要 γ 能量	產率（%）
^{24}Na	15.0 h	1.39 MeV	99.9
^{60}Co	5.27 y	1.17, 1.33 MeV	100
^{99m}Tc	6.01 h	141 keV	89.1
^{111m}In	7.70 m	537 keV	87.2
^{131}I	8.02 d	364 keV	100
^{137}Cs	30.0 y	622 keV	85.1
^{192}Ir	73.8 d	317 keV	82.7

光子與物質的作用機轉（Ex）

- ■【1】X 光能夠被阻擋，主要是和物質的什麼起作用？（①電子②質子③中子④阿伐粒子）。【90.2. 操作初級選試設備】
- ■【3】對於 0.5 MeV 的光子，可能會產生何種反應？（①光電與成對②康普吞與成對③光電與康普吞④光電、康普吞與成對）。【89.3. 輻防初級基本】
- ■【4】下列何者不屬光子與物質作用？（①成對發生②光電效應③康普頓效應④互毀效應）。【88.2. 輻防初級基本】

 # 光電作用（Ex）

- ■【2】光電效應是指原子將光子完全吸收而發射出（①核子②電子③中子④質子）。【89.1. 輻防初級基本】
- ■【2】下列何種反應最有可能附帶產成奧杰電子？（①成對發生②光電效應③康普吞效應④制動輻射的產生）。【90.1. 放射師檢覈】
- ■【2】當加馬光子與物質作用時，能產生吸收限（absorption edge）效應的是：（①康普吞效應②光電效應③成對效應④互毀效應）。【91.1. 輻防中級基本】

康普吞散射（Ex）

- 【1】作用後產生的散射光子其波長比入射光子：（①長②短③一樣④不一定）。【90.2. 操作初級選試設備】
- 【3】光子與物質的作用方式中，產生非彈性散射者稱為（①合調散射②光電效應③康普吞效應④成對效應）。【92.2. 放射師檢覈】
- 【1】有一 30 keV 之 X 光對銀原子 O 層軌域電子造成游離並具有 12 keV 之動能，請問其散射 X 光之能量為多少 keV ？（已知銀原子之 O 層軌域之電子束縛能為 0.04 keV）（①17.96 ②42.04 ③18 ④12.04）。【92.1. 放射師專技高考】

成對發生（Ex）

- 【1】光子的能量必須大於多少 MeV，以上才會有成對發生的作用？（①1.022 MeV ②0.511 MeV ③1.00 MeV ④0.871 MeV）。【89.2. 操作初級基本】
- 【4】成對效應大多發生在光子與何者之間的電磁場？（①軌道上自由電子②K 層軌道電子③整個原子④原子核）。【91.2. 放射師檢覈】
- 【1】以下對光子與物質軌道上電子或原子核發生成對發生（triplet/pair production）反應的敘述何者正確？（①反應對象為原子核時，最低發生光子能量為 1.02 MeV ②所產生的正負電子必然帶有相同動能③反應產物中的負電子最終會發生互毀反應而消失④前述互毀反應發生後會產生兩個各為 1.02 MeV 的 γ 射線）。【92.1. 放射師檢覈】

光子與物質的作用機轉（Ex）

- 【3】一能量為 30 keV 的光子與一軌道電子（束縛能 =20 keV）發生「合調散射作用」，則散射光子的能量為多少 keV？（①10 ②20 ③30 ④50）。【96.1. 放射師專技高考】
- 【4】當光子能量高到足以克服原子核結合能（7-15 MeV）時，會產生下列何種反應？（①合調散射②光電效應③康普吞效應④光分解作用）。【92.2. 放射師檢覈】
- 【3】三項發生和成對發生最大的不同點是什麼？（①兩者產生的電子能量不同②兩者產生的正電子能量不同③兩者發生的場域（field）不同④兩者引發的輻射不同）。【93.2. 放射師專技高考】

康普吞散射的能量轉移

- 若入射光子能量為 E，散射光子的散射角度為 θ，電子的靜止質量為 m，光速為 c，康普吞電子的能量為 T，則 $T = E(1 - \cos\theta)/[(mc^2/E) + 1 - \cos\theta]$。
- 康普吞散射光子的能量為 E'，則 $E' = E/[1 + (E/mc^2)(1 - \cos\theta)]$。
- $\theta = 180°$，稱為**回散射**（back scattering），此時，T 與 E' 分別有極大與極小值。各散射角之發生機率，以回散射者為最大。

康普吞位移

- **康普吞位移**（Compton shift）定義為康普吞散射時，波長的位移量（散射光子波長與原入射光子波長之差，$\triangle\lambda$），$\triangle\lambda = \lambda' - \lambda = (h/mc)(1 - \cos\theta)$，h 為 Plank 常數。此位移量僅與散射角 θ 有關。
- 散射角 θ 越大，散射光子的能量越低（即康普吞電子的能量越高），**康普吞位移越大**。

康普吞反跳電子的平均能量

- 康普吞電子的平均動能與入射光子能量的比值隨光子能量之增加而增加。
- 高能量較低能量光子與物質發生作用，產生康普吞散射的能量轉移分數較大。
- 在康普吞碰撞中，高能量光子（> 3 MeV）和電子之碰撞，反跳電子較散射光子可獲得較大部分之能量。

康普吞散射的平均能量轉移率

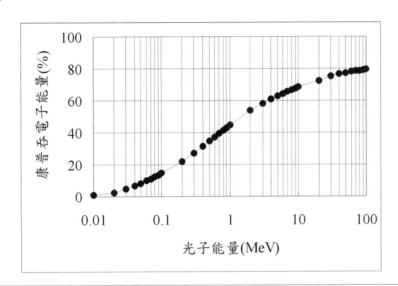

（圖）縱軸：康普吞電子能量(%)，橫軸：光子能量(MeV)

康普吞散射的能量轉移（Ex）

- ■【3】康普吞效應中，1 MeV 的入射光子經一 90°角的散射，試問其能量損失率約多少百分比？（①16.5 ②33.8 ③66.2 ④83.5）。【92.1. 放射師檢覈】

- ■【3】由康普吞（Compton）散射所產生的光子，當由何種角度散射時具有最低能量？（①0° ②90° ③180° ④270°）。【90.1. 操作初級選試設備】

- ■【3】能量非常高的光子和電子發生康普吞碰撞，求向後散射方向散射光子的能量約為多少 MeV？（①1.022 ②0.511 ③0.255 ④0.125）。【93.1. 放射師檢覈】

康普吞散射的能量轉移（Ex）

- 【2】康普吞電子的平均動能與入射光子能量的比值隨光子能量之增加而（①減少②增加③不變④先減少後增加）。【90.2. 放射師檢覈】
- 【4】在康普吞碰撞中，高能量光子（> 3 MeV）和電子之碰撞，何者可獲得大部分之能量？（①散射光子②康普吞中子③散射質子④反跳電子）。【93.2. 放射師專技高考】
- 【4】下列哪一種能量的光子與物質發生作用，產生康普吞散射的能量轉移分數最大？（①10 keV ②100 keV ③1 MeV ④10 MeV）。【91.1. 放射師檢覈】

光子的量測

- 光子必須與偵檢器發生作用(光電作用、康普吞散射等)，才有訊號。若未發生作用，代表該光子透射出偵檢器。
- 作用後產物為電子與光子。訊號主要源自於 δ 射線的動能。產物光子可能再作用而被測得，也可能逸失。
- 量測結果通常以能譜表示，橫座標為訊號大小，通常以能量表示，縱座標通常為該訊號的相對數目。

光子的量測

- **光電峰或全能峰**：入射光子的能量（Eg）。
- **逃逸（escape）峰**：E_γ 扣除 K_α 的能量。
- **康普吞邊緣（edge）**：康普吞電子的最大能量。
- **回散射峰**：散射光子的最小能量。
- **單逃逸（singly escape）峰**：E_γ 扣除 0.511 MeV。
- **雙逃逸（doubly escape）峰**：E_γ 扣除 1.022 MeV。

光子的測量（EX）

- 【3】NaI 的 K_α = 28 keV，以 NaI 偵檢器度量 ^{137}Cs 的 γ 輻射能量（= 662 keV），於何能量可能會有逃逸峰（escape peak）的出現？（①286 keV ②435 keV ③634 keV ④690 keV）。【93.1. 放射師檢覈】
- 【4】以 NaI（Tl）度量 ^{137}Cs 的 γ 輻射能量（= 662 keV），請問能譜上康普吞邊緣（Compton edge）的能量位置？（①127 keV ②324 keV ③410 keV ④478 keV）。【93.1. 放射師檢覈】
- 【2】有關 Na（Tl）量測 Cs-137 之加馬能譜，下列各能量之比較何者正確？（①康普頓邊緣小於回散射峰②全能峰大於康普頓邊緣③康普頓邊緣減回散射峰等於全能峰④以上皆是）。【88.2. 輻防中級基本】

中子與物質的作用機轉

- 快中子（能量 ≧ 0.1 MeV）與核的**彈性碰撞**，碰撞後入射中子的動能，由散射中子與回跳核以動能形式攜帶。
- 快中子與核的**非彈性碰撞**：快中子動能超過核反應低限能時，因發生核反應，入射中子的動能，不等於散射中子與回跳核動能之和。
- 慢中子（能量 < 0.1 MeV）與**熱中子**（室溫下的中子，平均能量為 0.025 eV）的中子**捕獲**反應。

快中子的彈性碰撞

- 中子質量約為電子者的 1840 倍，**快中子**與電子發生碰撞時，能量轉移率極低，但與原子核碰撞時，因為質量相近，能量轉移率較高，故快中子與物質的作用，以與原子核發生**彈性碰撞**為主。
- 與快中子發生碰撞後的原子核，稱為回跳核，由於具電荷、重、低速，故極具游離能力。
- 質量越接近中子質量之物質，減速中子的效果越好，例如氫的原子核。

快中子的彈性碰撞（Ex）

■【1】快中子與下列何種物質作彈性碰撞時所損失的能量最大？（①氫②鐵③鉛④鈾）。【89.2. 操作初級選試設備】

■【4】屏蔽 1 MeV 的快中子，使用水比鉛合適的原因為：（①快中子易被水吸收②快中子易與水產生分裂③快中子易與水產生荷電粒子④快中子易與水產生彈性碰撞）。【89.3. 輻防中級基本】

■【2】中子的屏蔽須先以含什麼較多的材料，將快中子緩速成熱中子？（①碳②氫③氧④氮）。【92.1. 放射師檢覈】

中子的核反應

■ **快中子與核的非彈性碰撞**，如 $^6Li(n, \alpha)^3H$、$^3He(n, p)^3H$ 等，可作為中子能譜之量測。其中，以 ^6LiF 熱發光劑量計最為重要。

■ **慢與熱中子的核反應**，以中子捕獲（n, γ）、硼中子捕獲 $^{10}B(n, \alpha)^7Li$、核分裂（n, f）等最為重要。**熱中子本身雖不具游離能力**，但 $^{14}N(n, p)^{14}C$ 與 $^1H(n, \gamma)^2H$ 反應是造成人體軟組織劑量的主因。

中子捕獲

- 原子核捕獲熱中子的機率，稱為熱中子捕獲截面；^{10}B、^{59}Co、^{113}Cd 的熱中子捕獲截面分別為 3837、37、20000 邦。

- 中子隨著與核發生碰撞後，速度（v）將遞減，此時，其（慢中子）被原子核捕獲的機率則遞增，此現象稱為 **1/v 律** [註：v 與 ($\sqrt{E}$) 成正比]。查得熱中子捕獲截面並配合 1/v 律，可求得任一能量慢中子的被捕獲截面。

慢與熱中子的核反應（Ex）

- 【1】常溫下熱中子的能量等於多少？（①0.025 eV ②2.5 eV ③2.5 keV ④2.5 MeV）。【90.2. 輻防中級基本】

- 【1】硼 -10 對熱中子的吸收截面為 3900 邦，則對 25 keV 之中子，其截面積應為（①3.9 ②39 ③15.6 ④156）邦。【88.1. 輻防中級基本】

- 【4】下列核種中，何者被熱中子活化的截面最大？（①^{10}B ②^{197}Au ③^{60}Co ④^{113}Cd）。【90.1. 放射師檢覈】

LiF與熱發光劑量計（Ex）

- 【3】人員劑量膠片配章以鎘覆蓋是為了量測那一種輻射？（①β ②α ③慢中子④快中子）。【94.1. 放射師檢覈】
- 【2】適合用於熱中子劑量偵測的熱發光劑量計材料為：（①^{7}LiF ②^{6}LiF ③$^{40}CaSO_4$ ④$^{40}CaF_2$）。【94.2. 放射師專技高考】
- 【3】使用 ^{6}LiF 熱發光劑量計做中子度量時，^{6}Li 和中子發生作用後的產物為：（①^{2}H 及 ^{5}Li ②中子及 ^{6}Be ③^{3}H 及 α ④質子及 ^{6}Be）。【91 放射師專技高考】

BF₃與比例計數器（Ex）

- 【1】常以 BF_3 比例計數器度量中子，主要是應用那一同位素與慢中子的作用截面大的原理？（①^{10}B ②^{11}B ③^{19}F ④^{20}F）。【93.1. 放射師檢覈】
- 【4】BF_3 計數器，係用來度量哪一種輻射？（①α ②β ③γ ④中子）。【90.1. 放射師檢覈】
- 【4】常見的中子偵檢器為（①NaI（Tl）閃爍偵檢器②Ge（Li）偵檢器③高壓游離腔④BF_3 比例計數器）。【95.2. 放射師專技高考】

硼中子捕獲（Ex）

- 【3】在 ^{10}B（n、α）X 反應中，X 為下述何種原子？（① ^{7}Be ② ^{6}Be ③ ^{7}Li ④ ^{6}Li）。【91.2. 輻防初級基本】

- 【3】以下何者與硼原子發生硼中子捕獲反應的機率最大？（①快中子束②超熱中子③熱中子④硼原子不與中子發生反應）。【91 放射師專技高考】

- 【1】有關硼中子捕獲治療的敘述，何者錯誤？（①須採用快速中子②硼 -10 具有很大的中子捕獲截面③反應應生成氦 -4 與鋰 -7 兩個破片④反應放出 2.48 MeV 的能量）。【93.1. 放射師專技高考】

中子捕獲（Ex）

- 【2】熱中子與物質作用產生（n, γ）反應，這種作用稱為（①彈性碰撞②中子捕獲③放出帶電粒子④核分裂）。【93.1. 輻射安全證書專業】

- 【3】鎘吸收熱中子後會放出：（①α 粒子②β 粒子③γ 射線④快中子輻射）。【91.1. 輻防中級基本】

- 【3】關於中子與物質的作用，下列敘述何者正確？（①中子與物質作用截面的單位為 cm^{-2} ②快中子比熱中子更易被原子核捕獲③中子撞擊物質的原子核而被原子核捕獲，此為物質被活化的方法④中子與「硼」的作用截面比「鎘」大）。【94.1. 放射師檢覈】

中子屏蔽

■ 與光子相同處為中子亦不具固定射程，即公式 $I = I_0 e^{-\Sigma T}$ 亦適用於中子，其中，I_0 與 I 分別代表最初與進入物質 T（cm）深處的中子通量率（$cm^{-2}\ s^{-1}$），Σ 為中子與單位厚度（cm^{-1}）物質作用的機率（macroscopic removal cross section, **巨觀移除截面**）。光子的平均射程觀念亦適用於中子與物質的作用，此處稱為**衰減長度**（attenuation length, $1/\Sigma$）。

中子屏蔽

■ 根據中子與物質的作用特性，設計屏蔽時通常需要三層不同材質的屏蔽，第一層為低原子序物質，目的為減速快中子，水（易揮發）、石蠟（易燃）、混凝土均常被採用。第二層為具高中子捕獲截面積者，氫、鎘、硼均常被採用，但氫、鎘捕獲中子時會釋出高能 γ。第三層通常為高原子序物質，目的為屏蔽中子捕獲時釋出的高能 γ，但應避免捕獲中子後形成放射性物質。

中子屏蔽

- 【3】要同時屏蔽中子和加馬射線，下列何者最佳？（①鉛②石墨③混凝土④鐵）。【90放射師專技高考】
- 【2】在加速器中常用到鎘作為屏蔽的一部份，其目的是要屏蔽下列何種輻射？（①制動輻射②中子③電子④加馬射線）。【91.2.放射師檢覈】
- 【1】如果使用鉛、鎘及石蠟作為中子屏蔽，則由靠近射源的內層往外，較適合的排列順序為：（①石蠟、鎘、鉛②鉛、石蠟、鎘③鉛、鎘、石蠟④鎘、鉛、石蠟）。【92.2.輻射安全證書專業】

1.8　光子的衰減

- 衰減
- 衰減係數
- 射束硬化
- 增建因數
- 半值層
- 什一值層
- 平均自由行程
- 直線衰減係數
- 質量衰減係數
- 原子密度
- 電子密度
- 微觀截面
- 原子衰減係數
- 電子衰減係數

光子與物質的作用—衰減

■ 衰減係數（attenuation coefficient）：單位物質厚度（例如 cm 或 g cm^{-2}）內某能量光子與某物質作用的機率。用以代表該物質屏蔽（衰減）該光子的能力，即 μ 大者屏蔽能力佳，反之則差。

■ 光電作用（τ）、康普吞散射（σ_{inc}）、合調散射（σ_{coh}）與成對發生（κ）發生機率之總和稱為總衰減係數（μ），$\mu = \tau + \sigma_{inc} + \sigma_{coh} + \kappa$。

■ $I = I_0 e^{-\mu x}$；$I_0 - I = I_0(1 - e^{-\mu x})$；其中，$I_0$ 與 I 分別代表最初與進入物質某深處 x 的窄射束光子強度(例如 cm^{-2} s^{-1})。

衰減係數的換算

μ 之單位通常有四種表示方式：

■ **直線衰減係數**（μ），單位為 m^{-1}，即為光子與 1 m 物質作用的機率。

■ **質量衰減係數**（μ_ρ），單位為 m^2 kg^{-1}，$\mu \div \rho$，其中，ρ 表密度，即為光子與 1 kg 物質作用的機率。

■ **原子衰減係數**（μ_a），單位為 m^2 atom^{-1}，$\mu_a = \mu_\rho \div [(6.02 \times 10^{26}) \div A]$，其中，A 表原子量，即為光子與一原子作用的機率。

■ **電子衰減係數**（μ_e），單位為 m^2 ele^{-1}，$\mu_e = \mu_a \div Z$，即為光子與一電子作用的機率。

衰減係數的換算（Ex）

- 【1】 ^{137}Cs 的 γ 射線對鉛的半值層為 0.5 cm，試求該 γ 射線對鉛之質量衰減係數為多少 $cm^2\ g^{-1}$？（鉛密度為 11.4 g cm^{-3}）（①0.12 ②0.23 ③0.54 ④0.86）。【91.2. 放射師檢覈】

- 【4】 若以 μ/ρ 表示質量衰減係數，其單位為 $m^2\ kg^{-1}$，以 N_e 表示每克的電子數，Z 表示物質的原子序數，則原子衰減係數（μ_a）以 $m^2/atom$ 為單位時，其值為下列何者？（ ① $(\mu/\rho)(1000N_e/Z)$ ② $(\mu/\rho)(1/1000N_e)$ ③ $(\mu/\rho)(Z/N_e)$ ④ $(\mu/\rho)(Z/1000N_e)$ ）。【92.1. 放射師專技高考】

- 【2】光子的質量衰減係數等於原子衰減係數乘以什麼？（① 單位體積的原子數目②單位質量的原子數目③單位面積的光子數目④單位面積的光子能量）。【92.1. 放射師專技高考】

衰減係數與光子衰減（Ex）

- 【4】 假設 10000 個光子照射在 1 cm 厚的某物質中，它的直線衰減係數 μ 為 0.0632 cm^{-1}，請估計將會有多少個光子會與物質產生作用？（①10000 ②9368 ③1000 ④632）。【92.1. 放射師檢覈】

- 【2】10^4光子打在 8 公分厚的物質上，其線性衰減係數為 0.1 cm^{-1}，則有多少光子可以穿透？（①1000 ②4493 ③8000 ④$10^4$）。【90.1. 放射師檢覈】

- 【3】 假設一窄光子射束穿透不同厚度的固態水假體，當穿透厚度為 3 公分時殘餘的光子通量為 3×10^{10} photons cm^{-2}，當厚度為 5 公分時殘餘的光子通量為 6×10^9 photons cm^{-2}，則可估得其直線衰減係數約為（①0.312 ②0.678 ③0.805 ④1.132） cm^{-1}。【92.1. 放射師檢覈】

半值層、平均射程、什一值層

■ **半值層**（half-value layer, **HVL**）：光子衰減至原有數目一半所需的物質厚度，稱為該物質屏蔽該光子的半值層，$\mu = 0.693/\text{HVL}$ 或 $\text{HVL} = 0.693/\mu$。

■ **平均射程**（mean free path）：我們可以求出某能量光子，於任一物質內的平均射程，即將所有光子射程的總和，除以光子總數即得。解得平均射程 $= 1.44 \text{ HVL} = 1/\mu$。

■ **什一值層**（tenth-value layer, **TVL**）：光子衰減至原有數目十分之一所需的物質厚度，稱為該物質屏蔽該光子的什一值層，$\text{TVL} = 3.3 \text{ HVL}$ 或 $\text{HVL} = 0.3 \text{ TVL}$。

半值層（Ex）

■【3】鉛對鈷 -60 加馬射線的半值層為 1.2 公分，若屏蔽厚 2.4 公分，可將輻射劑量減低（①2 倍②2.4 倍③4 倍④4.8 倍）。【87.1. 輻防初級基本】

■【4】某一物質對能量 20 keV 的光子其半值層為 2 公分，則厚 8 公分的此物質可以擋下多少 20 keV 光子束？（① 1/16 ②1/5 ③1/4 ④15/16）。【90.2. 放射師檢覈】

■【3】已知 150 kV 的 X 光，其半值層為 0.3 mm Pb，今欲將某點之暴露率從 32 mR/h 降為 1 mR/h，需鉛屏蔽多少 mm？（①0.5 ①1 ③1.5 ④2）。【92.1. 放射師專技高考】

衰減係數與半值層（Ex）

- 【2】對水而言，40 keV 的 X 光，其線性衰減係數 μ 為 0.24 cm^{-1}，求其半值層（HVL）為何？（①1.44 cm ②2.89 cm ③3.15 cm ④4.17 cm）。【89.2. 操作初級選試設備】

- 【2】下列何者可代表半值層（HVL）與直線衰減係數（μ）的關係？（①HVL = 2$_μ$ ②HVL$_{×μ}$= 0.693 ③HVL/0.693 = μ ④HVL$_{×μ}$= 1）。【90.2. 操作初級選試設備】

- 【4】假設某物對於 ^{60}Co γ射線的衰減係數為 1.45 cm^{-1}，則此物對 ^{60}Co γ射線的半值層為多少 cm？（①0.91 ②0.69 ③0.54 ④0.48）。【91.1. 輻防初級基本】

半值層數目與光子衰減

- $I/I_0 = e^{-μx} = (1/2)^N$；其中，N 代表欲使窄射束光子強度降為 I/I_0 所需半值層（HVL）數目。

- $I/I_0 = e^{-μx} = e^{-(0.693/HVL)x} = e^{-0.693x/HVL}$

  ∴ $I/I0 = e^{-0.693x/HVL} = e^{-0.693N}$

  $\ln(I/I_0) = -0.693\,N$

  $N = -\ln(I/I_0)/0.693$

- 令 I/I_0 為降低因數 B，則所需半值層數目（N）為 $-(\ln B)/0.693$。

半值層數目與光子衰減（Ex）

- 【2】屏蔽等於 15 公分，$I(x)/I(0)$ 等於多少？（HVL = 10 公分）（①0.3 ②0.35 ③0.4 ④0.45）。【87.2. 輻防中級基本】
- 【2】已知 ^{60}Co 的半值層（HVL）為 1.2 公分的鉛，試問欲將 ^{60}Co 射源強度降為原來的 1/20，需幾公分厚的鉛？（①3.8 ②5.2 ③7.2 ④9.4）。【91 放射師專技高考】
- 【2】單能 X 光射柱射入水中，每公分被衰減 5%，試求水對此 X 光射柱的 HVL 為（①21.46 公分 ②13.51 公分 ③8.23 公分 ④5.00 公分）。【91.1. 輻防高級基本】

什一值層與半值層（Ex）

- 【1】入射輻射經過一個什一值層（TVL）厚度的屏蔽，剩下的輻射量為多少？（①10% ②37% ③50% ④90%）。【90 放射師專技高考】
- 【1】已知欲屏蔽正在操作中的 X 光機射柱所需之半值層為 0.1 mm 的鉛，什一值層厚度為 0.32 mm 的鉛，今欲衰減射柱強度為四千分之一，試問所需鉛屏的厚度為多少 mm ？（①1.16 ②1.26 ③2.88 ④4.74）。【90.2. 操作初級選試設備】
- 【2】^{60}Co 加馬射線的十值層（TVL）約為 43.6 mm 鉛，則其半值層約為多少 mm 鉛？（①1.311 ②13.11 ③131.1 ④4.36）。【92.1. 放射師專技高考】

光子的衰減（attenuation）

- $I = I_0 e^{-\mu x}$ 公式，僅適用單一能量光子、窄射束、光子數目的定量。
- 多能量光子數目（通量、通率、通量率）的定量，需考慮射束硬化現象。
- 寬射束光子數目的定量，需考慮增建現象。
- 寬射束光子能量（能通量、能通率、能通量率）的定量，需使用能量吸收係數。

射束硬化（Ex）

- 【1】一個半值層為 0.35 mm 銅片的 X 射線，通過 2 mm 的銅片後，其穿透後射束的半值層為（①大於 0.35 mm 銅 ②小於 0.35 mm 銅 ③等於 0.35 mm 銅 ④隨 X 射線的能量而定）。【90 放射師專技高考】
- 【1】假設 X 光射柱的第一半值層為 0.2 mm，而其第二半值層為 0.5 mm，此兩者的差是由於：（①X 光射柱強化的結果 ②光子射柱衰減，遵循自然對數消減率關係 ③準直儀過寬造成 ④操作技術不佳造成）。【91.1. 輻防中級基本】
- 【1】已知診斷 X 光的半值層為 1 mm Al，假如將 1 mm Al 放置於射線當中，則剩餘的射線其半值層為何？（①大於 1 mm Al ②等於 1 mm Al ③小於 1 mm Al ④等於 2 mm Al）。【91.1. 放射師檢覈】

窄與寬光子射束的衰減

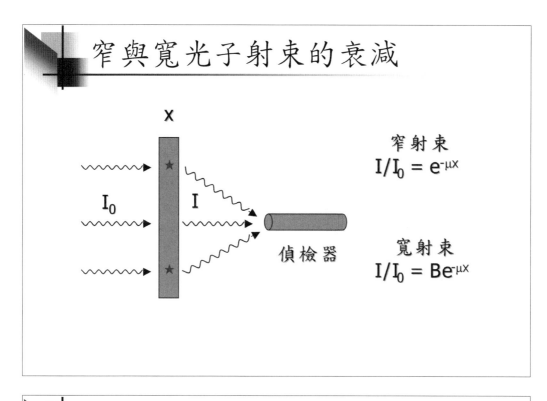

窄射束
$$I/I_0 = e^{-\mu x}$$

寬射束
$$I/I_0 = Be^{-\mu x}$$

偵檢器

增建因數

- 具有單一能量之寬（不良幾何、未準值）或全向性光子射束，其數目經過屏蔽之透射情形符合公式 $I/I_0 = Be^{-\mu x}$；其中，I/I_0 為此光子射束經過厚度為 x 之某屏蔽，光子數目之透射率，μ 為衰減係數，B 為**增建因數**（buildup factor, $B \geqq 1$）。

- 寬或全向性光子射束之數目透射率會大於幾何良好光子射束之透射率，肇因於**散射光子**之測得。

點射源之增建因數值

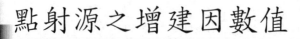

屏蔽	MeW	鬆弛長度數目，μx				
		1	2	4	7	10
水	0.5	2.52	5.14	14.3	38.8	77.6
鐵	0.5	1.98	3.09	5.98	11.7	19.2
鉛	0.5	1.24	1.42	1.69	2.00	2.27
	1.0	1.37	1.69	2.26	3.02	3.74
	2.0	1.39	1.76	2.51	3.66	4.84
	3.0	1.34	1.68	2.43	2.75	5.30

資料來源：Radiological Health Handbook, Publ. No. 2016. (1970)

寬射束之增建因數值

屏蔽	MeW	鬆弛長度數目，μx				
		1	2	4	7	10
水	0.5	2.63	4.29	9.05	20.0	35.9
鐵	0.5	2.07	2.94	4.87	8.31	12.4
鉛	0.5	1.24	1.39	1.63	1.87	2.08
	1.0	1.38	1.68	2.18	2.80	3.40
	2.0	1.40	1.76	2.41	3.36	4.35
	3.0	1.36	1.71	2.42	3.55	4.82

資料來源：Radiological Health Handbook, Publ. No. 2016. (1970)

增建因數（Ex）

- ■【3】計算屏蔽考慮的增建因數是來自射線的（①干射②繞射③散射④折射）。【90.1. 輻防初級基本】
- ■【4】光子屏蔽的增建因數 B，符合以下那一條件？（①B > 0 ②B < 0 ③B < 1 ④B > 1)。【90.1. 操作初級選試設備】
- ■【1】屏蔽計算中之增建因數，與下列何者無關？（①輻射強度②屏蔽厚度③屏蔽材質④輻射能量）。【88.1. 輻防初級基本】
- ■【2】某材料的直線衰減係數為 1.0 cm^{-1}，厚度為 1 cm，入射光子強度為 I_0，射出光子強度為 $0.5\ I_0$，則增建因數為（①0.74 ②1.36 ③2.54 ④4.28)。【92.2. 放射師檢覈】

光子通量與能量（Ex）

- ■【1】光子的平均自由行程等於什麼？（①$1/\mu$ ②$1/\mu_{tr}$ ③$1/\mu_{en}$ ④$1/\mu_{ab}$）。【89.2. 輻防中級基本】
- ■【2】若有 1000 個光子，能量均為 1 MeV，其中 $\mu = 0.1$ cm^{-1}，$\mu_{tr} = 0.06$ cm^{-1}，$\mu_{ab} = 0.03$ cm^{-1}，若介質厚度為 2 cm，則穿過介質之光子數目約：（①900 ②800 ③700 ④400）個。【92.2. 放射師專技高考】
- ■【3】已知 100 keV 的光子（通量為 $10^{15}/m^2$）與某物質作用，其 μ/ρ、μ_{tr}/ρ、μ_{ab}/ρ 分別為 0.010、0.0015、0.0014 m^2/kg，其 Kerma（J/kg）為：（①0.160 ②0.112 ③0.024 ④0.0112）。【95.1. 放射師專技高考】

τ、S_{inc}、S_{coh}與k的相對重要性

τ、σ_{inc}、σ_{coh} 與 κ 四者之相對重要性，隨光子能量（E_γ）與吸收物質原子序（Z）的不同而不同：

- τ $\propto Z^3/E_\gamma^3$
- $\sigma_{inc} \propto Z/E_\gamma$
- $\sigma_{coh} \propto Z^2/E_\gamma$
- κ $\propto Z^2 E_\gamma$

σ_{inc}與Z的相關性

- 康普吞作用的發生機率若以 σ_{inc} 表示，約與 Z 成正比，若以 σ_{inc}/ρ 表示，則與 Z 幾乎無關。因康普吞作用是指光子與自由電子的作用。
- 除氫單位質量的電子密度最大（6.00×10^{23} g^{-1}）外，其他物質的電子密度則約略相等（$\doteqdot 2.4 - 3.5 \times 10^{23}$ g^{-1}），即不同物質的 σ_{inc}/ρ 約略相等，幾乎與 Z 無關。

碳的衰減係數（10^{-28} m^2 atom^{-1}）

光子能量（MeV）	τ	σ_{inc}	σ_{coh}	κ
0.01	37.66	2.704	3.247	
0.1	0.0176	2.924	0.0742	
1		1.268	0.0008	
10		0.3069		0.0840
100		0.0662		0.4097

鉛的衰減係數（10^{-28} m^2 atom^{-1}）

光子能量（MeV）	τ	σ_{inc}	σ_{coh}	κ
0.01	43960	15.75	1686	
0.1	1777	34.41	67.57	
1	6.028	17.19	0.9111	
10	0.1681	4.193	0.0093	12.4
100	0.0133	0.679	0.0001	31.53

碳中 τ、σ_{inc} 與 κ 的相對重要性

以光子與碳（低原子序）作用為例：

■ **低能量**（約 25 keV）光子以康普吞作用與光電效應為主；
光子能量越高，康普吞作用的重要性越高。

■ **中能量**（約 1 MeV）光子以康普吞作用為主。

■ **高能量**（約 > 5 MeV）光子以康普吞作用與成對發生為主；
光子能量越高，成對發生的重要性越高。

水中 τ、σ_{inc} 與 κ 的相對重要性

以診斷用光子與水（或軟組織）作用為例：

■ 因診斷用光子多屬低能量（< 300 keV）光子，故與水作
用時，以康普吞作用與光電效應為主；光子能量越高，康
普吞作用的重要性越高。

■ 一般而言，光子能量低於 26 keV 時，以光電效應為主，
光子能量高於 26 keV 時，以康普吞作用為主；光子能量
高於 24 MeV 時，以成對發生為主。

水中 τ、σ_{inc} 與 κ 的相對重要性

光子能量（MeV）	相對重要性（%）		
	τ	σ_{inc}	κ
0.01	95	5	
0.026	50	50	
0.06	7	93	
0.15		100	
4		94	6
10		77	23
24		50	50
100		16	84

鉛中 τ、σ_{inc} 與 κ 的相對重要性

以光子與鉛（高原子序）作用為例：

■ **低**能量光子以光電效應為主；光子能量越高，康普吞作用的重要性越高。

■ **中**能量光子以康普吞作用為主；光子能量越高，光電效應的重要性越低。

■ **高**能量光子以康普吞作用與成對發生為主；光子能量越高，成對發生的重要性越高。

鉛中 τ、σ_{inc}、σ_{coh} 與 κ 的相對重要性

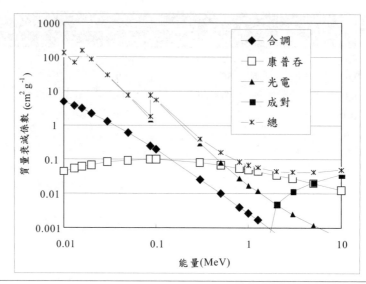

τ、σ_{inc} 與 κ 的相對重要性（Ex）

- 【3】光子與物質作用時，那一種作用是隨光子能量增加而作用機率變大的？（①光電②康普吞③成對④調合）。【88.1. 輻防初級基本】

- 【2】在診斷用 X 光所使用的能量範圍內，下列何種效應的機會最大？（①光電效應②康普吞效應③成對發生④合調散射）。【89.2. 操作初級選試設備】

- 【2】下列那一種作用與原子序數的關係最小？（①光電效應②康普吞效應③成對發生④合調散射）。【90.1. 操作初級選試設備】

τ、σ_{inc}與κ的相對重要性（Ex）

- 【4】康普吞散射的質量衰減係數和原子序數的關係為何？（①一次方成反比②一次方成正比③三次方成反比④幾乎和原子序數無關）。【93.1. 放射師檢覈】

- 【4】關於光子與原子作用之光電效應的敘述，下列何者正確？（①光子與自由電子作用②光電效應的作用截面與原子所含的電子數無關③光電效應的作用截面與物質的原子序數 Z 無關④乳房攝影的 X 光與乳房組織的作用主要為光電效應）。【93.1. 放射師檢覈】

- 【4】10 MeV X- 射線與金片產生成對發生的機率，約是與鋁板產生成對發生的多少倍？（①6 倍②12 倍③18 倍④36 倍）。【93.2. 放射師檢覈】

1.9　光子的能量轉移與吸收

- 能量轉移
- 能量吸收
- 能量轉移係數
- 能量吸收係數
- 制動輻射能量產率
- 能量通量（率）
- 克馬
- 吸收劑量

能量轉移與能量吸收

- **能量轉移**（energy transfer, E_{tr}）指光子與物質作用時，光子能量轉移給電子（光電子、康普吞電子與成對電子等 δ 射線）的動能部份。

- E_{tr} 不包含散射光子的能量與成對電子的質量（此質量將轉換成互毀輻射的能量）。

- **能量吸收**（energy absorption, E_{ab} 或 E_{en}）則指光子與物質作用時，物質自 δ 射線動能所吸收的能量。

- E_{ab} 不包含 δ 射線產生制動輻射的能量。

能量轉移（E_{tr}）與能量吸收（E_{ab}）

能量轉移：二次電子的動能。

能量吸收：物質吸收的能量。

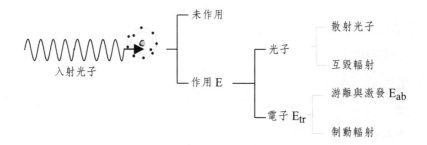

光子作用於碳的能量轉移（E_{tr}）與能量吸收（E_{ab}）

E(MeV)	E_{tr}(MeV)	E_{ab}(MeV)	E_{tr}/E	E_{ab}/E_{tr}	E_{ab}/E
0.01	0.00865	0.00865	0.865	1	0.865
0.1	0.0141	0.0141	0.141	1	0.141
1	0.440	0.440	0.440	1	0.440
10	7.30	7.04	0.730	0.964	0.704
100	95.62	71.9	0.956	0.752	0.719

光子作用於鉛的能量轉移（E_{tr}）與能量吸收（E_{ab}）

E(MeV)	E_{tr}(MeV)	E_{ab}(MeV)	E_{tr}/E	E_{ab}/E_{tr}	E_{ab}/E
0.01	0.00955	0.00955	0.955	1	0.955
0.1	0.0362	0.0357	0.362	0.986	0.357
1	0.550	0.520	0.550	0.550	0.520
10	8.45	6.42	0.845	0.760	0.642
100	98.6	32.4	0.986	0.329	0.324

能量轉移與能量吸收（Ex）

- 【3】有一 5 MeV 的 γ 射線與屏蔽物質發生成對效應，產生動能相同的正負電子對，則電子所得到的動能為多少 MeV ？（①0.511 ②1.022 ③1.989 ④2.512）。【93.1. 放射師檢覈】

- 【3】診斷 X 光射入人體軟組織發生光電效應時，其平均能量轉移 E_{tr} 與平均能量吸收 E_{en} 的關係為：（①$E_{tr} < E_{en}$ ②E_{tr} 遠小於 E_{en} ③$E_{tr} \geq E_{en}$ ④E_{tr} 遠大於 E_{en}）。【93.1. 放射師檢覈】

能量轉移係數

- **能量轉移係數**（energy transfer coefficient, μ_{tr}）：光子經過單位厚度（g cm^{-2} 或 cm）物質後，入射光子能量中，轉給二次電子射線（δ 射線）動能之分率。入射光子能量中，有一部分將因未與物質作用而直接透射出去，另一部分與物質作用者，又可能以散射輻射（合調與不合調散射）或互毀輻射（成對發生）方式透射出去。

能量轉移係數

- 某能量光子與某物質的**能量轉移係數**通常以 μ_{tr}/ρ 或 μ_{tr} 表示。

- $\mu_{tr}/\rho = \mu_\rho \times E_{tr}/E$, $\mu_{tr} = \mu \times E_{tr}/E$。

- 若光子束之**通量**為 Φ cm^{-2}，每一光子之能量為 E MeV，則光子束之**能通量**（Ψ）為 ΦE MeV cm^{-2}。**能通量與質量能量轉移係數** $[(\mu_{tr}/\rho)$ cm^2 g$^{-1}]$ 之乘積稱為**克馬**（kerma），單位與吸收劑量之單位相同。

通量、通量率、能通量與能通量率（Ex）

- 【3】光子在物質中的吸收劑量等於質能吸收係數乘以光子的什麼？（①通量②通量率③能通量④能通量率）。【91.2. 放射師檢覈】

- 【3】下列何者為光子通量率（Fluence rate）的定義？（N：光子數，a：光子通過的面積，hν：光子能量，t：時間）：（①dN/da ②dN·hν/da ③dN/(da·dt) ④dN·hν/(da·dt)）。【91.2. 放射師檢覈】

- 【2】下列何者是能通量（Energy fluence）的定義？（N：光子數，a：光子通過的面積，hν：光子能量，t：時間）：（①dN/da ②dN·hν/da ③dN/(da·dt) ④dN·hν/(da·dt)）。【92.1. 放射師專技高考】

通量與能通量

- 間接游離輻射的強度以**通量**（率）或**能通量**（率）表示。
- 光子或中子通量（Fluence, Φ）定義為 dN/da（N：光子或中子數，a：光子或中子通過的面積；單位為 cm^{-2}）。
- 光子或中子能通量（Energy fluence, Ψ）定義為 $dN \cdot hv/da$）（N：光子或中子的數目，a：光子或中子通過的面積，hv：每一光子或中子的能量；單位為 $MeV\ cm^{-2}$）。

克馬（Kerma, K）

- $K = dE_{tr}/dm$
- 式中 dE_{tr} 是在質量為 dm 的體積單元裡光子或中子轉移給二次荷電粒子的動能。即指光子或中子與物質作用時，光子或中子能量轉移給二次荷電粒子的動能。此動能可能因為產生制動輻射，或因為介質太小（小於二次粒子的射程），未被物質吸收。

克馬（Ex）

- 【2】克馬又稱為比釋動能，單位為（①MeV/m³ ②J/kg ③erg/L ④卡路里）。【89.1. 輻防高級基本】
- 【3】克馬的單位與（①能量 ②曝露 ③吸收劑量 ④等效劑量）的單位相同。【93.1. 放射師專技高考】
- 【3】能量為 2 MeV 的光子射束與質量 1 公斤的物質發生作用，若轉移給該物質內電子的初始動能為 0.3 焦耳，其中 0.2 焦耳的能量被物質吸收，則克馬為多少 Gy？（①0.1 ②0.2 ③0.3 ④ 0.5）。【95.2. 放射師專技高考】

能量轉移係數（Ex）

- 【1】假設光子與物質作用，平均轉移給電子的能量為 E_{tr}，則能量轉移係數（μ_{tr}）與線性衰減係數（μ）的關係為何？（入射光子能量 hν）（①$\mu_{tr} = \mu \cdot E_{tr}/h\nu\lambda$ ②$\mu_{tr} = \mu \cdot h\nu/E_{tr}$ ③$\mu = \mu_{tr} \cdot E_{tr}/h\nu$ ④$\mu = \mu_{tr} \cdot h\nu/E_{tr}$）。【91.1. 放射師檢覈】
- 【3】已知銅對 2 MeV 的光子射束的質量衰減係數為 0.0420 cm² g⁻¹，質量轉移係數為 0.0223 cm² g⁻¹，則每一次光子與銅碰撞平均轉移多少能量？（①178 keV ②441 keV ③ 1.06 MeV ④1.53 MeV）。【92.1. 放射師檢覈】

克馬與質量能量轉移係數（Ex）

- 【2】$X = \Phi E(\mu_{tr}/\rho)$ 式中 ΦE 為光子的能通量，(μ_{tr}/ρ) 為質能轉移係數。則 X 是（①曝露②克馬③吸收劑量④等效劑量）。【87.2. 輻防高級基本】

- 【3】通量為 $5 \times 10^{13}/m^2$ 的 1.25 MeV 光子射束打入石墨中，假設質量衰減係數為 0.00569 m^2/kg 且碰撞的平均能量轉移為 0.588 MeV，則其所產生的克馬為多少 J/kg？（①0.0569 ②0.0364 ③0.0268 ④0.124）。【94.2. 放射師檢覈】

- 【3】已知 100 keV 的光子（通量為 $10^{15}/m^2$）與某物質作用，其 μ/ρ、μ_{tr}/ρ、μ_{ab}/ρ 分別為 0.010、0.0015、0.0014 m^2/kg，其 Kerma（J/kg）為：（①0.160 ②0.112 ③0.024 ④0.0112）。【95.1. 放射師專技高考】

能量吸收係數

- 能量吸收係數（energy absorption coefficient, μ_{ab} 或 μ_{en}）：光子經過單位厚度（g cm^{-2} 或 cm）物質後，入射光子能量中，被物質吸收之分率。

- 某能量光子與某物質的**能量吸收係數**通常以 μ_{ab}/ρ 或 μ_{ab} 表示。

- $\mu_{ab}/\rho = \mu_\rho \times E_{ab}/E$, $\mu_{ab} = \mu \times E_{ab}/E$。

- $\mu_{ab} = \mu_{tr} \times (1 - g)$, $\mu_{ab}/\rho = (\mu_{tr}/\rho) \times (1 - g)$，其中，g 表**制動輻射能量產率**。

克馬與吸收劑量

- 克馬（K）：K = dE_{tr}/dm，式中 dE_{tr} 是單位質量物質（dm）裡間接游離輻射（指光子或中子）轉移給二次粒子的動能。

- 吸收劑量（D）：D = dE_{ab}/dm，式中 dE_{ab} 是單位質量物質裡接受輻射之平均能量。吸收劑量亦為**能通量**（Ψ 或 ΦE）與**質量能量吸收係數**（μ_{ab}/ρ）之乘積。

- D = K (1 − g) = ΦE MeV cm^{-2}×(μ_{ab}/ρ) cm^2 g^{-1}×1.6×10^{-10} Gy (MeV g^{-1})$^{-1}$

質量能量吸收係數（Ex）

- 【4】1.25 MeV 的光子射束射入 1 公分厚的水中，假設其質量衰減係數為 0.0632 cm^2/g 且每次碰撞後平均有 0.586 MeV 的能量被吸收，則其質量吸收係數為多少 cm^2/g ？（①0.1348 ②0.0463 ③0.0370 ④0.0296）。【94.2. 放射師檢覈】

- 【2】質能轉移係數（μ_{tr}/ρ）、質能吸收係數（μ_{ab}/ρ）與制動輻射的平均分數（g）之關係式為：（①$\mu_{ab}/\rho = (\mu_{tr}/\rho)(1 + g)$ ②$\mu_{ab}/\rho = (\mu_{tr}/\rho)(1 − g)$ ③$\mu_{tr}/\rho = (\mu_{ab}/\rho)(1 + g)$ ④$\mu_{tr}/\rho = (\mu_{ab}/\rho)(1 − g)$）。【91.2. 放射師檢覈】

衰減、能量轉移與能量吸收係數（Ex）

- 【2】100 MeV 的光子與水發生作用，試比較質量衰減係數（μ/ρ）、質能吸收係數（μ_{en}/ρ）與質能轉移係數（μ_{tr}/ρ）的大小：（①$\mu/\rho > \mu_{en}/\rho > \mu_{tr}/\rho$ ②$\mu/\rho > \mu_{tr}/\rho > \mu_{en}/\rho$ ③$\mu_{tr}/\rho > \mu/\rho > \mu_{en}/\rho$ ④$\mu_{en}/\rho > \mu_{tr}/\rho > \mu/\rho$）。【92.1. 放射師專技高考】

- 【2】光子的衰減係數為 μ，能量吸收係數為 μ_{en}，能量轉移係數為 μ_{tr}。下列何者正確？（①$\mu > \mu_{en} > \mu_{tr}$ ②$\mu > \mu_{tr} > \mu_{en}$ ③$\mu_{en} > \mu_{tr} > \mu$ ④$\mu_{tr} > \mu_{en} > \mu$）。【94.1. 放射師專技高考】

吸收劑量與質量能量吸收係數（Ex）

- 【3】光子在物質中的吸收劑量等於質能吸收係數乘以光子的什麼？（①通量②通量率③能通量④能通量率）。【91.2. 放射師檢覈】

- 【3】已知 1 MeV 的光子與空氣作用的質能吸收係數 $(\mu_{ab}/\rho)_{air}$ 等於 0.00279 $m^2\,kg^{-1}$，則產生 1 侖琴的曝露量，需要 1 MeV 光子的能通量為多少 $J\,m^{-2}$？（①1.23 ②2.84 ③3.13 ④4.58）。【91.1. 放射師檢覈】

1.10 曝露率常數

- ■ TSD 原則
- ■ 劑量率與累積劑量
- ■ 平方反比律
- ■ 暴露
- ■ 克馬
- ■ 空氣克馬
- ■ 吸收劑量
- ■ 等價劑量
- ■ 有效劑量
- ■ 能量通量率

- ■ 曝露（率）
- ■ 曝露率常數

體外曝露輻射防護基本原則

TSD 原則

- ■ T: time（與**時間**成正比）
- ■ S: shielding [**屏蔽**，若以 N 個半值層屏蔽，劑量將降為原來的（1/2）^{N}]
- ■ D: distance（與**距離**平方成反比）

TSD 原則指儘量減少體外曝露時間，使用輻射屏蔽與增加距射源距離。

體外曝露輻射防護基本原則

- 操作放射性物質時，活度與體外劑量成正比，故應遵循 **TSDD** 原則。
- 第二個 **D** 指 decay（衰變），每經過一個半化期，放射性物質的活度減半，體外劑量減半。
- 若經過 N 個半化期，活度（體外劑量）降為原來的 $(1/2)^N$。

劑量與劑量率

- 可發生游離輻射設備或長半化期核種造成物質的劑量率（D）通常為一定值，於是，t 時間後的累積劑量（D）為 D = Dt。
- 短半化期核種造成物質的劑量率（D）為時間的函數，於是，若初劑量率為 D_0，衰變常數為 λ，t 時間後的累積劑量（D）的計算式為

$$D = \frac{D_0}{\lambda}(1 - e^{-\lambda t})$$

- 計算體內劑量時，式中 λ 為有效排除常數 λ_E。

劑量與劑量率（Ex）

- 【1】利用 ^{125}I（半衰期 60 天）射源植入攝護腺癌病人體內，做永久性插種治療，若初始劑量率為 0.1 Gy/h，則在射源完全衰變（即植入時間遠大於半衰期）後，病人接受多少劑量？（①207 Gy ②152 Gy ③101 Gy ④62 Gy）。【93.2. 放射師檢覈】

- 【4】一攝護腺癌病人置入 ^{103}Pd（$T_{1/2}$ = 17 days）做永久性插種治療，若初始劑量率為 0.42 Gy/h，則置入病人體內一個月後病人接受多少劑量？（①21 Gy ②43 Gy ③87 Gy ④174 Gy）。【93.2. 放射師檢覈】

平方反比律（Ex）

- 【4】點狀射源活度（A）、距離（r）及曝露時間（t）三項因素與曝露劑量（D）的數學關係，下列何者正確？曝露劑量正比於（①Atr ②Ar^{2}t^{-1} ③Atr^{-1} ④Atr^{-2}）。【90.1. 放射師檢覈】

- 【1】距一點射源 10 公尺處之暴露率為 50 R hr^{-1}，試問距此點射源 2 公尺處之暴露率為多少 R hr^{-1}？（①1250 ②250 ③10 ④2.3）。【90.1. 放射師檢覈】

- 【1】一 X 光檢查若以 SID = 100 cm 拍攝一器官得輸出強度為 12.5 mR，若改變 SID = 91 cm 時，輸出強度為多少 mR？（①10.4 ②12.5 ③15.1 ④20.1）。【92.1. 放射師專技高考】

暴露

- **暴露**（exposure）：電磁輻射在單位質量空氣中因游離所產生之電荷量。
- 暴露代表場所電磁輻射的強度。
- 傳統單位(**侖琴**，Röentgen, R)：使 1 cm^3 空氣產生電量(目前電量單位為庫侖，Coulomb, C) 為 1 靜電庫侖（1 SC）之電磁輻射強度為 1 R。
- 國際單位（C kg^{-1}）：1 R = 2.58×10^{-4} C kg^{-1}。

暴露（Ex）

- 【2】侖琴是哪一種輻射在何種介質內的曝露劑量？（①光子在水中②光子在空氣中③帶電的粒子在水中④中子在空氣中）。【90.2. 放射師檢覈】
- 【3】曝露量 2 侖琴相當於多少 C/kg？（①5.16×10^{-5} ②2.58×10^{-5} ③5.16×10^{-4} ④2.58×10^{-4}）。【91.2. 操作初級專業設備】
- 【2】一 X 射線束在 2 公克的空氣中，每分鐘產生 3×10^9 的游離電子對，曝露率為（①4×10^{-10} ②4×10^{-9} ③4×10^{-8} ④4×10^{-7}）C/kg s。【93.1. 放射師檢覈】

放射性物質的暴露率

- 放射性物質對場所暴露的貢獻主要源於加馬。
- 計算放射性物質對場所造成暴露時，通常忽略射源自吸收（點射源）、忽略空氣衰減等。
- 空氣對 60 keV 至 2 MeV 光子之質量能量吸收係數（μ_{ab}/ρ）約為 0.027 cm^2 g^{-1}。
- 一活度為 C Ci 之某射源（每次衰變可釋出能量為 E MeV 之 γ），距離此射源 r m 外之暴露率（X）計算方式如後：

放射性物質的暴露率

- C Ci = C $\times 3.7 \times 10^{10}$ (Bq s) s^{-1}
- 能通率：$\times E$ MeV (Bq s)$^{-1}$
- 能量通量率：$\div [4\,\pi(r \times 100\text{ cm})^2]$
- 吸收劑量率：$\times (\mu_{ab}/\rho \doteq 0.027)$cm^2 g^{-1}
- $\times 1.6 \times 10^{-10}$J kg^{-1}/(MeV g^{-1})
- 暴露率：$\times 1$ C (34 J)$^{-1}$
- $\times 3600$ sh$^{-1} \times 1$ R/(2.58$\times 10^{-4}$ Ckg^{-1})

通量、通量率、能通量與能通量率（Ex）

- 【2】有一 ^{60}Co 的點射源，其活度為 1 Ci，γ 能量為 1.173 MeV（100%）、1.333 MeV（100%），試求在 1 米處的輻射強度為多少？（①1.18×10^{-2} J m^{-2} s^{-1} ②1.18×10^{-3} J m^{-2} s^{-1} ③1.18×10^{-4} J m^{-2} s^{-1} ④1.18×10^{-5} J m^{-2} s^{-1}）。【93.1. 放射師檢覈】
- 【2】活度 1 Ci 的 ^{137}Cs 點射源，每次蛻變所產生的 γ 能量為 0.662 MeV（90%），則在距離射源 0.5 公尺處的光子能通量率為（①2.8×10^9 MeV m^{-2} s^{-1} ②7.0×10^9 MeV m^{-2} s^{-1} ③ 8.8×10^9 MeV m^{-2} s^{-1} ④ 1.4×10^{10} MeV m^{-2} s^{-1}）。【93.1. 放射師檢覈】

放射性物質的暴露率

- 承前，一活度為 C Ci 之某射源（每次衰變可釋出能量為 E MeV 之 γ），則距離此射源 r m 外之暴露率（X）計算公式（假設空氣對光子之 μ_{ab}/ρ 為 0.027 cm^2 g^{-1}）：

$$\dot{X}(Rh^{-1}) = 0.52\frac{CE}{r^2}$$

暴露率常數

- 為了計算上的方便，定義距離 1 Ci 某核種 1 m 之暴露率為**暴露率常數**或**比加馬發射**（Γ, specific gamma emission）。
- ∴ Γ = 0.52 E（單位為 R m² Ci⁻¹ h⁻¹）
- 暴露率（X）計算方式如下：

$$X = \frac{0.52CE}{r^2} = \Gamma\frac{C}{r^2}$$

暴露率常數

- 若使用國際單位（活度使用 MBq，暴露率使用 C kg⁻¹ h⁻¹），則距離 1 MBq 某核種（每次衰變將釋出總能量為 E MeV 之光子能量）1 m 處之暴露率為 3.65×10⁻⁹ E (C kg⁻¹ h⁻¹)
- ∴ Γ = 3.65×10⁻⁹ E（單位為 C kg⁻¹ m² MBq⁻¹ h⁻¹）
- ¹³¹I 的 Γ 值為 1.53×10⁻⁹ C kg⁻¹ m² MBq⁻¹ h⁻¹，則距 10 MBq 射源 3 m 處的暴露率為 1.53×10⁻⁹×10÷3² = 1.7×10⁻⁹ C kg⁻¹ h⁻¹

部分核種之曝露率常數

核種	暴露率潰數，Γ	
	R m² Ci⁻¹ h⁻¹	C kg⁻¹ m² MBq⁻¹ h⁻¹
²⁴Na	1.84	12.8×10⁻⁹
⁴²K	0.14	1.39×10⁻⁹
⁶⁰Co	1.32	9.19×10⁻⁹
¹³⁷Cs	0.33	2.3×10⁻⁹
¹⁹²Ir	0.48	3.34×10⁻⁹
²²⁶Ra	0.825	5.75×10⁻⁹

暴露率常數（Ex）

- 【2】曝露率常數（Γ）常用於（①有效原子序②體外光子劑量③體內電子劑量④體內 α 粒子吸收劑量評估）的計算。【93 二技統一入學】

- 【3】曝露率常數 Γ 與下列何者最有關？（①α 粒子能量②α 粒子比活度③光子能量④中子通量）。【95 二技統一入學】

- 【3】曝露率常數的單位在分母為（①小時·戈雷②西弗·克③小時·貝克④侖琴·分）。【89.2. 操作初級選試設備】

暴露率常數（Ex）

- 【2】^{60}Co 的暴露率常數為 1.3 R$m^2$$h^{-1}Ci^{-1}$，若有 10 Ci 之 ^{60}Co，在距離 2 m 處之暴露率為何？（①1.25 R/h②3.25 R/h③6.25 R/h④52.0 R/h）。【93.2. 放射師檢覈】

- 【4】在距離活性為 10Ci 的 ^{192}Ir 射源 3 公分處其暴露率為多少 Rh^{-1}？（exposure rate constant: 4.69 R cm^2 mC$i^{-1}$$h^{-1}$）（①4.22×$10^5$②4.69×$10^4$③4.22×$10^4$④5.21×$10^3$）。【91 放射師專技高考】

- 【2】已知距銫 137 射源 1 米處的曝露率常數為 0.33 R Ci^{-1} h^{-1}，現有一 6 居里的射源，試問距其 10 米處之曝露率為多少毫侖琴／時（mR h^{-1}）？（①16.5 ②19.8 ③23.1 ④26.4）。【91.2. 放射師檢覈】

曝露率常數中曝露的種類

- **暴露**：R 或 C kg^{-1}。
- **空氣克馬**：rad 或 Gy。以 W 值進行暴露與空氣克馬之轉換。
- 制動輻射忽略不計，空氣克馬≡**空氣吸收劑量**。
- **人體吸收劑量**：rad 或 Gy。以 Bragg-Gray 原理進行空氣吸收劑量與人體吸收劑量之轉換。
- **等價劑量或有效劑量**：rem 或 Sv。以輻射加權因數、組織加權因數進行吸收劑量與等價劑量、有效劑量之轉換。

空氣克馬

- 暴露限制使用於<u>電磁輻射</u>與<u>空氣</u>的作用。
- 克馬用於間接游離輻射（光子與中子）的能量定量。
- 克馬適用所有物質。
- 由於暴露的使用限制性（電磁輻射與空氣），而克馬無此限制，另**空氣克馬**又可取代暴露的定量觀念，故已被廣泛用於法規，代表場所間接游離輻射的強度。

暴露－吸收劑量

- 暴露為 $1 \, C \, kg^{-1}$ 時，空氣克馬為 $33.85 \, Gy$。
- 克馬與吸收劑量差別於制動輻射的產率。由於空氣為低原子序物質，一般 δ 射線與空氣作用時，制動輻射的產率趨近於 0，可忽略不計，因此，空氣克馬≡空氣吸收劑量。
- 組織的吸收劑量則須利用**布拉格 - 戈雷原理**中組織與空氣的相對質量阻擋本領比值（≒ 1.1）計算。

暴露、克馬、吸收劑量（Ex）

- 【2】在乾燥空氣中，1 R 相當於多少 J kg^{-1}？（①0.000876 ②0.00876 ③0.0876 ④0.876）。【93.1. 放射師檢覈】
- 【2】一體積為 1 cm^3 之空腔內充滿著空氣（ρ = 1.293 kg m^{-3}），接受照射後，共游離出 3.336×10^{-10} C 之電量，試問在空氣中之吸收劑量為何？（W/e = 33.85 J C^{-1}）（① 0.693 ②0.873 ③1.0 ④7.62）cGy。【92.1. 放射師專技高考】
- 【4】X 光曝露等於 1 C/kg，相當於多少軟組織吸收劑量？（①0.87 Gy ②0.96 Gy ③34 Gy ④37 Gy）。【90.2. 輻防中級基本】

曝露率常數（Ex）

- 【4】若某加馬核種的 Γ 值為 10^{-4}（mSv/h）m^2/MBq，當其活度為 10^{10} 貝克時，距離此點射源一公尺處的劑量率為多少毫西弗 / 小時？（①0.001 ②0.01 ③0.1 ④1.0）。【93.2. 放射師檢覈】
- 【1】距離活度為 3.7×10^{10} 貝克的鈷 -60 點射源 2 公尺處之劑量率是多少毫西弗 / 時？已知鈷 -60 之劑量率常數 Γ = 3.703×10^{-4}（毫西弗 / 時）·平方公尺 / 百萬貝克：（①3.43 ②13.7 ③27.4 ④54.8）。【94.1. 放射師檢覈】
- 【2】100 mCi 的銫 137 校正射源，距離 2 m 處放置片狀 LiF 熱發光劑量計（TLD），曝露 10 小時，TLD 的劑量數為 100 mR，請問 TLD 的校正常數為何？[Cs-137：Γ=0.34 R m^2 h^{-1} Ci^{-1}]（①0.80 ②0.85 ③1.10 ④1.18）。【94.2. 放射師檢覈】

曝露率常數（Ex）

- 【2】Ra-226 與 Au-198 暴露率常數分別為 0.825 與 0.238 R m²h⁻¹ Ci⁻¹，則 1 mCi 之 Au-198 相當於多少毫克鐳當量？（①0.196 ②0.288 ③1.0 ④3.47）。【92.1. 放射師專技高考】
- 【3】若在標準實驗室校正得一 ¹⁹²Ir 點射源之空氣克馬強度（air kerma strength）為 10 μGy m² h⁻¹，則相當於多少 mCi？（Γ_{Ir} = 0.469 mR · m²/mCi · h）（①0.57 ②1.75 ③2.44 ④17.5）。【93.2. 放射師檢覈】
- 【3】假設 Ir-192 的曝露率常數為 0.400 R m² h⁻¹ Ci⁻¹，Ra-226 的曝露率常數為 0.825 Rm² h⁻¹ Ci⁻¹，則 10 Ci 強度的 Ir-192 射源相當於多少克的鐳當量（radium equivalent）？（①20.6 ②8.25 ③4.85 ④3.30）。【94.2. 放射師檢覈】

1.11　輻射量測

- 充氣式偵檢器
- 游離腔
- 溫壓校正因數
- 比例計數器
- 蓋格計數器
- 焠熄
- 無感時間
- 閃爍偵檢器
- 光電倍增管
- 光陰極

- 次陽極
- 半導體偵檢器
- 熱發光劑量計
- 化學劑量計
- 熱量計測定術
- 體內劑量偵測
- 染色體變異分析

充氣式偵檢器（Ex）

- ■【1】一般充氣式輻射度量儀器是根據何種原理而設計的？（①游離作用②碰撞作用③彈性作用④激發作用）。【89.1. 輻防中級基本】
- ■【4】充氣式偵測器隨著高壓而增加的順序為：（①蓋革、比例、游離②游離、蓋革、比例③比例、游離、蓋革④游離、比例、蓋革）。【90.1. 操作初級基本】
- ■【1】在充氣式偵檢器的特性曲線中，電壓比蓋革區高的是：（①連續放電區②游離腔區③比例區④再結合區）。【91 放射師專技高考】

游離腔（Ex）

- ■【2】入射輻射產生多少游離電子對，偵檢器就收集多少電子，請問這樣的偵檢器操作電壓是在那一區？（①GM區②飽合游離區③連續放電區④比例放大區）。【92.2. 放射師檢覈】
- ■【1】在充氣式偵檢器的特性曲線中，下列那一區域脈衝高度與游離的離子對數目有關，而與外加電壓大小無關？（①游離腔區②比例計數區③蓋革區④有限比例區）。【96.1. 放射師專技高考】
- ■【4】適合作為原級標準、不需以其他偵檢器校正的輻射偵檢器為：（①蓋革計數器②半導體偵檢器③閃爍偵檢器④自由空氣游離腔）。【94.2. 放射師專技高考】

溫壓校正因數（Ex）

■【1】 游離腔需要溫度壓力校正主要原因為何？（①氣體於收集體積內密度會改變②在較高溫度下氣體會收縮③在較高壓力下氣體會膨脹④以上皆非）。【95.2.放射師專技高考】

■【2】 游離腔的使用需作溫度與壓力的校正，請問當游離腔在室溫 20℃、壓力 100 kPa 下量測，則其溫壓修正因子為何？（游離腔在一大氣壓 101.3 kPa，22℃下校正）（① 1.087 ②1.006 ③0.994 ④0.920）。【94.1.放射師檢覈】

■【4】 使用 Farmer 游離腔作劑量校正時，需作溫度壓力校正，現壓力為 750 mmHg，溫度 20℃，請求出其校正因數 $C_{T,P}$ 為何？（①0.995 ②0.998 ③1.002 ④1.006）。【96.2.放射師專技高考】

比例計數器（Ex）

■【2】 下列何者是最常用來度量輻射能譜的充氣式偵檢器？（①游離腔②比例計數器③蓋革計數器④NaI 偵檢器）。【96.1.輻安證書專業】

■【4】 充氣式偵檢器的特性曲線中，那一區域脈衝高度正比於原始離子對的數目，即 $Q = n_o eM$，式中 Q 為收集總電量，n_o 為原始離子對，e 為電子所帶的電荷，M 為平均氣體放大因子：（①蓋革牟勒區②飽和區③限制比例區④比例計數區）。【92.1.放射師檢覈】

■【1】 比例計數器最常充填 P-10 氣體，它含有 90% 氬氣及 10% 甲烷，其中甲烷主要的作用為何？（①焠熄劑②充填氣體③氧化劑④還原劑）。【92.1.放射師檢覈】

蓋革計數器（Ex）

■【3】那一氣體偵測器會產生電崩（avalanche）？（①游離腔②比例計數器③蓋革計數器④劑量筆）。【89.2. 輻防初級基本】

■【1】充氣式偵檢器的特性曲線圖中，何區域不能鑑別輻射種類？（①蓋革區②比例計數區③游離腔④飽和區）。【96.2. 放射師專技高考】

■【4】下列偵檢器中，那一種偵檢器的無感時間最長？（①游離腔②半導體偵檢器③閃爍偵檢器④蓋革計數器）。【91 放射師專技高考】

■【2】蓋革（GM）偵檢器添加有機分子或鹵素氣體，其作用為何？（①促使管內電壓提高②作為淬熄（quenching）劑③加強脈衝訊號的強度④作為鑑別器氣體）。【92.2. 放射師檢覈】

焠熄、無感時間（Ex）

■【4】蓋革（GM）偵檢器常添加有機分子或以下那種氣體，來抑制二次電子的產生，做為焠熄氣體？（①鈍氣②氫氣③氮氣④鹵素氣體）。【93.1. 放射師檢覈】

■【3】下列那一項操作因素可能造成輻射偵檢器無感時間損失最嚴重，影響度量準確度亦最大？（①高能量入射粒子②低能量入射粒子③高計數率④低計數率）。【92.1. 放射師檢覈】

■【4】下列何種偵檢器的無感時間最長？（①游離腔②純鍺半導體偵檢器③比例計數器④蓋革計數器）。【90.1. 操作初級選試設備】

閃爍偵檢器（Ex）

- 【3】閃爍攝影機的 NaI（Tl）晶體作用為：（①引導加馬射線②將加馬射線轉變成能量③將加馬射線轉變成光線④將加馬射線轉變成電子訊號）。【95.1. 放射師專技高考】
- 【1】NaI（Tl）無機閃爍偵檢器內的 Tl 材料是（①活化劑②螯合劑③催化劑④黏著劑）。【93.2. 輻安證書專業】
- 【2】有關閃爍偵檢器，下列何者是錯的？（①閃爍體可將荷電粒子的動能轉換成可偵檢的光②閃爍體之選擇以所誘發螢光的衰變時間必須足夠長以便取得訊號③NaI（Tl）為無機閃爍體④閃爍體內填加高原子序的元素，其目的為增加加馬射線光電轉換的機率）。【88.2. 輻防高級基本】

光電倍增管（Ex）

- 【3】下列何種偵檢器須經由光電管（PMT）放大及轉換其所偵測之訊號？（①比例偵檢器②蓋革計數器③閃爍偵檢器④游離腔偵檢器）。【94.2. 放射師專技高考】
- 【3】光電倍增管為倍增（①聲子②質子③電子④中子）。【89.1. 輻防初級基本】
- 【3】光電倍增管中，將閃爍光轉化為電子的元件為：（①NaI（Tl）②陽極（anode）③光陰極（photocathode）④次陽極（dynode））。【96.2. 放射師專技高考】
- 【1】光電倍增管內含有 10 個次陽極（dynode），每個次陽極的放大倍數為 4，則此光電倍增管的整體放大倍率約為多少？（①$10^6$ ②$10^5$ ③$10^4$ ④$10^3$）。【94.1. 放射師檢覈】

半導體偵檢器（Ex）

- ■【4】輻射產生游離作用而生成電荷，直接測定此電荷量的偵檢器為何？（①化學劑量計②TLD 劑量計③NaI（Tl）偵檢器④Ge 偵檢器）。【93.2. 放射師專技高考】
- ■【3】以固態理論而言，其能帶間隙在何範圍者，屬於半導體？（①0.025 eV ②0.1 eV ③1 eV ④5 eV）。【92.2. 放射師檢覈】
- ■【1】在半導體中產生一對電子 - 電洞所需的能量約為（①3 eV ②10 eV ③34 eV ④40 eV）。【91.1. 操作初級專業設備】
- ■【4】關於半導體偵測器，下列敘述何者正確？（①半導體的 W 值約為空氣的 W 值之 10 倍②p-type 的半導體有過量的電子③導體中摻入硼則成為 n-type ③要產生空乏區必須加上逆向偏壓）。【94.1. 放射師檢覈】

熱發光劑量計（Ex）

- ■【2】熱發光劑量計（TLD）加熱時所發出的光與時間的函數曲線稱為：（①特性曲線②輝光曲線③校正曲線④二次曲線）。【91.1. 放射師檢覈】
- ■【1】那一熱發光劑量計的材料，可偵測中子？（①氟化鋰 -6 ②氟化鋰 -7 ③硫酸鈣④氟化鈣）。【89.2. 輻防初級基本】
- ■【3】常用的熱發光劑量計 LiF 中，會加入 Mg 或 Ti，這些 Mg 或 Ti 是：（①還原劑②中和劑③活化劑④緩和劑）。【97.1. 輻安證書專業】
- ■【2】熱發光劑量計（TLD）不能偵測下述何種射線：（①中子②α 粒子③β 射線④γ 射線）。【96.1. 輻安證書專業】

化學劑量計（Ex）

- 【4】夫瑞克劑量計（Fricke dosimetry）其溶液中主要的成分為：（①硫酸鐵②硝酸鐵③溴化銀④硫酸亞鐵）。【91 放射師專技高考】
- 【2】弗立克化學劑量計受 γ 照射後，其化學反應為：（① $Fe^{3+} \rightarrow Fe^{2+}$ ②$Fe^{2+} \rightarrow Fe^{3+}$ ③$S^{3+} \rightarrow S^{2+}$ ④$S^{2+} \rightarrow S3^{+}$）。【97.1. 放射師專技高考】
- 【2】使用 Fricke 劑量計，必須知道 G 值，此值和什麼濃度有關？（①Fe^{4+} ②Fe^{3+} ③Fe^{+} ④Fe）。【93.2. 放射師專技高考】
- 【1】利用弗立克劑量計度量輻射需利用 G 值，G 值之定義為：（①吸收 100 eV 輻射能量所生成產物的分子數②產生 1 離子對需吸收的輻射能量③吸收 1 戈雷產生離子對的數量④吸收 1 戈雷所生成產物的分子數）。【94.2. 放射師專技高考】

熱量計測定術（Ex）

- 【4】可以直接測量吸收劑量的唯一方法是：（①軟片劑量術（film dosimetry）②熱發光劑量測定術（TLD）③游離腔度量④熱量計測定術（calorimetry））。【93.2. 放射師檢覈】
- 【4】利用熱量計（calorimeter）進行輻射劑量的度量，其原理係用水吸收 1 Gy 的劑量，水溫升高多少℃？（①$2.392 \times 10^{-3}$ ②$4.0 \times 10^{-4}$ ③4180 ④$2.392 \times 10^{-4}$）。【96.2. 放射師專技高考】
- 【3】下列何劑量計不適用於人體體內劑量之測量？（①游離腔②固態二極體③卡計④熱發光劑量計）。【94.1. 放射師檢覈】

體內劑量偵測（Ex）

■【1】最常用於體內劑量偵測之方法為：（①全身計測與尿樣分析②膠片與尿樣分析③熱發光劑量計與膠片④熱發光劑量計與全身計測）。【93.1. 放射師檢覈】

■【3】全身計測法和生物鑑定法的比較中，有關全身計測法之優缺點，下述何者不正確？（①設備比較昂貴②評估加馬核種體內曝露劑量比較準確③無法自體外直接測到體內所含放射性核種的位置或大致區域④接受檢查人員必須到特定的計測室）。【92.2. 放射師專技高考】

全身計測（Ex）

【1】全身計測（whole body counting）不適用於那一類核種？（①阿伐粒子②高能貝他粒子③X光④加馬射線）。【92.1. 放射師檢覈】

■【2】全身計測不適於測量下列那一種體內污染的核種？（①^{60}Co ②^{32}P ③^{131}I ④^{137}Cs）。【91.1. 放射師檢覈】

■【3】對於全身計測何者敘述正確？（①可測阿伐、貝他、加馬核種②可以在一般設備實驗室度量③可自體外直接測到體內所含核種的位置④藉人體的排泄間接推算體內劑量）。【91.1. 操作初級基本】

生化分析（Ex）

- 【3】下列哪一種儀器最適於度量體內污染及曝露？（①蓋格測量計②手足偵測器③全身計數器④劑量佩章）。【91.2. 操作初級專業非密封】
- 【4】以生化分析來評估體內輻射曝露，其中最常用的試樣為何？（①活體組織切片②血液③頭髮④尿液及糞便）。【92.1. 放射師檢覈】
- 【3】若欲進行 ^{14}C 之測量，則使用下列何種設備最佳？（①井型計數器②質譜儀③液體閃爍計數器④蓋革計數器）。【93.2. 放射師專技高考】

染色體變異分析（Ex）

- 【3】目前最靈敏的生物劑量計是（①血球數目測定②生化物質分析③染色體變異分析④尿樣分析）。【88.2. 輻防中級基本】
- 【4】下列何者不是游離輻射造成淋巴細胞染色體的主要變異？（①欠失型②雙中節型③環型④三中節型）。【97.1. 放射師專技高考】
- 【3】關於利用血液淋巴球染色體變異分析作為輻射生物劑量計的敘述，下列何者錯誤？（①是目前最靈敏且應用最廣的生物劑量計②可分析劑量範圍為 0.1 ～ 10 Gy ③以欠失型（Deletion）變異所佔比例最高④低 LET 輻射的劑量反應曲線呈現線性平方關係）。【95.1. 放射師專技高考】

1.12 輻射計測統計

- 常態分布
- 標準偏差
- 機率函數
- 輻射計測的標準偏差
- 輻射計測誤差擴展
- 輻射計測時間最適化
- 半高全寬
- 解析度

常態分布特性

輻射計測值 $(x_1, x_2, ..., x_n)$ 的分布符合常態（或高斯）分布，分布特性如下（平均值以 u 表示，標準偏差以 σ 表示）：

- $u = (\Sigma x_i)/n = (x_1 + x_2 + \ldots + x_n)/n$
- 將常態分布機率函數作圖時，橫座標為計測值 x，縱座標為該計測值出現之機率 $f(x)$。此曲線的最高點是平均值 u 的位置，是一以 u 為對稱中心的鐘形曲線。
- 標準偏差（σ）代表 x 與 u 間的離散情形。

$$\sigma = \sqrt{\frac{\sum\limits_{i=1}^{n}(x_i - u)^2}{n}}$$

常態分布機率函數

某一樣本計測值為 $x_1, x_2, \cdots, x_n$，平均值為 u，標準偏差為 σ，則任一計測值出現之機率 $f(x)$ 為

$$f(x) = \frac{1}{\sigma\sqrt{2\pi}}\, e^{\frac{-(x-u)^2}{2\sigma^2}}$$

例：平均計測值為 100，標準偏差為 5，則計測值為 101 的機率為

$$f(101) = \frac{1}{5\sqrt{2\pi}}\, e^{\frac{-(101-100)^2}{2\times 5^2}} = 0.0782$$

例：計測值為平均值（u）出現之機率為 $1/[\sigma\sqrt{(2\pi)}]$

例：計測值為半高處出現之位置為 $u \pm 1.177\sigma$。

常態分布機率函數圖

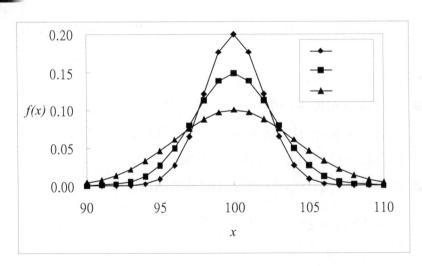

標準偏差與機率函數

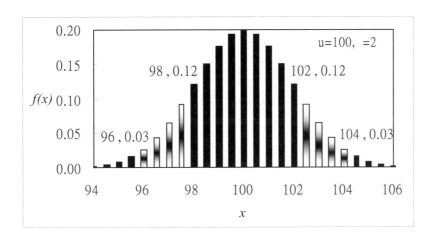

標準偏差與機率函數

$f(u - \sigma \leqq x \leqq u + \sigma)$	68.27%
$f(u - 2\sigma \leqq x \leqq u + 2\sigma)$	95.45%
$f(u - 3\sigma \leqq x \leqq u + 3\sigma)$	99.73%
$f(u - 1.645\sigma \leqq x \leqq u + 1.645\sigma)$	90%
$f(u - 1.96\sigma \leqq x \leqq u + 1.96\sigma)$	95%
$f(u - 2.58\sigma \leqq x \leqq u + 2.58\sigma)$	99%
$f(u - 1.177\sigma \leqq x \leqq u + 1.177\sigma)$	$0.5/[\sigma \sqrt{(2\pi)}]$

標準偏差（Ex）

- 【3】預測值高斯分布 90% 機率之範圍為：（① ±0.68σ ② ±σ ③ ±1.64σ ④ ±2σ）。【93.1. 放射師檢覈】
- 【3】常態分布曲線與 n 個標準差之間的面積為 95.5%，請問 n= ？（①1 ②1.65 ③2 ④3）。【94.1. 放射師檢覈】
- 【2】對於高斯分佈的統計曲線而言，一個標準誤差代表約為若干百分比的機率可能性？（①50% ②69% ③90% ④96%）。【94.2. 放射師檢覈】

單次輻射計測的標準偏差

- 若單次輻射計測時，計測值為 x，標準偏差為 $\sqrt{x}$，百分標準偏差為 $[(\sqrt{x})/x] \times 100\%$。
- 若計測值為 x，計測時間為 t，標準偏差為 $(\sqrt{x})/t$。例如測 10 分鐘，計測值分別為 10000 與 40000，計測率分別為 1000±10 cpm(±1%) 與 4000±20 cpm(±0.5%)。
- 若計測率為 x，計測時間為 t，標準偏差為 $\sqrt{(x/t)}$。例如分別測 1 與 10 分鐘，計測率均為 1000 cpm，標準偏差分別為 31.7 與 10 cpm。

單次輻射計測的標準偏差（Ex）

- ■【2】某射源一次計測的值為 500，求其計測標準誤差為多少？（①數據不夠，無法計算②22.36 ③250 ④500）。【90 二技統一入學】

- ■【2】單一計測值為 100 時，平均值 ± 標準差（σ）的範圍為（①95 ～ 105 ②90 ～ 110 ③85 ～ 115 ④80 ～ 120）。【92.2. 放射師檢覈】

- ■【3】為了要使放射線計數器的標準誤差達到 2% 以內，請問該計數器至少要收集到多少數目的計數？（①10000 ②5000 ③2500 ④250）。【94.2. 放射師檢覈】

單次輻射計測的標準偏差（Ex）

- ■【2】某試樣計測得 10000 計數，試求此試樣的 68% 信賴區間？（①10000±68 計數②10000±100 計數③10000± 165 計數④10000±200 計數）。【91 放射師專技高考】

- ■【3】以計數器作 50 次之測量，若平均計數為 2500，則落在 2500±50 間的測量值有多少次？（①18 ②22 ③34 ④39）。【92.1. 放射師專技高考】

- ■【4】假設計數符合 Poisson 分布，若欲使標準差之百分誤差為 5%，所需的計數為多少？（①2500 ②2000 ③500 ④400）。【94 二技統一入學】

計測時間與標準偏差（Ex）

- 【4】某樣品計測 2 分鐘計數率為 800 cpm，則其計數誤差(1 標準差)為多少？（①0.5% ②1.0% ③2.0% ④2.5%）。【91.1. 放射師檢覈】
- 【2】淨計數 =1600，計測時間 = 4 秒，則計數率之標準差為（①8 秒$^{-1}$ ②10 秒$^{-1}$ ③16 秒$^{-1}$ ④20 秒$^{-1}$）。【93.1. 放射師檢覈】
- 【1】某計數率為 30 s^{-1}，計測時間為 30 s，則其標準差為多少？（①1 s^{-1} ②5.5 s^{-1} ③0.18 s^{-1} ④7.5 s^{-1}）。【93.2. 放射師檢覈】

輻射計測誤差擴展

- 若計測樣品與背景時，計測值分別為 x $\pm$ σ_x 與 y $\pm$ σ_y，此二計測值和或差（u）的標準偏差為 $\sqrt{(\sigma_x^2 + \sigma_y^2)}$。
- 若計測二不同樣品時，計測值分別為 x $\pm$ σ_x 與 y $\pm$ σ_y，此二計測值積或商（u）的標準偏差（σ_u）計算方式為：

$$\left(\frac{\sigma_u}{u}\right)^2 = \left(\frac{\sigma_x}{x}\right)^2 + \left(\frac{\sigma_y}{y}\right)^2$$

輻射計測誤差擴展-和與差（Ex）

- 【2】度量某樣品之計數值為 400 ± 20，背景計數值為 20 ± 4，則此樣品淨計數值之標準差為：（①24 ②20.4 ③19.6 ④16）。【94.2. 放射師專技高考】

- 【3】在相同條件下，計測某一試樣的計測率為 5000 ± 50 cpm，背景計測率為 200 ± 2 cpm，則該試樣的淨計測率與誤差為何？（①5200 $\pm$ 50 cpm ②5200 $\pm$ 48 cpm ③4800 $\pm$ 50 cpm ④4800 $\pm$ 48 cpm）。【94.2. 放射師檢覈】

輻射計測誤差擴展-商（Ex）

- 【1】在相同條件下，計測某一試樣與標準物質的放射性活度，結果該試樣為 5000 ± 50 cpm，標準物質為 2500 ± 25 cpm，則該試樣與標準物質的放射性活度比為何？（①2.000 $\pm$ 0.028 ②2.000 $\pm$ 0.014 ③2.000 $\pm$ 0.007 ④2.000 $\pm$ 0.001）。【94.2. 放射師檢覈】

- 【2】若射源 A 之計測值為 18000 及射源 B 之計測值為 9000，則 A 與 B 之活度比值及標準差為何？（①2 $\pm$ 164 ②2 $\pm$ 0.026 ③0.5 $\pm$ 164 ④0.5 $\pm$ 0.026）。【94.2. 放射師專技高考】

輻射計測時間最適化

■ 放射樣品的總計數率與背景計數率若分別略知為 S 與 B，此時若僅有固定時間可完成樣品與背景的計數，欲以最佳的時間分配，分別計數樣品與背景，使計數標準偏差為最小，則樣品計數所需時間 T_S、背景計數所需時間 T_B、S、B 間的相關方程式為：

$$\frac{T_s}{T_B} = \sqrt{\frac{S}{B}}$$

輻射計測時間最適化（Ex）

■【1】已知有一放射樣品的總計數率為背景計數率的 100 倍，若一核醫放射師想在 10 分鐘內完成最佳的計測時間以使誤差最小，則樣品計數所需的時間為何？（①9.09 分②10 分③9.90 分④8.23 分）。【91 放射師專技高考】

■【2】準備做一實驗以測量一低活性物質，所測得的背景為 30 counts/min，而樣品加背景約為 45 counts/min，如果計數時間為三小時，則背景計數之時間及樣品計數之時間應分別為多長，才能得到最大的準確度？（①64 min, 116 min ②81 min, 99 min ③99 min, 81 min ④116 min, 64 min）。【95.1. 放射師專技高考】

半高全寬-FWHM

- 分析加馬能譜時，橫座標為頻道數，此頻道數與加馬能量呈線性正比關係；縱座標為該能量加馬的計測值（絕對或相對值均可）。
- 加馬能譜的解析度，與波峰寬度成反比，波峰寬度取波峰一半高度處的全波寬度（單位為頻道數或加馬能量），稱為**半高全寬**（FWHM, full width at half-maximum）。
- 能譜為常態分布時，FWHM = 2.35σ。
- 加馬能譜的**解析度**另與頻道數（或加馬能量）成正比。定義加馬能譜的解析度為 FWHM 與該處頻道數（或加馬能量）之比值；通常以 % 表示。

半高全寬-FWHM（Ex）

- 【1】在分析加馬能譜時，若其 FWHM（full width at half-maximum）越窄，則：（①解析力越好②解析力越差③敏感度越好④敏感度越差）。【94.1. 放射師檢覈】
- 【1】半高全寬（FWHM）的大小與下列何者有最密切之關係？（①能量分解度②半衰期③對比度④明暗度）。【94.2. 放射師檢覈】
- 【4】偵測器能量解析度的重要參數為下列何者？（①標準差②高斯分布③累積分布④半高全寬（FWHM））。【94.2. 放射師專技高考】

半高全寬-FWHM（Ex）

- 【2】在能譜上有一主尖峰能量為 662 keV，其半高全寬度等於 53 keV，則能量分解度為：（①7% ②8% ③9% ④10%）。【91.1. 放射師檢覈】
- 【3】使用 ^{137}Cs 測量閃爍偵檢器之能量解析度時，如果能譜之半高全寬值為 53 keV 且能峰位於 662 keV，則能量解析度為多少％？（①0.08 ②1.3 ③8 ④12.5）。【94.2. 放射師檢覈】
- 【2】加馬能譜上有一尖峰，能量為 667 keV，若其能量分解度為 1%，則該尖峰的半高全寬度（FWHM）為：（①0.660 MeV ②6.67 keV ③1 keV ④1 eV）。【94.2. 放射師專技高考】

1.13　輻射生物效應

- 直接作用
- 間接作用
- 自由基
- 靶學說
- 單擊多靶學說
- 平均致死劑量
- 擬門檻劑量
- 一次－二次式模型
- α/β 值
- 相對生物效應

- 劑量率效應
- 氧效應
- 氧氣增強比
- Bergonie 和 Tribondeau 定律
- 細胞週期
- 致死劑量
- 急性全身效應

直接作用與間接作用

- **直接作用**：輻射線自身或其生成的二次高能粒子（如二次電子射線、回跳核）直接作用於生物分子，所造成的效應。
- **間接作用**：輻射線自身或由其生成的二次高能粒子，先作用於介質分子（如水分子）上，使之成為化性活潑的產物（如自由基、過氧化氫、水合電子等），此產物再繼續作用於生物分子，所造成的效應。
- 以 X 射線言，約 **2/3** 的生物效應源於**間接作用**，**1/3** 的生物效應源於**直接作用**；反之，α 射線造成的生物效應，則以直接作用為主。

直接作用與間接作用（Ex）

- 【1】游離輻射對細胞的間接效應係因輻射與何種分子作用所致？（①水②蛋白質③葡萄糖④脂質）。【95.1. 放射師專技高考】
- 【4】輻射與 DNA 的間接作用（indirect action），媒介是什麼？（①氫分子②氧分子③蛋白質④自由基）。【89.2. 輻防初級基本】
- 【3】下列有關自由基（free radical）之敘述，何者正確？（①在人體內的平均壽命很長，約為 10^5 秒②帶正電荷，易與電子作用釋出大量熱能③具有未配對的電子，化性活潑非常不穩定④游離輻射對細胞的直接作用最易產生各種自由基）。【92.1. 放射師檢覈】

DNA斷裂與染色體變異

- DNA 單股斷裂，通常可經由以另一股作為模版而被修補。
- 輻射誘發 DNA 斷裂後，若重新接合時發生錯誤，將導致染色體變異。常見的染色體變異為雙中心結（dicentrics）、後期橋（anaphase bridges）、環（rings）、無中心結（acentrics）、異位（translocation）、缺失（deletions）等。
- 染色體變異中，雙中心結與環較易觀察，其數目（Y）與劑量（D）成正比，可具以作為生物劑量計。通常，$Y = \alpha D + \beta D^2$，α 與 β 為常數 。

細胞殘存曲線

- **細胞殘存曲線**：橫座標為輻射劑量（D），縱座標為殘存分率（S/S_0），其中，S_0 與 S 分別為劑量 0 與 D 時之細胞殘存。細胞殘存曲線常以半對數座標（縱座標取對數）呈現。
- **靶學說**（target theory）：細胞有 n 個靶，一靶被擊 m 次，此靶即被破壞，n 個靶均被破壞，細胞即死亡。
- **一次－二次**（linear-quadratic）**模型**：也稱為**雙擊**（dual reaction）或**修補**（repair）模型。輻射需造成細胞二處染色體斷裂，細胞才會死亡；單一輻射路徑造成細胞二處染色體斷裂的機率正比於劑量（D），二不同輻射路徑造成細胞二處染色體斷裂的機率則正比於劑量平方（D^2）。

細胞殘存曲線（Ex）

- 【1】何種輻射之細胞生存曲線會比較接近直線？（①低能中子②高能電子③高能光子④低能光子）。【95.2. 放射師專技高考】
- 【3】下列對細胞存活曲線之描述何者為誤？（①對正常人之纖維細胞，在曲線的初端有一 shoulder ②通常縱軸為存活率，採用對數刻度③通常橫軸為劑量，採用對數值刻度④採用中子射線，其曲線更趨近於直線，而 shoulder 不明顯或消失）。【94.1. 放射師檢覈】
- 【1】以不同的輻射照射哺乳類細胞製作細胞存活曲線，當輻射的 LET 增加時，會使哺乳類細胞存活曲線發生何種改變？（①曲線斜率變陡；肩部逐漸減小消失②曲線斜率變緩；肩部逐漸減小消失③曲線斜率變緩；肩部逐漸變大④曲線斜率不變；肩部逐漸減小消失）。【97.1. 放射師專技高考】

單擊單靶模型

- **單擊單靶**模型：細胞僅有 1 個靶，靶被擊中 1 次，此靶即被破壞，即細胞死亡。
- $S/S_0 = e^{-\alpha D}$

  α: 殘存曲線斜率（slope）的負值；靶被打中之機率（單位為 Gy^{-1}）；靶的截面積（m^2）。
- $S/S_0 = e^{-D/D_0}$

  D_0: 殘存曲線斜率倒數的負值（$1/\alpha$）；平均致死劑量（Gy）；平均破壞一個靶所需要的劑量；劑量為 D_0 時，S/S_0 為 0.37，此時，$D_0 = D_{37}$。

單擊單靶模型

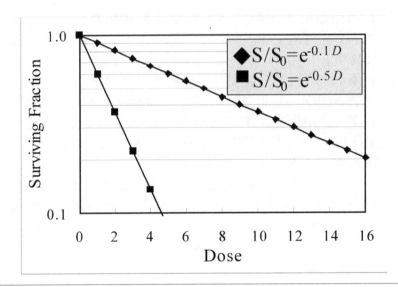

單擊多靶模型

- **單擊多靶**模型：細胞有 n 個靶，一靶被擊中 1 次，此靶即被破壞，細胞中 n 個靶均被破壞，細胞才會死亡。
- 單擊單靶模型中，細胞中一靶未被擊中之機率為 $e^{-\alpha D}$
- 細胞中一靶被擊中之機率則為 $1 - e^{-\alpha D}$
- 細胞中 n 個靶均被擊中之機率（即細胞死亡）為 $(1 - e^{-\alpha D})^n$
- 細胞殘存分率 S/S_0 為 $1 - (1 - e^{-\alpha D})^n$

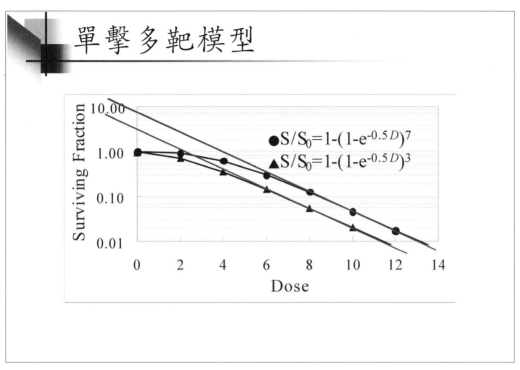

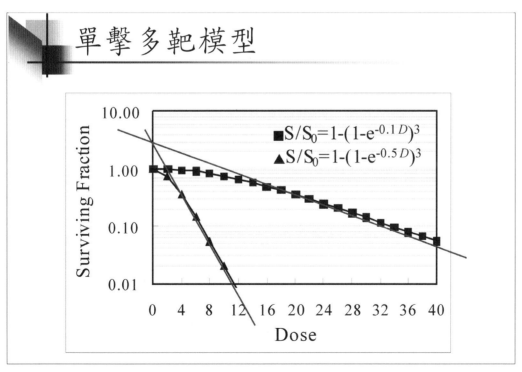

擬門檻劑量

- **門檻劑量**（threshold dose）：劑量低於門檻（或閾、低限、安全）劑量時，無生物效應發生。

- 單擊多靶模型中，$S/S_0 = 1$ 指無生物效應；$S/S_0 = ne^{-\alpha D}$ 符合單擊單靶模型（$n - 1$ 個靶已被破壞）；依定義，前述二直線相交處的劑量，即為門檻劑量。$1 = ne^{-\alpha D_q}$, $1/n = e^{-\alpha D_q}$, $\ln(1/n) = -\alpha D_q$, $D_q = (\ln n)/\alpha = (\ln n) \times D_0$。

- 依據臨床觀察，即使劑量極低，有劑量即會有效應，即不存在門檻劑量。因此，**擬門檻劑量**（**Quasi-threshold Dose, D_q**）可視為門檻劑量之最近似劑量。

靶學說（Ex）

- 【2】在靶論中，如果是單靶單擊模式，則細胞的存活曲線呈什麼函數關係？（①對數②指數③二次④S型）。【89.2. 輻防中級基本】

- 【2】輻射敏感度 D_0 為細胞存活率等於多少時所需的輻射劑量？（①10% ②37% ③50% ④90%）。【93.1. 放射師檢覈】

- 【2】假設有一個腫瘤有 10^9 的細胞，總共接受 40 Gy 的劑量，如果已知 D_0 為 2.2 Gy，請問仍有多少個腫瘤細胞殘留？（①1 ②10 ③$10^3$ ④$10^5$）。【97.1. 放射師專技高考】

- 【4】有一腫瘤含有 10^8 細胞，請計算要讓腫瘤僅剩一個細胞要多少輻射劑量？假設 $D_0 = 1.45$ Gy，$D_q = 2.4$ Gy。（①1.45 Gy ②2.40 Gy ③26.7 Gy ④29.1 Gy）。【93.1. 放射師專技高考】

一次－二次模型

- $E(D) = \alpha D + \beta D^2$：此劑量（$D$）反應 [E($D$)] 函數顯示，E($D$) 貢獻有二－ αD 與 βD^2。

- 低劑量時，αD 較顯著，曲線斜率由 α（單位為 Gy^{-1}）主導；高劑量時，βD^2（單位為 Gy^{-2}）較顯著，曲線彎曲程度由 β 主導。

- α/β 之值（單位為 Gy），即為一次式部分造成效應與二次式部分造成效應相等時之劑量。劑量低於 α/β 時，一次式部分之貢獻較顯著，劑量高於 α/β 時，二次式部分之貢獻較顯著。

一次－二次模型

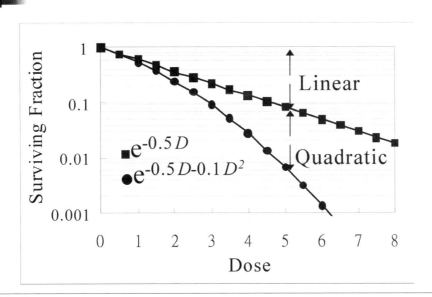

高與低α/β值

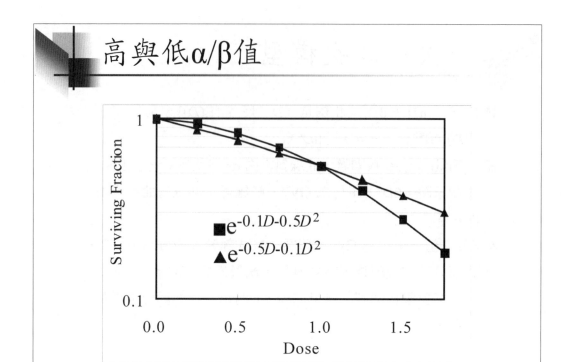

一次－二次模型（Ex）

- 【2】存活分率公式 = $e^{-\alpha d-\beta d^2}$，d = 單次劑量。若 $\alpha = 0.3$ Gy^{-1}，$\beta = 0.03$ Gy^{-2}，單次 2 Gy 後的細胞存活比例是多少 %？（①19 ②49 ③24 ④2.7）。【97.1. 放射師專技高考】
- 【1】在輻射生物學中，不同器官之 α/β 值的描述，何者錯誤？（①α/β 值可推測器官對於放射性傷害的敏感度②降低每次照射劑量，對 α/β 值低的器官之影響較大③α/β 值代表對於改變每次治療劑量所造成傷害的敏感度④急性反應有較大之 α/β 值）。【95.1. 放射師專技高考】

致死劑量LD與耐受劑量TD（Ex）

- 【4】輻射生物學的名詞 $LD_{50/30}$ 代表：（①30% 的動物在 50 天內死亡的劑量②30% 的動物在 50 天後存活的劑量③50% 的動物在 30 天內復原的劑量④50% 的動物在 30 天內死亡的劑量）。【91 放射師專技高考】

- 【3】輻射生物學的名詞 $LD_{50/30}$ 中的 30 代表什麼？（①30 西弗②30 戈雷③30 天④30% 的個體）。【92.1. 放射師專技高考】

- 【3】耐受劑量 $TD_{50/5}$ 表示在放射治療後：（①50 年有 5% 的嚴重併發機率②50 年有 5% 的死亡率③5 年有 50% 的嚴重併發機率④5 年有 50% 的死亡率）。【93.1. 放射師檢覈】

線性能量轉移與相對生物效應

- **線性能量轉移**（LET）用以度量游離輻射能量轉移至軟組織（水）的速率，單位為 keV/μm。水中某 LET 值的游離輻射，其造成某生物效應的能力，為 LET 的函數。**相對生物效應**（relative biological effectiveness, RBE）即用以描述此待測游離輻射相對於標準輻射（250 kVp X 射線）造成某生物效應的能力：

$$RBE = \frac{標準輻射產生某一效應所需的劑量}{待測輻射產生相同生物效應所需的劑量}$$

相對生物效應（Ex）

- 【4】比較生物效能（RBE）是一種輻射對於另一種輻射的（①優劣比較②高低比較③強弱比較④相對生物效能）。【89.1. 輻防高級基本】
- 【3】若 a 和 b 分別代表 250 kVp 的 X 光及某一輻射產生相同生物效應的劑量，則相對生物效應（RBE）的值為何？（①a＋b ②a－b ③a/b ④b/a）。【91 放射師專技高考】
- 【2】相對生物效能（RBE）是指達到同樣的生物效應時，所需標準輻射的劑量與待測輻射的劑量的比值。在此標準輻射是指（①150 kVp 的 X 射線②250 kVp 的 X 射線③10 MeV 的質子④1 MeV 的中子）。【92.1. 放射師檢覈】

劑量率效應

- 以適當時間（約 ≧ 1 小時）將一劑量分成二分次劑量（fractionated dose）時，細胞殘存將因細胞進行次致死傷害（sublethal damage）修補而增加。
- 低劑量率輻射照射較高劑量率者，細胞殘存也會因次致死傷害修補而增加。此現象稱為**劑量率效應**。
- 前述次致死傷害修補造成的效應，以 **DDREF**（dose and dose-rate effectiveness factor）值量化，此值約為 2。

劑量率效應（Ex）

- 【1】ICRP60 號報告中建議，低劑量輻射曝露的 DDREF 值等於多少？（①2 ②20 ③200 ④2000）。【89.2. 輻防高級基本】

- 【3】下列有關影響輻射生物效應之因素何者正確？（①累積劑量相同，高劑量率者造成傷害較小②累積劑量相同，間歇照射較連續照射傷害大③低溫可使自由基擴散作用減小而降低傷害④相同吸收劑量，高 LET 輻射對細胞有較大的存活率）。【92.1. 放射師檢覈】

- 【2】關於劑量率效應，下列敘述何者正確？（①劑量率的高低不會影響細胞修復的程度②當輻射劑量率降低時，輻射回應會降低③當使用低劑量率與延長曝露時間，某一給與劑量所產生的生物效應會升高④劑量率效應是指降低劑量率會增加細胞死亡）。【94.2. 放射師專技高考】

Bergonie 和 Tribondeau 定律

組織的輻射敏感度依下列特性而定：

- 幹細胞是輻射敏感的；細胞愈成熟，它對輻射的抗性也愈高。

- 組織或器官愈年輕，它對輻射的敏感度也愈高。

- 組織或器官代謝活力愈高，它對輻射的敏感度也愈高。

- 當細胞的增殖速率或組織的生長速率增加，它對輻射的敏感度也會增加。

Bergonie和Tribondeau定律（Ex）

- 【3】根據 Bergonie 及 Tribondeau 法則，什麼樣的細胞或組織對放射線最敏感？（①增殖能力低、細胞分裂緩慢、分化程度高②增殖能力高、細胞分裂緩慢、分化程度高③增殖能力高、細胞分裂快速、分化程度低④增殖能力低、細胞分裂快速、分化程度低）。【92.2. 放射師檢覈】

- 【4】下述四種條件中，那一種的放射線生物敏感度最低？（①分裂頻度高的組織細胞②在正常情況下分裂次數多的組織細胞③型態與功能上屬於未分化型的組織細胞④型態與功能上屬於已分化型的組織細胞）。【92.2. 放射師專技高考】

細胞種類與輻射敏感度（Ex）

- 【4】下列那一個組織對輻射最不敏感？（①性腺②紅骨髓③肺④肌肉）。【90.1. 操作初級選試設備】

- 【1】下列那一種細胞對輻射較不敏感，即最抗輻射？（①神經細胞②骨髓細胞③腸腺窩細胞④淋巴細胞）。【92.1. 放射師檢覈】

- 【4】下列何種組織對放射線最敏感？（①神經②肝臟③皮膚④骨髓）。【93.1. 放射師檢覈】

細胞週期與輻射敏感度

■ 哺乳動物細胞週期分為有絲分裂期（M）、第一生長期
（G_1）、DNA 合成期（S）與第一生長期（G_2）。細胞質分
裂期與 G_0 期此處不討論。

■ 一般細胞於 G_2 與 M 期對輻射最敏感，於 S 期的晚期對輻
射最具抗性。

■ 某低劑量率照射時，細胞內的分子檢查點（molecular
checkpoint）基因啟動，細胞停留在 G_2 期（G_2 block），
此細胞將較高劑量率者敏感，此現象稱為**反劑量率效應**。

細胞週期與輻射敏感度（Ex）

■【3】人體細胞的分裂週期之中，那一個時期對輻射最敏
感？（①G_0 期②G_1 期③G_2 期④S 期）。【91.1. 操作初級
專業密封】

■【4】人體細胞分裂的週期可分成四個時期，其中對輻射最
不敏感的時期是（①M 期②G_2 期③G_1 期④S 期）。【91.2. 操
作初級專業密封】

■【4】從人體靜脈內抽出的淋巴球屬於細胞週期的哪個時
期？（①M ②G_2 ③S ④G_0）。【91.2. 操作初級專業密封】

氧效應

- 氧氣增強比值（oxygen enhancement ratio, **OER**）指同一種輻射在缺氧與有氧的狀態下，產生相同生物效應所需劑量的比值。

- OER 與 LET 成反比：X 射線於高劑量時的 OER 約為 3；LET 增至 160 keV/μm 時，OER 為 1（無氧效應）。

- 缺氧時，間接作用造成的傷害有可能被修補，因此，氧氣可固定（**fix**）自由基造成的傷害，即使自由基造成的傷害不被修補。

氧效應（Ex）

- 【2】組織內的含氧量降低，則其對 X 射線的敏感度：（①增加②減少③不變④有時增加有時減少）。【91.2. 操作初級專業設備】

- 【2】下列那一種輻射種類對細胞的傷害，較易受氧效應的影響？（①阿伐粒子②加馬射線③中子④質子）。【92.1. 放射師檢覈】

- 【1】關於增氧比（oxygen enhancement ratio, OER）的敘述，下列何者正確？（①增氧比是指同一種輻射在缺氧與有氧的狀態下，產生相同生物效應所需劑量的比值②對 X 光而言，增氧比為 1③對電子而言，增氧比為 1④對阿伐粒子而言，增氧比為 2）。【93.1. 放射師檢覈】

輻射致死急性全身效應

急性輻射症候群可分為三類，依嚴重性的增加，其順序為：

■ **造血組織症候群**：全身 3-8 Gy 劑量，照射 3 週後因欠缺血液元素（血球）死亡。

■ **腸胃系統症候群**：全身約 10 Gy 劑量，照射後約 9 天因腸胃道上皮細胞受損而死亡。

■ **中樞神經系統症候群**：全身約 100 Gy 劑量，照射後 30-50 小時因腦部微血管通透性改變而死亡。

輻射致死急性全身效應（Ex）

■【1】急性輻射症候群可分為三類，依嚴重性的增加，其順序為：（①造血症候群、胃腸道症候群、中樞神經症候群②造血症候群、中樞神經症候群、胃腸道症候群③胃腸道症候群、造血症候群、中樞神經症候群④中樞神經症候群、造血症候群、胃腸道症候群）。【92.1. 放射師專技高考】

■【2】當全身遭受急性輻射曝露劑量超過 100 Gy 時，將可能因為下列何種急性效應而致死？（①gastrointestinal syndrome ② cerebrovascular syndrome ③ hematopoietic syndrome ④reproductive syndrome）。【92.2. 放射師檢覈】

低劑量時之劑量－反應曲線

- 高劑量時，一反應之嚴重性（或發生機率）顯著，劑量與該反應間之相關性極易於觀察，具統計意義。

- 低劑量時反應不顯著，劑量與反應間之相關性不具統計意義，不易獲得具體結論。常從高劑量時之反應，外插（推測）至零劑量時之反應。

- 為解釋低劑量時劑量與反應間之相關性，可依據理論與經驗之不同，有多種外插方式敘述；但此類模型仍應保守（存疑）看待。

線性無閾值假說

- **線性無閾值**（LNT, linear non-threshold）假說：機率效應的發生機率與所受劑量大小成比例增加，此種效應之發生無劑量之低限值。

- 理論基礎：(1) 流行病學數據，(2) 高劑量時效應的發生機率與所受劑量大小成比例增加現象，外插至低劑量，(3) 輻射防護保守觀念。

- **合理抑低**：應盡一切合理之努力，以維持輻射曝露在實際上遠低於法定之劑量限度。

激效效應

■ 洛基（Luckey T. D.）博士於 1982 年發表了激效效應（hormesis）假說，他認為生物體施以天然輻射劑量數倍到近百倍的低劑量輻射，會產生抑制老化、抑制癌症、提昇免疫機能、促進發育和成長、增加對疾病的抵抗力等多種有益的效果；進而主張「我們無法提出任何顯著的證據，證明所有輻射均為有害，因此，我們應該放棄所有輻射均為有害的理論」。

1.14　輻射防護法規

■ 游離輻射防護法
■ 游離輻射防護法施行細則
■ 輻射防護管理組織及輻射防護人員設置標準
■ 輻射防護人員管理辦法
■ 射性物質或可發生游離輻射設備操作人員管理辦法
■ 高強度輻射設施種類及運轉人員管理辦法
■ 放射性物質生產設施運轉人員管理辦法
■ 游離輻射防護安全標準

■ 放射性物質與可發生游離輻射設備及輻射作業管理辦法
■ 放射性物質安全運送規則
■ 輻射防護服務相關業務管理辦法
■ 人員輻射劑量評定機構認可及管理辦法
■ 輻射工作場所管理與場所外環境輻射監測作業準則
■ 輻射源豁免管制標準
■ 商品輻射限量標準
■ 嚴重污染環境輻射標準

現行國內輻射防護法規

一、游離輻射防護法（91.1.30 公佈，92.2.1 施行）

二、授權辦法

1. 游離輻射防護法施行細則（91.12.25 發布，92.2.1 施行，97.2.22 修正）

2. 商品輻射限量標準（91.12.4 發布，92.2.1 施行，94.12.30, 96.12.31 修正）

3. 輻射防護管理組織及輻射防護人員設置標準（91.12.11 發布，92.2.1 施行）

4. 輻射防護人員管理辦法（91.12.11 發布，92.2.1 施行，93.11.17、95.8.8、97.7.9 修正）

現行國內輻射防護法規

5. 人員輻射劑量評定機構認可及管理辦法（91.12.11 發布，自 92.2.1 施行，96.7.26 修正）

6. 輻射工作場所管理與場所外環境輻射監測作業準則（91.12.25 發布，92.2.1 施行，92.12.31、93.10.20 修正）

7. 射性物質或可發生游離輻射設備操作人員管理辦法（91.12.25 發布，92.2.1 施行，94.2.23、95.8.8、98.4.17 修正）

8. 輻射防護服務相關業務管理辦法（91.12.25 發布，92.2.1 施行，94.2.23、95.8.8 修正）

現行國內輻射防護法規

9. 放射性物質安全運送規則（92.1.8 發布，92.2.1 施行，96.12.31 修正）

10. 游離輻射防護管制收費標準（92.1.15 發布，自 92.2.1 施行，92.5.28、94.3.23、97.11.12 修正）

11. 高強度輻射設施種類及運轉人員管理辦法（92.1.22 發布，92.2.1 施行）

12. 放射性物質與可發生游離輻射設備及輻射作業管理辦法（92.1.22 發布，92.2.1 施行，94.2.23、94.12.29、96.10.24、97.7.11 修正）

現行國內輻射防護法規

12. 放射性物質生產設施運轉人員管理辦法（92.1.22 發布，92.2.1 施行）

13. 輻射源豁免管制標準（92.1.29 發布，92.2.1 施行）

15. 游離輻射防護安全標準（92.1.30 發布，94.12.30 修正，97.1.1 施行）

16. 嚴重污染環境輻射標準（92.1.30 發布，92.2.1 施行）

現行國內輻射防護法規

17. 軍事機關輻射防護及管制辦法（92.2.26 發布施行，95.9.6 修正）
18. 放射性污染建築物事件防範及處理辦法（92.3.26 發布施行，95.1.4 修正）
19. 輻射醫療曝露品質保證組織與專業人員設置及委託相關機構管理辦法（93.12.08 發布，94.07.01 施行，96.12.31、97.7.1 修正）
20. 輻射醫療曝露品質保證標準（93.12.08 發布，94.07.01 施行，96.12.31、97.7.1 修正）

現行國內輻射防護法規

21. 天然放射性物質管理辦法（96.3.8 發布施行）
21. 輻射工作人員特別健康檢查項目（97.5.16 發布施行）
22. 醫用放射性物質與可發生游離輻射設備輻射安全檢查項目及其作業規定（92 年 5 月 1 日公告）
23. 領有許可證之放射性物質、可發生游離輻射設備或其設施年度偵測項目（92 年 9 月 1 日公告）

其他相關法規

1. 原子能法及施行細則
2. 核子損害賠償法及施行細則
3. 核子反應器設施管制法及施行細則
4. 放射性物料管理法及施行細則
5. 核子事故緊急應變法及施行細則
6. 天然放射性物質衍生廢棄物管理辦法
7. 放射性廢棄物處理貯存及其設施安全管理規則
8. 高放射性廢棄物最終處置及其設施安全管理規則
9. 低放射性廢棄物最終處置設施場址設置條例

游離輻射防護法第14條

- 從事或參與輻射作業之人員，以**年滿 18 歲者**為限。但基於**教學**或**工作訓練**需要，於符合特別限制情形下，得使 **16 歲以上未滿 18 歲者**參與輻射作業。
- 任何人不得令**未滿 16 歲者**從事或參與輻射作業。
- 雇主對告知懷孕之女性輻射工作人員…
- …

游離輻射防護法第32條

- 依第 29 條第 2 項規定核發之**許可證** (註：經指定應申請許可者)，其有效期間最長為 **5 年**。期滿需繼續輻射作業者，應於屆滿前，依主管機關規定期限申請換發。
- 依第 30 條第 1 項規定核發之**許可證** (註：放射性物質之生產與其設施之建造及可發生游離輻射設備之製造)，其有效期間最長為 **10 年**。期滿需繼續生產或製造者，應於屆滿前，依主管機關規定期限申請換發。

游離輻射防護法第33、35條

- 許可、許可證或登記備查之記載事項有變更者，設施經營者應自事實發生之日起 **30 日**內，向主管機關申請變更登記。
- 放射性物質、可發生游離輻射設備之**永久停止使用**或其生產製造設施之**永久停止運轉**，設施經營者應將其放射性物質或可發生游離輻射設備列冊陳報主管機關，並退回原製造或銷售者、轉讓、以放射性廢棄物處理或依主管機關規定之方式處理，其處理期間不得超過 **3 個月**。但經主管機關核准者，得延長之。

游離輻射防護法第35、36條

- 放射性物質、可發生游離輻射設備之生產製造設施或高強度輻射設施永久停止運轉後 **6 個月**內，設施經營者應擬訂設施廢棄之清理計畫，報請主管機關核准後實施，應於永久停止運轉後 **3 年**內完成。
- 放射性物質、可發生游離輻射設備之使用或其生產製造設施之運轉，其所需具備之安全條件與原核准內容不符者，設施經營者應向主管機關申請核准停止使用或運轉，並依核准之方式封存或保管。未依規定報請主管機關核准停止使用或運轉，持續達 **1 年**以上，視為永久停止使用或運轉。

游離輻射防護法第38、44、46條

- 第 4 章第 38-50 條為罰則
- 第 38 條**嚴重污染環境、棄置放射性物質、明知為不實事項而申報**或於業務上作成之文書為**不實記載**，處三年以下有期徒刑、拘役或科或併科新臺幣三百萬元以下罰金。
- 第 44 條 未依規定實施教育訓練者，處新臺幣 **5 萬**元以上 **25 萬**元以下罰鍰，並令其限期改善；屆期未改善者，按次連續處罰，並得令其停止作業。
- 第 46 條輻射工作人員拒不接受教育訓練者，處新臺幣 **2 萬**元以下罰鍰。

游離輻射防護法第42、43、45條

- 第 42 條 僱用無**運轉人員執照**人員操作或無運轉人員執照人員擅自操作者，處新**臺幣 40 萬元**以上 **200 萬元**以下罰鍰，並令其限期改善；屆期未改善者，按次連續處罰，並得令其停止作業。
- 第 43 條 僱用無**輻射安全證書**人員操作或無輻射安全證書人員擅自操作者，處新**臺幣 10 萬元**以上 **50 萬元**以下罰鍰，並令其限期改善；屆期未改善者，按次連續處罰，並得令其停止作業。
- 第 45 條 僱用**未經訓練**之人員操作或未經訓練而擅自操作，處新**臺幣 4 萬元**以上 **20 萬元**以下罰鍰，並令其限期改善；屆期未改善者，按次連續處罰，並得令其停止作業。

游離輻射防護法第5、6條

- 為限制輻射源或輻射作業之輻射曝露，主管機關應參考**國際放射防護委員會**最新標準訂定**游離輻射防護安全標準**，並應視實際需要訂定相關導則，規範輻射防護作業基準及人員劑量限度等游離輻射防護事項。
- 為確保放射性物質運送之安全，主管機關應訂定**放射性物質安全運送規則**，規範放射性物質之包裝、包件、交運、運送、貯存作業及核准等事項。

■【1】 輻防法第五條規定主管機關應參考下列何者之最新標準據以訂定本國輻防標準？（①ICRP ②ICRU ③IAEA ④UNSCEAR）。【94.2. 輻防師法規】

■【3】 集體有效劑量是指特定人口曝露於某輻射源，群體所受有效劑量之總和，單位為：（①貝克②戈雷③人西弗④人侖琴）。【92.2. 放射師檢覈】

■【1】 輻射示警標誌的顏色及形狀為何？（①黃底紫紅色之三角形②紫紅底黃色之三角形③黃底紫紅色之心形④紫紅底黃色之三角形）。【95.2. 放射師專技高考】

■【3】 每年排入污水下水道系統之放射性物質，除氚及碳十四外，其他放射性物質之活度總和不得超過多少貝克？（①$3.7 \times 10^8$ ②$3.7 \times 10^9$ ③$3.7 \times 10^{10}$ ④$3.7 \times 10^{11}$）。【93.1. 放射師檢覈】

放射性物質安全運送規則

■ 第 6 條　本規則所使用之專用名詞，其定義如下：

8. 污染：指在物體表面**每平方公分面積**上之貝他、加馬及低毒性阿伐發射體在 **0.4 貝克**以上，或其他阿伐發射體在 **0.04 貝克**者以上。

14. 包件：指交運之包裝及其放射性包容物。

25. **運送指數**：指為管制輻射曝露配賦予單一包件、外包裝、罐槽或貨櫃，或未包裝之第一類低比活度物質或第一類表面污染物體之單一數值。

31. A_1 **值**：指允許裝入**甲型包件**之特殊型式放射性物質之最大**活度**。A_2 **值**：指允許裝入甲型包件之特殊型式以外其他放射性物質之最大活度。A_1 及 A_2 值之規定，見附表七。

放射性物質安全運送規則

- 第 9 條　放射性物質之運送，應依工作人員所受輻射曝露之大小及其可能性，採取下列輻射防護措施：
- 一、所接受之**年有效劑量**不可能超過 **1 毫西弗**者，毋需規定其特別工作模式及劑量之偵測或分析。
- 二、所接受之**年有效劑量**可能大於 **1 毫西弗**，未達 **6 毫西弗**者，應定期或必要時對輻射作業場所執行環境監測及輻射曝露評估。
- 三、所接受之年有效劑量可能**大於 6 毫西弗**，除應定期或必要時對輻射作業場所執行環境監測及輻射曝露評估外，並應執行個別人員偵測及醫務監護。

放射性物質安全運送規則

- 第 43 條　託運物品除以專用運送外，其他個別包件或外包裝之**運送指數均不得超過 10**。
- 第 44 條　包件或外包裝除以專用運送，或作專案核定運送外，其外表面上之任一點，最大**輻射強度不得大於每小時 2 毫西弗**。
- 第 45 條　以**專用運送**之包件，其外表面上任一點之最大**輻射強度不得大於每小時 10 毫西弗**。
- 第 71 條　…車輛核定載人座位，其**輻射強度不得超過每小時 0.02 毫西弗**。但配戴個人偵測設備之人員，不在此限。

包件及外包裝之分類

狀　　況		類　　別
運送指數（TI）	外表面任一點之最大輻射強度	
0	在每小時 0.005 毫西弗以下	I- 白
0 < TI ≦ 1	大於每小時 0.005 毫西弗 但在每小時 0.5 毫西弗以下	II- 黃
1 < TI ≦ 10	大於每小時 0.5 毫西弗 但在每小時 2.0 毫西弗以下	III- 黃
10 < TI	大於每小時 2.0 毫西弗 但在每小時 10 毫西弗以下	III- 黃 並為專用

- 【2】依據放射性物質安全運送規則，污染是指在物體表面每平方公分面積上之貝他、加馬及低毒性阿伐發射體在 X 貝克以上，或其他阿伐發射體在 Y 貝克以上者。請問 X、Y 各為何？（①4、0.4 ②0.4、0.04 ③0.04、0.4 ④0.4、4）。【96.1. 輻防師法規】

- 【1】放射性物質之包件、外包裝、貨櫃及罐槽，裝入同一運送工具，在例行運送狀況下，運送工具外表面任一點之輻射強度不得大於每小時 X 毫西弗；距外表面二公尺處不得大於每小時 Y 毫西弗。請問 X= ？ Y= ？（①X= 2，Y= 0.1 ②X=1，Y= 0.2 ③X= 2.5，Y= 0.5 ④X= 0.5，Y= 0.5）。【93.1. 輻防師法規】

- 【2】依放射性物質安全運送規則之規定，運送指數在 X 以上或核臨界安全指數在 Y 以上之包件或外包裝，應以專用運送為之。請問 X、Y 各為何？（①10、25 ②10、50 ③20、50 ④20、100）。【95.2. 輻防員法規】

- ■【1】為管制輻射曝露配賦予單一包件、外包裝、罐槽或貨櫃，或未包裝之第一類低比活度物質或第一類表面污染物體之單一數值為（①運送指數②核臨界安全指數③A_1值④A_2值）。【96.1. 輻防師法規】
- ■【2】依據放射性物質安全運送規則第 71 條規定，載運 II－黃類或 III－黃類包件、外包裝、罐槽或貨櫃之道路車輛，核定載人座位，其輻射強度不得超過每小時（①0.01②0.02③0.1④0.2）毫西弗，但配戴個人偵測設備之人員，不在此限。【96.2. 輻防師法規】
- ■【4】依放射性物質安全運送規則附表六「包件及外包裝之分類」，有一包件之運送指數為 19，請問為下列哪一項類別？（①I- 白②II- 黃③III- 黃④III- 黃並為專用）。【97.1. 輻防員法規】
- ■【2】聯合國將危險物區分為 X 類，其中放射性物質為 Y 類危險物，此 X, Y 各為：（①10,5②9,7③7,5④10,7）。【96.2. 輻防師法規】

游離輻射防護法第7條

- ■ 設施經營者應依其輻射作業之規模及性質，依主管機關之規定，設輻射防護管理組織或置輻射防護人員，實施輻射防護作業。
- ■ …
- ■ 第一項**輻射防護管理組織及人員之設置標準**、**輻射防護人員**應具備之資格、證書之核發、有效期限、換發、補發、廢止及其他應遵行事項之**管理辦法**，由主管機關會商有關機關定之。

輻射防護管理組織及輻射防護人員設置標準

- **可發生游離輻射設備**巔值電壓達 500 kV 以上，未達 30 MV 者：輻射防護員一名。30 MV 以上者：輻射防護管理組織、輻射防護業務單位、輻射防護師一名、輻射防護員一名。
- **放射線照相檢驗**業使用或持有可發生游離輻射設備或放射性物質之機具：10（含）部以下、11 至 15 部、16 至 20 部 - 輻射防護員 1、2、3 名。21 部以上 - 輻射防護管理組織、輻射防護業務單位、輻射防護師 1 名、輻射防護員 3 名。

輻射防護人員管理辦法

- 第 2 條　本法第 7 條所稱之輻射防護人員分為**輻射防護師、輻射防護員**。
  輻射防護專業測驗分輻射防護師、輻射防護員兩級測驗。
- 第 3 條　輻射防護人員申請認可之資格如下：（略）
- 第 6 條　輻射防護人員認可證書有效期限為 **6 年**。
- 第 7 條　…**學術活動**或**繼續教育**之積分，輻射防護師至少 **96 點**以上，輻射防護員至少 **72 點**以上。

■【2】某醫療機構設有放射診斷、核子醫學、放射治療三項業務之外並設有迴旋加速器，該機構應至少配置輻防師 X 名，輻防員 Y 名。其 X、Y 值分別為？（①2，3 ②2，2 ③2，4 ④1，3）。【95.2. 輻防師法規】

■【2】輻射防護人員不足設置標準時，設施經營者得報經主管機關核准後，聘用兼職輻射防護人員，兼職期間每次不得超過：（①半年②一年③一年半④二年）。【94.1. 放射師檢覈】

■【4】輻射防護管理委員會至少要 X 位委員以上組成，且其中至少要含 Y 位專職輻防人員。其 X、Y 值分別為？（①10，5 ②5，2 ③5，3 ④7，2）。【96.1. 輻防員法規】

■【4】輻射防護管理委員會應至少每 X 個月開會一次，會議紀錄應至少保存 Y 年備查。請問 X、Y 各為何？（①3、1 ②6、1 ③3、3 ④6、3）。【96.2. 輻防師法規】

■【4】某人具專科畢業學歷，他（她）要成為輻防師之前，須先受 X 小時以上輻防人員專業訓練結業、經師級測驗合格後，再接受 Y 個月以上輻防工作訓練。其 X、Y 值分別為？（①108，9 ②108，6 ③144，9 ④144，6）。【95.1. 輻防師法規】

■【4】依現行輻射防護人員管理辦法第 6 條規定，輻射防護人員認可證書其有效期限為多久？（①3 年②4 年③5 年④6 年）。【92.1. 放射師檢覈】

■【3】輻防師與輻防員之換發各為若干積點以上？（①五年內各為 96 與 72 點②五年內各為 120 與 90 點③六年內各為 96 與 72 點④六年內各為 120 與 90 點）。【92.2. 輻防師法規】

■【1】輻射防護人員認可證書，經主管機關廢止或撤銷者，自廢止或撤銷日起多久內不得重新申請？（①一年②二年③三年④四年）。【96.2. 輻防員法規】

游離輻射防護法第10條

- 設施經營者應依主管機關規定，依其輻射工作場所之設施、輻射作業特性及輻射曝露程度，劃分輻射工作場所為**管制區**及**監測區**。管制區內應採取管制措施；監測區內應為必要之輻射監測，輻射工作場所外應實施環境輻射監測。
- …
- 前項場所劃分、管制、**輻射監測**及場所外環境輻射監測，應擬訂計畫，報請主管機關核准後實施。未經核准前，不得進行輻射作業。
- 計畫擬訂及其作業之**準則**，由主管機關定之。

- 【3】依輻射工作場所管理與場所外環境輻射監測準則第15條規定，合理抑低措施要考慮（①關鍵群體劑量②集體有效劑量③個人及集體有效劑量④肢體劑量）。【91.1. 操作初級基本】
- 【2】依「輻射工作場所管理與場所外環境輻射監測作業準則」第19條規定，運轉前 X 年，設施經營者應提報環境輻射監測計畫，並進行至少 Y 年以上環境輻射背景調查。其中 X、Y 各為（①2、1 ②3、2 ③5、3 ④3、1）。【97.1. 輻防師法規】
- 【2】依輻射工作場所管理與場所外環境輻射監測準則第24條規定，環境輻射監測分析數據，除放射性廢棄物處置場外，應保存 X 年。當環境試樣放射性分析數據大於預警措施之調查基準時，該分析數據應保存 Y 年。請問 X、Y 各為何？（①1，3 ②3，10 ③10，30 ④1，10）。【97.1. 輻防師法規】
- 【2】環境輻射監測季報應保存 X 年，環境輻射監測年報應保存 Y 年。此 X、Y 分別為？（①1，3 ②3，10 ③10，30 ④1，10）。【95.1. 輻防員法規】

游離輻射防護法第15條

- 為確保輻射工作人員所受職業曝露不超過劑量限度並合理抑低，雇主應對輻射工作人員實施個別劑量監測。
- …
- 第一項監測之度量及評定，應由主管機關認可之人員劑量評定機構辦理；**人員劑量評定機構認可及管理之辦法**，由主管機關定之。

- 【2】「人員輻射劑量評定機構認可及管理辦法」中，所謂人員輻射劑量是指（①體內輻射劑量②體外輻射劑量③體內輻射劑量與體外輻射劑量之和④背景輻射劑量）。【93.2. 輻防員法規】

- 【3】主管機關核發之人員輻射劑量評定機構認可證書有效期限為 X 年，從事輻射防護訓練業務認可證書有效期限為 Y 年。其中 X、Y 各為（①6、5 ②5、5 ③3、5 ④5、10）。【93.2. 輻防師法規】

- 【1】依「人員輻射劑量評定機構認可及管理辦法」規定，評定機構確認劑量評定結果超過游離輻射防護安全標準工作人員之劑量限度時，應於多久之內通知劑量計之委託單位，同時報告主管機關？（①2 小時②24 小時③72 小時④7 天）。【97.1. 輻防師法規】

游離輻射防護法第17條

- 為提昇輻射醫療之品質,減少病人可能接受之曝露,醫療機構使用經主管機關公告應實施醫療曝露品質保證之放射性物質、可發生游離輻射設備或相關設施,應依醫療曝露品質保證標準擬訂醫療曝露品質保證計畫,報請主管機關核准後始得為之。

- 醫療機構應就其規模及性質,依規定設醫療曝露品質保證組織、專業人員或委託相關機構,辦理前項醫療曝露品質保證計畫相關事項。

- 第一項**醫療曝露品質保證標準**與前項**醫療曝露品質保證組織、專業人員設置及委託相關機構之管理辦法**,由主管機關會同中央衛生主管機關定之。

輻射醫療曝露品質保證組織與專業人員設置及委託相關機構管理辦法

- 第2條　醫療機構使用下列之放射性物質、可發生游離輻射設備或相關設施時,應設置醫療曝露品質保證組織及專業人員或委託符合規定之相關機構,實施醫療曝露品質保證一、計畫相關事項:
  二、醫用直線加速器。
  三、含鈷六十放射性物質之遠隔治療機。
  四、含放射性物質之遙控後荷式近接治療設備。
  五、電腦斷層治療機。
  六、電腦刀。
  七、加馬刀。
  乳房X光攝影儀。
  前項專業人員資格、人數、委託之相關機構及相關事項依附表之規定。

- 【1】醫療曝露品質保證組織應每 X 年召開會議一次，檢討品質保證計畫執行情形，並作成紀錄備查，這些紀錄應保存 Y 年，其中 X、Y 為：（①0.5、3 ②0.5、5 ③1、3 ④1、5）。【97.1. 輻防師法規】
- 【2】主管機關公告之應實施醫療曝露品質保證作業之放射性物質及可發生游離輻射設備中，不包括下列何者？（①醫用直線加速器②醫用移動型 X 光機（含透視）③含鈷 60 放射性物質之遠隔治療機④含放射性物質之遙控後荷式近接治療設備）。【96.2. 輻防員法規】
- 【3】根據現行原子能委員會法規規定，所謂輻射醫療曝露品質保證專業人員，除需擁有專業證照外，並應有執行品質保證相關工作至少多久以上經歷？（①三個月②半年③一年④三年）。【95.1. 放射師專技高考】
- 【1】根據現行原子能委員會法規規定，輻射醫療曝露品質保證作業之相關記錄應保存至少多久以上？（①三年②二年③一年④六個月）。【95.1. 放射師專技高考】

游離輻射防護法第22條

- **商品**對人體造成之輻射劑量，於有影響公眾健康之虞時，主管機關應會同有關機關實施輻射檢查或偵測。
- 前項商品經檢查或偵測結果，如有違反標準或有危害公眾健康者，主管機關應公告各該商品品名及其相關資料，並命該商品之製造者、經銷者或持有者為一定之處理。
- 前項**標準**，由主管機關會商有關機關定之。

商品輻射限量標準

- 第2條　適用本標準之商品如下：
- 一、**飲用水**(指供人飲用之水，含包裝水)。
- 二、**食品**。
- 三、**電視接收機**。
- 第7條　**電視接收機**，其在正常操作條件下，距離任何可接近表面 **10 公分**處之劑量率限值為**每小時 1 微西弗**或所產生輻射之最大電壓不大於 **3 萬伏特**。

- ■【3】商品輻射限量標準第 5 條規定，飲用水中貝他及加馬所造成之年有效劑量限值為 X 微西弗。此 X 值為？(①4 ②10 ③40 ④1)。【96.2. 輻防員法規】
- ■【3】飲用水中總貝他濃度限值為每立方公尺 X 貝克。X 為(①500 ②1000 ③1800 ④2000)。【95.1. 輻防員法規】
- ■【3】商品輻射限量標準第 6 條規定，食品中銫 -134 與銫 -137 之總和含量每公斤限值為多少貝克？(①131 ②300 ③370 ④55)。【96.2. 輻防師法規】
- ■【4】根據商品輻射限量標準，乳品及嬰兒食品中碘 131 含量每公斤限值為多少貝克？(①131 ②300 ③370 ④55)。【97.1. 輻防師法規】
- ■【2】依據商品輻射限量標準第 7 條規定，電視接收機在正常操作條件下，距離任何可接近表面 10 公分處之有效等效劑量率限值為每小時 X 微西弗或所產生輻射之最大電壓不大於 Y 萬伏特。其中 X、Y 為(①1、1 ②1、3 ③0.1、1 ④0.1、3)。【96.2. 輻防師法規】

游離輻射防護法第24條

■ 直轄市、縣（市）主管建築機關對於施工中之建築物所使用之鋼筋或鋼骨，得指定承造人會同監造人提出無放射性污染證明。

■ …

■ **放射性污染建築物事件防範及處理之辦法**，由主管機關定之。

游離輻射防護法第26條

■ 從事輻射防護服務相關業務者，應報請主管機關認可後始得為之。

■ 前項**輻射防護服務相關業務**之項目、應具備之條件、認可之程序、認可證之核發、換發、補發、廢止及其他應遵行事項之**管理辦法**，由主管機關定之。

■ 從事第一項業務者執行業務時，應以善良管理人之注意為之，並負忠實義務。

輻射防護服務相關業務管理辦法

■ 第 2 條　本辦法所稱輻射防護服務相關業務，係指：

一、輻射防護偵測業務。

二、放射性物質或可發生游離輻射設備銷售服務業務。

三、輻射防護訓練業務。

■【3】「輻射防護服務相關業務管理辦法」第 2 條所稱輻射防護服務相關業務，不包括下列何者？（①輻射防護偵測②放射性物質或可發生游離輻射設備銷售③放射性物質或可發生游離輻射設備廢棄接收④輻射防護訓練）。【94.2. 輻防師法規】

■【1】輻射防護偵測業者為執行輻射工作場所之輻防偵測、輻射安全評估、放射性物質運送之輻防與偵測，需置輻防師 X 名及輻防員 Y 名。此 X、Y 分別為？（①1，1 ②1，2 ③2，2 ④1，3）。【95.1. 輻防師法規】

■【1】從事輻防偵測業者之輻射偵測儀器應至少每 X 年送校正一次，校正紀錄應保存 Y 年。此 X、Y 分別為（①1，3 ②0.5，3 ③1，10 ④0.5，10）。【96.2. 輻防員法規】

■【4】從事輻防偵測業者每年須向主管機關提報 X 次業務統計表？訓練業務者須提報 Y 次營運報表？X、Y 值各為（①1，1 ②2，2 ③2，1 ④1，2）。【94.2. 輻防師法規】

游離輻射防護法第29條

- 除本法另有規定者外，**放射性物質、可發生游離輻射設備或輻射作業**，應依主管機關之指定申請**許可**或**登記備查**。
- …
- 第二項及第三項申請許可、登記備查之資格、條件、前項設施之種類與運轉人員資格、證書或執照之核發、有效期限、換發、補發、廢止及其他應遵行事項之**辦法**，由主管機關定之。

放射性物質與可發生游離輻射設備及輻射作業管理辦法

- 使用下列可發生游離輻射設備者，申請人應向主管機關申請登記備查：

  1. 公稱電壓為 15 萬伏（150 kV）或粒子能量為 15 萬電子伏（150 keV）以下者。

  2. 櫃型或行李檢查 X 光機、離子佈植機、電子束焊機或靜電消除器在正常使用狀況下，其可接近表面 5 公分處劑量率為每小時 5 微西弗以下者。

放射性物質與可發生游離輻射設備及輻射作業管理辦法

使用下列放射性物質者，應向主管機關申請**登記備查**：

1. 附表一所列第 IV 類及第 V 類**密封放射性物質**者。

2. 放射性物質在儀器或製品內形成一組件，其活度為豁免管制量 1000 倍以下，在正常使用狀況下，其可接近表面 5 公分處劑量率為每小時 5 微西弗以下者。

3. 前二款以外之放射性物質活度為豁免管制量 100 倍以下者。

放射性物質與可發生游離輻射設備及輻射作業管理辦法

附表一 ▌密封放射性物質分類活度一覽表

核種＼活度	第一類（TBq）	第二類（TBq）	第三類（TBq）	第四類（TBq）	第五類（TBq）
Co-60	$A \geqq 30$	$30 > A \geqq 0.3$	$0.3 > A \geqq 0.03$	$0.03 > A \geqq 3 \times 10^{-4}$	$3 \times 10^{-4} > A \geqq 10^{-7}$
Ni-63	$A \geqq 6 \times 10^4$	$6 \times 10^4 > A \geqq 600$	$600 > A \geqq 60$	$60 > A \geqq 0.6$	$0.6 > A \geqq 10^{-4}$
Kr-85	$A \geqq 3 \times 10^4$	$3 \times 10^4 > A \geqq 300$	$300 > A \geqq 30$	$30 > A \geqq 0.3$	$0.3 > A \geqq 10^{-8}$
Cs-137	$A \geqq 100$	$100 > A \geqq 1$	$1 > A \geqq 0.1$	$0.1 > A \geqq 10^{-3}$	$10^{-3} > A \geqq 10^{-8}$
Am-241	$A \geqq 60$	$60 > A \geqq 0.6$	$0.6 > A \geqq 0.06$	$0.06 > A \geqq 6 \times 10^{-4}$	$6 \times 10^{-4} > A \geqq 10^{-8}$

■【1】 行李檢查 X 光機在正常使用下，其可接近表面 5 公分處劑量率多少以下者，應向主管機關申請登記證備查？（①5 μSv/h ②0.5 μSv/h ③0.5 μSv/h ④1.0 μSv/h）。【96.2. 輻安證書法規】

■【2】 依放射性物質與可發生游離輻射設備及其輻射作業管理辦法之規定，醫院之固定型 X 光機，其公稱電壓為 300 kV，應向主管機關申請：（①登記證②許可證③高強度設施使用許可證④輻射安全證書）。【96.1. 放射師專技高考】

■【2】 放射性物質、設備之使用許可證與生產製造許可證有效期分別為 A: 5 年，B: 6 年，C: 10 年，D: 15 年。（①A 和 B②A 和 C③B 和 C④B 和 D）。【94.2. 輻防師法規】

■【3】 實施密封放射性物質擦拭測試結果大於 X 貝克者，設施經營者應即停止使用，並於 Y 日內向主管機關申報。請問 X、Y 各為何？（①185、3 ②370、3 ③185、7 ④370、7）。【95.2. 輻防師法規】

游離輻射防護法第29、30條

■（第 29 條第 4 項）置有**高活度放射性物質**或**高能量可發生游離輻射設備**之**高強度輻射設施**之運轉，應由合格之**運轉人員**負責操作。

■ …

■（第 30 條第 2 項）**放射性物質生產設施**之運轉，應由合格之**運轉人員**負責操作；其資格、證書或執照之核發、有效期限、換發、補發、廢止及其他應遵行事項之**辦法**，由主管機關定之。

高強度輻射設施種類及運轉人員管理辦法

■ 第 2 條 高強度輻射設施（以下簡稱設施）之種類如下：

使用可發生游離輻射設備加速電壓值大於 3000 萬伏（30 MV）之設施。

一、使用可發生游離輻射設備粒子能量大於 3000 萬電子伏（30 MeV）之設施。

二、使用密封放射性物質活度大於 1000 兆貝克（1000 TBq）之設施。

■【3】生產正子藥物的小型迴旋加速器（baby cyclotron）之運轉，依「游離輻射防護法」第 29 條之規定，下列那些人員才可負責操作？（①輻射防護師②輻射防護員③合格之運轉人員④取得輻射安全證書之人員）。【94.2. 放射師檢覈】

■【1】依據高強度輻射設施種類及運轉人員管理辦法，運轉人員證書有效期限為 X 年，申請換發時，應檢具證書有效期限內，接受輻射防護訓練業務者舉辦之輻射防護訓練及格，或接受雇主定期實施之輻防教育訓練，合計時數達 Y 小時以上證明文件。請問 X、Y 各為何？（①6、36 ②6、54 ③6、120 ④5、72）。【96.1. 輻防員法規】

■【4】操作加速電壓值為 40 MV 的可發生游離輻射設備的人員，應擁有：（①輻射安全證書②醫事放射師執業執照③輻射防護師證書④高強度輻射設施運轉人員證書）。【96.1. 放射師專技高考】

游離輻射防護法第31條

■ 操作放射性物質或可發生游離輻射設備之人員,應受主管機關指定之訓練,並領有**輻射安全證書**或**執照**。但領有輻射相關執業執照經主管機關認可者或基於教學需要在**合格人員指導下從事操作訓練者**,不在此限。

■ 前項證書或執照,於操作一定活度以下之放射性物質或一定能量以下之可發生游離輻射設備者,得**以訓練代之**;其一定活度或一定能量之限值,由主管機關定之。

■ 第一項人員之資格、訓練、證書或執照之核發、有效期限、換發、補發、廢止與前項**訓練取代證書**或執照之條件及其他應遵行事項之**管理辦法**,由主管機關會商有關機關定之。

人員規範

類別	資格(小時(學分))	繼續教育	證照
操作訓練	3(-)	3/ 年	-
登記備查	18(2)	3/ 年	-
許可	36(4)	36/6 年	輻安證書
高強度	54(-)	36/6 年	運轉人員
輻防員	108(6)	72/6 年	輻防人員
輻防師	144(8)	96/6 年	輻防人員

- ■【1】學生受訓操作放射性物質或可發生游離輻射設備，須先接受至少 X 小時的輻防講習始得為之，而受訓人員、課程等資料需留存 Y 年備查。此 X、Y 分別為？（①3，3 ②3，10 ③6，10 ④6，3）。【96.1. 輻防員法規】
- ■【1】操作一定活度以下之放射性物質或一定能量以下之可發生游離輻射設備者，得以輻射防護訓練取代輻射安全證書，其訓練時數不得少於幾小時？（①18 ②36 ③90 ④108）。【95.1. 輻安證書法規】
- ■【1】依放射性物質或可發生游離輻射設備人員管理辦法第 4 條規定，申領輻射安全證書者，須先接受 X 小時輻射防護相關課程並經主管機關測驗合格。此 X 為？（①36 ②108 ③18 ④144）。【95.1. 輻防員法規】
- ■【2】輻射安全證書有效期限為 X 年，屆期申請換發時須檢具有效期間內接受輻防訓練合計 Y 小時以上證明文件。此 X、Y 分別為？（①5，30 ②6，36 ③4，24 ④3，36）。【96.2. 輻安證書法規】

游離輻射防護法第32條

- ■ 依第 29 條第 2 項規定核發之許可證（放射性物質與可發生游離輻射設備）…
- ■ 依第 30 條第 1 項規定核發之許可證（放射性物質之生產與其設施之建造及可發生游離輻射設備之製造）…
- ■ 前 2 項許可證有效期間內，設施經營者應對**放射性物質、可發生游離輻射設備或其設施**，每年至少偵測一次，提報主管機關偵測證明備查，**偵測項目**由主管機關定之。

游離輻射防護法第38條

- 對有下列情形者，處三年以下有期徒刑、拘役或科或併科新臺幣三百萬元以下罰金：
- （摘要）擅自或未依核准之輻射防護計畫進行輻射作業；擅自排放含放射性物質之廢氣或廢水；未依規定取得許可、許可證或經同意登記，擅自進行輻射作業；未依規定取得許可證，擅自進行生產或製造，致嚴重污染環境。
- 前項所定**嚴重污染環境之標準**，由主管機關會同有關機關定之。

嚴重污染環境輻射標準

- 一般人年**有效劑量**達 10 毫西弗者。
- 一般人**體外曝露**之劑量，於 1 小時內超過 0.2 毫西弗。
- 空氣中 2 小時內之平均放射性核種濃度超過主管機關公告之年連續空氣中排放物濃度之 1000 倍。
- 水中 2 小時內之平均放射性核種濃度超過主管機關公告之年連續水中排放物濃度之 1000 倍。
- **土壤**中放射性核種濃度超過主管機關公告之**清潔標準**之 1000 倍，且污染面積達 1000 平方公尺以上。

■【4】污染環境指因輻射作業而改變何種品質：（①動物和植物②建築物③農作物④空氣、水或土壤）。【97.1. 輻安證書法規】

■【3】依據嚴重污染環境標準，未依規定進行輻射作業而造成一般人年有效劑量達多少毫西弗者，為嚴重污染環境？（①2 ②5 ③10 ④20）。【96.1. 輻安證書法規】

■【2】依據嚴重污染環境標準，擅自或未依規定進行輻射作業而改變輻射工作場所外空氣、水或土壤原有之放射性物質含量，造成一般人年有效劑量達 X 毫西弗者，或體外曝露之劑量於 1 小時內超過 Y 毫西弗為嚴重污染環境。請問 X、Y 各為何？（①5，0.02 ②10，0.2 ③10，0.02 ④5，0.2）。【96.1. 輻防師法規】

■【3】若造成環境土壤中放射性核種濃度超過公告之清潔標準 X 倍且污染面積達 Y 平方公尺以上，即被認定為嚴重污染，X，Y 值各為：（①10000，10000 ②5000，5000 ③1000，1000 ④1000，10000）。【94.2. 輻防員法規】

游離輻射防護法第53、54、56條

■（第 53 條）**輻射源**所產生之輻射無安全顧慮者，免依本法規定管制。

■ 前項**豁免管制標準**，由主管機關定之。

■（第 54 條）**軍事機關**之放射性物質、可發生游離輻射設備及其輻射作業之**輻射防護及管制**，應依本法由主管機關會同國防部另以辦法定之。

■（第 56 條）本法**施行細則**，由主管機關定之。

輻射源豁免管制標準

…免依游離輻射防護法管制：

- **放射性物質**單位質量之**活度濃度**不超過附表第2欄所列者。
- **放射性物質**之**活度**不超過附表第 3 欄所列者。
- 下列**商品**，其所含**放射性物質**不超過所訂之限量者：（一）鐘錶、（二）氣體或微粒之煙霧警報器、（三）微波接受器保護管、（四）航海用羅盤、（五）其他航海用儀器、（六）逃生用指示燈、（七）指北針、（八）軍事用途之、瞄準具、提把、瞄準標杆。

輻射源豁免管制標準

核種	豁免濃度 $(Bq\ g^{-1})$	豁免活度 (Bq)
H-3	10^6	10^9
C-14	10^4	10^7
P-32	10^3	10^5
P-33	10^5	10^8
S-35	10^5	10^8
Cr-51	10^3	10^7

輻射源豁免管制標準

- 下列可**發生游離輻射設備**，在正常操作情況下，距其任何可接近之表面 **0.1 公尺處之劑量率每小時不超過 1 微西弗**者：
  □公稱電壓不超過 **3 萬伏特**之可發生游離輻射設備。
  □電子顯微鏡。
  □陰極射線管。
  □電視接收機。
- 其他含放射性物質之商品或可發生游離輻射設備，在正常操作情況下，距其任何可接近之表面 **0.1 公尺處之劑量率每小時不超過 1 微西弗**，且其型式經主管機關核定公告者。

- 【3】依據「游離輻射防護法施行細則」第 3 條規定，含放射性物質廢氣或廢水之排放紀錄保存期限，除屬核子設施者為 X 年外，餘均為 Y 年。其中 X、Y 各為（①5、1 ②5、3 ③10、3 ④10、5）。【97.1. 輻防師法規】
- 【2】雇主依游離輻射防護法施行細則對在職之輻射工作人員定期實施之教育訓練，每人每年受訓時數須為 X 小時以上，其記錄至少保存 Y 年。請問 X、Y 各為何？（①3、5 ②3、10 ③6、3 ④18、5）。【96.2. 輻安證書法規】
- 【3】輻射工作人員一年之輻射曝露經評估後不可能超過劑量限度之一定比例者，得以作業環境監測或個別劑量抽樣監測代替個別劑量監測。依據「游離輻射防護法施行細則」，此一定比例為（①1/3 ②1/2 ③3/10 ④2/5）。【97.1. 輻防員法規】
- 【4】游離輻射防護法施行細則中提及，輻射工作人員的職業暴露歷史紀錄，應自輻射工作人員離職或停止參與輻射工作之日起，至少保存幾年？並至輻射工作人員年齡超過幾歲？（①20, 70 ②20, 75 ③30, 70 ④30, 75）。【97.1. 輻安證書法規】

1.15　輻射防護概要

- 機率效應
- 確定效應
- 吸收劑量
- 射質因數與等效劑量
- 輻射加權因數與等價劑量
- 組織加權因數與有效劑量
- 劑量限度
- 合理抑低
- 集體劑量
- 約定劑量
- 年攝入限度
- 推定空氣濃度
- 氣態瀰漫
- 排放管制限度

輻射之健康效應

「游離輻射防護安全標準」第 2 條第 9 款定義，輻射之健康效應區分如下：

- **機率效應**（stochastic effect）：指致癌效應及遺傳效應，其發生之機率與劑量大小成正比，而與嚴重程度無關，此種效應之發生無劑量低限值。

- **確定效應**（deterministic effect）：指導致組織或器官之功能損傷而造成之效應，其嚴重程度與劑量大小成比例增加，此種效應可能有劑量低限值。

輻射之健康效應

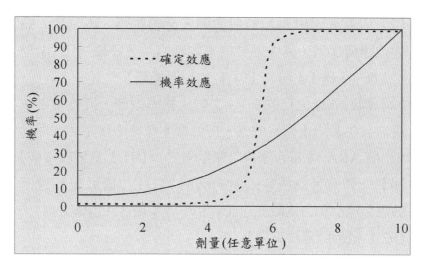

機率效應與確定效應（Ex）

- 【1】下列何者不屬確定效應？（①白血病②脫毛③白內障④不孕）。【88.2. 輻防初級基本】

- 【4】那一健康效應的嚴重程度，隨等價劑量的增加而增加？（①白血病②甲狀腺癌③遺傳效應④白內障）。【89.2. 輻防初級基本】

- 【3】輻射誘發的癌病與遺傳效應屬於（①急性效應②確定效應③機率效應④早期效應）。【89.2. 操作初級選試設備】

機率效應與確定效應（Ex）

- 【2】因輻射照射引起的白內障、毛髮脫落、不孕症、癌症及遺傳疾病，其中屬於機率效應的共有幾種？（①1 種②2 種③3 種④4 種）。【91.1. 放射師檢覈】

- 【2】輻射防護之目的為：（①防止機率效應，抑低確定效應之發生②防止確定效應，抑低機率效應之發生③合理抑低（ALARA）④符合法規之劑量限度）。【91.1. 放射師檢覈】

- 【4】下列何者為機率效應的病例？（①皮膚紅斑和遺傳效應②癌症和白內障③白血病和不妊④癌症和遺傳效應）。【92.1. 放射師專技高考】

個人劑量

「游離輻射防護安全標準」第 6 條規定：

- 輻射作業應防止確定效應之發生及抑低機率效應之發生率，且符合下列規定：

一、利益須超過其代價。（註：正當化）

二、考慮經濟與社會因素後，一切曝露應合理抑低。（註：最適化）

三、個人劑量不得超過本標準之規定值。（註：限制化）

前項第三款個人劑量，指個人接受體外曝露及體內曝露所造成劑量之總和，不包括由背景輻射曝露及醫療曝露所產生之劑量。

個人劑量（Ex）

- 【4】下列何者不適用「游離輻射防護法」之規定？（①職業曝露②緊急曝露③醫療曝露④天然放射性物質、背景輻射及其所造成之曝露）。【93.1. 輻射防護師法規】
- 【4】放射技術師於醫院工作期間所接受之輻射曝露稱為：（①醫療曝露②工作曝露③緊急曝露④職業曝露）。【93.1. 放射師檢覈】
- 【3】游離輻射防護標準所稱之個人劑量，係指個人接受體外曝露與體內曝露所造成劑量之總和，不包括由背景輻射曝露及下列何種曝露所產生之劑量？（①一般曝露②緊急曝露③醫療曝露④計劃特別曝露）。【93.1. 放射師檢覈】

劑量的種類

「游離輻射防護安全標準」第 2 條第 5 款定義：

- **吸收劑量**：指單位質量物質吸收輻射之平均能量，其單位為戈雷，一千克質量物質吸收一焦耳能量為一戈雷。
- **等效劑量**：指人體組織或器官之吸收劑量與射質因數之乘積，其單位為西弗，射質因數依附表一之一（一）規定。
- **器官劑量**：指單位質量之組織或器官吸收輻射之平均能量，其單位為戈雷。

射 質 因 數

「游離輻射防護安全標準」附表一定義：

射質因數 Q（L）為以國際放射防護委員會（ICRP）60 號
報告中規定之<u>水中非限定線性能量轉移</u> L 表示之。

$$Q(L) = \begin{array}{l} 1(L \leq 10) \\ 0.32L - 2.2(10 < L \leq 100) \\ 300/\sqrt{L}\ \ (L \geq 100) \end{array}$$

式中 L 之單位為 keV μm^{-1}

射 質 因 數 （Ex）

- 【2】下列不同能量之中子，何者之射質因數最大？（①2.5
  ×10^{-8} ②0.5 ③10 ④100）MeV。【88.1. 輻防中級基本】

- 【2】關於射質因數，下列何者為正確？（①單能中子能
  量愈高，射質因數愈大②熱中子之射質因數為 5 ③質子和
  電子都帶一單位電荷，故其射質因數相同④阿伐粒子之射
  質因數為 10）。【93.1. 輻射防護師法規】

- 【2】射質因數（Q）是用於轉換吸收劑量為：（①約定劑
  量②等效劑量③體外劑量與體內劑量之總和④有效劑量）。
  【93.2. 放射師檢覈】

劑量的種類

「游離輻射防護安全標準」第 2 條第 5 款第 5 與第 7 目定義：

■ **等價劑量**（equivalent dose, H_T）：指器官劑量與對應**輻射加權因數**（radiation weighting factor, W_R）乘積之和，其單位為西弗，輻射加權因數依附表一之一（二）規定。

■ **有效劑量**（effective dose, E）：指人體中受曝露之各組織或器官之等價劑量與各該組織或器官之**組織加權因數**（tissue weighting factor, W_T）乘積之和，其單位為西弗，組織加權因數依附表一之二規定。

輻射加權因數

「游離輻射防護安全標準」附表一之一（二）：

■ 輻射加權因數 W_R 指為輻射防護目的，用於以吸收劑量計算組織與器官等價劑量之修正因數，係依體外輻射場之種類與能量或沉積於體內之放射性核種發射之輻射的種類與射質訂定者，能代表**各種輻射**之相對生物效應。

輻射加權因數[附表一之一（二）]

輻射種類與能量區間	輻射加權因數 W_R
所有能量之光子	1
所有能量之電子及 μ 介子	1
中子能量＜10 千電子伏 (keV)	5
10 千電子伏（keV）－ 100 千電子伏 (keV)	10
＞100 千電子伏（keV）－2 百萬電子伏 (MeV)	20
＞2 百萬電子伏（MeV）－20 百萬電子伏 (MeV)	10
＞20 百萬電子伏（MeV）	5
質子（回跳質子除外）能量＞2 百萬電子伏（MeV）	5*
α粒子，分裂碎片，重核	20

*ICRP-103 報告 (2007 年) 建議值為 2

輻射加權因數（Ex）

■【2】Sv 單位為（①吸收劑量②等價劑量③活度劑量④曝露劑量）。【87.1. 輻防初級基本】

■【4】對於 1 MeV 的 γ、β 與 α 射線，若吸收劑量相等，則等價劑量大小關係為：（①α＝β＞γ ②α＞β＞γ ③β＞α＞γ ④γ＝β＜α）。【88.1. 輻防初級基本】

■【2】依據我國「游離輻射防護安全標準」第一表，對於單能中子之輻射加權因數，最大值約為多少 MeV 之中子？（①0.1 ②0.5 ③10 ④50）。【94.2. 輻射安全證書法規】

組織加權因數

「游離輻射防護安全標準」附表一之二：

■ 組織加權因數 W_T 指為輻射防護目的，用於以各組織或器官等價劑量 H_T 計算有效劑量之修正因數。此一因數係考慮不同組織或器官對輻射曝露造成**機率效應**之**敏感度**而訂定。

組織加權因數（附表一之二）

組織或器官	組織加權因數 W_T	組織或器官	組織加權因數 W_T
性腺	0.20	肝	0.05
骨髓	0.12	食道	0.05
結腸	0.12	甲狀腺	0.05
肺	0.12	皮膚	0.01
胃	0.12	骨表面	0.01
膀胱	0.05	其餘組織或器官	0.05
乳腺	0.05		

組織加權因數（ICRP-103）

組織或器官	組織加權因數 W_T	組織或器官	組織加權因數 W_T
胃	0.12	食道	0.04
肺	0.12	肝	0.04
結腸	0.12	膀胱	0.04
紅骨髓	0.12	皮膚	0.01
乳腺	0.12	骨表面	0.01
其餘組織或器官	0.12	腦	0.01
性腺	0.08	唾液腺	0.01
甲狀腺	0.04	全身	1

組織加權因數（Ex）

- 【2】組織加權因子 WT，與下列何者最有關係？（①輻射能量②有效劑量③吸收劑量④輻射種類）。【94.2. 放射師檢覈】

- 【1】下列何者的組織加權因數最小？（①皮膚②肺③乳腺④骨髓）。【94.2. 輻射安全證書法規】

- 【3】全身各器官或組織之組織加權因數的和為：（①0.3 ②0.7 ③1.0 ④10）。【94.2. 放射師專技高考】

- 【3】性腺的組織加權因數，在 ICRP 第 26 號與第 60 號報告分別為：（①0.15, 0.05 ②0.05, 0.15 ③0.25, 0.20 ④0.20, 0.25）。【95.1. 放射師專技高考】

ICRP-60號報告的危險度

健康損害	輻射工作人員 $(10^{-2}\,Sv^{-1})$	一般人 $(10^{-2}\,Sv^{-1})$
致命癌症	4.0	5.0
非致命癌症	0.8	1.0
嚴重遺傳變異	0.8	1.3
總計	5.6	7.3*

*ICRP-103 報告建議值為 5.742×10^{-2} Sv^{-1}

機率效應與確定效應（Ex）

■【1】根據 ICRP-60 號報告，每單位有效劑量所引起健康損害的機率因數稱為標稱機率係數（nominal probability coefficient）。輻射工作人口的致命癌症的標稱機率係數（不含引起嚴重遺傳疾病）總計為：（①$4 \times 10^{-2}$ Sv^{-1} ①$5 \times 10^{-2}$ Sv^{-1} ③$5.6 \times 10^{-2}$ Sv^{-1} ④$7.3 \times 10^{-2}$ Sv^{-1}）。【93.1. 放射師檢覈】

■【1】危險度因數是指人體接受單位等價劑量的危險程度，僅應用於：（①機率效應②確定效應③輻射分解效應④反劑量效應）。【93.2. 放射師檢覈】

吸收劑量與等價劑量（Ex）

- 【4】對於 1 MeV 的 γ、β 與 α 射線，若吸收劑量相等，則等價劑量大小關係為（①α＝β＞γ ②α＞β＞γ ③β＞α＞γ ④γ＝β＜α）。【88.1. 輻防初級基本】

- 【2】甲、乙、丙、丁四人分別接受 1 mGy, 1 rad, 1 mSv, 1 rem 之中子（等價）劑量，則所受中子等價劑量最高者為何人？（①甲②乙③丙④丁）。【88.1. 輻防中級基本】

- 【3】若組織吸收的劑量相同，則下列何者所產生的輻射生物效應最低？（①阿伐粒子②質子③電子④中子）。【91.1. 放射師檢覈】

吸收劑量與等價劑量（Ex）

- 【2】有一個 2 公斤的腫瘤接受了 4 焦耳的輻射能量，試問腫瘤的吸收劑量為多少戈雷？（①0.5 ②2 ③4 ④8）。【90 放射師專技高考】

- 【2】某腫瘤重 35 g，治療劑量是 200 cGy，則腫瘤須接受多少焦耳的輻射能量？（①0.007 ②0.07 ③0.7 ④7）。【90.1. 放射師檢覈】

- 【2】參考人兩個卵巢共重 11 g，若在子宮頸癌的外部照射時，接受到 20 Gy 的輻射劑量，則其所接受的輻射能量為多少焦耳？（①0.022 ②0.22 ③2.2 ④22）。【90.2. 放射師檢覈】

等價劑量與有效劑量（Ex）

- 【3】某人體重 60 公斤，全身均勻受 X 光曝露，共接受能量 0.3 焦耳，試計算此人接受多少有效劑量？（①0.5 毫西弗②1.0 毫西弗③5 毫西弗④10 毫西弗）。【93.1. 放射師檢覈】

- 【3】某人的性腺（$W_T = 0.25$）及乳腺（$W_T = 0.15$）各接受 2 毫西弗的等價劑量，其餘器官未受曝露，求此人共接受多少有效劑量（毫西弗）？（①1.0 ②2.0 ③0.8 ④1.5）。【92.1. 輻射安全證書專業科目】

- 【1】一西弗等價劑量造成什麼組織的機率效應風險最大？（①紅骨髓②甲狀腺③乳腺④骨表面)。【93.1. 輻射安全證書專業】

職業曝露之年個人劑量限度

「游離輻射防護安全標準」第 7 條：

輻射工作人員職業曝露之劑量限度，依下列之規定：

一、每連續五年週期之有效劑量不得超過 100 毫西弗。且任何單一年內之有效劑量不得超過 50 毫西弗。

二、眼球水晶體之等價劑量於一年內不得超過150毫西弗。

三、皮膚或四肢之等價劑量於一年內不得超過500毫西弗。

前項第一款 5 年週期，自民國 92 年 1 月 1 日起算。

如何管制機率效應至合理可接受？

- 1991 年美國「安全工業」的危險度為 **0.2×10^{-4}**（如貿易商、服務業）〜 **5×10^{-4}**（如農夫、礦工）。
- 1980 年美國輻射工作者的平均有效劑量約為 **2.1 mSv**（當年美國的有效劑量上限為 50 mSv）。
- 輻射工作者的危險度為 **$5.6 \times 10^{-2} \ Sv^{-1}$**。
- $(2.1 \times 10^{-3} \ Sv)(5.6 \times 10^{-2} \ Sv^{-1}) = $ **1.2×10^{-4}**（與安全工業者相當）。

劑量限度（Ex）

- 【4】體外曝露之輻射中，下列何者造成的眼球劑量通常最大？（①阿伐輻射②貝他輻射③加馬輻射④快中子）。【91.2. 放射師檢覈】
- 【3】一般人之劑量限度，皮膚之等價劑量於一年內不得超過多少 mSv ？（①5 ②20 ③50 ④150）。【92.2. 放射師檢覈】
- 【4】職業曝露中，皮膚與四肢的等價劑量年限值是多少毫西弗？（①20 ②50 ③150 ④500）。【93.2. 放射師檢覈】

劑量限度（Ex）

- ■【4】等價劑量若不超過游離輻射防護安全標準之規定值，則可以防止什麼效應損害之發生？（①遺傳效應②白血病③乳癌④白內障）。【93.1. 輻射安全證書專業】
- ■【2】已知甲狀腺的加權因數為 0.03，甲狀腺受到照射，則工作人員的甲狀腺一年可接受多少劑量？（①0.05 Sv②0.5 Sv ③0.8 Sv ④1.0 Sv）。【93.2. 放射師檢覈】
- ■【2】假設放射線技術師在工作時，僅性腺受到照射，試問其性腺一年最多可接受多少劑量？（①0.05 ②0.2 ③0.4 ④1.6）西弗。【90.1. 操作初級選試設備】

劑量限度（Ex）

- ■【1】一般人之年有效劑量與一般人之眼球水晶體年等價劑量限度，分別為若干毫西弗？（①1 與 15 ②5 與 15 ③1 與 50 ④5 與 50）。【92.2. 輻射防護師法規】
- ■【1】某甲輻射工作人員第一、二、三、四年的年有效劑量分別為 20，25，30，15 mSv，請問第五年的限值為若干 mSv？（①10②20③30④50）。【92.2. 輻射防護師法規】
- ■【3】某輻射工作人員自 94 年至 97 年所受劑量分別為 20、35、18、17 毫西弗，請問 98 年最多可接受多少劑量，仍可符合「游離輻射防護安全標準」劑量週期及限度之規定？（①10 毫西弗②20 毫西弗③50 毫西弗④65 毫西弗）。【97.1. 放射師專技高考】

合理抑低

■ 合理抑低（as low as reasonably achievable, ALARA）：
指儘一切合理之努力，以維持輻射曝露在實際上遠低於游
離輻射防護安全標準之劑量限度。其要點為：

◆ 須與原許可之活動相符合。

◆ 須考慮技術現狀、改善公共衛生及安全之經濟效益，以
及社會與社會經濟因素。

◆ 須為公共之利益而利用輻射。

合理抑低（Ex）

■【4】下列何者不屬於合理抑低措施？（①記錄基準②調
查基準③干預基準④劑量限度）。【87.2. 輻防中級基本】

■【4】下列何者不屬於合理抑低之考量？（①工作人員之
個人劑量②集體劑量③經濟因素④可忽略微量）。【88.2. 輻
防初級基本】

■【2】合理抑低原則（ALARA）是什麼的應用？（①正當
化②最適化③限制化④合理化）。【89.2. 操作初級選試設
備】

個人劑量

「游離輻射防護安全標準」第 4 條規定：

■ 第二條第五款第七目有效劑量，得以度量或計算強穿輻射產生之個人等效劑量及攝入放射性核種產生之約定有效劑量之和表示。

　　前項強穿輻射產生之個人等效劑量或攝入放射性核種產生之約定有效劑量於一年內不超過二毫西弗時，體外曝露及體內曝露得不必相加計算。

『約定』劑量

■ 體內由呼吸或飲食等方式攝入放射性物質時，體內劑量值為時間之函數，為達成輻射劑量限制之目的，必須預先約定一計算體內劑量值之時間，此時之劑量即為**約定劑量**（committed dose）。

■「游離輻射防護安全標準」第 2 條第 5 款第 6 目與第 8 目定義：

◆ **約定等價劑量**：指組織或器官攝入放射性核種後，經過一段時間所累積之等價劑量，其單位為西弗。一段時間為自放射性核種攝入之日起算，對 17 歲以上者以 50 年計算；對未滿 17 歲者計算至 70 歲。

◆ **約定有效劑量**：指各組織或器官之約定等價劑量與組織加權因數乘積之和，其單位為西弗。

約定劑量（Ex）

- 【3】ICRP 第 60 號報告中，對於攝入放射性核種所造成的約定劑量計算是依下列何者？（①自攝入開始一般人以 50 年的積存計算②自攝入開始成人以 30 年的積存計算③自攝入開始工作人員以 50 年的積存計算④自攝入開始以核種的半衰期來計算）。【91.2. 放射師檢覈】

- 【4】約定等價劑量指工作人員攝入放射性核種後多少年內累積之等價劑量？（①1 年②5 年③10 年④50 年）。【93.1. 放射師檢覈】

職業性體內曝露之管制

- 個人體外曝露，可由熱發光劑量計（TLD）之紀錄進行管制；個人體內曝露，則無法每月以全身計測或生化分析等方式紀錄，於是必須管制放射性物質的年攝入量。

- 依據「游離輻射防護安全標準」第 2 條第 7 款定義，**年攝入限度**（annual limit of intake, ALI）指參考人在一年內攝入某一放射性核種而導致五十毫西弗之約定有效劑量或任一組織或器官五百毫西弗之約定等價劑量兩者之較小值。

ALI（Ex）

- 【1】「年攝入限度」適用於何種曝露？（①職業性体內②一般人体內③職業性体內與体外④一般人体內與体外）。【88.1. 輻防中級基本】
- 【1】評估某一放射性核種之年攝入限度（ALI），得限制機率效應之 ALI 為 7.3×10^2 Bq，防止確定效應之 ALI 為 5.3×10^2 Bq，則此核種之 ALI 值為：（①0.53 kBq ②0.63 kBq ③0.73 kBq ④1.26 kBq）。【94.2. 放射師專技高考】
- 【4】若工作人員嚥入體內之銫 137 活度等於年攝入限度，則其什麼劑量等於 50 毫西弗？（①等價劑量②有效劑量③約定等價劑量④約定有效劑量）。【89.2. 輻防高級基本】

ALI（Ex）

- 【4】^{131}I 的 ALI（吸入）$=2 \times 10^6$ Bq，乃根據甲狀腺的確定效應條件求得的。問吸入 1 MBq 的 ^{131}I 時，甲狀腺的約定等價劑量等於（①25 ②50 ③150 ④250）mSv。【87.2. 輻防高級基本】
- 【2】1 西弗有效劑量對應的致癌風險為 1×10^{-2}。已知 ^{60}Co 的 ALI $= 7 \times 10^6$ Bq，某人攝入 1×10^6 Bq 的 ^{60}Co，問其致癌機率有多大？（①$7 \times 10^{-6}$ ②$7 \times 10^{-5}$ ③$3 \times 10^{-4}$ ④$3 \times 10^{-3}$）。【89.2. 輻防初級基本】
- 【2】有一工作人員在一年內攝入 ^{137}Cs 及 ^{60}Co 的活度分別為其年攝入限度的 1/5 及 3/10，試問此人在該年內尚可接受多少 mSv 的深部等價劑量？（①20 ②25 ③35 ④40）。【91 放射師專技高考】

年攝入限度

- 對以**攝入**（約定有效劑量）為主要限制之核種：由輻射工作人員之年有效劑量限度 50 mSv 除以 DCF×1000×2400。其中劑量轉換因數（DCF）為附表三之一輻射工作人員吸入每單位攝入量放射性核種產生之約定有效劑量 h(g)5 μm（註：單位為 Sv Bq^{-1}）；1000—調整 mSv 至 Sv 之單位轉換；2400—輻射工作人員參考人在輕度工作情況下每年吸入 m^3 之空氣體積。

年攝入限度

- 對以**氣態瀰漫**（體外曝露）為主要限制之核種：由輻射工作人員之年有效劑量限度 50 mSv 除以 DCN×1000×83.3。其中惰性氣體劑量轉換因數（DCN）為附表三之十成年人受惰性氣體曝露之有效劑量率 [註：單位為 Sv d^{-1}/(Bq m^{-3})]；1000—調整 mSv 至 Sv 之單位轉換；83.3—調整天至年職業曝露時間 2000 小時。
- 附表三之十所列氣態瀰漫核種為氬（Ar）、氪（Kr）、氙（Xe）3 類核種。

氣態瀰漫（Ex）

- ■【4】氣態瀰漫核種對於健康的危害，主要是什麼引起的？（①肺劑量②支氣管劑量③生殖腺劑量④體外曝露之劑量）。【87.2. 輻防高級基本】
- ■【1】那一氣體造成的人員曝露屬於氣態瀰漫？（①氫氣②碘氣③氯氣④溴氣）。【89.2. 輻防中級基本】
- ■【2】氣態瀰漫以何種曝露為主要限制？（①體內曝露②體外曝露③慢性曝露④急性曝露）。【91.1. 操作初級基本】

職業性體內曝露之管制

- ■ 放射性物質的攝入量，仍然無法每月以全身計測或生化分析等方式紀錄，於是必須根據參考人在輕微體力之活動下，一年中將吸入 **2400 m³** 之空氣，推算出工作環境中放射性物質的最大許可濃度。
- ■ 依據「游離輻射防護安全標準」第 2 條第 8 款定義，**推定空氣濃度**（derived air concentration, DAC）：為某一放射性核種之推定值，指該放射性核種在每一立方公尺空氣中之濃度。參考人在輕微體力之活動中，於一年中呼吸此濃度之空氣 **2000** 小時，將導致年攝入限度。

DAC（Ex）

- 【1】已知 ^{137}Cs 的吸入 ALI = 6×10^6 Bq，請問 ^{137}Cs 的 DAC（Bq/m³）為：（①$2.5\times10^3$ ②$4.8\times10^3$ ③$2.5\times10^4$ ④$4.8\times10^4$）。【92.2. 放射師檢覈】

- 【1】若一空浮放射性物質，其吸入的劑量轉換係數（DCF）為 6.7×10^{-9} Sv/Bq，則其推定空氣濃度為（①$3.11\times10^3$ Bq/m³ ③ 3.11×10^4 Bq/m³ ④ 3.11×10^5 Bq/m³ ④ 3.11×10^6 Bq/m³）。【97.1. 輻防師專業】

- 【2】某人曝露於 40 DAC-hr 環境下，請問相當於接受若干 ALI？（①0.2 ②0.02 ③0.4 ④0.04)。【88.1. 輻防中級基本】

空氣中排放物濃度

- 「空氣中排放物濃度」對以**攝入**（約定有效劑量）為主要限制之核種：由一般人之年有效劑量限度 1 mSv 除以 DCA×1000×22.2×365。其中劑量轉換因數（DCA）為附表三之五一般人之個人（> 17 歲）吸入每單位攝入量放射性核種產生之約定有效劑量（註：單位為 Sv Bq⁻¹）；1000—調整 mSv 至 Sv 之單位轉換；22.2—一般人之個人（> 17 歲）每天吸入 m³ 之空氣體積；365—調整天至年。

- 「空氣中排放物濃度」對以**氣態瀰漫**（體外曝露）為主要限制之核種：由一般人之年有效劑量限度 1 mSv 除以 DCN×1000 ×365。其中惰性氣體劑量轉換因數（DCN）為附表三之十成年人受惰性氣體曝露之有效劑量率 [註：單位為 Sv d⁻¹/（Bq m⁻³；1000—調整 mSv 至 Sv 之單位轉換；365—調整天至年。

水中排放物濃度

- 「水中排放物濃度」由一般人之年有效劑量限度 1 毫西弗除以 DCW×1000×1.095。其中水劑量轉換因數（DCW）為附表三之四一般人之個人（＞17 歲）嚥入每單位攝入量放射性核種產生之約定有效劑量）（註：單位為 Sv Bq^{-1}）；1000—調整毫西弗至西弗之單位轉換；1.095——一般人之個人（＞17 歲）每年嚥入 m^3 之水體積。

- 「污水下水道月平均排放濃度」為游離輻射防護安全標準第十四條所訂之濃度，其值由一般人之年有效劑量限度 1 毫西弗除以 DCW×1000×1.095×0.1。其中水劑量轉換因數（DCW）、1000、1.095 如「水中排放物濃度」之說明；0.1 為誤飲污水下水道水量修正因數。

排放物濃度（Ex）

- 【1】「排放物濃度」是依據年有效劑量限度所推導，此年劑量限度是以（①1 mSv ②5 mSv ③30 mSv ④50 mSv）來計算。【90.1. 操作初級基本】

- 【2】依原能會建議，洗滌廢水可排放的依據是要小於（①排放限度②水中排放物濃度③推定濃度④攝入限度）。【91.2. 操作初級專業非密封】

- 【4】放射性物質的排放可能間接污染飲用水或灌溉用水系統時，其排放濃度應以下列何種限值來管制？（①最大許可濃度②年攝入限度③污水下水道排放物濃度④水中排放物濃度）。【93.2. 放射師檢覈】

1.16 X光機防護屏蔽

- 有用射束
- 散射輻射
- 滲漏輻射
- 主防護屏蔽
- 次防護屏蔽
- 結構屏蔽
- 最大許可曝露率
- 工作負載
- 使用因數
- 佔用因數

- 穿透因數
- 降低因數

有用射束、散射輻射、滲漏輻射

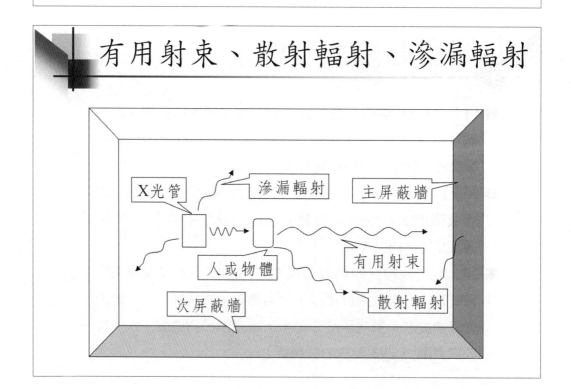

主防護屏蔽之設計

$$K = \frac{pd^2}{WUT}$$

P：最大許可曝露率，管制區為 0.4 mSv（或 0.04 R）wk^{-1}，非管制區為 0.02 mSv（或 0.2 R）wk^{-1}

d：屏蔽牆與 X 光管間之距離（m）

W：工作負載，X 光機管電流（mA）與每週操作時間（min wk^{-1}）之乘積，單位為 mA min wk^{-1}

U：使用因數，X 光機有用射柱朝向主屏蔽方向的時間分率

T：佔用因數，屏蔽牆外人員平均逗留時間分率

主防護屏蔽之設計

■ K 值也稱為穿透（或降低）因數，是使輻射線初曝露率降至最大許可曝露率之因數。

■ K 值常用單位為 mSv m^2 mA^{-1} min^{-1} 或 mSv mA^{-1} min^{-1} at 1 m。

■ 單能量光子半值層數（N）與穿透因數（X/X$_0$ 或 K）之相關式為 K = (1/2)^N。

■ X 光為多能量光子，穿透因數為 K 時所需屏蔽厚度不易計算，通常以查圖（經驗）方式求得，此圖通常為一半對數座標圖。

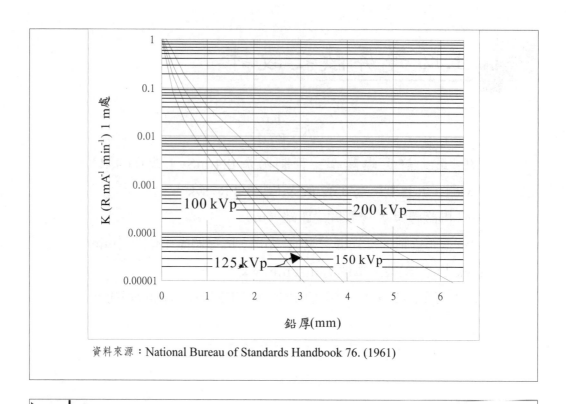

資料來源：National Bureau of Standards Handbook 76. (1961)

佔用因數

完全佔用 T = 1	工作區域，如辦公室、實驗室、商店、護理站等；活動空間，如兒童遊戲間；臨近建築物的佔用空間等
部份佔用 T = 1/4	走廊、休息室、有操作員的電梯、無管理員的停車場等
偶爾佔用 T = 1/16	等候室、廁所、樓梯、無操作員的電梯等

X光機屏蔽（Ex）

- 【2】計算 X 光機屏蔽時下列一種條件下需要較厚的屏蔽？（①佔用因數愈小②使用因數愈大③工作負荷愈低④X 光機的最大管電壓愈小）。【89.2. 操作初級選試設備】

- 【2】X 光屏蔽計算中的占用因素與什麼有關？（①X 光能量②作業場所③屏蔽厚度④屏蔽材質）。【88.1. 輻防初級基本】

- 【3】設計 X 光機的結構屏蔽時，下列何者與設計所須考慮的因素無關？（①使用因數②佔用因數③輻射加權因數④最大管電壓）。【94.1. 放射師檢覈】

X光機屏蔽（Ex）

- 【3】有關 X 光屏蔽，下列敘述何者正確？（①佔用因數與屏蔽厚度有關②使用因數與 X 光機的工作負載有關③佔用因數與屏蔽牆外場所的用途有關④使用因數與 X 光的能量有關）。【92.1. 放射師專技高考】

- 【4】計算 X 光機的屏蔽時，偶而占用區的占用因數等於多少？（①1/2 ②1/4 ③1/8 ④1/16）。【90.1. 操作初級選試設備】

- 【3】一 X 光機平均每天做骨盤照相 24 張（平均設定條件為 80 千伏特，100 毫安培 - 秒）及胸部照相 60 張（平均設定條件為 80 千伏特，10 毫安培 - 秒），則此部 X 光機之工作負荷是多少？（①20000 ②15000 ③250 ④187.5）毫安培 - 分 / 週。【92.2. 放射師專技高考】

美國放射防護委員會（NCRP）147號報告（2005）建議

- 診斷與治療 X 光機屏蔽設計應不同。
- 週劑量約束管制區由 0.4 mSv 改為每 X 光機 0.1 mSv；非管制區仍為每 X 光機 0.02 mSv。
- 距離：由 X 光機至屏蔽距離，改為 X 光機至樓上 0.5 m 後、隔牆 0.3 m 後、樓下地面 1.7 m 高處。
- 電壓：由單一值（太保守）改為分布值。
- 使用因數視攝影室分類詳訂。
- 佔用因數改為 1, 1/2, 1/5, 1/8, 1/20, 1/40。
- 考慮前屏蔽（檯、柵、匣等）的屏蔽效果。

不同建材間屏蔽厚度的換算

密度法：

- 原子序近似的二不同建材，可利用密度法作厚度的換算，例如混凝土密度為 2.35 g cm^{-3}，瓷磚密度為 1.9 g cm^{-3}，則 10 cm 瓷磚的屏蔽能力，約等於 10 cm×1.9/2.35 = 8.09 cm 混凝土的屏蔽能力。
- 屏蔽阻擋光子的能力，約與其原子序成平方或立方成正比，當建材間原子序差異較大時，此法的換算方式則誤差太大，不宜採用。

商用建材的平均密度

建材	密度（g cm⁻³）	建材	密度（g cm⁻³）
混凝土	2.35	鉛	11.4
軟磚	1.65	鉛玻璃	6.22
硬磚	2.05	沙灰泥	1.54
包裝土	1.5	鋼	7.8
花崗石	2.65	瓷磚	1.9

不同建材間屏蔽厚度的換算

半值層法：

■ 原子序差異較大的二不同建材，可利用半值層法作厚度的換算，例如以 300 kVp X 光為例，混凝土半值層為 3.1 cm，鉛半值層為 1.47 mm，則 10 cm 混凝土的屏蔽能力，約 等 於 10/3.1 = 3.23 HVLs，即 3.23×1.47 mm = 4.74 mm 鉛的屏蔽能力。

■ 於是，常用建材的厚度，欲換算成鉛的厚度時，通常須先以密度法換算成混凝土的厚度，再以半值層法換算成鉛的厚度。

X光機鉛與混凝土的半值層

電壓巔值（kVp）	鉛半值層（mm）	混凝土半值層（cm）
50	0.06	0.43
100	0.27	1.6
150	0.30	2.24
200	0.52	2.5
250	0.88	2.8
300	1.47	3.1

屏蔽厚度的換算（Ex）

- 【2】用鉛作為鈷 60 的 γ 射線的屏蔽體，其半值層（HVL）為 1.2 公分，請問用水泥作為屏蔽體，則水泥的半值層為多少公分？【鉛：密度 11.4 g/cm^3，水泥：密度 2.3 g/cm^3】（①4 ②6 ③8 ④11）。【91.1. 操作初級基本】
- 【4】在厚度 5 公分的鉛牆上裝置鉛玻璃時，需要多少公分的鉛玻璃較適當？（鉛玻璃密度為 5.2 g/cm^3，鉛密度為 11.34 g/cm^3）（①2.5 ②5.0 ③7.5 ④10.0）。【93.2. 放射師檢覈】

散射輻射防護屏蔽之設計

■ 散射輻射與滲漏輻射均為全向性,故計算次防護屏蔽時,
使用因數均訂為 1。

■ 距使用中之 X 光機輻射源一公尺處、有用射柱之垂直方
向,散射輻射量通常約為有用射柱之 $f/1000$。X 光機之
kVp 越高,f 值越大。

散射輻射防護屏蔽之設計

$$K = \frac{fWT}{1000Pd^2}$$

散射輻射的 f 值

kVp	f
≦ 500	1
1000	20
2000	300
3000	700

滲漏輻射防護屏蔽之設計

- 若 Y 為靶外 1 m 處之滲漏輻射曝露率限制值，則靶外 d m 處之滲漏輻射曝露率為 Y/d，若 X 光機每週工作 t min, 即每週工作 $t/60$ h，則曝露率為 $Yt/60d$，計入佔用因數 T 後，滲漏輻射曝露率為 $YtT/60d^2$，法規規定曝露率限值為 P，故需設計一屏蔽將曝露率降為原來的 B（此值稱為降低因數）。

- 所需屏蔽半值層數為 $-(\ln B)/0.693$。

滲漏輻射輻射安全審查項目

滲漏輻射管制：

- 診斷型 X 光防護管套其滲漏輻射空氣克馬在距靶一公尺處，每小時不得超過 0.87 mGy。

- 使用中之直線加速器防護管套，其滲漏輻射在距靶一公尺處造成之劑量，不得超過有用射柱內中心軸上輸出劑量之千分之一。

- 舊法規（民 91 年以前）：使用中之治療型 X 射線管，其滲漏輻射在距靶一公尺處，每小時不得超過 1 R。

滲漏輻射防護屏蔽之設計

$$P = B \frac{YtT}{60d^2} \qquad\qquad B = \frac{60Pd^2}{YtT}$$

- P：最大許可曝露率

B：降低因數

Y：距 X 光管 1 m 處滲漏輻射曝露率限制值

t：X 光管每週工作時間（min wk^{-1}）

T：佔用因數

d：屏蔽牆與 X 光管間之距離

滲漏輻射防護屏蔽之設計

W：工作負載，X 光機管電流（mA）與每週操作時間（min wk^{-1}）之乘積，單位為 mA min wk^{-1}

I：平均管電流（mA）

$$B = \frac{60IPd^2}{YWT}$$

$H = H_0 e^{-0.693(x/\text{HVL})}$, $B = H/H_0$, $B = e^{-0.693(x/\text{HVL})}$,
此處 H 為有效劑量，x 為屏蔽厚度，$N = (x/\text{HVL}) = \ln B/{-0.693}$，$N$ 即為所需滲漏輻射之半值層數。

次防護屏蔽之設計

分別算出散射輻射與滲漏輻射所需 HVL 值後，必須決定一最適 HVL 值，方法為將此二 HVL 值相減，

■ 二者差小於 3 HVLs：

較大 HVL 值再加 1 HVL 即得。

■ 二者差大於 3 HVLs：

取較大 HVL 值即得。

次防護屏蔽之設計（Ex）

■【4】若主屏蔽計算所得的穿透因數 B_x，則什一值層（TVL）數目 n 為：（①n = ln(B_x) ②n = $\log_{10}$(Bx) ③n = ln(1/B_x) ④n = $\log_{10}$(1/B_x)）。【93.1. 放射師檢覈】

■【1】操作中的診斷型 X 光管，在距靶 1 公尺處之滲漏輻射不可超過每小時多少侖琴？（①0.1 ②1 ③10 ④100）。【94.1. 放射師檢覈】

次防護屏蔽之設計（Ex）

- █【4】何者不屬於 X 光機的結構屏蔽？（①主屏蔽②洩漏輻射之二次屏蔽③散射輻射之二次屏蔽④X 光管座）。【91.2. 操作初級專業 X 光機】

- █【4】X 光機室副屏蔽牆的功用主要在減少散射輻射及什麼輻射？（①原始②特性③互毀④滲漏）輻射。【91 放射師專技高考】

- █【3】在裝置高能輻射治療機到治療室時，所作的屏蔽計算必需考慮由射源所產生的輻射中，不包括下列何者？（①主輻射②滲漏輻射③紫外輻射④散射輻射）。【91.1. 放射師檢覈】

次防護屏蔽之設計（Ex）

- █【2】計算 X 光機的二次屏蔽時，散射輻射及洩漏輻射的屏蔽厚度均為 50 公分。已知 HVL = 20 公分，請問二次屏蔽的厚度等於多少公分？（①100 ②70 ③50 ④30）。【87.2. 輻防高級基本】

- █【2】X 光診斷室的次防護屏蔽（secondary protective barrier）計算結果，針對洩漏輻射等於 30 公分，針對散射輻射等於 34 公分。已知 HVL = 2.8 公分，則次屏蔽的厚度應至少大於多少公分？（①32.8 ②36.8 ③39.2 ④43.2）。【93.1. 放射師檢覈】

1.17　體內劑量與輻射防護

- ■ 參考人
- ■ 有效半化期
- ■ 有效排除常數
- ■ 兩隔式模型
- ■ 吸收分數
- ■ 比吸收分數
- ■ 比有效能量
- ■ 比等價劑量
- ■ 腸胃道劑量模式
- ■ 腸轉移因數

- ■ 呼吸道劑量模式
- ■ AMAD
- ■ D, W, Y 類
- ■ F, M, S 類

參考人（Reference man）

- ■ ICRP 23 號報告（1975）：
  - ◆ 20-30 歲男性
  - ◆ 70 公斤
  - ◆ 170 公分
  - ◆ 居住於平均溫度 10℃至 20℃之氣候
  - ◆ 高加索人
  - ◆ 具西歐或北美洲人民之風俗習慣

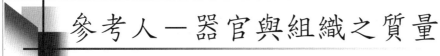

參考人－器官與組織之質量

源器官	質量（g）	靶器官	質量（g）
睪丸	35	卵巢	11
肌肉	28,000	甲狀腺	20
肺	1000	骨髓	1500
肝	1800	胰臟	100
胃內容物	250	骨表面	120
全身	70,000	膀胱壁	45

資料來源：ICRP Publ. No. 30 (1979)

參考人

- ICRP 23 號報告以後：

  女性參考人

  不同年齡兒童與幼兒的參考人

- Snyder-Fisher 假體：

  提供體內劑量計算模式中所需各器官的大小、外形、距離等資訊，各器官可填充入不同的放射性核種，以模擬與驗證體內劑量的計算。

體內劑量與輻射防護（Ex）

- 【3】侵入體內放射性核種的途徑有三：（①呼吸、說話、聽覺②內傷、焦慮、失眠③呼吸、飲食、傷口④血管、尿道、耳朵）。【89.1. 輻防初級基本、92.1. 輻射安全證書專業科目】

- 【2】下列何者指用於輻射防護評估目的，由國際放射防護委員會提出，代表人體與生理學特性之總合？（①標準人②參考人③自然人④法人）。【93.1. 放射師檢覈】

- 【3】參考人每年水之攝入量為（①14.6 ②1.095 ③0.195 ④1.46）立方公尺。【87.1. 輻防初級基本】

有效半化期與有效排除常數

- $\lambda_{EFF} = \lambda_R + \lambda_M$

  λ: decay or clearance constant, EFF: effective, R: radiological or physical, M: metabolic or biological

- $T_{EFF} = 0.693/\lambda_{EFF} = 0.693/(\lambda_R + \lambda_M) = 0.693/[(0.693/T_R) + (0.693/T_M)] = 1/[(1/T_R) + (1/T_M)] = 1/[(T_R + T_M)/T_R T_M] = T_R T_M/(T_R + T_M)$

  T: half-life

有效半化期與有效排除常數（Ex）

- 【3】那一半衰期的值最小？（①放射半衰期②生物半衰期③有效半衰期④排泄半衰期）。【89.2. 輻防初級基本】

- 【3】某人攝入碘後，經過 48 小時排拽出 3/4 的量，問生物半衰期等於幾小時？（①64 ②36 ③24 ④12）。【89.2. 輻防高級基本】

- 【4】某核種的物理與生物半化期分別為 2 天與 10 天，則其有效半化期為若干天？（①6 ②8 ③12 ④以上皆非）。【92.1. 輻射安全證書專業科目】

計算方法摘要

- $H_T(50) = \sum\limits_{S} U_s \hat{H}(T \leftarrow S)$

- $E(50) = \sum\limits_{T} w_T H_T(50)$

  w_T：組織加權因數

  $H_T(50)$：約定等價劑量

  U_s：計算約定等價劑量時，50 年內源器官（S）中的衰變次數，即發射輻射或累積活度

  $\hat{H}(T \leftarrow S)$：源器官（S）中每次衰變對靶器官（T）造成的平均等價劑量，即比等價劑量（T ← S）

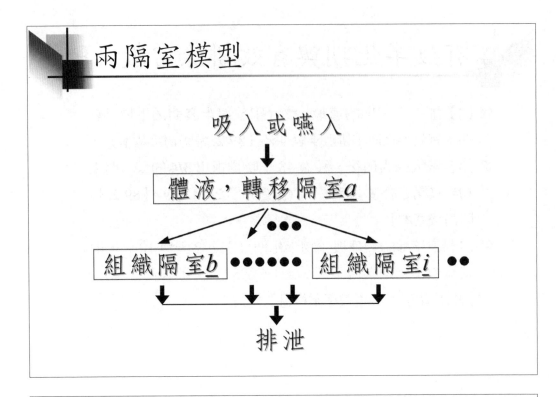

兩隔室模型中，隔室a與隔室b內核種活度隨時間變化的情形

■ $q_a(t) = A_0 e^{-\lambda_{E_a} t}$

$\lambda_{E_a}: \lambda_R + \lambda_a$

■ $q_b(t) = b A_0 \lambda_a$

$[(e^{-\lambda_{E_a} t})/(\lambda_{Eb} - \lambda_{Ea}) + (e^{-\lambda_{Eb} t})/(\lambda_{Ea} - \lambda_{Eb})]$

b: 核種離開隔室 a 後轉移入隔室 b 的分數

$\lambda_{E_b}: \lambda_R + \lambda_b$

兩隔室模型-隔室a內的累積活度

■ 活度為 A_0 之某核種（衰變常數為 λ_R）進入體液（隔室 a），
此核種於隔室 a 內的生物代謝常數為 λ_a，則 t 時間後，此
核種於隔室 a 內的累積活度為

$$U_a(t) = \frac{A_0}{\lambda_R + \lambda_a}[1 - e^{-(\lambda_R + \lambda_a)t}]$$

兩隔室模型-隔室b內的累積活度

■ 此核種離開體液（隔室 a）後，分率 b 將進入隔室 b（隔室
b），此核種於隔室 b 內的生物代謝常數為 λ_b，則 t 時間後，
此核種於隔室 b 內的累積活度為

$$U_b(t) = \frac{b\lambda_a A_0}{\lambda_b - \lambda_a}\left[\frac{1 - e^{-(\lambda_R + \lambda_a)t}}{\lambda_R + \lambda_a} - \frac{1 - e^{-(\lambda_R + \lambda_b)t}}{\lambda_R + \lambda_a}\right]$$

兩隔室模型-累積活度

$$U_a(t) = \frac{A_0}{\lambda_R + \lambda_a}\left[1 - e^{-(\lambda_R + \lambda_a)t}\right]$$

$$U_b(t) = \frac{b\lambda_a A_0}{\lambda_b - \lambda_a}\left[\frac{1 - e^{-(\lambda_R + \lambda_a)t}}{\lambda_R + \lambda_a} - \frac{1 - e^{-(\lambda_R + \lambda_b)t}}{\lambda_R + \lambda_b}\right]$$

$$U_b(\infty) = \frac{b\lambda_a A_0}{(\lambda_r mR + \lambda_a)(\lambda_R + \lambda_b)} \qquad （t 很大時）$$

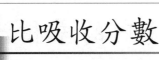

比吸收分數

■ 欲求得射源器官內核種每衰變一次對靶器官造成的等價劑
  量,必須先求得射源器官內所釋出某輻射線的能量,其被
  靶器官吸收的分數(absorbed fraction, **AF**),稱為**吸收分
  數**,以 **AF(T ← S)$_R$** 表示之,其中,R 代表輻射線種類。
  為了方便查表與轉換為劑量的單位,將 **AF(T ← S)$_R$** 值除
  以靶器官的質量 M_T,稱為比吸收分數(specific absorbed
  fraction),以 **AF(T ← S)$_R$/M_T** 表示之。

比吸收分數

- 比吸收分數的單位通常為 g^{-1}。
- 以荷電粒子而言，若射源器官即是靶器官，通常 $AF(T \leftarrow S) = 1$，反之，若射源器官不是靶器官，通常 $AF(T \leftarrow S) = 0$。
- 以光子而言，$AF(T \leftarrow S)$ 受光子能量、射源器官與靶器官間距離、射源器官與靶器官間阻擋的器官、射源器官與靶器官的幾何外形與質量等因子影響。

甲狀腺中單能量光子射源對靶器官造成的比吸收分數（g^{-1}）

靶	光子能量（MeV）		
	0.010	0.100	1.00
肺	1.52×10^{-13}	3.67×10^{-6}	3.83×10^{-6}
卵巢	2.33×10^{-23}	1.09×10^{-8}	9.62×10^{-8}
甲狀腺	4.29×10^{-2}	1.44×10^{-3}	1.54×10^{-3}
全身	1.43×10^{-5}	4.71×10^{-6}	4.26×10^{-6}

資料來源：ICRP Publ. No. 23. (1975)

比有效能量

■ 已知 $AF(T \leftarrow S)_R/M_T$，乘以每次衰變該輻射線的能量（以 $Y_R E_R$ 表示，Y_R 為產率，E_R 為能量）、該輻射線的輻射加權因數（w_R），則得比有效能量（specific effective energy, **SEE**），以 $SEE(T \leftarrow S)_R$ 表示之，單位為 MeV g^{-1}。即

$$SEE(T \leftarrow S)_R \equiv AF(T \leftarrow S)_R Y_R E_R w_R/M_T \ \text{MeV g}^{-1}$$

比有效能量（Ex）

■ 【1】攝入肝中之放射性核種，每次衰變發射一能量為 6 MeV 的阿伐粒子。已知腎的質量為 1 kg，請問等於多少 MeV/t-kg？（①0 ②3 ③6 ④條件不夠、無法計算）。【87.2. 輻防高級基本】

■ 【1】SEE（specific effective energy）的單位是什麼（t = transformation）？（①J/(kg-t) ②J-kg/t ③J-t/kg ④J-kg-t）。【90.2. 輻防中級基本】

■ 【3】針對阿伐粒子而言，SEE（肝←胃）等於多少？（①100 ②1 ③0 ④與阿伐粒子的能量有關）。【90.2. 輻防高級基本】

比等價劑量

- 已知 SEE(T ← S)$_R$，將 MeV 換成 J，將 g 換成 kg，再將個別輻射線累加之，即得**比等價劑量**（specific dose equivalent, $\hat{H}$），以 $\hat{H}$ **(T ← S)** 表示，$\hat{H}$ **(T ← S) = 1.6 ×10⁻¹⁰** Σ SEE(T ← S)$_R$ Sv。$\hat{H}$ (T ← S) 定義為射源器官內某核種衰變一次，靶器官之等價劑量，常用單位為 Sv、Sv Bq⁻¹ s⁻¹、Sv t⁻¹ 或 Sv d⁻¹，其中，t 與 d 分別指 transformation 與 disintegration。

比等價劑量

- 保健物理學（Health Physics）一書中，體內劑量的計算是計算吸收劑量，比吸收分數（AF/M_T）使用 φ 符號，每次衰變輻射線的能量（YE）使用 △ 符號，於是，φ △ 類似 SEE，但未乘上輻射加權因數。同理，**S** 值類似於比等價劑量，但未乘上輻射加權因數，常用的傳統單位為 rad μCi⁻¹ h⁻¹。

計算方法摘要

- $SEE(\text{T} \leftarrow \text{S})_\text{R} \equiv \dfrac{\text{AF}(\text{T} \leftarrow \text{S})_\text{R}}{M_\text{T}} \; Y_\text{R} E_\text{W} \text{ MeV g}^{-1}$

- $\hat{H}\,(\text{T} \leftarrow \text{S}) = 1.6 \times 10^{-10} \sum\limits_{\text{R}} SEE(\text{T} \leftarrow \text{S})_\text{R} \text{ Sv}$

- $H_\text{T}(50) = \sum\limits_{\text{S}} U_\text{s}\,\hat{H}\,(\text{T} \leftarrow \text{S}) \text{ Sv}$

- $E(50) = \sum\limits_{\text{T}} w_\text{T} H_\text{T}(50)$

腸胃道劑量模式

嘔入

胃(ST)

小腸(SI) → 體液

上大腸(ULI)

下大腸(LLI)

排遺

λ_{ST}, λ_{SI}, λ_{ULI}, λ_{LLI}, λ_B

資料來源：ICRP Publ. No. 30, Part 1, p.33. (1979)

腸胃道劑量模式

部位	壁質量（g）	內容物質量（g）	平均滯留時間（d）	$\lambda(d^{-1})$
ST	150	250	1/24	24
SI	640	400	4/24	6
ULI	210	220	13/24	1.8
LLI	160	135	24/24	1

腸胃道劑量模式

- 胃中放射性物質之**有效排除常數**為該放射性物質之**衰變常數**與其穩定元素於胃中生物排除常數之和，即 $\lambda_1 = \lambda_R + \lambda_{ST}$。

- 小腸中放射性物質之**有效排除常數**為該放射性物質之**衰變常數**與其穩定元素於小腸中生物排除常數之和，即 $\lambda_2 = \lambda_R + \lambda_{SI} + \lambda_B$。

- 定義腸轉移因數 f_1 為嚥入一穩定元素後，此元素進入體液之分率，$f_1 = \lambda_B/(\lambda_{SI} + \lambda_B)$。

腸胃道劑量模式（Ex）

- 【3】胃腸道模型 ICRP-30 分為（①2 部分②3 部分③4 部分④8 部分）。【89.1. 輻防高級基本】

- 【2】根據 ICRP30 胃腸道模式，食物在胃中的平均滯留時間等於多久？（①0.5 小時②1 小時③2 小時④4 小時）。【90.2. 輻防中級基本】

- 【3】ICRP 的腸胃道的隔室模式中，可溶性物質可經由那一隔室進入體液（body fluid）中？（①大腸上部②大腸下部③小腸④胃）。【92.2. 放射師檢覈】

- 【2】f_1 值愈大，糞便中的活度如何？（①愈大②愈小③不變④不一定）。【87.2. 輻防中級基本】

腸胃道劑量模式中，核種活度隨時間變化的情形

- $q_{ST}(t) = A_0 e^{-\lambda_1 t}$

  $\lambda_1: \lambda_R + \lambda_{ST}$

- $q_{SI}(t) = A_0 \lambda_{ST}$

  $[(e^{-\lambda_1 t})/(\lambda_2 - \lambda_1) + (e^{-\lambda_2 t}/(\lambda_1 - \lambda_2))]$

  $\lambda_2: \lambda_R + \lambda_{SI} + \lambda_B$

  式中，λ_{ST} 為胃的生物排除常數，λ_1 與 λ_2 則分別為胃與小腸的有效排除常數

腸胃道劑量模式中，核種活度隨時間變化的情形

- $q_{ULI}(t) = A_0\lambda_{ST}\lambda_{SI}$

$$\{(e^{-\lambda_1 t})/[(\lambda_2 - \lambda_1)(\lambda_3 - \lambda_1)]$$
$$+ (e^{-\lambda_1 t})/[(\lambda_1 - \lambda_2)(\lambda_3 - \lambda_2)]$$
$$+ (e^{-\lambda_3 t})/[(\lambda_1 - \lambda_3)(\lambda_2 - \lambda_3)]\}$$

- $q_{LLI}(t) = A_0\lambda_{ST}\lambda_{SI}\lambda_{ULI}$

$$\{(e^{-\lambda_1 t})/[(\lambda_2 - \lambda_1)(\lambda_3 - \lambda_1)(\lambda_4 - \lambda_1)]$$
$$+ (e^{-\lambda_2 t})/[(\lambda_1 - \lambda_2)(\lambda_3 - \lambda_2)(\lambda_4 - \lambda_2)]$$
$$+ (e^{-\lambda_3 t})/[(\lambda_1 - \lambda_3)(\lambda_2 - \lambda_3)(\lambda_4 - \lambda_3)]$$
$$+ (e^{-\lambda_4 t})/[(\lambda_1 - \lambda_4)(\lambda_2 - \lambda_4)(\lambda_3 - \lambda_4)]\}$$

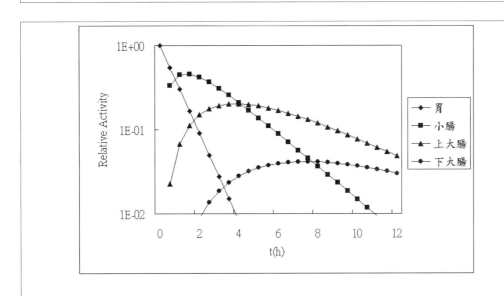

呼吸道劑量模式

- 呼吸道劑量模式中,呼吸系統劃分為三個部分－鼻咽(NP)、氣管與支氣管(TB)與肺實質(P)。
- AMAD: activity median aerodynamic diameter.
- 肺吸收類別:「游離輻射防護安全標準」將化合物粒子依經由呼吸攝入體內經由溶解或液化**被血液吸收之吸收率**所為之分類。

肺吸收類別

- F 類:指將自呼吸道為血液**快速率**吸收之沉積於體內之物質,其生物半化期之預設值為:**10 分鐘**。
- M 類:指將自呼吸道為血液以中速率吸收之沉積於體內之物質,其生物半化期之預設值為:**10% 為十分鐘,餘 90% 為 140 天**。
- S 類:指將自呼吸道為血液以**慢速率**吸收之沉積於體內之難溶物質,其生物半化期之預設值為:**0.1% 為 10 分鐘,餘 99.9% 為 7000 天**。
- ICRP 30 號報告(1979)區分為 D、W、Y 類。

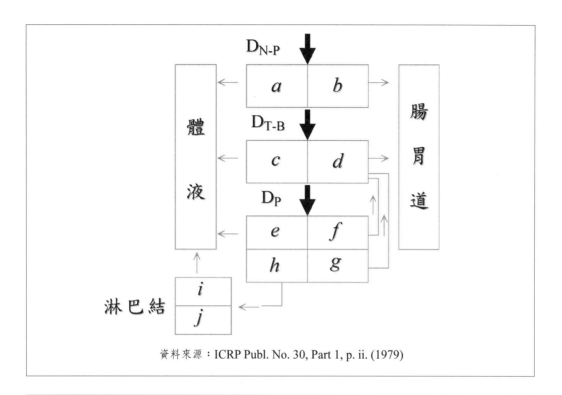

資料來源：ICRP Publ. No. 30, Part 1, p. ii. (1979)

部位	隔室	類別					
		D		W		Y	
		T(d)	F	T(d)	F	T(d)	F
N-P(D_{N-P}	a	0.01	0.5	0.01	0.1	0.01	0.01
= 0.30)	b	0.01	0.5	0.40	0.9	0.40	0.99
T-B(D_{T-B}	c	0.01	0.95	0.01	0.5	0.01	0.01
= 0.08)	d	0.2	0.05	0.2	0.5	0.2	0.99
	e	0.5	0.8	50	0.15	500	0.05
P(D_p = 0.25)	f	-	-	1.0	0.4	1.0	0.4
	g	-	-	50	0.4	500	0.4
	h	0.5	0.2	50	0.05	500	0.15

資料來源：ICRP Publ. No. 30, Part 1, p. ii. (1979)

呼吸道劑量模式說明

- 前頁呼吸道劑量模式數據（D_{N-P} = 0.30, D_{T-B} = 0.08, D_P = 0.25），源於假設 AMAD 為 1 μm。若 AMAD 不為 1 μm，必須查次頁圖以獲得相關數據。

- T 為生物半化期，或稱代謝半排期。

- F 為移除分數，以 W 類氣膠於隔式 *a* 為例，F 值為 0.1，即指進入鼻咽（N-P）之氣膠，10% 由隔式 *a* 移除，90% 由隔式 *b* 移除。

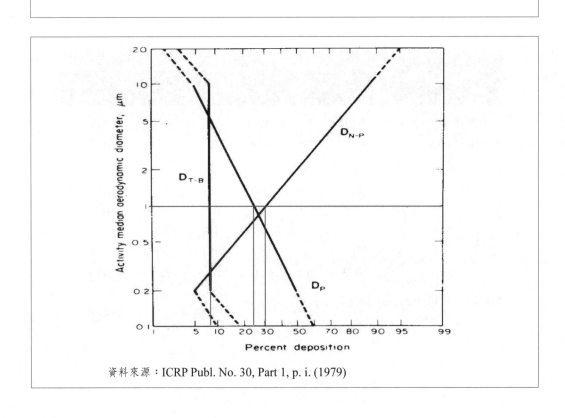

資料來源：ICRP Publ. No. 30, Part 1, p. i. (1979)

呼吸道劑量模式（Ex）

■【4】肺模型的三區英文為 N-P、T-B、P 分別指（①鼻、口、喉②鼻咽、氣管、支氣管③咽、鼻、喉④鼻咽、氣管支氣管、肺）。【89.1. 輻防高級基本】

■【4】空氣懸浮體之「空氣動力學直徑」的分布，呈什麼函數？（①對數②指數③常態④對數常態）。【89.2. 輻防高級基本】

■【1】AMAD 愈大，呼吸道中那一部位的活度積沈愈多？（①鼻咽②氣管、支氣管③肺④淋巴）。【87.2. 輻防中級基本】

呼吸道劑量模式（Ex）

■【3】參考人在輕度工作情況下，每分鐘之呼吸量為多少立方公尺？（①1.2 ②0.2 ③0.02 ④0.12）。【87.1. 輻防初級基本】

■【4】活度中數空氣動力學直徑（AMAD）在現行的法令上，其參考值取（①6 μm ②4 μm ③2 μm ④1 μm）。【91.2. 輻防中級基本】

■【1】空浮放射性物質分級為 D、W、Y，是根據放射性物質在人體那一器官之生物滯留時間？（①肺②胃③腸④腦）。【93.1. 放射師專技高考】

腸胃與呼吸道劑量模式之比較

■ 腸胃嚥入後，百分之百進入胃。呼吸道吸入後，區分成 N-P、T-B、P 與呼出四種可能路徑，此四路徑之分率取決於氣膠之 AMAD。

■ 穩定核種嚥入胃後，100% 進入 SI；進入 SI 後，f_1 進入 BF，1-f_1 進入 ULI；進入 ULI 後，100% 進入 LLI；進入 LLI 後，100% 排遺。穩定核種吸入後，可能經 N-P、T-B、P 進入 BF、GI 或 L，有 a-j 共計 10 種不同隔室（路徑）。

腸胃與呼吸道劑量模式之比較

腸胃嚥入後，ST、SI、ULI、LLI 的生物排除常數均為常數，不受物質化學型態之影響；僅有由小腸排入體液的生物排除常數（λ_B），取決於物質之化學型態。呼吸道吸入後，a-j 各隔室的生物排除常數（生物半化期 T）與分佈率（移除分數 F），均取決於氣膠之化學型態，即由氣膠之化學型態，影響其生物半化期將歸為 D、W 或 Y 類。

a-j隔室之定義

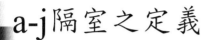

隔室	路　徑	隔室	路　徑
a	N-P → BF	*f*	P → d → GI (T_f、F_f)
b	N-P → GI	*g*	P → d → GI (T_g、F_g)
c	T-B → BF	*h*	P → Lymph nodes →
d	T-B → GI	*i*	P → Lymph nodes → BF
e	P → BF	*j*	P → Lymph nodes

體內曝露的輻射防護

預防形成放射性污染的 2C 措施：

■ **封閉（Contain）**：使放射性物質不與人體直接接觸。例如收納於容器、使用手套工具箱（glove box）等。

■ **集中（Concentrate）**：集中管理，以預防分散放射性物質易造成的疏忽。例如實施放射性物質保管、將放射性物質濃縮後貯存等。

體內曝露的輻射防護

已形成放射性污染時的 **3D** 原則：

- **稀釋（Dilute）**：將受放射性污染的空氣或水稀釋至可接受範圍，然後排放。
- **分散（Disperse）**：將放射性污染的物質由空氣或水域加以分散。
- **除污（Decontaminate）**：對人體或物體遭受的放射性污染，利用各種除污方法，使附著的放射性污染減少。

體內曝露的輻射防護

若放射性核種已進入體內，降低體內曝露的處置方式：

- 減少吸收：例如皮膚除污、洗胃等。
- 增加排泄：例如大量液體補充、服用鈣片、碘化鉀、利尿劑等。
- 防止滯留：例如服用螯合劑等。

第 2 章

單選題題庫與解答

2.1 │原子物理

1. 【4】原子的大小約為何？（① 0.1 μm ② 1 fm ③ 10 nm ④ 100 pm）。【98.1. 放射師專技高考】

2. 【3】原子核的半徑約為多少公分（cm）？（① 10^{-8} ② 10^{-10} ③ 10^{-13} ④ 10^{-15}）。【91.1. 放射師檢覈】

3. 【3】「安培」這單位是用來描述下列何者？（①電子流經導體的方向②電之阻抗③在單位時間流經導體某截面之電量④電動勢）。【90 二技統一入學】

4. 【4】下列何種粒子的質量最小？（①中子②質子③電子④微中子）。【94.2. 放射師專技高考】

5. 【2】以下粒子靜止質量的排序何者正確？（①質子 > 中子 > 正子②中子 > 質子 > 正子③質子 > 正子 > 中子④中子 > 正子 > 質子）。【93.2. 放射師檢覈】

6. 【3】一中性原子其原子核有 5 個質子，請問其原子核外之軌道電子數目應為何？（① 2 ② 3 ③ 5 ④ 10）。【90 二技統一入學】

7. 【2】關於原子的原子序，下列敘述何者不正確？（①原子序＝原子核外電子數②原子序＝原子核內中子數③原子序＝原子核內質子數④原子序與原子的化學性有關）。【95 二技統一入學】

8. 【2】^{131}I 的化學性質決定於：（①內層電子②外層電子③ ^{131}I 的中子④ ^{131}I 的質子及中子）。【94.1. 放射師專技高考】

9. 【1】^{16}O、^{17}O、^{18}O 的原子質量分別為 15.994915、16.999131、17.999160 amu，以及其存在地球上的豐度分別為 99.759%、0.037%、0.204%，請問氧的原子質量為何？（① 15.999375 ② 15.998976 ③ 16.000115 ④ 16.998325）amu。【94.1. 放射師檢覈】

10.【4】氯氣在自然界有 ^{35}Cl 與 ^{37}Cl，已知 Cl 的平均原子量為 35.5，請問 ^{35}Cl 在自然界所佔的豐度為（① 25% ② 40% ③ 60% ④ 75%）。【92.2. 放射師檢覈】

11.【1】根據原子的結構理論在最內層軌道上（K 層）的電子數目最多容許值為：

（①2②4③8④18）。【91.2. 放射師檢覈】

12.【4】第 M 層軌道電子數最多為多少個電子？（①2②4③8④18）。【93.1. 放射師專技高考】

13.【3】依據 Pauli 不容原理（exclusion principle），鈉 11 原子核外的電子只能有幾層？（①1②2③3④4）。【94 二技統一入學】

14.【3】原子能階主要是在描述什麼？（①質子能量②原子核能量③電子軌道能量④中子能量）。【93.2. 放射師專技高考】

15.【3】作用於質子與中子間的核力是：（①長距離力②電力③短距離力④磁力）。【94 二技統一入學】

16.【1】eV（electron volt）是什麼單位？（①能量②電壓③磁場④電阻）。【91.1. 操作初級專業設備】

17.【4】下列何者為能量單位？（①瓦特（watt）②毫安培（mA）③仟伏特（kVp）④電子伏特（eV））。【91.2. 操作初級專業 X 光機】

18.【1】下列能量單位，何者為最小？（①百萬電子伏特②爾格③焦耳④卡）。【89.3. 輻防初級基本】

19.【3】百萬電子伏特（MeV）、爾格（erg）與焦耳（J）皆為能量的單位，其大小關係為：（① MeV > erg > J ② erg > MeV > J ③ J > erg > MeV ④ J > MeV > erg）。【90.1. 輻防初級基本】

20.【2】下列單位何者最適合用於表示診斷用 X 光（diagnostic X-ray）能量的單位？（① eV ② keV ③ MeV ④ deV）。【95.2. 放射師專技高考】

21.【4】$E = mc^2$ 是愛因斯坦著名的質能互換公式，如果 m 的單位是公斤，c 是光速，其單位為公尺／秒，則 E 的單位是什麼？（①百萬電子伏特②爾格③瓦特④焦耳）。【94.1. 放射師檢覈】

22.【1】一個原子質量單元（atomic mass unit, amu）相當於多少能量？（① 931.5 MeV ② 931.5 keV ③ 511 keV ④ 511 MeV）。【95.2. 輻安證書專業】

23.【4】一原子質量單位的等效能量是：（① 0.511 MeV ② 1.022 MeV ③ 139 MeV ④ 931 MeV）。【94.1. 放射師檢覈】

24.【4】根據愛因斯坦的質能互換觀念，一個 amu 質量若完全轉換成能量，則為多少 MeV？（① 0.511 MeV ② 1.022 MeV ③ 139 MeV ④ 931 MeV）。【97.2. 輻安證書專業】

25.【3】反質子為帶負電荷的質子，若一個質子和一個反質子發生互毀時，會放出多少能量？（① 1.022 MeV ② 2.044 MeV ③ 1.86 GeV ④ 3.72 GeV）。【91.2. 放射師檢覈】

26.【4】根據愛因斯坦的質能互換公式，一公斤的物質相當於多少能量？（① 0.511 MeV ② 931.5 MeV ③ 9×10^{13} J ④ 9×10^{16} J）。【92.1. 放射師專技高考】

27.【2】一個靜止電子的質量相當於多少 MeV 的能量？（① 931 MeV ② 0.511 MeV ③ 1.022 MeV ④ 3.03 MeV）。【90.1. 操作初級基本】

28.【1】根據愛因斯坦的質能互變觀念，一個靜止電子的質量完全轉變成能量為多少 MeV？（① 0.511 ② 0.931 ③ 1.022 ④ 931）。【98.1. 輻安證書專業】

29.【3】已知電子的質量為 9.1×10^{-31} kg，試利用愛因斯坦的質能互換公式，計算其能量為若干？（光速 $c = 3.0 \times 10^8$ m/s）（① 931 MeV ② 1.022 keV ③ 0.511 MeV ④ 33.85 eV）。【95.2. 放射師專技高考】

30.【4】電子質量為 9.11×10^{-31} kg，一個靜止電子的質量相當於多少 MeV 的能量？（① 0.662 ② 1.17 ③ 1.33 ④ 0.511）。【93.2. 放射師檢覈】

31.【3】質能轉換後電子的能量相當於 0.511 MeV，則其質量應為多少 kg？（① 3.381×10^{-28} ② 4.331×10^{-29} ③ 9.109×10^{-31} ④ 3.202×10^{-32}）。【91 放射師專技高考】

32.【4】電子的靜止質量可轉換為 0.511 MeV 的能量，若以質量單位來表示則相當於多少公斤？（① 1.4904×10^{-10} ② 8.176×10^{-14} ③ 1.6749×10^{-27} ④ 9.1×10^{-31}）。【92.1. 放射師檢覈】

33.【2】下列何者為電子的質量？（① 0 ② 0.000548 ③ 1.007277 ④ 1.008665）amu。【93.1. 放射師專技高考】

34.【1】已知一個粒子的質量為 1.008665 amu，則此粒子最有可能為（①中子②電子③微中子④ ^{12}C 原子）。【92.1. 放射師檢覈】

35.【1】當光子、電子及游離輻射帶有能量的粒子與某些固體物質作用時，物質吸收部份能量並放出光子的現象稱為發光，若此發光是在受激後瞬時間（小於 10^{-8} 秒）產生，則稱為：（①螢光②磷光③熱光④以上皆非）。【92.2. 放射師檢覈】

36.【1】有關晶體吸收 X 光後，所釋放的磷光，下列敘述何者錯誤？（①是一種瞬間（10^{-10} 秒）消失的輻射②磷光輻射與螢光輻射兩者之能量可能不同③是一種可見光④是傳導帶與價帶的能量差）。【93.1. 放射師專技高考】

37.【1】下述那個不是基本的物理量？（①功率②質量③時間④電流）。【93.2. 放射師專技高考】

38.【1】能量為 0.025 eV 的中子，速度約為多少 m s^{-1} ？（中子的質量為 1.67×10^{-27} kg，1 eV = 1.6×10^{-19} J）（①$2.2 \times 10^{3}$②$2.2 \times 10^{5}$③$2.2 \times 10^{7}$④$2.2 \times 10^{9}$）。【93.2. 輻安證書專業】

39.【4】某一質點，若其前進的速度是光速的 98%，則知其質量變為靜止質量的幾倍？（① 1/5 ② 1/2 ③ 2 ④ 5）。【92.1. 放射師檢覈】

40.【2】在醫用加速器中被加速的電子，其速度很接近光速，所以依照愛因斯坦的質能轉換公式，6 MeV 的電子加速後質量（m）是靜止質量（m_0）的多少倍？（① 1.27 倍② 12.7 倍③ 127 倍④ 1270 倍）。【91 放射師專技高考】

41.【4】若一電子具有 20 MeV 之動能，則其相對質量 m 約為靜止質量 m_0 之幾倍？（① 10 ② 20 ③ 30 ④ 40）。【92.2. 放射師專技高考】

42.【1】動能為 200 keV 的 δ 射線，其質量為靜止電子的幾倍？（① 1.39 ② 2.39 ③ 3.39 ④ 4.39）。【97.2. 輻防師專業】

43.【2】當電子的動能 = 1.02 MeV 時，請問其總能是靜止質能的幾倍？（① 2 ② 3 ③ 5 ④ 10）。【96.1. 放射師專技高考】

44.【4】若電子的速度為光速的 0.98 倍，則電子的動能為（① 0.511 ② 1.022 ③ 1.533 ④ 2.044）MeV。【97.1. 輻防師專業】

45.【3】電子的能量與其速度有關，若電子的速度為 2.70×10^{8} ms^{-1}，其動能約為：（① 0.191 ② 0.501 ③ 0.661 ④ 1.172）MeV。【93.1. 放射師專技高考】

46.【3】加速器加速質子能量至 0.936 MeV，質子的靜止質量為 936 MeV/c^2，則質子的速度為每秒：（① 600 公里② 9,490 公里③ 13,420 公里④ 300,000 公里）。【93.2. 放射師檢覈】

47.【2】一靜止電子經過 150 kV 的電壓加速後，下列敘述何者正確？（①總能 = 511 keV ②動能 = 150 keV ③質量 = 9.1×10^{-31} kg ④速度約小於光速的一半）。【93.1. 放射師專技高考】

48.【3】何種定律可證明一個自由電子無法產生光電效應？（①能量守恆定律②動量守恆定律③能量和動量守恆定律④角動量守恆定律）。【93.2. 放射師專技高考】

49.【3】單位的前綴字 k, p, G, μ 分別代表數字十的幾次方？（① -3, 12, 9, 6 ② -3, -9, 12, 6 ③ 3, -12, 9, -6 ④ 3, -9, 12, -6）。【94.1. 放射師檢覈】

50.【4】G, n, p, μ 代表多少倍？（① 10^9, 10^{-12}, 10^{-9}, 10^{-6} ② 10^6, 10^{-12}, 10^{-9}, 10^{-6} ③ 10^{12}, 10^{-9}, 10^{-15}, 10^{-6} ④ 10^9, 10^{-9}, 10^{-12}, 10^{-6}）。【93.1. 放射師檢覈】

51.【3】拉塞福用金屬薄膜做阿伐粒子散射試驗發現了什麼？（①大部分阿伐粒子會改變他們進行的方向②大部分阿伐粒子的散射角度超過 90° ③推算出有原子核④原子核和電子的大小差不多）。【94.1. 放射師專技高考】

52.【1】拉賽福（Rutherford）發現原子具有質量很集中的核，請問他的實驗是？（①以阿伐粒子撞擊金箔的實驗②以高能光子撞擊金箔的實驗③以高速電子撞擊金箔的實驗④以熱中子撞擊金箔的實驗）。【96.1. 放射師專技高考】

53.【3】構成原子的主要基本粒子是質子、中子和電子，下列特性何者為誤？（①電子質量只有質子質量的 1836 分之一②原子核內的質子和中子總數，正比於原子的質量③改變原子核外電子的能量狀態，會引起核反應④核子的能量變化是以 MeV 作單位）。【94.1. 放射師專技高考】

54.【3】X 射線是由何人發現的？（①貝克②居里③侖琴④愛因斯坦）。【90.1. 操作初級選試設備】

55.【2】首先發現人工產生的游離輻射是什麼？（①無線電② X 光③鐳輻射④雷射）。【96.2. 放射師專技高考】

56.【1】X 光是侖琴進行下列何種研究時發現的？（①陰極射線②陽極射線③ α 粒子④ γ 蛻變）。【95 二技統一入學】

57.【3】居里夫人發現鐳的強穿透輻射為：（① α 粒子② β 粒子③ γ 射線④中子輻射）。【95 二技統一入學】

2.2 │游離輻射

1.【3】能使中性原子分為正負兩個帶電離子的現象稱為（①原子分裂②輻射③游離④互毀）。【94.2.、96.2. 輻安證書專業】

2.【3】有關游離輻射之性質，下列何者不正確？（①可以貫穿物質薄片②可以使空氣游離③游離輻射強度隨溫度增高而增加④可使暗處照相底片感光）。【93.2. 放射師專技高考、97.1. 輻安證書專業】

3.【3】游離輻射和非游離輻射是依據輻射的何種特性作為分別？（①粒子性②波動性③能量高低④有否帶電）。【89.2. 操作初級基本、96.2. 輻安證書專業】

4.【3】一般所稱游離輻射係指光子輻射的能量高於多少 keV 以上的輻射？（① 0.1 ② 1.0 ③ 10 ④ 100）。【93.2. 放射師檢覈】

5.【2】一般所稱的游離輻射係指光子輻射的能量高於多少的輻射？（① 1 keV ② 10 keV ③ 100 keV ④ 1 MeV）。【98.1. 輻安證書專業】

6.【3】下述何者不是游離輻射？（① α 及 β 粒子②電子及中子③微波及紫外射線④ X 及 γ 射線）。【94 二技統一入學】

7.【1】下列診斷儀器偵測的訊號，那些不屬於游離輻射？ 1. 核磁共振掃描儀； 2. 超音波掃描儀； 3. 正子掃描儀； 4. 電腦斷層掃描儀。（① 1&2 ② 2&3 ③ 3&4 ④ 1&4）。【92 二技統一入學】

8.【2】輻射防護學中所定義的游離輻射包括下述何種輻射？（①手機輻射②中子輻射③超音波輻射④紫外線輻射）。【94.1. 放射師專技高考】

9.【1】下列何者為間接游離輻射？（① X 光②質子③貝他④阿伐）。【91.1. 操

作初級專業設備】

10.【3】下列何者為間接游離輻射？（①電子②正電子③中子④阿伐粒子）。
【98.1. 輻安證書專業】

11.【3】α、β、γ、X 光及中子等五種輻射中，屬於間接游離輻射的共有幾種？
（①1②2③3④4）。【97.2. 輻安證書專業】

12.【2】下列何者不屬於間接游離輻射的特性？（①必須讓物質產生游離作用
②在行進路上連續減能而產生游離作用③具有質量但不帶電荷④不具質量
且不帶電荷）。【94.1. 放射師檢覈】

13.【4】在輻射劑量學中，光子被歸類為「間接游離輻射」是因為：（①大部
分光子的百分劑量深度都非常的深，無法直接與物質作用②由於測量光子
時，須另外修正劑量參數③光子在物質中幾乎全部通過，不產生作用④光
子與物質作用，須先透過一些效應產生荷電粒子，再由此荷電粒子在物質
中累積吸收劑量）。【92.2. 放射師檢覈】

14.【2】粒子加速器是利用什麼作用使粒子獲得極高的能量而成為游離輻射？
（①光電效應②電磁場③康普吞效應④核分裂作用）。【94.1. 放射師檢覈】

15.【3】直線加速器內將電子加速至百萬電子伏特之能量是利用：（①微波磁
場②偏轉磁鐵的帶動③微波電場④電子鎗的噴力）。【94.2. 放射師檢覈】

16.【2】醫用直線加速器利用何種波加速電子？增加其動能後再撞擊靶極可產
生何種射線？（①高頻率電磁波；電子射線②高頻率電磁波；光子射線③
低頻率電磁波；電子射線④低頻率電磁波；光子射線）。【94.2. 放射師檢覈】

17.【1】加速器輻射場之初級輻射為（①荷電粒子②制動輻射③中子④誘發放
射性）。【90.1. 操作初級選試設備】

18.【1】加速器一關機，初級輻射束（primary beam）（①立即消失②約三分
鐘後消失③約三十分鐘後消失④永遠存留）。【96.1. 輻安證書專業】

19.【1】以下何種治療機在電源未開時仍具有輻射線，須注意防止輻射外洩？
（①鈷六十治療機②電子加速器③醫用直線加速器④同步輻射加速器）。
【94.1. 放射師檢覈】

20.【3】醫用直線加速器加速管內加速的粒子主要為：（① X 光子② γ 光子③ 電子④中子）。【93.2. 放射師專技高考】

21.【2】醫用直線加速器，加速管內主要加速下列何種粒子？（①光子②電子 ③質子④中子）。【94.1. 放射師檢覈】

22.【2】醫用高能直線加速器的光子射束，最主要源自於（①特性輻射②制動 輻射③ K 輻射④ δ 輻射）。【93.2. 放射師專技高考】

23.【1】有關直線加速器（LINAC），下述何者正確？（①它係利用加速電子 打到靶產生的 X 光②它直接加速核種產生的加馬（γ）射線③它利用迴旋直 線方法來加速帶電粒子④它產生單一能量的光子）。【94.2. 放射師專技高考】

24.【1】醫用直線加速器的射束產生系統可以產生：（①制動輻射（X 光）與 電子射束②中子③質子④微波）。【95.2. 放射師專技高考】

25.【3】下列何者可用來產生質子射束（proton beam）？（①臨床用 15 MV 直線加速器②鈷 60 機器③迴旋加速器④鐳錠）。【92.1. 放射師專技高考】

26.【3】質子可被下列何種加速器加速？（① Linear accelerator ② Betatron ③ Cyclotron ④ Microtron）。【94.2. 放射師檢覈】

27.【3】最適合用來加速質子產生臨床治療用質子射束的加速裝置為：（①電 子迴旋加速器（microtron）②汎德瓦夫產生器（Van De Graaff generator） ③迴旋加速器（cyclotron）④電子加速器（Betatron））。【98.1. 放射師專技 高考】

28.【2】迴旋加速器無法加速下列何種的粒子？（①質子②電子③氘離子④氦 離子）。【93.2. 放射師檢覈】

29.【2】迴旋加速器不能使用下列那種粒子來打靶？（① proton ② neutron ③ deuteron ④ alpha particle）。【96.1. 放射師專技高考】

30.【2】中子照相所使用的元素為：（①氪 -85 ②鉲 -252 ③鈷 -60 ④銥 -192）。 【90.1. 輻防初級基本】

31.【1】利用迴旋加速器產生中子射束時，其靶材料為何？（①鈹（Be）②鋁 （Al）③鎢（W）④鉛（Pb））。【94.1. 放射師專技高考】

32.【4】^2H（Z＝1）＋^9Be（Z＝4）→^{10}B（Z＝5）＋n；左式的反應適合做何種放射治療的射束粒子來源？（①氘粒子射束②π粒子射束③質子射束④快中子射束）。【96.2. 放射師專技高考】

33.【4】放射治療用中子射束，除了可從原子爐直接導引出來外，尚可由下列何種方式產生？（①使用迴旋加速器直接加速低能中子②使用同步輻射加速器直接加速低能中子③使用直線加速器直接加速低能中子④加速帶電粒子後撞擊特殊靶極，以產生核反應，釋出中子）。【96.2. 放射師專技高考】

34.【3】核子反應器中所進行的連鎖核分裂為：（①自發分裂②光子誘發分裂③中子誘發分裂④質子誘發分裂）。【94.1. 放射師專技高考】

35.【2】下列哪一種核種易吸收熱中子而形成核分裂？（① Np-237 ② U-235 ③ U-238 ④ Co-60）。【90 放射師專技高考】

36.【2】下列何者易吸收熱中子而形成核分裂？（① ^{237}Np ② ^{235}U ③ ^{238}U ④ ^{60}Co）。【98.1. 輻安證書專業】

37.【1】^{235}U 對以下何種中子之作用截面最大？（①熱中子②快中子③慢中子④冷中子）。【95.1. 放射師專技高考】

38.【3】我國目前核電廠熱量的主要來源是來自於何種作用？（①快中子與 U-235 ②快中子與 U-238 ③熱中子與 U-235 ④熱中子與 U-238）。【89.3. 輻防中級基本】

39.【1】我國核電廠之核燃料是下列何者？（①含有約 3% 的鈾 -235 ②含有約30% 的鈾 -235 ③含有約 3% 的鈾 -238 ④含有約30% 的鈾 -238）。【90.1. 輻防初級基本】

40.【3】^{235}U 輻射衰變釋出的能量有 4.5 MeV，然 ^{235}U 與熱中子作用核分裂釋出的能量有：（① 4.5 MeV ② 90 MeV ③ 200 MeV ④ 900 MeV）。【93.2. 放射師檢覈】

41.【4】熱中子與鈾 -235 產生核分裂會釋出 200 MeV 能量，大部分能量皆被何者帶走？（①加馬②貝他③中子④分裂產物）。【90.1. 輻防中級基本】

42.【3】以下那一核種為鈾 235 分裂時最可能之產物？（①鈉 22 ②鈷 60 ③銫

137 ④金 198）。【95.2. 放射師專技高考】

43.【2】以鈾元素進行核分裂鏈鎖反應，每次分裂產生的中子平均約為幾個？
（① 1 個② 2.5 個③ 4.5 個④不一定，隨反應器壓力改變）。【94 二技統一入
學】

44.【1】有關每個鈾（^{235}U）核分裂反應，下列何者錯誤？（①可直接產生大
量電能②最後總共能產生 200 MeV 能量③產生許多放射性原子④放出 2 至
3 個中子）。【92 二技統一入學】

45.【2】什麼是 delta-ray？（①低能量二次電子②高能量二次電子③低能量 X
光④高能量 X 光）。【87.2. 輻防高級基本】

46.【3】δ 射線是一種：（①重荷電粒子②中子③電子④電磁波）。【92.1. 放射
師專技高考】

47.【1】下列何者是 delta-ray？（①具有游離能力的游離電子②具有游離能力
的 gamma 光子③具有游離能力的制動 X 光④具有游離能力的特性 X 光）。
【97.2. 放射師專技高考】

48.【2】電子和診斷型 X 光機的陽極靶之交互作用，可能產生何種射線或粒
子？（① α 射線② δ 射線③ γ 射線④中子）。【95 二技統一入學】

2.3 ｜電磁輻射的基本性質

1.【2】光子能量等式為 E = hν，式中 h 為：（①侖琴（Roentgen）常數②蒲
朗克（Planck）常數③庫侖（Coulomb）常數④愛因斯坦（Einstein）常數）。
【90 二技統一入學】

2.【3】已知 X 射線的波長為 5×10^{-12}m，則每一 X 射線光子所攜帶的能量
為多少焦耳？（假設蒲郎克常數為 6.63×10^{-34} 焦耳・秒，光速為 3×10^8
米／秒）（① 1.11×10^{-54} ② 9.95×10^{-39} ③ 3.98×10^{-14} ④ 4.89×10^{-7}）。【92
二技統一入學、96.2. 輻安證書專業】

3.【2】假設光速為每秒 3×10^8 米，若浦郎克常數（Planck's constant）為 6.63

$\times 10^{-34}$ 焦耳·秒，則波長為 3 公里的無線電波，其光子能量為多少焦耳？（① 1.99×10^{-25} ② 6.63×10^{-29} ③ 5.97×10^{-29} ④ 2.21×10^{-34}）。【94 二技統一入學】

4.【1】若 γ 射線的波長為 2 pm，則每一光子所攜帶的能量為（① 618 keV ② 61.8 keV ③ 6.18 keV ④ 0.618 keV）。【97.1. 輻防師專業】

5.【2】一 X 光管以 100 kV 的電壓加速電子撞擊鎢靶，則所產生的 X 光之最小波長為何？（蒲郎克常數 h = 6.625×10^{-34} Js，1 eV = 1.602×10^{-19} J）（① 1.24×10^{-12} m ② 1.24×10^{-11} m ③ 1.24×10^{-10} m ④ 1.24×10^{-9} m）。【98.1. 放射師專技高考】

6.【3】當 ^{226}Ra（Z = 88）蛻變成 ^{222}Rn（Z = 86）後，若 ^{222}Rn 處於基態時，產生的 α 粒子的的動能為 4.78 MeV，若 ^{222}Rn 處於激態時，產生的 α 粒子的的動能為 4.60 MeV，則此激態回到基態時所產生 γ 射線的波長為多少？（c = 3×10^8 ms^{-1}, h = 6.63×10^{-34} Js）（① 6.91×10^{-10} m ② 6.91×10^{-11} m ③ 6.91×10^{-12} m ④ 6.91×10^{-13} m）。【97.2. 輻防師專業】

7.【3】已知綠光的波長為 500 nm，試求其頻率為多少 Hz？（① 2×10^{14} ② 4×10^{14} ③ 6×10^{14} ④ 8×10^{14}）。【97.2. 輻防員專業】

8.【4】一個 200 keV 光子的速度是 400 keV 光子的：（① 0.5 倍 ② 0.4 倍 ③ 2 倍 ④ 1 倍（相等））。【90 二技統一入學】

9.【4】1 MeV 光子的速度與下列何者速度相同？（① 10 MeV 阿伐粒子 ② 20 MeV 阿伐粒子 ③ 1 MeV 貝他粒子 ④ 1 keV X 射線）。【88.2. 輻防初級基本】

10.【4】2 MeV 光子的速度與下列何者速度相同？（① 10 MeV 阿伐粒子 ② 20 MeV 阿伐粒子 ③ 1 MeV 貝他粒子 ④ 10 keV X 射線）。【91.1. 操作初級專業設備、95.1. 輻安證書專業】

11.【3】下列那一輻射以光速進行？（① 阿伐粒子 ② 貝他粒子 ③ 加馬射線 ④ 快中子）。【92.1. 輻安證書專業】

12.【4】光子的能量依下列何者增加而變大？（① 光速 ② 浦郎克參數 ③ 波長 ④

頻率）。【94.2. 放射師專技高考】

13.【1】一個 100 keV 光子與一個 50 MeV 光子，2 者的頻率比為何？（①後者是前者的 500 倍②前者是後者的 2 倍③前者是後者的 0.005 倍④ 2 者相同）。【92.2. 放射師檢覈】

14.【2】光子的能量和波長有何種關係？（①能量和波長成正比②能量和波長成反比③能量不隨波長改變④能量和波長的平方成正比）。【89.2. 操作初級選試設備】

15.【3】光子能量愈大，則其：（①波長愈長，頻率愈高②波長愈長，頻率愈低③波長愈短，頻率愈高④波長愈短，頻率愈低）。【90.1. 操作初級選試設備、96.1.、97.2. 輻安證書專業】

16.【2】X 光的能量和波長有何種關係？（①能量和波長成正比②能量和波長成反比③能量不隨波長改變④能量和波長的平方成正比）。【91.2. 操作初級專業設備】

17.【4】有關 X 光波長的描述，下列何者為正確？（①能量與頻率無關②能量與波長無關③波長較長則速度較快④波長較長則頻率較小）。【91.2. 操作初級專業 X 光機】

18.【2】100 keV 光子與 50 MeV 光子間，下列何者正確？（①後者光速是前者光速的 500 倍②後者頻率是前者頻率的 500 倍③後者波長是前者波長的 500 倍④後者波長與前者波長相等）。【94.2. 放射師專技高考】

19.【3】電磁波中的加馬、雷達與可見光三者中，其波長大小為：（①加馬 > 雷達 > 可見光②加馬 > 可見光 > 雷達③雷達 > 可見光 > 加馬④雷達 > 加馬 > 可見光）。【90.1. 輻防中級基本】

20.【4】穿透力強的 X-ray 具有下列何種性質？（①低頻率及短波長②低頻率和長波長③高頻率及長波長④高頻率和短波長）。【90 二技統一入學】

21.【2】無線電波、微波、紅外輻射、可見光、紫外光和 X 射線全是電磁輻射，它們的性質相似，但以下何種特性不同？（①速度②波長③自由空間的磁導率 μ ④自由空間的電容率 ε）。【94.1. 放射師專技高考】

22.【3】X-ray 與 γ-ray 最主要的差異是在何處？（①能量大小②速度③產生的來源④照野大小）。【90.2. 放射師檢覈】

23.【4】100 keV X-ray 和 100 keV γ-ray 不同的是（①頻率②光子能量③波長④產生的方法）。【93 二技統一入學】

24.【3】X 射線與 γ 射線最主要的差異在於：（①能量②速度③來源④波長）之不同。【96.2.、97.2. 輻安證書專業】

25.【4】游離輻射中，下列何者與 X 光的特性相同，但來源不同？（① α ② β⁺ ③ β⁻ ④ γ）。【98.1. 輻安證書專業】

26.【3】Gamma- 與 X-Knife 間，主要不同處在於？（①定位系統②治療計畫原理③放射源④給予劑量）。【94.2. 放射師檢覈】

27.【4】X 射線與加馬性質相同，但它們的差別為：（① X 能量較高②加馬能量較高③加馬來自原子核外而 X 來自核內④加馬來自原子核內而 X 來自核外）。【90.1. 輻防初級基本】

28.【4】有關 X-ray 和 γ-ray 的敘述，下列何者錯誤？（①都是光子②前者由原子核外產生，後者由原子核衰變而來③鈷六十放出能量分別為 1.17 及 1.33 MeV 的 γ-ray ④ γ-ray 的能量較高）。【93.1. 放射師專技高考】

29.【2】有關 X 光與加馬射線（γ-ray）下列何者正確？（①兩者皆由原子核中產生②兩者與物質作用機制完全一樣③兩者皆由電子改變軌道產生④以上皆非）。【95.1. 放射師專技高考】

30.【3】X 射線與 γ 射線都屬於電磁波，它們的不同處為何？（①能量大小②電子數目③來源不同④輻射強度不同）。【94.1. 放射師專技高考】

2.4 ｜ X 光機與 X 光

1.【1】X 光機的最大管電壓（峰電壓）通常為何種符號表示？（① kVp ② keV ③ eV ④ C/kg）。【94.2. 輻安證書專業】

2.【1】X 光機的管電壓愈高，則產生的 X 光（①波長愈短②波長愈長③數量

愈多④數量愈少)。【92.2.、98.1. 輻安證書專業】

3. 【2】X 光機的管電壓愈低,則產生之 X 光的特性為(①能量愈大②波長愈長③頻率愈高④半值層愈厚)。【91 二技統一入學、96.2.、97.1. 輻安證書專業】

4. 【1】X 光機的管電壓愈高,則產生的 X 光:(①波長愈短②波長愈長③數量愈多④數量愈少)。【90.1. 輻防初級基本】

5. 【3】X 光機中 X 光子的能量是由以下何種因素決定?(①陰極電壓②陰極電流③陽極電壓④陽極電流)。【92.1. 放射師專技高考】

6. 【4】X 光管之高壓電源器決定了電子與靶碰撞前的(①電子數目②溫度③壓力④電子速度)。【91.1. 操作初級專業設備】

7. 【3】影響電子撞擊陽極靶後可產生 X 光的最主要因素是電子的:(①質量②數量③能量④大小)。【95 二技統一入學】

8. 【2】增大 X- 光機的電壓,可:(①增加 X- 射線的速度②增加 X- 射線的能量③增加 X- 射線的波長④增加 X- 射線的質量)。【93.2. 放射師檢覈】

9. 【3】X 光機所產生光子的能量高低由以下何者參數決定?(①陰極溫度②陰極電流③陽極電壓④陽極電流)。【89.2. 操作初級選試設備】

10. 【4】X 光射束中,光子之最大能量是由下列何者決定?(①靶原子序②最大管電流③濾器之原子序④管電壓)。【91.2. 操作初級專業 X 光機】

11. 【2】下列何者能增加 X 光的最高能量?(①增加管電流②增加管電壓③增加濾片④使用高頻電源)。【98.2. 放射師專技高考】

12. 【1】有關 X 光的產生,下列何者正確?(① kVp 高,波長短,穿透力強② kVp 高,波長短,穿透力弱③ kVp 高,波長長,穿透力強④ kVp 低,波長短,穿透力強)。【91.1. 操作初級專業設備】

13. 【3】X 光的穿透能力主要由下列何者決定:(①電流②照射時間③電壓④照野面積)。【91.2. 操作初級專業設備】

14. 【4】下列 X 光機的參數中,何者與 X 光的穿透力最相關?(① mA s ② watt ③ H.U.(heat unit)④ kVp)。【98.2. 放射師專技高考】

15.【3】一般診斷用 X 光機，其峰電壓為 120 千伏特，則所產生的 X 光其最大能量為多少？（① 40 千電子伏（keV）② 80 千電子伏③ 120 千電子伏④ 240 千電子伏）。【94.1. 放射師檢覈】

16.【2】若 X 光機操作在 100 kVp、2 mA 之條件，照射 1 秒鐘，則產生 X 光之最大能量為？（① 80 keV ② 100 keV ③ 120 keV ④ 200 keV）。【95.2. 輻安證書專業】

17.【2】124 kVp 的 X 光，其最短波長為多少 A ？（① 0.01 ② 0.1 ③ 1 ④ 10）。【93.1. 放射師專技高考】

18.【4】操作尖峰電壓為 E 的 X 光機，其所發出之能量約相當於多少 E 的單能 X 光射束？（① 1.65 ② 1.00 ③ 0.87 ④ 0.33）。【93.2. 放射師專技高考】

19.【1】醫用直線加速器產生之光子射束平均能量為能譜中最大能量的多少倍？（① 1/3 ② 1/2 ③ 1 ④ 2）。【94.2. 放射師檢覈】

20.【4】直線加速器所標示的 X 光為 15 MV，則其平均能量為多少 MeV ？（① 15 ② 12 ③ 10 ④ 5）。【94.2. 放射師檢覈】

21.【1】何種因素同時會影響 X 光機射出之 X 光的質（能量）與量（光子數）：（① kV ② mA ③ collimation ④電壓波形）。【96.1. 放射師專技高考】

22.【3】下列何者可用來同時調整 X 光束的質（quality）及量（quantity）？（①下降變壓器②可變電阻器③自動變壓器④聚焦電極）。【98.1. 放射師專技高考】

23.【1】當 X 光管之管電壓增加時，因為電子克服了什麼，使得管電流隨之增加？（①空間電荷②原子核的作用力③原子核的庫倫力④陰極電阻）。【94.1. 放射師專技高考】

24.【4】X 射線的強度和下列何者無關？（① kVp ② mAs ③陽極材質④陰極材質）。【94.2. 放射師專技高考】

25.【3】X 光機所產生 X 光之數量在下列何種狀況下會增加？（①調低自動變壓器的電壓②調高電源的頻率③管電流增加④曝露時間縮短）。【95 二技統一入學】

26.【1】X 光機在單位時間內發射的 X 光子數，與下述何者最相關？（①管電流（mA）②管電壓（kVp）③管電阻（Ω）④管活度（Bq））。【94 二技統一入學】

27.【2】在照射時間固定下，改變 X 光機管電流的大小，最直接的影響為何？（①射束品質改變②射束強度改變③足跟效應會增強④射束穿透能力會改變）。【96 二技統一入學】

28.【3】當放射師增加一個 X 光系統的管電流時間（mAs）時，X 光束的量____，X 光束的品質（半值層和平均能量）____：（①增加，提高②減少，降低③增加，維持不變④減少，提高）。【93.2. 放射師檢覈】

29.【1】X- 光球管產生之 X- 光的強度，下列何者錯誤？（①與管電壓成正比②在管電壓固定下，X- 光強度隨著管電流增加而增加③靶的原子序愈高，X- 光強度愈高④管電壓固定下，曝露因子（單位為 mAs）是決定光子數目的唯一因素）。【92.2. 放射師檢覈】

30.【1】mAs 對 X 光管 X 光射出量的影響循下列何種數學關係？（①一次方正比例關係②二次方正比例關係③一次方反比例關係④二次方反比例關係）。【97.1. 放射師專技高考】

31.【3】診斷用 X 光管內電子束的能量，最後絕大部分轉換為：（① X 光②可見光③熱④紅外線）。【91.2. 操作初級專業設備】

32.【4】X 光管中當電子由陰極射出與靶原子起作用時，以下列何者所產生之比率最高？（①制動輻射②特性輻射③ 0.511 MeV 能量之 X 光④熱）。【92.1. 放射師專技高考】

33.【1】X 光管球中之陰極射線電子束能量，約有多少 % 轉變成 X 光射出？（① 1 ② 10 ③ 30 ④ 90）。【95.1. 輻安證書專業】

34.【1】對於典型的 X 光靶，產生的熱及 X 光的比例約為（① 99：1 ② 10：90 ③ 90：10 ④ 1：99）。【91.2. 操作初級專業 X 光機】

35.【4】一般診斷用 X 光機產生 X 光的效率為？（① 90%～100% ② 50%～60% ③ 20%～30% ④＜1%）。【91.1. 操作初級專業設備】

36.【3】X光管內由燈絲表面高速飛到陽極靶面的電子，其動能有多少％成為X光的能量，其餘能量於靶內成為熱能？（① 0.001-0.01% ② 0.01-0.1% ③ 0.1-1% ④ 1-10%）。【94.1. 放射師檢覈】

37.【1】一般而言，產生X光的效率與靶材料的原子序呈什麼關係？（①正比②反比③無關④不一定）。【89.2. 操作初級選試設備】

38.【3】X光管之陽極靶材料必須具備：（①低原子序和高融點（Melting point）②低原子序和低融點③高原子序和高融點④高原子序和低融點）。【90二技統一入學】

39.【3】X光管陽極靶最常用的金屬材料為：（①金②鉑③鎢④鈷）。【94二技統一入學】

40.【4】乳房攝影專用的X光機之X光管靶的材質是：（①鎢②銅③鋁④鉬）。【94.1. 放射師檢覈】

41.【4】以下對醫用直線加速器與X光機靶極（target）的敘述，何者錯誤？（①皆接受電子撞擊後產生X光②產生X光的機制皆為制動輻射反應③醫用直線加速器產生X光的效率遠高於X光機④兩者所產生的X光大部分皆與入射粒子同方向）。【94.1. 放射師檢覈】

42.【2】下列有關X射線產生效率的敘述，何者錯誤？（①與靶物質的原子序成正比②診斷用X光機的產生效率較治療用X光機為高③X射線產生效率低，入射電子的能量主要以熱的形式存在④與入射電子的通量無關）。【97.2. 放射師專技高考】

43.【2】X光機的設計上常會加入鋁濾片，其目的是什麼？（①產生特性輻射②過濾低能量X光③提高X光產率④提高解析度）。【90.1. 操作初級選試設備】

44.【1】X光管附裝之濾片（Filter）其作用是移去：（①長波長射線②短波長射線③加馬射線④貝他射線）。【90.1. 操作初級選試設備】

45.【3】診斷用X光機使用的濾片，其作用是減少什麼輻射？（①制動輻射②特性輻射③低能X射線④加馬射線）。【94.2. 輻安證書專業】

46.【1】X 光管附裝之濾片其作用是移去：（①低能量光子② β^+ 貝他射線③ γ 射線④高能制動輻射）。【94.1. 放射師專技高考】

47.【2】過濾片在 X 光出口處的作用為（①限制射柱的照野②減少不必要的低能輻射③減少二次輻射④減弱太高能量的 X 射線）。【95.1. 輻安證書專業】

48.【2】診斷 X 光機射束出口處一定要放置濾片（filter）其主要目的為何？（①過濾低能量造成較高的底片曝光②過濾不需要的低能量減少病人劑量暴露③過濾散射束以加強底片品質④過濾過多的劑量使底片不會曝光太高）。【93.2. 放射師檢覈】

49.【2】診斷型 X 光機的主射束會經過濾片的目的是：（①避免射束散射②減少病人不必要的皮膚劑量③移除高能量 X 光④避免失焦）。【97.2. 放射師專技高考】

50.【3】下列敘述何者錯誤？（① X 光機濾器（filter）主要是減少 X 光射束中的低能量②濾器可減少病人皮膚劑量③ kVp 愈高，所需的濾器半值層愈小④濾器會使 X 光射束的質（Quality）增加）。【95.2. 放射師專技高考】

51.【1】使用複合濾片（Thoraeus filter）改進診斷用 X 光射線品質時，由 X 光球管朝病人方向，其濾片組合依序應為何？（① Sn + Cu + Al ② Cu + Sn + Al ③ Sn + Al + Cu ④ Cu + Al + Sn）。【97.2. 放射師專技高考】

52.【3】X 光管球的過濾片是用什麼厚度當量作表示？（①鎢②鐵③鋁④鉛）。【90.1. 操作初級選試設備】

53.【3】X 光強度在陽極一側減低的現象稱為：（① edge effect ② end effect ③ heel effect ④ pair effect）。【94 二技統一入學】

54.【2】X 光機產生的光子通量與能量，以下何者正確？（①靠陰極方向比靠陽極方向的 X 光通量大、能量高②靠陰極方向比靠陽極方向的 X 光通量大、能量低③靠陰極方向比靠陽極方向的 X 光通量小、能量高④靠陰極方向比靠陽極方向的 X 光通量小、能量低）。【93.1. 放射師檢覈】

55.【4】有關醫用診斷 X 光有用射束裏，腳跟效應（heel effect）發生在靠 X 光管內那裡的 X 光強度會較低？（①上方②中間③陰極側④陽極側）。

【93.2. 放射師專技高考】

56.【2】有關 X 光機的腳跟效應（heel effect）下列敘述何者最真？（①靠近陽極的強度較強②電子流打到陽極的角度越小，其效應越明顯③腳跟效應和電子能量成正比④腳跟效應和靶溫度成反比）。【94.2. 放射師專技高考】

57.【1】X- 光球管產生之 X- 射束，其強度分布會因足跟效應造成什麼現象？（①在燈絲（電子源）側的 X- 射束強度較大②在陽極側的 X- 射束強度較大③在靶極側的 X- 射束強度較大④各側 X- 射束強度均勻分布）。【94.2. 放射師專技高考】

58.【2】有關 X 光機的足跟效應，下列那一項敘述正確？（①靠近陰極端的 X 光能量較強②靠近陰極端的 X 光強度（intensity）較強③靠近陰極端的 X 光散射的程度較強④靠近陰極端的 X 光穿透能力較佳）。【95.1. 放射師專技高考】

59.【3】跟效應將造成 X 光管釋出靠陰極端的 X 光？（①數量較少，平均能量較小，總強度較強②數量較少，平均能量較大，總強度較弱③數量較多，平均能量較小，總強度較強④數量較多，平均能量較大，總強度較弱）。【96.1. 放射師專技高考】

60.【1】下列何者可用來描述輻射束之品質（radiation beam quality）？（①半值層②管電流③鉛柵④足跟效應）。【91.2. 操作初級專業 X 光機】

61.【4】200 kVp X 光機所產生的射束，其射束品質最適合用以下何參數來表示？（①最高能量②平均能量③穿透深度④半值層）。【95.2. 放射師專技高考】

2.5 ｜特性輻射與制動輻射

1.【1】電子由高能階躍遷至低能階時所釋放之輻射稱為（①特性輻射②制動輻射③連續輻射④互毀輻射）。【90.1. 操作初級選試設備、98.1. 輻安證書專業】

2.【2】電子從原子外層軌道躍遷至內層軌道時所附帶產生的輻射稱為（①制動輻射②特性 X 射線③貝他粒子④加馬射線）。【94.2. 輻安證書專業】

3.【2】特性輻射是屬於：（①貝他② X 射線③中子④阿伐）。【89.3. 輻防中級基本】

4.【1】螢光產率常以 Ω 符號表示，請問此「螢光」是指？（①特性輻射②制動輻射③ γ-ray ④ δ-ray）。【96.1. 放射師專技高考】

5.【4】特性輻射 K_β 是電子由何層掉至何層所產生的？（① N → K ② K → L ③ K → M ④ M → K）。【88.1. 輻防初級基本】

6.【3】L_β-X 射線是電子由哪一層軌道躍遷至 L 層軌道所產生？（① L ② M ③ N ④ O）。【91.1. 放射師檢覈】

7.【2】請問鎢靶的 K_β 輻射其能量為何？（K, L, M 層軌道電子結合能分別為 70 keV, 12 keV, 3 keV）（① 58 keV ② 67 keV ③ 55 keV ④ 9 keV）。【98.2. 放射師專技高考】

8.【1】L 層軌道的電子補入 K 層軌道所產生的 X 光叫什麼？（① K_α ② K_β ③ L_α ④ L_β）光子。【91.2. 放射師檢覈】

9.【1】特性 X 射線中所謂 K_α 射線指的是軌道電子從何層軌道掉至何層軌道所產生？（① L 至 K ② M 至 K ③ N 至 K ④ α 至 K）。【93.2. 放射師檢覈】

10.【1】X 光的能譜中之尖峰我們稱為鎢靶的特性輻射，其主要輻射線的符號是：（① K_α ② L_β ③ M_β ④ N_α）。【95 二技統一入學】

11.【2】在鎢的 X 射線能譜上，下列何者能量最大？（① K_α ② K_β ③ L_α ④ L_β）。【91.1. 放射師檢覈】

12.【4】鎢靶產生之特性輻射的能量為：E（K_α）、E（K_β）、E（L_α）。下列何者正確？（① E（K_α）> E（K_β）> E（L_α）② E（L_α）> E（K_α）> E（K_β）③ E（L_α）> E（K_β）> E（K_α）④ E（K_β）> E（K_α）> E（L_α））。【93.1. 放射師檢覈】

13.【1】就 X 光譜中，鎢靶釋出的 K_α 能量和 K_β 能量之敘述，請問下列何者正確？（①兩者都是特性輻射②兩者都是 γ-ray ③鎢靶並不會釋出 K_γ 能量

的輻射④ K_α 能量較 K_β 能量大）。【96.1. 放射師專技高考】

14.【3】錫原子其 K, L, M 層軌道電子的結合能分別為 29.2 keV, 4.1 keV 與 0.7 keV，則其 K_α 與 K_β 分別為：（① 25.1 keV, 3.4 keV ② 28.5 keV, 4.7 keV ③ 25.1 keV, 28.5 keV ④ 3.4 keV, 4.7 keV）。【93.2. 放射師專技高考】

15.【3】關於以電子打擊鎢靶所產生的 X 光，下列敘述何者正確？（① K_α 特性輻射之能量約 68 keV ②特性輻射的能量：$K_\alpha > K_\beta$ ③特性輻射的強度：$K_\alpha > K_\beta$ ④制動輻射的最大能量等於 68 keV）。【97.1. 放射師專技高考】

16.【3】假設某元素的 K 層、L 層及 M 層電子的束縛能分別為 83、15 及 2 keV，試問當此元素受到 80 keV 的電子照射時，會產生多少 keV 的特性輻射？（① 83 ② 68 ③ 13 ④ 81）。【89.2. 操作初級選試設備】

17.【1】鎢原子 K、L 及 M 層電子的束縛能分別是 69、11 及 2 keV，若是用能量為 90 keV 之光子撞擊鎢原子，不可能產生能量為多少 keV 之特性輻射？（① 90 ② 67 ③ 58 ④ 9）。【93.1. 放射師專技高考】

18.【2】鎢元素 K 層的束縛能為 70 keV、L 層的束縛能為 12 keV、M 層束縛能為 2.5 keV、N 層束縛能為 0.5 keV，請問鎢的 K_β 能量為何？（① 58 keV ② 67.5 keV ③ 69.5 keV ④ 9.5 keV）。【96.2. 放射師專技高考】

19.【3】已知鎢原子（W）的軌道電子能階分別約為：K 層，70 keV；L 層，11 keV；M 層，2.5 keV。則以下何者可能為其受一光子撞擊後所產生的特性 X 光能量？（單位：keV）（① 511 ② 70 ③ 59 ④ 2.5）。【93.2. 放射師檢覈】

20.【4】已知鎢的 K 層能階為 −70 keV，L 層為 −11 keV，M 層為 −2.5 keV，請問若是 K 層有一電子被移走，下列那一個特性輻射能量不會出現？（① 59 keV ② 67.5 keV ③ 8.5 keV ④ 11.0 keV）。【97.2. 輻安證書專業】

21.【2】特性輻射的最大能量通常隨下列何者的增加而增加？（①入射電子的能量②靶的原子序③燈絲電流④管電流）。【90 放射師專技高考】

22.【2】X 光機所產生特性輻射之光子能量與何者有關？（①陰極燈絲的材質②陽極靶的材質③陰陽極間的電流量④ X 光機的電壓）。【98.1. 放射師專技高考】

23.【3】電子撞擊鎢靶所產生的特性 X 射線能譜為何？（①連續能譜②單一能量③多個特定能量④以上皆可）。【91.1. 操作初級專業設備】

24.【1】X- 光機不同的靶材料釋出特性 X- 射線的能量，下列何者正確？（①鉛＞銅＞鈣②鉛＜銅＜鈣③銅＞鉛＞鈣④銅＜鉛＜鈣）。【93.2. 放射師檢覈】

25.【2】下列元素所發出來的特性輻射（characteristic radiation），何者能量最高？（①鎢（W）②鉛（Pb）③鉬（Mo）④銅（Cu））。【95.1. 放射師專技高考】

26.【1】若使用高原子序的物質作為 X 光靶之材料，則相較於使用低原子序的物質，其所產生的射束，下列何者正確？（①有效能量變高② X 光強度降低③伴隨產生之特性 X 光能量保持不變④最大光子能量增加）。【96 二技統一入學】

27.【2】特性 X 射線的敘述何者為正確？（①特性 X 射線由原子核放出②特性 X 射線在內殼電子產生空洞時放出③特性 X 射線的能譜為連續性④特性 X 射線在電子與原子核相互作用時放出）。【90.1. 操作初級基本】

28.【2】特性 X 射線的敘述何者正確？（①由原子核放出②在內殼電子產生空洞時放出③在電子與原子核相互作用時放出④能譜為連續性）。【92.2. 輻安證書專業】

29.【2】特性 X 射線的敘述何者為誤？A、特性 X 射線由原子核放出；B、特性 X 射線在內轉換時放出；C、特性 X 射線的能譜為連續性；D、特性 X 射線電子捕獲時放出；（① A 與 B ② A 與 C ③ B 與 C ④ B 與 D）。【93.2、94.2. 輻安證書專業】

30.【2】特性 X 射線與下列那一些輻射的物理性質相近？a：制動輻射、b：貝他粒子、c：加馬射線、d：中子。（① a＋b ② a＋c ③ a＋d ④ a＋b＋c）。【91.1. 操作初級專業設備】

31.【2】若 a、b、c、d 分別代表制動輻射、貝他粒子、加馬射線、中子，則特性 X 射線與前述哪種輻射的物理性質相近？（① a＋b ② a＋c ③ a＋d

④ a＋b＋c）。【91.1. 放射師檢覈】

32.【4】下列敘述，何者為正確的組合？ A、同樣原子的 K-X 射線的波長比 L-X 射線長；B、特性 X 射線不是從原子核放出；C、特性 X 射線的能量 為連續性；D、K-X 射線的波長隨著原子序的增加而減短。（① AB ② AC ③ BC ④ BD）。【91.2. 操作中級共同、93.2. 放射師專技高考】

33.【1】有關 X 光特性輻射，下列敘述何者最不正確？（①它的能量和電子能 量成正比②它的能量和靶的材質有關③它的形成和原子軌道的內層電子被 擊出有關④它是單能量能譜）。【94.2. 放射師專技高考】

34.【1】制動輻射的發生是由於（①電子減速②光子加速③中子減速④微中子 加速）。【90.1. 操作初級選試設備】

35.【2】當電子被帶正電的原子核所吸引，而偏離其原進行方向，導致能量損 失，這些能量以光子形式產生者，稱為：（①特性輻射②制動輻射③散射輻 射④內轉換輻射）。【93.2.、97.1. 放射師專技高考】

36.【1】帶電粒子於飛行過程中受鄰近的原子核或其他帶電粒子的電場作用， 改變其運動速率或運動方向時所產生的電磁輻射稱為：（①制動輻射②特性 輻射③散射輻射④互毀輻射）。【98.1. 輻防員專業】

37.【4】 X 光管產生的 X 射線其光譜是連續的，原因是入射電子：（①和靶極 的結晶構造相互作用②和靶原子的內層軌道電子相互作用③和靶原子的外 層軌道電子相互作用④和靶原子的原子核相互作用）。【91.1. 操作初級專業 設備】

38.【2】下列何者與物質初次作用可產生制動輻射？（①中子②電子③ X 射線 ④ γ 射線）。【93.2.、97.2. 輻安證書專業】

39.【2】制動輻射也是（①阿伐② X 光③貝他④質子）。【91.2. 操作初級基本】

40.【3】制動輻射是屬於：（①阿伐粒子②加馬射線③ X 射線④中子）。【89.3. 輻 防初級基本、98.1. 輻安證書專業】

41.【3】制動輻射相當於：（①荷電粒子②加馬射線③連續 X 射線④特性 X 射 線）。【88.1. 輻防初級基本、97.1. 輻安證書專業】

42.【4】制動輻射的性質與下列何者相似：（①阿伐②貝他③中子④加馬）。
【91.2. 操作初級專業設備】

43.【2】X 光能譜中的連續能譜又稱為：（①連鎖輻射②制動輻射③特性輻射④連動輻射）。【94 二技統一入學】

44.【1】以能量為 80 keV 的電子撞擊鎢靶，其產生的制動輻射量不可能為多少？（① 85 keV ② 73 keV ③ 12 keV ④ 6 keV）。【91.1. 操作初級專業設備】

45.【2】診斷用 X 光含有不同的波長，形成一連續光譜，是源自於下列何種輻射？（①特性輻射②制動輻射③粒子輻射④ γ 射線）。【89.2. 操作初級選試設備、96.2. 輻安證書專業】

46.【1】制動輻射：（①沒有質量，沒有電荷②只有質量，沒有電荷③沒有質量，只有電荷④同時具有質量與電荷）。【90.1. 操作初級選試設備】

47.【4】醫用直線加速器所產生的 X 光由下列何種機制產生？（①中子活化②康普敦效應③特性 X 光④制動輻射）。【94.1. 放射師檢覈】

48.【3】制動輻射是由高速電子在下列何種反應所發生？（①與軌道電子發生非彈性碰撞②與原子核發生彈性踫撞③與原子核發生非彈性碰撞④與軌道電子發生彈性碰撞）。【94.1. 放射師檢覈】

49.【4】當電子撞擊到陽極靶時，下列何種情形不會產生？（①特性輻射②電子減速③制動輻射④電子捕獲）。【91.2. 操作初級專業 X 光機】

50.【4】在 X- 光球管中，當高速電子撞擊到陽極時，不會發生下列何種反應？（①特性 X- 射線②制動輻射③游離作用④電子捕獲）。【92.2. 放射師檢覈】

51.【4】下列何者不為 X- 射線之來源？（① X 光機②制動輻射③電子捕獲④成對效應）。【88.2. 輻防初級基本】

52.【4】治療用電子射束在最大穿透深度後仍有少數殘餘劑量，其原因是因有（① δ 射線②二次電子③散射光子④制動輻射）。【92.1. 放射師檢覈】

53.【2】發射管、調制管、磁控管、二極管等大功率高壓電子管皆會產生下列何種輻射，維修時仍需注意防護？（①加馬射線②制動輻射③質子④無線電波）。【92.1. 放射師檢覈】

54.【4】以下有關制動輻射產生的敘述何者錯誤？（①為帶電粒子與物質所發生的作用②產物為不帶電的光子③入射粒子能量越高產生的制動輻射越多④入射粒子質量越高產生的制動輻射越多）。【94.2. 放射師檢覈】

55.【2】下列何者對 X 光連續輻射（即制動輻射）的描述是正確的？（①高能電子入射於物質內，電子的能量轉變成熱能，所有熱能再以 X 光出現②X 光機的高電壓會加速電子，使電子高速撞上金屬的陽極靶上，產生 X 光③連續輻射對厚的金屬靶而言，其 X 光連續輻射的強度與高電壓成正比，而與電流無關④電子的能量 99% 轉換成連續輻射，1% 轉換成特性輻射）。【94.1. 放射師專技高考】

56.【1】X 光機產生的連續能譜與單能能譜，分別屬於：（①制動輻射與特性輻射②制動輻射與奧杰輻射③特性輻射與制動輻射④特性輻射與奧杰輻射）。【93.1. 輻安證書專業】

57.【2】X 光的特性輻射與制動輻射的主要差別為：（① X 光靶構造不同② X 光發生機制不同③兩者能量不同④兩者強度不同）。【90 二技統一入學】

58.【2】下列敘述，何者錯誤？（①制動輻射為連續的能量②制動輻射的能量與靶的材質有關③特性輻射的能量與靶的材質有關④特性輻射在診斷 X 光能譜裏所佔比例，比在治療用 X 光能譜高）。【95.1. 放射師專技高考】

59.【2】原子的特性 X 光與其制動輻射 X 射線的最重要差別為：（①波長不等②產生方式不同③ X- 光靶不同④能量不同）。【92.1. 輻安證書專業、94.2. 輻安證書專業】

60.【4】X 光的能譜是由制動輻射與特性輻射組成的，下列相關描述何者錯誤？（①連續能譜指的是制動輻射②制動輻射和電子的能量有關③特性輻射的能量和靶的材質有關④特性輻射所產生的能量約在 150 至 300 keV 之間）。【95.2. 放射師專技高考】

61.【2】診斷用 X 光機所產生的 X 射線最主要的成份是：（①特性輻射②制動輻射③電子捕獲④內轉換）。【95.1.、97.2. 輻安證書專業】

62.【1】X- 光機射出的能譜，下列敘述何者正確？（①高能 X- 光機制動輻射

與特性 X- 射線並存②高能 X- 光機只有制動輻射③高能 X- 光機只有特性 X-射線④高能 X- 光機沒有制動輻射及特性 X- 射線）。【93.2. 放射師檢覈】

2.6 ┃ 核種的基本性質

1. 【2】有一原子核含有 6 個質子和 7 個中子，其原子序是？（① 1 ② 6 ③ 7 ④ 13）。【90 二技統一入學、97.1. 輻安證書專業】

2. 【1】^{60}Co 符號中，數目 60 代表該核種的（①質量數②質子數③中子數④電子數）。【87.1. 輻防初級基本、91.1. 操作初級專業密封、98.1. 輻安證書專業】

3. 【3】核種鈷 -60 中的 60 是指原子中的：（①中子數②質子數③中子數加上質子數④電子數）。【90.1. 輻防初級基本】

4. 【4】質子為下列何種元素的原子核？（①氧②氮③氦④氫）。【94 二技統一入學】

5. 【4】重氫或氘 2H 表示核內有（① 2 質子② 2 電子③ 2 中子④ 1 中子和 1 質子）。【89.1. 輻防初級基本】

6. 【3】原子核內只有一個質子和兩個中子的元素稱為：（①氫②氘③氚④重氫）。【94.1. 放射師檢覈】

7. 【2】氚（^{3}H）原子核的組成為何？（① 1 個中子與 2 個質子② 2 個中子與 1 個質子③ 3 個中子④ 3 個質子）。【94.2. 放射師專技高考】

8. 【4】鈷 -60（Z ＝ 27）核內的中子數為（① 27 個② 60 個③ 30 個④ 33 個）。【89.1. 輻防初級基本】

9. 【2】試問 ^{125}I（Z ＝ 53）的原子核內有幾個中子？（① 125 ② 72 ③ 53 ④ 35）。【93.2. 輻安證書專業】

10.【4】^{131}I（Z ＝ 53）的原子核內有：（① 131 個質子② 53 個中子③ 78 個電子④ 78 個中子）。【97.1. 輻安證書專業】

11.【2】^{131}Xe（Z ＝ 54）元素中含有多少個中子？（① 54 ② 77 ③ 84 ④

131）。【96.1. 輻安證書專業】

12.【4】下列關於碳（Z＝6）正離子（$^{14}C^+$）的敘述，何者錯誤？（①原子核內有 6 個質子②原子核內有 8 個中子③原子核外有 5 個電子④原子核外有一個正子）。【98.1. 放射師專技高考】

13.【2】^{60}Co（Z＝27）的原子核內有幾個質子和幾個中子？（① 27 個質子，60 個中子② 27 個質子，33 個中子③ 33 個質子，27 個中子④ 60 個質子，27 個中子）。【98.1. 輻安證書專業】

14.【2】^{60}Co（Z＝27）比 ^{32}P（Z＝15）多幾個質子和幾個中子？（① 12 個質子，14 個中子② 12 個質子，16 個中子③ 16 個質子，12 個中子④ 28 個質子，12 個中子）。【90.2. 放射師檢覈】

15.【1】放射物理學將 ^1H，^2H，^3H 三種原子稱為：（①同位素②同形素③同重素④同源素）。【90 二技統一入學、96.2. 輻安證書專業】

16.【2】下列何者為氫 -39 的同位素：（① ^{34}Al ② ^{36}Ar ③ ^{67}As ④以上皆非）。【92.1. 輻射安全證書專業、94.1. 放射師專技高考】

17.【4】所謂同位素是指何者相同，而質量不同的原子：（①質量數②中子數加上質子數③中子數④原子序數）。【90.1. 輻防初級基本】

18.【4】有關同位素，下列敘述何者不正確？（①在週期表中位置相同②原子序相同③有相同化學性質④有相同放射性）。【95 二技統一入學】

19.【2】同位素的特性為：（①具有相同的原子所組成的分子②具有相同原子序數但不同質量數的原子③具有相同質量數但不同原子序數的原子④具有相同質量數和相同原子序數的分子）。【91 二技統一入學】

20.【3】以下有關同位素的敘述何者為誤？（①大多數的元素包含數種同位素②同位素不能以化學方法加以區分③所有同位素都不穩定而具有放射性④可以利用光子去撞擊原子核，擊出中子產生放射性同位素）。【94.1. 放射師專技高考】

21.【2】下列關於同位素的敘述，那些正確？A、相同原子序；B、相同中子數；C、相同化學性質；D、相同質量數。（① BC ② AC ③ AB ④ AD）。

22.【3】鈷 -59 與鎳 -60 之關係為何？（①同位素②同重素③同中子素④同質異構物）。【93.1. 放射師專技高考】

23.【2】^{2}H 和 ^{3}He；^{39}K 和 ^{40}Ca 兩組皆屬於：（① isotopes ② isotones ③ isomers ④ isobars）。【92.1. 放射師檢覈】

24.【3】^{10}C、^{11}C、^{12}C 和 ^{10}B 的關係，下列敘述何者正確？（① ^{10}C 和 ^{12}C 是同重素② ^{10}C 和 ^{10}B 是同位素③ ^{11}C 和 ^{10}B 是同中子素④ ^{11}C 和 ^{12}C 是同素異構物）。【94.1. 放射師檢覈】

25.【2】^{57}Fe（Z = 26）與 ^{57}Co（Z = 27）為：（①同位素（Isotopes）②同重素（Isobars）③同中子素（Isotones）④同質異能素（Isomer））。【97.1. 輻安證書專業】

26.【3】^{59}Fe（Z = 26）、^{59}Co（Z = 27）、^{59}Ni（Z = 28）及三者屬於以下那一類？（①同中素②同質異構物③同重素④同位素）。【94.2. 放射師專技高考】

27.【1】在放射物理學中稱 ^{99}Tc 與 ^{99m}Tc 為：（①同質異能素（Isomer）②同源異位素（Isopar）③異形同質素（Isomar）④異質同化素（Isochem））。【90 二技統一入學】

28.【3】^{99m}Tc 中的 m 代表：（①質量②分鐘③介穩態④母核）。【93.1. 輻安證書專業】

29.【4】關於同質異構素 ^{99}Tc 與 ^{99m}Tc，下列敘述何者不正確？（①兩者化學性質相同②兩者中子數相同③兩者能態不同④兩者中子數不同）。【95 二技統一入學】

30.【2】下列何種儀器可以用來分別同位素？（①比色計②質譜儀③色層分析儀④分光計）。【90 放射師專技高考】

31.【2】原子核內核子彼此間的束縛能有下列何種現象？（①隨原子核的蛻變而降低②隨原子核的蛻變而增加③隨原子核的蛻變而不變④與原子序無關）。【90 放射師專技高考】

32.【3】比較下列核種每一核子之束縛能的大小，以何者最大？（① ^{6}Li ②

^{12}C ③ ^{60}Co ④ ^{238}U）。【93.1. 放射師檢覈】

33.【4】根據下列元素的束縛能／核子（binding energy per nucleon）大小，依序排列：（① ^{4}He < ^{6}Li < ^{12}C < ^{16}O ② ^{16}O < ^{12}C < ^{6}Li < ^{4}He ③ ^{12}C < ^{16}O < ^{4}He < ^{6}Li ④ ^{6}Li < ^{4}He < ^{12}C < ^{16}O）。【94.1. 放射師檢覈】

34.【4】有關不穩定的原子核，下列敘述何者正確？（①電子捕獲在能量的考量上是不可能的②原子核之束縛能超過 8 MeV③它們有奇數個中子或質子④中子數與質子數之比超過 1.6）。【91.1. 放射師檢覈】

35.【3】當穩定核種的原子序數大到某一程度（例如大於 25）時，核內的：（①中子的數目必小於質子的數目②中子的數目必等於質子的數目③中子的數目必大於質子的數目④中子的數目可大於亦可小於質子的數目）。【94.1. 放射師檢覈】

2.7 ｜衰變

1.【3】有關阿伐（α）粒子，下列何者錯誤？（①它有兩個中子②它有兩個質子③它有兩個電子④它帶兩個正電）。【95.1. 放射師專技高考】

2.【3】放射物理學中的 α 粒子，就是：（①氫的原子核②氧的原子核③氦的原子核④鈷的原子核）。【90 二技統一入學】

3.【1】阿伐粒子是從一個：（①中子對質子的比太低的放射性同位素發射出來的高能氦原子核②中子對質子的比太低的放射性同位素發射出來的低能氦原子核③中子對質子的比太高的放射性同位素發射出來的高能氦原子核④中子對質子的比太高的放射性同位素發射出來的低能氦原子核）。【94.1. 放射師檢覈】

4.【1】鐳 226 的 α 衰變後蛻變為：（①氡 222 ②氡 220 ③鉛 208 ④鐳 227）。【93.2. 放射師檢覈】

5.【4】放射性核種釋放出 α 粒子後，所形成的子核種與原先母核種之間的關係，下述何者正確？（①子核種的原子序數比母核種的原子序數大 1②子

核種的原子序數比母核種的原子序數大 2 ③子核種的原子序數比母核種的原子序數小 1 ④子核種的原子序數比母核種的原子序數小 2）。【94.1. 放射師檢覈】

6. 【1】有關輻射線的敘述，下列何者正確？（①α 射線是氦 -4 的原子核②β 射線是原子核外電子軌道上釋出的電子③γ 射線是不穩定放射性元素從電子軌道上所釋出的電磁輻射④相同的吸收劑量，γ 射線所造成的等價劑量比 X 光高）。【93.2. 放射師檢覈】

7. 【1】貝他蛻變後其子核之質子數比母核質子數（①增加一個②減少一個③不變④減少二個）。【88.2. 輻防初級基本、92.1. 輻安證書專業】

8. 【2】原子核內一個中子轉變為一個質子，所發射的游離輻射為：（①阿伐粒子②負電子③正電子④質子）。【93.1. 輻安證書專業】

9. 【1】^{32}P 核種衰變後，母原子核的質子數（Z）及質量數（A）的變化為：（① Z＋1，A 不變② Z－1，A 不變③ Z－1，A＋1④ Z＋1，A－1）。【93.1. 放射師檢覈】

10.【4】^{32}P（Z＝15）衰變成 ^{32}S（Z＝16），其衰變的形式為：（①電子捕獲②內轉換③同質異能遷移④貝他負衰變）。【94.2. 放射師檢覈】

11.【4】已知 ^{32}P（Z＝15）發生 β^- decay，請問子核為何？（① ^{27}Al（Z＝13）② ^{33}Si（Z＝14）③ ^{33}P（Z＝15）④ ^{32}S（Z＝16））。【96.2. 放射師專技高考】

12.【2】當 ^{60}Co（Z＝27）核種衰變放出一個貝他粒子出來之後，它的子核的原子序變成（① 27 ② 28 ③ 60 ④ 61）。【91.1. 操作初級專業密封】

13.【2】以下何種核衰變發生後其子核原子序比母核大？（① Beta plus decay ② Beta minus decay ③ Alpha disintegration ④ Electron capture）。【93.2. 放射師檢覈】

14.【2】請問進行下列反應，何者子核種的原子序會比母核種原子序增加？（①α 衰變②β 衰變③γ 轉換④電子捕獲）。【93.2. 放射師檢覈】

15.【1】放射性核種進行 β^- 衰變後，其子核的原子序會（①增加 1 ②不變③

減少 1 ④變化視母核帶電量而定）。【94 二技統一入學】

16.【2】β^- 蛻變後其子核之質子數比母核質子數：（①減少一個②增加一個③不變④減少兩個）。【94.1. 放射師檢覈】

17.【1】原子行 β^- 蛻變後，下列敘述何者正確？（①子核的質量數與母原子相同，原子序數加 1 ②子核的質量數與母原子相同，原子序數減 1 ③子原子的原子序數與母原子相同，質量數加 1 ④子原子的原子序數與母原子相同，質量數減 1）。【89.2. 操作初級基本】

18.【1】經貝他蛻變的核種，其質量數與原子序數的變化情形為：（①質量數不變而原子序數加 1 ②質量數不變而原子序數減 1 ③質量數加 1 而原子序數不變④質量數減 1 而原子序數不變）。【90.1. 輻防初級基本】

19.【1】利用原子爐製造的同位素，大部分進行那一種衰變？（①β^- ②β^+ ③α ④電子捕獲）。【93.2. 放射師專技高考】

20.【1】當不穩定核種的原子核中，中子數與質子數比值過大時，會產生下列何種蛻變？（①β^- 蛻變②β^+ 蛻變③電子捕獲④內轉換）。【94.2. 放射師專技高考、95.2. 輻安證書專業】

21.【1】已知 ^{127}I 為碘的穩定同位素核種，請問 ^{125}I 和 ^{132}I 會以何種方式進行衰變？（① ^{125}I 可能行 β^+ decay 或 electron capture ② ^{132}I 可能行 β^+ decay 或 electron capture ③ ^{125}I 和 ^{132}I 皆行 β^+ decay ④ ^{125}I 和 ^{132}I 皆行 β^- decay）。【97.1. 放射師專技高考】

22.【2】微中子（neutrino）與什麼輻射隨伴而生？（①阿伐粒子②貝他粒子③加馬射線④中子）。【92.1. 輻安證書專業】

23.【3】β 蛻變時會於原子核外同時放出電子及：（①質子②中子③微中子④微質子）。【95 二技統一入學】

24.【1】以下那一類核衰變不會產生微中子或反微中子？（①α 衰變②β^- 衰變③β^+ 衰變④電子捕獲）。【93.1. 放射師檢覈】

25.【2】當發生 β^- 或 β^+ 衰變時，會同時伴隨著放出什麼？（①α 粒子②微中子③中子④介子）。【96.1. 輻安證書專業】

26.【4】反微中子（anti-neutrino）是否帶電？（①二價正電②一價正電③一價負電④中性）。【87.2. 輻防中級基本】

27.【2】關於「微中子」，何者正確？（①質量和正子相當②不帶電③ α decay 會釋出微中子④英文為 neutron）。【96.1. 放射師專技高考】

28.【2】原子行 β^- 蛻變後，下列敘述何者正確？（①子原子的原子序數與母原子相同，質量數加 1 ②子原子的質量數與母原子相同，原子序數加 1 ③子核的質量數與母原子相同，原子序數減 1 ④子原子的原子序數與母原子相同，質量數減 1）。【93.2. 放射師檢覈、95.1. 輻安證書專業】

29.【2】β^+ 衰變後，母原子核的質子數（Z）及質量數（A）的變化為（① Z＋1，A 不變② Z－1，A 不變③ Z－1，A＋1 ④ Z＋1，A－1）。【91.1. 放射師檢覈、96.1.、97.1. 輻安證書專業】

30.【4】因為 ^{15}O（Z＝8）核內有過剩的質子，所以 ^{15}O 進行 β^+ 衰變後的子核為：（① ^{14}C ② ^{15}C ③ ^{14}N ④ ^{15}N）。【93.1. 放射師檢覈】

31.【4】電子與正電子之間的關係是：（①兩者之質量與所帶的電荷皆相同②兩者之質量與所帶的電荷皆不相同③兩者之質量不同，所帶的電荷卻相同④兩者之質量相同，所帶的電荷卻不相同）。【94.1. 放射師檢覈】

32.【3】經過下列何種衰變後產生的粒子，會與電子進行互毀反應而放出兩個具有 0.511 MeV 能量的光子？（① β^- 衰變② β^0 衰變③ β^+ 衰變④ α 衰變）。【92 二技統一入學】

33.【2】PET 掃描儀是利用下列何種衰變所引發之光子成像？（① β^- decay ② β^+ decay ③ EC ④ IC）。【93.2. 放射師檢覈】

34.【4】有關正子蛻變，下列何者為非？（① Na-22 → Ne-22 ②每次蛻變產生一個微中子③母核質量比子核質量至少大 1.022 MeV ④母核若能產生正子蛻變，即不能產生電子捕獲）。【88.2. 輻防中級基本】

35.【4】有關正子衰變的敘述，下列何者不正確？（① O-15 → N-15 ②每次衰變產生一個微中子③母核質量比子核質量至少大 0.511 MeV ④母核若能產生正子衰變，即不能產生電子捕獲）。【93.2. 放射師專技高考】

36.【4】下列何者為錯誤的？（①正子蛻變之母核其質量至少應比子核質量多出 0.511 MeV ②能做正子蛻變之母核，應有機會產生電子捕獲③正子蛻變之母核其原子序比子核原子序大 1 ④內轉換的母核其原子序比子核者大 1 ④電子捕獲的母核其原子序比子核者小 1）。【88.2. 輻防高級基本】

37.【1】關於 β^+ 蛻變的敘述，下列何者正確？（①在 β^+ 蛻變的過程中，母核與子核的能階差最少應有 2 個電子靜止質量②利用加速器製造 β^+ 核種時，通常是用高能電子③ β^+ 核種常為長半化期的放射性核種④ β^+ 蛻變的過程中，同時有中子伴隨產生）。【93.1. 放射師檢覈】

38.【2】原子核經 β^+ 蛻變後，下列敘述何者正確？（①子核質量數與母核相同，原子序數加 1 ②子核質量數與母核相同，原子序數減 1 ③子核原子序數與母核相同，質量數加 1 ④子核原子序數與母核相同，質量數減 1）。【94.2. 輻安證書專業】

39.【2】當原子核進行 β^+ 衰變時，請問下列敘述何者正確？（①子原子核的質量數與母原子核相同，原子序加 1 ②原子核內中子比質子之比值較平衡態為低，才可能發生③釋放出單一能量的 β^+ ④（子原子核的質量－母原子核的質量）＞兩倍電子質量，才可能發生）。【94.1. 放射師檢覈】

40.【4】迴旋加速器所產生的放射性藥物最主要是利用藥物內的：（①特性輻射②制動輻射③ β^- 衰變④正子衰變）。【94.1. 放射師專技高考】

41.【2】下列關於正子的敘述何者正確？（①英文為 photon ②電量和質子一樣③質量較電子大④電量 ＝ 6.25×10^{-18} 庫侖）。【98.1. 放射師專技高考】

42.【2】下列何者會造成電子軌道上的空洞？（①成對發生②電子捕獲③ β 蛻變④制動輻射）。【90.1. 放射師檢覈】

43.【1】電子捕獲後，會產生什麼輻射？（①特性 X 光②阿伐粒子③貝他粒子④正電子）。【87.2. 輻防中級基本】

44.【2】電子捕獲後一定會放出何種輻射？（① β^+ 粒子②特性 X 射線③ α 粒子④制動輻射）。【96.1. 輻安證書專業】

45.【2】以下那一種衰變，子核比母核的原子序數少 1 ？（①內轉換②電子捕

獲③ α 衰變④ β^- 衰變）。【97.2.、98.1. 輻安證書專業】

46.【4】已知 ^AP（原子序為 Z）→ ^AD（原子序為 Z-1）。這可能是什麼核衰變？
（①內轉換② β^- 衰變③ α 衰變④電子捕獲）。【89.2. 輻防中級基本】

47.【4】假設 $^A_ZP \rightarrow ^A_{Z-1}D$ + radiation，此衰變可能屬於那一類？（① α 衰變② β^-
衰變③ γ 衰變④電子捕獲）。【93.1. 放射師檢覈】

48.【3】原子序為 Z 與質量數為 A 的原子核行放射性衰變後，其原子序與質
量數之相關性，下述何者錯誤？衰變形式、衰變後的原子序、衰變後的質
量數（① α、Z－2、A－4② β^+、Z－1、A③ EC、Z＋1、A④核異構過
渡（isomeric transition）、Z、A）。【93.2. 放射師專技高考】

49.【4】關於電子捕獲的敘述，下列何者正確？（①母核中的質子數較子核中
的質子數少②電子捕獲的反應式中不會有微中子出現③ β^- 蛻變與電子捕獲
是同等效果的核反應④繪製電子捕獲的蛻變圖時，母核應在右上位置，而
子核應在左下位置）。【93.1. 放射師檢覈】

50.【4】關於原子核進行電子捕獲，請問下列敘述何者錯誤？（①原子核可能
進行 K 層電子捕獲②電子捕獲後，後續可能產生特性 X 射線③電子捕獲
後，後續可能產生奧杰電子④原子核內中子比質子之比值較平衡態為高，
才可能發生）。【94.1. 放射師檢覈】

51.【3】有關電子捕獲的放射性蛻變，下列敘述何者不正確？（①中子不足的
原子核較易發生②最易被捕獲的電子為 K 電子③母核能量必須高出子核能
量 1.02 MeV ④子核之原子序比母核少 1）。【93.2. 放射師檢覈】

52.【2】下列何種蛻變與「電子捕獲」會產生相同的結果？（① β^- 蛻變② β^+
蛻變③ α 蛻變④內轉換）。【94.2. 放射師專技高考】

53.【2】一個對生理醫學研究非常有用的放射性同位素鈉 -22（^{22}Na），以兩個
競爭機轉的衰變模式成為氖 -22（^{22}Ne）的激發態，並再釋出加馬輻射（γ）
而成為穩態，請問此兩個競爭機轉的衰變模式為？（①貝他發射（β^-）與 K
捕獲②正子發射（β^+）與 K 捕獲③阿伐發射（α）與 K 捕獲④正子發射（β^+）
與阿伐發射（α））。【94.1. 放射師檢覈】

54.【4】當元素發生同質異能遞移（isomeric transition）時，其原子序的變化為何？（①加 1 ②減 1 ③加 2 ④不變）。【98.1. 放射師專技高考】

55.【4】同質異能遞移後，母原子核的質子數（Z）及質量數（A）的變化為（① Z＋1，A 不變② Z－1，A 不變③ Z－1，A＋1 ④ Z 不變，A 不變）。【91.1. 放射師檢覈】

56.【4】^{99m}Tc 核種衰變後，母原子的質子數（Z）及質量數（A）的變化為：（① Z＋1，A 不變② Z－1，A 不變③ Z－1，A＋1 ④ Z 不變，A 不變）。【93.1. 放射師檢覈】

57.【4】下列敘述何者正確？（① ^{125}I 進行 EC 衰變放出 γ 射線② ^{60}Co 放出 γ 射線時不放出 β 射線③奧杰電子的能量分布是連續性的④ β^+ 衰變放出的正子之能量的分布是連續性的）。【93.2. 放射師專技高考】

58.【3】若發生 β^+ decay，則母核與子核一定屬於？（① isotopes ② isotones ③ isobars ④ isomers）。【96.1. 放射師專技高考】

59.【1】沿著核種圖（Nuclear charts）中同重線（isobaric line）上下衰變的放射性衰變為（① β^- 或 β^+ 衰變②質子衰變③核融合衰變④中子衰變）。【92 二技統一入學】

60.【4】在核種圖中，β 衰變沿著（① isotropic line ② isotopic line ③ isomeric line ④ isobaric line）衰變。【95.2. 放射師專技高考】

61.【1】以下那一類核衰變的母核與子核不是 isobar？（① α 衰變② β^- 衰變③ β^+ 衰變④電子捕獲）。【93.1. 放射師檢覈】

62.【3】下列那些衰變會沿著 isobaric line 衰變？A、α 衰變，B、β^- 衰變，C、β^+ 衰變，D、γ 衰變，E、電子捕獲，F、中子衰變；（① ACF ② ADE ③ BCE ④ BDE）。【97.2. 放射師專技高考】

2.8 ｜奧杰效應、內轉換

1.【2】原子中 L 層電子躍遷，導致原子射出一電子，此電子稱為（①制動輻

射②奧杰電子③正子④微中子）。【88.2. 輻防中級基本】

2.【4】原子內軌道電子躍遷而產生的光子，與外層軌道電子作用而射出的電子稱為：（①束縛電子②自由電子③轉換電子④奧杰電子）。【96.2. 放射師專技高考】

3.【4】當低原子序數的元素之原子外層（如 L 層）的軌道電子向下階（如 K 層）降激時，不釋出高低兩階能差的光子，改以擊出高階（如 L 層）軌道電子，使高階（如 L 層）軌道留下兩個電洞，此時由原子射出的電子稱為：（①光電子②回跳電子③熱電子④奧杰電子）。【97.1. 放射師專技高考】

4.【1】下列那種反應不會產生奧杰電子？（①β衰變②內轉換③電子捕獲④以上皆會產生奧杰電子）。【95.2. 放射師專技高考】

5.【3】M 層電子躍遷至 L 層所產生之能階能量再將 N 層的電子游離出來，這種電子稱為何種奧杰電子？（① NML ② MLN ③ LMN ④ LNM）。【90 放射師專技高考】

6.【1】已知鎢之 K 層束縛能 = −70 keV；L 層之束縛能 = −11 keV；M 層的束縛能 = −2.5 keV，請問鎢靶的 KLL Auger 電子能量 =（① 48 ② 56.5 ③ 65 ④ 67.5）keV。【95.2. 輻防師專業】

7.【2】一個元素的 K 層電子束縛能為 69 keV，L 層電子束縛能為 11 keV，若一光電子由 K 層射出，一 L 層電子補進 K 層，並產生由 L 層射出的奧杰電子，該奧杰電子的動能為：（① 36 ② 47 ③ 58 ④ 69）keV。【91 放射師專技高考】

8.【1】若原子軌道上 K 層電子束縛能為 40 keV，M 層為 0.8 keV 時，經由 L 層到 K 層間能階轉換而射出 24.2 keV（動能）M 層軌道電子（奧杰電子），則 L 層電子之束縛能為多少 keV？（① 15 ② 15.8 ③ 39.2 ④ 23.4）。【92.2. 放射師檢覈】

9.【3】假設某一原子的 K 層電子束縛能為 50 keV，L 層為 10 keV，而 M 層為 5 keV，則 KLM 奧杰電子的動能為多少 keV？（① 65 ② 45 ③ 35 ④ 15）。【96.1. 放射師專技高考】

10.【1】如果一個元素的 K、L、M 層中電子的結合能分別為 8979 eV、951 eV 及 74 eV，則 KLM 奧杰電子的能量為（① 7.954 ② 8.831 ③ 8.028 ④ 8.905）keV。【97.1. 輻防師專業】

11.【1】物質的螢光產率愈小，產生的什麼愈多？（①奧杰電子②內轉換電子③紫外線④雷射）。【93.1. 放射師檢覈】

12.【4】物質的螢光產率愈小，什麼就愈多？（①紅外線②紫外線③ X 射線④奧杰電子）。【94.1. 放射師專技高考】

13.【4】關於螢光產率，下列敘述何者正確？（①發射制動輻射和發射內轉換電子之相對機率②發射制動輻射和發射奧杰電子之相對機率③發射特性輻射和發射內轉換電子之相對機率④發射特性輻射和發射奧杰電子之相對機率）。【94.1. 放射師檢覈】

14.【1】比較特性 X 射線與奧杰（Auger）電子的發生機率，那些物質較易發生奧杰電子？（①低原子序②高原子序③低密度④高密度）。【89.2. 輻防中級基本】

15.【2】受激的原子核和其原子軌道電子作用而放出單能電子的作用，稱為：（①電子捕獲②內轉換③同質異能遞移④貝他蛻變）。【92 二技統一入學】

16.【2】放射性核種蛻變時，釋放出 γ 線能量，而該能量被此原子的核外電子所吸收而使核外電子游離出來，這種變化稱為下列何者？（①電子捕獲②內轉換③異構物躍遷④ α 蛻變）。【92.1. 放射師專技高考】

17.【2】關於內轉換的敘述，下列何者正確？（①內轉換是指能量轉換為 X 光②內轉換常伴隨著奧杰電子③內轉換電子具有連續的能量④內轉換產率愈小，X 光子產量愈少）。【93.1. 放射師檢覈】

18.【1】關於內轉換的敘述，下列何者正確？（①內轉換較易發生在高原子序的物質②內轉換係因特性 X 射線擊出外層軌道電子所致③內轉換電子可能產生互毀，以致放出 γ 射線④內轉換發生後，在電子軌道上留下空洞，以致引發下一次的內轉換電子發生）。【94.1. 放射師檢覈】

19.【2】以下何種衰變反應發生後會產生後續的奧杰電子釋放？A、阿爾發衰

變；B、加馬衰變；C、電子捕獲；D、內轉換；E、貝他負衰變。（① AB
② CD ③ BCD ④ ABE）。【94.2. 放射師檢覈】

20.【1】若 a、b、c、d 分別代表內轉換伴隨放出特性 X 射線、內轉換時不放
出微中子、奧杰效應時放出奧杰電子與微中子、K 電子捕獲時不放出奧杰
電子，則下列有關蛻變的敘述，正確的組合為何？（① a＋b ② c＋d ③ a
＋d ④ b＋c）。【91.2. 放射師檢覈】

21.【2】下列那幾組反應為相互競爭之反應（反應可循兩者之一發生，且有
一固定之相對機率）？A、β^+ 衰變－電子捕獲；B、內轉換－β^- 衰變；
C、奧杰電子（Auger electrons）－特性輻射。（① AB ② AC ③ BC ④
ABC）。【95.2. 放射師專技高考】

2.9 │衰變能量

1.【3】若兩物體之間發生彈性碰撞，則兩物體之間的動能和與動量和須符合
下列那一條件？（①動能和減少，動量和增加②動能和增加，動量和不變
③動能和不變，動量和不變④動能和不變，動量和增加）。【98.2. 放射師專
技高考】

2.【2】在 α 衰變中，衰變能量 Q 大部分轉化為：（①子核的動能② α 粒子的
動能③子核的位能④ α 粒子的位能）。【92.2. 放射師專技高考】

3.【2】^{226}Ra 蛻變至 ^{222}Rn 的基態釋出 4.88 MeV 的能量，試問下列哪一種能
量分配的方式正確？（① α 獲得 0.09 MeV，^{222}Rn 獲得 4.79 MeV ② α 獲
得 4.79 MeV，^{222}Rn 獲得 0.09 MeV ③ α 及 ^{222}Rn 各獲得 2.44 MeV ④ α、
^{222}Rn 及微中子各獲得 1.63 MeV）。【90.1. 放射師檢覈】

4.【2】貝他射線為連續能譜，通常它的平均能量約為最大能量的（① 1/2 ②
1/3 ③ 1/4 ④ 1/5）。【91.1. 操作初級基本、93.2. 放射師專技高考、97.1. 輻
安證書專業】

5.【2】在一 β^- 衰變中，β^- 粒子的平均能量約為最大能量的多少倍？（① 1/2

② 1/3 ③ 1/5 ④ 1/10）。【96.2. 輻安證書專業】

6.【2】就磷 −32（^{32}P）而言，雖然貝他粒子的最大能量是 1.71 MeV，但大多數貝他粒子的能量皆小於最大能量。^{32}P 貝他粒子的平均能量約為：（① 0.27 MeV ② 0.70 MeV ③ 1.14 MeV ④ 1.40 MeV）。【94.1. 放射師檢覈】

7.【1】電子衰變所放出的 β 粒子可攜帶各種不同的動能，而非單一能量，主要是因為：（①有微中子伴隨產生②部份能量被原核種分享③ β 粒子釋放過程與其他粒子再度碰撞損失部分能量④核衰變所釋放能量本來即為連續能譜）。【91 放射師專技高考】

8.【3】貝他衰變的貝他粒子能量為：（①單一能量②均勻分布至最大能量值③連續分布④間斷分布）。【93.2. 放射師檢覈】

9.【3】已知 ^{13}N（Z = 7）比 ^{13}C（Z = 6）的能階高 2.21 MeV，試求 ^{13}N 衰變釋放的 β^+ 粒子之最大能量為多少 MeV？（① 2.21 ② 1.45 ③ 1.19 ④ 0.511）。【93.1. 放射師檢覈】

10.【3】放射性核種進行內轉換放出的電子能譜為：（①連續能譜②連續加特性輻射③單能量④由子核帶電量決定）。【94 二技統一入學】

11.【3】電子捕獲、β^+ 衰變及 β^- 衰變所釋放出的微中子，其能譜為連續分布的共有幾種？（① 0 ② 1 ③ 2 ④ 3）。【93.1. 放射師檢覈】

12.【2】下列輻射何者為連續能譜？（① α 射線② β 射線③ γ 射線④內轉換電子）。【93.2. 放射師專技高考】

13.【3】下列哪一種輻射的能譜為連續分布？（①特性 X 光②奧杰電子③貝他射線④加馬射線）。【96.1. 輻安證書專業】

14.【3】下列輻射，何者呈現為連續能譜？（① α 粒子②特性 X 射線③制動輻射④互毀輻射）。【93.1. 輻安證書專業】

15.【2】β、γ、制動輻射及特性 X 射線等四種輻射中，能譜為連續分布的輻射共有幾種？（① 1 種② 2 種③ 3 種④ 4 種）。【91.1. 操作初級專業設備】

16.【2】內轉換電子、奧杰電子、β^+ 粒子及 β^- 粒子，能譜為連續分布的共有幾種？（① 1 ② 2 ③ 3 ④ 4）。【91.1. 放射師檢覈】

17.【2】以下的輻射之中，具有連續能譜的組合為何？ A、制動輻射；B、特性X射線；C、內轉換電子；D、β射線；（① AB ② AD ③ BC ④ BD）。【93.2、94.2. 輻安證書專業】

18.【2】下列何種輻射的能譜是連續的？ A）制動輻射；B）加馬射線；C）貝他粒子；D）特性X射線。（① A與B ② A與C ③ A與D ④ B與C）。【95.1. 輻安證書專業】

19.【1】^{32}P 蛻變放出電子後形成 ^{32}S，並釋放多少 MeV 的能量？（^{32}P 及 ^{32}S 的原子質量單位 amu 分別為 31.973910 及 31.972074）（① 1.71 ② 2.02 ③ 2.12 ④ 2.22）。【93.1. 放射師專技高考】

20.【1】母核 X 經 β^- 衰變，蛻變成子核 Y。已知 X 及 Y 的原子質量分別為 M_x 及 M_y amu，則此衰變釋出 β^- 之平均動能（MeV）約為多少？（①（M_x-M_y）×311 ②（M_y-M_x）×311 ③（M_x-M4）×931 ④（M_y-M_x）×931）。【97.1. 放射師專技高考】

21.【1】^{2}H + ^{3}H → ^{4}He + n + Q，已知反應前後的質量耗損 0.0189 amu，則 Q 的值為？（① 17.6 MeV ② 17.6 eV ③ 17.6 J ④ 17.6 erg）。【93.1. 放射師專技高考】

22.【4】能量為 2 MeV 的入射粒子產生核反應（Q = 1 MeV），則反應生成物的動能為若干 MeV？（① 0 ② 1 ③ 2 ④ 3）。【90.1. 輻防中級基本】

23.【4】試求 ^{24}Na（Z = 11）核種每個核子的平均結合能（binding energy）為多少 MeV？若 ^{24}Na 原子質量為 23.991 amu，質子質量為 1.0073 amu，中子質量為 1.0087 amu，電子質量為 0.00055 amu，amu 為原子質量單位（atomic mass unit）。（忽略電子的結合能）（① 2.08 keV ② 8.08 keV ③ 2.08 MeV ④ 8.08 MeV）。【97.2. 輻防師專業】

2.10 │ 核反應

1.【4】以下何者是屬於分裂（fission）反應的一種？（① ^{63}Cu + γ → ^{62}Cu

$+ {}^{1}n$ ② ${}^{14}N + {}^{4}He \rightarrow {}^{17}O + {}^{1}H$ ③ ${}^{2}H + {}^{3}H \rightarrow {}^{4}He + {}^{1}H + {}^{1}n$ ④ ${}^{235}U + {}^{1}n \rightarrow {}^{141}Ba + {}^{92}Kr + {}^{3}_{1}n$）。【95.2. 輻安證書專業】

2.【4】關於核融合反應，下列何者不正確？（①可放出大量能量②需在高溫下進行③可放出中子④會產生大量放射性廢料）。【93 二技統一入學】

3.【3】以下何種反應為核融合反應？（① ${}^{14}C_6 \rightarrow {}^{14}N_7 + \beta^-$ ② ${}^{13}N_7 \rightarrow {}^{13}C_6 + \beta^+$ ③ ${}^{2}H_1 + {}^{2}H_1 \rightarrow {}^{3}He_2 + {}^{1}n_0$ ④ ${}^{235}U_{92} + {}^{1}n_0 \rightarrow {}^{143}Nd_{60} + {}^{90}Zr_{40} + 3\ {}^{1}n_0$）。【94.2. 放射師檢覈】

4.【4】關於核分裂與核融合，下列敘述何者不正確？（①皆利用到質能互換定律②皆無大量 CO_2 生成③皆放出大量能量④皆產生大量的放射性廢料）。【95 二技統一入學】

5.【4】吾人常利用 10B（n, α）X 反應來偵測中子，請問 X 應為：（① He-3 ② He-4 ③ Li-6 ④ Li-7）。【88.1. 輻防中級基本、96.2. 輻安證書專業】

6.【2】反應 ${}^{6}Li(n, \alpha)X$ 用來測熱中子，X 為（① He-3 ② H-3 ③ H-2 ④ H-1）。【88.2. 輻防中級基本】

7.【1】在迴旋加速器中行 ${}^{14}N$（p, α）${}^{11}C$ 反應，則迴旋加速器中所放置的靶是：（① ${}^{14}N$ ② ${}^{11}C$ ③ ${}^{2}He$ ④ ${}^{1}H$）。【97.1. 放射師專技高考】

8.【2】迴旋加速器製造 N-13，靶物質為 H_2O，其核反應為：（①（d, n）②（p, α）③（p, n）④（d, 2n））。【94.2. 放射師檢覈】

9.【3】利用氧 18 水製作氟 18 經由（p, n）反應，下列敘述何者錯誤？（①質子數改變②中子數改變③質量數改變④原子量改變）。【96.1. 放射師專技高考】

10.【2】PET 掃描常用之正子放射核種 ${}^{18}F$，其製備的方法為 ${}^{18}O$ 核種經下列何種反應而得到 ${}^{18}F$：（①（n, f）②（p, n）③（n, γ）④（n, p））。【92.2. 放射師專技高考】

11.【2】利用氧 −18 水製作氟 −18 是經由何種反應？（①（n, p）②（p, n）③（p, α）④（α, p））。【95.1. 放射師專技高考】

12.【1】F-18 離子係在加速器內經由何種反應產生？（① p, n ② p, α ③ d, n ④ d,

α)。【95.2. 放射師專技高考】

13.【4】迴旋加速器無法產生下列那種反應？（① ^{10}B（d, n）^{11}C ② ^{20}Ne（d, α）^{18}F ③ ^{109}Ag（α, 2n）^{111}In ④ ^{12}C（γ, n）^{11}C）。【94.1. 放射師檢覈】

14.【3】某一中子捕獲反應，其反應式寫成 ^{14}N（n, X）^{14}C，式中「X」符號代表：（① α ② β ③ p ④ 2n）。【93.2. 放射師檢覈、97.1. 輻安證書專業】

15.【4】若以 d 代表是氘，則在反應 ^{14}N（x, d）^{16}O 式中的 x 是？（①質子②中子③氘核④阿伐粒子）。【96.1. 放射師專技高考】

16.【4】以下何者錯誤？（① ^9Be（α, n）^{12}C ② ^{14}N（α, p）^{17}O ③ ^{32}S（n, p）^{32}P ④ ^{59}Fe（n, γ）^{60}Co）。【93.2. 輻安證書專業】

17.【1】下列核反應正確組合為何？A.^{197}Au（n, γ）^{198}Au, B. $127I$（p, 5n）^{123}Xe, C.^{65}Cu（α, n）^{67}Ga, D.$37Cl$（n, α）^{32}P，（① A 與 B ② A 與 C ③ A 與 D ④ B 與 C）。【91.1. 操作初級基本】

18.【4】下列的核反應式，何者為誤？（① ^{12}C（n, 2n）^{11}C ② ^{14}N（n, p）^{14}C ③ ^{62}Ni（n, γ）^{63}Ni ④ ^6Li（n, α）^3He）。【93.2. 放射師專技高考】

19.【3】迴旋加速器生產同位素，若反應為 ^{68}Zn（p, x）^{67}Ga，則 x 代表什麼？（① α ② n ③ 2n ④ β）。【97.1. 放射師專技高考】

20.【1】迴旋加速器內高能量之質子撞擊 ^{63}Cu（原子序 29）原子核而發生核子反應，所得之新核種為鋅（Zn），若同時釋放出 2 個中子，則此鋅同位素之原子序及質量數各為何？（① 30,62 ② 30,63 ③ 28,62 ④ 29,63）。【96.1. 放射師專技高考】

2.11 ｜背景輻射

1.【2】下列何者為天然核種？（① ^{11}C ② ^{40}K ③ ^{60}Co ④ ^{137}Cs）。【87.1. 輻防初級基本】

2.【1】下列何者不為天然輻射源？（① Co-60 ② K-40 ③ U-235 ④ U-238）。【88.2. 輻防初級基本】

3.【2】下列何者不是天然的放射性核種？（① K-40 ② Rb-88 ③ U-238 ④ Th-232）。【93.1. 輻安證書專業】

4.【1】天然輻射源甚多，其中有：（①來自土壤的鉀 40 ②來自建築物的鈷 60 ③來自水中的鍶 90 ④來自岩石中的鐵 55）。【94.1. 放射師專技高考】

5.【3】宇宙射線是一種（①制動輻射②非游離輻射③背景輻射④人造輻射）。【97.1. 輻防員法規】

6.【3】下列何者為天然背景輻射的主要來源？（①核武試爆全球放射性落塵②南極臭氧層破洞③宇宙射線④核能發電放射性廢料）。【95 二技統一入學】

7.【3】下列何者不是背景輻射？（①宇宙射線②一般人體組織中所含天然放射性物質釋出之游離輻射③輻射屋釋出之游離輻射④核子試爆所產生之全球落塵釋出之游離輻射）。【93.1. 放射師檢覈】

8.【3】下列何者不屬背景輻射：（①宇宙射線②天然存在於地殼或大氣中之天然放射性物質釋出之游離輻射③由核能電廠排放所釋出之輻射④因核子試爆或其他原因而造成含放射性物質之全球落塵釋出之游離輻射）。【91.2. 操作初級基本】

9.【4】下列何者不屬於背景輻射？（①宇宙射線②天然存於地殼中之天然放射性物質釋出之游離輻射③因核子試爆造成含放射性物質之全球落塵出之游離輻射④大氣中所含核能電廠釋出放射性物質發射之游離輻射）。【97.1. 放射師專技高考】

10.【2】下列何者非為游離輻射防護法中所指之背景游離輻射：（①宇宙射線②紫外線輻射③天然存在於地殼或大氣中之天然放射性物質釋出之游離輻射④因核子試爆或其他原因造成含放射性物質之落塵釋出之游離輻射）。【97.2. 輻安證書法規】

11.【3】下述消費性產品何者不產生游離輻射？（①電視機②微波爐③自發性螢光鐘錶④煙霧警報器）。【91.2. 操作初級基本】

12.【4】自然背景輻射主要來源有宇宙射線及下述何者？（①醫用 X 光機②工業用輻射源③核爆落塵④地殼中的鈾元素）。【90 二技統一入學】

13.【2】我國輻射鋼筋污染之核種為：（①鈷 59 ②鈷 60 ③銫 137 ④銫 134）。
【88.1. 輻防中級基本】

14.【2】天然放射性物質，哪一系列目前已衰變殆盡？（① 4n 系列（釷 232）
② 4n + 1 系列（錼 237）③ 4n + 2 系列（鈾 238）④ 4n + 3 系列（鈾
235））。【92.2. 放射師檢覈】

15.【4】現在那一個系列的自然發生（naturally occurring）放射性核種不存在
地球上？（①釷系（Thorium）②錒系（Actinium）③鈾系（Uranium）④
錼系（Neptunium））。【94.1. 放射師檢覈】

16.【3】土壤中所含天然放射性核種為鈾與釷，它們的同位素分別為：（① 235
與 232 ② 235 與 230 ③ 238 與 232 ④ 238 與 230）。【90.1. 輻防初級基本】

17.【1】氡 222 屬於那一系列核種？（①鈾系②釷系③錒系④鈰系）。【89.2. 輻
防初級基本】

18.【2】天然放射性核種 ^{222}Rn 為那一種核種衰變後之子核種？（① ^{235}U ②
^{238}U ③ ^{232}Th ④ ^{241}Pu）。【96.1. 放射師專技高考、96.2. 輻安證書專業】

19.【1】空氣中的 Rn-222 是由那一個母核蛻變而來的？（① U-238 ② U-237
③ U-235 ④ U-233）。【89.3. 輻防初級基本】

20.【3】在天然的輻射源中，兼具有母核種與子核種者為：（① K-40 ② U-235
③ Ra-226 ④ Th-232）。【88.1. 輻防初級基本】

21.【1】下列何者射源在衰變過程當中會產生有害的氡氣？（① Ra-226 ②
Ir-192 ③ Cs-137 ④ Co-60）。【94.1. 放射師專技高考】

22.【4】下列何者射源會有氡氣放射性氣體的產生？（① Co-60 ② I-125 ③
Au-198 ④ Ra-226）。【93.2. 放射師檢覈、98.1. 輻安證書專業】

23.【4】鐳射源破裂時會造成下列何者外洩？（① X 射線外洩②質子射線外洩
③中子射線外洩④氡氣外洩）。【94.2. 放射師檢覈】

24.【3】經呼吸進入人體的氡氣，是天然輻射的最大來源，請問一般生活環境
中的氡氣主要是那一系列的核種？（① 4 n ② 4 n + 1 ③ 4 n + 2 ④ 4 n + 3）。
【95.1. 放射師專技高考】

25.【3】已知 Ra 的原子序為 88，請問 ^{226}Ra 是屬於那系列的衰變核種？（① 4n 系列（Thorium）② 4n＋1 系列（Neptunium）③ 4n＋2 系列（Uranium）④ 4n＋3 系列（Actinum））。【98.2. 放射師專技高考】

26.【3】^{220}Rn 是那一核種的子核種？（① ^{238}U ② ^{235}U ③ ^{232}Th ④ ^{241}Pu）。【87.2. 輻防中級基本、98.1. 輻安證書專業】

27.【1】釷射氣指（① ^{220}Rn ② ^{222}Rn ③ ^{232}Th ④ ^{226}Ra）。【91.1. 操作初級專業非密封】

28.【3】下列何者為 Th-232 衰變的子核之一：（① Po-220 ② Po-218 ③ Po-216 ④ Po-214）。【87.1. 輻防中級基本】

29.【2】自然界中釷系天然核種 Th-232 經蛻變，最後的穩定核種為：（① Pb-207 ② Pb-208 ③ Pb-209 ④ Pb-210）。【97.2. 輻防師專業】

30.【1】天然核種 U-235 經蛻變，最後的穩定核種為：（① Pb-207 ② Pb-208 ③ Pb-209 ④ Pb-210）。【88.1. 輻防初級基本】

31.【1】^{238}U 衰變系列過程中產生的最終穩定子核種為：（① Pb-206 ② Pb-207 ③ Pb-208 ④ Pb-209）。【97.2. 輻防員專業】

32.【1】空氣中的碳 -14 主要是如何形成的？（①來自於宇宙射線與空氣作用②由土壤中擴散出來③由水中擴散出來④人工放射性核種）。【89.2. 輻防初級基本、98.1. 輻安證書專業】

33.【3】宇宙射線所產生核種中，何者對人造成最大之體內劑量？（①氚②鈹 -7 ③碳 -14 ④鈉 -22）。【88.2. 輻防初級基本】

34.【1】因宇宙射線所生成的放射性核種中，何者對人體造成的體內劑量最大？（① ^{14}C ② ^{85}Kr ③ ^{3}H ④ ^{222}Rn）。【97.2. 放射師專技高考】

35.【4】目前地球上的 ^{40}K，主要存在的原因是？（① 4n 系列最終衰變至 ^{40}K ②人工加速器不斷製造產生③宇宙射線和氬氣作用不斷產生 ^{40}K ④其半衰期和地球壽命相當）。【92.2. 放射師檢覈】

36.【2】地球環境中為何仍有 ^{40}K？（①不斷由外太空流入大氣層②因其半衰期和地球年齡相當③因宇宙射線不斷與 N2 作用產生 ^{40}K ④因不斷核爆測試

產生之分裂產物）。【95.1. 放射師專技高考】

37.【2】人體中的鉀會造成體內曝露，肇因於其何種同位素？（①鉀 39 ②鉀 40 ③鉀 41 ④鉀 42）。【89.2. 操作初級基本、96.2. 輻安證書專業】

38.【1】人體中所含有的天然放射性鉀同位素，其質量數是：（① 40 ② 41 ③ 42 ④ 43）。【94.1. 放射師檢覈】

39.【3】人體內皆含有的天然核種是（① I-123 ② I-131 ③ K-40 ④ K-41）。【92.2、94.2. 輻安證書專業】

40.【3】人體中皆含有何種放射性鉀同位素？（①鉀 -38 ②鉀 -39 ③鉀 -40 ④鉀 -41）。【90.1. 輻防中級基本】

41.【4】人體所含的天然放射性核種以下列何者為主？（① ^{238}U ② ^{14}C ③ ^{32}P ④ ^{40}K）。【93.2. 放射師檢覈】

42.【3】天然放射核種中在人體內含量最多的是（① ^{210}Po ② ^{14}C ③ ^{40}K ④ ^{87}Rb）。【91.2. 操作初級專業非密封、98.1. 輻安證書專業】

43.【2】背景輻射中之體內曝露最主要的輻射源為：（①宇宙射線②氡 Rn-222 ③ Rb 銣 -80 ④鉀 K-40）。【93.1. 放射師專技高考】

44.【3】大氣中存在的核種，對肺部劑量貢獻最大者為何？（①碳 14 ②氪 85 ③氡 222 ④氚 3）。【92.2. 輻安證書專業】

45.【3】大氣中存在的核種對肺部劑量貢獻最大者為下列何者？（① C-14 ② Kr-85 ③ Rn-222 ④ H-3）。【93.2. 放射師專技高考】

46.【3】大氣中存在的核種，對肺部劑量貢獻最大者為何？（①碳 14 ②氪 85 ③氡 222 ④氚 3）。【91.1. 操作初級基本、94.2. 輻安證書專業】

47.【4】下列何者與肺癌的關係最大？（①氚②鍶 -90 ③銫 -137 ④氡子核）。【95.2. 放射師專技高考】

48.【1】放射性氡對肺組織的傷害主要來自何種輻射？（① α 粒子② β 粒子③ γ 射線④ X 射線）。【95 二技統一入學】

49.【2】天然背景輻射對人體造成最大的輻射劑量，主要是經由呼吸將氡及其子核吸入體內，請問這「氡」主要是那一同位素？（① ^{220}Rn ② ^{222}Rn ③

^{224}Rn ④ ^{226}Rn）。【96.1. 放射師專技高考、98.1. 輻防員專業】

50.【3】鈾礦工人中誘發肺癌的主要元兇是？（①加馬射線②鈷 60 核種③氡及其子核④鈽元素）。【96.1.、97.2. 輻安證書專業】

51.【4】人體天然輻射劑量最主要的放射性核種為：（① ^{14}C ② ^{40}K ③ ^{60}Co ④ ^{222}Rn）。【94 二技統一入學】

52.【3】平均而言，民眾所接受的輻射劑量最主要來源為：（①宇宙射線②核能電廠③氡④地表輻射）。【93.2. 放射師檢覈、96.2. 輻安證書專業】

53.【1】全球平均每人每年接受的天然背景輻射，下列何者造成的有效劑量最大？（①氡及其子核②地表輻射③ ^{14}C ④ ^{40}K）。【93.1. 放射師檢覈】

54.【3】天然游離輻射以何者造成之劑量最大？（①宇宙射線② 14C 造成的體內劑量③氡及其子核④手機之無線電波）。【95.2. 輻安證書專業】

55.【4】一般人每年接受到天然輻射劑量最高的主要來源為何？（①核能設施②醫用輻射③非破壞檢測④氡氣）。【93.1. 輻安證書專業】

56.【3】通常室內通風不良，會使自然背景輻射中的何種同位素造成的劑量增加？（①氚②氙③氡④氖）。【98.1. 放射師專技高考】

57.【1】目前人類每年接受的輻射劑量，最主要的來源為：（①天然背景輻射②醫用 X 光檢查③醫用放射治療④核能電廠）。【94 二技統一入學】

58.【2】我國國民平均每年接受到人為輻射劑量主要來自（①核能設施②醫療輻射③非破壞檢測④氡氣）。【93.2、95.2. 輻安證書法規】

59.【2】國人平均每年接受到人造輻射劑量主要來源為（①核能設施②醫用輻射③核爆落塵④農業與工業照射）。【98.1. 輻安證書專業】

60.【1】台灣平地的天然背景輻射劑量每年約為：（① 2 mSv ② 2 mrad ③ 20 mSv ④ 20 mrad）。【89.3. 輻防初級基本】

61.【2】台灣平地一般人的自然年平均輻射劑量約為若干毫西弗？（① 0.2 ② 2 ③ 20 ④ 200）。【90.1. 輻防中級基本】

62.【3】台灣地區自然背景輻射劑量（包含體內、外），每年大約是多少？（① 0.1 mSv（10 mrem）② 0.5 mSv（50 mrem）③ 2 mSv（200 mrem）④ 5 mSv（500 mrem））。【94.1. 放射師專技高考】

63.【3】聯合國報告指出一般人每年接受到天然背景輻射世界範圍平均有效劑量約為多少毫西弗？（① 0.15 ② 1.5 ③ 2.4 ④ 3.5）。【93.1. 輻安證書專業】

64.【3】你現在所處的環境其背景輻射之直接量測值約為多少 $\mu Sv \cdot h^{-1}$？（① 0.0012 ② 0.012 ③ 0.12 ④ 1.2）。【93.2. 放射師檢覈】

65.【1】醫用診斷型 X 光室的輻射偵測，其偵測背景值約為：（① 0.1 $\mu Sv/h$ ② 1.0 $\mu Sv/h$ ③ 0.1mSv/h ④ 1mSv/h）。【94.2. 放射師檢覈】

66.【3】宇宙射線在台灣地區海平面地表的有效劑量率約為（① 0.2 nSv/h ② 2 nSv/h ③ 20 nSv/h ④ 200 nSv/h）。【87.1. 輻防中級基本】

67.【4】天然年背景輻射劑量值與下述何者最無關？（①地面水平高度②地層中自然放射性物質含量③地表緯度④地層的年齡）。【94.1. 放射師專技高考】

68.【1】有關台灣地區背景輻射的描述，下列何者正確？（①背景值約為 0.1 μ Sv/h ②鉀 40 為主要背景輻射來源③平均值比世界平均來的稍高④地表宇宙射線強度約佔背景輻射的一半）。【93.2. 放射師檢覈】

69.【4】世界上的人大多居住在海拔 5000 公尺以下的地方，低空大氣層的宇宙射線劑量率與海拔高度關係是：（①一般每上升 100 公尺劑量率約增加 1 倍②一般每上升 150 公尺劑量率約增加 1 倍③一般每上升 1000 公尺劑量率約增加 1 倍④一般每上升 1500 公尺劑量率約增加 1 倍）。【94.1. 放射師檢覈】

70.【1】下列何種條件之宇宙射線強度較大？（①緯度越高，高度越高②緯度越高，高度越低③緯度越低，高度越高④緯度越低，高度越低）。【95.2. 放射師專技高考】

71.【1】下列敘述何者錯誤？（① U-238 為自然界存在的可分裂放射性核種②人體中均含有放射核種鉀 40 ③ C-13 是穩定的同位素④宇宙射線對地表造成的劑量，主要來自二次宇宙射線）。【94.1. 放射師檢覈】

72.【4】自然界存在的天然元素，其原子序數最大者是 92，請問此元素是什麼？（①鋂（Am）②鈽（Pu）③鉑（Pt）④鈾（U））。【94.1. 放射師檢覈】

73.【2】^{238}U、^{235}U、^{232}Th 三種天然長系列衰變，最後 decay 到鉛，請問它們

是以何方式 decay 達成？（① α 和 β^- decay ② α 和 β^- 或 EC decay ③ 單純僅有 α decay ④ 核分裂）。【96.1. 放射師專技高考】

74.【2】一個 U-238 原子衰變至 Pb-206，一共發射出多少阿伐粒子？（① 10 ② 8 ③ 6 ④ 32）個。【88.2. 輻防初級基本】

75.【3】一個 U-238 原子衰變至 Pb-206，一共發射出多少貝他粒子？（① 2 ② 4 ③ 6 ④ 32）個。【88.2. 輻防初級基本】

76.【3】一個鈾系由 ^{238}U（Z = 92）開始，止於穩定的 ^{206}Pb（Z = 82），請問一個原子核能發射出多少個 α 粒子，多少個 β 粒子？（① 8 個 α，8 個 β ② 6 個 α，8 個 β ③ 8 個 α，6 個 β ④ 6 個 α，6 個 β）。【93.1. 放射師專技高考】

77.【3】^{226}Ra（Z = 88）連續衰變為穩定的 ^{206}Pb（Z = 82），歷經：（① 3 個 α 及 5 個 β^- 衰變 ② 3 個 α 及 6 個 β^- 衰變 ③ 5 個 α 及 4 個 β^- 衰變 ④ 5 個 α 及 3 個 β^- 衰變）。【93.2. 放射師檢覈】

78.【4】238U（Z = 92）衰變至 206Pb（Z = 82），其（α，β）衰變的次數之組合為何？（①（4，3）②（6，3）③（6，5）④（8，6））。【93.2. 放射師專技高考】

79.【3】一個 Th-232 蛻變至穩定的 Pb-208，前者原子序為 90，後者為 82，共發射出 a 個阿伐粒子和 b 個貝他粒子，則（① a = 12 ② b = 6 ③ a + b = 10 ④ a + b = 12）。【88.2. 輻防中級基本】

80.【1】放射性核種 ^{241}Pu（Z = 94）衰變到 ^{209}Bi（Z = 83），共經過 α 衰變和 β 衰變各多少次？（① 8,5 ② 8,4 ③ 7,5 ④ 7,4）。【96.2. 放射師專技高考】

81.【1】^{235}U（Z = 92）在原子爐反應分裂最後形成 ^{90}Zr（Z = 40）及 ^{143}Nd（Z = 60），請問該反應包含幾次 β^- 衰變？（① 8 ② 6 ③ 4 ④ 2）。【92.2. 放射師專技高考】

2.12 │ 放射性核種的製備

1.【3】必須利用加速器製造的放射性同位素為（① ^{226}Ra ② ^{60}Co ③ ^{18}F ④

^{137}Cs）。【91.1. 操作初級專業設備】

2.【1】下列何種放射性同位素是以迴旋加速器生產的？（① F-18 ② I-131 ③ Tc-99m ④ U-235）。【93.2. 放射師檢覈】

3.【3】下列何者非由迴旋加速器生產之同位素？（① F-18 ② O-15 ③ I-131 ④ Tl-201）。【94.1. 放射師檢覈】

4.【2】（（核種的製造，一般使用下列哪一種方法或設備？（①核分裂②加速器③中子活化④核熔合）。【91.2. 操作初級專業設備】

5.【4】一般加速器誘發放射性之特性為（①半衰期短②表面及空浮污染程度低③放射活度會累積飽和④以上皆是）。【89.2. 操作初級選試設備】

6.【2】利用粒子加速器（如迴旋加速器）生產之放射性核種，通常屬於：（①多中子（neutron-rich）②缺中子（neutron-deficient）③多電子④缺電子）。【95.1. 放射師專技高考】

7.【1】使用迴旋加速器所產生的放射性核種一般歸為何類？（①質子多②中子多③電子多④正子多）。【96.1. 放射師專技高考】

8.【3】一般核子醫學 PET 影像設備採用的同位素是如何產生？（①利用原子反應爐內產生的中子來撞擊②由原子爐內的燃料棒淬取出來③利用質子迴旋加速器產生的質子來撞擊④由天然鈾礦提煉出來）。【91.1. 放射師檢覈】

9.【2】運轉粒子加速器，下列輻射中哪一類輻射的傷害性最大？（①質子②制動輻射③加馬射線④天空散射）。【91.1. 操作初級專業設備】

10.【2】加速器運轉引發之有毒氣體中毒性最大的為（①一氧化氮②臭氧③氚④ SF$_4$）。【91.2. 操作初級專業設備】

11.【3】加速器治療室的入口設計成迷宮方式主要是為了防止下列哪一種輻射散射造成的劑量（①荷電粒子②制動輻射③中子④誘發輻射）。【91.2. 操作初級專業設備】

12.【4】下列何者是核子反應器生產的放射核種？（① In-111 ② Tl-201 ③ Ga-67 ④ I-131）。【96.1. 放射師專技高考】

13.【1】目前人造放射性同位素，產量最大的產生器為：（①核子反應器②范

氏高能加速器③迴旋加速器④鎝 99m 產生器)。【92.1. 輻安證書專業】

14.【2】利用 ^{98}Mo 產製 ^{99}Mo 之過程是利用：(①迴旋加速器②反應器③孳生器④直線加速器)。【96.1. 放射師專技高考】

15.【2】^{99}Mo-^{99m}Tc 產生器中母核種可經由下列何種途徑產生？(① ^{98}Mo(n, γ)② ^{235}U(n, γ)③ ^{238}U(n, n')④ ^{98}Mo(^2H, p))。【98.2. 放射師專技高考】

16.【1】何種放射同位素生產法，無法獲得無載體(carrier free)核種？(①原子爐中子捕捉反應(n, γ)②迴旋加速器③核分裂④同位素孳生器)。【91 放射師專技高考】

17.【3】有關迴旋加速器與反應爐的比較，下列何者有誤？(①行正子蛻變的放射核種產自迴旋加速器②反應爐生成的放射核種多半行 β^- 蛻變③迴旋加速器中可以進行核分裂連鎖反應④迴旋加速器中是以帶電粒子撞擊靶以生成放射性核種)。【91.1. 放射師檢覈】

2.13 | 放射性核種的應用

1.【2】煙霧警報器使用：(①貝他射源②阿伐射源③中子射源④加馬射源)。【96.2. 輻安證書專業】

2.【4】煙霧警報器使用下列何種射源為宜？(① ^{90}Sr ② ^{210}Po ③ ^{137}Cs ④ ^{241}Am)。【94.2. 輻安證書專業】

3.【2】被做為標誌發光體的射源常為(①阿伐②貝他③加馬④中子)射源。【91.1. 操作初級專業密封】

4.【1】下列那一放射性核種適於製作標誌發光體？(① ^{3}H ② ^{36}Cl ③ ^{63}Ni ④ ^{35}S)。【91.2. 操作初級專業密封】

5.【3】夜光錶常使用何種核種？(①鈷 60 ②銫 137 ③氚④碘 125)。【97.2. 輻安證書專業】

6.【2】氚衰變會放出下列哪一種輻射？(①阿伐②貝他③中子④加馬)。【91.1. 操作初級專業設備】

7. 【3】氚（^{3}H）的衰變模式是（①光子衰變②阿伐衰變③貝他衰變④正子衰變）。【93.1. 輻安證書專業】

8. 【3】下列哪一種放射核種最易造成操作場所的污染？（① ^{82}Br ② ^{60}Co ③ ^{3}H ④ ^{32}P）。【91.2. 操作初級專業非密封】

9. 【4】容易自皮膚滲入人體的放射性核種是（① ^{60}Co ② ^{192}Ir ③ ^{90}Sr ④ ^{3}H）。【90.1. 操作初級選試設備、97.1. 輻安證書專業】

10. 【1】下列那一核種最容易由皮膚滲入人體？（① ^{3}H ② ^{60}Co ③ ^{90}Sr ④ ^{192}Ir）。【93.2. 放射師檢覈】

11. 【1】可以通過無損傷的皮膚而進入體內的氣態或蒸汽狀態的放射性核種如：（①碘、氚②氧、氦③氙、氡④二氧化碳）。【92.1. 輻安證書專業】

12. 【2】放射性核種進入體內，大致分布於全身的核種為何？（① ^{55}Fe ② ^{3}H ③ ^{131}I ④ ^{226}Ra）。【93.1. 輻安證書專業】

13. 【1】體內污染時，下列那一種核種均勻分布於全身？（①氚 -3 ②碘 -131 ③鍶 -90 ④鈽 -239）。【94.2. 放射師專技高考】

14. 【2】有關氚的性質，下列那些敘述正確：A. 物理半化期為 12.3 年，B. 有效半化期為 3.6 年，C. 會放出貝他粒子，D. 會放出加馬射線，（① A ＋ B ② A ＋ C ③ A ＋ D ④ A ＋ B ＋ C）。【89.2. 操作初級選試設備】

15. 【4】適合測量紙類或塑膠膜等厚度而作為生產線品管的射源為（① ^{60}Co ② ^{192}Ir ③ ^{241}Am ④ ^{90}Sr）。【91.1. 操作初級專業密封】

16. 【3】下列何種射源適合做紙張厚度計測儀？（① ^{85}Kr ② ^{Co}60 ③ ^{90}Sr ④ ^{137}Cs）。【93.2. 放射師檢覈】

17. 【1】放射性物質侵入人體內後，通常會逐漸排出體外，但有部分放射性同位素會積滯於骨中，而名為趨骨物，例如：（①鍶 -90 ②鉀 -40 ③鈉 -22 ④鈷 -60）。【94.1. 放射師檢覈】

18. 【3】以下何者侵入人體內後，屬趨骨物（bone seeker）核種？（①氚②碘③鍶④鈉）。【95.1. 放射師專技高考】

19. 【3】一般體內污染時大部分核種會排出體外，但下列哪一種核種較難排

出？（① ^{95m}Tc ② ^{137}Cs ③ ^{90}Sr ④ ^{125}I）。【91.1. 操作初級專業非密封】

20.【3】 ^{90}Sr 被列為極毒的放射核種，其衰變後的子核種為（① ^{131}I ② ^{59}Fe ③ ^{90}Y ④ ^{32}P）。【91.2. 操作初級專業非密封】

21.【1】 碘 131 放射性核種在人體內會集中在在那一組織或器官？（①甲狀腺 ②肺③肝④骨）。【98.1. 輻安證書專業】

22.【4】 鐳 -226 在人體中，很容易累積在那一組織或器官？（①皮膚②肺③ 肝④骨）。【92.2. 輻安證書專業】

23.【4】 選用放射加馬射線的密封射源，其主要原因是要利用（①容易操作② 用的久具經濟價值③半衰期長④射線穿透力強的特性）。【91.1. 操作初級專 業密封】

24.【3】 鋼板厚度可用下列那種輻射進行測量？（① α 射線② β 射線③ γ 射線 ④質子）。【97.2. 輻安證書專業】

25.【3】 下列何種射源適用於醫材滅菌？（①碘 -131 ②鍶 -90 ③鈷 -60 ④ 鈉 -24）。【93.2. 放射師檢覈】

26.【1】 下列適合作輻射照射滅菌及食物保鮮的射源為（① ^{60}Co ② ^{90}Sr ③ ^{192}Ir ④ ^{239}Pu）。【91.1. 操作初級專業密封】

27.【4】 鈷 -60 衰變時，釋出何種游離輻射：（①加馬射線②貝他射線③反微 中子④以上皆有）。【87.1. 輻防中級基本】

28.【1】Co-60 之加馬能譜不含以下那一個能量之光峰？（① 0.662 MeV ② 1.33 MeV ③ 1.17 MeV ④ 2.50 MeV）。【88.2. 輻防中級基本】

29.【3】 下列哪一種是屬於密封射源的應用？（①放射免疫分析②管路滲漏定 位③放射治療④核子醫學）。【91.1. 操作初級專業非密封】

30.【1】 下列哪一種是屬於非密封射源的應用？（①放射性示蹤劑②測厚計③ 食物保鮮④同位素電池）。【91.1. 操作初級專業非密封、98.1. 輻安證書專業】

31.【1】 以下何者為非密封射源的應用？（①放射性示蹤劑②測厚計③食物照 射④液位計）。【96.2. 輻安證書專業】

32.【4】 下列哪些輻射應用會用到非密封射源？（①原子電池②醫材滅菌③水

分量測④地下水流向測定）。【91.2. 操作初級專業非密封】

33.【3】 最可能用於測定施肥效率的放射示蹤劑為（① ^{3}H ② ^{14}C ③ ^{32}P ④ ^{147}Pm）。【91.2. 操作初級專業非密封】

34.【1】 管路滲漏定位上最適用的非密封射源是（① ^{131}I ② ^{3}H ③ ^{14}C ④ ^{147}Pm）。【91.2. 操作初級專業非密封】

35.【3】 放射免疫分析（RIA）最常用的非密封射源是（① ^{10}B ② ^{67}Cu ③ ^{125}I ④ ^{188}Re）。【91.2. 操作初級專業非密封】

36.【3】 目前放射免疫分析（RIA）最常用的非密封射源是：（① ^{131}I ② ^{99m}Tc ③ ^{125}I ④ ^{131}Ba）。【94.1. 放射師專技高考】

37.【2】 放射免疫分析常被用來標幟抗原的放射性同位素為何者？（① ^{123}I ② ^{125}I ③ ^{131}I ④以上皆可）。【94.2. 放射師專技高考】

38.【2】 何者攝入身體後，趨向匯集於甲狀腺？（① ^{3}H ② ^{131}I ③ ^{137}Cs ④ ^{226}Ra）。【95.2. 輻安證書專業】

39.【3】 放射碘治療使用何種同位素？（① I-123 ② I-125 ③ I-131 ④ I-127）。【94.1. 放射師檢覈】

40.【3】 在下列輻射應用中，除廢棄射源本身之外，有哪一種可能產生放射性廢料？（①測厚計②輻射滅菌③放射免疫分析④放射照相）。【91.1. 操作初級專業非密封、97.1. 輻安證書專業】

41.【4】 核子醫學中，下列何種同位素最重要？（① ^{14}C ② ^{32}P ③ ^{67}Ga ④ ^{99m}Tc）。【92 二技統一入學】

42.【1】 核子醫學檢查中最常用的放射性示蹤劑為：（① Tc-99m ② Mo-99 ③ C-14 ④ H-3）。【94 二技統一入學】

43.【2】 下列哪 2 核種為最適於生醫研究的非密封射源？（① ^{60}Co、^{137}Cs ② ^{125}I、^{99m}Tc ③ ^{90}Sr、^{192}Ir ④ ^{242}Cm、^{210}Po）。【91.2. 操作初級專業非密封】

44.【1】 利用放射性示　劑作臨床核醫檢查，下列何者可不用考慮？（①麻醉藥之種類②放射性同位素半衰期③放射性同位素產生之光子能量④放射性同位素活度）。【95 二技統一入學】

45.【2】下列的核種，對骨不具親和性的為何？（① ^{32}P ② ^{137}Cs ③ ^{226}Ra ④ ^{241}Am）。【93.2. 放射師專技高考】

46.【4】鉋的放射核種被攝取後，在體內的分布部位為何？（①甲狀腺②肝③脂肪組織④全身）。【93.2. 放射師專技高考】

47.【1】請問下列那一個核種不發射貝他粒子？（①碳 -13 ②碳 -14 ③碳 -15 ④碳 -16）。【94.1. 放射師檢覈】

48.【4】下列氧原子的同位素，何者是不穩定的核種？（① ^{16}O ② ^{17}O ③ ^{18}O ④ ^{19}O）。【94.2. 放射師專技高考】

49.【4】在下列常用的非密封射源中，何者的貝他輻射能量最大？（① ^{14}C ② ^{3}H ③ ^{35}S ④ ^{32}P）。【91.2. 操作初級專業非密封】

50.【3】欲測量地質或土壤含水量所使用的輻射線為（①阿發②貝他③中子④電子）。【91.2. 操作初級專業密封】

51.【123】我國目前運轉中的三座核電廠：（①皆屬於輕水式②核一為 BWR，而核三為 PWR ③裝載容量以核一為最小④曾發生汽機火災的為核二）。【89.3. 輻防高級基本】

52.【3】我國運轉中的核一廠是屬於沸水式，它的縮寫為：（① ABWR ② APWR ③ BWR ④ PWR）。【89.3. 輻防初級基本】

53.【1】我國核一、核二與核三廠各屬於何種型式的輕水式電廠？（①沸水、沸水與壓水式②沸水、壓水與沸水式③壓水、壓水與沸水式④壓水、沸水與沸水式）。【90.1. 輻防初級基本】

54.【1】目前核能四廠選用之反應器為（①沸水式②壓力式③重水式④氣冷式）。【88.2. 輻防中級基本】

2.14 ｜活度

1.【1】半衰期又稱為半化期，是放射性核種於單一放射衰變過程，使活度（①減半②加半③為零④加倍）的過程所需要的時間。【89.1. 輻防初級基本】

2.【2】在標示放射性物質時,除要有 3 個葉片的放射性標誌外,下列哪一項資料是多餘的?(①核種②半衰期③活度④日期)。【91.2. 操作初級專業非密封】

3.【3】現有四支針筒內各裝有不同之正子藥劑,如何區分各為什麼核種?(①依能量之不同區分②依能量之不同區分③依半衰期之不同區分④依總活度之不同區分)。【95.1. 放射師專技高考】

4.【3】^{18}F 及 ^{18}Ne 的 β^+ 衰變位能差分別為 1.7 及 4.4 MeV,^{18}F 的半衰期為 110 分鐘,則 ^{18}Ne 的半衰期:(①遠大於 110 分鐘②略大於 110 分鐘③遠小於 110 分鐘④略小於 110 分鐘)。【93.2. 放射師檢覈】

5.【3】^{60}Co 之半衰期為 5.26 年,則此核種之平均壽命約為(① 3.65 年② 5.26 年③ 7.57 年④ 10.52 年)。【96.1. 放射師專技高考】

6.【3】^{60}Co 的半化期為 5.26 y,則其平均壽命為何?(① 2565 d ② 2665 d ③ 2765 d ④ 2865 d)。【93.1. 放射師檢覈】

7.【2】碘 -131 的半衰期為 8.04 天,求其平均壽命約為多少天?(① 8.04 ② 11.6 ③ 16.08 ④ 23.2)。【97.1. 輻安證書專業】

8.【3】已知某一放射性核種的半衰期為 6.93 天,則此一放射性核種的平均壽命為多少天?(① 1 天② 5 天③ 10 天④ 13.86 天)。【94.1. 放射師檢覈】

9.【2】已知某一放射性核種的平均壽命(mean life)為 4 天,則此一核種的半化期等於多少天?(① 2.08 ② 2.77 ③ 4.32 ④ 6.04)。【97.2. 輻安證書專業】

10.【2】銥 192 的半衰期為 74 天,它的衰變常數為(① 0.014 天 $^{-1}$ ② 0.009 天 $^{-1}$ ③ 744 天 $^{-1}$ ④ 51.3 天 $^{-1}$)。【94.2. 輻安證書專業】

11.【1】^{192}Ir 的半化期為 74.2 d,則其衰變常數 λ 為何?(① 1.08×10^{-7} s^{-1} ② 1.08×10^{-8} s^{-1} ③ 1.08×10^{-9} s^{-1} ④ 1.08×10^{-10} s^{-1})。【93.1. 放射師檢覈】

12.【4】請問 ^{226}Ra($T_{1/2}$ = 1600 年)的衰變常數 λ(秒$^{-1}$)為何?(① 1.37 $\times 10^{-8}$ 秒 $^{-1}$ ② 1.37×10^{-9} 秒 $^{-1}$ ③ 1.37×10^{-10} 秒 $^{-1}$ ④ 1.37×10^{-11} 秒 $^{-1}$)。【96.2. 輻安證書專業】

13.【4】碳 14 的半衰期為 5730 年,請問其衰變常數約為何?(① 1.21×10^{-4}

s^{-1} ② 3.31×10^{-7} s^{-1} ③ 1.38×10^{-8} s^{-1} ④ 3.84×10^{-12} s^{-1}）。【98.2. 放射師專技高考】

14.【3】金 198 之衰減常數（decay constant, λ）為 2.976×10^{-6} s^{-1}，則其平均壽命為：（① 0.33 天② 2.69 天③ 3.89 天④ 5.39 天）。【95.2. 放射師專技高考】

15.【1】放射性同位素之半衰期 T 與衰變常數 λ 的正確關係為：（① T = 0.693/λ ② T = 0.693λ ③ T = λ/0.693 ④ T = 1/λ）。【93.2. 放射師檢覈】

16.【4】放射性核種之半衰期（$T_{1/2}$）、平均壽命（Ta）及衰變常數（λ），三者間之關係，下列何者為非？（① Ta = 1/λ ② $T_{1/2}$ = 0.693/λ ③ $T_{1/2}$ = 0.693T_a ④ $T_{1/2}$ = T_a×λ）。【94.2. 放射師專技高考】

17.【1】放射性核種的衰變常數 λ，平均壽命 τ，半化期 T，其正確的關係式為何？（① τ = 1/λ ② T = 1.44τ ③ T = 1/λ ④ T = 0.693λ）。【93.2.、96.2. 輻安證書專業】

18.【2】放射性核種的平均壽命，是指該核種衰變到最初活度的多少百分比所須的時間？（① 1/2 ② 1/2.718 ③ 1/3 ④ 1/4）。【92.2. 放射師檢覈】

19.【2】若一放射性核種經過一段平均壽命（mean life）時間衰變，則其殘存活性為原來的：（① 100% ② 36.8% ③ 63.2% ④ 75%）。【97.1. 放射師專技高考】

20.【4】平均壽命和以下那一項最有關聯？（①穿透率② α 衰變③ β 衰變④半衰期）。【93.2. 放射師專技高考】

21.【1】「活度」之單位為：（① s^{-1} ② cm^{-2} s^{-1} ③ s ④ cm^2 s^{-1}）。【88.1. 輻防初級基本、97.1.、97.2. 輻安證書專業】

22.【3】活度的 SI 單位是？（①居里②侖琴③貝克④雷得）。【91.2. 操作初級基本、93.2. 放射師專技高考】

23.【2】活度的常用單位是：（①卡②貝克③雷得④侖目）。【94.2. 放射師檢覈】

24.【3】輻射度量學中的活度單位為:（①雷得（rad）②戈雷（Gy）③貝克（Bq）④侖琴（R））。【94 二技統一入學】

25.【3】下列何者不是活度的單位？（①居禮（Ci）②貝克（Bq）③侖琴（R）④每秒衰變次數（dps））。【94.2. 放射師專技高考】

26.【1】活度的單位為（① Bq ② Sv ③ R ④ Gy）。【96.2. 輻安證書專業】

27.【2】放射性同位素每秒鐘發生一次蛻變，記為：一個：（①克馬②貝克③戈雷④侖琴）。【96.2. 輻安證書法規】

28.【3】放射性活度的單位為貝克，下列何者為誤？（①貝克是每秒有一原子會轉換的放射性活度② 1 Bq = 1 tps ③ 1 Bq = 3.7×10^{10} Ci ④ 1 GBq = 10^9 Bq）。【94.1. 放射師專技高考】

29.【4】某放射性同位素，每分鐘蛻變 1.8×106 次，則其活度為：（① 137 居里（Ci）② 173 貝克（Bq）③ 10243 居里（Ci）④ 30000 貝克（Bq））。【92 二技統一入學】

30.【1】一居里（Curie）相當於下述何種元素一公克的活度？（①鐳 -226 ②銫 -137 ③銥 -192 ④鈷 -60）。【91 二技統一入學】

31.【2】活度 10 mCi 的 ^{99m}Tc 等於多少 GBq ？（① 0.037 ② 0.37 ③ 3.7 ④ 37）。【93.1. 放射師檢覈】

32.【3】請問 127 mCi 的 99mTc 相當於多少 GBq ？（① 0.047 GBq ② 0.47 GBq ③ 4.7 GBq ④ 47 GBq）。【94.2. 放射師檢覈】

33.【4】1 μCi ^{60}Co 表示每秒有多少個鈷原子蛻變？（① 3.7×10^{10} ② 3.7×10^7 ③ 3.7×10^6 ④ 3.7×10^4）。【96.1. 輻安證書專業】

34.【4】1 mCi 的 ^{60}Co，每秒鐘共釋出多少 MeV 的 gamma 能量？（① 4.75×10^6 ② 9.25×10^6 ③ 4.75×10^7 ④ 9.25×10^7）。【98.1. 輻防師專業】

35.【1】某樣品經 5 分鐘計測得 600 counts，若此儀器效率為 20%，則此樣品之活度為若干 Bq ？（① 10 ② 60 ③ 100 ④ 600）。【89.3. 輻防初級基本、97.1. 輻安證書專業】

36.【4】輻射度量常見有「cpm」，下列有關其意義之敘述何者正確？（① c 是捕獲（capture）② p 是 % ③ m 是最大值（maximum）④ m 是分鐘）。【98.1. 放射師專技高考】

37.【1】使用計數效率為 20% 的蓋革計數器，測定鉀 40 的試樣，其淨計數率為 30 cpm，則此試樣的放射性活度為多少貝克（Bq）？（① 2.5 ② 3 ③ 2 ④ 4）。【91.1. 操作初級基本】

38.【4】輻射度量中 dpm 的 d 字是代表什麼？（① day ② daughter ③ dose ④ disintegration）。【89.3. 輻防初級基本】

39.【1】某污染物的計測值為 30 cps，若計測效率為 20%，其活度為多少 dpm？（① 9000 ② 900 ③ 150 ④ 6）。【91.2. 放射師檢覈】

40.【3】某樣品經 5 分鐘計測量得 6000 計數（counts），若此儀器的偵測效率為 20%，試問此樣品的活度為多少貝克（Bq）？（① 4 ② 60 ③ 100 ④ 400）。【92.1. 放射師檢覈】

41.【3】若對於 H-3 核種之工作人員進行尿液液態閃爍計數，以偵測體內是否受到 H-3 之污染，假設偵測效率為 100% 且偵測時間為 50 min，且所得之淨計數為 2500 counts，請問其相當為若干 μCi 之 H-3 活度？（① 5×10^{-5} ② 3.25×10^{-5} ③ 2.25×10^{-5} ④ 1.25×10^{-5}）。【92.2. 放射師專技高考】

42.【4】使用液態閃爍偵檢器對 H-3 之工作者尿液檢查，若所得之計數率為 37000 cps，則尿液中所含之 H-3 為若干 mCi？（① 1 ② 0.1 ③ 0.01 ④ 0.001）。【98.1. 放射師專技高考】

43.【3】某儀器之計測效率為 25%，則每秒鐘二個計數的某輻射源應相等於多少活度？（① 2 Bq ② 5.4×10^{-11} Ci ③ 2.16×10^{-10} Ci ④ 480 Bq）。【93.1. 放射師專技高考】

44.【2】某儀器的計測效率為 25%，請問每分鐘 120 個計數的某射源，其活度為多少貝克？（① 2 ② 8 ③ 120 ④ 480）。【96.2. 輻安證書專業】

45.【1】某樣品經 5 分鐘計測得 600 counts，若此儀器效率為 20%，則此樣品之活度為若干 Bq？（① 10 ② 60 ③ 100 ④ 600）。【93.2. 輻安證書專業】

46.【2】某樣品經 10 分鐘計測得 1200 counts，若此儀器效率為 10%，則此樣品之活度為若干 Bq？（① 10 ② 20 ③ 100 ④ 200）。【94.2. 放射師檢覈、98.1. 輻安證書專業】

47.【4】有一偵測效率為 40% 之輻射偵檢器，對一放射藥物計數 10 秒鐘，得到 370,000 counts，求該放射藥物的活性是多少 mCi？（① 2.5 ② 0.25 ③ 0.025 ④ 0.0025）。【96.2. 放射師專技高考】

48.【4】某個長壽命放射性樣品放在計數裝置內測量了 5 分鐘，共記錄 9600 個計數。之後，拿走該樣品，用 10 分鐘測得 1200 個背景計數。若該計數器的計數效率是 15%，求該樣品的活度為多少 Bq？（① 50 ② 100 ③ 150 ④ 200）。【95.2. 輻防員專業】

49.【3】某樣品經 1 分鐘計測，測得 1350 個計數；背景經 1 分鐘計測，測得 150 個計數。若儀器計測效率為 25%，不考慮背景值，則此樣品之活度為多少 Bq？（① 20 ② 40 ③ 80 ④ 120）。【95.2. 輻防員專業】

50.【4】碘化鈉(鉈)偵檢器以 1000 Bq 的 ^{137}Cs 校正，計測 100 秒得 4350 計數，背景計測 100 秒為 100 計數。請問此偵檢器對 ^{137}Cs 的 γ 射線之計數效率為多少？（^{137}Cs 放出的 0.662 MeV 的 γ 射線之放出比為 85%）（① 3.75% ② 4.0% ③ 4.5% ④ 5.0%）。【93.2. 放射師專技高考】

51.【4】原子數為 6×10^{16} 個的 P-32，試問其重量約多少毫克？（① 3.2×10^{-6} ② 6.4×10^{-5} ③ 6×10^{-4} ④ 3.2×10^{-3}）。【91.2. 放射師檢覈】

52.【2】一個鈾 235 原子與熱中子反應釋放出約 200 MeV 的能量，則一克的鈾 235 全部與熱中子反應能放出多少能量？（① 1.024×10^{26} MeV ② 5.123×10^{23} MeV ③ 8.511×10^{22} MeV ④ 8.511×10^{23} MeV）。【96.1. 輻安證書專業】

53.【4】1 μg 的 ^{56}Mn（半化期：2.6 小時）的活度為多少 Bq？（① 2.2×10^8 ② 1.3×10^9 ③ 2.9×10^{10} ④ 8.0×10^{11}）。【93.2. 輻安證書專業】

54.【4】一公克的 Ir-192 的活度為何？（Ir-192 半衰期為 74 天）（① 0.98 Ci ② 25.8 Ci ③ 457.9 Ci ④ 9187 Ci）。【98.1. 放射師專技高考】

55.【1】已知 ^{24}Na 的半衰期為 15 小時，試問在 1.16 MBq 活度的 ^{24}Na 輻射源中有多少個原子？（① 9.04×10^{10} ② 1.58×10^{14} ③ 6.25×10^{18} ④ 2.36×10^{23}）。【92.1. 放射師檢覈】

56.【1】若 Au-198 的轉換常數為 0.258 天$^{-1}$，則活度為 300 Bq 的 Au-198 約包含有多少個放射性原子？（① 1.0×10^8 ② 6.69×10^6 ③ 1.16×10^3 ④ 5.94×10^2）。【94 二技統一入學】

57.【4】一個 1.19 mCi，半衰期為 4 天的放射元素，其放射性原子的個數為何？（① 4.40×10^7 ② 2.54×10^8 ③ 6.09×10^9 ④ 2.20×10^{13}）。【96.2. 放射師專技高考】

58.【4】1.0 mCi 的 P-32（半衰期為 14.28 天），其質量為多少克？（① 3.49×10^{-6} ② 3.49×10^{-7} ③ 3.49×10^{-8} ④ 3.49×10^{-9}）。【97.2. 放射師專技高考】

59.【3】已知 ^{59}Fe 的半衰期為 45.53 天，試問 10 mCi 的 ^{59}Fe 的質量為多少公克？（① 2.06×10^{-3} ② 2.06×10^{-5} ③ 2.06×10^{-7} ④ 2.06×10^{-9}）。【92.1. 放射師檢覈】

60.【3】Fe-59 之半衰期為 45.53 天，則 10 mCi 之 Fe-59 其質量為多少公克？（① 1.21×10^{-7} ② 7.33×10^{-8} ③ 2.06×10^{-7} ④ 3.17×10^{-8}）。【97.2. 放射師專技高考】

61.【1】100 GBq 的 ^{226}Ra（T1/2 = 1600 年）的質量約為（① 2.7 ② 100 ③ 10 ④ 2.07）g。【91.2. 放射師檢覈】

62.【1】1011 Bq 的 ^{226}Ra（T1/2 = 1600 年）的質量約為（① 2.7 克 ② 100 克 ③ 10 克 ④ 2.07 克）。【96.2. 輻安證書專業】

63.【2】居里原本之定義為 1 克鐳 -226 的活度，由此可計算出鐳 -226 的半衰期約為多少年？（① 160 ② 1600 ③ 16000 ④ 160000）。【97.2. 放射師專技高考】

64.【1】^{40}K（半衰期為 1.3×10^9 年）佔自然界中鉀的 0.012%，而鉀佔人體體重的 0.35%，試計算 75 kg 體重的人其 ^{40}K 之總活度為多少 μCi？（① 0.217 ② 0.651 ③ 1.300 ④ 3.500）。【90.1. 放射師檢覈】

65.【1】1 mCi ^{99m}Tc 的質量約為幾克？（已知其衰變常數為 3.2×10^{-5} s^{-1}）（① 1.8×10^{-10} ② 3.6×10^{-10} ③ 5.4×10^{-10} ④ 7.2×10^{-10}）。【93.1. 放射師專技高考】

66.【3】1 GBq 的無載體 11C（半衰期 1200 秒）的質量（g）約為多少？（①

3.2×10^{-8} ② 2.2×10^{-8} ③ 3.2×10^{-11} ④ 2.2×10^{-11}）。【93.2. 放射師專技高考】

67.【3】37 kBq 的 Ra-226（半化期為 1600 年）的質量約為多少公克？（① 1 ② 1×10^{-3} ③ 1×10^{-6} ④ 1×10^{-9}）。【93.2. 輻安證書專業】

68.【3】金 -198 的半衰期為 2.69 天，請問下列敘述何者正確？（①金 -198 的衰變常數為 0.372 d^{-1} ②金 -198 的有效半衰期為 2.69 天③金 -198 的平均壽命為 3.88 天④金 -198 的活度為 2.45×10^5 Ci）。【94.1. 放射師檢覈】

2.15 ┃ 比活度

1.【2】放射性核種比活度的單位為（① J kg^{-1} ② s^{-1} kg^{-1} ③ C kg^{-1} ④ cm^{-2} s^{-1}）。【91.2. 放射師檢覈】

2.【2】下列何者為比活度（Specific activity）的單位？（① Ci/cm^3 ② Bq/g ③ Sv/hr ④ Gy/g）。【95.2. 放射師專技高考】

3.【3】配製標準溶液時，先將 1 mL 同位素稀釋成 10 mL 溶液，再取 100 μL 稀釋至 4 mL，稀釋比為何？（① 1:10 ② 1:40 ③ 1:400 ④ 1:4000）。【95.2. 放射師專技高考】

4.【3】有一核醫藥物之濃度為 10 μCi/mL，現置於 1:25 之稀釋溶液，則放射濃度變為多少 μCi/mL？（① 0.04 ② 0.25 ③ 0.4 ④ 2.5）。【94.2. 放射師檢覈】

5.【3】未知體積溶液中加入 1 mL 同位素，放射活性計數值為 100,000 cpm/mL，混合均勻後抽取 1 mL 計數得 200 cpm/mL，該溶液之體積為何？（① 50 mL ② 250 mL ③ 500 mL ④ 200,000 mL）。【95.2. 放射師專技高考】

6.【4】某溶液經稀釋 2000 倍後的濃度是 0.05 μCi/mL，該溶液的原始濃度為多少 μCi/mL？（① 0.00025 ② 10 ③ 25 ④ 100）。【93.2. 放射師檢覈】

7.【2】如果每公斤體重可注射某核醫藥物 25 μCi，現有一兒童其體重為 15.5 公斤，則應注射之活度約為多少 mCi？（① 0.25 ② 0.39 ③ 0.85 ④ 1.6）。【94.2. 放射師檢覈】

8.【4】早晨 6 時抽取 10 mL 含 600 mCi Tc-99m pertechnetate 溶液，於早晨

11 時抽出 3 mL 標誌 MDP，可獲得多少 mCi 之藥物？（5 小時之衰減因數為 0.561）（① 72 ② 90 ③ 96 ④ 101）。【95.2. 放射師專技高考】

9.【2】下列有關射源比活度的敘述何者錯誤？（① Ir-192 的比活度大於 Co-60 ②與射源的半衰期成正比③與射源的原子量成反比④與射源的質量無關）。【97.2. 放射師專技高考】

10.【1】碳 -14 之半衰期為 5730 年，其比活度約為多少貝克 / 克？（① 1.7×10^{11} ② 3.1×10^{12} ③ 4.5×10^{12} ④ 1.3×10^{13}）。【98.1. 放射師專技高考】

11.【3】碳 -14 的半衰期為 5730 年，其比活度約為多少 Ci g^{-1}？（① 1.23 ② 2.46 ③ 4.46 ④ 5.38）。【90.1. 放射師檢覈】

12.【1】硫 -32 的半衰期是 87 天，其比活度約為多少？（① 47000 Ci/g ② 4700 Ci/g ③ 470 Ci/g ④ 47 Ci/g）。【94.1. 放射師檢覈】

13.【2】Tc-99m 之比活度為多少 mCi mg-1 ？（① 5.27×10^3 ② 5.27×10^6 ③ 5.27×10^9 ④ 5.27×10^{12}）。【92.1. 放射師專技高考】

14.【2】^{60}Co 的半衰期為 5.26 年，則其活度比度（specific activity, S.A.）可高達：（① 11329 Ci g^{-1} ② 1133 Ci g^{-1} ③ 113.3 Ci g^{-1} ④ 11.33 Ci g^{-1}）。【93.1. 放射師檢覈】

15.【4】試計算 ^{60}Co（$T_{1/2}$ = 5.26 年）的比活度：（① 0.975 ② 1 ③ 200 ④ 1132）Ci g^{-1}。【93.1. 放射師專技高考】

16.【2】無載體 In-111 的比活度為多少 mCi/mg？（$T_{1/2}$ = 67 h）（① 1.56×10^{13} ② 4.22×10^5 ③ 1.56×10^4 ④ 4.22×10^{13}）。【97.2. 放射師專技高考】

17.【2】無載體（carrier-free）或沒有加入載體的 ^{131}I 的比活度（單位為 GBq/mg）為何？（已知 ^{131}I 的半衰期是 8 天）（① 4.61×10^6 ② 4.61×10^3 ③ 1.95×10^5 ④ 1.95×10^8）。【98.1. 放射師專技高考】

18.【4】鐳（Ra）-226 的比活度約為（① 1 貝克 / 毫克② 1 貝克 / 克③ 3.7×10^{10} 貝克 / 毫克④ 3.7×10^{10} 貝克 / 克）。【97.1.、97.2. 輻安證書專業】

19.【3】$_{60}$Co（$T_{1/2}$ = 5.3 年）、$_{137}$Cs（$T_{1/2}$ = 30 年）、^{192}Ir（$T_{1/2}$ = 73.8 天）及 ^{226}Ra（$T_{1/2}$ = 1600 年），四個核種的比活度何者最大？（① ^{60}Co ② ^{137}Cs

③ ^{192}Ir ④ ^{226}Ra)。【92.1. 放射師檢覈】

20.【1】求 2 克的 Ra-226 的比活度（specific activity）約為 1 克的 C-14 的比活度的幾倍？（Ra 的半化期 = 1600 年，C-14 的半化期 = 5730 年，用質量數近似原子量）（① 0.222 ② 0.407 ③ 2.46 ④ 4.51）。【97.2. 輻防員專業】

21.【2】假設人體中平均 18% 的重量係含碳元素，70 公斤體重的人體內含 ^{14}C 的活度為多少 Bq？（^{14}C 在人體內的比活度為 0.25 Bq/g・C）。[^{14}C：$T_{1/2}$ = 5730 年]（① 2340 ② 3150 ③ 4120 ④ 5270）。【93.2. 放射師專技高考】

2.16 │活度隨時間成指數減少

1.【2】下述物理量的改變率和該物理量有比例（proportional）關係者為：（① 加速度②放射性衰變③核分裂反應④電動勢）。【94 二技統一入學】

2.【3】放射性同位素活度（Activity）與時間的關係，是那一種圖形？（① 正弦曲線②餘弦曲線③指數曲線④直線）。【97.2. 輻安證書專業】

3.【2】有一放射性同位素，若一年以後其初始量與剩餘量之比值為 1.14，則二年以後其活度為原來的多少倍？（① 1/1.14 ② 1/1.14^2 ③ 1.14 ④ 1.14^2）。【94.1. 放射師專技高考】

4.【1】假設 ^{60}Co 的半衰期為 5.26 年，則 108 個 ^{60}Co 原子 10.52 年後約剩多少個？（① 2.5×10^7 ② 5×10^7 ③ 2.5×10^8 ④ 5×10^8）。【95 二技統一入學】

5.【2】鈉 -24 的半化期為 15 小時，現有一活度為 2×10^{10} Bq 的鈉 -24 射源，試問經過 45 小時後該射源的活度衰減為（① 5×10^9 ② 2.5×10^9 ③ 5×10^8 ④ 2.5×10^8）Bq。【93.2. 輻安證書專業】

6.【2】鈉 -24 的半衰期為 15 小時，現有一活度為 4 MBq 的鈉 -24 射源，試問經過 45 小時後該射源的活度衰減為多少 MBq？（① 1.0 ② 0.5 ③ 1.5 ④ 2.0）。【92.2. 輻安證書專業】

7.【3】現在有半衰期（half life）為 2.69 日的金（^{198}Au）100×10^6 個，問 8.07 日後還剩下多少個金？（① 33.3×10^6 ② 66.6×10^6 ③ 12.5×10^6 ④以上皆

非）。【95.1. 放射師專技高考】

8.【2】鈷 -60 的半衰期為 5.26 年，現有一活度為 8×1010 Bq 的 ^{60}Co 射源，試問經過 15.78 年後該射源的活度衰減為多少 Bq？（① 2×10^{10} ② 1×10^{10} ③ 5×10^9 ④ 5×10^8）。【93.1. 放射師檢覈】

9.【3】活度為 1 微居里的 I-125，半化期為 60 天，則半年後之活度為（① 4.63×10^2 ② 9.25×10^2 ③ 4.63×10^3 ④ 9.25×10^3）Bq。【89.3. 輻防中級基本】

10.【1】某放射性核種的衰變常數（λ）值為 0.693 y^{-1}，經過 3 年後，其放射性活度衰變至原來的幾分之幾？（① 1/8 ② 1/16 ③ 1/32 ④ 1/64）。【92.1. 輻安證書專業】

11.【1】^{131}I 的半衰期為 8 天，今有 4.8 GBq 之 ^{131}I 射源，問：過 32 天後其活度為幾 GBq？（① 0.3 ② 0.8 ③ 1.5 ④ 2.4）。【94.1. 放射師專技高考】

12.【1】Tc-99m 的半衰期為 6 小時，星期一早上 6：00 測得某樣品有 Tc-99m 100 mCi，則星期二早上 6：00 該樣品約剩多少放射活性？（① 6.25 mCi ② 12.5 mCi ③ 25 mCi ④ 50 mCi）。【97.1. 放射師專技高考】

13.【1】198Au 射源之原始活度為 10 居里，其半衰期為 2.7 天，13.5 天後其活度應該是多少 Bq？（① 1.16×10^{10} Bq ② 2.32×10^{10} Bq ③ 3.48×10^{10} Bq ④ 4.64×10^{10} Bq）。【97.1. 輻防員專業】

14.【4】已知某一放射性核種半化期為 34.5 分鐘，初始活度為 240 貝克，問經過 2 小時 18 分鐘後，其活度應該是多少貝克？（① 60 ② 45 ③ 30 ④ 15）。【92.2. 放射師專技高考、98.1. 輻安證書專業】

15.【3】有一含 ^{99m}Tc 之污染物，經測得其目前之曝露率為 32 mR/h，則經過多少小時後其曝露率可降至 2 mR/h？（① 16 ② 18 ③ 24 ④ 30）。【94.2. 放射師檢覈】

16.【3】某放射性核種的衰變常數（λ）值為 0.693 y^{-1}，經過 5 年後，其放射性活度變回原來的幾分之幾？（① 1/8 ② 1/16 ③ 1/32 ④ 1/64）。【94.2. 輻安證書專業、94.2. 放射師檢覈】

17.【4】氡 -222 的半衰期為 3.83 天，請問經過幾天後其活度剩下原來的

1/32 ？（① 7.66 ② 11.49 ③ 15.32 ④ 19.15）。【91.2. 放射師檢覈】

18.【4】銥 192 的半衰期約為 74 天，若經過 1 年，則活度變為原來的（① 1/2 ② 1/8 ③ 1/16 ④ 1/32）。【92.2.、97.1. 輻安證書專業】

19.【2】有一核種的半衰期為一天，請問該核種需經過多久才會衰減剩下原活度的 3%？（① 7.00 天 ② 5.06 天 ③ 3.51 天 ④ 1.00 天）。【94.1. 放射師檢覈】

20.【1】經過 6 個半衰期，放射性原子核只剩下原有的（① 0.0156 ② 0.0312 ③ 0.118 ④ 0.0078）。【92.1. 輻安證書專業】

21.【3】已知某一放射性核種半衰期為 40 分鐘，初始活度為 1920 貝克，經過 4 小時後其活度應該是多少貝克？（① 320 ② 120 ③ 30 ④ 15）。【94.1. 放射師檢覈】

22.【4】經過 7 個半衰期後，放射性核種的放射性原子約只剩下原有的（① 1/10 ② 1/3 ③ 1/50 ④ 1/100）。【89.2. 操作初級選試設備】

23.【4】經過 7 個半衰期，放射性原子核只剩下原有的（① 0.08 ② 0.031 ③ 0.118 ④ 0.0078）。【91.1. 操作初級基本】

24.【1】請問經過若干的半衰期會讓放射性物質活度剩下約 1% 的活度？（① 7 ② 5 ③ 3 ④ 2）。【93.2. 放射師檢覈】

25.【3】經過 10 個半衰期，活度僅為原有的（① 1/10 ② 1/512 ③ 1/1024 ④ 1/2048）。【87.1. 輻防初級基本、98.1. 輻安證書專業】

26.【1】放射性核種經過 10 個半衰期後，殘餘活度為初始值的多少倍？（① 0.5^{10} ② 0.1^2 ③ 0.1 ④ 0.9）。【93 二技統一入學】

27.【3】某一核種經過十個半衰期之後，其活度約為原來的多少分之一？（① 十 ② 百 ③ 千 ④ 萬）。【93.2. 放射師檢覈】

28.【2】100 mCi 的 Tc-99m，大約放置多久後會剩下 100 μCi？（① 1.5 天 ② 2.5 天 ③ 7 天 ④ 1 個月）。【94.1. 放射師檢覈】

29.【4】經過 20 個半衰期後射源的活度剩下多少？（① 1/20 ② 19/20 ③ $(1/10)^{20}$ ④ $(1/2)^{20}$）。【90.2. 放射師檢覈】

30.【2】已知一射源半衰期為 74 天，目前活度為 10 居里，則三個月後其活度

為多少居里？（①6.5 ②4.2 ③3.6 ④2.8）。【97.2. 放射師專技高考】

31.【3】一放射性核種經過 1.5 個半衰期後，其強度成為原來的多少倍？（①2.828 ②0.630 ③0.354 ④0.223）。【94.2. 放射師檢覈】

32.【2】金 -198 的原子數目有 10^8 個，則經過 7 天後，還有多少金原子？（半衰期為 2.7 天）（①$1.66 \times 10^8$ ②$1.66 \times 10^7$ ③$8.3 \times 10^7$ ④$8.3 \times 10^6$）。【91.2. 放射師檢覈】

33.【1】金 -198 原子的半化（衰）期（half-life）為 2.69 天，試求 10^8 個金 -198 原子經 61 天後約還有多少金原子存在？（①15 個 ②55 個 ③$1.67 \times 10^6$ 個 ④$3.33 \times 10^7$ 個）。【92 二技統一入學】

34.【2】已知一射源半衰期為 36 小時，目前活性為 10 居里，則 18 小時後其活性為多少居里？（①8 ②7 ③6 ④5）。【98.1. 放射師專技高考】

35.【2】10 Ci 的 Ir-192（半衰期為 74 天），經過 111 天後其活度約為多少？（①$9.25 \times 10^{10}$ Bq ②$1.31 \times 10^{11}$ Bq ③$1.85 \times 10^{11}$ Bq ④$2.47 \times 10^{11}$ Bq）。【97.1. 放射師專技高考】

36.【3】如果有一半衰期為 4 天之同位素在週一早上 8 點鐘時，其活度為 200 mCi，請問該同位素之活度到了週三下午 3 點時剩下多少 mCi？（①67 ②71 ③134 ④141）。【93.2. 放射師檢覈】

37.【3】^{60}Co 的半衰期為 5.26 年，故 1 mCi 的 ^{60}Co 置放 15.78 年後，活度變為多少 MBq？（①2.2 ②3.5 ③4.6 ④5.4）。【92.1. 放射師專技高考】

38.【3】5000 Ci 的 ^{60}Co（$T_{1/2}$ = 5.26 年）經過 4 年後，活度剩下多少？（①3750 ②3048 ③2952 ④1250）Ci。【93.1. 放射師專技高考】

39.【3】假設 ^{60}Co 半化期為 5.26 年，則購入時 8000 Ci 的 ^{60}Co 射源，20 年後活度尚約有多少 Ci？（$e^{-2.674}$ = 0.069, $e^{-2.645}$ = 0.071, $e^{-2.635}$ = 0.072, $e^{-2.617}$ = 0.073）（①554 ②564 ③576 ④584）。【94 二技統一入學】

40.【1】^{192}Ir 的半化期為 74.2 d，則活度 10 Ci 的 ^{192}Ir 經 1 年後活度為多少？（①0.331 Ci ②0.431 Ci ③0.531 Ci ④0.631 Ci）。【93.1. 放射師檢覈】

41.【2】一活度 4.1×10^{10} Bq 的 Ir-192 射源，置入病患體內，10 天後，其

活度剩下多少？（Ir-192 的半衰期為 74.2 天）（① 1.0 Bq ② 1.0 Ci ③ 1.0 MBq ④ 1.0 mCi）。【94.1. 放射師檢覈】

42.【3】購入工業用非破壞檢查用 ^{192}Ir 射源（半化期 74 天）370 GBq，如果此射源在衰變成 3.7 GBq 以前都可用來檢查，則此射源可使用多少天？（① 300 ② 400 ③ 500 ④ 600）。【89.2. 操作初級基本、92.2. 輻安證書專業】

43.【3】購入的 192Ir 射源為 370 GBq，這個射源可以使用至衰變至 37 GBq 為止，請問從購入後射源衰變至 37 GBq 為止可以使用的日數為多少？[^{192}Ir 的半化期為 74 天]（① 100 天 ② 165 天 ③ 245 天 ④ 350 天）。【93.1. 輻安證書專業】

44.【1】^{60}Co 射源（半化期 5.26 年）活度 370 GBq，如果此射源在衰變為 3.7 GBq 以前都還能使用，則此射源約可再使用多少年？（① 35 ② 40 ③ 45 ④ 50）。【98.1. 輻防師專業】

45.【1】某非破壞檢測公司購入工業用 ^{192}Ir 射源（半衰期：74 天）768 GBq，如果此射源在衰變成 3 GBq 以前都可用來檢查，則此射源約可使用（① 592 天 ② 692 天 ③ 792 天 ④ 892 天）。【97.1. 輻防師專業】

46.【1】一古木雕測得 ^{14}C 的比活度為 400 Bq/g，另取新木測得 ^{14}C 的比活度為 600 Bq/g，請問古木雕是多少年前的藝術品？^{14}C 的半化期為 5730 年。（① 3352 ② 4352 ③ 5352 ④ 6352）。【98.1. 輻防員專業】

47.【2】^{99m}Tc（半衰期 6 小時）衰變至其原來活性的 37% 時，須經過多少小時？（① 4.3 ② 8.6 ③ 13.7 ④ 27.4）。【97.2. 放射師專技高考】

48.【3】國內發生輻射鋼筋事件是鈷 -60 污染（半化期為 5.3 年），若民國 90 年量出為 0.1 mR/h，則建屋當時（約為民國 71 年）之劑量率約為若干 mR/h ？（① 0.02 ② 0.4 ③ 1.2 ④ 2.4）。【90.1. 輻防中級基本】

49.【2】某一甲狀腺病患治療需要 ^{131}I（半衰期為 8 天）100 mCi，且要三天後 ^{131}I 才能到貨，請問出貨時 ^{131}I 活度為何？（① 33 ② 130 ③ 200 ④ 300）mCi。【90.1. 放射師檢覈】

50.【2】某一甲狀腺病患治療需要 131I（半衰期為 8.04 天）10 mCi，且要四

天後 131I 才能到貨，請問出貨時 131I 活度為何？（① 19 ② 14 ③ 10 ④ 7）mCi。【92.2. 放射師檢覈】

51.【3】I-131 半衰期為 8.04 天，若病患於週五 10:00 須接受 20 mCi 的 I-131 治療，則在當週週一 10:00 時，須預訂活度強度為多少 mCi 的 I-131 試劑？（① 14 mCi ② 20 mCi ③ 28 mCi ④ 34 mCi）。【94.2. 放射師專技高考】

52.【3】一 ^{99}Mo-^{99m}Tc 孳生器之 ^{99}Mo 活度在星期五中午校正測量為 100 mCi，同週的星期一中午 ^{99}Mo 活度約為：（^{99}Mo 半衰期為 66 小時，^{99m}Tc 半衰期為 6 小時）（① 37 ② 50 ③ 272 ④ 370）mCi。【91 放射師專技高考、94.2. 放射師檢覈】

53.【3】某一放射核種衰變 10 天後，活度只剩原有的 1/10，其半衰期約為？（① 1 天 ② 2 天 ③ 3 天 ④ 5 天）。【97.1. 輻安證書專業】

54.【4】1 mCi 的放射性核種 100 天後，衰變至 1（Ci，請問此放射核種的半衰期之近似值為多少？（① 1 天 ② 2 天 ③ 5 天 ④ 10 天）。【91.1. 操作初級基本、92.2. 輻安證書專業】

55.【2】某放射性核種 1 mCi，衰變 100 天後，剩下 1 μCi，則此核種的半衰期為（① 5 ② 10 ③ 15 ④ 20）天。【91.1. 放射師檢覈】

56.【3】某一放射性核種一毫居里（1 mCi）衰變 200 天後，剩下 1 微居里（1 μCi），試問此核種的半化期（日）之近似值為多少？（① 25 ② 15 ③ 20 ④ 10）。【91.2. 操作中級共同】

57.【2】某射源經過 2 年衰減為原來的 1/1000。則此射源之半衰期與下列何者最接近？（① 0.1 年 ② 0.2 年 ③ 0.4 年 ④ 0.5 年）。【92.2. 輻安證書專業】

58.【2】有一顆樹的化石，其 ^{14}C（$T_{1/2}$ = 5730 年）含量為其背景量的 25%，求其樹齡為多少年？（① 5730 ② 11460 ③ 17190 ④ 22920）。【93.1. 放射師專技高考】

59.【1】放射性核種每小時衰變 1%，則該核種的半衰期約為何？（① 70 ② 50 ③ 30 ④ 10）小時。【92.2. 放射師檢覈】

60.【3】某放射性核種每小時衰減 1%，則該核種活度衰減至 1/2 所須的時間

為若干小時？（① 10 ② 50 ③ 70 ④ 90）。【93.1. 放射師專技高考】

61.【3】若放射性核種每小時蛻變 2%，則該核種的半化期（T1/2）為何？（① 14.3 ② 24.3 ③ 34.3 ④ 44.3）小時。

62.【3】某一放射核種衰變 200 天後，活度只剩原有的 200 分之一，其半衰期約為（① 1 天 ② 13 天 ③ 26 天 ④ 39 天）。【87.1. 輻防中級基本】

63.【3】某一放射核種衰變一年後，活度只剩原有的兩百分之一，其半衰期約為：（① 1 天 ② 24 天 ③ 48 天 ④ 72 天）。【94.2. 放射師檢覈】

64.【2】5 mCi 的 ^{131}I（T1/2 = 8.05 天）與 2 mCi 的 ^{32}P（T1/2 = 14.3 天）需經過多少天，兩者的活度才會相等？（① 14.3 ② 24.3 ③ 34.2 ④ 42.4）。【93.1. 放射師專技高考】

65.【2】假設一放射性核種的射源強度為 Ir-192 射源（$T_{1/2}$ = 74.2 天）的三倍且經過 100 天衰變後其活度與 Ir-192 相同，則其半衰期約為 Ir-192 的多少倍？（① 2.17 ② 0.46 ③ 0.33 ④ 0.013）。【92.1. 放射師檢覈】

66.【3】P-32 的半化期為 14.3 天，3 克的 P-32 經 10 小時衰變後，活度變為多少 Bq？（P-32 的原子量為 31.97 克）（① 3.11×10^{13} ② 6.48×10^{13} ③ 3.11×10^{16} ④ 6.48×10^{16}）。【97.2. 輻防員專業】

2.17 │累積活度（發射輻射）

1.【4】活度為 1 Ci 的長半衰期物質，在 1 分鐘內平均有多少原子發生蛻變？（① 3.7×10^{10} ② 3.7×10^{11} ③ 2.22×10^{11} ④ 2.22×10^{12}）。【88.1. 輻防初級基本、97.1. 輻安證書專業】

2.【4】活度為 1 毫居里的長半衰期核種，在一小時內有多少原子產生蛻變？（① 2.22×10^{8} ② 2.22×10^{9} ③ 1.332×10^{10} ④ 1.332×10^{11}）。【91.2. 放射師檢覈】

3.【4】長半化期、一居里的放射性物質，在 1 分鐘裡有多少的原子發生衰變？（① 3.7×10^{9} ② 3.7×10^{10} ③ 2.22×10^{10} ④ 2.22×10^{12}）。【93.2. 放射師專技

高考】

4. 【4】活度 1 Ci 的 ^{137}Cs（半衰期＝30 年），經過 1 天，有多少 ^{137}Cs 原子核衰變？（① 3.7×10^{10} ② 8.9×10^{11} ③ 5.3×10^{13} ④ 3.2×10^{15}）。【97.2. 放射師專技高考】

5. 【2】^{60}Co 的半衰期 5.3 年，請問 1 mCi 的 ^{60}Co 在 10 秒內，共有多少 ^{60}Co 原子衰變形成 60Ni 原子？（① 1.1×10^6 ② 3.7×10^8 ③ 7.4×10^8 ④ 1.1×10^{12}）。【96.1. 放射師專技高考】

6. 【2】放射治療時，將活度為 A0、蛻變常數為 λ 的某射源置於病人體內，經過 t 時間後取出，則其發射輻射為何？（①（A0 ＋ A0$e^{-\lambda t}$）/λ ②（A0-A0$e^{-\lambda t}$）/λ ③（A0-A0$e^{-\lambda t}$）λ ④（A0 ＋ A0$e^{-\lambda t}$）λ）。【91.1. 放射師檢覈】

7. 【2】將 4.0 mCi 的 Au-198 射源（半衰期為 2.69 天）永遠插植在病人體內，則其發射輻射為多少？（① 2.48×10^{13} ② 4.96×10^{13} ③ 7.44×10^{13} ④ 9.92×1013）。【91.1. 放射師檢覈】

8. 【1】活度 2 mCi 之氡射源（^{222}Rn）永久置於病人體內，^{222}Rn 的半化期為 3.83 d，求此射源在體內的總衰變數為多少？（① 3.53×10^{13} disintegration ② 3.53×10^{14} disintegration ③ 3.53×10^{15} disintegration ④ 3.53×10^{16} disintegration）。【93.1. 放射師檢覈】

9. 【2】將一 8×10^7 Bq 的 ^{198}Au 置入病患體內，於 2.9 天後取出。已知 ^{198}Au 的半衰期為 2.69 天，問這段時間內的總衰變次數為多少？（① 0.4×10^{13} ② 1.4×10^{13} ③ 2.4×10^{13} ④ 3.4×10^{13}）。【93.1. 放射師檢覈】

10.【1】金 -198 的活度為 2.16 mCi，被放置在病人體內 2.9 天後取出，請問該核種在人體內經過了約多少次衰變？（金 -198 的半衰期為 2.69 天）(① 1.4×10^{13} ② 2.5×10^{13} ③ 9.7×10^{12} ④ 1.62×10^8）。【97.1. 放射師專技高考】

11.【2】1 μCi 的 ^{131}I，在 16 日間總共放出 β^- 粒子的近似值為何？（① 5.6×10^9 ② 2.8×10^{10} ③ 5.6×10^{11} ④ 2.8×10^{12}）。【93.2. 放射師專技高考】

12.【4】^{99m}Tc 以 6 小時的半衰期衰變至 99Tc，1 個摩爾的 ^{99m}Tc 經過三週後，蛻變成多少個 99Tc ？(①零個② 3 個③ 3.7×10^{10} 個④ 1 個摩爾）。【93.2. 放

射師檢覈】

13. 【2】一器官接受核醫造影所接受的累積活度和下列何者無關？（①打入病人體內之核醫藥劑的初始活度②核醫藥劑所聚集器官的重量③核醫藥劑的物理半化期④核醫藥劑的生物半化期）。【93 二技統一入學】

2.18 ┃中子活化分析

1. 【2】當物質被放進原子爐內，接受中子照射後，照射後物質最可能被：（①固化②活化③液化④氣化）。【95 二技統一入學】

2. 【3】下列何射線能使穩定同位素活化變成放射性同位素？（①質子②電子③中子④阿發射線）。【91.1. 操作初級專業密封】

3. 【1】穩定原子核在原子爐內吸收中子，而形成放射性核種的現象，通常定義為：（①中子活化法②中子衰變法③中子散射法④中子振盪法）。【94 二技統一入學】

4. 【1】生產 ^{60}Co 是用那一種粒子撞擊 ^{59}Co 而成的？（①中子②質子③電子④氚）。【93.1. 放射師專技高考】

5. 【4】可以用來作微量分析的射線為？（①阿伐②貝他③加馬④中子）。【93.2. 放射師檢覈】

6. 【1】反應截面（cross section）常被用來代表中子射束與物質原子碰撞機率的大小，其常使用的單位為：（① cm^2 ② $1/cm \cdot sec$ ③ cm^2/sec ④ $1/cm^2 \cdot sec$）。【94.2. 放射師檢覈】

7. 【1】利用原子爐進行放射性同位素生產，其活度的產率與下列何者成正比關係？（①原子爐的中子通量②原子爐的功率③原子爐的溫度④原子爐的工作電壓）。【93 二技統一入學】

8. 【1】在一核反應器中，235 mg 鈾 -235 受到 2×10^{14} 中子 /（cm2 sec）照射 66 小時，試計算會產生多少活性之 ^{99}Mo？[^{99}Mo 半衰期 = 66 小時，生成 99Mo 的中子反應截面 = 1×10^{-26} cm2]（① 16.3 mCi ② 15.3 mCi ③

14.3 mCi ④ 13.3 mCi）。【97.1. 放射師專技高考】

9.【4】 將一克 ^{59}Co 樣品置於通量率為 10^{13} 中子 /cm^2 s 之原子爐內 1 年，求產生放射性原子 ^{60}Co 之活度為何？ [已知一個中子與 ^{59}Co 的作用截面 ＝ 37 barn/atom，^{59}Co 之原子量以 59 amu 計算]（① 2.33×10^{10} Bq ② 4.66×10^{10} Bq ③ 2.33×10^{11} Bq ④ 4.66×10^{11} Bq）。【98.1. 輻防師專業】

10.【3】 通率為 6×10^{12} cm^{-2} s^{-1} 的中子射束撞擊 1 克的 Co-59 樣品，則經過 30 天照射後共可產生多少 Co-60 原子？（Co-59 的原子量為 58.94，碰撞截面為 37 barns，^{60}Co 的半衰期 5.26 年）（① 3.46×10^{20} ② 1.19×10^{20} ③ 5.84×10^{18} ④ 2.45×10^{17}）。【92.1. 放射師檢覈】

11.【1】 將 1 克 ^{59}Co 作成的薄片試樣，在熱中子束通量率為 3.0×10^{12} n/cm^2-sec 中照射 1 年，求產生放射性同位素 ^{60}Co 之原子數目。^{59}Co 的熱中子吸收截面 $\sigma_a = 37\times10^{-24}$ cm^2，^{60}Co 之半化期為 5.26 年。（① 3.35×10^{19} ② 4.35×10^{19} ③ 5.35×10^{19} ④ 6.35×10^{19}）。【98.1. 輻防員專業】

12.【2】中子活化分析實驗中的飽合活度（Saturation activity）與下列何者有關？（①活化時間②活化截面積③活化核種能量④活化核種半衰期）。【91.2. 放射師檢覈】

13.【4】 以中子活化法製造放射性同位素，原料靶經照射 3 個半衰期後，再經過一個半衰期的衰減，則其產物的活度約為飽和活度的（① 87.5% ② 62.5% ③ 50% ④ 44%）。【91.1. 放射師檢覈】

14.【4】 某金屬經中子活化照射兩個半衰期後，再經一個半衰期衰減，試問其活度為飽和活度的幾分之幾？（① 1/8 ② 3/4 ③ 1/4 ④ 3/8）。【91.1. 放射師檢覈】

15.【3】已知 60Co 的半衰期為 5.26 年，若使用原子爐將 59Co 活化，照射 5.26 年，再經過 10.52 年的衰減，試問其活度為飽和活度的幾分之幾？（① 1/4 ② 3/4 ③ 1/8 ④ 3/8）。【95.2. 放射師專技高考】

16.【2】 1 g ^{23}Na（截面積 0.93 b，^{24}Na 半衰期 15 h），中子束通量 5×10^{12} cm^{-2} s^{-1}，其飽和活度為（① 8.120×10^{10} s^{-1} ② 1.217×10^{11} s^{-1} ③ $1.827\times$

10^{12} s^{-1} ④ 2.745×10^{13} s^{-1}）。【95.2. 放射師專技高考】

2.19 │ 連續衰變

1. 【3】放射性核種產生衰變時，若子核之半化期遠小於母核之半化期，子核與母核活度會達到何種狀態？（①不平衡②瞬時平衡③長期平衡④不一定）。【93.1. 放射師檢覈】

2. 【2】當子核種半衰期遠小於母核種半衰期時，會出現下列何種平衡態？（①暫時平衡②永久平衡③不會平衡④先暫時平衡，再永久平衡）。【98.1. 放射師專技高考】

3. 【3】當母核種的半衰期是子核種半衰期的 1/20 時，則二者可達何種狀態？（①長期平衡②瞬時平衡③不平衡④自然平衡）。【91 放射師專技高考】

4. 【4】放射性核種進行系列衰變，若子核的半衰期大於母核的半衰期，則兩者之間產生的關係為何？（①瞬時平衡②電子平衡③長期平衡④不平衡）。【95.2. 放射師專技高考】

5. 【3】原子核衰變系列中，若母核的半衰期稍大於子核的半衰期，則其平衡狀態如何稱之？（① charged particle equilibrium ② transient charged particle equilibrium ③ transient equilibrium ④ secular equilibrium）。【96 二技統一入學】

6. 【3】當半衰期為 105 年的母核與半衰期為 0.1 年的子核達到活度穩定平衡時，則母核原子數 ÷ 子核原子數 =（① 10^3 ② 10^5 ③ 10^6 ④ 10^7）。【95.2. 輻防師專業】

7. 【4】半衰期為 10^6 年的母核與半衰期為 0.1 年的子核達到放射線平衡時，請問母核與子核的原子數之比為何？（① 10^3 ② 10^5 ③ 10^6 ④ 10^7）。【93.2. 放射師專技高考】

8. 【2】半衰期為 T_P 年的母核有 N_P 個，與半衰期為 T_D 年的子核有 N_D 個，請問達到活度平衡時，是指：（① $T_P \times N_P = T_D \times N_D$ ② $T_D \times N_P = T_P \times N_D$

③ $T_P = 0.693 \times T_D$ ④ $N_P = N_D$）。【97.1. 放射師專技高考】

9.【4】^{90}Sr 的半衰期為 28.78 年，^{90}Y 的半衰期為 64.1 小時，當 20 mg 的 ^{90}Sr 與 ^{90}Y 平衡時，有多少克的 ^{90}Y 產生？（① 7.38 mg ② 5.08 mg ③ 7.38 μg ④ 5.08 μg）。【93.1. 放射師專技高考】

10.【2】^{99}Mo 的半衰期為 67 小時，^{99m}Tc 的半衰期為 6 小時，當 10 mg 的 ^{99}Mo 與 ^{99m}Tc 平衡時，有多少的 ^{99m}Tc 產生？（① 10.8 mg ② 0.9 mg ③ 1.2 mg ④ 0.9 μg）。【96.2. 放射師專技高考】

11.【3】有關天然放射性衰變系列的敘述，下列何者為正確的組合？A、^{235}U 與 ^{238}U 數量的天然存在比，從太陽系誕生時至今不變；B、^{210}Po 是 ^{232}Th 衰變系列所產生的核種；C、^{234}U 是由 ^{238}U → ^{234}Th → ^{234}Pa → ^{234}U 所生成；D、^{226}Ra 1 g 的活度為 1 Ci。[^{238}U：$T_{1/2} = 4.468 \times 10^9$ y；^{235}U：$T_{1/2} = 7.308 \times 10^8$ y]）。（① AB ② AC ③ CD ④ BC）。【93.2. 放射師專技高考】

12.【2】通常核子醫學部的放射性核種的擠取器（radioactive cow）擠出的放射性核種，其半化期較母核種：（①長②短③相等④不一定，由擠取器功能決定）。【94 二技統一入學】

13.【1】下列敘述何者不是孿生器（generator）之特點？（①短半衰期母核②臨床上有用之子核③母核與子核化性不同④母核與子核容易分離）。【95.1. 放射師專技高考】

14.【3】下列關於放射核種孿生器（generator）母核種與子核種半衰期的敘述，何者正確？（①長半衰期母核種，長半衰期子核種②短半衰期母核種，短半衰期子核種③長半衰期母核種，短半衰期子核種④短半衰期母核種，長半衰期子核種）。【97.2. 放射師專技高考】

15.【2】下列何放射性核種，常用於核子醫學中的短半化期同位素生產器？（① ^{60}Co ② ^{99m}Tc ③ ^{123}I ④ ^{198}Au）。【95 二技統一入學】

16.【4】在核子醫學部門常用的孿生器（generator），子核種在下列核種情況下有最快的生產率？（①當母核種及子核種處於瞬時平衡②當母核種及子核種處於永久平衡③在洗出子核種之前④在洗出子核種之後）。【90.2. 放射

師檢覈】

17.【3】由鉬 -99/ 鎝 -99m（^{99}Mo/^{99m}Tc）發生器流洗出過鎝酸鹽（^{99m}TcO$_4^-$）之後，經若干小時可達到含有最大活性的過鎝酸鹽？（鉬 -99 及鎝 -99m 之半衰期分別為 66 h 和 6 h）（① 6 ② 12 ③ 23 ④ 60）。【96.2. 放射師專技高考】

18.【4】已知 Mo-99 半衰期 66 小時，Tc-99m 半衰期 6 小時，則對於 Mo-99/ Tc-99m 孳生器，其最佳擠取（milking）時間（可得最大活度之 Tc-99m）約為多少小時？（① 6 ② 12 ③ 18 ④ 24）。【97.1. 放射師專技高考】

19.【2】一個 Moly 產生器在星期三早上 8 點校正為 1350 mCi，從校正日起每天早上 7 點流洗一次，連續三天，試問校正後第五天中午 12 點產生器的 ^{99m}Tc 之活性是多少 mCi？（^{99m}Tc 半衰期為 6 小時；^{99}Mo 半衰期為 66 小時；^{99}Mo 有 87% 衰變為 ^{99m}Tc）（① 403 ② 351 ③ 277 ④ 4.3）。【98.1. 放射師專技高考】

20.【4】核子醫學部於星期一早上 10 點接到一部活性為 100 mCi 之 Mo-99 產生器。星期四早上 10 點把所有之 Tc-99m 都擠出來，且在早上就用完了，下午，因為有一新的病人需要 Tc-99m 檢查，請問下午 1 點可以從產生器擠出多少 Tc-99m 的活性來？（① 87.1 mCi ② 45.5 mCi ③ 23.5 mCi ④ 13.7 mCi）。【97.1. 放射師專技高考】

2.20 │重荷電粒子與物質的作用

1.【1】那一輻射粒子的徑跡（track）最接近直線？（①阿伐粒子②質子③貝他粒子④正電子）。【87.2. 輻防中級基本】

2.【1】何種射線在威爾森雲霧室（Wilson cloud chamber）中呈現近似一條直線的路徑？（① α 射線② β 射線③ γ 射線④ δ 射線）。【95.2. 放射師專技高考】

3.【1】重荷電粒子在穿過物質時，損失動能的主要途徑，是和物質中的什麼起作用？（①電子之電場②質子之電場③原子核之磁場④原子之磁場）。

【93.2. 放射師專技高考】

4. 【4】帶電粒子在物質中碰撞，損失能量的機制主要是透過何種力的作用？（①磁力②核力③重力④庫侖力）。【94.2. 放射師檢覈】

5. 【1】有關輻射的屏蔽性質，下列敘述何者正確？（① α 輻射在體外時，無需特殊屏蔽② β 輻射宜使用較高原子序之物質③ γ 輻射宜使用較低原子序之物質④中子輻射宜使用含較多氫之物質）。【91.2. 放射師檢覈】

6. 【2】重荷電粒子徑跡（track）尾端的劑量最高峰，稱為什麼 peak？（① Compton ② Bragg ③ Auger ④ Roentgen）。【96.2. 放射師專技高考】

7. 【2】高能質子在行進路徑的尾端會造成劑量的尖峰，此現象被稱為：（① Glow peak ② Bragg peak ③ Star peak ④ Sensitivity peak）。【91.1. 放射師檢覈】

8. 【2】那一輻射體外曝露的劑量深度曲線，有 Bragg peak？（①電子②質子③光子④中子）。【89.2. 輻防初級基本】

9. 【2】那一種輻射線和水作用後，會有很顯著的布拉格曲線？（① X 射線②碳核③電子④中子）。【93.2. 放射師專技高考】

10. 【2】那一放射治療之劑量深度曲線會出現布勒格尖峰（Bragg peak）？（①中子②質子③核種近接治療④光子遠距治療）。【94.1. 放射師專技高考】

11. 【4】布拉格峰（Bragg peak）通常用來描繪何種射束所造成的深度劑量變化？（① MV 級光子射束② MV 級中子射束③ MV 級電子射束④ MV 級質子射束）。【94.2. 放射師檢覈】

12. 【1】會在人體內產生布拉格峰的放射治療射束最可能由下列何者產生？（①迴旋加速器②電子加速器③電子迴旋加速器④汎德瓦夫產生器）。【97.2. 放射師專技高考】

13. 【2】放射治療用質子最不適合以下列何種加速器產生？（①迴旋加速器②電子加速器③同步輻射加速器④直線加速器）。【97.2. 放射師專技高考】

14. 【3】有關質子治療射束之特性，下列何者錯誤？（①利用布拉格峰（Bragg Peak）之特性②重量約為電子的 1840 倍③增建區劑量較大④存在較小的半

影區）。【94.2. 放射師檢覈】

15.【4】使用 160 MeV 的質子射束作為病人治療之用，試問質子在何處會產生布拉格尖峰劑量？（①皮膚表面② 5 公分深處③ 10 公分深處④射程的尾端）。【91.1. 放射師檢覈】

16.【1】在電子射束的深度劑量曲線中，沒有布拉格峰的主要原因是：（①電子的散射②制動輻射的產生③原子核的吸收④互毀輻射）。【96.2. 放射師專技高考】

17.【4】阿伐輻射的穿透力很小，只有其能量高於多少 MeV 時才能對人的皮下組織造成吸收劑量？（① 1.8 ② 2.8 ③ 3.8 ④ 4.8）。【91.2. 操作初級專業非密封】

18.【1】下列那一種輻射在空氣中的射程最短？（①α 粒子②β 粒子③制動輻射④微中子）。【93.1. 放射師檢覈】

19.【1】下列各輻射若能量均相等，則何者在空氣中之射程最短？（①α 粒子②β 粒子③中子④質子）。【96.2. 放射師專技高考】

20.【3】能量為 5 MeV 的阿伐，在空氣中的射程約為若干公尺？（① 4 ② 0.4 ③ 0.04 ④ 0.004）。【88.1. 輻防初級基本】

2.21 ｜輕荷電粒子與物質的作用

1.【4】若 a、b、c、d 分別代表制動輻射、光電效應、與其他電子碰撞、產生 δ 射線，則電子射束與物質經由前述哪些作用而減低電子本身之能量？（① a＋b ② c＋d ③ a＋b＋d ④ a＋c＋d）。【92.2. 放射師檢覈】

2.【4】β 射線與物質作用，正確的組合為何？ A. 光電效應；B. 游離；C. 康普吞散射；D. 制動輻射；（① A 與 B ② A 與 C ③ B 與 C ④ B 與 D）。【92.1、96.1.、96.2. 輻安證書專業】

3.【2】下列何者並非電子射線與物質作用所產生的現象？（①電子射線能量隨著行進路徑而遞減②電子射線以直線行進不會偏折方向③電子射線

與物質作用會產生制動輻射線④電子射線能量越高入射表面劑量越高）。【93.2. 放射師檢覈】

4. 【3】 電子射線與物質作用所產生的現象包括那些？A、電子射線能量隨著行進路徑而遞減；B、電子射線以直線行進不會偏折方向；C、電子射線與物質作用會產生制動輻射線；D、電子射線能量越高入射表面劑量越高。（① AC ② ABD ③ ACD ④ ABCD）。【96.2. 放射師專技高考】

5. 【3】 造成高能量電子射線在物質內行進時，路徑產生明顯偏折最主要的作用機制為何？（①入射電子相互彼此間的庫倫力②入射電子與原子核外的電子相互間的庫倫力③入射電子與原子核內的核子相互間的庫倫力④入射電子射入物質內的角度分佈）。【95.1. 放射師專技高考】

6. 【1】 當高速電子撞擊到靶物質時，不會發生下列何種反應？（①電子捕獲②特性 X 射線③制動輻射④游離作用）。【97.2. 放射師專技高考】

7. 【4】 制動輻射比較容易發生的情況為：（①低能量（E）入射粒子與高原子序（Z）物質②低 E 與低 Z ③高 E 與低 Z ④高 E 與高 Z）。【88.1. 輻防中級基本、96.2. 輻安證書專業、98.1. 放射師專技高考】

8. 【4】 速度為「V」的電子進入原子序為「Z」的物質中，下列那一種情況發生制動輻射的機率最大：（① V 大，Z 小② V 小，Z 大③ V 小，Z 小④ V 大，Z 大）。【91.2. 操作初級專業設備】

9. 【1】 制動輻射產生的機率與電子所帶的動能（①成正比②成反比③不一定④無關）。【89.2. 操作初級選試設備】

10.【4】 入射在相同原子序的物質裡，下列何種能量的電子射線產生制動輻射的機率最大？（① 100 keV ② 500 keV ③ 1 MeV ④ 10 MeV）。【90.1. 操作初級選試設備】

11.【4】 下列何種能量的電子射線撞擊到靶所產生制動輻射的效率最高？（① 4 MeV ② 6 MeV ③ 10 MeV ④ 20 MeV）。【95.1. 放射師專技高考】

12.【2】 下列那一種輻射與物質作用產生制動輻射的機率較大？（① 10 MeV 的阿伐粒子② 5 MeV 的貝他粒子③ 20 MeV 的質子④ 5 MeV 的中子）。

【93.1. 放射師檢覈】

13.【4】下列哪一種輻射在水中發生制動輻射的機率最大？（① 1 MeV 的光子② 5 MeV 的中子③ 10 MeV 的質子④ 2 MeV 的電子）。【92.1. 放射師專技高考】

14.【1】下列那一種輻射與水作用，比較容易產生制動輻射？（① 5 MeV 的電子② 10 MeV 的質子③ 10 MeV 的中子④鈷 -60 釋出的加馬射線）。【95.2. 放射師專技高考】

15.【1】比較容易產生制動輻射的是：（①高速貝他②低速貝他③高速阿伐④低速阿伐）。【90.1. 輻防中級基本】

16.【2】β 粒子與屏蔽物質作用產生制動輻射之能量，與該物質之何者成正比？（①密度②原子序③中子數④原子量）。【96.2. 放射師專技高考】

17.【3】β 粒子之 $E_{max} = 0.753$ MeV，若分別用 A1（Z = 13）與 Pb（Z = 82）作屏蔽體，試問這兩種屏蔽體產生制動輻射的機率之比（Pb/A1）為何？（① 2.51 ② 0.03 ③ 6.31 ④ 0.16）。【97.1. 放射師專技高考】

18.【4】磷 -32 放出的輻射與下列哪一種物質作用所產生的制動輻射較多？（①肌肉②骨骼③銅④鉛）。【91 放射師專技高考】

19.【2】當一束能量為 150 keV 的電子打到下列元素所製成的靶，何者所放出來的制動（bremsstrahlung）輻射，數量最多？（①鎢（W）②鉛（Pb）③鉬（Mo）④銅（Cu））。【95.1. 放射師專技高考】

20.【3】當 70 keV 電子與陽極靶碰撞時會損失能量，其能量的損失主要是透過何種交互作用？（①制動輻射②光電作用③電子與靶原子之外層軌道電子之交互作用④康普吞作用）。【93 二技統一入學】

21.【3】6 MeV 電子與物質的作用主要透過下列何種反應？（①康普吞效應②成對發生③游離與激發④光電效應）。【96.2. 放射師專技高考】

22.【1】20 MeV 的治療用電子射束與水假體發生作用，其主要的能量損失機制為（①游離、激發②康普吞效應③制動輻射④核反應）。【92.1. 放射師檢覈】

23.【3】下列關於電子與原子作用的敘述，那些正確？A、電子與原子核發生非彈性碰撞時會產生制動輻射；B、電子與低原子序物質作用時，主要以游離或激發的形式造成能量損失；C、在游離過程中，如果彈出的電子能量大於入射電子的能量時，稱之為二次電子或 δ-ray；D、電子行經物質時是以連續的方式漸漸損失其能量。（①BCD ②ACD ③ABD ④ABC）。【96.2. 放射師專技高考】

24.【2】屏蔽何種輻射時，要注意伴隨發生制動輻射？（①阿伐射線②貝他射線③加馬射線④中子射線）。【93.2. 放射師檢覈】

25.【1】貝他射源以何種物質作為內層屏蔽體以降低制動輻射？（①塑膠②鐵③鉛④不銹鋼）。【91.1. 操作初級專業密封】

26.【1】貝他射源應以何種物質作為內層屏蔽以降低制動輻射？（①塑膠②鉛③鐵④水）。【98.1. 輻安證書專業】

27.【2】屏蔽貝他粒子希望產生最少的二次輻射，應以下述何種材質作屏蔽？（①鉛板②鋁板③銅板④不鏽鋼板）。【94.1. 放射師專技高考】

28.【1】貝它粒子的屏蔽，宜使用低原子序材料，其目的為：（①減少制動輻射②降低成本③減少散射輻射④吸收制動輻射）。【94.1、94.2. 放射師檢覈】

29.【2】阻擋高能量的貝他粒子，使用下列那種材料作屏蔽所產生的制動輻射量較小？（①鉛②鋁③金④鐵）。【95.2. 放射師專技高考】

30.【2】若要減少屏蔽時產生制動輻射，下列屏蔽材料何者為宜？（①原子序數高的物質②原子序數低的物質③鉛板④鋼板）。【94.2. 輻安證書專業】

31.【3】為減少加速器在加速帶電粒子過程中減少制動輻射的產生，內層管壁的材質應該選擇下列何者為佳？（①密度低者②質量輕者③原子序低者④含氫物質低者）。【97.1. 放射師專技高考】

32.【4】高能量貝他粒子的屏蔽通常有兩層，第一層係阻擋貝他粒子，第二層材料之選擇以下列何者較佳？（①鋁②壓克力③石墨④鉛）。【91.2. 操作初級專業設備、96.1. 輻安證書專業】

33.【1】高能量貝他粒子的屏蔽通常有兩層，內層係阻擋貝他粒子，外層應選

擇什麼材料？（①高原子序物質②低原子序物質③含氫物質④含硼物質）。
【97.2. 輻安證書專業】

34.【1】β 射源的屏蔽設計，其內層屏蔽與外層屏蔽應：（①內層用原子序低的材料②外層用原子序低的材料③內層用原子序高的材料④β 射線穿透力低，不需屏蔽）。【94.2. 放射師專技高考】

35.【3】屏蔽高能貝他粒子應選擇（①低原子序之材質②高原子序之材質③先用低原子序再加上高原子序之材質④先用高原子序再加上低原子序之材質）。【88.2. 輻防中級基本、97.1. 輻安證書專業】

36.【3】屏蔽高能量貝他射線，下列何種材料組合之作法為最佳？（①先用鉛，再用壓克力②先用鋁，再用鉛③先用壓克力，再用鉛④先用鋁，再用壓克力）。【93.2. 放射師檢覈】

37.【2】阻擋電子的屏蔽罐，其內、外層採用何設計可以將制動輻射減至最小？（①低 Z、低 Z②低 Z、高 Z③高 Z、低 Z④高 Z、高 Z）。【92.2. 放射師檢覈】

38.【4】放置 P-32 核種的屏蔽罐，其內、外層分別採用何種設計可將制動輻射減至最少？（①高原子序材質、低原子序材質②高原子序材質、高原子序材質③低原子序材質、低原子序材質④低原子序材質、高原子序材質）。
【96.2. 放射師專技高考】

39.【3】貝他射源較易屏蔽，但對下列哪一種射源因其能量高，仍須注意防止其所產生的 X 射線？（① ^{3}H ② ^{147}Pm ③ ^{32}P ④ ^{14}C）。【91.1. 操作初級專業非密封】

40.【2】有關放射治療核種的保存容器，下列敘述何者正確？（① P-32 使用鉛容器② Sr-89 使用玻璃容器③ I-131 使用塑膠容器④ P-32、Sr-89 和 I-131 都必須使用鎢鋼容器）。【93.2. 放射師檢覈】

41.【3】PET 是利用偵測正電子產生何種作用？（①制動輻射②特性輻射③互毀輻射④成對效應）。【92.2. 放射師檢覈】

42.【4】正子斷層造影（PET）放射藥劑，產生光子的物理作用為：（①康普

吞效應②光電效應③自動輻射④互毀作用）。【94.2. 放射師檢覈】

43.【2】正子斷層造影（PET）呈像的光子為？（① positron ② gamma ray ③ X ray ④ electron）。【94.1. 放射師專技高考】

44.【1】正子斷層造影（PET）呈像的光子為：（① gamma ray ② positron ③ X ray ④ electron）。【94.2. 放射師檢覈】

45.【2】正子發射斷層攝影（PET）是靠核醫藥物射出的何種粒子？產生何種作用？（①負電子；制動輻射②正電子；互毀作用③γ射線；康普吞效應④γ射線；成對效應）。【94.2. 放射師專技高考】

46.【1】正子射出斷層攝影（PET）主要偵測：（①同時發生的 0.511 MeV 光子②非同時發生的 0.511 MeV 光子③同時發生的 1.02 MeV 加馬射線④非同時發生的 1.02 MeV 加馬射線）。【94.2. 放射師檢覈】

47.【3】PET 之偵測原理為同時捕捉兩個方向相反之：（①正子②電子③加馬射線④微中子）。【93.2. 放射師專技高考】

48.【4】正子掃描機主要是偵測正子互毀所產生之兩個光子，此二光子之夾角為：（① 45° ② 90° ③ 135° ④ 180°）。【94.1. 放射師檢覈】

49.【4】正子斷層掃描儀可偵測：（①正電子②負電子③正負電子④方向相反成對之加馬射線）。【95.2. 放射師專技高考】

50.【4】靜止之正電子（positron）與電子互毀（annihilation）時，發射二個光子，每一光子的能量與二個光子間之夾角分別為：（① 1.022 MeV, 90 度② 1.022 MeV, 180 度③ 0.511 MeV, 90 度④ 0.511 MeV, 180 度）。【91 二技統一入學】

51.【1】一個 3 MeV 的正電子和一靜止的電子產生互毀作用，則所輻射的總能量為多少 MeV？（① 4.02 ② 3 ③ 1.98 ④ 1.02）。【93.2. 放射師專技高考】

52.【4】正子攝影機（PET）是偵測：（①兩個同時發生且能量相同的正子②同時發生的正子與電子③同時發生的兩個不同能量的光子④兩個同時發生的互毀光子）。【96.1. 放射師專技高考】

53.【1】直線加速器在電子束打到靶之前，大多會讓電子做彎曲角度的前進，最主要功用是？（①選擇單能電子的射束②提高劑量率③減少中子污染④

降低滲漏輻射）。【93.2. 放射師專技高考】

2.22 │阻擋本領、LET

1. 【3】下列何敘述是對的？（①加馬與 X 光的分別是因能量的大小②阿伐發生制動輻射的機率比貝他大③荷電粒子與物質作用時，dE/dx 與荷電粒子之質量有關④阿伐射程極短，故不會對人體有害④由原子核蛻變的貝他是單一能量）。【88.1. 輻防高級基本】

2. 【1】若阿伐、貝他與加馬三者的能量相等，則其速度大小關係為：（①$\gamma >$ $\beta > \alpha$ ②$\alpha > \beta > \gamma$ ③$\beta > \gamma > \alpha$ ④$\gamma > \alpha > \beta$）。【89.3. 輻防中級基本、93.2. 放射師檢覈】

3. 【3】相同能量的 α、β 與 γ，請問速度大小關係為（①$\alpha > \beta > \gamma$ ②$\alpha > \gamma > \beta$ ③$\gamma > \beta > \alpha$ ④$\gamma > \alpha > \beta$）。【96.2. 輻安證書專業】

4. 【3】線性能量轉移（LET）是指帶電粒子通過介質時，在單位距離內所（①獲得的能量②拾回的能量③損失的能量④添加的能量）。【92.2. 輻安證書專業】

5. 【2】下列帶電粒子，LET 最高者為（① 1 MeV 電子② 1 MeV 質子③ 10 MeV 光子④ 1 MeV β 粒子）。【89.2. 操作初級基本】

6. 【1】如果動能相同，則下列哪一種條件的帶電粒子，其線性能量轉移（LET）最大？（①電荷愈多，速度愈小②電荷愈多，速度愈大③電荷愈少，速度愈小④電荷愈少，速度愈大）。【90 放射師專技高考】

7. 【1】比較下列幾種輻射，以何者的速度最快？（① 1 MeV 的加馬射線② 2 MeV 貝他粒子③ 5 MeV 的阿伐粒子④ 10 MeV 的質子）。【93.1. 放射師檢覈】

8. 【3】臨床應用上，下列何種輻射的 LET 值最高？（①光子射線②鈷六十射線③中子射束④質子射束）。【91.1. 放射師檢覈】

9. 【4】下列 1 MeV 的粒子，LET 最高者為何？（①電子②質子③光子④阿

伐粒子)。【93.1. 輻安證書專業】

10.【1】 線性能量轉移（LET）的單位，一般如何表示？（① keV/μm ② MeV/μm ③ eV/μm ④ V/μm）。【93.2. 放射師專技高考】

11.【1】 線性能量轉移（linear energy transfer，LET）的單位為：（① keV/μm ② MeV cm^2/g ③ keV μm ④ MeV g/cm^2）。【94.2. 放射師檢覈】

12.【3】 比較下列輻射在水中的碰撞阻擋本領，以何者較大？（① 1 MeV 的電子② 5 MeV 的電子③ 1 MeV 的阿伐粒子④ 5 MeV 的阿伐粒子）。【93.1. 放射師檢覈】

13.【4】 質量阻擋本領（S/ρ, mass stopping power）常用的單位為何？（① keV/μm ② keV/cm ③ MeV/cm ④ MeV cm^2/g）。【97.1. 放射師專技高考】

14.【2】 已知能量為 9 MeV 的電子射入人體，其碰撞損失 Scol 為 1.937 MeV cm^2/g，人體組織的密度為 1.04 g/cm^3，則電子在人體軟組織每 cm 距離中所損失的能量為：（① 1.86 MeV/cm ② 2.01 MeV/cm ③ 16.7 MeV/cm ④ 18.1 MeV/cm）。【93.1. 放射師檢覈】

15.【4】 電子與物質的作用方式有彈性碰撞與非彈性碰撞等兩種，而電子作非彈性碰撞的能量損失，主要有下列那兩種？（①阻擋損失與輻射損失②限定阻擋損失與激發損失③彈性損失與輻射損失④碰撞（游離與激發）損失與輻射損失）。【93.1. 放射師檢覈】

16.【1】 下列關於總質量阻擋本領（S/ρ）$_{tot}$、碰撞損失的質量阻擋本領（S/ρ）$_{col}$、輻射損失質量阻擋本領（S/ρ）$_{rad}$ 三者間關係的敘述何者正確？（①（S/ρ）$_{tot}$ ＝（S/ρ）$_{col}$ ＋（S/ρ）$_{rad}$ ②（S/ρ）$_{tot}$ ＝（S/ρ）$_{col}$ －（S/ρ）$_{rad}$ ③（S/ρ）$_{rad}$ ＝（S/ρ）$_{tot}$ ＋（S/ρ）$_{col}$ ④三者沒有固定關係）。【96.2. 放射師專技高考】

17.【2】 光子與物質碰撞並轉移能量成為帶電粒子的動能稱為克馬，則總轉移克馬、碰撞克馬與輻射克馬之間的關係，下列何者正確？（①碰撞克馬 ＝ 總轉移克馬 ＋ 輻射克馬②總轉移克馬 ＝ 碰撞克馬 ＋ 輻射克馬③輻射克馬 ＝ 總轉移克馬 ＋ 碰撞克馬④碰撞克馬 ^{2} ＝ 總轉移克馬 ^{2} ＋ 輻射克馬 ^{2}）。【96 二技統一入學】

18.【2】已知 10 MeV 的電子在水中的射程及制動輻射產率分別為 4.917 g cm^{-2} 及 0.0404，求 10 MeV 電子在水中的平均碰撞阻擋本領等於多少 MeV cm^2 g^{-1}？（① 1.34 ② 1.95 ③ 2.46 ④ 4.96）。【91.2. 放射師檢覈】

19.【2】已知 1 MeV 的電子在水中的射程 R 及制動輻射產率 B 分別為 0.4359 g/cm^2 及 0.0036，求 1 MeV 電子在水中的平均質量阻擋本領等於多少 MeV · cm^2/g？（① 1.34 ② 2.29 ③ 3.46 ④ 4.96）。【98 元培碩士入學】

20.【1】有一電子束打在一水假體上，電子束的通量是 104 el/cm^2（電子／平方厘米），每一電子的能量為 20 MeV。求出假體表面往下第一個 1 mm（毫米）層裡因游離而積存的能量。已知：游離損失 S_{ion} = 2.063 MeV/cm，輻射損失 S_{rad} = 0.4097 MeV/cm。（① 2063 MeV cm^{-2} ② 409.7 MeV cm^{-2} ③ 1653 MeV cm^{-2} ④ 2473 MeV cm^{-2}）。【98.1. 輻防員專業】

21.【2】每平方公分 104 個 20 MeV 的電子射入水中，其游離阻擋本領和輻射阻擋本領分別為 2.063 和 0.4097 MeV/cm，請問在最表面 1 mm 的深度，因制動輻射所帶走的能量為多少 MeV？（① 2063 ② 409.7 ③ 20.63 ④ 4.097）。【98.2. 放射師專技高考】

22.【3】10 MeV 電子射束在鉛中，單位質量的碰撞能量損失（S/ρ）$_{col}$ 與單位質量的輻射能量損失（S/ρ）$_{rad}$，其關係為何？（①（S/ρ）$_{col}$ >>（S/ρ）$_{rad}$ ②（S/ρ）$_{col}$ <<（S/ρ）$_{rad}$ ③（S/ρ）$_{col}$ ≒（S/ρ）$_{rad}$ ④（S/ρ）$_{col}$ ×（S/ρ）$_{rad}$ = 1）。【92.2. 放射師專技高考】

23.【4】比較碳與鉛的游離阻擋本領（S$_{ion}$ or S$_{col}$）與輻射阻擋本領（S$_{rad}$）：（①在高能時，碳的 S$_{rad}$ 大於鉛的 S$_{rad}$ ②在低能時，碳的 S$_{rad}$ 大於鉛的 S$_{rad}$ ③在高能時，碳的 S$_{ion}$ 大於鉛的 S$_{rad}$ ④在低能時，碳的 S$_{ion}$ 大於鉛的 S$_{rad}$）。【95.2. 放射師專技高考】

24.【3】下列有關電子與物質作用能量損失過程的敘述，那些正確？A、阻擋本領分為碰撞損失與輻射損失兩大類；B、在放射治療能量範圍內的電子射束，在水中的損失率約為每公分 2 MeV；C、低原子序物質（水）的碰撞阻擋本領比率較高原子序物質（鉛）者小；D、高原子序物質（鉛）的輻射

阻擋本領比低原子序物質（水）大。（① BCD ② ACD ③ ABD ④ ABC）。【97.1. 放射師專技高考】

25.【4】下列那一 LET 的值最大？（① $LET_{100\,eV}$ ② $LET_{200\,eV}$ ③ $LET_{300\,eV}$ ④ $LET_{500\,eV}$）。【87.2. 輻防中級基本】

26.【4】1 MeV 的電子在水中的線性能量轉移（L △），在下列各值中以何者為最大？（① $L_{100\,eV}$ ② $L_{1\,keV}$ ③ $L_{10\,keV}$ ④ L_∞）。【93.1. 放射師檢覈】

27.【2】下列何物理量的值最大？（① $LET_{100\,eV}$ ② stopping power ③ collisional stopping power ④ radiative stopping power）。【87.2. 輻防高級基本】

28.【4】以下對帶電粒子阻擋本領的敘述何者錯誤？（①總阻擋本領＝碰撞阻擋本領＋輻射阻擋本領②限定阻擋本領又稱限定線性能量轉移③碰撞阻擋本領≧限定阻擋本領④輻射阻擋本領≧限定阻擋本領）。【92.1. 放射師檢覈】

29.【4】關於限定阻擋本領，下列何者正確？（①限定阻擋本領是單位距離內的能量損失，此能量損失之積分範圍由最小能量（Emin）積分到某一低限能量（△）②限定阻擋本領包含制動輻射的能量損失③限定阻擋本領包含 δ 線所帶走的能量④由 Spencer 和 Attix 提出的限定阻擋本領，目的是修正布拉格空腔理論）。【94.1. 放射師檢覈】

30.【3】質量碰撞阻擋本領與限定質量碰撞阻擋本領的差別主要在於是否包含：（①游離電子所需游離能量②轉移給電子的動能③ δ rays 的能量損失④制動輻射的能量損失）。【91 放射師專技高考】

31.【2】已知某點的空氣吸收劑量為 2.00 Gy，查表得知其組織與空氣比（tissue to air ratio）為 0.709，則此點的組織劑量為：（① 1.00 Gy ② 1.42 Gy ③ 2.00 Gy ④ 2.82 Gy）。【95 二技統一入學】

32.【2】使用布拉格－戈雷空腔理論計算腔壁物質所接受的吸收劑量時，會用到下列哪一種物理量？（①曝露率常數②平均阻擋本領比值③質量衰減係數④射質因數）。【91.1. 放射師檢覈】

33.【4】下列何種理論最常用為使用游離腔做為度量吸收劑量的依據？（①游

離輻射造成物質的發光特性改變②游離輻射造成物質的溫度上升③游離輻射造成物質結構的化學變化④布拉格—戈雷的空腔理論）。【92.2. 放射師檢覈】

34.【3】已知輻射在 A 物質中造成的吸收劑量為 D_a，其質量阻擋本領為 S_a；又知 B 物質的質量阻擋本領為 S_b。請問相同的輻射在 B 物質中將造成多少吸收劑量？（① $S_a \times S_b \times D_a$ ② $S_a \times D_a/S_b$ ③ $S_b \times D_a/S_a$ ④ $D_a/(S_a \times S_b)$）。【95.1. 放射師專技高考】

35.【2】已知空腔壁對空腔內氣體的平均阻擋本領比為，則布拉格—戈雷空腔理論的 D_{gas} 與 D_{wall} 之間的關係式為：（① $D_{gas} = D_{wall} \times \overline{\overline{S}}_{gas}^{wall}$ ② $D_{wall} = D_{gas} \times \overline{\overline{S}}_{gas}^{wall}$ ③ $D_{gas} = D_{wall} \times (\overline{\overline{S}}_{gas}^{wall})2$ ④ $D_{wall} = D_{gas} \times (\overline{\overline{S}}_{gas}^{wall})^2$）。【93.1. 放射師檢覈】

36.【3】已知 10 MV X 光，截止能量$\Delta = 10$ keV 時之平均限定阻擋本領比石墨對空氣 $(\overline{L}/\rho)_{gas}^{graphite}$ 為 0.992，若以石墨為壁的 Farmer 游離腔所測得的空氣吸收劑量 D_{gas} 為 100.8 cGy，則 Farmer 游離腔的腔壁所測得的吸收劑量 D_{wall} 為何？（① 101.6 cGy ② 100.9 cGy ③ 100.0 cGy ④ 99.2 cGy）。【93.1. 放射師檢覈】

37.【1】已知 10 MV 的 X 光，碳對空氣的平均質量阻擋本領比為 0.985，若以石墨腔壁的 Farmer chamber 所測得的空氣吸收劑量為 100 cGy，則 Farmer chamber 的腔壁的吸收劑量為何？（① 98.5 cGy ② 100.5 cGy ③ 102 cGy ④ 104 cGy）。【97.2. 放射師專技高考】

38.【3】承上題，其水對碳的平均質量能量吸收係數比為 1.114，若知以石墨腔壁的 Farmer chamber 所測的空氣吸收劑量為 100 cGy，則 Farmer chamber 在水中所測得的吸收劑量約為何？（① 90 cGy ② 98.5 cGy ③ 110 cGy ④ 134 cGy）。【97.2. 放射師專技高考】

39.【1】根據布勒格 - 戈雷（Bragg-Gray）原理，在一被固體吸收介質圍繞的小空腔內氣體所產生的游離量：（①正比於固體之吸收能量②反比於固體之吸收能量③與固體之吸收能量無關④與固體吸收能量之平方成反比）。

【94.1. 放射師檢覈】

40.【2】使用布拉格－格雷空腔理論計算腔壁物質所接受的吸收劑量時，會用到下列那一種物理量？（①曝露率常數②平均阻擋本領比值③質量衰減係數④射質因數）。【96.2. 放射師專技高考】

41.【4】關於 Bragg-Gray 空腔理論，下列敘述何者錯誤？（①介質中的空氣體積要很小，才不會干擾電子通量②假設電子經過空腔時，是完全沈積其能量在空腔中③介質與空氣的劑量比值等同於其阻擋本領的比值④水對空氣的阻擋本領比值，隨著光子能量的增加而增加）。【94.1. 放射師檢覈】

42.【3】以下有關布拉格－格雷空腔理論的敘述何者正確？（①光子在空腔與周遭物質間所造成的劑量比為質量阻擋本領的比②光子在空腔與周遭物質間所造成的劑量比為質量吸收係數的比③電子在空腔與周遭物質間所造成的劑量比為質量阻擋本領的比④電子在空腔與周遭物質間所造成的劑量比為質量吸收係數的比）。【95.2. 放射師專技高考】

43.【4】有關 LET 的敘述，下列何者正確？（①代表荷電粒子的射程②代表直線能量之吸收③低 LET 時，氧效應不明顯④ LET 值與粒子的入射動能有關）。【91.2. 放射師檢覈】

44.【3】線性能量轉移 LET 的敘述，下列何者為正確的組合？ A、LET 的定義為有關放射線在鉛中的能量損失狀況；B、L_Δ 又稱為限定線性阻擋本領；C、非荷電游離輻射的 LET，係以二次荷電粒子的 LET 來決定；D、LET 的單位為 $MeV\ g\ cm^{-2}$。（① AB ② AC ③ BC ④ CD）。【93.2. 放射師專技高考】

45.【4】若一薄 LiF 劑量計，受到 $T_0 = 20\ MeV$，通量為 3×10^{10} e/cm^2 的電子束的照射，試求其劑量（Gy）。（不考慮(射線)（電子射束的質量阻擋本領：$1.654\ MeV\ cm^2/g$）（① 4.94 Gy ② 5.94 Gy ③ 6.94 Gy ④ 7.94 Gy）。【94.1. 輻防師專業】

46.【1】電子加速器運轉時，若手指被 5 MeV 的電子束照射 1 秒，此時被照射的部位平均吸收劑量為多少戈雷（Gy）？ [電子射束：10^9 個電子 / 秒，

電子射束的直徑 = 5 mm，電子在手指中能量損失為 2 MeV cm^2/g]（① 1.63 Gy ② 2.13 Gy ③ 2.63 Gy ④ 3.13 Gy）。【93.2. 輻防師專業】

47.【3】使用活度為 370 MBq 的 β 點射源 10 分鐘，請計算以指尖皮膚為入射面的吸收劑量。（射源與指尖的距離為 10 cm，皮膚對此 β 的平均阻止本領 = 1.9 MeV cm^2 g^{-1}）（① 3.38 cGy ② 4.38 cGy ③ 5.38 cGy ④ 6.38 cGy）。【94.2. 輻防師專業】

2.23 │ W 值、比游離、射程

1. 【1】使空氣產生一離子對，所需的能量為若干 keV？（① 0.034 ② 0.34 ③ 3.4 ④ 34）。【89.3. 輻防初級基本】

2. 【2】光子射束游離空氣分子可產生正負離子對，則對 W/e 值的敘述何者錯誤？（①對治療射束能量來說，在乾燥空氣中其值維持不變②其值不因空氣溼度改變而改變③約等於 34 eV/ion pair ④約等於 34 J/C）。【91 放射師專技高考】

3. 【2】使空氣游離產生一對離子，約需多少能量？（① 3.4 eV ② 34 eV ③ 340 eV ④ 340 keV）。【90.1. 操作初級選試設備】

4. 【3】乾燥空氣沒有經濕度修正之（W/e）$_{air}$ 值應為：（① 32.75 J/C ② 33.15 J/C ③ 33.97 J/C ④ 34.75 J/C）。【93.1. 放射師檢覈】

5. 【2】在乾燥空氣中產生一個離子對的平均能量為何？（① 1 eV ② 33.97 eV ③ 33.97 J ④ 33.97 C）。【95.2. 放射師專技高考】

6. 【3】輻射線在空氣中產生一對離子對（ion pair）所需的能量約為：（① 0.34 eV ② 3.4 eV ③ 34 eV ④ 340 eV）。【94.1. 放射師專技高考】

7. 【4】二次電子在空氣中產生一離子對平均需多少能量？（① 3.4 eV ② 33.85 J ③ 33.85 keV ④ 33.85 eV）。【96.2. 放射師專技高考】

8. 【3】一個 3.8 MeV 的 α 粒子在空氣中大約可以產生多少個離子對？（① 1.1 ×10^3 ② 1.1 ×10^4 ③ 1.1 ×10^5 ④ 1.1 ×10^6）。【91.1. 操作初級基本、96.1.、

9.【3】由 210Po 發射出的 α 粒子（能量為 5.3 MeV），在空氣中最大游離的電子對數目為（① 1.6×10^3 ② 1.6×10^4 ③ 1.6×10^5 ④ 1.6×10^6）。【93.2. 輻安證書專業】

10.【2】已知在某物質內平均游離一 ion pair 需 W eV，此物質之密度為 ρ g/cm^3，今輻射在 A cm^3 的物質中，造成 B Joule 能量的沉降（deposit）。請問此物質的吸收劑量（Gy）為：（① WB/（Aρ） ② 1000B/（Aρ） ③ 6.25×10^{15}B/（WAρ） ④ 6.25×10^{18}B/（WAρ））。【95.1. 放射師專技高考】

11.【1】下列何者是比游離（specific ionization）的定義？（①離子對 / 路徑長（ion pair/path length） ②平均能量損失 / 離子對（average energy loss/ion pair） ③平均能量損失 / 路徑長（average energy loss/path length） ④路徑長 / 離子對（path length/ion pair））。【94.1. 放射師檢覈】

12.【3】阿伐射線的射質因數很大的原因，是由於阿伐粒子的：（①重量很大②體積很大③比游離度大④能量不大）。【93.2.、96.2. 輻安證書法規、96.2. 輻安證書專業】

13.【1】下列輻射種類中，何者的比游離度最大？（①阿伐②貝他③ X 射線④質子）。【98.1. 放射師專技高考】

14.【3】阿伐射線的輻射加權因數較大的原因，是由於其：（①重量大②體積大③比游離度大④能量不大）。【97.1. 輻安證書專業】

15.【3】下列何種輻射線的穿透力最大？（①阿伐②貝他③加馬④質子）。【89.3. 輻防初級基本、91.2. 操作初級基本】

16.【3】α 射線、β 射線、γ 射線以及 X 光。在相同能量下，在空氣中射程由大到小的順序是：（① X $=\gamma>\alpha=\beta$ ② $\alpha=\beta>$X $=\gamma$ ③ X $=\gamma>\beta>\alpha$ ④ $\alpha>\beta>$X $=\gamma$）。【93.2. 放射師檢覈】

17.【1】比較下列四種輻射，那一種輻射的穿透力最小？（① ^{226}Ra 放出的 α 粒子② ^{32}P 放出的 β 粒子③0.5 MeV 的中子④0.1 MeV 的微中子）。【97.2. 輻安證書專業】

18.【1】下面何種射線穿透組織之距離最短？（① α- 射線② β^- 射線③ γ- 射線④ X- 射線）。【95.1. 放射師專技高考】

19.【3】同樣速度的粒子，何者射程最短？（① 3H ② 3He ③ 6Li ④ 4He）。【91.2. 操作中級共同、93.2. 放射師專技高考】

20.【2】阻擋本領愈大，射程如何？（①愈大②愈小③不變④不一定）。【92.1. 輻射安全證書專業、93.2. 輻安證書專業】

21.【2】阻擋本領愈大時，帶電粒子的射程會如何變化？（①愈長②愈短③沒影響④不一定）。【98.2. 放射師專技高考】

22.【2】電子在介質中的阻擋本領與射程的關係為：（①阻擋本領與射程成正比②阻擋本領與射程成反比③阻擋本領與射程的平方成正比④阻擋本領與射程的平方成反比）。【91 二技統一入學】

23.【2】 g/cm^2 是甚麼量的單位？（①速度②厚度③濕度④溫度）。【91.1. 操作初級專業密封】

24.【3】若以錫（假設物理密度 $\rho = 5.75$ g cm^{-3}）作為 ^{60}Co 治療機中電子濾片的材料，若 ^{60}Co 之二次電子射程為 0.5 g cm^{-2}，則濾片厚度約為：（① 0.5 ② 0.7 ③ 0.9 ④ 1.15） mm。【92.2. 放射師專技高考】

25.【1】已知 2.27 MeV β 粒子的射程為 1.1 g/cm^2，若以比重為 0.95 的聚乙烯作成容器，以屏蔽瓶內的射源，其屏蔽厚度約需多少公分？（① 1.16 ② 2.06 ③ 2.37 ④ 2.63）。【98.1. 放射師專技高考】

26.【4】若 15 MeV 電子射束之實際射程為 7.5 g cm^{-2}，則射入水中後在深度 3 公分處之平均能量為：(① 3 ② 5 ③ 7 ④ 9)MeV。【92.2. 放射師專技高考】

27.【4】釙 210 的 α 粒子（5.3 MeV）在標準狀態的空氣中射程為 3.8 cm，請問這種能量的 α 粒子在水中(4℃)的射程約為多少 μm ？（空氣密度 0.001293 g/cm^3，水的密度為 1 g/cm^3）（① 29.2 ② 31.0 ③ 38.0 ④ 49.1）。【93.2. 放射師專技高考】

28.【4】在空氣中射程為 3.0 cm 的 α 射線，其在水中的射程為多少 μm ？（空氣的密度為 0.0013 g/cm^3）（① 3.9 ② 4.3 ③ 23 ④ 39）。【93.2、94.2、

【96.2. 輻安證書專業】

29.【4】阿伐粒子在空氣中的射程為 1 公分，則其在水中的射程大約等於幾公分？（① 1.3 ② 0.13 ③ 0.013 ④ 0.0013）。【89.2. 輻防中級基本】

30.【3】已知 6 MeV 的電子在水中射程約為 3 cm；鋁的密度為 2.7 g/cm^3，則 6 MeV 的電子在鋁中的射程為幾公分？（① 0.3 ② 0.9 ③ 1.11 ④ 5.7）。【98.1. 輻防師專業】

31.【4】下列敘述何者為誤？（①阿伐粒子比貝他粒子的射程短②電子比質子的射程長③阿伐粒子比電子的阻擋本領大④光子比電子的阻擋本領小）。【94.1. 放射師專技高考】

2.24 ｜中子

1.【2】中子的屏蔽須先以含什麼較多的材料，將快中子緩速成熱中子？（①碳②氫③氧④氮）。【92.1. 放射師檢覈】

2.【1】那一種物質適合作為中子的屏蔽？（①石臘②鐵③鉛④鋁）。【91.2. 操作初級基本、94.2. 輻安證書專業】

3.【2】下列何者可做為快中子較佳的減速材料？（①鉛②石蠟③混凝土④鐵）。【97.2.、98.1. 輻安證書專業】

4.【4】下列何種物質與中子射線作用機率最高，可作為中子射線防護的屏蔽？（①鉛②銅③鐵④石墨）。【94.2. 放射師檢覈】

5.【3】中子射源以何種物質作為屏蔽體為佳？（①鉛②鋼③水④玻璃）。【91.1. 操作初級專業密封、97.1. 輻安證書專業】

6.【3】中子與下列何種粒子發生彈性碰撞後，中子可能減少的能量最大？（①碳原子②氮原子③氫原子④氧原子）。【94.2. 放射師專技高考】

7.【3】含氫物質的材料是屏蔽下列那一種輻射的最佳選擇？（①宇宙射線②加馬射線③快中子④制動輻射）。【95.2. 放射師專技高考】

8.【4】試選減速快中子的材料：（①鋼②鉛③銅④石蠟）。【89.1. 輻防中級基本】

9.【4】以下物質中，何者做為快中子的屏蔽最有效？（①鉛②鎘③鐵④水）。
【89.2. 輻防初級基本、93.2. 輻安證書專業】

10.【1】快中子與下列何種物質作彈性碰撞時所損失的能量最大？（①氫②鐵③鉛④鈾）。【97.2. 輻安證書專業】

11.【4】屏蔽 1 MeV 的快中子，使用水比鉛合適的原因為：（①快中子易被水吸收②快中子易與水產生分裂③快中子易與水產生荷電粒子④快中子易與水產生彈性碰撞）。【89.3. 輻防中級基本】

12.【3】中子的屏蔽設計首先要用低原子序材料（ex.: H, C⋯）阻擋，其作用方式是利用低原子序材料與中子產生？（①光電效應②捕獲效應③彈性碰撞④成對產生）。【94.2. 放射師檢覈】

13.【2】阻擋快中子之極佳材料為「水」，請問主要原因為何？（①因為 16O 對快中子的截面大②因為氫原子與中子的質量相當③因為快中子與水之作用，主要為光電效應④因為水中有微量的氘原子）。【96.1. 放射師專技高考】

14.【1】快中子的最佳緩速劑為何？其利用何種原理？（①水；快中子與水的原子產生彈性碰撞②水；快中子與水的原子產生非彈性碰撞③含硼物質；快中子與硼原子產生彈性碰撞④含硼物質；快中子與硼原子產生捕獲反應）。
【94.1. 放射師檢覈】

15.【3】核子反應器（nuclear reactor）中 moderator 的作用為何？（①調節中子數量②控制核反應時間③使快中子減速④使冷卻系統不至於過熱）。
【94.1. 放射師專技高考】

16.【4】若欲利用袖珍劑量筆（pocket dosimeter）度量快中子劑量，應採行下列何種方式？（①腔內加裝鎘片②腔內壁塗 10B③腔內壁塗 7Li④腔內壁塗含氫物質）。【97.2. 放射師專技高考】

17.【1】定義快中子擴散長度為「快中子進入介質減速至熱中子所經平均直線距離」。請問 H2O（液態）、Be 與石墨（C）的快中子擴散長度之大小順序為何？（① C＞Be＞H_2O ② H_2O＞C＞Be ③ C＞H_2O＞Be ④ Be＞H_2O＞C）。【98.2. 放射師專技高考】

18.【3】一般對快中子的屏蔽問題，須先考慮緩速，之後尚須考慮與屏蔽物質作用所產生的（①α粒子②β粒子③γ射線④以上皆是）。【89.2. 操作初級選試設備】

19.【3】熱中子的能量約為多少？（① 0.25 eV ② 0.25 MeV ③ 0.025 eV ④ 0.025 MeV）。【93.1. 放射師專技高考、98.1. 輻防員專業】

20.【3】^{10}B 吸收熱中子最易發生的反應為何？（①（n, γ）②（n, n）③（n, α）④（n, p））。【93.2. 放射師專技高考】

21.【2】硼中子捕捉治療中所使用的硼同位素為下列何者？（①硼 -9 ②硼 -10 ③硼 -11 ④硼 -12）。【94.1. 放射師檢覈】

22.【2】試選阻擋熱中子的材料：（①鋼②硼③鉛④銅）。【89.1. 輻防中級基本】

23.【3】硼中子捕捉治療中，能引發有效生物效應的放射線為下列何者？（①γ射線②中子射線③α粒子④電子）。【94.1. 放射師檢覈】

24.【1】有關硼中子捕獲治療的敘述，何者錯誤？（①須採用快速中子②硼 -10 具有很大的中子捕獲截面③反應應生成氦 -4 與鋰 -7 兩個破片④反應放出 2.48 MeV 的能量）。【93.1. 放射師專技高考】

25.【3】含 10B 或 6Li 材質的偵檢器主要是用於度量：（①貝他粒子②加馬射線③中子④光子）。【94.1. 放射師專技高考】

26.【1】常用於度量中子輻射之同位素為：（① ^{6}Li ② ^{7}Li ③ ^{14}C ④ ^{12}C）。【96.2. 放射師專技高考】

27.【1】下列鋰（Li）的同位素中，何者最適合做為熱中子偵測用？（① 6Li ② 7Li ③ 8Li ④ 9Li）。【98.2. 放射師專技高考】

28.【2】反應 6Li(n, α)X 用來測熱中子，X 為：（① He-3 ② H-3 ③ H-2 ④ H-1）。【93.1. 放射師專技高考】

29.【4】下列偵檢器何者不適用於偵測治療室外之中子劑量？（① BF3 比例計數器②減速活化偵檢器③含氫腔壁之游離腔④石墨腔壁之游離腔）。【94.2. 放射師檢覈】

30.【4】下列核種中，何者被熱中子活化的截面最大？（① ^{10}B ② ^{197}Au ③

^{60}Co ④ ^{113}Cd）。【90.1. 放射師檢覈】

31.【3】下列何元素因對熱中子捕獲截面很大，因此適合作熱中子的吸收材料？（①鐵②鉛③鎘④鈦）。【98.1. 放射師專技高考】

32.【2】在加速器中常用到鎘作為屏蔽的一部份，其目的是要屏蔽下列何種輻射？（①制動輻射②中子③電子④加馬射線）。【91.2. 放射師檢覈、96.2. 輻安證書專業】

33.【3】人員劑量膠片配章以鎘覆蓋是為了量測那一種輻射？（① β ② α ③慢中子④快中子）。【94.1. 放射師檢覈】

34.【4】利用膠片佩章度量人員劑量時，佩章盒內常加鎘（Cd）片，其作用為偵測：（① X 射線② α 射線③ γ 射線④熱中子）。【97.2. 放射師專技高考】

35.【3】以下何者與硼原子發生硼中子捕獲反應的機率最大？（①快中子束②超熱中子③熱中子④硼原子不與中子發生反應）。【91 放射師專技高考】

36.【1】硼 -10 對熱中子的吸收截面為 3900 邦，則對 25 keV 之中子，其截面積應為（① 3.9 ② 39 ③ 15.6 ④ 156）邦。【88.1. 輻防中級基本】

37.【3】下列反應何者為中子捕獲反應？（①（n, p）②（n, ）③（n, ）④（n, f））。【91.1. 操作初級基本】

38.【2】熱中子與物質作用產生（n, γ）反應，這種作用稱為（①彈性碰撞②中子捕獲③放出帶電粒子④核分裂）。【93.1. 輻安證書專業】

39.【1】放射治療用 Co-60 射源的製作通常是由在原子爐內發生的何種反應所產生？（① ^{59}Co（n, γ）^{60}Co ② 1Ni（n, γ）^{60}Co ③ ^{59}Co（β, γ）^{60}Ni ④ ^{60}Ni（n, γ）^{60}Co）。【98.1. 放射師專技高考】

40.【4】下列何種物質最不適合用來做中子射束的吸收體？（①聚氯乙烯板②壓克力板③石蠟④鉛板）。【97.1. 放射師專技高考】

41.【1】理想的中子屏蔽方式是先將快中子緩速或減能，然後捕獲減能後的中子，最後再衰減所可能引起的何種輻射？（① γ 射線② X 射線③ α 射線④ β 射線）。【98.1. 輻防員專業】

42.【2】下列何者不是阻擋快中子屏蔽材質的主要考量？（①有效降低快中子

速度②有效降低制動輻射產率③對熱中子之捕獲截面大④可有效阻擋加馬射線）。【95.1. 放射師專技高考】

43.【1】 如果使用鉛、鎘及石蠟作為中子屏蔽，則由靠近射源的內層往外，較適合的排列順序為：（①石蠟、鎘、鉛②鉛、石蠟、鎘③鉛、鎘、石蠟④鎘、鉛、石蠟）。【92.2. 輻射安全證書專業、93.2. 放射師檢覈、94.2. 放射師檢覈】

44.【4】 使用鉛、鎘及石蠟作為直線加速器的中子屏蔽，則由靠近加速器內層往外，三者排列順序為：（①石蠟、鉛、鎘②鉛、石蠟、鎘③鎘、石蠟、鉛④石蠟、鎘、鉛）。【97.2. 放射師專技高考】

45.【1】 阻擋快中子及衍生之瞬發加馬及鉛之特性 X 光，須選擇下列屏蔽材料：石臘（M）、10B（B）、銅（C）、鉛（L），則屏蔽排列順序為（由中子源向外）：（① MBLC ② BMCL ③ MBCL ④ LCBM）。【93.1. 放射師檢覈】

46.【2】 若要同時屏蔽中子和制動輻射，下列何者效果較佳？（①壓克力②混凝土③鉛④金）。【91.2. 操作初級專業設備】

47.【3】 要同時屏蔽中子和加馬射線，下列何者最佳？（①鉛②石墨③混凝土④鐵）。【90、95.2. 放射師專技高考、96.2. 輻安證書專業】

48.【4】 以混凝土為中子屏蔽時，最好選擇下列何種元素含量較低者，以避免產生多量的高能 γ 射線？（① ^{1}H ② ^{12}C ③ ^{16}O ④ ^{23}Na）。【96.2. 放射師專技高考】

49.【4】 中子被物質吸收後產生活化反應的敘述何者為誤？（①中子被吸收的截面積與中子的速度成反比②中子被吸收後物質通常具有放射性③中子被吸收後容易放出加馬射線④活化反應對能量高的中子比較重要）。【94.1. 放射師專技高考】

50.【3】 關於中子與物質的作用，下列敘述何者正確？（①中子與物質作用截面（cross section）的單位為 cm^{-2} ②快中子比熱中子更易被原子核捕獲（capture）③中子撞擊物質的原子核而被原子核捕獲，此為物質被活化的方法④中子與「硼」的作用截面比「鎘」大）。【94.1. 放射師檢覈】

51.【4】氣泡劑量計（bubble dosimeter）主要是用來測量下列何種輻射？（①α 粒子②γ 射線③β 粒子④中子）。【95.2. 放射師專技高考】

52.【4】下列何者能量的射線會在環境周圍產生微量的中子射線？（① Ra-226 ②Co-60③ 10 MV electron beam④ 10 MV X-ray）。【94.1.放射師專技高考】

53.【4】下列何種能量的光子需要考慮中子輻射屏蔽？（① 2 MV ② 4 MV ③ 6 MV ④ 18 MV）。【96.2. 放射師專技高考】

54.【4】關於醫用直線加速器之中子滲漏污染之敘述，下列何者為非？（①光子能量超過 10 MV 以上需要特別考慮中子屏蔽②使用低原子序物質屏蔽較有效③主要為快中子④使用蓋格米勒偵檢器量測）。【94.1. 放射師檢覈】

55.【1】有關直線加速器所產生的中子洩漏問題，下列敘述何者正確？（①當光子的標稱能量大於 10 MV 時需要額外的中子防護措施②用含氫的材料來減速所產生的光子③鉛是最有效的中子防護屏蔽④對於所產生的中子洩漏可用偵測光子的輻射偵檢器來量測）。【97.2. 放射師專技高考】

56.【2】硼酸聚乙烯（Borated polyethylene）被用於高能直線加速器的治療門以及迷路，其主要功用為何？（①衰減高能光子②吸收高能中子及熱中子③使門比較輕④吸收低能散射光子）。【95.2. 放射師專技高考】

57.【4】熱中子與人體軟組織中的那一元素作用，產生（n, p）反應？（①氫②氧③碳④氮）。【87.2. 輻防中級基本、92.1. 放射師檢覈】

58.【4】熱中子對人體軟組織的劑量最大貢獻，得自什麼反應？（① n, γ ② n, δ ③ n, n' ④ n, p）。【89.2. 輻防初級基本】

59.【1】熱中子與人體發生作用所造成的劑量，主要是跟人體中那兩個核種反應所產生？（① ^{14}N 和 ^{1}H ② ^{14}N 和 ^{12}C ③ ^{1}H 和 ^{12}C ④ ^{1}H 和 ^{32}P）。【95.2. 放射師專技高考】

60.【2】已知 6 MeV 中子入射 1 cm 厚介質，被衰減為入射值的 80%，則此物質對 6 MeV 中子的巨觀截面（macroscopic cross-section）為多少 cm^{-1} ？（① 0.11 ② 0.22 ③ 0.33 ④ 0.44）。【98.1. 放射師專技高考】

2.25 ｜光子與物質的主要作用機制

1. 【1】當光子與物質發生作用時，會發生劑量吸收的情形，主要是由下列何種粒子的能量轉換而成？（①電子②光子③中子④質子）。【91.2. 操作初級專業 X 光機】

2. 【3】光子與物質三個主要作用（光電、康普吞、成對），作用後一定會產生（①阿伐粒子②加馬射線③電子④質子）。【91.1. 操作初級專業設備】

3. 【4】當輻射以 X 射線的形式進入生物系統後，最主要是和下列何者發生作用而造成生物破壞？（①質子②中子③原子核④電子）。【95 二技統一入學】

4. 【2】光子與物質主要的三種作用為（①光電、成對、內轉換②成對、光電、康普吞③康普吞、內轉換、成對④光電、康普吞、內轉換）。【89.2. 操作初級基本、96.2. 輻安證書專業】

5. 【2】高能光子與物質作用時不會發生：（①光電效應②確定效應③成對效應④康普吞效應）。【90 二技統一入學】

6. 【4】下列何者不屬光子與物質作用？（①成對發生②光電效應③康普吞效應④互毀效應）。【88.2. 輻防初級基本、91.2. 操作初級基本、92.1. 輻安證書專業、94.1. 放射師專技高考】

7. 【3】對於 0.5 MeV 的光子，可能會產生何種反應？（①光電與成對②康普吞與成對③光電與康普吞④光電、康普吞與成對）。【89.3. 輻防初級基本】

8. 【2】光電效應是指原子將光子完全吸收而發射出（①核子②電子③中子④質子）。【89.1. 輻防初級基本】

9. 【4】光子能量全部被作用原子吸收的是下列何種反應？（①成對效應②康普吞效應③互毀作用④光電效應）。【90 二技統一入學、98.1. 輻安證書專業】

10. 【1】一能量為 90 keV 的光子與一軌道電子（束縛能 = 20 keV）發生「光電效應」，則光電子之動能（keV）為何？（① 70 ② 80 ③ 100 ④ 110）。【96.1. 放射師專技高考】

11. 【3】通常光電效應最易發生在原子核外的：（①自由電子②外層電子③

內層電子④中層電子）。【92.1.、98.1. 輻安證書專業、93.2. 放射師檢覈、94.1. 放射師專技高考】

12.【4】光電效應的發生是在 X 光與物質的那一部份作用？（① Outer-shell electrons ② Atoms ③ Neutron ④ Inner-shell electrons）。【93.2. 放射師專技高考】

13.【2】以下何種光子碰撞反應最容易發生在 K 層軌道電子？（①調合碰撞反應②光電效應③康普敦碰撞④成對發生反應）。【94.2. 放射師檢覈】

14.【4】加馬光子與原子作用時，電子束縛能愈高，則愈易進行：（①核分裂效應②成對效應③康普吞效應④光電效應）。【91.2. 操作初級基本】

15.【2】相同物質產生光電作用時，如果作用機會愈大，則電子束縛能？（①愈小②愈大③不一定④為零）。【93.2. 放射師專技高考】

16.【1】低能量 X 光與高原子序物質作用的主要機制是：（①光電效應②康普吞效應③成對效應④光蛻變）。【98.2. 放射師專技高考】

17.【3】35 keV X-ray 最容易與下列何者發生 K-shell 光電效應作用？（E_b 表 binding energy）（① barium（E_b = 37 keV）② calcium（E_b = 4 keV）③ iodine（E_b = 33 keV）④ muscle（E_b < 1 keV））。【96.2. 放射師專技高考】

18.【3】光電效應最有可能產生何種結果？（①互毀作用②散射光子③特性輻射④制動輻射）。【91.1. 操作初級專業設備】

19.【3】光電效應最有可能產生何種結果？（①互毀作用②散射光子③特性 X 射線④制動輻射）。【92.1. 輻安證書專業】

20.【2】下列何種反應最有可能附帶產成奧杰電子？（①成對發生②光電效應③康普吞效應④制動輻射的產生）。【90.1. 放射師檢覈】

21.【4】關於光子與物質發生作用的原理，下列敘述何者不正確？（①成對作用後會再伴隨產生互毀輻射②康普吞作用後可能會再產生光電效應③同一個光子可能會連續產生兩次的康普吞作用④同一個光子可能會連續產生兩次的光電效應）。【95.2. 輻安證書專業】

22.【4】一個光子（$E = h\nu$）和某原子發生光電作用後：（①打出來的電子其能

量和介質的原子序成正比②光子以能量為 hv-Ek 散射，Ek 為 K 層電子的結合能③光子大部分和 L 層電子發生作用④光子完全被吸收）。【95.1. 放射師專技高考】

23.【2】有關光子與物質的光電效應，下列敘述何者正確？（①光子能量越高，作用機率越高②物質的原子序越高，作用機率越高③光子損失的能量等於該物質的 K 層束縛能④以上皆非）。【95.1. 放射師專技高考】

24.【3】光子入射至物質以後，不僅有電子（通常是外層軌道電子）游離出來，同時還有能量較低的光子散射出來，此種作用機制稱為：（①成對發生②光電效應③康普吞效應④制動輻射的產生）。【98.1. 輻防員專業】

25.【2】康普吞效應是指光子和視為自由或靜止的（①核子②電子③中子④質子）所進行的彈性散射。【89.1. 輻防初級基本】

26.【1】康普吞作用後所產生的散射光子其波長比入射光子：（①長②短③一樣④不一定）。【91.2. 操作初級專業設備、97.1.、98.1. 輻安證書專業】

27.【2】X 光管照射物體所產生的康普吞散射光子的波長較原始波長：（①短②長③不改變④隨被照體的溫度而改變）。【89.2. 操作初級選試設備】

28.【2】一個能量為 E0 的入射光子，發生康普吞散射後散射光子能量為 E_s，則下列何者正確？（① $E_0 < E_s$ ② $E_0 > E_s$ ③ E_s 等於零④ E_0 等於 E_s）。【98.1. 放射師專技高考】

29.【4】產生康普頓效應的 X 光能量如何？（①遠小於電子的束縛能②等於電子的束縛能③與能量無關④等於或大於電子的束縛能）。【95.2. 放射師專技高考】

30.【4】在 X 光攝影中，使用鉛柵（grid）的最主要目的是？（①減少患者的劑量②增加 X 光對軟片的感光量③吸收低能量的 X 光④消除散射輻射）。【95.1. 放射師專技高考】

31.【2】100 keV 光子與物質產生康普吞效應打出具 20 keV 動能的電子，則散射光子的能量為多少 keV？（① 100 ② 80 ③ 60 ④ 20）。【90.1. 放射師檢覈、96.2. 輻安證書專業】

32.【3】若 100 keV 的光子與物質產生康普吞效應，打出具 35 keV 動能的電子，則散射光子的能量為多少 keV？（① 100 ② 80 ③ 65 ④ 35）。【97.2. 輻安證書專業】

33.【1】有一 30 keV 之 X 光對銦原子 O 層軌域電子造成游離並具有 12 keV 之動能，請問其散射 X 光之能量為多少 keV？（已知銦原子之 O 層軌域之電子束縛能為 0.04 keV）（① 17.96 ② 42.04 ③ 18 ④ 12.04）。【92.1. 放射師專技高考】

34.【3】光子與物質的作用方式中，產生非彈性散射者稱為（①合調散射②光電效應③康普吞效應④成對效應）。【92.2. 放射師檢覈】

35.【4】光子與電子產生康普吞效應，產生最大能量轉移是在散射光子與原入射角度多大時？（① 0° ② 45° ③ 90° ④ 180°）。【90.1. 放射師檢覈】

36.【4】若入射光子能量為 E，散射光子的散射角度為 θ，電子的靜止質量為 m，光速為 c，康普吞電子的能量為 T，則 T = E（1-cosθ）/[（mc²/E）+ 1-cosθ]，欲使康普吞電子具有最大能量，則 θ 應等於：（① 45° ② 90° ③ 135° ④ 180°）。【97.1. 放射師專技高考】

37.【3】由康普吞（Compton）散射所產生的光子，當由何種角度散射時具有最低能量？（① 0° ② 90° ③ 180° ④ 270°）。【90.1. 操作初級選試設備】

38.【3】正子攝影產生的互毀光子在病人體內發生康普吞效應，求回跳電子的最大能量為何？（① 102 ② 170 ③ 341 ④ 511）keV。【92.1. 放射師專技高考】

39.【4】能量為 1.022 MeV 的加馬射線與物質發生康普吞散射時，如欲使電子獲得最大能量，則散射光子的散射角應為幾度？且電子獲得之能量為多少？（① 90 度，0.204 MeV ② 90 度，0.818 MeV ③ 180 度，0.204 MeV ④ 180 度，0.818 MeV）。【91 二技統一入學】

40.【1】Tc-99m 的能峰光子所造成的康普吞電子最大能量為何？（① 50 keV ② 90 keV ③ 100 keV ④ 140 keV）。【94.1. 放射師專技高考】

41.【2】一個 6.22 MeV 的光子其康普吞散射電子的最大能量為：（① 6.22 MeV ② 5.96 MeV ③ 5.71 MeV ④ 5.20 MeV）。【95.2. 放射師專技高考】

42.【3】康普吞效應中，1 MeV 的入射光子經一 90° 角的散射，試問其能量損失率約多少百分比？（① 16.5 ② 33.8 ③ 66.2 ④ 83.5）。【92.1. 放射師檢覈】

43.【3】已知入射光子的能量遠大於電子的靜止能量，若發生康普吞效應時，90 度方向的散射光子能量為？（① 140 keV ② 255 keV ③ 511 keV ④ 1.02 MeV）。【96.1. 放射師專技高考】

44.【3】能量非常高的光子和電子發生康普吞碰撞，求向後散射方向散射光子的能量約為多少 MeV？（① 1.022 ② 0.511 ③ 0.255 ④ 0.125）。【93.1. 放射師檢覈】

45.【2】康普吞電子的平均動能與入射光子能量的比值隨光子能量之增加而（① 減少 ② 增加 ③ 不變 ④ 先減少後增加）。【90.2. 放射師檢覈】

46.【4】下列哪一種能量的光子與物質發生作用，產生康普吞散射的能量轉移分數最大？（① 10 keV ② 100 keV ③ 1 MeV ④ 10 MeV）。【91.1. 放射師檢覈】

47.【4】在康普吞碰撞中，高能量光子（> 3 MeV）和電子之碰撞，何者可獲得大部分之能量？（① 散射光子 ② 康普吞中子 ③ 散射質子 ④ 反跳電子）。【93.2. 放射師專技高考】

48.【2】康普吞效應的敘述，下列組合何者正確？A. 康普吞效應散射光子的波長比入射光子為長；B. 0.1 MeV 的光子，康普吞效應對生物體的吸收劑量無貢獻；C. 康普吞效應的原子截面積，正比於原子的原子序；D. 康普吞效應的散射光子絕不發生後方散射：（① A 與 B ② A 與 C ③ B 與 C ④ B 與 D）。【91.2. 操作中級共同】

49.【2】成對發生是由於具足夠能量的光子和原子核或其他粒子之場的互應作用，同時形成一對（① 正負方向 ② 正負電子 ③ 正負感光 ④ 正負面）。【89.1. 輻防初級基本】

50.【1】下述物理現象，何者與原子軌道中的電子無關？（① 成對發生 ② 康普吞效應 ③ 光電效應 ④ 氣體的游離）。【91 二技統一入學、97.1. 輻安證書專業】

51.【4】成對效應大多發生在光子與何者之間的電磁場？（① 軌道上自由電子

② K 層軌道電子③整個原子④原子核）。【91.2. 放射師檢覈】

52.【1】光子的能量必須大於多少 MeV 以上才會有成對發生的作用？（① 1.022 MeV ② 0.511 MeV ③ 1.00 MeV ④ 0.871 MeV）。【92.1、93.1、97.1. 輻安證書專業、98.1. 放射師專技高考】

53.【4】下列何種效應，其入射光子的能量必須大於 1.02 MeV？（①內部轉換②康普吞效應③光電效應④成對發生）。【90.2. 放射師檢覈】

54.【4】下列有關成對發生反應截止能量（threshold energy）的敘述何者正確？（①累積 10 個能量為 0.102 MeV 的光子，就可以跨越截止能量而發生成對發生反應②累積 100 個能量為 0.102 MeV 的光子，才可以跨越截止能量而發生成對發生反應③只有光子能量大於 0.511 MeV，才可以跨越截止能量而發生成對發生反應④只有光子能量大於 1.02 MeV，才可以跨越截止能量而發生成對發生反應）。【97.2. 放射師專技高考】

55.【3】計算銫 137 的屏蔽，可不考慮什麼作用？（①光電效應②康普吞效應③成對產生④制動輻射）。【89.2. 輻防初級基本】

56.【3】銫 137 衰變放出的光子與水作用，不可能發生下列哪一種作用？（①光電效應②康普吞效應③成對發生④游離作用）。【91.2. 操作初級專業設備、96.1. 輻安證書專業】

57.【4】能量超過多少的光子（包括 γ 射線及 X 光），當它行經一原子核附近時可能瞬間消失，而其能量以一正電子和一負電子的形式再出現，此種現象稱為什麼？（① 0.511 MeV；光電效應② 0.511 MeV；康普吞效應③ 1.022 MeV；湯姆森效應④ 1.022 MeV；成對發生）。【94.1. 放射師檢覈】

58.【2】能量為 2 MeV 的光子產生成對效應，其中，若正子與電子所獲得的動能一樣，負電子初動能為若干 MeV？（① 0.98 ② 0.49 ③ 1.00 ④ 0.50）。【88.1. 輻防初級基本】

59.【3】3 MeV 的光子與物質產生成對發生反應，產生動能相同的正負電子對，則每一電子所得到的動能為多少 MeV？（① 1.5 ② 1.022 ③ 0.989 ④ 0.511）。【90.2. 放射師檢覈】

60.【3】當一個 5 MeV 的單能 X 光子與物質作用，產生成對發生效應；若正子與電子所獲得的動能一樣，則正子的動能為：（① 1.02 MeV ② 1.65 MeV ③ 1.99 MeV ④ 3.32 MeV）。【90.1. 操作初級選試設備】

61.【3】有一 5 MeV 的 γ 射線與屏蔽物質發生成對效應，產生動能相同的正負電子對，則電子所得到的動能為多少 MeV？（① 0.511 ② 1.022 ③ 1.989 ④ 2.512）。【93.1. 放射師檢覈】

62.【3】入射能量為 8 MeV 之光子射線與物質產生成對作用，請問所產生的正、負電子動能的總和為何？（① 8 MeV ② 7.49 MeV ③ 6.98 MeV ④ 1.02 MeV）。【95.1. 放射師專技高考】

63.【2】入射能量為 10 MeV 之光子射線與物質產生成對作用，請問所產生的正、負電子動能的總和為何？（① 10 MeV ② 8.98 MeV ③ 5 MeV ④ 3.98 MeV）。【97.2. 輻安證書專業】

64.【1】成對發生之描述，正確組合為何？A. 光子與原子核的電場相互作用而產生，B. 光子的能量大於 1.022 MeV 的場合，C. 放出特性 X 射線，D. 產生制動輻射。（① A 與 B ② B 與 C ③ C 與 D ④ A 與 D）。【91.1. 操作初級基本】

65.【1】以下對光子與物質軌道上電子或原子核發生成對發生反應的敘述何者正確？（①反應對象為原子核時，最低發生光子能量為 1.02 MeV ②所產生的正負電子必然帶有相同動能③反應產物中的負電子最終會發生互毀反應而消失④前述互毀反應發生後會產生兩個各為 1.02 MeV 的 γ 射線）。【92.1. 放射師檢覈】

2.26 ｜光子與物質作用的相對重要性

1.【4】光電效應的機率隨光子能量（hv）的變化情形近似於：（① hv ② hv^3 ③ hv^{-1} ④ hv^{-3}）。【91.1. 放射師檢覈】

2.【1】物質對 X- 射線的光電效應機率，與：（① X- 射線能量的三次方成反

比② X-射線能量的三次方成正比③ X-射線能量的二次方成反比④ X-射線能量的二次方成正比）。【93.2. 放射師檢覈】

3.【3】光電效應發生的機率與光子能量的關係為何？（①一次方成反比②一次方成正比③三次方成反比④幾乎和能量無關）。【91.2. 操作初級專業設備、91.1、93.1. 放射師檢覈】

4.【4】假設 20 keV 的 X 光和軟組織（Z = 7.4）發生光電效應的相對機率為 1，則 40 keV 的 X 光其發生光電效應的相對機率為何？（① 1/2 ② 2 ③ 1/4 ④ 1/8）。【97.2. 放射師專技高考】

5.【4】能量 60 keV 的光子在骨骼中發生光電效應的機率，與能量 20 keV 的光子相比較，其結果為：（①能量 60 keV 的光子，其發生機率大 3 倍②能量 60 keV 的光子，其發生機率大 27 倍③能量 60 keV 的光子，其發生機率小 3 倍④能量 60 keV 的光子，其發生機率小 27 倍）。【91.2. 操作初級專業 X 光機】

6.【3】某物質對於 15 keV 光子的光電效應質量衰減係數（μ/ρ）為 4 cm²/g，試問此物質對於 150 keV 光子的光電效應質量衰減係數為何？（① 0.4 cm²/g ② 0.04 cm²/g ③ 0.004 cm²/g ④ 0.0004 cm²/g）。【98.1. 放射師專技高考】

7.【3】光子束打在高原子序（Z）物質中與每克物質產生光電效應的機率與下列何者成正比？（① Z ② Z^2 ③ Z^3 ④ Z^4）。【91.1. 放射師檢覈】

8.【2】光子與低原子序物質發生光電效應碰撞，其反應機率與原子序的關係為：（①反應機率正比於 Z ②反應機率正比於 $Z^{3.8}$ ③反應機率正比於 $1/Z^3$ ④反應機率與 Z 無關）。【94.2. 放射師檢覈】

9.【4】下列何原子的 K 層束縛能（絕對值）最大？（① ^{12}C（Z = 6）② ^{40}Ca（Z = 20）③ ^{108}Ag（Z = 47）④ ^{197}Au（Z = 79））。【97.1. 放射師專技高考】

10.【1】有效原子序最適用於光子與物質作用中的（①光電效應②康普吞效應③虎克效應④合調散射）。【93 二技統一入學】

11.【4】在以光電效應為主的作用，下列何者可以較薄的厚度對加馬射線得到

最佳的屏蔽效果？（①鋁②金③鉛④乏鈾）。【93.2. 放射師檢覈】

12.【1】診斷用 X 光穿透人體時可能會產生下列四種交互作用，何者是成像過程中最主要的作用？（①光電過程②康普吞不合調散射③成對發生④合調散射）。【95 二技統一入學】

13.【4】假設入射光能量足以產生光電效應，則下列何種組合發生光電效應的機率最高？（①高能光，低原子序物質②低能光，低原子序物質③高能光，高原子序物質④低能光，高原子序物質）。【96.2. 放射師專技高考】

14.【3】X 光與高原子序數物質作用，其發生光電效應的截面分別與 X 光之能量（E）及物質之原子序（Z）的關係為：（①與 E^3 及 Z^3 成正比②與 E^3 成正比、與 Z^3 成反比③與 E^3 成反比、與 Z^3 成正比④與 E^3 及 Z^3 成反比）。【91 二技統一入學】

15.【1】針對密度差異很小的軟組織，為使影像能獲得較佳的效果，應使軟組織對 X 光吸收的差別達到最大。因此應採用下列何者？（①低 kVp X 光射束②最佳的 mAs 值③高 kVp X 光射束④選用與 X 光片匹配的螢光增感屏）。【97.2. 放射師專技高考】

16.【4】關於光子與原子作用之光電效應的敘述，下列何者正確？（①光子與自由電子作用②光電效應的作用截面與原子所含的電子數無關③光電效應的作用截面與物質的原子序數 Z 無關④乳房攝影的 X 光與乳房組織的作用主要為光電效應）。【93.1. 放射師檢覈】

17.【2】將微量之 Tc-99m 放在加馬計數器進行偵測時，主要是利用何種機轉測得？（① Compton scattering ② photoelectric effect ③ annihilation ④ pair production）。【96.1. 放射師專技高考】

18.【1】光子與原子作用發生康普吞效應的直線衰減係數，與下列何種因數成正比？（Z 為原子序數，E 為光子能量）（① Z/E ② Z^2/E^2 ③ Z^4/E^3 ④ Z^2/E）。【94.1. 放射師專技高考】

19.【4】康普吞散射（Compton scattering）的質量衰減係數和原子序數的關係為何？（①一次方成反比②一次方成正比③三次方成反比④幾乎和原子

序數無關）。【93.1. 放射師檢覈】

20.【2】下列那一種作用與原子序數的關係最小？（①光電效應②康普吞效應③成對發生④合調散射）。【90.1. 操作初級選試設備】

21.【2】光子與物質作用，幾乎和作用物原子序無關的反應為：（①光電效應②康普吞散射③成對發生④合調散射）。【94 二技統一入學】

22.【4】下列何者能量的光子射線會使得骨骼的吸收劑量遠超過軟組織的吸收劑量？（① 10 MV ② 6 MV ③ 400 keV ④ 60 keV）。【93.2. 放射師檢覈】

23.【2】對 50 keV 的 X 光而言，下列何種介質中之侖琴－戈雷的轉換因數 f_{med} 為最大？（①肌肉②骨骼③脂肪④水）。【97.2. 放射師專技高考】

24.【1】對於低能量 X 光而言，骨的質量衰減係數較軟組織大，最主要是因為（①骨的光電效應較軟組織大的多②骨的密度較高③骨的康普吞吸收效應較強④以上皆是）。【90.1. 操作初級選試設備】

25.【4】給予以下的物理量，則對 Co-60 射束與下列物質單位質量發生康普吞反應機率（$6/\rho$）的描述何者正確？[有效原子序：fat（5.92）、muscle（7.42）、air（7.64）、bone（13.8）。 電子密度：fat（3.48×10^{23} e⁻ g⁻¹）、muscle（3.36×10^{23} e⁻ g⁻¹）、air（3.01×10^{23} e⁻ g⁻¹）、bone（3.00×10^{23} e⁻ g⁻¹）]（① bone > air > fat ② bone > muscle > air ③ air > muscle > fat ④ bone ≒ muscle ≒ fat ≒ air）。【91 放射師專技高考】

26.【2】以 500 keV 之 X 光照射水，下列何種吸收最顯著？（①光電效應②康普吞效應③成對發生④電子捕獲）。【90 放射師專技高考】

27.【2】一百萬電子伏特之光子與人體組織的主要作用是：（①光電效應②康普吞效應③成對產生④制動輻射）。【93.1. 輻安證書專業】

28.【2】當具有 50 ～ 550 keV 的加馬射線與人體組織發生作用時，最主要的物理效應是：（①光電效應②康普敦散射效應③成對效應④以上皆是）。【95.2. 放射師專技高考】

29.【2】在軟組織裡，對於能量在 100 keV 至 10 MeV 的光子而言，下列何者最為重要？（①光電效應②康普吞散射③成對發生④合調散射）。【90.2. 放

射師檢覈】

30.【2】在 0.03 至 20 MeV 能區的 X- 射線，與人體組織最主要的作用為：（①成對發生②康普吞散射③光電效應④合調散射）。【93.2. 放射師檢覈】

31.【2】在診斷用 X 光所使用的能量範圍內，下列何種效應的機會最大？（①光電效應②康普吞效應③成對發生④合調散射）。【89.2. 操作初級選試設備】

32.【2】放射治療用 Co-60 的光子束，在水中以下列何者的反應機率最大？（①光電效應②康普吞效應③成對發生④合調散射）。【90.1. 放射師檢覈】

33.【2】60Co 照射水假體，下列何效應最顯著？（①光電效應②康普吞效應③成對發生④合調散射）。【92.1. 放射師專技高考】

34.【2】放射治療用直線加速器產生的 X 光，其與物質作用以下列那種效應最為明顯？（①成對發生②康普吞效應③光電效應④合調散射）。【94.1. 放射師檢覈】

35.【3】γ 射線與物質作用時，康普吞效應吸收最顯著的 γ 射線能量為何？（① 10 keV ② 50 keV ③ 1 MeV ④ 20 MeV）。【91.2. 放射師檢覈】

36.【1】X 光攝影中造成散射的主要原因為下列那一項？（①康普頓（Compton）效應②物體太薄③照野太小④放射線能量太低）。【94.1. 放射師專技高考】

37.【2】診斷用 X 射線在人體中產生的散射光子主要是由以下那種效應產生？（①光電效應②康普敦效應③成對產生④成對消滅）。【95.2. 放射師專技高考】

38.【1】下列何者是造成操作正子造影之放射師的主要輻射來源？（①由病人身上來的康普吞散射光子②由病人身上跑出來的正子③由做穿透掃描的所用的長半衰期核種所放出之伽傌射線④由正子造影機發出的電磁輻射）。【94.2. 放射師檢覈】

39.【1】以下敘述何者正確？（① 1 MeV 光子在石墨中發生康普敦碰撞的機率較 10 MeV 光子高②同樣能量的光子在 A 物質中（Z = 7.64）發生康普敦碰撞的機率較在 B 物質中（Z = 12.31）高③康普敦碰撞後入射光子能量完全被吸收④康普敦反應發生在內層軌道電子的機率較外層高）。【94.2. 放

射師檢覈】

40.【3】光子與物質作用時，那一種作用是隨光子能量增加而作用機率變大
的？（①光電②康普吞③成對④調合）。【88.1. 輻防初級基本】

41.【4】10 MeV X- 射線與金片產生成對發生的機率，約是與鋁板產生成對發
生的多少倍？（① 6 倍② 12 倍③ 18 倍④ 36 倍）。【93.2. 放射師檢覈】

42.【3】10 MeV 之光子與鉛產生成對發生，每單位距離的作用機率，約為與
鋁產生成對發生機率的多少倍？（① 10 ② 20 ③ 40 ④ 80）。【97.2. 放射師
專技高考】

43.【3】下列有關成對發生反應的敘述，何者錯誤？（①起始能量為 1.022
MeV ②反應機率隨能量增加而增加③產生方向完全相反（180°）的正負電
子對④入射光子碰撞後消失）。【90.1. 放射師檢覈】

44.【1】有關光子與物質的成對發生，下列敘述何者正確？（①光子能量越高，
作用機率越高②作用機率與物質的原子序無關③只有當光子能量大於一個
電子靜止質量時，才能發生④以上皆非）。【95.1. 放射師專技高考】

45.【1】不同能量光子射束穿透鉛金屬中，對反應發生機率高低的敘述何者正
確？（① 100 keV：光電效應 > 康普吞效應② 1 MeV：光電效應 > 康普吞
效應③ 10 MeV：康普吞效應 > 成對發生效應 > 光電效應④ 100 MeV：康
普吞效應 > 成對發生效應 > 光電效應）。【92.1. 放射師檢覈】

46.【2】下列的組合何者為正確？ A. 康普吞效應，散射光子的波長比入射光
子波長為長；B. 康普吞效應，隨著入射光子能量增加，前方散射亦增加；
C. 康普吞效應表明光子有波的現象；D.1 MeV 的光子，康普吞效應對生物
體的吸收劑量無貢獻：（① A 與 B ② A 與 C ③ B 與 C ④ B 與 D）。【90.1. 操
作初級基本】

47.【3】假設使用 10 keV 到 100 MeV 的光子束撞擊水假體，對各種碰撞反應
機率的敘述何者錯誤？（①光電效應的反應機率隨著能量增加持續減少②
能量超過 1.02 MeV 後，成對發生反應機率隨著能量增加持續增加③康普吞
反應機率隨著能量增加先減少後再增加④在 1 MeV 左右，最可能發生反應

為康普吞反應)。【91 放射師專技高考】

48.【3】X- 射線與物質作用機率的多寡，與物質的（①厚度②密度③導電性④原子序數）無關。【93.2. 放射師檢覈】

49.【4】阻擋制動輻射最有效之屏蔽材料為（①混凝土②聚乙烯③重混凝土④鉛）。【90.1. 操作初級選試設備】

50.【1】屏蔽加馬輻射的最有效材料是（①鉛②水泥③鎢④水）。【91.2. 操作初級專業非密封】

51.【2】下列材料那一種是加馬線的最有效屏蔽材料？（①水泥②鉛③鐵④鎢）。【92.2. 輻安證書專業】

52.【4】對於相同厚度的下列物質，何者對 1 MeV 加馬的屏蔽效果最好？（①水②水泥③鐵④鉛）。【96.2.、98.1. 輻安證書專業】

53.【4】屏蔽光子輻射應選用何種材質？（①低原子序、低密度②低原子序、高密度③高原子序、低密度④高原子序、高密度）。【93.1. 放射師檢覈、96.2. 輻安證書專業】

54.【1】阻擋 X 光宜用何種材料作屏蔽？（①密度高，且高原子序②密度低，但高原子序③內層為低原子序，外層為高原子序材料④內層為高原子序，外層為低原子序材料）。【95.1. 放射師專技高考】

55.【4】下列何者是使用鉛作為防護屏蔽的原因？（①與鎢元素同族性②鉛金屬極易購得且便宜③鉛金屬的結構有 4 個價電子較穩定④鉛金屬可吸收二次散射線）。【94.1. 放射師檢覈】

56.【1】對同一能量之 γ 射線，混凝土、鐵、鉛之直線衰減係數（μ）的大小順序為：（①鉛 > 鐵 > 混凝土②混凝土 > 鐵 > 鉛③鐵 > 混凝土 > 鉛④鉛 > 混凝土 > 鐵）。【97.2. 放射師專技高考】

57.【3】有關光子與物質的康普吞散射，下列敘述何者正確？（①光子能量越高，作用機率越高②物質的原子序越高，作用機率越高③光子能量越高，反跳電子的平均能量越高④以上皆非）。【95.1. 放射師專技高考】

2.27 │光子與物質的其他作用

1. 【2】合調散射最主要發生在？（①低原子序，高光子能量②高原子序，低光子能量③低原子序，低光子能量④高原子序，高光子能量）。【93.2. 放射師專技高考】

2. 【1】瑞利散射（Rayleigh scattering）常發生在低能量光子與高原子序物質的作用，請問是以下那一種作用？（①合調散射②康普吞作用③光電作用④成對產生）。【96.1. 放射師專技高考】

3. 【4】一個能量為 E_o 的入射光子，發生同調散射（coherent scattering）後能量變成 E_s，則下列何者正確？（① $E_o < E_s$ ② $E_o > E_s$ ③ E_s 等於零④ E_o 等於 E_s）。【98.2. 放射師專技高考】

4. 【3】一能量為 30 keV 的光子與一軌道電子（束縛能 = 20 keV）發生「合調散射（coherent scattering）作用」，則散射光子的能量為多少 keV？（① 10 ② 20 ③ 30 ④ 50）。【96.1. 放射師專技高考】

5. 【4】以下敘述何者錯誤：（①光電效應過程主要涉及束縛電子②康普敦效應過程主要涉及自由電子③成對發生主要涉及原子核④瑞利散射（Rayleigh or coherent scattering）主要涉及自由電子）。【95.2. 放射師專技高考】

6. 【3】以「th」表示 threshold energy，請問 ^{9}Be（γ, n）^{8}Be，E_{th} = 1.67 MeV，這是什麼反應？（① annihilation ② pair production ③ photodisintegration ④ transmutation）。【96.1. 放射師專技高考】

7. 【4】當光子能量高到足以克服原子核結合能（7-15 MeV）時，會產生下列何種反應？（①合調散射②光電效應③康普吞效應④光分解作用）。【92.2. 放射師檢覈】

8. 【3】三項發生（triplet production）和成對發生（pair production）最大的不同點是什麼？（①兩者產生的電子能量不同②兩者產生的正電子能量不同③兩者發生的場域（field）不同④兩者引發的輻射不同）。【93.2. 放射師專技高考】

9.【4】光子受何種作用後，會有三重發生（triplet production）？作用後之產物為何？（①原子核之庫倫力場；2 個正電子及 1 個負電子②原子核之庫倫力場；1 個正電子及 2 個負電子③原子軌道上電子之庫倫力場；2 個正電子及 1 個負電子④原子軌道上電子之庫倫力場；1 個正電子及 2 個負電子）。【94.2. 放射師專技高考】

10.【4】以 NaI（Tl）度量 ^{137}Cs 的 γ 輻射能量（= 662 keV），請問能譜上康普吞邊緣（Compton edge）的能量位置？（① 127 keV ② 324 keV ③ 410 keV ④ 478 keV）。【93.1. 放射師檢覈】

11.【2】511 keV 的光子，其 Compton edge 的能量位置？（① 127 keV ② 341 keV ③ 410 keV ④ 478 keV）。【98.1. 輻防師專業】

12.【2】在 Tc-99m 的加馬能譜中常會看到約在 50 keV 處出現波峰，試問應為下列何者最可能？（①碘逃逸峰（iodine escape peak）②康普吞陡邊（edge）③鉛的 K 層特性 X 射線（Pb K x-ray）④符合能峰（coincidence peak））。【96.1. 放射師專技高考】

13.【3】若一光子射線能量為 1 MeV，則其康普吞邊緣（Compton edge）的能量為多少 MeV？（① 0.204 ② 0.661 ③ 0.796 ④ 0.408）。【96.2. 放射師專技高考】

14.【2】有關 Na（Tl）量測 Cs-137 之加馬能譜，下列各能量之比較何者正確？（①康普頓邊緣小於回散射峰②全能峰大於康普頓邊緣③康普頓邊緣減回散射峰等於全能峰④以上皆是）。【88.2. 輻防中級基本】

15.【1】以碘化鈉（鉈）閃爍偵檢器量測銫-137 的能譜，則下列敘述何者正確？（①完全能峰出現在 661 keV 處②回散射峰出現在 478 keV 處③康普吞稜出現在 184 keV 處④康普吞稜是因為最小能量的康普吞電子所產生的）。【97.1. 放射師專技高考】

16.【3】NaI 的 K_{α} = 28 keV，以 NaI 偵檢器度量 ^{137}Cs 的 γ 輻射能量（= 662 keV），於何能量可能會有逃逸峰（escape peak）的出現？（① 286 keV ② 435 keV ③ 634 keV ④ 690 keV）。【93.1. 放射師檢覈】

17.【1】K 緣吸收（K-edge absorption）的發生，主要是光子與物質之 K 層電子發生何種作用？（①光電效應②成對效應③合調效應④康普吞效應）。【96.1. 放射師專技高考】

18.【1】在 CT 常使用含碘的對比劑，主要是利用碘物質的何種特性來達到增強影像對比的優點？（① K 層吸收②特性輻射③制動輻射④回散射效應）。【94.2. 放射師專技高考】

19.【2】鉛原子 K 層軌道電子的束縛能為 88 keV，則下列何種能量的光子與其發生光電效應的機率最大？（① 80 ② 90 ③ 100 ④ 120）keV。【91.2. 放射師檢覈】

20.【1】計算康普吞效應之作用截面（cross section），使用什麼公式？（① Klein-Nishina ② Bragg-Gray ③ Thompson ④ Rayleigh）。【94.1. 放射師專技高考】

2.28 │半值層與什一值層

1.【1】半值層是某一物質的厚度，當置於一輻射的射束的行程中會使某一輻射的量（①減半②加半③為零④加倍）。【89.1. 輻防初級基本】

2.【1】半值層是使那個物理量成為原來的一半所需之物質厚度？（①曝露②吸收劑量③活度④有效劑量）。【93.2. 放射師專技高考】

3.【1】X 光束的品質是以半值層（half value layer, HVL）表示。以下何者正確？（① HVL 等於材料厚度使得被偵測到的 X 光束減少一半強度②不同的 X 光束其 HVL 不同③在 120-400 kV 範圍內 HVL 通常用鉛的厚度 mm 表示④ HVL 值大於 TVL（tenth value layer）值）。【94.1. 放射師專技高考】

4.【4】下列有關半值層（half-value layer）的敘述何者錯誤？（①一個半值層可將輻射強度衰減至原始值之半②一個半值層厚的鉛和一個半值層厚的鋁吸收同樣的輻射量③一個半值層會吸收輻射源發光量之半④一個半值層

厚的鉛和一個半值層厚的鋁具有相同的厚度）。【94.2. 放射師檢覈】

5. 【2】X 光束的半值層愈厚，則代表：（①通過的光子數量愈多②通過的光子平均能量愈大③通過光子能譜之特性輻射所占比例大④通過光子能譜之特性輻射所占比例小）。【96.1. 放射師專技高考】

6. 【1】半值層不受以下何種因素影響？（①材料厚度②材料密度③材料種類④輻射能量）。【96.1. 輻安證書專業】

7. 【2】半值層受以下何種因素影響？（①輻射強度②輻射能量③材料厚度④輻射通量）。【97.2. 輻安證書專業】

8. 【1】電腦斷層掃描攝影術的原理，是利用 X 光子對人體不同組織的（①衰減係數②反射係數③折射係數④彈性係數）。【93 二技統一入學】

9. 【3】半值層法作屏蔽計算，適用於：（①加馬與貝他射線②加馬與阿伐射線③加馬④加馬與中子）。【93.2. 放射師檢覈】

10. 【1】電子撞擊 X 光靶所產生的光子射束，經由濾片過濾後，其能譜分佈將發生何種變化？（①平均能量增加②平均能量減少③光子總數增加④射束軟化現象）。【96 二技統一入學】

11. 【1】對一連續能譜的 X 光而言，第二個半值層比第一個半值層：（①厚②薄③相等④不一定）。【90.1. 操作初級選試設備】

12. 【1】一個半值層為 0.35 mm 銅片的 X 射線，通過 2 mm 的銅片後，其穿透後射束的半值層為（①大於 0.35 mm 銅②小於 0.35 mm 銅③等於 0.35 mm 銅④隨 X 射線的能量而定）。【90 放射師專技高考】

13. 【1】在下列何種狀況下，X 光射束第二半值層會大約相等於第一半值層？（①入射 X 光射束為單一能量②入射 X 光射束能量為連續光譜③入射 X 光能量小於 kVp④以上狀況不可能發生）。【91.2. 放射師檢覈】

14. 【1】已知診斷 X 光的半值層為 1 mm Al，假如將 1 mm Al 放置於射線當中，則剩餘的射線其半值層為何？（①大於 1 mm Al②等於 1 mm Al③小於 1 mm Al④等於 2 mm Al）。【91.1. 放射師檢覈】

15. 【4】放射治療中常須考慮治療射束之射質特性，其中射束硬化效應（Beam

Hardening Effect）是將何者過濾掉？（①高能量電子②低能量電子③高能量光子④低能量光子）。【94.1. 放射師檢覈】

16.【1】半值層的厚度，不受以下何種因素影響？（①材料厚度②材料密度③材料種類④輻射能量）。【90 二技統一入學、94.2. 輻安證書專業】

17.【2】X 光機操作於 75 kVp，100 mAs，其固定濾屏為 0.6 mm 鋁，另外加鋁濾屏 2.2 mm。已知 X 光射束品質的半值層厚度為 3.2 mm 鋁。在 X 光源至攝像距離 100 cm 處測得曝露為 350 mR（毫侖琴），試問若降低曝露為 175 mR 時，則須另加鋁濾屏的厚度為何？（① 2.8 mm ② 3.2 mm ③ 3.8 mm ④ 6.0 mm）。【97.2. 放射師專技高考】

18.【3】鉛對鈷 -60 加馬射線的半值層為 1.2 公分，若屏蔽厚 2.4 公分，可將輻射劑量減低（① 2 倍② 2.4 倍③ 4 倍④ 4.8 倍）。【87.1. 輻防初級基本、92.1. 輻安證書專業】

19.【3】設有一單能 X 光射柱的 HVL 值為 3 cm，試求經過 6 cm 厚的材料後，此一 X 光柱被衰減掉多少？（① 0.25 ② 0.5 ③ 0.75 ④ 0.875）。【91.1. 操作初級專業設備、92.2. 輻安證書專業】

20.【3】如果 ^{60}Co 對鉛的半值層厚度是 1.25 cm，則當 ^{60}Co 射源以 2.5 cm 的鉛屏蔽時，有多少 % 的 ^{60}Co 光子會被吸收？（① 25 ② 50 ③ 75 ④ 87.5）。【94.2. 放射師檢覈】

21.【2】某一單能加馬射線之半值層（HVL）為 6.2 cm 的混凝土，則將劑量率從 1 mSv/h 減至 0.25 mSv/h，需加混凝土多少 cm？（① 18.6 ② 12.4 ③ 6.2 ④ 3.1）。【91 二技統一入學、97.1. 輻安證書專業】

22.【3】一 X 光射束穿透 3 公分的物質後射束強度減為原有之 25%，則欲進一步減為原有之 12.5% 需再增加多少公分厚之同一物質？（① 6 ② 3 ③ 1.5 ④ 1）。【94.2. 放射師檢覈】

23.【2】某個牆壁是設計來阻擋 4 m 遠的單光子射源，如果射源往前移了 2 m，問需要再添加多少 HVL 的屏蔽，才能提供適當的輻射防護？（① 1 ② 2 ③ 3 ④ 4）。【95.1. 放射師專技高考】

24.【2】活度 5 mCi 之 γ 射源使用了 3 個半值層的鉛屏蔽，若射源強度增加為 20 mCi，需多少個半值層的鉛屏蔽才能達到相同的效果？（① 4 ② 5 ③ 8 ④ 10）。【97.2. 放射師專技高考】

25.【3】使用三個半值層作為屏蔽，可以使劑量率減為原來的：（① 1/3 ② 1/6 ③ 1/8 ④ 1/9）。【93.2. 放射師檢覈】

26.【1】1000 個單能光子經過厚度為 3 個半值層的物體，請問有多少數目的光子與物體發生作用？（① 875 ② 750 ③ 333 ④ 125）。【93.1. 放射師檢覈】

27.【1】將強度為 128 R 的 X 光射束減少至 16 R，需多少個半值層的鉛？（① 3 ② 4 ③ 5 ④ 6）。【94 二技統一入學】

28.【2】若三個半值層鉛能阻擋住活度 10 Ci 的射源，則如果射源活度增加為 40 Ci 時，需要多少半值層鉛才能達到相同的阻擋效果？（① 4 ② 5 ③ 6 ④ 8）個半值層鉛。【92.1. 放射師檢覈】

29.【3】如果 131I 對鉛的半值層是 0.3 cm，則欲將 131I 射源之曝露率由 16 mR/h 降至 2 mR/h 以下，所需鉛的厚度為多少 cm？（① 0.3 ② 0.6 ③ 0.9 ④ 1.2）。【94.2. 放射師檢覈】

30.【4】已知鉛半值層為 0.05 cm，欲使曝露率 0.08 侖琴 / 週，下降至 0.01 侖琴 / 週，應使用多厚的鉛屏蔽？（① 0.4 cm ② 0.3 cm ③ 0.2 cm ④ 0.15 cm）。【97.2. 輻安證書專業】

31.【4】若鉛塊在鈷 -60 照射下的半值層為 1.3 cm，如果要使射線穿透劑量剩下 12.5%，需要多少公分的鉛塊？（① 0.65 ② 1.3 ③ 2.6 ④ 3.9）。【91.2. 放射師檢覈】

32.【2】以游離腔量測 30 kV X- 射線穿透鋁片的半值層，發現用 3 毫米厚的鋁片，僅有 12.5% 的 X- 射線能穿透，則鋁的半值層為：（① 3 毫米 ② 1 毫米 ③ 0.375 毫米 ④ 0.125 毫米）。【93.2. 放射師檢覈】

33.【4】某一物質對能量 20 keV 的光子其半值層為 2 公分，則厚 8 公分的此物質可以擋下多少 20 keV 光子束？（① 1/16 ② 1/5 ③ 1/4 ④ 15/16）。【90.2. 放射師檢覈】

34.【2】已知 100 kVp 的 X 光，其半值層為 0.25 mm Pb，今若欲將某點 1.6 R/wk 的曝露率降為 0.1 R/wk，試求所需鉛屏蔽的厚度約為多少 cm？（① 0.5 ② 1 ③ 1.5 ④ 2）。【90.1. 操作初級選試設備、96.2. 輻安證書專業】

35.【2】某射束在 1 m 處之曝露率為 32 mR/h，若不考慮增建因數下，要使其小於 2 mR/h，則至少需加多少 cm 厚的鉛屏蔽？（鉛之半值層為 1 cm）（① 2 ② 4 ③ 8 ④ 16）。【98.1. 放射師專技高考】

36.【3】有 704 個光子的射束，入射到厚度為 34.65 cm 的板狀物質裡，假設此物質對入射光子的半值層為 6.93 cm，則透射的光子個數為：（① 102 ② 34 ③ 22 ④ 7）。【92 二技統一入學】

37.【1】使用 5 個半值層的鉛塊能讓放射線劑量降至多少百分比以內？（① 5% ② 10% ③ 25% ④ 50%）。【94.1. 放射師檢覈】

38.【4】使用鉛合金（Cerrobend）做射束檔塊，需多少個半值層才能達到小於 5% 的臨床要求？（① 2 ② 3 ③ 4 ④ 5）。【95.1. 放射師專技高考】

39.【1】以五個半值層的鉛塊來遮擋重要器官，它的衰減所造成的剩餘劑量約為何？（① ～ 3% ② ～ 10% ③ ～ 20% ④ ～ 50%）。【93.2. 放射師檢覈】

40.【2】6 MV 的光子射束，其半值層（HVL）為 1.5 公分的某合金擋塊（cerrobend block），若使用 7.5 公分厚的合金擋塊阻擋此 6 MV 的光子射束，則此射束穿透擋塊後剩下多少強度？（① 1.5% ② 3.1% ③ 4.5% ④ 7.5%）。【95.2. 放射師專技高考】

41.【3】距離近接治療射源 1 公尺的劑量率為 64 mR/hr，請問需要多少個半值層（HVL）的屏蔽可將劑量率降到 2 mR/hr？（① 3 ② 7 ③ 5 ④ 9）。【95.2. 放射師專技高考】

42.【3】已知 150 kV 的 X 光，其半值層為 0.3 mm Pb，今欲將某點之暴露率從 32 mR/h 降為 1 mR/h，需鉛屏蔽多少 mm？（① 0.5 ② 1 ③ 1.5 ④ 2）。【92.1. 放射師專技高考】

43.【3】窄射束加馬射線的強度從起始強度的 100% 減到 10%，與從 50% 減到 5% 所需吸收物質厚度的比較為：（①前者是後者的 2 倍②後者是前者的

2 倍③兩者厚度一樣④無法比較，需視起始的輻射強度大小而定）。【92.1. 放射師檢覈】

44.【2】鉛板對某能量的 X- 射線半值層為 0.1 公分，多厚的鉛板可將 X- 射線的強度擋掉 99.9% ？（① 0.1 公分② 1.0 公分③ 10 公分④ 100 公分）。【93.2. 放射師檢覈】

45.【2】15 個半值層與 12 個半值層的屏蔽比較，後者光子穿透率是前者的幾倍？（① 3 ② 8 ③ 9 ④ 1000）。【93.1. 輻安證書專業】

46.【2】有一 1 MeV 的光子，經過一鉛屏蔽厚度為 A，射束的光子數會由原來的 10^4 個衰減為 10^3 個，另一 1 MeV 的光子，經過一鉛屏蔽厚度為 B，射束的光子數會由原來的 10^6 個衰減為 10^4 個，則 A、B 厚度的關係為（① A ＞ B ② A ＜ B ③ A ＝ B ④無法比較）。【89.2. 操作初級選試設備】

47.【3】假如一居里（Ci）的放射核種需要 5 HVL 方能做為適當的保護，則 4 Ci 需要多少 HVL 來保護？（① 2 ② 6 ③ 7 ④ 9）。【98.1. 放射師專技高考】

48.【1】入射輻射經過一個什一值層（TVL）厚度的屏蔽，剩下的輻射量為多少？（① 10% ② 37% ③ 50% ④ 90%）。【90 放射師專技高考】

49.【4】如忽略增建因數，二個什一值層（TVL）厚度之屏蔽可使劑量率減至原來之：（① 1/4 ② 1/10 ③ 1/20 ④ 1/100）。【93.1. 放射師檢覈】

50.【1】經過一個什一值層與二個半值層的均質屏蔽後，若不考慮屏蔽材質的增建效應，可將原來的輻射強度減至？（① 1/40 ② 1/80 ③ 1/800 ④ 1/400）。【97.1. 輻安證書專業】

51.【3】兩個半值層（HVL）加上一個什一值層（TVL）的屏蔽厚度，可使光子的穿透率降為原來的幾分之幾？（① 1/14 ② 1/20 ③ 1/40 ④ 1/120）。【95.2. 放射師專技高考】

52.【4】1 個半值層與 2 個什一值層的屏蔽，可將輻射強度衰減為原來的幾倍？（① 1/12 ② 1/20 ③ 1/40 ④ 1/200）。【98.1. 輻安證書專業】

53.【2】三個半值層的厚度再加上一片什一值層厚度的屏蔽應可衰減原輻射強度的（① 30 倍② 80 倍③ 13 倍④ 130 倍）。【89.2. 操作初級選試設備】

54.【4】參個半值層（HVL）加上兩個什一值層（TVL）之屏蔽，可使加馬射線強度降至原來的：（① 1/26 ② 1/160 ③ 1/400 ④ 1/800）。【91.2. 操作初級專業設備】

55.【1】TVL（tenth value layer）與 HVL（half value layer）兩者間的關係為何？（① 3.2 HVL = 1 TVL ② 1 HVL = 3.2 TVL ③ 1 HVL = 10 TVL ④ 10 HVL = 1 TVL）。【97.2. 放射師專技高考】

56.【2】單一能量光子束，在理想的照射條件下，一物的半值層（HVL）相當於多少個什一值層（TVL）？（① 3.32 ② 0.301 ③ 5 ④ 20）。【94.1. 放射師專技高考】

57.【3】鈷 -60 加馬射線的半值層（HVL）為 13.11 mm 鉛，則其十分之一值層（TVL）約為多少 mm 鉛？（① 131 ② 65.5 ③ 43.6 ④ 2.6）。【91 二技統一入學】

58.【1】下列何種組合可以使劑量率降為原來的 1/200？（①一個半值層，二個什一值層②二個半值層，一個什一值層③二個半值層，二個什一值層④二個半值層，三個什一值層）。【93.2. 放射師檢覈】

59.【1】已知半值層（HVL）為 0.1 mm 的鉛，什一值層（TVL）厚度為 0.32 mm 的鉛，今欲衰減射柱強度為四千分之一，試問所需鉛屏的厚度為多少 mm？（① 1.16 ② 1.26 ③ 2.88 ④ 4.74）。【91.2. 操作初級專業設備】

60.【4】已知欲使用鉛來衰減某一能量之加馬射線，其半值層為 0.1 cm，今欲將此輻射強度衰減為原來的四萬分之一，需要多少 cm 的鉛？（① 1.22 ② 1.32 ③ 1.42 ④ 1.52）。【98.1. 輻防師專業】

61.【1】已知某一輻射之什一值層（TVL）厚度為 1 cm 的鉛，今欲將此輻射強度衰減為四萬分之一，試問所需鉛屏的厚度為（① 4.6 cm ② 5.6 cm ③ 6.6 cm ④ 7.6 cm）。【97.1. 輻防師專業】

62.【3】3 個什一值層（TVL）約相當於多少個半值層（HVL）？（① 3 ② 5 ③ 10 ④ 15）。【97.2. 輻安證書專業】

63.【2】六個什一值厚度的屏蔽能衰減射柱強度為原強度的（①千萬分之一②

百萬分之一③十萬分之一④一萬分之一)。【91.2. 操作初級專業密封】

64.【4】 半值層(half value layer, HVL)與什一值層(tenth value layer, TVL)的關係為何?(① HVL = TVL-(ln2/ln10)② HVL = TVL -(ln10/ln2)③ HVL = TVL×(ln10/ln2)④ HVL = TVL×(ln2/ln10))。【94.1. 放射師專技高考】

65.【2】 若對某一特定能量診斷 X 光,以混凝土為屏蔽材質時其半值層(HVL)為 2.5 cm,則其什一值層(TVL)應為若干 cm?(① 1.25 ② 8.3 ③ 12.5 ④ 25)。【96.1. 輻安證書專業】

66.【2】 ^{60}Co 加馬射線的十值層為 43.6 mm 鉛,則其半值層為(① 1.311 ② 13.11 ③ 131.1 ④ 4.36)mm 鉛。【92.1. 放射師專技高考】

67.【1】 單一能量光子束,在理想的照射條件下,一物的什一值層(TVL)相當於多少個半值層(HVL)?(① 3.32 ② 0.301 ③ 5 ④ 20)。【94.2. 輻安證書專業】

68.【3】 輻射屏蔽什一值層(TVL)厚度是半值層(HVL)厚度的多少倍?(① 5 ② 1/5 ③ 3.3 ④ 1/3.3)。【93.1. 輻安證書專業】

69.【2】 已知半值層為 0.1 mm 的鉛,什一值層為 0.32 mm 的鉛,今欲衰減射束強度為八千分之一,試問所需屏蔽的厚度為多少 mm?(① 1.16 ② 1.26 ③ 2.88 ④ 4.74)。【93.1. 放射師專技高考】

70.【2】 已知某射源的什一值層(TVL)為厚度 0.32 mm 的鉛。今欲衰減射束強度為五千分之一,請問約需多少厚度的鉛屏?(① 1.4 mm ② 1.2 mm ③ 1.0 mm ④ 0.8 mm)。【94.1. 放射師檢覈】

71.【3】 評估 ^{60}Co 治療室主屏蔽時,得穿透分數為 $1×10^{-2}$,試問需鉛屏蔽多少毫米?(鉛之什一值層厚度為 40 毫米)(① 27.7 ② 40 ③ 80 ④ 1600)。【94.2. 放射師專技高考】

72.【3】 20 層 HVL 對輻射阻擋的效果,相當於:(① 2 層什一值層 ② 3 層什一值層 ③ 6 層什一值層 ④ 10 層什一值層)。【95.1. 放射師專技高考】

2.29 │光子數目隨屏蔽厚度成指數減少

1. 【1】假設一吸收介質之厚度為 t，線性衰減係數為 μ，則 $e^{-\mu t}$ 和下列何者無關？（①入射光的強度②光子的能量③介質的密度④介質的原子序）。【93 二技統一入學】

2. 【3】有關 γ 射線射束衰減公式 $N = N_0 e^{-\mu x}$ 公式，下述何者不正確？（①N 為衰減後之光子數目②x 為衰減物質之厚度單位為 m③μ 為質量衰減係數④e 為自然對數的底）。【90 二技統一入學】

3. 【4】直線衰減係數（linear attenuation coefficient）μ 的 SI 單位為：（① $m^2 \, kg^{-1}$ ② $cm^2 \, g^{-1}$ ③ cm^{-1} ④ m^{-1}）。【93.1. 放射師檢覈】

4. 【3】有一射束含 500 個光子，射入 12 公分厚、直線衰減係數為 $0.2 \, cm^{-1}$ 的物質，則有多少光子跟物質作用？（① 6 ② 45 ③ 455 ④ 494）。【98.2. 放射師專技高考】

5. 【3】已知 3 cm 的物質可以將一單能量射束衰減為原來的 40%，請問再加上另一塊 3 cm 的物質可將此射束衰減為原來的百分之多少？（① 60% ② 40% ③ 16% ④ 20%）。【97.1. 輻安證書專業】

6. 【3】當 X 光射束通過一厚度為 x 之吸收體，其強度將減少 50%，試問此吸收體之衰減係數(( ))為：（① 0.693x ② x/0.693 ③ 0.693/x ④ 2x）。【91.2. 操作初級專業 X 光機】

7. 【2】對水而言，40 keV 的 X 光，其直線衰減係數 μ 為 $0.24 \, cm^{-1}$，求其半值層（HVL）為何？（① 1.44 cm ② 2.89 cm ③ 3.15 cm ④ 4.17 cm）。【98.1. 輻防員專業】

8. 【4】100 keV X- 射線對銅的線性衰減係數為 4.081/ 公分，則其半值層為：（① 4.08/ 公分② 4.08 公分③ 0.17/ 公分④ 0.17 公分）。【93.2. 放射師檢覈】

9. 【3】鉛對 1.0 MeV γ 射線之衰減係數為 $0.15 \, cm^{-1}$，則半值層（HVL）厚度為多少公分？（① 0.10 ② 0.15 ③ 4.62 ④ 6.67）。【94.2. 放射師專技高考】

10.【4】已知鉛對 6 MV 光子射束的衰減係數為 $0.51 \, cm^{-1}$，那麼 2 HVL 的鉛

擋塊厚度需要多少 cm？（① 0.74 ② 1.36 ③ 1.47 ④ 2.72）。【96.2. 放射師專技高考】

11.【4】某一物質對 70 keV X 光的衰減係數為 0.1 cm^{-1}，則此物質對此能量 X 光的什一值層（TVL）厚度約為多少 cm？（① 3.84 ② 7.68 ③ 15.36 ④ 23.03）。【98.1. 放射師專技高考】

12.【2】欲製作一個將射束強度減少至約 40% 的部分穿透擋塊（partial transmission block）需用多少個半值層厚度的鉛合金？（① 0.63 ② 1.32 ③ 1.83 ④ 4.32）。【94.1. 放射師檢覈】

13.【2】已知 60Co 的半值層（HVL）為 1.2 公分的鉛，試問欲將 60Co 射源強度降為原來的 1/20，需幾公分厚的鉛？（① 3.8 ② 5.2 ③ 7.2 ④ 9.4）。【91 放射師專技高考】

14.【4】至少要使用若干半值層的鉛塊才能讓放射線劑量剩下 5% 以內？（① 2 ② 3 ③ 4 ④ 5）。【94.1. 放射師專技高考】

15.【4】某光子射束於某物質中每公分衰減 1%，則針對此光子射束，該物質的半值層約為何？（① 10 ② 30 ③ 50 ④ 70）公分。【92.2. 放射師檢覈】

16.【1】單能 X 光射柱在水中進行每公分被吸收 8%，試求水對此 X 光射柱的半值層約為：（① 8.31 ② 13.5 ③ 35.0 ④ 50.0）公分。【93.1. 放射師專技高考】

17.【3】已知距離活度為一居里之鈷六十點射源一米處之曝露率為 1.3 R/h，欲將該點的劑量率降至 0.25 mR/h，試問在點射源與該點之間至少需加多少個半值層的屏蔽物質？（① 2.38 ② 9.03 ③ 12.35 ④ 15.65）。【92.2. 放射師檢覈】

18.【4】已知距離活度為一居里之鈷六十點射源一米處之曝露率為 2.6 R/h，為輻射防護希望將該點的劑量率降至 0.5 mR/h，試問在點射源與該點之間至少需加多少個半值層的屏蔽物質？（① 7 ② 9 ③ 11 ④ 13）。【92.1. 放射師檢覈】

19.【3】照射用之射源置於水底，要將水面之輻射劑量率降為無水時之 0.1%，如不考慮增建因數，問水深至少要多少 m？（水之直線衰減係數＝9×

10-2 cm-1）（① 0.07 ② 0.33 ③ 0.77 ④ 1.33）。【98.1. 放射師專技高考】

20.【3】假設今有單一能量之 X 光,已知 2 mm 的鋁片可以濾掉數量 60% 之 X 光;請問若再穿越 1 mm 的鋁片後,則剩下的 X 光約為多少?（① 7% ② 16% ③ 25% ④ 36%）。【96.1. 放射師專技高考】

21.【2】已知 7 cm 的物質可以將射束衰減為原來的 70%,請問再加上另一塊 7 cm 的物質可將射束衰減為原來的百分之多少?（① 63% ② 49% ③ 35% ④ 14%）。【94.2. 輻安證書專業】

22.【2】已知 8 cm 的物質 A 可將射束衰減為原來的 80%,如果再加一塊相同厚度的物質 A 可將射束衰減為原來的（① 72% ② 64% ③ 56% ④ 48%）。【98.1. 輻安證書專業】

23.【1】鈷 60 的劑量率為 1.6 mSv/h,要減弱其輻射強度至 100 μSv/h 時,需加鉛的厚度為多少公分?（鉛對鈷 60 的 γ 射線之半值層 = 1.2 公分）（① 4.8 ② 3.6 ③ 2.4 ④ 1.2）。【89.2. 操作初級選試設備】

24.【2】離 ^{60}Co 點射源 2 公尺處之有效劑量率為 125 mSv/h,欲使距離 5 公尺處之劑量率降至 5 mSv/h,需加鉛屏蔽若干?（忽略增建因數,鉛屏蔽 ^{60}Co 加馬射線之 HVL = 12 mm）（① 12 mm ② 24 mm ③ 48 mm ④ 192 mm）。【93.1. 放射師檢覈】

25.【4】距離活度為 1.0 Ci 的鈷 60 點射源,1 米處之曝露率為 1.3 R/h;為輻射防護,希望將 1 米處的劑量率降至 0.25 mR/h,則約需多厚的混凝土屏蔽（混凝土對鈷 60 射線的直線衰減係數 = 0.11 cm-1）?（① 9 cm ② 12 cm ③ 52 cm ④ 78 cm）。【95.1. 放射師專技高考】

26.【2】屏蔽等於 15 公分,I（x）/I（0）等於多少?（HVL = 10 公分）（① 0.3 ② 0.35 ③ 0.4 ④ 0.45）。【87.2. 輻防中級基本】

27.【2】104 光子打在 8 公分厚的物質上,其直線衰減係數為 0.1 cm-1,則有多少光子可以穿透?（① 1000 ② 4493 ③ 8000 ④ 104）。【90.1. 放射師檢覈】

28.【2】計算有百分之幾的輻射會穿過厚度為 15 cm 之平板,而其 μ = 0.10 cm^{-1}?（① 19.3% ② 22.3% ③ 25.3% ④ 28.3%）。【91.2. 放射師檢覈】

29.【2】假設含有 10^2 個 X 光子的射束入射到厚度為 20 cm 的板狀物質裡，其 $\mu = 0.10$ cm^{-1}，試決定透射出的大約光子數：（① 10 ② 14 ③ 74 ④ 91）。【95 二技統一入學】

30.【4】假設 10000 個光子照射在 1 cm 厚的某物質中，它的直線衰減係數 μ 為 0.0632 cm-1，請估計將會有多少個光子會與物質產生作用？（① 10000 ② 9368 ③ 1000 ④ 632）。【92.1. 放射師檢覈】

31.【4】有 1 MeV 窄光子射束通過 2 cm 厚，直線衰減係數（μ）為 0.771 cm-1 之屏蔽體，則被屏蔽掉的光子射束強度約多少 %？（① 21.4 ② 39.3 ③ 48.8 ④ 78.6）。【98.1. 放射師專技高考】

32.【2】某射源將儲放於水底，欲將其輻射減弱至無屏蔽時之 5%，如不考慮增建因數，水深約需多少公尺？（μwater $= 9 \times 10^{-2}$ cm^{-1}）（① 0.033 ② 0.33 ③ 3.3 ④ 30.3）。【93.1. 放射師專技高考】

33.【2】一含有 2000 個單能光子的射束，穿過 1 cm 厚度的銅片後，只剩下 500 個，則此銅片的總直線衰減係數為多少 cm^{-1}？（① 0.693 ② 1.386 ③ 2.079 ④ 2.772）。【94.2. 輻安證書專業】

34.【3】鉛的總衰減係數在那個能量附近有一最低值？（① 30 keV ② 300 keV ③ 3 MeV ④ 30 MeV）。【93.2. 放射師專技高考】

2.30 ｜光子的質量、原子、電子衰減係數

1.【4】質量衰減係數和下列何者無關？（①光電效應②康普吞散射③合調散射④物質的密度）。【93 二技統一入學】

2.【4】物質對 X- 射線的質量衰減係數與 X- 射線的：（①質量有關②密度有關③強度有關④能量有關）。【93.2. 放射師檢覈】

3.【1】請問質量衰減係數（μ/ρ）的物理意義為何？（①光子與單位質量物質的作用機率②電子與單位質量物質的作用截面③中子與單位質量物質的作用截面④輻射在單位長度損失的能量）。【95.1. 放射師專技高考】

4. 【1】質量衰減係數（mass attenuation coefficient）的單位為：（① m^2/kg ② kg/m^2 ③ $1/m$ ④ m）。【91 二技統一入學】

5. 【3】質量衰減係數的單位為何？（① kg/m^2 ② kg/m ③ m^2/kg ④ m/kg）。【93.2. 放射師專技高考】

6. 【2】設計輻射屏蔽時若採用質量衰減係數，則屏蔽物質的厚度單位應採用下列何者最適當？（① $cm^2 \cdot g^{-1}$ ② $g \cdot cm^{-2}$ ③ $cm^2 \cdot g$ ④ $g \cdot cm^{-1}$）。【97.2. 放射師專技高考】

7. 【2】光子的質量衰減係數等於原子衰減係數乘以什麼？（①單位體積的原子數目②單位質量的原子數目③單位面積的光子數目④單位面積的光子能量）。【92.1. 放射師專技高考】

8. 【3】100 keV 的光子射束在鋁中（密度為 2.699 g/cm^3）的質量衰減係數為 0.1706 cm^2/g，則其線性衰減係數為多少 cm^{-1}？（① 15.821 ② 2.8696 ③ 0.4604 ④ 0.0632）。【94.2. 放射師檢覈】

9. 【3】一窄光子射束穿透不同厚度的固態水假體，當穿透厚度為 3 公分時殘餘的光子通量為 3×10^{10} cm^{-2}，當厚度為 5 公分時殘餘的光子通量為 6×109 cm^{-2}，則可估得其直線衰減係數約為（① 0.312 ② 0.678 ③ 0.805 ④ 1.132）cm^{-1}。【92.1. 放射師檢覈】

10. 【1】^{137}Cs 的 γ 射線對鉛的半值層為 0.5 cm，試求該 γ 射線對鉛之質量衰減係數為多少 $cm^2 \, g^{-1}$？（鉛密度為 11.4 $g \, cm^{-3}$）（① 0.12 ② 0.23 ③ 0.54 ④ 0.86）。【91.2. 放射師檢覈】

11. 【2】鉛對鈷 -60 γ 射線的質量衰減係數為 0.058 cm^2/g，則鈷 -60 γ 射線之半值層（HVL）約為多少 cm 的鉛？（鉛之密度為 11.3 g/cm^3）（① 1.53 ② 1.06 ③ 0.66 ④ 0.45）。【92 二技統一入學】

12. 【3】已知某光子與水泥的半值層（HVL）為 5 cm，請問此光子在水泥之平均自由徑（mean free path）為多少 cm？（① 0.8 ② 5 ③ 7.2 ④ 13.6）。【98.1. 放射師專技高考】

13. 【2】已知 6 MeV 的 X 光在肌肉中的質量衰減係數為 0.0273 $cm^2 \, g^{-1}$，肌

肉的密度為 1040 kg m^{-3}，則其平均射程為多少公分？（① 33.7 ② 35.2 ③ 36.6 ④ 38.1）。【91.1. 放射師檢覈、98.1. 輻防師專業】

14.【2】已知光子在密度 1.040 g cm^{-3} 的物質之 μ/ρ 為 0.02743 cm^2 g^{-1}，則平均自由行程（mean free path）為：（① 34.05 cm ② 35.05 cm ③ 36.05 cm ④ 37.05 cm）。【93.1. 放射師檢覈】

15.【3】已知 20 MeV 的光子在水中的質量衰減係數為 0.0182 cm^2/g，請問其平均自由路徑（mean free path）為多少公分？（① 37 ② 46 ③ 55 ④ 64）。【96.2. 放射師專技高考】

16.【2】光子在碰撞前所走的平均射程（mean free path）約為半值層的幾倍？（① 0.693 ② 1.44 ③ 2.3 ④ 3.3）。【97.2. 輻防員專業】

17.【1】已知 1 MeV 的光子與氫及氧作用的質量衰減係數分別為 0.1263 cm^2/g 及 0.0637 cm^2/g，試求 1 MeV 光子束在水中之質量衰減係數為多少 cm^2/g ？（① 0.071 ② 0.085 ③ 0.097 ④ 0.105）。【96.1. 輻防員專業】

18.【4】已知氫的質量衰減係數（μ/ρ）H ＝ 0.1129 cm^2/g，氧的係數（μ/ρ）O = 0.0571 cm$_2$/g，求水的質量衰減係數（μ/ρ）H$_2$O 為何？（① 0.0333 cm^2/g ② 0.0433 cm^2/g ③ 0.0533 cm^2/g ④ 0.0633 cm^2/g）。【98.1. 輻防師專業】

19.【2】0.3 MeV 光子束對氮 -14 的質量衰減係數為 0.01068 m^2/kg，則其原子衰減係數為多少 m^2/atom ？（① 3.085×10^{-28} ② 2.484×10^{-28} ③ 2.865×10^{-29} ④ 2.566×10^{-29}）。【94.1. 放射師檢覈】

20.【4】若以 μ/ρ 表示質量衰減係數，其單位為 m^2 kg^{-1}，以 Ne 表示每克的電子數，Z 表示物質的原子序數，則原子衰減係數以 m^2/atom 為單位時，其值為下列何者？（①（μ/ρ）/（1000N$_e$/Z）②（μ/ρ）/（1/1000N$_e$）③（μ/ρ）/（Z/N$_e$）④（μ/ρ）/（Z/1000N$_e$））。【92.1. 放射師專技高考】

21.【1】已知鉛（Pb）的密度為 11.4 g/cm^3，且其原子量為 207.21，則每立方公分（cm3）的鉛原子數約為：（① 3.3×10^{22} 個 ② 2.1×10^{23} 個 ③ 5.6×10^{22} 個 ④ 6.0×10^{21} 個）。【98.2. 放射師專技高考】

22.【2】已知 N 為亞佛加厥常數，Z 為原子序數，A 為原子量，則「每公克」

物質的「電子數」為：（① N/A ② NZ/A ③ 1000N/A ④ 1000NZ/A）。【96.1. 放射師專技高考】

23.【1】鋁的密度為 2.699 g cm^{-3}，原子量為 26.981，原子序為 13，則其電子密度為多少 e$^-$ cm^{-3}？（① 7.829×10^{23} ② 2.381×10^{23} ③ 9.182×10^{22} ④ 5.144×10^{22}）。【92.1. 放射師檢覈】

24.【2】μ/ρ 表示質量衰減係數，單位為 m^2 kg^{-1}，Ne 表示每克的電子數，Z 表示物質的原子序數，則電子的衰減係數（eμ）以 m^2/electron 為單位時，其值為（①（1000Neμ）/（Zρ）②μ/（1000Neρ）③（Zμ）/（Neρ）④（Zμ）/（1000Neρ））。【91 放射師專技高考】

25.【1】已知質量衰減係數 μ/ρ（m^2 kg^{-1}）、每克的薄層物質的電子數 N$_e$、物質的原子序數 Z，則電子的衰減係數 eμ 為何？（① eμ =（μ/ρ）×（1/1000 N$_e$）② $_e\mu$ =（μ/ρ）×（Z/1000 N$_e$）③ $_e\mu$ =（μ/ρ）×（1/Ne）④ $_e\mu$ =（μ/ρ）×（Z/N$_e$））。【98.1. 放射師專技高考】

26.【2】一含有 105 光子的單能量射束穿透一厚度為 10^{26} atoms m^{-2} 的碳（原子序為 6）薄片，假設碳原子軌域上的電子皆為自由電子且每個電子的康普吞反應截面為 0.4927×10^{-28} m^2，則通過碳薄片後減少多少光子？（① 492 ② 2913 ③ 4927 ④ 10^5）。【91 放射師專技高考】

27.【1】鉛的密度為 11360 kg/m^3，對 60 keV 光子的質量衰減係數是 4.863 cm^2 g^{-1}，試問需要多少 mm 的鉛，將射束的強度降低到其原始值的 2%？（不考慮增建因素）（① 0.708 ② 1.71 ③ 2.71 ④ 3.71）。【97.2. 輻防員專業】

2.31 | 光子的通量（率）、能量通量（率）

1.【1】據國際輻射單位與度量委員會（ICRU）之定義，光子數目與面積的比值稱為：（①通量（Φ）②能量通量（Ψ）③通量率（Φ）④能量通量率（Ψ））。【92 二技統一入學】

2.【2】X- 射線通量的單位是：（①光子數目 / 每單位時間 ②光子數目 / 每單

位面積③光子數目/（每單位面積‧單位時間）④光子數目/（每單位面積‧單位時間‧單位立體角度））。【93.2. 放射師檢覈】

3. 【2】下列哪一式是能通量（energy fluence）的定義？（N：光子數，a：光子通過的面積，hv：光子能量，t：時間）：（① dN/da ② dN‧hv/da ③ dN/（da‧dt）④ dN‧hv/（da‧dt））。【92.1. 放射師專技高考】

4. 【1】光子數通量公式為 Φ = dN/da，式中 dN 為光子數目，da 為何？（①面積②體積③活度④能量）。【95 二技統一入學】

5. 【3】下列何者為能量通量率（energy fluence rate）的單位？（① MeV m^{-2} ② MeV kg^{-1} m^{-2} ③ W m^{-2} ④ J m^{-2}）。【90.1. 放射師檢覈】

6. 【3】下列何者為光子通量率（Fluence rate）的定義？（N：光子數，a：光子通過的面積，hv：光子能量，t：時間）：（① dN/da ② dN‧hv/da ③ dN/（da‧dt）④ dN‧hv/（da‧dt））。【91.2. 放射師檢覈】

7. 【3】單位時間及單位面積內通過光子之數目稱為？（①通量②能量通量③通量率④能量通量率）。【94.2. 放射師專技高考】

8. 【4】每單位時間通過單位面積的光子數目，又稱為：（①能量通量率②強度（intensity）③能量率密度④通量率）。【94 二技統一入學】

9. 【3】有 N 電子，平均動能為 E，若以 t 時間穿過 A 面積時，請問電子的通量率為多少？（① N/A ② NE/A ③ N/（At）④ NE/（At））。【96.1. 放射師專技高考】

10.【4】輻射強度（radiation intensity）I 是指單位時間內，通過單位面積的光子輻射能量，輻射強度I就是：（①通量②能量通量③通量率④能量通量率）。【93.1. 放射師檢覈】

11.【2】下列何者可作為能量通量的單位？（① MeV cm^2 g^{-1} ② MeV cm^{-2} ③ g MeV^{-1} cm^{-2} ④ cm^2 g^{-1}）。【96 二技統一入學】

12.【2】活度 1 Ci 的 137Cs 點射源，每次蛻變所產生的 γ 能量為 0.662 MeV（90%），則在距離射源 0.5 公尺處的光子能通量率為：（① 2.8×10^9 MeV m^{-2} s^{-1} ② 7.0×10^9 MeV m^{-2} s^{-1} ③ 8.8×10^9 MeV m^{-2} s^{-1} ④ 1.4×10^{10} MeV m^{-2}

s^{-1}）。【93.1. 放射師檢覈】

13.【2】有一 60Co 的點射源，其活度為 1 Ci，γ 能量為 1.173 MeV（100%）、1.333 MeV（100%），試求在 1 米處的輻射強度為多少？（① 1.18×10^{-2} J m^{-2} s^{-1} ② 1.18×10^{-3} J m^{-2} s^{-1} ③ 1.18×10^{-4} J m^{-2} s^{-1} ④ 1.18×10^{-5} J m^{-2} s^{-1}）。【93.1. 放射師檢覈】

2.32 ▏克馬與吸收劑量

1.【1】克馬代表射束在介質中的：（①動能釋放②動能吸收③吸收劑量④釋放劑量）。【94 二技統一入學】

2.【1】克馬（Kerma）的 ma 是指（① Mass ② Mammo ③ Mature Atom ④ Manual Activity）。【93.1. 放射師檢覈】

3.【3】射束與物質作用，能量轉移過程中，涉及光子與原子作用產生一高能運動電子的是：（①活度 A ②吸收劑量 D ③克馬 K ④能量 J）。【95 二技統一入學】

4.【3】空氣克馬（air kerma）這個單位適用於下列何種輻射？（① α 粒子② β 粒子③ X 光④高速電子）。【97.2. 放射師專技高考】

5.【1】克馬又稱為比釋動能，其單位為（① J/kg ② MeV/m^3 ③ erg/L ④卡路里）。【89.1. 輻防高級基本】

6.【2】下列何者是克馬（kerma）的單位？（① Bq ② J kg^{-1} ③ Sv ④ C kg^{-1}）。【90.2. 放射師檢覈】

7.【2】克馬（kerma）的國際制單位為：（① Sv ② J/kg ③ C/kg ④ Bq）。【91 二技統一入學】

8.【2】與吸收劑量相同單位的是：（①活度②克馬③曝露④線性能量轉移）。【89.3. 輻防初級基本】

9.【3】克馬的單位與什麼的單位相同？（①能量②曝露③吸收劑量④等價劑量）。【93.1. 放射師專技高考】

10.【2】能量為 1 MeV 的光子射束與 100 公克的物質作用，並轉移 0.3 焦耳的能量給游離電子，其中 0.25 焦耳的能量被物質吸收，則克馬為何？（① 0.3 Gy ② 3 Gy ③ 0.25 Sv ④ 2.5 rem）。【92.1. 放射師專技高考】

11.【3】能量為 2 MeV 的光子射束與質量 1 公斤的物質發生作用，若轉移給該物質內電子的初始動能為 0.3 焦耳，其中 0.2 焦耳的能量被物質吸收，則克馬（kerma）為多少 Gy？（① 0.1 ② 0.2 ③ 0.3 ④ 0.5）。【95.2. 放射師專技高考】

12.【2】克馬（KERMA）不用於下列何種粒子之計算？（①中子②質子③ X 射線④加馬射線）。【94.2. 放射師專技高考】

13.【4】「吸收劑量」之定義為何？（①單位質量內所通過的粒子數目②單位質量內所通過的能量③單位質量內所產生的電荷④單位質量內所吸收的能量）。【94.2. 放射師專技高考】

14.【1】單位質量物質吸收輻射之平均能量稱為（①吸收劑量②等效劑量③等價劑量④有效劑量）。【98.1. 輻安證書法規】

15.【2】吸收劑量是：（①隨機量②非隨機量③生物當量④活度量）。【94.2. 放射師檢覈】

16.【2】下述那個是吸收劑量的單位？（① C/kg ② J/kg ③ rem ④ Sv）。【93.2. 放射師專技高考】

17.【1】吸收劑量之單位：雷得（rad）與戈雷（Gy）兩者之關係為何？（① 1 雷得（rad）＝ 0.01 戈雷（Gy）② 1 雷得（rad）＝ 0.1 戈雷（Gy）③ 1 雷得（rad）＝ 1 戈雷（Gy）④ 1 雷得（rad）＝ 10 戈雷（Gy））。【92 二技統一入學】

18.【2】吸收劑量的國際制單位為（①焦耳－秒②焦耳／千克③焦耳－千克④爾格／秒）。【89.1. 輻防初級基本、91.2. 操作初級基本】

19.【2】吸收劑量的 SI 單位為：（① C/kg ② Gy ③ Sv ④ rem）。【93.1. 放射師檢覈】

20.【3】戈雷（Gy）代表？（① activity ② exposure ③ absorbed dose ④ dose equivalent）。【94.2. 放射師專技高考】

21.【2】某腫瘤重 35 g，治療劑量是 200 cGy，則腫瘤須接受多少焦耳的輻射能量？（① 0.007 ② 0.07 ③ 0.7 ④ 7）。【90.1. 放射師檢覈】

22.【3】某腫瘤重 35 g，接受了 0.07 焦耳的輻射能量，則其治療劑量為多少 Gy？（① 0.02 ② 0.2 ③ 2 ④ 20）。【96.2. 輻安證書專業】

23.【2】參考人兩個卵巢共重 11 g，若在子宮頸癌的外部照射時，接受到 20 Gy 的輻射劑量，則其所接受的輻射能量為多少焦耳？（① 0.022 ② 0.22 ③ 2.2 ④ 22）。【90.2. 放射師檢覈】

24.【2】有一個 2 公斤的腫瘤接受了 4 焦耳的輻射能量，試問腫瘤的吸收劑量為多少戈雷？（① 0.5 ② 2 ③ 4 ④ 8）。【90 放射師專技高考、91.2. 操作初級專業設備】

25.【2】在人體某器官（密度為 0.93 g cm^{-3}）的 40 cm^3 區域內，從輻射場吸收了 6×10^5 MeV 的能量，試求其平均吸收劑量？（① 1.29 μGy ② 2.58 μGy ③ 1.29 mGy ④ 2.58 mGy）。【92.1. 放射師檢覈】

26.【1】4 MeV 的光子進入 10 克的靶，產生康普吞散射及成對發生，光子進入靶後，先產生康普吞散射，散射後康普吞電子在離開靶時能量剩下 0.8 MeV，而康普吞光子能量 1.8 MeV 繼續前進並在靶內產生成對發生，負電子離開靶時能量剩下 0.078 MeV，而正電子最後停在靶內並產生兩個互毀輻射，此二輻射皆離開靶區，請問在此過程中靶內所造成的吸收劑量為多少 Gy？（① 3.36×10^{-12} ② 5.36×10^{-12} ③ 7.36×10^{-12} ④ 9.36×10^{-12}）。【98.1. 輻防師專業】

2.33 ｜能量轉移係數、能量吸收係數

1.【1】光子與物質作用時，平均轉移能量（E_{tr}）、平均吸收能量（E_{ab}）、制動輻射流失能量（E_B），三者間的關係為何？（① $E_{tr} = E_{ab} + E_B$ ② $E_B = E_{ab} - E_{tr}$ ③ $E_{tr} = E_{ab} - E_B$ ④ $E_{ab} = E_B - E_{tr}$）。【94.2. 放射師專技高考】

2.【3】診斷 X 光射入人體軟組織發生光電效應時，其平均能量轉移 $\overline{E}_{tr}$ 與平

均能量吸收$\overline{E}_{en}$的關係為：（①$\overline{E}_{tr} < \overline{E}_{en}$ ②$\overline{E}_{tr}$ 遠小於 $\overline{E}_{en}$ ③$\overline{E}_{tr} \geqq \overline{E}_{en}$ ④$\overline{E}_{tr}$ 遠大於$\overline{E}_{en}$）。【93.1. 放射師檢覈】

3. 【3】對 20 MeV 的光子射束而言，在水中的平均能量轉移為 16.5 MeV，平均能量吸收為 15.3 MeV，則此光子打出的電子其能量轉為制動輻射的百分比為多少？（① 3.6 ② 5.5 ③ 7.3 ④ 8.5）。【98 元培碩士入學】

4. 【1】假設光子與物質作用，平均轉移給電子的能量為 E_{tr}，則能量轉移係數（μ_{tr}）與直線衰減係數（μ）的關係為何？（入射光子能量 $h\nu$）（①$\mu_{tr} = \mu \cdot E_{tr}/h\nu$ ②$\mu_{tr} = \mu \cdot h\nu/E_{tr}$ ③$\mu = \mu_{tr} \cdot E_{tr}/h\nu$ ④$\mu = \mu_{tr} \cdot h\nu/E_{tr}$）。【91.1. 放射師檢覈】

5. 【3】已知銅對 2 MeV 的光子射束的質量衰減係數為 0.0420 cm^2 g^{-1}，質量轉移係數為 0.0223 cm^2 g^{-1}，則每一次光子與銅碰撞平均轉移多少能量？（① 178 keV ② 441 keV ③ 1.06 MeV ④ 1.53 MeV）。【92.1. 放射師檢覈】

6. 【4】1.25 MeV 的光子射束射入 1 公分厚的水中，假設其質量衰減係數為 0.0632 cm^2/g 且每次碰撞後平均有 0.586 MeV 的能量被吸收，則其質量吸收係數為多少 cm^2/g？（① 0.1348 ② 0.0463 ③ 0.0370 ④ 0.0296）。【94.2. 放射師檢覈】

7. 【2】質能轉移係數（μ_{tr}/ρ）、質能吸收係數（μ_{ab}/ρ）與制動輻射的平均分數（g）之關係式為：（①$\mu_{ab}/\rho = (\mu_{tr}/\rho)(1+g)$ ②$\mu_{ab}/\rho = (\mu_{tr}/\rho)(1-g)$ ③$\mu_{tr}/\rho = (\mu_{ab}/\rho)(1+g)$ ④$\mu_{tr}/\rho = (\mu_{ab}/\rho)(1-g)$）。【91.2. 放射師檢覈】

8. 【3】在能量吸收係數 μ_{en} 與能量轉移係數 μ_{tr} 的關係式 $\mu_{en} = \mu_{tr}(1-g)$ 中，g 所代表的意義為何？（①光子能量轉為電子動能之能量分率②光子能量轉為制動輻射之能量分率③電子動能轉為制動輻射之能量分率④電子動能被吸收之能量分率）。【92.2. 放射師專技高考】

9. 【1】對一光子射束而言，碰撞克馬 $K_{col} = \Psi \times (\mu_{en}/\rho) = \Psi \times (\mu_{tr}/\rho) \times (1-g)$，其中，g 為：（①一個電子在制動輻射過程中的能量損失的平均分數②一個電子在游離碰撞過程中的能量損失的平均分數③一個光子在制動輻射過程中的能量損失的平均分數④一個光子在游離碰撞過程中的能量損失的平均

分數）。【93.1. 放射師檢覈】

10.【4】在電子平衡的特殊狀況下，克馬（K）、吸收劑量（D）及制動輻射之分量（g）之關係為：（① D＝K（g-1）② K＝D（g-1）③ K＝D（1-g）④ D＝K（1-g））。【97.1. 放射師專技高考】

11.【1】給予以下放射物理參數的代號，則何者正確？線性衰減係數（μ）、每一碰撞平均能量轉移 E_{tr}、線性能量轉移係數（μ_{tr}）、線性能量吸收係數（μ_{en}）、入射能量（hv）、二次電子能量轉移給制動輻射比例（g）。（① $\mu_{en} = \mu \cdot E_{tr}$（1-g）/hv ② $\mu_{en} = \mu_{tr} \cdot E_{tr}$（1-g）/hv ③ $\mu_{tr} = \mu_{en}$（1-g）④ $\mu_{tr} = \mu \cdot E_{en}$/hv）。【93.2. 放射師檢覈】

12.【2】光子的衰減係數為 μ，能量吸收係數為 μ_{en}，能量轉移係數為 μ_{tr}。下列何者正確？（① $\mu > \mu_{en} > \mu_{tr}$ ② $\mu > \mu_{tr} > \mu_{en}$ ③ $\mu_{en} > \mu_{tr} > \mu$ ④ $\mu_{tr} > \mu_{en} > \mu$）。【94.1. 放射師專技高考】

13.【1】下列那一係數的值最大？（①衰減係數②能量轉移係數③能量吸收係數④能量損失係數）。【87.2. 輻防中級基本】

14.【1】10 MeV 的光子與鉛發生作用，下列哪一種係數的值最大？（①質量衰減係數②質能轉移係數③質能吸收係數④以上三者一樣大）。【90 放射師專技高考】

15.【2】100 MeV 的光子與水發生作用，試比較質量衰減係數（μ/ρ）、質能吸收係數（μ_{en}/ρ）與質能轉移係數（μ_{tr}/ρ）的大小：（① $\mu/\rho > \mu_{en}/\rho > \mu_{tr}/\rho$ ② $\mu/\rho > \mu_{tr}/\rho > \mu_{en}/\rho$ ③ $\mu_{tr}/\rho > \mu/\rho > \mu_{en}/\rho$ ④ $\mu_{en}/\rho > \mu_{tr}/\rho > \mu/\rho$）。【92.1. 放射師專技高考】

16.【2】高能光子和吸收體（Absorber）作用時，其質量衰減係數 μ/ρ、質量吸收係數 μ_{ab}/ρ 及質量轉換係數 μ_{tr}/ρ 的數值大小比較，下述何者正確？（① $\mu/\rho > \mu_{ab}/\rho > \mu_{tr}/\rho$ ② $\mu/\rho > \mu_{tr}/\rho > \mu_{ab}/\rho$ ③ $\mu_{tr}/\rho > \mu/\rho > \mu_{ab}/\rho$ ④ $\mu_{ab}/\rho > \mu_{tr}/\rho > \mu/\rho$）。【94 二技統一入學】

17.【1】下列有關光子與物質作用係數 μ，μ_{tr}，μ_{en} 間關係的敘述，何者正確？（μ：線性衰減係數，μ_{tr}：能量轉移係數，μ_{en}：能量吸收係數）（① $\mu > \mu_{tr} >$

μ_{en} ② $\mu < \mu_{tr} < \mu_{en}$ ③ $\mu = \mu_{tr} = \mu_{en}$ ④互不相關）。【98.1. 放射師專技高考】

18.【1】 光子的平均自由行程（mean free path）等於什麼？（① $1/\mu$ ② $1/\mu_{tr}$ ③ $1/\mu_{en}$ ④ $1/\mu_{ab}$）。【89.2. 輻防中級基本】

19.【2】 若有 1000 個光子，能量均為 1 MeV，其中 $\mu = 0.1$ cm^{-1}，$\mu_{tr} = 0.06$ cm^{-1}，$\mu ab = 0.03$ cm^{-1}，若介質厚度為 2 cm，則穿過介質之光子數目約：（① 900 ② 800 ③ 700 ④ 400）個。【92.2. 放射師專技高考】

20.【2】 光子的克馬，等於光子的能通量乘以什麼？（①質量衰減係數②質能轉移係數③質量阻擋本領④線性能量轉移）。【89.2. 輻防中級基本】

21.【1】 光子的總克馬等於光子的能通量（Ψ）乘以（①質量能量轉移係數（μ_{tr}/ρ）②質量衰減係數（μ/ρ）③質量阻擋本領（S/ρ）④質量能量吸收係數（μ_{ab}/ρ））。【97.1. 輻防師專業】

22.【2】 $X = \Phi E$（μ_{tr}/ρ）式中 ΦE 為光子的能通量，（μ_{tr}/ρ）為質能轉移係數。請問 X 是什麼？（①曝露②克馬③吸收劑量④等價劑量）。【87.2. 輻防高級基本】

23.【3】已知 100 keV 的光子（通量為 1015/m2）與某物質作用，其 μ/ρ、μ_{tr}/ρ（tr 表示 transfer）、μ_{ab}/ρ（ab 表示 absorbed）分別為 0.010、0.0015、0.0014 m^2/kg，其 Kerma(J/kg)為：（① 0.160 ② 0.112 ③ 0.024 ④ 0.0112）。【95.1. 放射師專技高考】

24.【3】 通量為 5×10^{13}/m^2 的 1.25 MeV 光子射束打入石墨中，假設質量衰減係數為 0.00569 m^2/kg 且碰撞的平均能量轉移為 0.588 MeV，則其所產生的克馬為多少 J/kg ？（① 0.0569 ② 0.0364 ③ 0.0268 ④ 0.124）。【94.2. 放射師檢覈】

25.【1】 假設有一射束之通量為 1×1014 m^{-2}，每一光子之能量為 8 MeV，此射束打在一小塊的碳上，試計算克馬值等於多少戈雷。（已知 8 MeV 光子與碳作用之質量衰減係數為 0.00214 m^2/kg，平均能量轉移為 5.6 MeV，平均能量吸收為 5.45 MeV）（① 0.19 ② 0.39 ③ 0.59 ④ 0.79）。【96.1. 輻防員專業】

26.【4】克馬的計算與下列何者無關：（①光子通量（Φ）②介質的質量衰減係數（mass attenuation coefficient, μ/ρ）③光子每次作用轉移至介質之電子的平均能量（E_{tr}）④游離輻射被介質吸收之平均能量（E_{ab}））。【92 二技統一入學】

27.【3】克馬的計算與下列何者無關？（①物質的質量衰減係數②每次作用光子能量轉移至物質之電子的平均能量③游離輻射被物質吸收之平均能量④光子通量）。【92.2. 放射師檢覈】

28.【3】光子在物質中的吸收劑量等於質能吸收係數乘以光子的什麼？（①通量②通量率③能通量④能通量率）。【91.2. 放射師檢覈】

29.【3】已知 1 MeV 的光子與空氣作用的質能吸收係數（μ_{ab}/ρ）air 等於 0.00279 $m^2\ kg^{-1}$，則產生 1 侖琴的曝露量，需要 1 MeV 光子的能通量為（① 1.23 ② 2.84 ③ 3.13 ④ 4.58）$J\ m^{-2}$。【91.1. 放射師檢覈】

30.【3】一光子射束照射一物質 A 造成 D_A 的劑量。若將此物質 A 換成物質 B，其所造成的劑量為 D_B，則 D_A/D_B 的比值可用以下何者代表？（①質量衰減係數②質量轉移係數③質量吸收係數④質量阻擋本領）。【95.2. 放射師專技高考】

31.【3】 在 6 MV 的 X 光照射下，D_{water} = 100 cGy，$(\mu_{en}/\rho)_{muscle}/(\mu_{en}/\rho)_{water}$ = 0.99，則 D_{muscle} 為多少 cGy？（① 96.5 ② 97.8 ③ 99.0 ④ 101）。【91.1. 放射師檢覈】

2.34 │暴露、克馬、吸收劑量

1.【3】已知一 X 光機之輸出強度為 6.2 $mR\ mA^{-1}\ s^{-1}$，請問欲產生 1 mR 之曝露值約需要若干個電子與陽極靶起反應？（① 10^{13} ② 10^{14} ③ 10^{15} ④ 10^{16}）。【90 放射師專技高考】

2.【1】已知拍攝一 X 光片之操作條件為 74 kVp 與 100 mAs，試問在其產生 X 光之過程中有若干個電子與陽極靶起作用？（① 6.25×10^{17} ② 6.25×10^{18} ③ 6.25×10^{19} ④ 6.25×10^{20}）。【91.2. 放射師檢覈】

3.【1】暴露的單位是（①庫侖 / 千克②戈雷 / 小時③西弗 / 秒④居里 / 千克）。 【89.1. 輻防中級基本】

4.【1】曝露單位侖琴的作用物質最適用於：（①空氣②水③金屬④壓克力假體）。【95 二技統一入學】

5.【2】侖琴是哪一種輻射在何種介質內的曝露劑量？（①光子在水中②光子在空氣中③帶電的粒子在水中④中子在空氣中）。【90.2. 放射師檢覈】

6.【1】關於暴露（exposure），下列敘述何者正確？（①可量得 γ 射線與空氣作用所產生的暴露量②可量得 γ 射線與組織作用所產生的暴露量③可量得中子與空氣中所產生的暴露量④可量得中子與組織作用所產生的暴露量）。 【94.1. 放射師檢覈】

7.【4】下列有關曝露的敘述，何者正確？（①曝露只適用於空氣中的電子射束②曝露只適用於空氣中的中子射束③曝露只適用於空氣中的質子射束④曝露只適用於空氣中的光子射束）。【96.2. 放射師專技高考】

8.【3】使用自由空氣游離腔度量光子之能量上限約為：（① 3 keV ② 300 keV ③ 3 MeV ④ 30 MeV）。【97.1. 放射師專技高考】

9.【1】下列何種能量的光子不適用自由空氣游離腔量測？（① 5 MeV ② 50 keV ③ 500 keV ④ 5000 eV）。【94.1. 放射師檢覈】

10.【4】有關 ICRU 對曝露的定義，下列敘述何者錯誤？（①僅適用於光子②僅適用於描述空氣中的游離量③僅適用於能量小於 3 MeV 的光子④僅適用於布拉格空腔理論）。【97.1. 放射師專技高考】

11.【3】度量曝露量的游離腔，其管壁應以何種材料製造較為適宜？（①不鏽鋼②鈷③空氣等效材料④組織等效材料）。【97.1. 放射師專技高考】

12.【1】標準狀態下，每立方公分空氣中 1 esu 電荷電量等於：（① 1 R ② 3.34 R ③ 1 C/kg ④ 3.34 C/kg）。【93.1. 放射師檢覈】

13.【1】與侖琴相似，皆為描繪輻射曝露的放射單位為：（①庫侖 / 公斤②耳格 / 克③焦耳 / 公斤④庫侖 / 秒）。【94.2. 放射師檢覈】

14.【1】1 R 等於多少 C/kg ？（① 2.58×10^{-4} ② 2.58×10^{-5} ③ 2.58×10^{-2} ④ 2.58

$\times 10^{-6}$）。【90.1. 操作初級基本、92.1. 輻安證書專業】

15.【4】曝露單位 1 侖琴（R）等於多少 C/kg of air？（① 3876 ② 33.85 ③ 0.00873 ④ 2.58×10^{-4}）。【91 二技統一入學】

16.【3】曝露量 2 侖琴相當於多少 C/kg？（① 5.16×10^{-5} ② 2.58×10^{-5} ③ 5.16×10^{-4} ④ 2.58×10^{-4}）。【91.2. 操作初級專業設備】

17.【2】假設一病人接受之曝露為 5.16×10^{-5} 庫侖／公斤空氣，請問此曝露為多少侖琴（R）？（① 0.1 R ② 0.2 R ③ 1.0 R ④ 2.0 R）。【92.2. 輻安證書專業】

18.【3】空氣接受 7.74×10^{-5} C/kg 之 X- 射線照射後，其曝露量為多少侖琴（R）？（① 30 ② 3 ③ 0.3 ④ 0.03）。【94.2. 放射師專技高考】

19.【2】一 X 射線束在 2 公克的空氣中，每分鐘產生 3×10^9 的游離電子對，請問曝露率為何？（① 4×10^{-10} C/kg s ② 4×10^{-9} C/kg s ③ 4×10^{-8} C/kg s ④ 4×10^{-7} C/kg s）。【93.1. 放射師檢覈】

20.【2】某輻射場量得 0.6 cm3 體積的空氣產生 7.5×10^{-9} C 的游離量，則其曝露為若干侖琴？）（ρ_{air} = 0.00129343 g/cm^3, w/e = 33.97（eV/ion），1 R = 2.58×10^{-4} C/kg）（① 15.3 ② 37.5 ③ 41.2 ④ 97.4）。【98.1. 放射師專技高考】

21.【3】要轉換曝露為空氣克馬，必須藉助哪一個物理量？（① Q ② G ③ W ④ F）值。【91.1. 放射師檢覈】

22.【2】假設侖琴（R）對雷得（rad）的轉換係數為 0.873，則 5 侖琴的暴露會在空氣中產生多少雷得的劑量？（① 0.873 ② 4.365 ③ 5 ④ 5.72）。【91.2. 放射師檢覈】

23.【2】對於侖琴 - 雷得轉換因子 f_{med} = C[$(\mu_{en}/\rho)_{med}/(\mu_{en}/\rho)_{air}$]，其中常數 C = ？（① 33.85 ② 0.876 ③ 2.58×10^{-4} ④ 34）。【92.2. 放射師專技高考】

24.【4】若 f_{air} 為侖琴－戈雷的轉換因數，則空氣中的碰撞克馬（K_{col}）air 與曝露 X 之間的關係式為：（①（K_{col}）$_{air}$ + X = f_{air} ②（K_{col}）$_{air} \times$ X = f_{air} ③（K_{col}）$_{air} \times f_{air}$ = X ④ X $\times f_{air}$ =（K_{col}）$_{air}$）。【93.1. 放射師檢覈】

25.【3】有關曝露（exposure）與碰撞克馬（collision kerma）的關係，下列敘述何者正確？（①具有相同的吸收能量②在任何介質中具有相同的游離

電荷數③在空氣中具有相同的游離電荷數④具有相同的單位）。【97.2. 放射師專技高考】

26.【2】在乾燥空氣中，1 R 相當於多少 J kg^{-1}？（① 0.000876 ② 0.00876 ③ 0.0876 ④ 0.876）。【93.1. 放射師檢覈】

27.【3】一偵檢器測量得空氣某處的曝露為 1 侖琴（R），請問此值（以空氣換算）相當是多少吸收劑量（mGy）？（① 0.87 ② 0.95 ③ 8.7 ④ 9.5）。【92.2. 放射師檢覈、93.1. 放射師檢覈】

28.【4】以 0.6 c.c. 的游離腔測量 X 光曝露，在空氣中的讀數為 1.2 pC，若空氣中 W 值為 33.97 eV/ip，則空氣中由 X 光所造成的能量為何？（① 4.1×10^{-8} ② 4.1×10^{-9} ③ 4.1×10^{-10} ④ 4.1×10^{-11}）J。【91.1. 放射師檢覈】

29.【2】有一游離腔受 X 光照射後，在 0.6 立方公分的空腔內收集到 1.293×10^{-8} 庫侖的電荷，求空氣的吸收劑量為多少？（W = 33.85 eV/ion pair，空氣密度為 0.001293 g/cm^3）（① 0.34 Gy ② 0.56 Gy ③ 1.29 Gy ④ 1.39 Gy）。【94.1. 放射師檢覈】

30.【1】一質量為 1 kg 的空氣於一輻射場中照射而產生 0.258 庫侖的電荷，則此空氣所吸收的劑量為：（① 8.77 戈雷 ② 3.336 戈雷 ③ 0.877 戈雷 ④ 0.258 戈雷）。【95.2. 輻安證書專業】

31.【1】距某射源某距離處，計算得其空氣克馬率（air Kerma rate）為 1（Gy/h），請問其暴露率為多少 R/h？[w/e = 33.97（eV/ion）]（① 114 ② 31.5 ③ 8.69 ④ 256）。【98.2. 放射師專技高考】

32.【2】某一體積為 2 cm^3 之游離腔，於標準狀況下充滿空氣，曝露於某一輻射場 1 分鐘後，產生 5.172×10^{-10} 庫侖（C）的電荷，則空氣的吸收劑量為多少戈雷（Gy）？（標準狀況下空氣的密度為 1.293 kg/m^3，空氣的 W 值為 33.85 J/C）（① 1.14×10^2 ② 6.77×10^{-3} ③ 6.77×10^{-6} ④ 5.91×10^{-6}）。【91 二技統一入學】

33.【2】若一體積為 1 cm^3 之空腔內充滿著空氣（ρ = 1.293 kg m^{-3}），接受照射後，共游離出 3.336×10^{-11} C 之電量，試問在空氣中之吸收劑量為何？

（W/e = 33.85 J C^{-1}）（① 0.693 ② 0.873 ③ 1.0 ④ 7.62）mGy。【92.1. 放射師專技高考】

34.【2】若一體積為 1 cm^3 之空腔內充滿著空氣（ρ_{air} = 1.293 kg/m^3），接受照射後，共游離出 3.336×10^{-10} C 之電量，試問在空氣之吸收劑量為多少 cGy？（W/e = 33.85 J/C）（① 0.693 ② 0.873 ③ 1.0 ④ 7.62）。【97.1. 放射師專技高考】

35.【1】使用鈷六十射束照射存在於水假體中體積為 1 cm^3 的小空腔並產生 3.2×10^{-9} 庫侖的游離電量，假設空氣密度為 0.001293 g/cm^3、水對空氣的質量阻擋本領比為 1.129 且在空氣中產生一游離離子對所需的能量為 33.85 電子伏特，則此射束在水中所造成的劑量為多少戈雷？（① 9.5×10^{-2} ② 8.4×10^{-2} ③ 2.8×10^{-3} ④ 9.5×10^{-5}）。【94.2. 放射師檢覈】

36.【2】以一有效體積為 0.6 c.c. 的圓柱型游離槍偵檢器測量一 X 光射束在水假體中所造成劑量，假設量得電量為 20.67 nC，空氣密度為 0.001293 g cm^{-3}，水對空氣的質量阻擋本領比為 1.104，則測得此射束在水假體中造成劑量為多少 cGy？（① 602 ② 100 ③ 82 ④ 2.94）。【91 放射師專技高考】

37.【4】X 光曝露等於 1 C/kg，相當於多少軟組織吸收劑量？（① 0.87 Gy ② 0.96 Gy ③ 34 Gy ④ 37 Gy）。【90.2. 輻防中級基本】

38.【3】當一光子射束進入一介質後，假設沒有光子衰減，而達成電子平衡的狀態，則吸收劑量 D 與碰撞克馬 Kcol 的比值 β（= D/Kcol）等於多少？（① 0.95 ② 0.87 ③ 1.00 ④ 1.01）。【97.2. 放射師專技高考】

39.【1】假設光子衰減可忽略，當光子束達到電子平衡時，吸收劑量（D）與碰撞克馬（collision kerma K^{col}）之關係為：（① D = K^{col} ② D > K^{col} ③ D < K^{col} ④ D = 2K^{col}）。【98.2. 放射師專技高考】

40.【2】有關克馬（kerma）在輻射劑量學中的描述，下列何者正確？（①克馬的單位為 Sv ②克馬易計算，但不易量測③克馬與吸收劑量的單位不同④克馬亦用於量測微波輻射）。【93.2. 放射師專技高考】

41.【2】有關於克馬與吸收劑量，下列的描述何者正確？A、兩者的單位相同；

B、吸收劑量含電子運動中發出之制動輻射，而克馬不含；C、克馬含電子運動中發出之制動輻射，而吸收劑量不含；D、克馬限用於空氣暴露現象，吸收劑量無此限制。（①AB②AC③BD④CD）。【95.2. 放射師專技高考】

42.【1】下列關於克馬的敘述，何者正確？A、作用的對象是帶電的游離輻射與物質；B、克馬定義為通過介質後，這些游離輻射被物質 Δm 吸收的能量 ΔE 的比值；C、可表示為此輻射的能量通量與此物質的質量轉移係數的乘積；D、克馬比吸收劑量容易測量；（①C②BC③ABC④ABCD）。【96.2. 放射師專技高考】

43.【3】下列有關克馬和吸收劑量之敘述，何者錯誤？（①克馬的單位為 J/kg②克馬發生在一點上③克馬等於吸收劑量減掉制動輻射逃逸的能量④克馬容易計算，卻很難度量）。【97.2. 放射師專技高考】

44.【2】光子由空氣射入介質，在劑量增建區，克馬與吸收劑量的大小關係為何？（①克馬小於吸收劑量②克馬大於吸收劑量③克馬等於吸收劑量④克馬與吸收劑量無關）。【98.1. 放射師專技高考】

2.35 │輻射偵檢器─一般原理

1.【3】測量儀器接受的輸入信號是一種：（①動量②質量③能量④力量）。【94.2. 放射師檢覈】

2.【4】量測輻射的核子儀器，係度量核儀電路上的（①電荷②電流③電壓④以上皆可）。【87.1. 輻防初級基本】

3.【3】偵檢器的最低可測值與下列何者無關？（①背景計數值②偵測時間③射源強度④統計模型）。【91.2. 放射師檢覈】

4.【1】試樣分析上的最低可測值（LLD）與下列那一項無關？（①試樣本身的含量②背景值③計數時間④計數效率）。【88.1. 輻防初級基本】

5.【3】一個分析所能偵測的極限稱為？（①準確度②特異性③靈敏度④精密度）。【94.2. 放射師檢覈】

6. 【2】計測數據接近真值的程度叫做：（①精密度②準確度③再現度④平均度）。【98.1. 放射師專技高考】

7. 【1】輻射偵測儀器的一般性質提到：（①輻射劑量度量宜採用電流模式、活度度量宜採用脈衝模式②輻射劑量度量宜採用脈衝模式、活度度量宜採用電流模式③兩者皆宜採用脈衝模式④兩者皆宜採用電流模式）。【94.1. 放射師檢覈】

8. 【3】在體外（in vitro）作試管試驗，若實驗所得數據的變異係數（CV%）值愈小，則指實驗結果：（①準確性高②準確性低③精密度高④精密度低）。【93.2. 放射師專技高考】

9. 【4】下列那一組手提式偵檢器的特性最佳？（①能量依存性大、角度依存性大②能量依存性大、角度依存性小③能量依存性小、角度依存性大④能量依存性小、角度依存性小）。【92.1. 放射師專技高考】

10. 【3】一個半徑為 0.05 m 的圓形偵檢器放在點射源 0.2 m 處，問該系統的幾何效率為多少？（① 0.16 ② 0.06 ③ 0.016 ④ 0.25）。【95.1. 放射師專技高考】

11. 【2】輻射偵測器之偵測效率，為方便起見，通常將偵測時之計數效率分成絕對與固有效率兩類；絕對效率定義為：（①效率 = 所記錄脈衝的個數 / 入射於偵測器的輻射個數②效率 = 所記錄脈衝的個數 / 射源所發射的輻射的個數③效率 = 入射於偵測器的輻射個數 / 射源所發射的輻射的個數④效率 = 射源所發射的輻射的個數 / 入射於偵測器的輻射個數）。【94.1. 放射師檢覈】

12. 【3】下列那一項物理參數常被用來鑑別游離輻射的種類？（①放射比度②無感時間③能量解析度④偵測效率）。【92.1. 放射師檢覈】

13. 【4】偵測器能量解析度的重要參數為下列何者？（①標準差②高斯分布③累積分布④半高全寬（FWHM））。【94.2. 放射師專技高考】

14. 【3】偵檢器能量解析度的重要參數為何？（①標準差②平均值③半高全寬（FWHM）④高斯分布）。【97.2. 放射師專技高考】

15. 【1】半高全寬的大小與下列何者有最密切之關係？（①能量分解度②半衰

期③對比度④明暗度）。【94.2. 放射師檢覈】

16.【3】加馬（γ）光子能譜是以能峰（Photopeak）為中心成一高斯分布（Gaussian distribution），此分布之寬窄和下列何者有關？（①時間解析度②均勻度③能量解析度④空間解析度）。【94.2. 放射師專技高考】

17.【1】在分析加馬能譜時，若其 FWHM（full width at half- maximum）越窄，則：（①解析力越好②解析力越差③敏感度越好④敏感度越差）。【94.1. 放射師檢覈】

18.【3】FWHM（full width at half maximum）通常用來描述閃爍攝影機的何種性質？（①成像均勻度②劑量線性度③能量解析度④偵測敏感度）。【95.1、96.1. 放射師專技高考】

19.【4】任一高斯分布的半高全寬（FWHM）約為其標準差的多少倍？（① 1 ② 1.2 ③ 2 ④ 2.4）。【97.1. 放射師專技高考】

20.【2】某 NaI 偵檢器測量得 600 keV 能量處之 FWHM = 40 keV，請問此偵檢器的解析度為：（① 2.6% ② 6.7% ③ 15% ④ 24%）。【92.2. 放射師檢覈】

21.【2】在能譜上有一主尖峰能量為 662 keV，其半高全寬度（FWHM）等於 53 keV，則能量分解度（Energy resolution）為：（① 7% ② 8% ③ 9% ④ 10%）。【91.1. 放射師檢覈】

22.【2】輻射度量能譜圖上有一主尖峰能量為 1.17 MeV，其半高全寬度（FWHM）為 80 keV，則能量分解度為：（① 3.4% ② 6.8% ③ 10.0% ④ 13.6%）。【96.2. 放射師專技高考】

23.【2】某 NaI 偵測器測量得 137Cs 全能峰（photopeak）處之全寬半高（FWHM）為 33.1 keV，則此偵檢器的能量解析度（energy resolution）為多少？（① 2.5% ② 5% ③ 10% ④ 20%）。【95.2. 放射師專技高考、98.1. 輻防員專業】

24.【3】使用 137Cs 測量閃爍偵檢器之能量解析度時，如果能譜之半高全寬值為 53 keV 且能峰位於 662 keV，則能量解析度為多少 %？（① 0.08 ② 1.3 ③ 8 ④ 12.5）。【94.2. 放射師檢覈】

25.【3】在能譜上有一主尖峰能量為 662 keV，其半高全寬度（FWHM）等於

66.2 keV，則能量分解度（energy resolution）為：（① 2.5% ② 5% ③ 10% ④ 20%）。【97.2. 輻防員法規】

26.【4】已知一能譜分析儀所示之波峰位於 10 V，而且該波峰的全寬半高（FWHM）為 2 V，則該能譜分析儀的能量解析力為多少 %？（① 5 ② 10 ③ 2 ④ 20）。【97.1. 放射師專技高考】

27.【2】加馬（γ）能譜上有一尖峰，能量為 667 keV，若其能量分解度為 1%，則該尖峰的半高全寬度（FWHM）為：（① 0.660 MeV ② 6.67 keV ③ 1 keV ④ 1 eV）。【94.2. 放射師專技高考】

28.【1】如何取得游離腔曝露校正因子？（①經由標準實驗室取得②在加速器下測量取得③經計算取得④依需要自訂）。【98.1. 放射師專技高考】

29.【3】我國游離輻射國家標準實驗室設在：（①清華大學②台電公司③核能研究所④工研院）。【89.3. 輻防初級基本】

2.36 ┃輻射偵檢器─充氣式偵檢器

1.【1】一般充氣式輻射度量儀器是根據何種原理而設計的？（①游離作用②碰撞作用③彈性作用④激發作用）。【89.1. 輻防中級基本】

2.【2】充氣式偵檢器有下列何種功能？（①收集氣體分子以測量游離密度②收集帶電離子以偵測輻射是否存在③與外來輻射發生作用時會放出光④曝露於輻射後，當加熱時會放出光）。【97.1. 放射師專技高考】

3.【2】劑量筆是利用什麼作用設計的人員劑量計？（①激發②游離③活化④閃爍）。【91.1. 操作初級專業設備】

4.【2】輻射工作人員使用的劑量筆之偵測原理為：（①熱發光②游離③激發④散射）。【92.1. 放射師專技高考】

5.【3】充氣偵檢器常見者為（①熱發光偵檢器、化學劑量計、游離腔②純鍺偵檢器、鍺（鋰）偵檢器、鍺（矽）偵檢器③游離腔、比例計數器、蓋氏偵檢器④閃爍計數器、游離腔、蓋氏偵檢器）。【89.1. 輻防初級基本、

92.1. 輻安證書專業、97.1. 放射師專技高考】

6.【3】度量游離輻射之偵檢器中，下列何者不屬於充氣式偵檢器？（①游離腔②比例計數器③閃爍偵檢器④蓋革計數器）。【92.2. 放射師專技高考】

7.【3】充氣式偵檢器使用的三個區域，除了游離區與蓋氏區以外還有：（①再重合區②放電區③比例區④限制比例區）。【89.3. 輻防初級基本】

8.【4】充氣式偵測器隨著高壓而增加的順序為：（①蓋革、比例、游離②游離、蓋革、比例③比例、游離、蓋革④游離、比例、蓋革）。【90.1. 操作初級基本】

9.【2】下列哪一種充氣式偵檢器的操作電壓最高？（①游離腔②蓋革管③比例管④高壓游離腔）。【91.1. 操作初級專業設備、92.1. 輻安證書專業】

10.【2】在充氣式偵檢器的特性曲線中，下列何者的電壓最高？（①比例區②蓋革牟勒區③游離腔區④限制比例區）。【93.1. 輻安證書專業】

11.【3】下列偵檢器，何者的工作電壓最大？（①比例偵檢器②游離腔③蓋格計數器④平行板游離腔）。【92 二技統一入學】

12.【3】下列那一種充氣式偵檢器的操作電壓最高？（①高壓游離腔②比例管③蓋革管④游離腔）。【93.2. 放射師檢覈】

13.【2】下列何種劑量計數儀所需的電壓最高？（①空氣游離腔②蓋革計數器③比例偵檢器④閃爍計數器）。【94.2. 放射師檢覈】

14.【3】下列偵檢器中，何者的工作電壓最高？（①游離腔②比例計數器③蓋革計數器④高壓游離腔）。【92.2. 放射師檢覈、96.2.、97.1. 放射師專技高考】

15.【3】在充氣式偵檢器的特性曲線中，電壓比游離腔區高一階的是（①連續放電區②游離腔區③比例區④再結合區）。【89.2. 操作初級基本】

16.【4】比較游離腔（IC）、比例計數器（PC）及蓋革計數器（GM）三者的靈敏度，下列何者正確：（① IC > PC > GM ② IC > GM > PC ③ GM > IC > PC ④ GM > PC > IC）。【91.2. 操作初級專業設備】

17.【4】游離腔（IC），比例計數器（PC），蓋革計數器（GM）三者信號的

大小是：（① IC＞PC＞GM ② IC＞GM＞PC ③ GM＞IC＞PC ④ GM＞
PC＞IC）。【91.1. 放射師檢覈、97.2. 輻安證書專業】

18.【2】游離腔（IC），比例計數器（PP）和蓋革管（GM）相比較，輻射產
生電子脈衝信號的大小為：（① PP＞GM＞IC ② GM＞PP＞IC ③ IC＞PP
＞GM ④ GM＞IC＞PP）。【91.2. 放射師檢覈】

19.【4】充氣式偵檢器隨高壓增加的順序為：（①蓋革、比例、游離②游離、
蓋革、比例③比例、游離、蓋革④游離、比例、蓋革）。【93.2. 放射師專技
高考】

20.【1】充氣式偵檢器的特性曲線中，下列那一個區域不能用來偵檢輻射？（①
再結合區②飽和區③比例區④蓋革區）。【91.1. 操作初級專業設備】

21.【1】以下那一電壓區不適宜作輻射偵測器使用？（①重合區②游離腔區③
比例區④蓋革區）。【91.2. 放射師檢覈】

22.【3】在充氣式偵檢器的特性曲線中，那一區不能用於偵測輻射？（①飽合
區②比例區③限制比例區④蓋革區）。【91.1. 操作初級專業密封】

23.【2】充氣式偵檢器的特性曲線圖中，下列那一區域可被用來應用於輻射偵
測？（①再結合區②飽和區③限制比例區④連續放電區）。【92.1. 放射師檢
覈】

24.【4】充氣式偵檢器的工作電壓與脈衝高度的關係，通常可分為六個區域，
請問蓋革管設計在何區操作？（①再結合區②飽和區③比例區④蓋革區）。
【90.1. 操作初級基本】

25.【1】蓋革計數器是屬於何種偵檢器？（①充氣式②閃爍式③固態式④半導
體式）。【90.1. 輻防初級基本】

26.【1】在充氣式偵檢器的特性曲線中，電壓比蓋革區高的是：（①連續放電
區②游離腔區③比例區④再結合區）。【91 放射師專技高考】

27.【3】有關充氣式偵檢器的特性，下列敘述何者正確？（①游離腔的靈敏度
比蓋革計數器高②蓋革計數器的準確性比游離腔高③蓋革計數器的操作電
壓比游離腔高④ BF3 比例計數器主要用於測量阿伐粒子）。【92.1. 放射師專

技高考、97.1. 輻安證書專業】

28.【4】常見的充氣式偵檢器，對於偵測放射線的方式略有不同，下列配對中，何者錯誤？（①電量型：金屬箔片偵檢器②電流型：游離腔偵檢器③計數型：蓋革偵檢器④電壓型：半導體偵檢器）。【98.2. 放射師專技高考】

2.37 ｜充氣式偵檢器—游離腔

1.【1】游離腔偵檢器所收集的電荷訊號是由下列何種作用所產生的？（①一次游離②二次游離③湯氏突崩④激發）。【90.1. 操作初級選試設備】

2.【3】離子腔區是指所加的電壓很適當時，所有離子對（①一半被吸收②一半漏失③全部被吸收④全部漏失）。【89.1. 輻防初級基本】

3.【1】游離腔偵檢器是設計在下列何者區域內操作？（①飽和區②比例區③限制比例區④蓋革區）。【97.2. 輻安證書專業】

4.【2】入射輻射產生多少游離電子對，偵檢器就收集多少電子，請問這樣的偵檢器操作電壓是在那一區？（① GM 區②飽合游離區③連續放電區④比例放大區）。【92.2. 放射師檢覈】

5.【2】關於充氣式偵檢器的特性，在那一區訊號脈衝高度與所施加的電壓大小無關？（①重合區②飽合區③比例區④限制比例區）。【92.2. 放射師檢覈】

6.【2】充氣式偵檢器的電壓與每次游離所收到的離子對之特性曲線中，當所收集到的離子對與外加電壓無關之區域稱為（①重合區②飽和區③比例區④連續放電區）。【93.2. 放射師檢覈】

7.【1】在充氣式偵檢器的特性曲線中，下列那一區域脈衝高度與游離的離子對數目有關，而與外加電壓大小無關？（①游離腔區②比例計數區③蓋革區④有限比例區）。【96.1. 放射師專技高考】

8.【2】充氣式偵檢器操作於飽合區者為：（①復合偵檢器②游離腔偵檢器③比例偵檢器④蓋革偵檢器）。【95.1. 放射師專技高考】

9.【4】運用游離腔量測高劑量率的 X- 射線，游離腔的工作電壓：（①要高②

要低③不需工作電壓④與工作電壓高低無關）。【93.2. 放射師檢覈】

10.【4】下列何者不是使用自由空氣游離腔應修正之因素？（①空氣的衰減②離子再結合③空氣密度④游離腔電壓）。【98.2. 放射師專技高考】

11.【1】充氣式偵檢器中，何者的靈敏度較差？（①游離腔②比例計數器③蓋革計數器④無差別）。【94.2. 放射師專技高考】

12.【4】下列何者偵檢器由於附加的電壓低，必須要有足夠的粒子進入才能產生適當的讀數反應？（①閃爍偵檢器②蓋格計數器③比例偵檢器④游離腔偵檢器）。【93.2. 放射師檢覈】

13.【4】沒有氣體增殖（gas multiplication）的充氣式偵檢器為：（① NaI（Tl）②蓋革偵檢器③比例計數器④游離腔）。【96.1. 放射師專技高考】

14.【2】下列那一種偵檢器系統沒有電子放大作用？（①比例計數器②游離腔③蓋革管④閃爍偵檢器）。【96.1. 輻安證書專業】

15.【3】在「高壓游離腔」這項儀器中，高壓指的是：（①高電壓②高液壓③高氣壓④高差壓）。【97.1. 放射師專技高考】

16.【1】臨床上用於標定近接治療用射源的游離腔內部為 12 大氣壓，加壓之目的為：（①增加靈敏度②防止洩漏③屏蔽輻射④降低再結合效應）。【98.2. 放射師專技高考】

17.【1】下列何種偵檢器不適用於輻射工作人員的個人劑量偵測？（①標準游離腔②膠片配章③袖珍劑量計④熱發光劑量計）。【91 二技統一入學】

18.【2】使用游離腔精確地測量直線加速器的輸出劑量，是量測？（①電壓量②電荷量③功率④活度）。【93.2. 放射師專技高考】

19.【2】自由空氣游離腔（free air ionization chamber）度量什麼？（①活度②曝露③吸收劑量④等價劑量）。【89.2. 輻防中級基本】

20.【4】量測 X- 射線的游離腔係度量 X- 射線衍生的：（①電壓②電荷③電阻④電流）。【93.2. 放射師檢覈】

21.【1】游離腔偵檢器中，電子經陽極吸收成電流，試問輸出電流大小與入射劑量率成何比例關係？（①正比②反比③平方正比④沒有關係）。【92.1. 放

射師檢覈】

22.【2】游離腔正負極收集到的電流量與何者成正比？（①累積劑量②劑量率③照射時間④射源與游離腔的距離）。【96.2. 放射師專技高考】

23.【4】布拉格－葛雷空腔理論（Bragg-Gray cavity theory）是應用於下列何種測量儀器？（①固態二極體②熱發光劑量計③膠片劑量計④氣體游離腔）。【94.1. 放射師檢覈】

24.【1】以農夫型游離腔測量劑量是以那個理論為基礎？（①布拉格－戈雷空腔理論②海森堡測不準原理③平方反比定律④指數衰減定律（exponential attenuation））。【91 放射師專技高考】

25.【1】使用圓柱型游離腔來校正放射治療射束的絕對劑量率，最常用的理論根據是：（①布拉格－戈雷的空腔理論②輻射化學變化理論③游離輻射所造成物質的溫度上升理論④游離輻射對某些物質的熱發光特性理論）。【92 二技統一入學】

26.【1】下列有關游離腔偵檢器的敘述何者正確？（①偵測之反應時間較慢②是最靈敏的偵檢器③偵檢不受溫度與氣壓之干擾④主要用於偵測 α 輻射）。【98.2. 放射師專技高考】

27.【2】有關游離腔偵檢器的敘述何者正確？（①偵測之反應時間較快②偵測暴露率的範圍在 0.001 到 500 R/hour ③屬於閃爍式偵檢器④主要用於偵測低能 β 與 α 輻射）。【94.2. 放射師專技高考】

28.【3】對於電容游離腔（condenser ion chamber），當電容值增為原來兩倍時，而其他物理特性不變，則其靈敏度（sensitivity）改變為原來之：（① 2 倍② 4 倍③ 1/2 倍④ 1/4 倍）。【92.1. 放射師專技高考】

29.【2】電容游離腔之敏感度與下列何者成反比關係？（①游離腔氣體密度②電容大小③游離腔體積④收集電壓）。【92.2. 放射師專技高考】

30.【1】電容游離腔（condenser chamber）之敏感度（sensitivity）與下列何者成反比？（①電容大小②游離腔體積③氣體密度④氣體質量）。【98.2. 放射師專技高考】

31.【3】若可量測輻射暴露量達 100 R 的電容式游離腔，其有效體積為 0.45 cm³，則量測暴露量最大達 25 R 的同型游離腔，其有效體積為（① 0.1125 cm³ ② 0.45 cm³ ③ 1.8 cm³ ④ 35.55 cm³）。【94.1. 放射師專技高考】

32.【1】關於 0.6 cm³ Farmer 型游離腔的敘述，下列何者正確？（① 0.6 cm³ 是指標稱體積（nominal volume）②可用於高能光子射束測量，而不可用於高能電子射束測量③高、低能量光子射束有能量依存性④ 1972 年由 F.T. Farmer 首先設計完成）。【94.1. 放射師檢覈】

33.【2】進行輻射劑量測量時，下列偵測器之量測值何者為絕對劑量？（①熱發光劑量計②游離腔③ X 光片④化學劑量計）。【95.2. 放射師專技高考】

34.【1】自由空氣游離腔體積龐大，通常用作：（①原級標準游離腔②二級標準游離腔③實用型游離腔④三級游離腔）。【96.2. 放射師專技高考】

35.【4】適合作為原級標準、不需以其他偵檢器校正的輻射偵檢器為：（①蓋革計數器②半導體偵檢器③閃爍偵檢器④自由空氣游離腔）。【94.2. 放射師專技高考】

36.【3】下列那幾種偵檢器不適合用來校正絕對的吸收劑量？A、游離腔；B、膠片；C、熱發光劑量計；D、固態二極體。（①僅 ABC ②僅 ABD ③僅 BCD ④ ABCD）。【97.1. 放射師專技高考】

37.【1】常見的輻射偵檢器有：A、自由空氣游離腔；B、熱卡計；C、高純度鍺偵檢器（HPGe）；D、蓋革計數器。適合作為原級標準的輻射偵檢器為：（① AB ② AC ③ BC ④ CD）。【96.1. 放射師專技高考】

38.【2】下列那一種劑量計的能量依存（energy dependence）最小？（①膠片劑量計②空氣游離腔③硫酸鈣熱發光劑量計④碘化鈉偵測器）。【94.1. 放射師專技高考】

39.【1】下列何者加馬射線偵檢器的能依性最小？（①空氣游離腔②蓋革偵檢器③碘化鈉偵檢器④半導體偵檢器）。【94.1. 放射師專技高考】

40.【3】下列何種充氣式偵檢器為目前光子曝露可靠度最佳的偵檢器？（①蓋革管②限制比例計數器③游離腔偵檢器④連續放電偵檢器）。【96.2. 放射師

專技高考】

41.【3】下列有關游離腔之套帽（cap）之敘述，何者正確？（①保護游離腔免於受損②應以高原子序的材料製造③增加游離腔管壁厚度以達電子平衡④增加游離腔管壁厚度以利射束修正）。【96.2. 放射師專技高考】

42.【1】游離腔需要溫度壓力校正主要原因為何？（①氣體於收集體積內密度會改變②在較高溫度下氣體會收縮③在較高壓力下氣體會膨脹④以上皆非）。【95.2. 放射師專技高考】

43.【3】當壓力大於一大氣壓時，游離腔之壓力修正因數為何？（①大於 1 ②等於 1 ③小於 1 ④不一定）。【97.2. 放射師專技高考】

44.【3】一支 Farmer 形式游離腔在核研所校正時的溫度及壓力修正至 22℃及 760 mmHg，臨床劑量校正時之溫度及壓力為 20℃及 766 mmHg，則其溫壓修正係數為何？（① 0.902 ② 0.956 ③ 0.985 ④ 1.010）。【96.2. 放射師專技高考】

45.【2】游離腔的使用需作溫度與壓力的校正，請問當游離腔在室溫 20℃、壓力 100 kPa 下量測，則其溫壓修正因子為何？（游離腔在一大氣壓 101.3 kPa，22℃下校正）(① 1.087 ② 1.006 ③ 0.994 ④ 0.920)。【94.1. 放射師檢覈】

46.【2】用游離腔作劑量測量時，溫度為 25℃、壓力為 765 mm-Hg，則溫度與壓力的校正係數為？（① 1.0168 ② 1.0036 ③ 0.9983 ④ 0.9964）。【93.2. 放射師檢覈】

47.【1】假設溫度為 24.5℃，壓力為 750 mm-Hg，則對一封閉型游離腔的溫度－壓力修正係數為：（① 1.022 ② 1.000 ③ 0.986 ④ 0.978）。【93.2. 放射師檢覈】

48.【4】使用 Farmer 游離腔作劑量校正時，需作溫度壓力校正，現壓力為 750 mmHg，溫度 20℃，請求出其校正因數 $C_{T,P}$ 為何？（① 0.995 ② 0.998 ③ 1.002 ④ 1.006）。【96.2. 放射師專技高考】

49.【4】若自由空氣腔量測結果為 1 C kg^{-1}，量測時溫度為 20℃，氣壓為 750 mmHg。則在標準狀態下（STP，即溫度為 0℃，氣壓為 760 mmHg）為若

干 C kg-1 ？（① 0.920 ② 0.944 ③ 1.059 ④ 1.088）。【91.2. 放射師檢覈】

50.【1】某游離腔偵檢器在攝氏 20 度，大氣壓 760 毫米水銀柱情況下校正，若使用時，現場環境情況為攝氏 35 度，大氣壓 730 毫米水銀柱，且劑量讀值為 13，則修正後之讀值應為多少？（① 14.2 ② 13.1 ③ 12.9 ④ 11.9）。【98.1. 輻防員專業】

51.【4】下列何者與頂針型游離腔（thimble chamber）測得之曝露計算無關？（①測得之電量②空氣密度③游離腔體積④光子之能量）。【97.2. 放射師專技高考】

2.38 ｜充氣式偵檢器—比例計數器

1.【3】比例區會有（①中子產生②質子產生③二次游離產生④核子產生）。【89.1. 輻防初級基本】

2.【3】下列充氣偵檢器何者可用於偵測低能量 X 射線的能譜？（①游離腔②劑量筆③比例計數器④蓋革）。【91.1. 操作初級專業密封】

3.【1】充氣式偵檢器中，適合用來偵測低能量 X 射線能譜以及用來偵測中子的是那一種？（①比例計數器②游離腔③蓋革計數器④以上皆對）。【92.1. 放射師檢覈】

4.【2】以充氣式偵檢器而言，下列何區最適於偵測放射線之能量？（①再結合區②比例區③有限比例區④蓋革區）。【94.1. 放射師檢覈】

5.【2】下列何者是最常用來度量輻射能譜的充氣式偵檢器？（①游離腔②比例計數器③蓋革計數器④ NaI 偵檢器）。【96.1. 輻安證書專業】

6.【2】環境監測用之低背景 α、β 計測系統，多半採用什麼偵測器？（①游離腔②比例計數器③蓋革計數器④熱發光劑量計）。【89.2. 輻防高級基本】

7.【4】充氣式偵檢器的特性曲線中，那一區域脈衝高度正比於原始離子對的數目，即 $Q = n_0 eM$，式中 Q 為收集總電量，n_0 為原始離子對，e 為電子所帶的電荷，M 為平均氣體放大因子：（①蓋革牟勒區②飽和區③限制比例區

④比例計數區）。【92.1. 放射師檢覈】

8.【2】下列有關比例計數器特性的敘述，何者錯誤？（①偵測到的游離電子包括主要電子及二次電子②電壓正比於入射的游離粒子數③電流正比於入射的游離粒子數④工作電壓低於蓋革計數器）。【98.2. 放射師專技高考】

9.【2】BF3 中子計數器通常是什麼類型？（①游離腔計數器②比例計數器③蓋革計數器④閃爍計數器）。【87.2. 輻防高級基本】

10.【4】BF3 計數器，係用來度量（①阿伐射線②貝他射線③加馬射線④中子輻射）。【87.1. 輻防初級基本】

11.【4】BF3 計數器，係用來度量哪一種輻射？（① α ② β ③ γ ④中子）。【90.1. 放射師檢覈】

12.【4】常見的中子偵檢器為（① NaI（Tl）閃爍偵檢器② Ge（Li）偵檢器③高壓游離腔④ BF3 比例計數器）。【95.2. 放射師專技高考】

13.【4】通常中子偵檢器內，會填充下列何種氣體？（①甲烷②溴③ SF6 ④ BF3）。【93.1. 放射師專技高考】

14.【2】量測中子時，偵檢器內須注入（① P-10 氣② BF_3 氣③ Ar 氣④ Rn 氣）。【89.2. 操作初級選試設備】

15.【1】在加馬射線干擾環境下，下列何種儀器最適合用來偵測中子？（① BF3 比例計數器② GM 計數器③ Ge（Li）能譜儀④ NaI（Tl））。【91.2. 放射師檢覈】

16.【1】常以 BF_3 比例計數器度量中子，主要是應用那一同位素與慢中子的作用截面大的原理？（① ^{10}B ② ^{11}B ③ ^{19}F ④ ^{20}F）。【93.1. 放射師檢覈】

17.【1】比例計數器一般使用電子親和力低的氣體，通常使用（① P-10 氣體② BF3 氣體③氫氣④空氣）。【92.2、93.1. 輻安證書專業、94.1. 放射師檢覈】

18.【3】何種充氣式偵檢器之填充氣體常用 P-10 ？（①閃爍偵檢器②蓋革計數器③比例計數器④ HPGe）。【93.1. 放射師檢覈】

19.【4】用於比例計數器的氣體 P-10 含 10% 甲烷及 90% 的（①氫氣②氧氣③空氣④氬氣）。【91.1. 操作初級專業密封】

20.【4】比例計數器所用的 P-10 氣體是由（①空氣②二氧化碳③氫（50%）和氧④氫（90%）和甲烷）所組成的。【89.1. 輻防初級基本、93.2. 輻安證書專業】

21.【4】比例計數器所用的 P-10 氣體是由下列那一種組成的？（①氫（10%）和甲烷（90%）②氫（50%）和甲烷（50%）③氫（80%）和甲烷（20%）④氫（90%）和甲烷（10%））。【92.2. 放射師檢覈、92.2. 放射師專技高考、94.2. 放射師檢覈】

22.【1】比例計數器最常充填 P-10 氣體，它含有 90% 氫氣及 10% 甲烷，其中甲烷主要的作用為何？（①焠熄劑②充填氣體③氧化劑④還原劑）。【92.1. 放射師檢覈】

23.【4】4π 無窗型比例計數器偵測 β 發射核種，對 β 粒子的計測效率約為：（① 1% ② 10% ③ 50% ④ 100%）。【97.2. 放射師專技高考】

24.【4】圓筒狀比例計數器內某一點之電場與該點距軸心陽極絲之距離成何種關係？（①二次方成正比②二次方成反比③一次方成正比④一次方成反比）。【97.2. 放射師專技高考】

2.39 ｜充氣式偵檢器—蓋革計數器

1.【3】產生電崩的充氣式偵檢器為何種？（①比例②游離③蓋革④閃爍）。【88.1. 輻防初級基本、97.2. 輻安證書專業】

2.【4】蓋革－牟勒區只要有一離子對產生，就可使含有這離子對的氣體（①不會游離②小部分游離③小部分漏失④全部游離）。【89.1. 輻防初級基本】

3.【3】那一氣體偵測器會產生電崩（avalanche）？（①游離腔②比例計數器③蓋革計數器④劑量筆）。【89.2. 輻防初級基本】

4.【4】當輻射粒子進入計數器內即能產生很大脈衝的充氣式偵檢器為（①碘化鈉②游離腔③比例計數器④蓋革計數器）。【91.1. 操作初級專業密封】

5.【3】氣體增值因數（Gas multiplication factor）最大的偵檢器為：（①圓筒

狀游離腔②比例計數器③蓋革計數器④平板型外推式游離腔）。【91.2. 放射師檢覈】

6. 【2】下列那一種偵檢器電子信號放大率最大？（①游離腔②蓋革計數器③閃爍偵檢器④比例計數器）。【92.1. 放射師檢覈】

7. 【2】有一游離腔偵檢器的操作電壓在 900 ～ 1200 V 之間，這是那一種偵檢器？（①比例式偵檢器②蓋格偵檢器③閃爍式偵檢器④ TLD）。【95.1. 放射師專技高考】

8. 【3】空氣游離腔與蓋格計數器靈敏度不同，最主要是由於：（①形狀不同②結構材質不同③施加電壓不同④產生游離現象不同）。【94 二技統一入學】

9. 【1】下列何種偵測器無法鑑別輻射能量？（①蓋革偵檢器②比例計數器③半導體偵檢器④碘化鈉（鉈）[NaI（Tl）] 偵檢器）。【94.2. 放射師檢覈、97.2. 輻安證書專業】

10.【2】下列何種儀器無法鑑別輻射能量？（①比例計數器②蓋革計數器③半導體偵檢器④碘化鈉偵檢器）。【93.2. 輻安證書專業、96.2. 放射師專技高考】

11.【1】充氣式偵檢器的特性曲線圖中，何區域不能鑑別輻射種類？（①蓋革區②比例計數區③游離腔④飽和區）。【96.2. 放射師專技高考】

12.【3】下列偵檢器何者不能作為能譜分析用？（①碘化鈉偵檢器②比例計數器③蓋革計數器④鍺（鋰）偵檢器）。【98.2. 放射師專技高考】

13.【2】下列那一氣體計測器的脈衝大小，與輻射種類及能量無關？（①飽和腔計數器②蓋革計數器③比例計數器④游離腔計數器）。【93.2. 放射師檢覈】

14.【3】那一種劑量計與輻射種類及能量無關？（①游離腔②比例計數器③蓋革計數器④閃爍計數器）。【94.2. 放射師檢覈】

15.【3】輻射偵測器上的單位是 cps，此偵測器多半是什麼？（①游離腔②比例偵測器③蓋革偵測器④熱發光劑量計）。【89.2. 輻防初級基本】

16.【3】下列何種充氣式偵檢器適合於作每天例行性的放射性污染檢查或用來尋找遺失的射源？（①比例計數器②游離腔③蓋革計數器④袖珍劑量筆）。【92.1. 放射師檢覈、97.1. 輻安證書專業】

17.【1】充氣式偵檢器中何者可用於低劑量率，有高劑量靈敏度，但較差的準確性？（①蓋革計數器②比例計數器③游離腔④以上皆可）。【88.2. 輻防中級基本】

18.【2】下列何者最適合用於偵測低劑量的意外污染？（①熱發光劑量計②蓋革計數器③游離腔④劑量筆）。【94.2. 放射師檢覈】

19.【4】下列那一個輻射偵測儀最適用於偵測低劑量輻射場？（①游離腔②比例計數器③限制的比例計數器④蓋格計數器）。【96.1. 放射師專技高考】

20.【1】當醫師為病人注射放射藥物，若不小心將放射藥物潑灑至病人的被單及衣服時，下列何者最適合用來偵測該放射藥物之存在？（① GM Counter ② TLD Detector ③ Dose Calibrator ④ Ge（Li）Detector）。【98.1. 放射師專技高考】

21.【3】訪客進入輻射管制區，應佩帶何種劑量計最適宜？（①弗立克劑量計②液晶劑量計③袖珍劑量筆④液態閃爍偵檢儀）。【98.2. 放射師專技高考】

22.【3】蓋革計數器的無感時間指的是：（①一游離粒子被偵測到後，第二個粒子被偵測到之前所必須經過的最短時間②第二脈衝剛形成至被計測到所需最短的時間③恢復電場強度所需的時間④分解時間和恢復時間的總和）。【92.1. 放射師專技高考】

23.【2】下列關於偵檢器無感時間的敘述，何者正確？（①無感時間長，則於高劑量率區讀值會偏高②充氣式偵檢器中，蓋革計數器之無感時間最長③無感時間長的偵檢器，不需作線性關係修正④充氣式偵檢器中，游離腔之無感時間最長）。【91.2. 放射師檢覈】

24.【1】蓋革計數器之下列特性，何者之時間最短？（①無感時間②分解時間③恢復時間④平衡時間）。【94.2. 放射師專技高考】

25.【4】下列何種偵檢器的無感時間最長？（①游離腔②純鍺半導體偵檢器③比例計數器④蓋革計數器）。【90.1. 操作初級選試設備】

26.【4】下列偵檢器中，那一種偵檢器的無感時間最長？（①游離腔②半導體偵檢器③閃爍偵檢器④蓋革計數器）。【91 放射師專技高考】

27.【3】下列那一項操作因素可能造成輻射偵檢器無感時間（dead time）損失最嚴重，影響度量準確度亦最大？（①高能量入射粒子②低能量入射粒子③高計數率④低計數率）。【92.1. 放射師檢覈】

28.【2】需要淬熄（Quenching）的偵檢器是：（①比例計數器②蓋革計數器③游離腔④純鍺偵檢器）。【91.1. 放射師檢覈】

29.【3】需考慮淬熄（Quenching）問題的偵檢器為：（①游離腔②比例計數器③蓋革計數器④玻璃劑量計）。【91.2. 放射師檢覈】

30.【3】充氣式偵檢器中，何者須考量焠熄作用之影響？（①游離腔②比例計數器③蓋革計數器④均不需要）。【94.2. 放射師專技高考】

31.【2】何種充氣式偵檢器需焠熄（quench）？（①比例計數器②蓋革計數器③游離腔④閃爍計數器）。【97.2. 放射師專技高考】

32.【3】下列偵檢器何者有焠熄作用（quenching）？（①閃爍偵檢器②高純鍺偵檢器③蓋革偵檢器④游離腔偵檢器）。【98.1. 放射師專技高考】

33.【4】蓋革（GM）偵檢器常添加有機分子或以下那種氣體，來抑制二次電子的產生，做為焠熄氣體？（①鈍氣②氫氣③氦氣④鹵素氣體）。【93.1. 放射師檢覈】

34.【2】蓋革（GM）偵檢器添加有機分子或鹵素氣體，其作用為何？（①促使管內電壓提高②作為淬熄（quenching）劑③加強脈衝訊號的強度④作為鑑別器氣體）。【92.2. 放射師檢覈】

35.【4】蓋革計數器之內焠熄通常通以何種氣體？（①氫氣②丙酮③空氣④乙醇）。【97.1. 放射師專技高考】

36.【4】關於蓋革計數器之敘述，下列何者錯誤？（①無窗氣流式蓋革計數器使用時，樣本密封於偵測腔內②攜帶型蓋革計數器之偵測管通常為薄壁式③探針型蓋革計數器可以偵測體內放射性物質的位置④以高原子序金屬製成偵測腔壁之蓋革計數器主要用來偵測 α 粒子）。【93.2. 放射師檢覈】

37.【1】有關蓋格計數器的敘述何者為非？（①主要用在高強度輻射污染之區域檢視②可偵測 β 粒子污染③不能做任何能量的鑑別④屬於游離腔式的偵

檢器）。【94.2. 放射師專技高考】

38.【2】關於蓋革管（GM tube）淬熄（quenching）的敘述，下列何者正確？（①內部淬熄的方法係在筒內充入 50% 的淬熄氣體②外部淬熄的缺點是計數率會偏低③常用的淬熄氣體為甲醇和乙酸乙酯④使用氯氣或溴氣為淬息氣體，則因分解後能再自行結合，蓋革管的壽命較短）。【94.2. 放射師檢覈】

39.【2】有關蓋格計數器的敘述何者錯誤？（①用於測量輻射源的照射劑量②主要用於高強度輻射污染的區域檢視③每年必須用標準射源校正（如137Cs）④亦能偵測 β 粒子）。【94.2. 放射師檢覈】

40.【4】下列關於蓋革計數器的敘述，何者正確？（①其輸出脈衝與輻射能量成正比②所加高壓比游離腔低③脈衝高度可以鑑別輻射種類④氣體增殖率比比例計數器大）。【94.2. 放射師專技高考】

41.【1】關於蓋革計數器（G-M counter）的特性敘述，下列何者最正確？（①蓋革計數器可設計成個人警報器以偵測人員劑量②蓋革計數器為一最靈敏的非密閉式充氣式偵檢器③蓋革計數器內充 BF3 氣體④蓋革計數器的輸出訊號型式為電流式）。【94.2. 放射師檢覈】

2.40 ▏輻射偵檢器─閃爍偵檢器

1.【2】某輻射偵檢器係利用輻射照射後發光現象而偵測的是何種偵檢器？（①純鍺偵檢器②碘化納（鉈）偵檢器③蓋革（GM）計數器④比例計數器）。【91.1. 操作初級基本】

2.【2】下列何者係利用輻射照射後發光現象而偵測？（①純鍺偵檢器②碘化鈉（鉈）偵檢器③蓋革計數器④比例計數器）。【93.1. 輻安證書專業】

3.【3】碘化鈉（鉈）偵檢器可偵檢（①聲子②氫氧③光子④彈子）。【89.1. 輻防初級基本】

4.【1】NaI（Tl）偵檢器是屬於：（①無機閃爍偵檢器②有機閃爍偵檢器③游離腔偵檢器④半導體偵檢器）。【93.1. 放射師檢覈】

5.【4】碘化鈉「NaI（Tl）」偵檢器屬於下列何種偵檢器？（①半導體偵檢器②充氣式偵檢器③有機閃爍偵檢器④無機閃爍偵檢器）。【93.2. 放射師專技高考】

6.【3】輻射鋼筋的污染核種為鈷六十，它是使用何種儀器鑑別出此核種？（① TLD ② GM ③ NaI（Tl）④生化分析）。【88.1. 輻防初級基本】

7.【3】某一輻射偵檢器包括一晶體及一光電倍增管，晶體通常為碘化物，而光電倍增管的基本組件則為光陰極、數個二次發射極及一個陽極。問此一偵檢器是何種偵檢器？（①游離腔偵檢器②蓋革偵檢器③閃爍偵檢器④半導體偵檢器）。【92.2. 放射師專技高考】

8.【3】碘化鈉閃爍偵檢器系統依順序包括有：（①碘化鈉晶體、光電倍增管、計數器、脈高鑑別器②碘化鈉晶體、脈高鑑別器、光電倍增管、計數器③碘化鈉晶體、光電倍增管、脈高鑑別器、計數器④光電倍增管、碘化鈉晶體、計數器、脈高鑑別器）。【95.1. 放射師專技高考】

9.【2】下列何者不是閃爍計數器的系統元件？（①碘化鈉（鉈）晶體②定位電路③光電倍增管④脈高分析儀）。【96.1. 放射師專技高考】

10.【1】請問閃爍偵檢器度量到訊號的前後過程為何？（①光子與晶體作用—光陰極產生電子—光電倍增管②光陰極產生光子—光子與晶體作用—光電倍增管③光陰極產生光子—光電倍增管—光子與晶體作用④光子與晶體作用—光電倍增管—光陰極）。【92.2. 放射師檢覈】

11.【3】當加馬射線從受檢者身體射出，進入閃爍造影機，直到在螢幕出現影像時，其間需經過下列四項設備，其順序由前至後排列應為何？A、準直儀；B、光電倍增管；C、晶體；D、放大器。（① ABCD ② DCBA ③ ACBD ④ DABC）。【97.1. 放射師專技高考】

12.【2】加瑪照相機（gamma camera）中，將 γ photons 轉化成光（light）的構造為（① photomultiplier tube ② crystal ③ collimator ④ correction circuits）。【94.1. 放射師專技高考】

13.【3】閃爍攝影機的 NaI（Tl）晶體作用為：（①引導加馬射線②將加馬射

線轉變成能量③將加馬射線轉變成光線④將加馬射線轉變成電子訊號）。
【95.1. 放射師專技高考】

14.【3】在加馬閃爍攝影機中，下列何者吸收了入射的加馬光子時會放出可見光？（①光電倍增管②波高分析儀③閃爍晶體④準直儀）。【97.2. 放射師專技高考】

15.【3】1 keV 之光子進入碘化鈉（鉈）之結晶體後可產生（① 10 ② 1000 ③ 300 ④ 100）個 3 eV 之可見光子。【92.2. 放射師專技高考】

16.【2】加馬攝影機所使用的碘化鈉（鉈）晶體將加馬射線轉變成可見光時，大約每一 keV 的加馬射線會轉變成多少個光子？（① 3 ② 30 ③ 300 ④ 3000）。【97.1. 放射師專技高考】

17.【4】計數器中的鑑別器可以鑑別（①原子和原子核②核子和聲子③電壓和空氣④脈衝高度）。【89.1. 輻防初級基本】

18.【1】閃爍偵檢器線路中的脈高鑑別器，其作用是鑑別輻射的：（①能量②活度③劑量率④半化期）。【94.1. 放射師檢覈、95.1. 放射師專技高考】

19.【1】在加馬能譜中使用脈高分析儀（Pulse height analyzer, PHA）的主要原因是下列何者？（①鑑別不同種類之同位素②過濾散射光子③增加能譜之靈敏度④去除背景計數）。【91.2. 放射師檢覈】

20.【1】閃爍偵檢器中的波高分析器（PHA），主要是鑑別輻射的：（①能量②活度③半衰期④劑量率）。【98.2. 放射師專技高考】

21.【4】NaI（Tl）偵檢器的絕對效率，與下列何者無關：（①偵檢晶體的大小②電磁輻射的能量③偵檢器罩杯的材質④射源的強弱）。【87.1. 輻防中級基本】

22.【1】NaI（Tl）偵檢器的絕對效率，與下列何者無關？（①射源的強弱②偵檢晶體的大小③電磁輻射的能量④偵檢頭入射窗口的材質）。【92.1. 放射師檢覈】

23.【4】NaI（Tl）偵檢器的絕對效率，與下列何者無關？（①偵檢器晶體的大小②游離輻射的能量③偵檢器的材質④游離輻射的強弱）。【96.2. 放射師

專技高考】

24.【1】固體閃爍計數器度量光子的優點是什麼？（①比蓋革計數器的計數效率高②比游離腔量測的吸收劑量準③不需使用光電倍增管（photomultiplier tubes）④比半導體計數器的能量解析度好）。【94.1. 放射師專技高考】

25.【4】適合例行偵測加馬輻射劑量率的偵檢器是（①游離腔②塑膠閃爍偵檢器③碘化鈉偵檢器④以上皆可）。【91.2. 操作初級專業密封】

26.【1】測量伽瑪攝影機之靈敏度時使用之射源活度為 125 μCi，其計數率為 30,500 cpm，假設背景計數率為 1,200 cpm，則該儀器之靈敏度為多少？（①234 cpm/μCi②244 cpm/μCi③29,300 cpm④3,662,500 cpm）。【94.2. 放射師檢覈】

27.【3】下列關於閃爍偵檢器之敘述，何者正確？（①最常使用之晶體為 NaI，因為其質硬且不易潮解②光電倍增管的充填氣體為空氣③平均而言，每 4～6 個光子撞擊光陰極，可產生一個光電子④每個二次發射極的電荷量低於前一級的二次發射極電荷量）。【94.1. 放射師專技高考】

28.【2】有關閃爍偵檢器，下列何者是錯的？（①閃爍體可將荷電粒子的動能轉換成可偵檢的光②閃爍體之選擇以所誘發螢光的衰變時間必須足夠長以便取得訊號③ NaI（Tl）為無機閃爍體④閃爍體內填加高原子序的元素，其目的為增加加馬射線光電轉換的機率）。【88.2. 輻防高級基本】

2.41 ｜閃爍偵檢器—閃爍物質

1.【2】以下何者為常用於測定加馬射線的閃爍偵檢器？（① ZnS（Ag）② NaI（Tl）③ TLD④ CaSO4（Dy））。【94.1. 放射師檢覈】

2.【4】下列何種材料不是閃爍體？（① NaI（Tl）② LiI（Eu）③ CsI（Tl）④ ZnO（Ag））。

3.【2】NaI 晶體常加入下列那一種雜質，以作為發光的動作中心？（① Tc② Tl③ Ga④ In）。【94.1. 放射師檢覈】

4. 【2】伽瑪攝影機的碘化鈉晶體中，最常加入下列何者，以形成發光中心（luminescent center）？（①鋁（Al）②鉈（Tl）③鎝（Tc）④鉛（Pb））。【95.1. 放射師專技高考】

5. 【1】於碘化鈉晶體中摻入鉈（Thallium），其主要目的為：（①形成發光中心產生閃光效應②使碘化鈉晶體不受外界濕氣影響③降低碘化鈉晶體破裂機率④提高碘化鈉晶體有效原子序）。【91 放射師專技高考】

6. 【2】NaI（Tl）偵檢器，請問 Tl 的作用為何？讓原子核（①回復到 Z 軸的速度加快②促使導帶和價帶間的禁隙，多出一些能階③作為淬熄（quenching）劑④減少晶體產生可見光的光子）。【92.2. 放射師檢覈】

7. 【2】NaI 晶體內含少量 Tl 之目的為：（①提高解析度②增加光產量③區分不同能量 γ 射線④生產過程中必須）。【96.1.、97.2. 放射師專技高考】

8. 【1】NaI（Tl）無機閃爍偵檢器內的 Tl 材料是（①活化劑②螯合劑③催化劑④黏著劑）。【93.2. 輻安證書專業】

9. 【1】關於 NaI（Tl）偵檢器下述何者正確？（① NaI 是無機晶體，Tl 是活化劑② NaI 是有機晶體，Tl 是活化劑③ NaI 是活化劑，Tl 是無機晶體④ NaI 是活化劑，Tl 是有機晶體）。【95.1. 放射師專技高考】

10. 【1】下列晶體中，何者密度最低而且較易潮解？（① NaI ② BGO ③ LSO ④ GSO）。【94.1. 放射師檢覈】

11. 【3】選用碘化鈉（鉈）晶體來偵測 γ 射線的原因，下列何者正確？（①不易潮解②不易碎裂③微量的鉈可有效的和 γ 射線作用產生可見光子④可抗溫度的驟變）。【94.2. 放射師檢覈】

12. 【4】下列何者不是加馬攝影機的碘化鈉晶體須置於鋁容器內的原因？（①避免受潮而致晶體潮解②減少外力衝擊致晶體破裂③阻隔光線的干擾④阻隔散射輻射線）。【96.2. 放射師專技高考】

13. 【4】選用碘化鈉（鉈）晶體來做 γ 射線偵測之原因中，何者為非？（①密度適合②碘的原子序高③微量的鉈可有效的和 γ 射線作用產生可見光子④可抗溫度的驟變）。【94.2. 放射師專技高考】

14.【1】正子掃描機使用之 BGO（bismuth germanate）晶體具有以下何項優點？（①對於伽傌射線之終止能力（stopping power）強②閃爍光消失時間（decay time）短③計數率（count rate）不限④光輸出（light output）高）。【95.1. 放射師專技高考】

15.【4】下列那項是正子掃描機使用之 BGO 晶體之缺點？（①對於加馬射線之終止能力（stopping power）強②閃爍光消失時間短③計數率高④光輸出低）。【96.1. 放射師專技高考】

16.【3】碘化鈉（鉈）[NaI（Tl）] 與 BGO（Bi3Ge4O12）為目前最常用來做 PET 偵測系統的閃爍晶體，下列有關它們的比較，何者錯誤？（①碘化鈉晶體的閃爍效率比 BGO 高② BGO 誘發螢光的衰變常數比碘化鈉晶體大③碘化鈉晶體的密度比 BGO 大④ BGO 不怕潮濕，而碘化鈉晶體會因潮濕而易損壞）。【91.1. 放射師檢覈】

17.【3】早期正子電腦斷層攝影儀的偵測器使用碘化鈉（鉈）晶體，後來被鍺酸鉍（BGO）晶體所取代，主要原因是碘化鈉（鉈）晶體？（①閃爍衰減時間太短② 511 keV 光子的衰減係數太大③低原子序與低密度④不易受潮）。【96.1. 放射師專技高考】

18.【4】下列何種偵測器是最常使用於核子醫學的影像量測？（①游離腔計數器②比例式計數器③蓋革計數器④固態閃爍偵檢器）。【95 二技統一入學】

19.【1】下列何者無法利用放射性藥物以獲得核醫影像？（①液態閃爍偵檢器②安格攝影機③延遲線閃爍攝影機④正電子發射斷層攝影）。【95 二技統一入學】

20.【2】下列何者最適合度量純 α 發射核種？（① NaI（Tl）②液態閃爍偵檢器③ ^{6}LiI（Eu）④套管游離腔）。【97.1. 放射師專技高考】

21.【3】偵測人體內是否受到 ^{3}H 污染，最適當的檢測方法及設備為：（①全身計測及高壓游離腔②全身計測及熱發光劑量計③尿樣分析及液態閃爍計數器④尿樣分析及高純鍺偵檢器）。【91 放射師專技高考、98.1. 輻安證書專業】

22.【1】偵測 ^{3}H 和 ^{14}C 的弱貝他射線（β^-），以下列那一種偵檢器最佳？（①

液態閃爍偵檢器②蓋革計數器④半導體偵檢器③碘化鈉（鉈）偵檢器）。
【92.1. 放射師檢覈】

23.【4】偵測高能 β 粒子時，那一種儀器的效率幾乎為 100%？（①平行板游
離腔②套管游離腔③蓋革計數器④液態閃爍偵檢器）。【93.2. 放射師專技高
考】

24.【3】若欲進行 C-14 之測量，則使用下列何種設備最佳？（①井型計數器
②質譜儀③液體閃爍計數器④蓋革計數器）。【93.2. 放射師專技高考】

25.【4】施行碳 -14 尿素呼氣檢驗（C-14 urea breath test），需要下列何種儀器？
（① Si（Li）半導體偵檢器②質譜儀③ NaI（Tl）閃爍偵檢器④液態閃爍偵
檢器）。【97.1. 放射師專技高考】

2.42 ｜閃爍偵檢器─光電倍增管

1.【3】加馬攝影機的光電倍增管的作用為何？（①將放射線能量放大②將
放射線轉變成可見光③將可見光轉變成電子脈衝④將放射線轉變成電子脈
衝）。【98.1. 放射師專技高考】

2.【3】下列偵檢器，何者需要使用光電倍增管？（①蓋氏②游離腔③閃爍④
比例）偵檢器。【89.3. 輻防初級基本】

3.【1】需要光電倍增管的偵檢器是：（①閃爍偵檢器②半導體偵檢器③蓋革
計數器④高壓游離腔）。【91.1. 放射師檢覈、97.2. 輻安證書專業】

4.【3】下列何種偵檢器須經由光電管（PMT）放大及轉換其所偵測之訊號？
（①比例偵檢器②蓋革計數器③閃爍偵檢器④游離腔偵檢器）。【94.2. 放射師
專技高考】

5.【1】下列那一個元件是閃爍偵檢器必備的單元？（①光電倍增管②磁控管
③陰極射線管④柵流管）。【92.2. 放射師檢覈】

6.【4】閃爍偵檢器必須使用何者來接收信號？（①介電離子管②無機閃爍體
③陰極射線管④光電倍增管）。【90.1. 輻防初級基本】

7.【1】PET 檢查能形成影像是因為造影機上的何種器材,將偵測到的輻射轉換成電子訊號?（①光電倍增管②三用電表③蓋格計數器④前置放大器）。【96.1. 放射師專技高考】

8.【3】光電倍增管為倍增（①聲子②質子③電子④中子）。【89.1. 輻防初級基本】

9.【4】從光電倍增管之陽極輸出的信號為:（① X 光②閃爍光③ α 粒子④電子）。【89.1. 輻防初級基本】

10.【3】光電倍增管中,將閃爍光轉化為電子的元件為:（① NaI（Tl）②陽極（anode）③光陰極（photocathode）④次陽極（dynode））。【96.2. 放射師專技高考】

11.【2】光電管中用來產生電子的是:（①光電体②光陰極③耦合体④吸收体）。【88.1. 輻防初級基本】

12.【1】光電倍增管中,將可見光轉化為電子的組件為:（①光陰極②陽極③代納電級（dynode）④鑑別器（discriminator））。【91.2. 操作初級專業設備】

13.【2】閃爍偵檢器中,儀器的那個部分能將光子吸收而釋放出光電子?（①晶體②光陰極③次陽極（Dynode）④反光體）。【98.1. 放射師專技高考】

14.【4】關於輻射偵測儀,下列敘述何者正確?（①膠片之靈敏度比熱發光劑量計高②蓋革管無氣體增值③游離腔應考慮淬熄問題④光電管有電子倍增作用）。【91.2. 放射師檢覈】

15.【1】光電倍增管（PMT）之每個光電極（dynode）的電子倍增因子約為:（① 3～6② 30～60③ 120～200④ 1200～2000）。【97.2. 放射師專技高考】

16.【1】光電倍增管內含有 10 個次陽極（dynode）,每個次陽極的放大倍數為 4,則此光電倍增管的整體放大倍率約為多少?（① 106 ② 105 ③ 104 ④ 103）。【94.1. 放射師檢覈】

17.【2】開始啟動碘化鈉偵檢系統時,係將高壓加在（①碘化納晶體②光電倍增管③鋁罩④放大器）。【87.1. 輻防初級基本】

18.【4】光電倍增管中,不含那種組件?（①光陰極（Photocathode）②二次

發射極（Dynode）③陽極（Anode）④鑑別器（Discriminator））。【91.2. 放射師檢覈】

19.【1】下列何者不是光電倍增管的元件？（① diode ② anode ③ dynode ④ photocathode）。【98.2. 放射師專技高考】

20.【1】有關光電倍增管（photomultiplier tube）的敘述，何者不正確？（①前端由對 γ 射線敏感的光陰極組成②中間由一系列的金屬電極組成③為一真空玻璃管④和碘化鈉晶體間用可透光的油性物質相接固定）。【94.2. 放射師專技高考】

21.【4】有關光電倍增管（photomultiplier tube）的敘述，何者錯誤？（①前端由對可見光敏感的光陰極組成②中間由一系列的金屬電極組成，稱為極體③為一真空玻璃管④管的末端為碘化鈉（鉈）晶體）。【94.2. 放射師檢覈】

22.【2】閃爍偵檢器系統包含光電倍增管，下列關於光電倍增管的敘述，何者正確？（①平行電極的作用是放大光子②光陰極之作用是將光轉化成電子③通常包含 1 個平行電極④陽極收集到的是正電子）。【96.1. 放射師專技高考】

2.43 ┃輻射偵檢器—半導體偵檢器

1.【1】Ge（Li）偵檢器是屬於下列何種偵檢器？（①半導體偵檢器②充氣式偵檢器③閃爍偵檢器④熱發光劑量計）。【98.2. 放射師專技高考】

2.【4】輻射產生游離作用而生成電荷，直接測定此電荷量的偵檢器為何？（①化學劑量計② TLD 劑量計③ NaI（Tl）偵檢器④ Ge 偵檢器）。【93.2. 放射師專技高考】

3.【3】對輻射偵檢而言，反向偏壓 n-p 接面裝置的半導體是一種很好的輻射偵檢儀器，其輻射偵檢功能與何種偵檢器類似？（①閃爍偵檢器②高頻偵檢器③氣體游離腔④熱發光劑量計）。【94.2. 放射師檢覈】

4.【1】鍺（鋰）偵檢器主要用來偵測：（① γ 和 X 射線② γ 和 α 射線③ β 和 γ

射線④ α 和 β 射線)。【91.1. 放射師檢覈】

5.【1】加馬能譜可用下列何種儀器加以鑑別?(①鍺(鋰)偵檢器②蓋革計數器③游離腔④以上皆可)。【88.2. 輻防初級基本】

6.【3】測量能譜最好使用?(①平行板游離腔②蓋革計數器③鍺鋰偵檢器④熱發光劑量計)。【93.2. 放射師專技高考】

7.【3】以固態理論而言,其能帶間隙在何範圍者,屬於半導體?(① 0.025 eV ② 0.1 eV ③ 1 eV ④ 5 eV)。【92.2. 放射師檢覈】

8.【3】一般用來偵測放射性核種所釋出的 γ 能譜之設備是:(① NaI(Tl)偵檢器配合光電倍增管② Farmer 游離腔配合電量計③純鍺偵檢器配合多頻道分析儀④ LiF 熱發光劑量計配合 TLD 計量儀)。【94.2. 放射師檢覈】

9.【2】一般用來偵測放射性核種所釋出的 γ 射線能譜的設備是(①光電倍增管②純鍺偵檢器配合多頻道分析儀③準直儀④蓋革計數器)。【93.2、94.2. 輻安證書專業】

10.【4】欲分析包含許多能峰的複雜 γ 射線能譜,最好採用:(①碘化鈉偵檢器②蓋革計數器③游離腔④純鍺偵檢器)。【97.1. 放射師專技高考】

11.【1】在半導體中產生一對電子－電洞所需的能量約為(① 3 eV ② 10 eV ③ 34 eV ④ 40 eV)。【91.1. 操作初級專業設備】

12.【2】在半導體偵檢器內產生一個電子電洞對所需能量大約為:(① 0.34 eV ② 3.4 eV ③ 34 eV ④ 134 eV)。【98.1. 放射師專技高考】

13.【3】輻射使半導體偵檢器產生一電子電洞對,約需要多少能量?(① 33.97 eV ② 33.97 J ③ 3.5 eV ④ 3.5 J)。【98.2. 放射師專技高考】

14.【2】關於輻射度量儀器的特性,下列敘述何者正確?(①半導體偵檢器使用外部焠熄法,以防止產生假信號②半導體的價帶與導電帶之間的能階差約為數 eV ③充氣式偵檢器產生一次游離事件是指電子－電洞對④充氣式偵檢器的空乏區是產生游離事件的敏感區)。【97.2. 放射師專技高考】

15.【2】從事能量大於數百個仟電子伏的加馬射線度量時,碘化鈉偵檢器的加馬能量解析度比純鍺偵檢器:(①佳②劣③相同④視度量時間而定)。

【94.1. 放射師檢覈】

16.【3】跟傳統核醫常用的碘化鈉偵檢器相比，半導體偵檢器的最大優點是：（①價錢便宜②高敏感度③高能量解析度④高空間解析度）。【95.2. 放射師專技高考】

17.【3】下列那一種偵檢器的能量解析度（Energy resolution）最佳？（①游離腔②高壓游離腔③半導體偵檢器④閃爍偵檢器）。【91.1. 放射師檢覈】

18.【4】下列那一種偵檢器的能量解析度（energy resolution）最佳？（①游離腔②比例計數器③碘化鈉偵檢器④高純鍺偵檢器）。【97.2. 輻安證書專業】

19.【3】對於 γ 能譜，下列那一種偵檢器的能量解析度最佳？（①直讀式劑量筆②氣泡式偵檢器③半導體偵檢器④碘化鈉偵檢器）。【94.1. 放射師專技高考、96.1. 輻安證書專業】

20.【3】下列何種偵檢器度量加馬輻射之能量分解度最佳？（① CsI（Tl）② NaI（Tl）③ HPGe ④ CdTe）。【96.1. 放射師專技高考】

21.【3】下列何種偵檢器的能量解析度最好？（① NaI（T1）閃爍偵檢器②蓋革計數器③鍺（鋰）偵檢器④比例計數器）。【97.2. 放射師專技高考】

22.【4】關於半導體偵測器，下列敘述何者正確？（①半導體的 W 值約為空氣的 W 值之 10 倍② p-type 的半導體有過量的電子③導體中摻入硼則成為 n-type ④要產生空乏區（depletion layer）必須加上逆向偏壓）。【94.1. 放射師檢覈】

23.【4】關於半導體偵檢器與充氣式偵檢器的敘述，下列何者正確？（①半導體偵檢器屬於氣態游離腔②充氣式偵檢器兩極間有空乏區③對充氣式偵檢器而言，產生一次游離事件是指一個電子 - 電洞對④半導體的價帶與導電帶間的能階差很小）。【93.1. 放射師檢覈】

24.【2】下列有關鍺（鋰）偵檢器的敘述，何者不正確？（①加馬射線的偵測效率較同體積的 NaI 為低②加馬射線的能量解析度較同體積的 NaI 為低③需在低溫下使用④使用成本較同體積的 NaI 為高）。【93.2. 放射師檢覈】

25.【3】度量加馬輻射時，碘化鈉閃爍偵檢器與純鍺半導體偵檢器相比較，前

者：（①能量解析度及偵測效率較高②能量解析度及偵測效率較低③能量解析度低，偵側效率高④能量解析度高，偵測效率低）。【91.1. 放射師檢覈】

26.【2】比較 NaI 閃爍偵檢器與 HPGe 偵檢器，對加馬能譜分析的能力：（① NaI 的偵測效率與能量解析度均較佳② NaI 的偵測效率佳，而 HPGe 的能量解析度較佳③ NaI 的能量解析度較佳，而 HPGe 的偵測效率較佳④ NaI 的偵測效率與能量解析度均較差）。【92.2. 放射師檢覈】

27.【3】有關輻射偵檢器的特性，下列何者正確？（① NaI 偵檢器的能量解析度比 Ge（Li）偵檢器佳②空乏區與蓋革計數器有關③半導體偵檢器產生一對離子對所需的能量比游離腔小④蓋革計數器可用來測量加馬能譜）。【92.1. 放射師專技高考】

28.【3】關於鍺（鋰）[Ge（Li）] 偵檢器與碘化鈉（鉈）[NaI（Tl）] 偵檢器的比較，下列敘述何者最正確？（①碘化鈉（鉈）[NaI（Tl）] 偵檢器的能量分解度較鍺（鋰）[Ge（Li）] 偵檢器為佳②鍺（鋰）[Ge（Li）] 偵檢器的偵測效率較碘化鈉（鉈）[NaI（Tl）] 偵檢器為大③鍺（鋰）[Ge（Li）] 偵檢器屬於固態偵檢器④碘化鈉（鉈）[NaI（Tl）] 偵檢器屬於有機閃爍偵檢器）。【94.2. 放射師檢覈】

29.【3】下列有關 NaI（Tl）晶體和 Si（Li）半導體在 γ 射線偵測效果上的敘述，何者正確？（① Si（Li）的能量解析度較差② Si（Li）對 γ 射線的偵測效率較佳③ Si(Li)無法在室溫下使用④ Si(Li)的密度比 NaI(Tl)高）。【96.2. 放射師專技高考】

30.【1】Ge（Li）比 Si（Li）更適用於偵測加馬射線，最主要原因為：（①若兩者的偵檢器體積相同，則 Ge（Li）有比較高的偵測效率②若兩者的偵檢器體積相同，則 Ge（Li）對低能的 γ 射線有比較高的能量解析③ Ge（Li）有比較好的時間解析④ Ge（Li）不需特別的冷卻過程）。【93.2. 放射師專技高考】

31.【1】HPGe 偵檢器之 HP 代表：（① High Purity ② Hospital Purify ③ Hot Spot ④ Hydropsy）。【93.1. 放射師檢覈】

32.【2】請問以下何者不是半導體偵檢器？（① HPGe ② CsI（Na）③ Si（Li）④ Ge（Li））。【92.2. 放射師檢覈】

33.【1】下列何者不是半導體偵檢器常用的材料？（① HgF2 ② Si ③ Ge ④ CdTe）。【94.2. 放射師專技高考】

34.【4】將鍺偵檢頭與液態氮以金屬棒聯接以降溫，其目的為（①降低濕度②降低壓力③凍結探頭④減少雜訊）。【87.1. 輻防初級基本】

35.【1】以下輻射偵檢器，何者不使用時可置放於室溫環境，但操作時則須液態氮冷卻方能正常工作？（① HPGe ② Si（Li）③ Ge（Li）④ CdWO4）。【95.1. 放射師專技高考】

36.【1】純鍺偵檢器的鍺探頭體積愈大，其半高寬（FWHM）解析值（①愈大②愈小③不變④兩者間無關）。【87.1. 輻防中級基本】

37.【2】最適合測定 α 射線能量的偵檢器為（① Ge 偵檢器② Si 表面障壁偵檢器③ CsI（Tl）偵檢器④ TLD）。【93.2. 輻安證書專業】

38.【4】最適合測定 α 射線能量的偵檢器為：（① Ge（Li）偵檢器② CsI（Tl）偵檢器③ NaI（Tl）偵檢器④ Si 表面障壁偵檢器）。【94.2. 放射師檢覈】

39.【1】n-p 接合（n-p junction）的矽（Si）二極體偵檢器在放射治療的輻射劑量測定上是測量什麼？（①相對劑量②絕對劑量③電子射束的能量④光子射束的能量）。【94.2. 放射師檢覈】

40.【3】下列有關矽二極體輻射劑量偵檢器之敘述，何者錯誤？（①遠比游離腔靈敏②加逆向偏壓③能量依存性很小④屬於半導體偵檢器）。【98.2. 放射師專技高考】

41.【4】下列那一項器材無須用到光電倍增管？（①閃爍偵檢器②熱發光劑量計讀儀③透視攝影機④半導體偵檢器）。【98.1. 放射師專技高考】

2.44 ┃輻射偵檢器—熱發光劑量計

1.【1】下列何者係目前輻射工作人員須佩帶的法定人員劑量計？（①熱發光

劑量計②筆型劑量計③電子式劑量計④個人警報器）。【91.2. 操作初級專業密封】

2.【4】計讀熱發光劑量計（TLD）時，其輝光曲線（glow curve）是指光輸出與何者之關係函數？（①輻射劑量②輻射能量③輻射強度④溫度）。【97.1. 放射師專技高考】

3.【2】關於熱發光劑量計（TLD）的作用原理，下列敘述何者正確？（①當游離輻射照射到 TLD 時，TLD 中的電子受激由導帶躍遷至價帶②當游離輻射照射到 TLD 時，在 TLD 中的價帶上產生電洞③當 TLD 加熱時，激發能則以 X 光的形式釋出④ TLD 加熱所釋出的 X 光經光電倍增管的轉換變成電子，而由電子儀器加以度量）。【94.2. 放射師檢覈】

4.【3】熱發光劑量計（TLD）主要是以何原理偵測劑量？（①受輻射照射後的黑化原理②硫酸亞鐵受輻射照射後氧化成硫酸鐵原理③固態晶體物質受輻射照射後能量暫存於晶體內，經加熱能發出螢光原理④物質受輻射照射後所產生熱量增加的原理）。【94.2. 放射師檢覈】

5.【2】熱發光劑量計（TLD）加熱時所發出的光與時間的函數曲線稱為：（①特性曲線②輝光曲線③校正曲線④二次曲線）。【91.1. 放射師檢覈】

6.【3】下列何種偵測器會利用到輝光曲線（glow curve）？（①熱卡計②半導體偵檢器③熱發光劑量計④硫酸亞鐵溶液）。【96.1.、97.2. 輻安證書專業】

7.【2】氟化鋰熱發光劑量計加熱計讀時，會產生輝光曲線，此曲線下的面積可用來評估什麼？（①入射輻射的加馬能量大小②人員所受輻射劑量的多寡③入射輻射的種類有多少種④入射輻射是否含有中子）。【92.1. 放射師檢覈】

8.【2】熱發光劑量計（TLD）的傳導帶與電子能陷（traps）之能階差約在那一能量等級？（① meV ② eV ③ keV ④ MeV）。【94.2. 放射師檢覈】

9.【4】人員劑量計常用的熱發光材料是什麼？（①溴化銀②硫酸亞鐵③碘化鈉④氟化鋰）。【93.1. 輻安證書專業】

10.【1】人員輻射劑量計多使用什麼熱發光物質？（① LiF ② CaF_2 ③ AgBr

④ NaI）。【94.1. 放射師專技高考】

11.【1】可以有效地量測中子的 TLD 螢光體主要由何種同位素構成？（① Li-6 ② Li-7 ③ Be-7 ④ C-13）。【93.2. 放射師專技高考】

12.【1】那一熱發光劑量計的材料，可偵測中子？（①氟化鋰 -6 ②氟化鋰 -7 ③硫酸鈣④氟化鈣）。【89.2. 輻防初級基本】

13.【2】適合用於熱中子劑量偵測的熱發光劑量計材料為：（① ^7LiF ② ^6LiF ③ $^{40}CaSO_4$ ④ $^{40}CaF_2$）。【94.2. 放射師專技高考】

14.【3】使用 ^6LiF 熱發光劑量做中子度量時，^6Li 和中子發生作用後的產物為：（① ^2H 及 ^5Li ②中子及 ^6Be ③ ^3H 及 α ④質子及 ^6Be）。【91 放射師專技高考】

15.【3】含 ^{10}B 或 ^6Li 的熱發光劑量計主要是用於度量：（①貝他粒子②加馬射線③中子④光子）。【91.1. 操作初級專業設備】

16.【1】為何輻射工作人員常常配帶 TLD 作輻射曝露之量度？（①與軟組織吸收劑量成正比②可以快速即時取得讀數③可以長時期配帶資料不會消褪④與骨骼吸收劑量成正比）。【96.1. 放射師專技高考】

17.【2】那一種性質的熱發光劑量計最適合用於人員劑量偵測？（①高原子序的劑量計②原子序與水類似的劑量計③能量依持性高的劑量計④方向依持性高的劑量計）。【96.1. 放射師專技高考】

18.【4】下列何者不是熱發光材料？（① LiF ② $CaF_2:Mn$ ③ $CaSO_4:Dy$ ④ Fe（OH）$_2$）。【97.2. 輻安證書專業】

19.【4】下列何種熱發光物質在物理特性上與人體組織較類似？（① $CaSO_4:Mn$ ② $CaF_2:Mn$ ③ $CaF_2:Dy$ ④ LiF）。【95.1. 放射師專技高考】

20.【3】氟化鋰（LiF）的有效原子序很接近人體生物組織，故常用來作為人體劑量計的熱發光物質，試問其值約為何？（① 6.46 ② 7.51 ③ 8.31 ④ 11.30）。【92.1. 放射師檢覈】

21.【3】下列四種熱發光劑量計的有效原子序，何者和人體組織較接近？（① CaF_2 ② $CaSO_4$ ③ LiF ④ NaI）。【96.2. 放射師專技高考】

22.【2】有效原子序和人體組織最接近的熱發光劑量計是：（① LiF ② $Li_2B_4O_7$

③ CaF_2 ④ $CaSO_4$）。【97.1. 放射師專技高考】

23.【1】下列熱發光劑量計中，最接近組織等效材料的為：（① LiF ② CaF_2 ③ $CaSO_4$ ④ Ge（Li））。【93.1. 放射師檢覈】

24.【3】常用的熱發光劑量計 LiF 中，會加入 Mg 或 Ti，這些 Mg 或 Ti 是：（①還原劑②中和劑③活化劑④緩和劑）。【91.2. 操作初級專業設備、97.1. 輻安證書專業】

25.【1】CaF_2:Mn 與 CaF_2:Dy 屬於氟化鈣系列的熱發光劑量計，其中 Mn, Dy 被通稱為：（①活化劑②催化劑③增強劑④離子劑）。【94.2. 放射師檢覈】

26.【1】製造熱發光劑量計時，通常會在熱發光材料中添加一些活化劑（activator），如 Mg、Ti、Mn、Dy 等，其目的為何？（①產生介穩態能階②增加鑑別入射輻射能量大小③可使熱發光材料不易潮解和碎裂④增加鑑別入射輻射種類）。【92.1. 放射師檢覈、96.2. 輻安證書專業】

27.【1】製造熱發光劑量計時，通常須添加活化劑，其目的為：（①產生介穩態能階②使劑量計產生放射性③增加劑量計之有效原子序④降低劑量計之加馬能量依持性）。【97.2. 放射師專技高考】

28.【2】下列何者不為熱發光磷質？（① LiF ② BF_3 ③ CaF_2:Mn ④ $CaSO_4$:Dy）。【88.2. 輻防初級基本】

29.【4】熱發光劑量計（TLD）不能偵測下述那一種輻射：（①中子②γ射線③β粒子④α粒子）。【95.2. 放射師專技高考】

30.【2】熱發光劑量計（TLD）不能偵測下述何種射線：（①中子②α粒子③β射線④γ射線）。【96.1. 輻安證書專業】

31.【1】下列輻射劑量計中，何者最適宜作為臨床活體（in vivo）劑量之量測？（①熱發光劑量計②化學劑量計③熱卡計④游離腔）。【98.2. 放射師專技高考】

32.【1】TLD 比較不適用於何者的測量？（①微波的曝露量②鐳針周圍的劑量③增建區的劑量④不同物質的介面劑量）。【93.2. 放射師專技高考】

33.【2】下列何者不是 TLD（thermoluminescent dosimeter）之特點？（①

與軟組織吸收劑量成正比②具有記憶功能，不可重覆使用③體積小④重量輕）。【95.1. 放射師專技高考】

34.【2】下列有關熱發光劑量計的敘述何者錯誤？（①熱發光劑量計可用於測定年代②熱發光劑量計使用雷射光計讀③熱發光劑量計在 5 戈雷的精密度（precision）可達 2%④熱發光劑量計的再現性可達 2%）。【96.2. 放射師專技高考】

35.【2】下列何者不是熱發光劑量計之特性？（①可回火後重新使用②發光原理為光激發光③ LiF 為組織等效材料④計讀時通常充氮氣以消減化學性螢光）。【97.1. 放射師專技高考】

36.【3】下列關於熱發光劑量計與膠片佩章之敘述，何者錯誤？（①熱發光劑量計之靈敏度比膠片好②膠片之黑化度與輻射劑量成正比③熱發光劑量計以紫外線促其發光④熱發光劑量計輝光曲線下之面積與輻射劑量成正比）。
【93.1. 放射師檢覈】

37.【2】有關使用熱發光劑量計（TLD）測量輻射劑量原理的敘述何者正確？（①氟化鋰晶體中加入不純物是為了抑制過多的熱發光輸出②產生一個訊號所需能量遠小於游離一對空氣離子對，故能量解析度較游離腔好③晶體所放出螢光是因被游離電子振動發熱所致④讀取劑量時所放出螢光可經由雷射掃描儀轉為劑量大小訊號）。【91 放射師專技高考】

38.【3】關於熱發光劑量計的敘述，下列何者正確？（①輻射照射到熱發光晶體，會使傳導帶的電子躍升到價帶，而後掉落到電子陷阱中②輝光曲線的反應峰值，正比於熱發光晶體所接受的輻射量③輝光曲線在較低溫度所獲的波峰，可藉由調整預熱溫度及時間加以消除④熱發光晶體加熱後，可使陷阱中的電子躍升到價帶，隨後電子落到傳導帶而發出光）。【94.1. 放射師檢覈】

2.45 ｜輻射偵檢器—化學劑量計

1.【2】硫酸亞鐵溶液或稱為弗立克劑量計（Fricke dosimeter），是利用下列何項作為輻射偵測的原理？（①激發②化學變化③游離④熱量變化）。【92.1. 放射師檢覈】

2.【2】下列何者為化學劑量計？（①膠片佩章②夫瑞克劑量計③ CR-39 中子劑量計④ LiF 劑量計）。【91.2. 放射師檢覈】

3.【4】使用硫酸亞鐵水溶液的劑量計，稱為：（①生物劑量計②熱發光劑量計③中子活化劑量計④化學劑量計）。【90.1. 輻防初級基本】

4.【4】夫瑞克劑量計（Fricke dosimetry）其溶液中主要的成分為：（①硫酸鐵②硝酸鐵③溴化銀④硫酸亞鐵）。【91 放射師專技高考】

5.【1】那一種水溶液又稱為 Fricke dosimeter ？（①硫酸亞鐵②碳酸鈣③碘化鈉④氟化鋰）。【92.2. 放射師檢覈】

6.【3】化學劑量計中的弗立克劑量計（Fricke dosimeter）是指何種水溶液的劑量計？（①甲基藍②硫酸鈰③硫酸亞鐵④甲基黃）。【94.2.、98.1 放射師專技高考】

7.【3】硫酸亞鐵溶液與下列何者有關？（① Ge（Li）偵檢器②液態閃爍計數器③夫瑞克劑量計（Fricke dosimetry）④比例計數器）。【95.2. 放射師專技高考】

8.【2】夫瑞克劑量計（Fricke dosimeter）是利用何者原理作為劑量測量用途？（①受輻射照射後的黑化原理②硫酸亞鐵受輻射照射後氧化成硫酸鐵原理③固態晶體物質受輻射照射後能量暫存於晶體內，經加熱能發出螢光原理④物質受輻射照射後所產生熱量增加的原理）。【94.2. 放射師檢覈】

9.【2】弗立克化學劑量計受 γ 照射後，其化學反應為：（① $Fe^{3+} \rightarrow Fe^{2+}$ ② $Fe^{2+} \rightarrow Fe^{3+}$ ③ $S^{3+} \rightarrow S^{2+}$ ④ $S^{2+} \rightarrow S^{3+}$）。【97.1. 放射師專技高考】

10.【2】使用 Fricke 劑量計，必須知道 G 值，此值和什麼濃度有關？（① Fe^{4+} ② Fe^{3+} ③ Fe^+ ④ Fe）。【93.2. 放射師專技高考】

11.【1】以下何種輻射偵檢器會使用所謂的 G value 來計算量得劑量？（①硫酸亞鐵溶液②氟化鋰顆粒③溴化銀底片④熱卡計）。【91 放射師專技高考】

12.【1】水分子受游離後的產物產量可以 G 值表示，所謂 G 值即游離輻射每損失多少能量所形成的產物分子數？（① 100 eV ② 250 eV ③ 100 keV ④ 250 keV）。【92.1. 放射師檢覈】

13.【1】G 值表示輻射的化學變化率，即每吸收多少輻射能量時所生成產物的分子數？（① 100 eV ② 1 keV ③ 0.1 J ④ 1 J）。【92.2. 放射師檢覈】

14.【1】利用弗立克劑量計度量輻射需利用 G 值，G 值之定義為：（①吸收 100 eV 輻射能量所生成產物的分子數②產生 1 離子對需吸收的輻射能量③吸收 1 戈雷產生離子對的數量④吸收 1 戈雷所生成產物的分子數）。【94.2. 放射師專技高考】

15.【3】化學劑量計計算化學反應之 G 值，其定義為：（①每吸收 1 焦耳輻射能量所生成產物之分子數②每吸收 1 焦耳輻射能量所生成產物之質量③每吸收 100 eV 輻射能量所生成產物之分子數④每吸收 100 eV 輻射能量所生成產物之質量）。【96.2. 放射師專技高考】

16.【3】Fricke 化學劑量計之 G 值約為：（① 1.7 ② 5.7 ③ 15.7 ④ 25.7）。【98.1. 放射師專技高考】

17.【3】關於弗瑞克劑量計（Fricke dosimeter）的敘述，下列何者最正確？（①弗瑞克劑量計在 0.1 cGy 至 30 Gy 的劑量範圍，化學反應與劑量呈線性關係②弗瑞克劑量計由於輻射的作用，使鐵離子（Fe^{3+}）還原成亞鐵離子（Fe^{2+}）③弗瑞克劑量計的主要成分為硫酸亞鐵水溶液④弗瑞克劑量計的測量誤差多在 0.1-0.2% 之內）。【94.2. 放射師檢覈】

18.【1】Fricke 化學劑量計，經輻射照射後，下列敘述何者正確？（①亞鐵離子失去一個電子變成鐵離子②亞鐵離子得到一個電子變成鐵離子③鐵離子失去一個電子變成亞鐵離子④鐵離子得到一個電子變成亞鐵離子）。【95.1. 放射師專技高考】

19.【4】關於弗立克（Fricke）化學劑量計的敘述，下列何者正確？（①反應

試樣可以長久保存②以硫酸錳水溶液為偵檢器③化學反應 G 值的定義為每吸收 1 eV 輻射能量所生成產物的分子數④靈敏度較差，適用於高劑量範圍偵測）。【96.1. 放射師專技高考】

20.【3】化學劑量計多應用於何種輻射場的測量？（①環境背景輻射②人員劑量計③高劑量場所④能譜分析）。【98.2. 放射師專技高考】

2.46 ｜輻射偵檢器—體內劑量偵測

1.【4】用下列哪一種可偵測體內污染？（①人員劑量佩章②污染偵測器③劑量率測量計④全身計數器）。【91.1. 操作初級專業非密封】

2.【3】下列哪一種儀器最適於度量體內污染及曝露？（①蓋格測量計②手足偵測器③全身計數器④劑量佩章）。【91.2. 操作初級專業非密封】

3.【2】全身計數器用來度量：（①人員體外劑量②人員體內污染③人員表面污染④人員深部等效劑量）。【91.2. 放射師檢覈】

4.【1】全身計測（whole body counting）不適用於下列那一類核種？（①阿伐粒子②高能貝他粒子③加馬射線④ X 射線）。【92.1. 放射師檢覈、97.1.、97.2. 輻安證書專業】

5.【1】14C 蛻變時釋放出何種輻射？（① α ② β^- ③ β^+ ④ γ）。【97.1. 輻防員專業】

6.【4】全身計測可偵測人員體內何種污染核種？（① 14C ② 3H ③ 59Co ④ 137Cs）。【93.1. 放射師檢覈】

7.【2】全身計測不適於測量下列哪一種體內污染的核種？（① 60Co ② 14C ③ 131I ④ 137Cs）。【96.1. 輻安證書專業】

8.【3】全身計測不適合測量下列何種核種所造成之體內污染？（①鈷 -60 ②碘 -131 ③磷 -32 ④銫 -137）。【96.2. 放射師專技高考】

9.【3】對於全身計測何者敘述正確？（①可測阿伐，貝他，加馬核種②可以在一般設備實驗室度量③可自體外直接測到體內所含加馬核種的位置④藉人體的排泄間接推算體內劑量）。【91.1. 操作初級基本、96.2. 輻安證書專業】

10.【1】全身計數器為一方便而簡單的體內劑量評估方法，下列有關此法之敘述何者正確？（①僅能偵測到釋放 γ 及 X 射線的核種②能偵測到體內所含之 H-3 等核種③因為此法方便、便宜，所以隨時隨地均可使用④熱發光劑量計比全身計數器更能有效的測得體內劑量）。【93.2、94.2 輻安證書專業】

11.【1】最常用於體內劑量偵測的方法為：（①全身計測與尿樣分析②熱發光劑量計與尿樣分析③熱發光劑量計與全身計測④膠片與熱發光劑量計）。【93.1. 放射師檢覈、98.1. 放射師專技高考】

12.【1】體內曝露的偵測方法有：A、全身計測；B、生化分析；C、劑量佩章；D、核磁共振。正確的組合為：（① AB ② BC ③ CD ④ AD）。【94.2. 放射師專技高考】

13.【3】在生物鑑定中，何步驟是屬於前處理？（①共沉法②離子交換法③沉澱法④萃取法）。【91.1. 操作初級專業非密封】

14.【2】下列何種閃爍偵檢器最適用於度量低能量 β 射源（例如 ^{3}H）？（①碘化鈉(NaI)偵檢器②液態閃爍偵檢器③塑膠閃爍偵檢器④高純鍺偵檢器）。【98.1. 放射師專技高考】

15.【3】人體內是否受到 ^{3}H 污染，最適當的檢測方法或設備為：（①全身計數器②直讀式劑量筆③尿樣分析④熱發光劑量計）。【91.2. 操作初級專業設備、94.1. 放射師專技高考】

16.【3】偵測人體內是否受到 ^{3}H 污染，最適當的檢測方法及設備為：（①全身計測及高壓游離腔②全身計測及熱發光劑量計③尿樣分析及液態閃爍計數器④尿樣分析及高純鍺偵檢器）。【97.1. 輻安證書專業】

17.【2】在生物鑑識法（bioassay）中最常分析的試樣的是（①糞②尿③汗④毛髮）。【91.1. 操作初級專業非密封】

18.【4】以生化分析來評估體內輻射曝露，其中最常用的試樣為何？（①活體組織切片②血液③頭髮④尿液及糞便）。【92.1. 放射師檢覈】

19.【4】以生化分析評估工作人員體內劑量時，下列何者為最常用的試樣？（①血液②組織③頭髮④尿樣）。【97.1. 放射師專技高考】

20.【3】生物鑑定法為體內劑量評估方法之一種，其最主要特性為：（①無法評估阿伐發射核種②例行評估最常收集分析之試樣為糞便與鼻涕③個人之新陳代謝差異甚大，不易準確評估體內劑量④受測者須親自到實驗室計測）。【96.1. 放射師專技高考】

21.【3】全身計測法和生物鑑定法的比較中，有關全身計測法之優缺點，下述何者不正確？（①設備比較昂貴②評估加馬核種體內曝露劑量比較準確③無法自體外直接測到體內所含放射性核種的位置或大致區域④接受檢查人員必須到特定的計測室）。【92.2. 放射師專技高考】

22.【4】全身計測法和生化分析法比較，其優點為：（①全身計測法比生化分析法的計測時間短②因為設備進步，全身計測法可在一般高背景輻射之實驗室度量③全身計測法可直接量測到體內所含的阿伐核種及活度④全身計測法可直接量測到體內所含的加馬核種及活度）。【94.1. 放射師專技高考】

23.【3】體內放射性污染常用的偵測方法有全身計測法及生物鑑定法，下列那一項不是全身計測法之優勢？（①可直接自體外計測體內所含核種及活度②可自體外直接測到體內所含核種的位置③可以測量 α、β、γ 等任何核種④對 γ 核種的測量甚為方便，高能量 β 核種也可能測量）。【98.2. 放射師專技高考】

24.【2】那一類工作人員可能需要實施尿樣分析，以評估其體內劑量？（① X 光機工作人員②非密封射源操作人員③鈷 -60 射源操作人員④密封貝他射源操作人員）。【97.2. 輻安證書專業】

25.【4】在醫院那一部門工作的放射師較需要定期做生物鑑定（Bioassay）檢查？（①磁振造影②電腦斷層掃描③放射治療④核子醫學）。【92.1. 放射師專技高考】

26.【4】那類工作人員可能需要實施尿樣分析，以評估其體內劑量？（① X 光機操作人員②直線加速器工作人員③非破壞檢驗工作人員④核醫藥物工作人員）。【93.1.、97.1. 輻安證書專業、97.2. 放射師專技高考】

27.【1】醫院裡操作那一種設備的工作人員較需要作全身計測？（①核子醫學

放射藥物生產器②直線加速器治療機③磁振造影機④腹部攝影之 X 光機）。
【96.1. 放射師專技高考】

2.47 ｜輻射偵檢器—綜合

1. 【2】下列那一種生物劑量度量法是目前估計體內輻射劑量最靈敏也是應用
   最廣泛的，劑量範圍約為 0.1 至 10 戈雷？（①生化物質分析②染色體變異
   分析③血球數目測定④糞便檢測）。【92.1. 放射師檢覈】

2. 【3】利用染色體變異分析評估人員劑量，最常觀察的變異型態為：（①失
   真型變異②欠失型變異③雙中節變異④無中節型變異）。【94.2. 放射師專技
   高考】

3. 【1】下列那一種染色體或 DNA 變異通常最易導致細胞死亡？（①缺失
   （deletion）②雙中節（dicentrics）③異位（translocation）④單鏈斷裂（single
   strand break））。【96.2. 放射師專技高考】

4. 【4】下列何者不是游離輻射造成淋巴細胞染色體的主要變異？（①欠失型
   ②雙中節型③環型④三中節型）。【97.1. 放射師專技高考】

5. 【3】目前最靈敏的生物劑量計是（①血球數目測定②生化物質分析③染色
   體變異分析④尿樣分析）。【88.2. 輻防中級基本】

6. 【4】下列何種生物劑量計之應用較廣泛且最靈敏？（①熱螢光劑量計②白
   血球數目測定術③生化物質分析術④染色體變異分析）。【94.2. 放射師專技
   高考】

7. 【3】下列何者為目前應用最廣的生物劑量計？（①測定血球數目②生化物
   質分析③染色體變異分析④尿液分析）。【97.1. 放射師專技高考】

8. 【3】利用淋巴球作為生物劑量計的優點有那些？A、淋巴球絕大部分處在
   細胞週期的 S 期，敏感度一致，B、比其他細胞易於獲取，C、對輻射傷害
   的敏感度高，D、細胞的壽命長；（① ABCD ② ABC ③ BCD ④ ABD）。
   【97.2. 放射師專技高考】

9.【3】關於利用血液淋巴球染色體變異分析作為輻射生物劑量計的敘述,下列何者錯誤?(①是目前最靈敏且應用最廣的生物劑量計②可分析劑量範圍為 0.1～10 Gy ③以欠失型(Deletion)變異所佔比例最高④低 LET 輻射的劑量反應曲線呈現線性平方關係)。【95.1. 放射師專技高考】

10.【1】人體被意外照射時,從其週邊循環血中的淋巴球之染色體變異,約可測得之最低劑量為何?(① 0.25 Gy ② 2.5 Gy ③ 0.25 rad ④ 2.5 rad)。【96.2. 放射師專技高考】

11.【2】關於血液淋巴球染色體的變異率之敘述,下列何者最正確?(①血液淋巴球有 99% 是在細胞週期的 G1 期,其對輻射敏感度是一致的②測量血液淋巴球染色體的變異率以雙中節型為標準③測量血液淋巴球染色體的變異率不受輻射種類、劑量率的影響④染色體受到傷害為輻射的末級反應,所以測量血液淋巴球染色體的變異率較其他物理劑量計實用)。【94.2. 放射師檢覈】

12.【1】下列何者正確?(①生物劑量計以分析血液淋巴球染色體的變異率最為靈敏②染色體變異率之計讀以斷裂數為主③化學劑量計主要用於小劑量範圍④全身計測不可分析 I-131 之體內污染)。【88.2. 輻防高級基本】

13.【2】下列何者不是生物劑量度量法?(①血球數目的測定②氣泡偵檢器③染色體變異分析④生化物質分析)。【94.1. 放射師檢覈】

14.【3】純水吸收 1 Gy 的劑量將使水溫升高:(① 2.19×10^{-4}℃ ② 2.29×10^{-4}℃ ③ 2.39×10^{-4}℃ ④ 2.49×10^{-4}℃)。【93.1. 放射師檢覈】

15.【4】利用熱量計(calorimeter)進行輻射劑量的度量,其原理係用水吸收 1 Gy 的劑量,水溫升高多少℃?(① 2.392×10^{-3} ② 4.0×10^{-4} ③ 4180 ④ 2.392×10^{-4})。【96.2. 放射師專技高考】

16.【4】可以直接測量吸收劑量的唯一方法是:(①軟片劑量術(film dosimetry)②熱發光劑量測定術(TLD)③游離腔度量④熱量計測定術(calorimetry))。【93.2. 放射師檢覈】

17.【2】直接測量吸收劑量的唯一方法是:(①游離腔度量②熱量計測定

術（Calorimetry）③熱發光劑量測定術（TLD）④軟片劑量術（Film dosimetry））。【92 二技統一入學】

18.【4】以下何種偵測儀最適合不經過校正程序直接用來測量絕對劑量？（①熱發光劑量計②底片③半導體偵檢器④熱卡計）。【91 放射師專技高考】

19.【3】下列何者不適用來測量吸收劑量？（①卡計②熱發光劑量計（TLD）③蓋格式輻射偵檢器（G.M. type survey meter）④化學劑量計）。【93.1. 放射師專技高考】

20.【4】下列何者不適合用以測量吸收劑量？（①熱卡計②熱發光劑量計③化學劑量計④液態閃爍偵檢器）。【97.2. 放射師專技高考】

21.【1】下列何種儀器不適用於實施照射中的人體劑量測量？（①卡計②游離腔③固態二極體④熱發光劑量計）。【93.2. 放射師檢覈】

22.【3】下列何劑量計不適用於人體體內劑量之測量？（①游離腔②固態二極體③卡計④熱發光劑量計）。【94.1. 放射師檢覈】

23.【2】下列何者可用來測量 X 光片的光密度（Optical density）值？（① sensitometer ② densitometer ③ dosimeter ④ photometer）。【95.2. 放射師專技高考】

24.【3】人員劑量計之膠片佩章，外殼的結構為：（①均勻厚度的塑膠殼②均勻厚度的鋁殼③塑膠殼上嵌入鋁、銅、鉛濾片④塑膠殼上嵌入鈉、鋁、矽濾片）。【94.1. 放射師專技高考】

25.【2】下列輻射劑量計中，何者的空間解析度最高？（①熱發光劑量計②膠片③化學劑量計④游離腔）。【98.1. 放射師專技高考】

26.【4】關於人員劑量計（personnel dosimeters）之技術需求，下列敘述何者錯誤？（①對欲度量的輻射要有良好反應②靈敏度高、監測範圍廣③低劑量時，劑量評估的精密度和準確度之和不得超過 50% ④若劑量大於 10 戈雷(Gy)且係接受自意外事件，則評估的不確定度不得超過 10%）。【94.2. 放射師檢覈】

27.【4】關於人員劑量計之管理需求，下列敘述何者錯誤？（①劑量計要易於

鑑別②大小及重量適當，堅固耐用③易於使用、測量迅速確實④可鑑定某地區或某工作是否符合「合理抑低」原則）。【94.2. 放射師檢覈】

28.【2】使用手提式輻射偵檢器的注意事項中，下述那一項不正確？（①偵檢器應存放於乾燥處②量測時先使用最小刻度（例如 ×0.1），如果指針不動，再轉到較大刻度（例如 ×10）③偵測時宜由離射源較遠處量起④設有零點校正鈕者，應經常操作零點偏離校正）。【92.2. 放射師專技高考】

29.【3】關於使用手提式偵檢器應注意事項的敘述，下列何者錯誤？（①手提式偵檢器應存放於乾燥之處，如乾燥箱②手提式偵檢器避免受撞擊或掉落地上③測量時先放在最小刻度，以避免超過刻度④應依規定作定期校正）。【94.2. 放射師檢覈】

30.【1】發現 Gamma Counter 的背景值太高時，首先要考慮下列那個原因？（①放射性污染②房間濕度太高③房間濕度太低④高壓太低）。【94.1. 放射師檢覈】

2.48 ｜輻射計測統計

1.【2】對於高斯分佈（Gaussian distribution）的統計曲線而言，一個標準誤差（1 standard deviation）代表約為若干百分比的機率可能性？（① 50% ② 69% ③ 90% ④ 96%）。【94.2. 放射師檢覈】

2.【3】預測值高斯分布 90% 機率之範圍為：（① ±0.68σ ② ±σ ③ ±1.64σ ④ ±2σ）。【93.1. 放射師檢覈】

3.【3】常態分布曲線與 n 個標準差之間的面積為 95.5%，請問 n＝？（① 1 ② 1.65 ③ 2 ④ 3）。【94.1. 放射師檢覈】

4.【3】某試樣計測得到 3600 計數，試求此試樣的 96% 信賴區間？（① 3600±40 計數② 3600±60 計數③ 3600±120 計數④ 3600±180 計數）。【95.2. 放射師專技高考】

5.【2】某射源一次計測的值為 500，求其計測標準誤差（Standard deviation）

為多少？（①數據不夠，無法計算② 22.36 ③ 250 ④ 500）。【90 二技統一入學】

6.【2】某試樣計測得 10000 計數，試求此試樣的 68% 信賴區間？（① 10000±68 計數② 10000±100 計數③ 10000±165 計數④ 10000±200 計數）。【91 放射師專技高考】

7.【2】單一計測值為 100 時，平均值 ± 標準差（σ）的範圍為（① 95 ～ 105 ② 90 ～ 110 ③ 85 ～ 115 ④ 80 ～ 120）。【92.2. 放射師檢覈】

8.【1】某一輻射試樣之計測值為 900±30，則計測值在（870 ～ 930）區間之信賴水準為：（① 68.3% ② 90.0% ③ 95.3% ④ 99.0%）。【96.2. 放射師專技高考】

9.【3】以計數器作 50 次之測量，若每分鐘之平均計數為 2500，則落在 2500 ±50 間的測量值有多少次？（① 18 ② 22 ③ 34 ④ 39）。【92.1. 放射師專技高考】

10.【2】對一樣品偵測 50 次，且每次偵測 1 分鐘所觀測之平均計數為 1000，試問會有多少次所得之結果會落在 1000±32 的範圍內？（① 48 ② 35 ③ 25 ④ 15）。【97.1. 放射師專技高考】

11.【4】樣本計數需測到多少才能在 95% 的信賴區間內有 1% 的誤差？（① 10,000 ② 20,000 ③ 30,000 ④ 40,000）。【96.2. 放射師專技高考】

12.【2】在 95% 的信心水準下，若要計測誤差不超過 1%，應對樣本至少收集多少計測數(counts)？（① 30,000 ② 40,000 ③ 50,000 ④ 60,000）。【96.2. 放射師專技高考】

13.【3】為了要使放射線計數器的標準誤差達到 2% 以內，請問該計數器至少要收集到多少數目的計數？（① 10000 ② 5000 ③ 2500 ④ 250）。【94.2. 放射師檢覈】

14.【4】若以一個標準差信賴區間且不超過 2% 誤差時，則放射樣品至少需多少計數數值？（① 10000 ② 1000 ③ 1111 ④ 2500）。【97.1. 放射師專技高考】

15.【3】核子醫學中，為使標準差之百分比為 2% 時，則其計數應為多少？（①

10000 ② 5000 ③ 2500 ④ 250）。【97.2. 輻防員法規】

16.【2】在輻射度量中，為使標準差之百分比為 4% 時，則需要的計數值應為多少？（① 400 ② 625 ③ 2500 ④ 40000）。【98.1. 輻防員專業】

17.【3】欲使測量的百分標準偏差為 5%，必須收集到多少計數值？（① 20 ② 200 ③ 400 ④ 4000）。【93.1. 放射師專技高考】

18.【4】假設計數符合 Poisson 分布，若欲使標準差之百分誤差為 5%，所需的計數為多少？（① 2500 ② 2000 ③ 500 ④ 400）。【94 二技統一入學】

19.【2】已知淨計數 = 400，計測時間 = 10 秒，則其計數率及其標準差為（① 40 ± 1 ② 40 ± 2 ③ 40 ± 6.3 ④ 40 ± 20）s^{-1}。【92.2. 放射師檢覈】

20.【3】一放射樣本經計測後，淨計數為 2240，計測時間為 5 sec，則其計數率及標準偏差為下列何者？（① $448 \pm 21.2 \ s^{-1}$ ② $448 \pm 15.5 \ s^{-1}$ ③ $448 \pm 9.5 \ s^{-1}$ ④ $448 \pm 5.5 \ s^{-1}$）。【94.2. 輻安證書專業】

21.【3】計測某一放射性樣品，淨計數為 3600，計測時間為 5 秒，則其計數率及標準偏差為（① 720 ± 8 ② 720 ± 10 ③ 720 ± 12 ④ 720 ± 14）s-1。【91.1. 放射師檢覈】

22.【2】淨計數 = 1600，計測時間 = 4 秒，則計數率之標準差為：（① 8 秒$^{-1}$ ② 10 秒$^{-1}$ ③ 16 秒$^{-1}$ ④ 20 秒$^{-1}$）。【93.1. 放射師檢覈】

23.【1】某計數率為 30 s^{-1}，計測時間為 30 秒，則其標準差為多少 s-1 ？（① 1 ② 5.5 ③ 0.18 ④ 7.5）。【93.2. 放射師檢覈】

24.【3】某樣品計測 4 分鐘，得計數率為 2500 cpm，若此計測為常態分配，則計數值的百分標準差為：（① 4.00% ② 2.07% ③ 1.00% ④ 0.50%）。【96.1. 放射師專技高考】

25.【4】某樣品計測 2 分鐘計數率為 800 cpm，則其計數誤差（1 標準差）為多少？（① 0.5% ② 1.0% ③ 2.0% ④ 2.5%）。【91.1. 放射師檢覈】

26.【3】某一輻射計測系統，度量 10 分鐘後，其百分標準差為 2%，試問另需再計測多少時間，其百分標準差可減少為 1% ？（① 10 ② 20 ③ 30 ④ 40）。【95.2. 輻防師專業】

27.【1】如果二量的標準差為 σ_1 及 σ_2，則此二量之差的標準差 σ 為：（① $[(\sigma_1)^2+(\sigma_2)^2]^{0.5}$ ② $[(\sigma_1)^2-(\sigma_2)^2]^{0.5}$ ③ $[(\sigma_1)\times(\sigma_2)]^{0.5}$ ④ $[(\sigma_1)\div(\sigma_2)]^{0.5}$）。【91 放射師專技高考】

28.【2】度量甲、乙兩個放射性試樣，得計數值分別為 100 ± 10 及 200 ± 14，則兩個試樣之計數和為：（① 300 ± 4 ② 300 ± 17 ③ 300 ± 24 ④ 300 ± 296）。【98.1. 放射師專技高考】

29.【3】總計數 = 2000，背景計數 = 400，淨計數及其標準差為（① 1600 ± 31 ② 1600 ± 40 ③ 1600 ± 49 ④ 1600 ± 58）。【93.1. 放射師檢覈】

30.【3】總計數為 1200 個，背景計數為 400 個，則其淨計數及其標準差為（① 600 ± 28 ② 800 ± 28 ③ 800 ± 40 ④ 1600 ± 40）。【92.2. 放射師檢覈】

31.【1】某次計測之總計數為 1000，背景計數為 600，則其淨計數及標準差為：（① 400 ± 40 ② 400 ± 20 ③ 400 ± 33.3 ④ 1600 ± 600）。【93.2. 放射師檢覈】

32.【3】輻射度量樣品總計數為 100 ± 3，背景計數為 20 ± 4，則淨計數為 $80\pm N$，N 為：（① 12 ② 7 ③ 5 ④ 1）。【93.2. 放射師檢覈】

33.【3】輻射度量的總計數為 200 ± 5，背景計數為 20 ± 12，則淨計數為 $180\pm N$，N 為：（① 7 ② 12 ③ 13 ④ 60）。【94.1. 放射師專技高考】

34.【4】某樣品做輻射測量之總計數為 200 ± 8，背景計數為 60 ± 6，求淨計數為多少？（① 260 ± 14 ② 260 ± 10 ③ 140 ± 14 ④ 140 ± 10）。【92.1. 放射師專技高考】

35.【2】度量某樣品之計數值為 400 ± 20，背景計數值為 20 ± 4，則此樣品淨計數值之標準差為：（① 24 ② 20.4 ③ 19.6 ④ 16）。【94.2. 放射師專技高考】

36.【2】放射性樣品的總計數率為 300 ± 5 cpm，背景計數率為 35 ± 5 cpm，則淨計數率為多少 cpm？（① 265 ± 5 ② 265 ± 7 ③ 265 ± 10 ④ 265 ± 12）。【91.1. 放射師檢覈、95.1. 輻安證書專業】

37.【4】有一試樣在含背景輻射情況下，計測 10 分鐘得計測數目 3600，在無試樣時，計測 2 分鐘得計測數目 120，則此試樣淨計測率及其標準誤差分別為（① 3480 及 3720 ② 300 及 21.27 ③ 300 及 11.48 ④ 300 及 8.13）。【91.1. 輻

防高級基本】

38.【3】在相同條件下，計測某一試樣的計測率為 5000±50 cpm，背景計測率為 200±2 cpm，則該試樣的淨計測率與誤差為何？（① 5200±50 cpm ② 5200±48 cpm ③ 4800±50 cpm ④ 4800±48 cpm）。【94.2. 放射師檢覈】

39.【3】輻射度量樣品總計數為 300±12，背景計數為 30±5，淨計數為 M±N，則 M＋N 為：（① 253 ② 270 ③ 283 ④ 287）。【97.2. 放射師專技高考】

40.【1】進行放射性度量時，一個計數 5 分鐘樣品得到 3000 個計數，而 1 小時背景度量產生 3600 個計數。請問淨樣品計數率與計數率的標準差各為每分鐘多少個計數(cpm)？（① 540±11 ② 540±5.6 ③ 660±1 ④ 660±5.6）。【94.1. 放射師檢覈】

41.【4】某個長壽命放射性樣品放在計數裝置內測量了 5 分鐘，共記錄 9600 個計數。之後，拿走該樣品，用 10 分鐘測得 1200 個背景計數，求該樣品的標準差為多少 cps？（① 0.182 ② 0.232 ③ 0.282 ④ 0.332）。【95.2. 輻防員專業】

42.【1】若用一個計數器測量背景，計測 1 小時得計測數目 1020，在該計數器內放一個放射性試樣，計測 5 分鐘得計測數目 120，則此試樣淨計數率的標準差為（① 2.25 ② 3.25 ③ 4.25 ④ 5.25）cpm。【91.2. 放射師檢覈】

43.【4】一同位素樣品在背景輻射條件下測得之計數率為 2700 c/3min，若將樣品拿走後，則測得 300 c/3 min，請問測其真實活性之計數率的標準差為多少 c/min？（c 代表 count）（① 12.2 ② 14.3 ③ 16.4 ④ 18.3）。【96.1. 放射師專技高考】

44.【2】輻射度量樣品甲的結果為 200±6，乙的結果為 100±3，則甲對乙的比例為 2.00±N，N 為（① 3.0% ② 4.2% ③ 6.4% ④ 9.6%）。【87.1. 輻防初級基本、94.1. 放射師檢覈】

45.【3】計數放射性試樣 10 分鐘，總計數值（含背景值）為 4500 計數，又計數背景值 30 分鐘得到 750 計數。請問：淨計數率的標準差為多少？（①（4500／10＋750／30）$^{1/2}$ ②（4500／10－750/30）$^{1/2}$ ③（450/10＋

$75/30$）$^{1/2}$ ④（$450/102 + 75/302$）$^{1/2}$）。【93.2. 放射師專技高考】

46.【3】有一試樣在含背景輻射情況下，計測 10 分鐘得計測數目 3600，在無試樣時，計測 3 分鐘得計測數目 120，則此試樣計測的標準誤差為（① 10.4 ② 4.1 ③ 2.2 ④ 1.3）%。【91.1. 放射師檢覈】

47.【3】若某核種放入活度偵檢器內計數兩分鐘得到 56000 counts，將核種移出偵檢器後再計讀背景值兩分鐘得到 1600 counts，請問此次的活度計讀結果的百分標準誤差為若干？（①（1600/56000）×100% ②（800/28000）×100% ③（120/27200）×100% ④（47/27200）×100%）。【93.2. 放射師檢覈】

48.【3】在相同條件下計測某一試樣與標準物質的放射性活度，結果該試樣為 5200±52 cpm，標準物質為 2600±26 cpm，則該試樣與標準物質的放射性活度比為（① 2.000±0.007 ② 2.000±0.014 ③ 2.000±0.028 ④ 2.000±0.056）。【93.2. 輻安證書專業】

49.【1】A 射源之計測值為 1000000，B 射源之計測值為 100，則其活度比值（A/B）之標準差為：（① 1000 ② 100 ③ 33 ④ 10）。【93.2. 放射師檢覈】

50.【2】若射源 A 之計測值為 18000 及射源 B 之計測值為 9000，則 A 與 B 之活度比值及標準差為何？（① 2±164 ② 2±0.026 ③ 0.5±164 ④ 0.5±0.026）。【94.2. 放射師專技高考】

51.【1】在相同條件下計測某一試樣與標準物質的放射性活度，結果該試樣為 5000±50 cpm，標準物質為 2500±25 cpm，則該試樣與標準物質的放射性活度比為何？（① 2.000±0.028 ② 2.000±0.014 ③ 2.000±0.007 ④ 2.000±0.001）。【94.2. 放射師檢覈】

52.【1】若 A 射源的計測值為 1600，B 射源的計測值為 100，則二射源活度比值（A/B）之標準差約為多少？（① 1.65 ② 16 ③ 41.23 ④ 50）。【96.1. 放射師專技高考】

53.【1】已知有一放射樣品的總計數率為背景計數率的 100 倍，若一核醫放射師想在 10 分鐘內完成最佳的計測時間以使誤差最小，則樣品計數所需的時

間為何？（① 9.09 分② 10 分③ 9.90 分④ 8.23 分）。【91 放射師專技高考】

54.【2】若某一輻射樣品與背景值之總計測時間為 21 分鐘，射源加背景計數率為 210 cpm，背景計數率為 6 cpm，為使射源之淨計數計測誤差最小，則射源之計測時間應為多少分鐘？（① 20.4 ② 18 ③ 3 ④ 0.6）。【96.2. 放射師專技高考】

55.【2】由初步測試結果得知背景值的計數率為 15 cpm，樣品的計數率約為 22 cpm。現在僅有一小時的時間用來計測樣品和背景值，請問應該分別花多少時間計測樣品與背景值，才可使誤差減到最小？（①背景：25 分鐘；樣品：35 分鐘②背景：27 分鐘；樣品：33 分鐘③背景：29 分鐘；樣品：31 分鐘④背景：31 分鐘；樣品：29 分鐘）。【94.1. 放射師檢覈】

56.【2】準備做一實驗以測量一低活性物質，所測得的背景為 30 counts/min，而樣品加背景約為 45 counts/min，如果計數時間為三小時，則背景計數之時間及樣品計數之時間應分別為多長，才能得到最大的準確度？（① 64 min, 116 min ② 81 min, 99 min ③ 99 min, 81 min ④ 116 min, 64 min）。【95.1. 放射師專技高考】

57.【1】若計數樣品與背景可利用時間共 40 分鐘，初步得到背景值約是 25 cpm，樣品約是 225 cpm，為使統計誤差最小，樣品計測約分配多少時間？（① 30 分鐘② 20 分鐘③ 15 分鐘④ 10 分鐘）。【97.2. 放射師專技高考】

58.【4】已知有一放射性樣本的總計數率（As）為背景計數率（Ab）的 25 倍，若欲在 12 分鐘內完成最佳的計測時間，則樣本計測約分配多少時間？（① 30 分鐘② 20 分鐘③ 15 分鐘④ 10 分鐘）。【97.2. 輻防員專業】

59.【4】已知有一放射性樣品放在計數裝置內測量了 5 分鐘，共記錄 9600 個計數。之後，拿走該樣品，用 10 分鐘測得 1200 個背景計數。兩個測量總共花 15 分鐘，今若欲以相同的 15 分鐘做量測以達到計測實驗之最適化，使誤差最小，請問樣本計測約分配多少分鐘？（① 3 ② 6 ③ 9 ④ 12）。【98.1. 輻防師專業】

2.49 │體外劑量

1.【1】體外的輻射防護的三要素為（①時間、屏蔽、距離②時間、金錢、教育③距離、獎勵、職位④知識、體力、休閒）。【91.2. 操作初級基本、97.1. 輻安證書專業】

2.【2】降低外部射源的輻射暴露方法不包括？（①減低時間②使用碘片③增加距離④使用屏蔽）。【94.1. 放射師專技高考】

3.【3】下列哪一項不是體外曝露防護的基本原則？（①時間②距離③稀釋④屏蔽）。【94.2、96.1. 輻安證書專業】

4.【4】下述何者不是輻射防護減少劑量的方法？（①減少照射時間②增加與輻射源的距離③使用輻射屏蔽④配帶人員劑量佩章）。【94 二技統一入學】

5.【3】下列何者不屬於降低輻射工作人員體外曝露的三大原則？（①縮短時間②遠離射源③避免攝入④加設屏蔽）。【97.2. 輻安證書專業】

6.【1】何者不是減少體外劑量曝露的方法？（①阻絕射源進入體內的管道②減少曝露的時間③增加與射源間的距離④增加射源屏蔽的厚度）。【94.2. 放射師檢覈】

7.【2】體外曝露使用的防護方法為：（① 3D 原則② TSD 原則③ ABC 原則④ FID 原則）。【95.2. 放射師專技高考】

8.【4】TSD 原則是體外輻射防護非常實用的方法，其中 S 代表什麼？（①時間②安全③距離④屏蔽）。【93.2. 輻安證書專業】

9.【4】輻射防護三原則為 TSD，其中 D 是：（①稀釋（Dilute）②分散（Disperse）③除污（Decontaminate）④距離（Distance））。【94.1. 放射師檢覈、98.1. 輻安證書專業】

10.【4】體外輻射防護之重要法則是基於四個因素，分別為：（①時間、距離、屏蔽、能量②電荷、距離、能量、活性③時間、質量、屏蔽、活性④時間、距離、屏蔽、活性）。【97.2. 放射師專技高考】

11.【4】劑量率與距點射源距離的關係為：（①正比②反比③平方成正比④平

方成反比）。【89.3. 輻防初級基本】

12.【4】輻射劑量率大小與距小體積射源的遠近有關，其正確關係為（①與距離成反比②與距離成正比③與距離平方成正比④與距離平方成反比）。【91.2. 操作初級專業密封】

13.【3】高能光子射線在空氣中產生的劑量與距離的平方成反比最主要原因為何？（①大自然現象無法解釋②光子能量衰減與距離平方成反比③單位面積光子數目與距離平方成反比④空氣造成的阻擋能力與距離平方成反比）。【93.2. 放射師檢覈】

14.【2】距離鈷 -60 加馬射源處一公尺的輻射劑量率，應為距離增為兩公尺處的（①2 倍②4 倍③1/2 倍④1/4 倍）。【92.1. 輻安證書專業】

15.【2】假如點射源和偵檢器間的距離為原來之兩倍，則所測得的輻射曝露率為原來之幾倍？（① 1/2 ② 1/4 ③ 1/8 ④無法預測）。【94.2. 放射師檢覈】

16.【4】距離輻射源 20 公尺遠處的輻射強度，是在 4 公尺位置輻射強度的（① 1/5 ② 1/10 ③ 1/20 ④ 1/25）。【89.2. 操作初級基本、98.1. 輻安證書專業】

17.【4】距離 X 光機 10 公尺遠處的輻射強度應為在 2 公尺位置輻射強度的（① 1/5 ② 1/10 ③ 1/20 ④ 1/25）。【89.2. 操作初級選試設備、98.1. 輻安證書專業】

18.【2】距離一 60Co 點射源處十公尺的輻射劑量率，應為距離兩公尺處的幾倍？（① 1/5 ② 1/25 ③ 5 ④ 25）。【94.2. 放射師檢覈】

19.【1】某核醫放射師手持含 131I 的針筒，其指端距射源 3 公分之劑量率為 9 mSv/h，則距射源 9 公分外之胸部表面所接受之劑量率為（①1②2③3④4）mSv/h。【97.1. 輻防員專業】

20.【2】如果一點射源距偵檢器 15 cm 時所量得的曝露率為 30 mR/h，則當射源與偵檢器之距離為 40 cm 時之曝露率為多少 mR/h？（① 0.2 ② 4.2 ③ 11.2 ④ 22）。【94.2. 放射師檢覈】

21.【1】某 X 光透視機在 50 公分處之輸出率為每分鐘 10 侖琴，問在 75 公分處之輸出率每分鐘多少侖琴？（① 4.4 ② 5.0 ③ 6.6 ④ 15.0）。【91.2. 操作初級專業 X 光機】

22.【3】一放射師在距離點射源 50 公分處所接受到的劑量為 0.1 mSv，若欲使接受劑量降到 0.05 mSv，則距離應調整為距射源多少公分？（① 171 ② 100 ③ 71 ④ 50）。【98.2. 放射師專技高考】

23.【2】距離某 γ 點射源 4 公尺的劑量率為 1 mSv/h，請問劑量率為 160 μSv/h 時，需距離 γ 點射源為多少公尺？（① 5 ② 10 ③ 15 ④ 8）。【93.2. 輻安證書專業】

24.【4】若距離某點射源 1.5 公尺處的劑量率為 0.1 mSv·h^{-1}，則當劑量率為 25 μSv·h^{-1} 時，需距此加馬點射源多少公尺？（① 0.75 ② 4.5 ③ 6 ④ 3）。【98.1. 放射師專技高考】

25.【1】一 X 光檢查若以 SID = 100 cm 拍攝一器官得輸出強度為 12.5 mR，若改變 SID = 91 cm 時，輸出強度為多少 mR？（① 10.4 ② 12.5 ③ 15.1 ④ 20.1）。【92.1. 放射師專技高考】

26.【4】若 mAs = 100，SID = 180 cm，將 SID 縮短為 90 cm，則新的 mAs 應使用多少才可？（① 100 ② 75 ③ 50 ④ 25）。【94.1. 放射師檢覈】

27.【1】距離一點射源 10 公尺處之暴露率為 50 R hr^{-1}，試問距離此點射源 2 公尺處之暴露率為多少 R hr^{-1}？（① 1250 ② 250 ③ 10 ④ 2.3）。【90.1. 放射師檢覈】

28.【1】某 X 光機距離靶 1 公尺處之劑量為 27 mSv/h，某人在距離靶 3 公尺作業 10 分鐘，他可能接受的劑量約為多少 mSv？（① 0.5 ② 1 ③ 1.5 ④ 2）。【89.2. 操作初級選試設備】

29.【2】某點射源 1 公尺處之暴露率為 30 R/h，試問在射源外加上一個半值層的鉛，則距離此射源 0.5 公尺處的暴露率為多少 R/h？（① 120 ② 60 ③ 30 ④ 3.75）。【94.1. 放射師檢覈】

30.【2】某 X 光機距離靶 1 公尺處之劑量為 12 mSv/h，某人在距離靶 2 公尺作業 20 分鐘，他可能接受的劑量約為多少 mSv？（① 0.5 ② 1 ③ 1.5 ④ 2）。【91.2. 操作初級專業設備】

31.【2】某 X 光機距離靶 1 公尺處之劑量率為 24 mSv/h，某人在距離靶 2 公

尺作業 10 分鐘,他可能接受的劑量約為多少 mSv?(① 0.5 ② 1 ③ 1.5 ④ 2)。【92.2. 輻安證書專業】

32.【2】某工作人員在距 X 光機 1 公尺處工作 1 小時,接受的劑量為 5 mSv,請問在距 X 光機 2 公尺處工作 2 小時,可能接受的劑量為多少 mSv?(① 1.25 ② 2.5 ③ 5 ④ 7.5)。【98.1. 輻安證書專業】

33.【1】求在距離 4 毫居里點射源 4 公尺處工作 6 小時,工作人員接受的劑量(已知 1 毫居里的同種射源在 1 公尺處的劑量率為 0.2 mSv/h):(① 0.3 mSv ② 0.6 mSv ③ 1.2 mSv ④ 1.6 mSv)。【95.2. 放射師專技高考】

34.【2】下列哪些為正確的體外曝露防護基本原則? A. 接受曝露時間越長愈好; B. 劑量與距離平方成反比;C. 應加適當之屏蔽;D. 劑量與距離平方成正比;(① A、B ② B、C ③ C、D ④ A、B、C)。【95.2. 輻安證書專業】

35.【2】下列何種因素的改變可減少人員曝露劑量最多?(①減少一個半值層的屏蔽厚度②增加人員至射源一倍的距離③縮短一半的曝露時間④穿戴一個半值層的鉛防護衣)。【94.2. 放射師檢覈、97.2. 輻安證書專業】

36.【1】暴露劑量(D)與射源活度(A)及距離(r)之間的關係,下列何者為正確?(① DαA×1/r² ② DαA×r² ③ DαA×1/r ④ DαA×r)。【93.2. 放射師檢覈】

37.【4】體外劑量(D)與曝露時間(T)及距離(d)三者間的關係為何?(① D 與 T 及 d 成正比② D 與 T 成正比,與 d 成反比③ D 與 T 成反比,與 d 成正比④ D 與 T 成正比,與 d² 成反比)。【97.2. 放射師專技高考】

38.【4】點狀射源活度(A)、距離(r)及曝露時間(t)三項因素與曝露劑量(D)的數學關係,下列何者正確?曝露劑量(D)正比於(① A t r ② A r² t⁻¹ ③ A t r⁻¹ ④ A t r⁻²)。【90.1. 放射師檢覈】

39.【2】點射源之活度與距射源距離皆為原來的三倍時,劑量率是原來的多少倍?(① 1/9 ② 1/3 ③ 1 ④ 3)。【90.1. 輻防初級基本】

40.【3】使用 1 Ci ⁶⁰Co 射源時,下面的作業條件中,接受輻射曝露由少至多的順序為何?(對 ⁶⁰Co 的(射線鉛的半值層(HVL)為 1.2 cm),A. 以 1.2

cm 厚的鉛屏蔽射源，距離射源 50 cm 位置作業 30 分鐘，B. 以 3.6 cm 厚的鉛屏蔽射源，距離射源 50 cm 的位置作業 90 分鐘，C. 射源無屏蔽，距離射源 2 m 的位置作業 2 小時，（① A → B → C ② C → A → B ③ C → B → A ④ B → A → C）。【91.1. 操作初級基本、92.1. 輻安證書專業】

41.【4】假如加馬射源的活度減少兩倍，且離點射源的距離增加三倍，則曝露量為原來的多少倍？（① 3/2 ② 2/3 ③ 1/6 ④ 1/18）。【90.2. 放射師檢覈】

42.【4】假設射源活度增加一倍且照射距離縮短為 1/2，照射時間增加一倍時，則被照射點的劑量有何改變？（①不變②增加 4 倍③增加 8 倍④增加 16 倍）。【90.2. 放射師檢覈、97.2. 輻安證書專業】

43.【4】假設加馬點射源的活度減為原來的一半，且離射源的距離增加 3 倍，再使用一個半值層（HVL）屏蔽衰減，試問暴露量變為原來的幾分之幾？（① 1/9 ② 1/12 ③ 1/16 ④ 1/36）。【91 放射師專技高考】

44.【1】距離 ^{24}Na（半化期 = 15 h）的射源 1 公尺處曝露率為 56 C kg^{-1} h^{-1}，請問 1.25 天後離射源 2 公尺處的曝露率為多少 C kg^{-1} h^{-1}？（① 3.5 ② 7.5 ③ 8.5 ④ 10.5）。【90.1. 操作初級基本】

45.【3】於距離 F-18（半衰期 110 分鐘）之點射源 0.1 公尺處測得劑量率 36 mSv/h，200 分鐘後，距離該點射源 0.3 公尺處之劑量率為多少？（① 0.113 mSv/h② 1.02 mSv/h③ 1.13 mSv/h④ 10.2 mSv/h）。【96.2. 放射師專技高考】

46.【3】距 1 mCi 點狀之射源 1 m 處之劑量率為 0.3 mSv/h，若不考慮空氣之增建因數，則當射源為 5 mCi，於距離 2 m 處工作 4 小時之劑量為多少毫西弗？（① 0.8 ② 1.3 ③ 1.5 ④ 1.8）。【97.2. 放射師專技高考】

47.【2】距離鈷 -60 點射源 2 m 處之劑量率為 125 mSv/h，若忽略增建因數，欲使距離射源 5 m 處之劑量率降至 5 mSv/h，則需加裝鉛屏蔽約多少 mm？（鈷 -60 在鉛內之半值層為 12 mm）（① 12 mm ② 24 mm ③ 36 mm ④ 48 mm）。【98.1. 放射師專技高考】

48.【3】某機構加速器欲更換靶材，其距中心點 30 公分測得劑量率為 1600 mSv/h，預計 10 天後將於距該靶材 150 公分處進行維修工作，已知活化靶

材半衰期為 5 天，更換時間為 2 小時，工作者限定劑量值為 2 mSv，請問需加鉛屏蔽厚度為多少？〔增建因子可忽略，鉛之線性衰減係數為 0.693 cm-1〕（① 1.99 cm ② 2.99 cm ③ 3.99 cm ④ 4.99 cm）。【96.2. 放射師專技高考】

49.【2】半衰期為 74.2 天的 Ir-192 射源，在新換射源過後多少天，其治療時間需延長為原來的 4 倍？（① 296.8 ② 148.4 ③ 37.1 ④ 18.55）。【91 二技統一入學】

50.【4】一般體外曝露情況下，α、β、γ 輻射造成的健康危害，大小依序為：（① α、β、γ ② β、γ、α ③ γ、α、β ④ γ、β、α）。【93.1. 輻安證書專業】

51.【2】密封射源的傷害主要來自（①體內曝露②體外曝露③呼吸④飲食）。【94.2. 輻安證書專業】

52.【1】體外曝露輻射中，何者不會造成眼球水晶體的劑量？（①阿伐輻射②貝他輻射③加馬輻射④中子）。【89.2. 輻防初級基本】

53.【4】體外曝露之輻射中，下列何者造成的眼球劑量通常最大？（①阿伐輻射②貝他輻射③加偽輻射④快中子）。【91.2. 放射師檢覈】

54.【3】穿著防護衣時，人員劑量佩章（①應佩戴於鉛衣外②應佩戴二個分別置於鉛衣內外③應佩戴於鉛衣內④以上皆可）。【92.2. 輻安證書專業】

55.【4】人員劑量計佩帶的位置何者為錯誤？（①著鉛防護衣時，佩帶在鉛衣內側靠近身體的部位②佩帶部位，原則上男女有別③佩帶人員劑量計的種類依照輻射的類型而選擇之④佩帶於鉛防護衣外）。【93.1. 輻安證書專業】

56.【3】關於人員劑量計的佩戴位置，下列敘述何者錯誤？（①當手部接受高劑量時，應佩戴指環劑量計②佩戴人員劑量計的種類依據輻射的類型而選擇之③佩戴於鉛防護衣外④著鉛防護衣時，佩戴在鉛衣內側靠近身體的曝露部位）。【94.2. 放射師檢覈】

57.【2】穿著輻射防護鉛衣工作人員應將人員劑量計佩掛於何處？（①頸部防護衣著外②防護衣著內③腰際防護衣著外④工作手腕上）。【94.2. 放射師檢覈】

58.【2】醫師穿著鉛防護衣，於心導管室內為病患做心導管手術，請問人員劑量計應：（①配帶於鉛防護衣外②配帶於鉛防護衣內③置於醫師之操作台上④置於鉛玻璃外之放射師控制台上）。【95.1. 放射師專技高考】

59.【4】下列有關輻射工作人員使用 TLD 人員劑量計時，何者正確？（①如穿著防護鉛衣，應將佩章佩帶於防護鉛衣外②如以病人身分接受輻射照射時，亦應佩帶佩章③為節省租用成本，可共用同一佩章，再換算個別工作時間推估劑量④不論任何原因，使用人不得私自將佩章打開，或故意曝露輻射）。【92.1. 放射師檢覈】

60.【2】欲進入未知強度的輻射區域時，下列那一項動作最為重要？（①配帶識別佩章②攜帶輻射偵檢器③穿防護衣④不能單獨前往）。【97.1. 放射師專技高考】

2.50 │劑量率與累積劑量

1.【1】在一個均勻輻射場工作，當工作時間為二倍時，其劑量為原先的幾倍？（① 2 ② 4 ③ 6 ④相同）。【93.2. 放射師檢覈】

2.【1】在 5 mrad/h 環境下，工作若干小時所得的劑量為 20 mrad ？（① 4 ② 5 ③ 20 ④ 100）。【89.3. 輻防初級基本】

3.【3】假設一造影室的曝露率為 1.2 mR/h，則一放射師在該室內工作 3 小時會吸收多少 mrem ？（① 0.06 ② 0.4 ③ 3.6 ④ 140）。【94.2. 放射師檢覈】

4.【1】有一放射師位於射源附近所測得的曝露率為 0.5 mR/h，如果該員持續工作 20 min，則所接受的輻射劑量為多少 mR ？（① 0.17 ② 0.5 ③ 10 ④ 17）。【94.2. 放射師檢覈】

5.【3】在 0.25 毫西弗 / 時之均勻輻射場工作的人，若每日總劑量欲控制在 0.2 毫西弗以下，則此人每日在輻射場中工作的時間，最多不得超過多少分鐘？（① 2.4 ② 20 ③ 48 ④ 75）。【92.2. 放射師專技高考】

6.【4】在一個 0.5 毫西弗 / 時的均勻輻射場工作的人，若每日總劑量欲控制

在 0.1 毫西弗以下，則此人每日在輻射場中工作的時間不得超過多少時間？（① 0.2 分鐘 ② 3 分鐘 ③ 6 分鐘 ④ 12 分鐘）。【94.1. 放射師檢覈】

7.【4】有一鈷 60 射源造成空間內某點處的吸收劑量率為 15 μGy/h，鈷 60 半化期為 5.27 年，請問該點處連續接受曝露 10.54 年累積的吸收劑量為何？（① 0.75 mGy ② 7.5 mGy ③ 75 mGy ④ 750 mGy）。【94.2. 放射師檢覈】

8.【4】一攝護腺癌病人置入 ^{103}Pd（T1/2 = 17 days）做永久性插種治療，若初始劑量率為 0.42 Gy/h，則置入病人體內一個月後病人接受多少劑量？（① 21 Gy ② 43 Gy ③ 87 Gy ④ 174 Gy）。【93.2. 放射師檢覈、98.2. 放射師專技高考】

9.【2】有一病人接受攝護腺的插種治療，射源為劑量率 0.07 Gy/hr 的 I-125，其中 I-125 的半衰期為 59.4 天，請問此病人接受插種後一個月共累積多少劑量？（① 14.5 Gy ② 42.5 Gy ③ 101 Gy ④ 144 Gy）。【97.1. 放射師專技高考】

10.【1】離鈷 60 射源 10 公尺處的受照射物，吸收劑量率為 50 μGy/h，如該物連續接受照射達 10 年，其累積的吸收劑量多少？鈷 60 半化期為 5.26 年。（① 2.43 Gy ② 3.43 Gy ③ 4.43 Gy ④ 5.43 Gy）。【98.1. 輻防員專業】

11.【1】利用 125I（半衰期 60 天）射源植入攝護腺癌病人體內，做永久性插種治療，若初始劑量率為 0.1 Gy/h，則在射源完全衰變（即植入時間遠大於半衰期）後，病人接受多少劑量？（① 207 Gy ② 152 Gy ③ 101 Gy ④ 62 Gy）。【93.2. 放射師檢覈】

12.【4】使用 Pd-103 射源（半衰期為 17 天）作為永久性插種近接放射治療，已知剛開始使用時某一點的吸收劑量率為 0.2 Gy/hr，如果射源經過很長時間完全的衰變後，請計算該點的吸收總劑量為若干？（① 3.4 Gy ② 4.9 Gy ③ 81.6 Gy ④ 118 Gy）。【94.1. 放射師專技高考】

13.【1】近接治療中植入半衰期 2.7 天的 Au-198 永久性射源，初始的劑量率為 50 cGy/hr。請問在衰變後總劑量約為多少 cGy？（① 4700 ② 3200 ③ 7200 ④ 9300）。【95.2. 放射師專技高考】

14.【3】以 198Au 放射源執行永久性組織插種近接治療，其半衰期為 2.7 天，若其最初劑量率為 7.5 cGy/hr 時，則治療之總劑量為多少 cGy？（① 486 ② 600 ③ 700 ④ 800）。【94.2. 放射師檢覈】

15.【3】使用 Pd-103（半衰期為 17 天）作為永久性插種近接放射治療，若剛開始使用時的吸收劑量率為 0.1 Gy/hr，如果此射源經過長時間的完全衰變之後，請計算吸收總劑量為何？（① 3.4 Gy ② 4.9 Gy ③ 58.9 Gy ④ 81.6 Gy）。【96.2. 放射師專技高考】

16.【1】使用 I-125 為永久插種的射源，假設其累積的劑量為 16,000 cGy，已知 I-125 半衰期為 60 天，求此 I-125 的原始劑量率為多少 cGy/hr？（① 7.7 ② 12.7 ③ 18.7 ④ 28.7）。【98.1. 放射師專技高考】

17.【4】已知 35S 均勻分佈於睪丸（睪丸重 20 公克），其第一天之吸收劑量率為 1 mGy/d，請問 10 天後睪丸總共累積的吸收劑量多少 mGy？（35S 的物理半化期 = 87.4 天，35S 在睪丸內的生物半化期 = 45.7 天）。（① 2.93 ② 4.93 ③ 6.93 ④ 8.93）。【98.1. 輻防師專業】

2.51 ｜曝露率常數

1.【1】近接治療射源曝露率常數之定義為：（①距離活度 1 mCi 之點射源 1 公分處的曝露率（R/h）②距離活度 1 Ci 之點射源 10 公尺處的曝露率（R/h）③距離活度 10 Ci 之點射源 1 公尺處的曝露率（R/h）④距離活度 1 mCi 之點射源 10 公分處的曝露率（R/h））。【98.1. 放射師專技高考】

2.【2】曝露率常數（Γ）常用於（①有效原子序②體外光子劑量③體內電子劑量④體內 α 粒子吸收劑量評估）的計算。【93 二技統一入學】

3.【4】常用同位素的　值，和下述何種輻射線能量最有關？（① α 粒子② β 粒子③中子④加馬光子）。【94 二技統一入學】

4.【3】曝露率常數 Γ 與下列何者最有關？（① α 粒子能量② α 粒子比活度③光子能量④中子通量）。【95 二技統一入學】

5.【4】γ 發射體的曝露率常數和下列那一個因子無關？（①時間②活度③距離④質量）。【93.2. 放射師專技高考】

6.【2】比加馬射線常數（specific γ-ray constant）愈大，什麼就愈大？（①活度②曝露③距離④能量）。【87.2. 輻防中級基本】

7.【3】下列何者為曝露率常數單位？（① R Ci m^{-2} h^{-1} ② Ci m^2 R^{-1} h^{-1} ③ R m^2 Ci^{-1} h^{-1} ④ h m^2 Ci^{-1} R^{-1}）。【90 放射師專技高考】

8.【3】曝露率常數（Γ）的單位在分母為（①小時‧戈雷②西弗‧克③小時‧貝克④侖琴‧分）。【89.2. 操作初級選試設備】

9.【3】加馬射線常數比的單位是（① Gy/（s-m^2-Bq）② Gy-s/（m^2-Bq）③ Gy-m^2/（s-Bq）④ Gy-m^2-Bq/s）。【93.1. 輻安證書專業】

10.【2】比 γ 射線發射（specific gamma-ray emission）之單位為：（①（Ci‧h）/（R‧m^2）②（R‧m^2）/（Ci‧h）③（R‧Ci）/（m^2‧h）④（Ci‧m^2）/（R‧h））。【97.1. 放射師專技高考】

11.【1】鈷六十的比加馬常數為 1.32 R m^2 Ci^{-1} h^{-1}，請問此常數相當於若干 R m^2 MBq^{-1} h^{-1}？（① 3.57×10^{-5} ② 3.57×10^{-3} ③ 4.88×10^2 ④ 4.88×10^4）。【91.2. 放射師檢覈】

12.【2】鈷 -60 核種之 Γ 值為 1.32 R m^2 Ci^{-1} h^{-1}，約相當於多少 R cm^2 MBq^{-1} h^{-1}？（① 0.049 ② 0.357 ③ 4.884 ④ 18.08）。【96.2. 放射師專技高考】

13.【3】假設核種 A 的曝露率常數為核種 B 的 2 倍，則具有同樣活度的 A 與 B 兩樣本，在距射源 1 公分處所造成的曝露，下列何者正確？（① A 為 B 的 1/4 ② A 為 B 的 1/2 ③ A 為 B 的 2 倍④ A 為 B 的 4 倍）。【96 二技統一入學】

14.【4】下列何者為點射源在空氣中的曝露量（Exposure）計算公式？（X：曝露量，A：活度，d：距離，Γ：曝露常數，t：時間）（① X = $\Gamma^2 At/d$ ② X = $\Gamma d^2 t/A$ ③ X = $At/\Gamma d^2$ ④ X = $\Gamma At/d^2$）。【96.1. 輻安證書專業】

15.【3】距離 100 Ci 的 Ir-192 之密封射源 1 米處的輻射曝露率（R h^{-1}）為多少？（Γ = 0.48 R m^2 h^{-1} Ci^{-1}）（① 12 ② 10 ③ 48 ④ 24）。【89.2. 操作初級基本】

16.【2】一個玻璃瓶含 40 mCi（740 MBq）的 ^{131}I，在距離 30 公分處，它的曝露率是多少？（已知 ^{131}I 的曝露率常數 Γ 為 2.17 R-cm^2/mCi-hr 在 1 公分處）（① 0.048 R/hr ② 0.096 R/hr ③ 0.032 R/hr ④ 0.016 R/hr）。【97.1. 放射師專技高考】

17.【2】已知距鉋 137 射源 1 米處的曝露率常數為 0.33 R Ci^{-1} h^{-1}，現有一 6 居里的射源，試問距其 10 米處之曝露率為多少毫侖琴/時（mR h^{-1}）？（① 16.5 ② 19.8 ③ 23.1 ④ 26.4）。【91.2. 放射師檢覈】

18.【1】距離 10 Ci 的 Ir-192 之密封射源 5 米處的輻射曝露率（R h^{-1}）為多少？（Γ = 0.48 R m2 h^{-1} Ci^{-1}）（① 0.19 ② 0.25 ③ 0.30 ④ 0.15）。【90.1. 操作初級基本】

19.【2】距離 50 Ci 的 Ir-192 之密封射源 0.5 米處的輻射暴露率（R h-1）為多少？（Γ = 0.48 R m^2 h^{-1} Ci^{-1}）（① 106 ② 96 ③ 80 ④ 120）。【91.2. 操作初級基本】

20.【3】距離 50 Ci 的 192Ir 之密封射源 3 公尺處的輻射曝露率（R · h^{-1}）為多少？（Γ = 0.48 R · m^2 · Ci^{-1} · h^{-1}）（① 5.3 ② 4.9 ③ 2.65 ④ 1.3）。【96.2. 放射師專技高考】

21.【4】已知 Ir-192 的曝露率常數為 0.4 R m^2/h Ci，請問距離活性為 5 Ci 的 Ir-192 點射源 10 公分處的曝露率為多少？（① 0.02 R/h ② 2 R/h ③ 20 R/h ④ 200 R/h）。【97.2. 放射師專技高考】

22.【4】Co-60 的曝露率常數為 1.29 R m^2 h^{-1} Ci^{-1}，有一個 5000 Ci 的 Co-60，下列何者為這個射源在 80 cm 處的曝露率（R min^{-1}）？（① 68.8 ② 107.5 ③ 134.4 ④ 168）。【90.2. 放射師檢覈】

23.【2】60Co 的暴露率常數為 1.3 R m^2 h^{-1} Ci^{-1}，若有 10 Ci 之 60Co，在距離 2 m 處之暴露率為何？（① 1.25 R/h ② 3.25 R/h ③ 6.25 R/h ④ 52.0 R/h）。【93.2. 放射師檢覈】

24.【4】90 MBq 之點射源（Γ = 0.74 rad-m^2/Ci-h）發射的光子，經過 1 個半值層厚度的屏蔽後射入人體。已知人體至射源的距離為 3 公尺，則人體的吸收劑量率為多少 mGy/h？（① 0.01 ② 0.1 ③ 1.0 ④ 0.001）。【96.2. 放射師專技高考】

25.【3】有一放射治療中心購買一部 8000 Ci 的鈷六十治療機,試求距此射源 80 cm 處的曝露率為多少 R hr^{-1}?(鈷六十的 值為 1.29 R m2 hr^{-1} Ci^{-1})(① 1718 ② 2350 ③ 16125 ④ 23500)。【93.1. 放射師專技高考】

26.【4】若 ^{192}Ir 的曝露率常數為 4.69 R cm^2 mCi^{-1} hr^{-1},則距一強度為 1 Ci 的 ^{192}Ir 射源 5 公分處,其曝露率約為多少 R hr^{-1}?(① 0.521 ② 4.69 ③ 42.2 ④ 188)。【93 二技統一入學】

27.【3】距離 100 Ci 的銥 -192 之密封射源 3 米處的輻射曝露率(R · h^{-1})為多少?($\Gamma = 0.48$ R · m^2 · Ci^{-1} · h^{-1})(① 4.3 ② 4.9 ③ 5.3 ④ 6.3)。【93.2. 放射師專技高考】

28.【4】某活度 3 居里射源的加馬比常數(specific gamma-ray constant)為 1.8 R/h per curie at 1 meter,則距此射源 1 毫居里遠 50 cm 處的曝露率為若干?(① 1.8 mR/h ② 2.4 mR/h ③ 3.6 mR/h ④ 7.2 mR/h)。【90.1. 輻防中級基本】

29.【4】在距離活度為 10 Ci 的 192Ir 射源 3 公分處其暴露率為多少 R h^{-1}?(exposure rate constant: 4.69 R cm^2 mCi^{-1} h^{-1})(① 4.22×10^5 ② 4.69×10^4 ③ 4.22×10^4 ④ 5.21×10^3)。【91 放射師專技高考】

30.【2】距離活度為 3 居里的鈷 60 點射源 2 米處的劑量率為多少 mSv/h?(鈷 60 的曝露率常數,$\Gamma = 3.703×10^{-4}$ mSv m^2 h^{-1} MBq^{-1})(① 13.7 ② 10.3 ③ 9.5 ④ 14.3)。【89.2. 操作初級基本】

31.【1】距離 1 MBq 的鈷 60 之密封射線 3 米處的深部等價劑量率(μSv/h)為多少?(等價劑量率常數 = 0.347 μSv m^2 MBq^{-1} h^{-1})(① 0.038 ② 0.124 ③ 0.314 ④ 0.077)。【92.2. 輻安證書專業】

32.【3】銫 -137 的暴露率常數為 2.3×10^{-9} C m^2 kg^{-1} MBq^{-1} h^{-1},請問距 3.0 mCi 的銫 -137 點射源 250 公分處,其暴露率為多少 C kg^{-1} h^{-1}?(① 4.1 ×10^{-5} ② 4.1×10^{-6} ③ 4.1×10^{-8} ④ 4.1×10^{-12})。【94.1. 放射師檢覈】

33.【3】鈷 60 的加馬射線發射比為 3.7×10^{-4} mSv m^2 MBq^{-1} h^{-1},請問距 1 Ci 點射源 2 公尺處之劑量率為(① 13.7 ② 8.5 ③ 3.4 ④ 1.2)mSv h-1。【93.2. 輻安證書專業】

34.【3】距離活度為 3.7×10^{10} 貝克的鈷 -60 碘射源 1 公尺處之劑量率是多少？[已知鈷 -60 之劑量率常數 $\Gamma = 3.7 \times 10^{-4}$（毫西弗 / 時）‧平方公尺 / 百萬貝克]（① 1.37 ② 3.7 ③ 13.7 ④ 37）毫西弗 / 時。【92.2. 放射師專技高考】

35.【1】距離活度為 3.7×10^{10} 貝克的鈷 -60 點射源 2 公尺處之劑量率是多少？已知鈷 -60 之劑量率常數 $\Gamma = 3.703 \times 10^{-4}$（毫西弗 / 時）‧平方公尺 / 百萬貝克：（① 3.43 毫西弗 / 時 ② 13.7 毫西弗 / 時 ③ 27.4 毫西弗 / 時 ④ 54.8 毫西弗 / 時）。【94.1. 放射師檢覈】

36.【4】若某加馬核種的　值為 1×10^{-4}（mSv/h）m^2/MBq，當其活度為 1010 貝克時，距離此點射源一公尺處的劑量率為多少毫西弗 / 小時？（① 0.001 ② 0.01 ③ 0.1 ④ 1.0）。【93.2. 放射師檢覈】

37.【4】30 年前為 2 Ci 的銫 137，現在距離其射源 2 公尺處的曝露率為多少 mR/h ？（$T_{1/2}$ = 30 y）（Γ = 0.32 R m^2 Ci^{-1} h^{-1}）（① 20 ② 40 ③ 60 ④ 80）。【92.1. 輻安證書專業】

38.【4】30 年前為 4 Ci 的銫 137，現在距離其射源 4 公尺處的曝露率為多少 mR/h ？（$T_{1/2}$ = 30 y）（Γ = 0.32 R m^2 h^{-1} Ci^{-1}）（① 10 ② 20 ③ 30 ④ 40）。【92.2. 輻安證書專業】

39.【1】三十年前為 100 Ci 的銫 137，現在距離其射源 4 公尺處的曝露量率為多少(R h-1) ？（$T_{1/2}$ = 30 y）（Γ = 0.32 R m^2 h^{-1} Ci^{-1}）（① 1 ② 3 ③ 4 ④ 5）。【91.2. 操作初級基本、97.1. 輻安證書專業】

40.【4】60 年前為 2 Ci 的銫 137，現在距離其射源 4 公尺處的曝露率為多少 mR/h ？（$T_{1/2}$ = 30 y）[Γ = 0.32 R m^2 Ci^{-1} h^{-1}]（① 15 ② 20 ③ 30 ④ 10）。【91.1. 操作初級基本】

41.【2】30 年前為 10 Ci 的銫 137，現在距離其射源 5 公尺處的曝露率為多少 mR/h ？（$t_{1/2}$ = 30 y）（Γ = 0.32 R m^2 Ci^{-1} h^{-1}）（① 12.8 ② 64 ③ 160 ④ 320）。【94.2. 放射師檢覈】

42.【2】10 Ci 的 ^{60}Co 射源以 6.0 cm 的鉛屏蔽之，距離射源 4 米處工作 1 小時，約接受多少的曝露量（mR）？[Γ = 1.307 R m^2 h^{-1} Ci^{-1}，鉛的半值層為 1.2

公分]（① 30 ② 25 ③ 16 ④ 20）。【90.1. 操作初級基本】

43.【1】假設銫 -137 的曝露率常數（gamma exposure rate constant）為 0.32 R m² h-1 Ci-1，則在距離 0.5 Ci 銫 -137 射源 5 公尺處工作 15 分鐘，曝露量約為多少 mR ？（① 1.6 ② 3.2 ③ 8.0 ④ 16）。【91 二技統一入學】

44.【2】距離 1 MBq 的 ^{60}Co 射源 1 米處工作兩小時，約接受多少的深部等價劑量(μSv) ？[深部等價劑量率 = 0.347 μSv m^{-2} MBq^{-1} h^{-1}]（① 0.35 ② 0.69 ③ 0.52 ④ 0.45）。【89.2. 操作初級基本】

45.【2】距離 10 Ci 的鈷 60 射源 5 米處工作 30 分鐘，約接受多少的曝露量（mR）？（Γ = 1.307 R m^2 h^{-1} Ci^{-1}）（① 310 ② 261 ③ 251 ④ 231）。【90.1. 操作初級基本】

46.【2】距離 10 Ci 的鈷 60 射源 5 米處工作 30 分鐘，約接受多少的曝露量（mR）？（Γ = 1.307 R m^2 h^{-1} Ci^{-1}）（① 310 ② 261 ③ 251 ④ 231）。【91.1. 操作初級基本】

47.【1】已知射源活度為 10 Ci 暴露劑量率為 4.6 R cm^2/mCi-h，照射時間 2 hr，計算離射源距離 2 m 處的暴露劑量？（① 2.3 R ② 4.6 R ③ 23 R ④ 46 R）。【94.1. 放射師檢覈】

48.【2】在距 10 Ci 的 ^{60}Co 點射源 2 m 處工作 20 min，將會接受多少的曝露量？[^{60}Co 的曝露率常數 Γ = 1.307 R m^2 Ci^{-1} h^{-1}]：（① 0.544 R ② 1.089 R ③ 2.178 R ④ 2.722 R）。【94.2. 放射師檢覈】

49.【2】一位放射線工作人員，距 5 mCi 核種 1 米處，工作了 3 小時，則此工作人員接受多少 mR 的曝露量？（此核種的曝露率常數為 2.0 R cm^2 mCi^{-1} h^{-1}）（① 0.6 ② 3 ③ 30 ④ 300）。【92.2. 放射師檢覈】

50.【2】10 Ci 的 ^{60}Co 射源以 4.8 cm 的鉛屏蔽之，距離射源 4 米處工作 1 小時，約接受多少的曝露量（mR）？[（= 1.307 R m^2 Ci^{-1} h^{-1}，鉛的半值層為 1.2 公分]（① 30 ② 50 ③ 60 ④ 70）。【92.1. 輻安證書專業】

51.【2】距離 5 Ci 的鈷 60 射源 5 米處工作 30 分鐘，約接受多少的曝露量（mR）？（Γ = 1.307 R m^2 Ci^{-1} h^{-1}）（① 180 ② 130 ③ 150 ④ 200）。【92.1. 輻

安證書專業】

52.【1】距離 10 居里的鈷 60 射源 5 米處工作 1 小時，約接受多少的曝露量（mR）？（$\Gamma = 1.307$ R m^2 h^{-1} Ci^{-1}）（① 523 ② 614 ③ 481 ④ 307）。【92.2. 輻安證書專業】

53.【2】1 Ci 的 ^{60}Co 射源以 6.0 cm 的鉛屏蔽之，距離射源 1 米處工作 30 分鐘，約接受多少的曝露量（mR）？[$\Gamma = 1.30$ R m^2 h^{-1} Ci^{-1}，鉛的半值層（HVL）為 1.2 公分]（① 1.29 ② 20.3 ③ 15.4 ④ 30.1）。【91.2. 操作初級基本】

54.【2】若 ^{192}Ir 的暴露率常數為 1.599×10^{-4} mSv m^2/（h MBq），今有一 5×106 MBq 之 ^{192}Ir 射源，人距其 10 米處被照射 10 分鐘，試問他接受多少劑量？（① 0.61 ② 1.33 ③ 3.25 ④ 5.22）mSv。【91.2. 操作初級專業密封】

55.【2】若銥 192 的曝露的吸收劑量率常數為 4.4 mGy m^2 Ci^{-1} h^{-1}，今有一 60 居里射源，某人距離射源 20 米處曝露了 2 分鐘，試問此人所受之吸收劑量為多少（Gy？（① 12.0 ② 22.0 ③ 64.8 ④ 129.6）。【92.2. 輻安證書專業】

56.【2】100 mCi 的銫 137 點射源，距離 1 m 處放置 TLD，曝露 5 小時，TLD 的劑量讀數為 155 mR，請問 TLD 的校正常數為何？[Cs-137: $\Gamma = 0.34$ R m^2 h^{-1} Ci^{-1}]（① 0.8 ② 1.1 ③ 1.3 ④ 1.4）。【92.2. 輻安證書專業】

57.【2】100 mCi 的銫 137 校正射源，距離 2 m 處放置片狀 LiF 熱發光劑量計（TLD），曝露 10 小時，TLD 的劑量數為 100 mR，請問 TLD 的校正常數為何？[Cs-137：$\Gamma = 0.34$ R m^2 h^{-1} Ci^{-1}]（① 0.80 ② 0.85 ③ 1.10 ④ 1.18）。【94.2. 放射師檢覈】

58.【4】已知 ^{192}Ir 的曝露率常數 $\Gamma = 0.48$ R m^2 h^{-1} Ci^{-1}，若 ^{192}Ir 近接治療室的牆壁外屬於管制區內醫事放射師居佔位置，此位置距 10 Ci 的 ^{192}Ir 點射源的距離為 4 m，則應使用幾個半值層厚度的屏蔽作為牆壁？（1 R ≒ 10 mSv，管制區內醫事放射師居佔位置之劑量率最高不超過 10 μSv/h）（① 5.26 ② 6.48 ③ 7.73 ④ 8.23）。【94.2. 放射師檢覈】

59.【2】已知 ^{60}Co 的半衰期為 5.26 年，其　值為 9.19×10^{-9} X m^2 MBq^{-1} h^{-1}，假設鉛對 ^{60}Co 的半值層約為 1.2 cm，試求在距射源 2 米處，將 0.5 居里

^{60}Co 點射源加屏蔽衰減至等價劑量率為 25 μSv h^{-1} 所需鉛之厚度。（1 X = 33.85 Gy）（① 5.71 ② 7.02 ③ 9.07 ④ 12.07）cm。【91.1. 放射師檢覈】

60.【2】某 137Cs 密封射源的 Γ 值為 3.3 R·cm^2/h·mCi，試求將距離 1 居里射源 50 公分處，曝露率降至 0.33 R/h 需加多少公分的鉛？（假設鉛對 137Cs 加馬射線的半值層為 0.7 cm）（① 0.7 ② 1.4 ③ 2.8 ④ 3.5）。【94.1. 放射師專技高考】

61.【3】有一鈷 60 密封射源 7.4×10^8 貝克，今欲置於厚的鉛罐內，再以箱型車運送，鉛罐距離司機的位置為 1.2 米，問司機位置的輻射劑量率小於 0.02 mSv/h 時，鉛罐厚度應約為幾公分？（鈷 60 的 γ 放射比為 3.7×10^{-4} mSv-m^2/hr-MBq，鉛比重 11.0 g/cm^3，對鈷 60 的質量衰減係數 0.0595 cm^2/g，增建因數不考慮）（① 1.0 ② 2.2 ③ 3.4 ④ 5.0）。【98.2. 放射師專技高考】

2.52 ｜增建因數

1.【4】在設計 X 光機屏蔽時，將主射束強度加上散射射束強度後除以主射束強度所得的計算因子稱為：（①工作負荷②鬆弛長度③穿透因子④增建因數）。【94.2. 放射師檢覈】

2.【3】計算屏蔽所考慮的增建因數是來自射線的：（①干射②繞射③散射④折射）。【90.1. 輻防初級基本】

3.【2】1 MeV 光子在物質中的增建因數，主要是什麼因素引起的？（①光電效應②康普吞效應③成對產生④非彈性碰撞）。【87.2. 輻防高級基本】

4.【1】在加馬射線的屏蔽計算中，常用增建因數來作哪項因素的修正？（①屏蔽對散射的影響②空氣對加馬射線的衰減③加馬射線入射的方向④加馬射線的活度）。【92.1. 放射師檢覈】

5.【3】為何計算近接治療射源在人體內的劑量可以不需要考慮受到組織衰減的問題？（①射線能量比較複雜不容易估算②計算點離射源距離較近比較

不會有衰減的因素存在③射線經過人體所增加的散射線劑量與組織的衰減劑量相互抵消④劑量受衰減的比率低可以忽略）。【94.1. 放射師檢覈】

6.【3】近接治療中當光子能量大於 200 keV，在組織中劑量從射源到計算位置（＞1 cm），可以依據距離平方反比定律，主要是因為：（①半衰期較長②在組織中沒有衰減與散射③衰減與散射大致相互補償④能量較高）。【97.2. 放射師專技高考】

7.【4】測量半值層時，為何要使用窄射束？（①減少光子通量②增加作用機率③減少能量損失④減少散射輻射）。【93.2. 放射師專技高考】

8.【4】在設計輻射屏蔽時，不良幾何（poor geometry）條件下，會產生什麼狀況？（①每一與屏蔽交互作用的光子都將自射束中被移除，而不會透過屏蔽②所有散射光子都被彈回而不會透過屏蔽③寬射束比窄射束衰減的光子多④被散射脫離射束的光子仍可能會透過屏蔽）。【94.1. 放射師專技高考】

9.【3】下列條件何者符合測量半值層的良好幾何配置條件（good geometry）？1、窄射束；2、寬射束；3、偵檢器與濾片距離較近；4、偵檢器與濾片距離較遠：（① 13 ② 23 ③ 14 ④ 24）。【92.2. 放射師專技高考】

10.【3】光子屏蔽的增建因數 B（buildup factor）與下列何者最有關？（①入射光子的個數②出射光子的能量③屏蔽物的厚度④屏蔽物的直線衰減係數）。【97.1. 放射師專技高考】

11.【1】屏蔽計算中之增建因數，與下列何者無關？（①輻射強度②屏蔽厚度③屏蔽材質④輻射能量）。【91.1. 操作初級專業設備】

12.【1】屏蔽計算中之增建因數，與下列何者無關？（①輻射強度②屏蔽厚度③屏蔽材質④輻射種類）。【94.1. 放射師專技高考】

13.【2】光子屏蔽的增建因數 B（Buildup factor）與下列何者最無關？（①屏蔽厚度②光子通量③屏蔽材料④光子能量）。【95.2. 放射師專技高考】

14.【4】在加馬輻射屏蔽計算中，增建因數（B）是一個常被提到的量，B 值不會隨著下列哪一項的變化或更改，而產生不同的值？（①屏蔽材料②屏蔽厚度③加馬輻射能量④加馬輻射通量率）。【92.2. 放射師專技高考】

15.【1】增建因數（B）為加馬輻射屏蔽計算時常被引用的一個因數，B 值不會因為下列那一項的變更而有不同的值？（①加馬輻射通率②屏蔽材料③加馬輻射能量④屏蔽厚度）。【94.1. 放射師檢覈】

16.【3】對於寬射束的 X 光，其衰減公式為 $N = N_0 \cdot e^{-\mu x} \cdot B$，則下列敘述何者錯誤？（①B 代表增建因子（buildup factor）②B 與入射 X 光能量有關③B 與入射 X 光光子數有關④B 與屏蔽厚度有關）。【96.2. 放射師專技高考】

17.【4】光子屏蔽的增建因數 B，符合以下那一條件？（①B > 0 ②B<0 ③B<1 ④B > 1）。【90.1. 操作初級選試設備】

18.【2】光子屏蔽計算時使用之增建因數（B）值為：（①< 1 ②≧ 1 ③< e ④< e^{-1}）。【97.2. 放射師專技高考】

19.【1】有關加馬射線的屏蔽計算，下列哪一個數不可能是增建因數的值？（①0.9 ②1.4 ③3.8 ④25.1）。【91.2. 放射師檢覈】

20.【2】光子的衰減公式為 $I = BI_0 e^{-\mu x}$，其中 B 代表：（①衰減因子②增建因數③衰減介質厚度④能量）。【89.2. 操作初級選試設備】

21.【2】某材料的直線衰減係數為 1.0 cm^{-1}，厚度為 1 cm，入射光子強度為 I_0，射出光子強度為 0.5 I_0，則增建因數為（①0.74 ②1.36 ③2.54 ④4.28）。【92.2. 放射師檢覈】

22.【2】已知經 $N = N_0 e^{-\mu x}$ 計算後知 N = 5000，但經偵檢器度量結果發現實際 N = 7500，請問增建因數值為多少？（①0.67 ②1.5 ③2.5 ④3.75）。【95.1. 放射師專技高考】

23.【3】已知經 $N = N_0 e^{-\mu x}$ 計算後 N = 4000，但經偵檢器度量結果發現實際 N = 7000，則增建因子（buildup factor）為多少？（①0.57 ②1.5 ③1.75 ④3.75）。【96.2. 放射師專技高考】

24.【4】距 γ 點射源外某處之曝露率為 12 個單位，若要降至 5 個單位，假設增建因數為 1.0，則需在兩者之間置入約多少個半值層屏蔽？（①2.69 ②1.93 ③1.54 ④1.26）。【97.1. 放射師專技高考】

25.【3】某一物質對 70 keV X 光的衰減係數為 0.3 cm^{-1}，則此物質 1 個半值

層（HVL）等於多少鬆弛長度（relaxation length）？（① 3.3 ② 1 ③ 0.7 ④ 0.3）。【97.2. 放射師專技高考】

2.53 ｜ X 光機防護屏蔽

1. 【4】為了要求得 X 光室中輻射屏蔽的厚度，需要的資料下列何者除外？（① 房間大小②每日進行的攝影次數③相鄰空間的使用方式④底片與增感屏的速率）。【91.1. 放射師檢覈】

2. 【4】下列那一項因素不影響輻射屏蔽厚度？（①房間空間大小②射束能量③射束劑量率④室內溫濕度）。【94.2. 放射師檢覈】

3. 【3】設計 X 光機的結構屏蔽時，下列何者與設計所須考慮的因素無關？（① 使用因數②佔用因數③射質因數④最大管電壓）。【94.1. 放射師檢覈】

4. 【2】計算 X 光機屏蔽時下列一種條件下需要較厚的屏蔽？（①佔用因數愈小②使用因數愈大③工作負荷愈低④ X 光機的最大管電壓愈小）。【89.2. 操作初級選試設備】

5. 【4】治療室屏蔽的計算中下列何者是不需要的？（①距離平方反比定律②使用因數③占用因數④散射空氣比）。【95.2. 放射師專技高考】

6. 【4】X 光機的主屏蔽計算公式為 K = Pd2/WUT，其中，K 為距離 X 光機靶 1 公尺處每單位照射量（mA-min）的輻射劑量率，K 的單位為：（① m^2 Gy A^{-1} hr^{-1} ② m^2 R A^{-1} hr^{-1} ③ m^2 Gy mA^{-1} min^{-1} ④ m^2 R mA^{-1} min^{-1}）。【94.2. 放射師檢覈】

7. 【2】X 光機主屏蔽計算公式為 K = Pd^2/（WUT）：（① K 值愈大需屏蔽愈厚② K 值愈大需屏蔽愈薄③ K 值與屏蔽厚度無關④ K 值與屏蔽厚度的平方成正比）。【94.2. 放射師專技高考】

8. 【1】X 光機主屏蔽設計公式為 K = Pd^2/WUT，下列敘述何者正確？（① K 值愈小需屏蔽愈厚② U 的單位為 mA-min/ 週③ T 值通常大於 1 ④ d 的單位為天）。【96.1. 放射師專技高考】

9.【2】X 光機屏蔽分析時使用之公式 $K = Pd^2 / WUT$ 中，對非管制區其 P 值為：（① 0.01 mSv/wk ② 0.02 mSv/wk ③ 0.05 mSv/wk ④ 0.1 mSv/wk）。【97.1. 放射師專技高考】

10.【1】距任何可以接近診斷 X 光室四周障壁外表面 5 cm 處之劑量率最高不超過多少 μSv/h？（① 0.5 ② 5 ③ 10 ④ 25）。【94.2. 放射師檢覈】

11.【3】醫用直線加速器管制區屏蔽內部表面 5 cm 處及管制區內操作人員或工作人員居佔位置之劑量率最高不超過多少 μSv/h？（① 0.5 ② 5 ③ 10 ④ 25）。【94.2. 放射師檢覈】

12.【2】X 光管產生 X 光的量是由下列何者決定？（①真空管玻璃材質②管電流（mA）和暴露的時間（s）的乘積③真空管內的真空程度④管電流（mA）和暴露的管電壓（kVp）的乘積）。【90.1. 操作初級選試設備】

13.【2】X 光屏蔽之工作負荷，其單位為：（① min ② min-mA ③ R/hr ④ mA）。【88.1. 輻防中級基本】

14.【1】X 光屏蔽計算中的每週工作負荷（workload），其單位為：（① mA-min ② kVp-min ③ mA ④ kVp）。【90.1. 輻防初級基本】

15.【2】計算 X 光屏蔽時，工作負載之單位為：（① mAs/wk ② min×mA/wk ③ R/h×wk ④ R×mA/w）。【93.1. 放射師檢覈】

16.【4】X 光機使用量，以工作負荷（workload）W 來表示，其單位為：（①安培·小時/週②安培·小時/月③毫安培·分/月④毫安培·分/週）。【94.1. 放射師專技高考】

17.【2】X 光室結構屏蔽計算公式 $K = Pd^2/(WUT)$ 中，W 的定義及其單位為：（①工作負載（mA s/wk）②工作負載（mA min/wk）③一公尺處曝露率（R/m）④一公尺處劑量率（Sv/m）。【94.1. 放射師專技高考】

18.【4】在估算 X 光室主防護屏蔽時利用之公式 $K = Pd^2/WUT$，其中 W（workload）使用之單位為：（① R/week ②無單位 ③ min/week ④ mA·min/week）。【96.2. 放射師專技高考】

19.【3】假設一 X 光機每天照射骨盤照相 48 張（設定條件 80 kVp，100

mAs）及胸腔照相 120 張（設定條件 80 kVp，10 mAs），若每週五天工作，試計算其工作負載為若干？（① 25 mA-min/wk ② 250 mA-min/wk ③ 500 mA-min/wk ④ 5000 mA-min/wk）。【91.2. 操作初級專業設備、96.1. 輻安證書專業】

20.【2】假設一 X 光機平均每天做骨盤照相 20 張（平均設定條件為 80 kVp，100 mAs）及胸部照相 160 張（平均設定條件為 100 kVp，10 mAs），若每週五天工作，試計算其工作負載為若干？（① 267 ② 300 ③ 432 ④ 500）mA-min/wk。【92.1. 放射師專技高考】

21.【3】一 X 光機平均每天做骨盤照相 24 張（平均設定條件為 80 千伏特，100 毫安培 - 秒）及胸部照相 60 張（平均設定條件為 80 千伏特，10 毫安培 - 秒），則此部 X 光機之工作負荷是多少？（① 20000 ② 15000 ③ 250 ④ 187.5）毫安培 - 分 / 週。【92.2. 放射師專技高考】

22.【2】假設有一 X 光機每天對骨盆（pelvis）照相 30 張（平均設定條件為 80 kVp，100 mAs），及胸部（chest）照相 80 張（平均設定條件為 80 kVp，5 mAs），則此 X 光機每週的工作負荷為多少？（① 56.7 mA-min ② 283 mA-min ③ 3400 mA-min ④ 4530 mA-min）。【94.1. 放射師檢覈】

23.【2】某一 X 光機平均每天做骨盆照相 48 張（平均設定條件 80 千伏特，100 毫安培 - 秒）及胸部照相 60 張（均設定條件 80 千伏特，10 毫安培 - 秒）每星期工作五天，則此部 X 光機之工作負荷是多少？（① 90 毫安培 - 分 / 週 ② 450 毫安培 - 分 / 週 ③ 540 毫安培 - 分 / 週 ④ 4500 毫安培 - 分 / 週）。【94.1. 放射師檢覈】

24.【2】假設一 X 光機每天腹部照相 14 張，照射條件為 100 kVp、100 mAs，胸腔照相 100 張，照射條件為 80 kVp、10 mAs，每週工作五天，則其工作負載為多少 mA-min/week？（① 40 ② 200 ③ 2400 ④ 12000）。【94.2. 放射師專技高考】

25.【3】一 X 光機每天照射骨盤照相 40 張，（設定條件 80 kVp，100 mAs）及胸腔照相 160 張（設定條件 100 kVp，20 mAs），若每週工作五天，試

計算其工作負載為若干 mA-min/wk？（① 257 ② 452 ③ 600 ④ 800）。
【95.2. 放射師專技高考】

26.【2】X 光機有用射柱朝向主屏蔽方向的時間分率，稱為什麼？（①射質因數②使用因數③佔用因數④加權因數）。【91.2. 操作初級專業設備】

27.【3】在設計 X 光機屏蔽時，有用射束指向某一方向所占的比例稱為：（①工作負荷②占用因數③使用因數④方向因子）。【94.2. 放射師檢覈】

28.【2】X 光屏蔽計算時與使用因數有關的是：（① X 光能量②主射束的方向③作業場所④ mAs）。【93.1. 放射師檢覈】

29.【4】X 光屏蔽計算中的佔用因數（occupancy factor）與下列何者有關？（①照野面積② X 光能量③屏蔽材料④作業場所）。【91.2. 操作初級專業設備、96.1. 輻安證書專業】

30.【3】X 光機屏蔽計算公式中，佔用因數與下列何者有關？（①屏蔽與 X 光機之距離② X 光之能量③空間之使用性質④有用射束射向該屏蔽的時間分率）。【96.1. 放射師專技高考】

31.【3】有關 X 光屏蔽，下列敘述何者正確？（①佔用因數與屏蔽厚度有關②使用因數與 X 光機的工作負載有關③佔用因數與屏蔽牆外場所的用途有關④使用因數與 X 光的能量有關）。【92.1. 放射師專技高考】

32.【3】有關 X 光屏蔽計算，下列敘述何者正確？（①使用因數與 X 光的能量有關②工作負載與射質因數有關③占用因數沒有單位④使用因數與 X 光機的工作負荷有關）。【95.2. 放射師專技高考】

33.【1】下列敘述何者正確？（①占用因數與屏蔽外場所用途有關②占用因數與屏蔽之厚度有關③使用因數與 X 光機之工作負荷有關④使用因數與 X 光機之能量有關）。【98.1. 放射師專技高考】

34.【2】計算 X 光機的屏蔽時，部分佔用（partial occupancy）區的佔用因數等於多少？（① 1/2 ② 1/4 ③ 1/8 ④ 1/16）。【87.2. 輻防中級基本】

35.【4】計算 X 光機的屏蔽時，偶而占用區的占用因數等於多少？（① 1/2 ② 1/4 ③ 1/8 ④ 1/16）。【90.1. 操作初級選試設備】

36.【1】X 光機的主屏蔽計算中，職業性暴露人員所使用的休息室，其佔用因數之參考值為：（① 1 ② 1/2 ③ 1/4 ④ 1/16）。【93.2. 放射師檢覈】

37.【4】X 光機的結構屏蔽主屏蔽牆的厚度可藉由公式 $K = Pd^2/(WUT)$ 求得，其中 T 為佔用因數。樓梯間 T 值為多少？（① T = 1 ② T = 1/2 ③ T = 1/4 ④ T = 1/16）。【94.1. 放射師專技高考】

38.【4】計算 X 光機之主屏蔽所應用的公式：$Pd^2/(WUT)$ 中，T 為占用因數，T 值為 1/4 之場所為：（①暗房②生活區③自動電梯④非管制之停車場）。【94.2. 放射師專技高考】

39.【2】在 X 光攝影中，下列何種輻射可以提供檢查病患的有用資料：（①散射輻射②主輻射③滲漏輻射④二次輻射）。【91.2. 操作初級專業 X 光機】

40.【3】在裝置高能輻射治療機到治療室時，所作的屏蔽計算必需考慮由射源所產生的輻射中，不包括下列何者？（①主輻射②滲漏輻射③紫外輻射④散射輻射）。【91.1. 放射師檢覈】

41.【3】X 光機的屏蔽包括射源屏蔽及結構屏蔽，其中射源屏蔽是要減少什麼輻射？（①有用射柱②散射輻射③滲漏輻射④二次電子）。【89.2. 輻防中級基本】

42.【4】下列何者不屬於 X 光機的結構屏蔽？（①主屏蔽②滲漏輻射之二次屏蔽③散射輻射之二次屏蔽④ X 光管座）。【91.2. 操作初級專業 X 光機】

43.【1】X 光機之射源屏蔽是用來防止那一種輻射超過安全規定限值？（①滲漏輻射②散射輻射③原始輻射④互毀輻射）。【90.1. 操作初級選試設備】

44.【2】設計 X 光室之次防護障壁（secondary barrier）時，應考慮那些輻射？（①主射束與次射束②散射輻射與滲漏輻射③主射束與滲漏輻射④主射束與散射輻射）。【93.1. 放射師檢覈】

45.【2】設計 X 光室的次防護屏蔽時，應考慮那些輻射？（①主射束與次射束②散射輻射與滲漏輻射③主射束與滲漏輻射④主射束與散射輻射）。【96.2. 放射師專技高考】

46.【3】X 光管套都需要使用鉛屏蔽的原因，下列何者為非？（①減少病人劑

量②增加照片的清晰度③保護陽極靶④吸收 X 光管內之散射線）。【91.2. 操作初級專業 X 光機】

47.【4】X 光機室副屏蔽牆的功用主要在減少散射輻射及什麼輻射？（①原始②特性③互毀④滲漏）輻射。【91 放射師專技高考】

48.【2】關於 X 光機的結構屏蔽，下列敘述何者錯誤？（①主屏蔽需考慮防護有用輻射②主屏蔽需考慮防護散射輻射③副屏蔽需考慮防護散射輻射④副屏蔽需考慮防護滲漏輻射）。【94.1. 放射師檢覈】

49.【1】考慮次防護屏蔽的設計時，使用因數 U 一般選擇多少？（① 1 ② 1/2 ③ 1/4 ④ 1/8）。【98.1. 放射師專技高考】

50.【3】診斷型 X 光機在 1 公尺處的滲漏輻射劑量率不得超過多少 mR/h？（① 1 ② 10 ③ 100 ④ 1000）。【91.1. 操作初級專業設備】

51.【1】操作中的診斷型 X 光管，在距靶 1 公尺處之滲漏輻射不可超過每小時多少侖琴？（① 0.1 ② 1 ③ 10 ④ 100）。【94.1. 放射師檢覈】

52.【2】診斷 X- 光防護管套其滲漏輻射空氣克馬在距靶一公尺處，每小時不得超過多少 mGy？（① 0.37 ② 0.87 ③ 2 ④ 3.7）。【92.2. 放射師檢覈】

53.【2】診斷 X 光防護管套其滲漏輻射空氣克馬在距靶一公尺處，每小時不得超過：（① 0.087 mGy ② 0.87 mGy ③ 8.7 mGy ④ 87 mGy）。【93.1. 放射師檢覈】

54.【1】醫用電腦斷層掃描儀 X 光管之輻射偵測，距靶一公尺處最高滲漏輻射空氣克馬值應小於多少 mGy/h？（① 0.87 ② 8.7 ③ 87 ④ 100）。【94.2. 放射師檢覈】

55.【1】依診斷用可發生游離輻射設備之共同規定，診斷用 X 光機防護管套其滲漏輻射空氣克馬在距靶一公尺處，每小時不得超過多少 mGy？（① 0.87 ② 0.95 ③ 1.76 ④ 3.70）。【95.1. 放射師專技高考】

56.【3】為使 X- 光不致於會外洩嚴重，保護 X- 光管的金屬外殼，其設計應使距外殼一公尺處 X- 光的洩漏率低於多少？（① 10 μGy/hr ② 100 μGy/hr ③ 1.0 mGy/hr ④ 5.0 mGy/hr）。【98.2. 放射師專技高考】

57.【4】治療型 X 射線管，其滲漏輻射在何處受到法規限制？（①距離高壓電箱 5 公分處②距離靶 5 公分處③距離高壓電箱 1 公尺處④距離靶 1 公尺處）。【94.1. 放射師專技高考】

58.【4】遠隔治療之射源其防護套之設計，距離射源 1 公尺處的最大劑量率每小時不可超過多少毫侖琴？（①1②2③5④10）。【92.1. 放射師專技高考】

59.【2】計算 X 光機的二次屏蔽時，散射輻射及滲漏輻射的屏蔽厚度均為 50 公分。已知 HVL = 20 公分，請問二次屏蔽的厚度等於多少公分？（①100②70③50④30）。【87.2. 輻防高級基本】

60.【2】X 光診斷室的次防護屏蔽（secondary protective barrier）計算結果，針對滲漏輻射等於 30 公分，針對散射輻射等於 34 公分。已知 HVL = 2.8 公分，則次屏蔽的厚度應至少大於多少公分？（①32.8②36.8③39.2④43.2）。【93.1. 放射師檢覈】

61.【2】若某 X 光診斷設備在 250 kV 的條件下操作（半值層為 2.8 cm 的混凝土），經計算求得防護滲漏輻射所需要的混凝土厚度為 9.83 個半值層，而防護散射輻射所需的屏蔽厚度為 34 cm 混凝土，試問副防護屏蔽的厚度至少應大於多少公分？（①32.8②36.8③39.2④43.2）。【97.2. 輻防師專業】

62.【1】下列何者是鉛作為防護屏蔽的主要因素？（①密度極高，不易穿透過②原子序大，與鎢靶有互補作用③可吸收二次散射線④原子結構中有四個價電子，可作為 X 光的屏蔽）。【91.2. 操作初級專業 X 光機】

63.【4】下列何者不為輻射屏蔽主要考慮因素？（①成本②厚度與重量③耐久性④形狀）。【93.2. 放射師檢覈】

64.【4】下列何種常用屏蔽材料的密度（g/cm³）最大？（①一般水泥②重水泥③低碳鋼④鉛）。【94.2. 放射師檢覈】

65.【4】一鈷六十射源若以鉛屏蔽時需要 10 cm，若將此射源置入水中，則需多少公分的水？（①400②200③150④100）。【90 放射師專技高考】

66.【1】鉛（密度：11.3 g·cm⁻³）對 60Co γ射線之半值層為 1.2 cm。問混凝土（密度：2.35 g·cm⁻³）對此 γ射線最接近之半值層為（①6 cm②9 cm

③ 12 cm ④ 15 cm)。【92.2. 輻安證書專業】

67.【2】用鉛作為鈷 60 的 γ 射線的屏蔽體，其半值層（HVL）為 1.2 公分，請問用水泥作為屏蔽體，則水泥的半值層為多少公分？【鉛：密度 11.4 g/cm^3，水泥：密度 2.3 g/cm^3】（① 4 ② 6 ③ 8 ④ 11）。【91.1. 操作初級基本】

68.【4】在厚度 5 公分的鉛牆上裝置鉛玻璃時，需要多少公分的鉛玻璃較適當？（鉛玻璃密度為 5.2 g/cm^3，鉛密度為 11.34 g/cm^3）（① 2.5 ② 5.0 ③ 7.5 ④ 10.0）。【93.2. 放射師檢覈】

69.【4】若主屏蔽計算所得的穿透因數 B_x，則什一值層（TVL）數目 n 為：（① $n = \ln(B_x)$ ② $n = \log_{10}(B_x)$ ③ $n = \ln(1/B_x)$ ④ $n = \log_{10}(1/B_x)$）。【93.1. 放射師檢覈】

70.【1】將 X 光管的滲漏輻射強度由沒有次防護屏蔽存在的條件下，降低一個減少 B 值時，其所需添加的次防護屏蔽厚度的半值層的數目為 N，則減少 B 值與半值層（HVL）的數目 N 之間的關係為：（① $B = 2^{-N}$ ② $B = (1/2)^{-N}$ ③ $B = 10^{-N}$ ④ $B = (1/10)^{-N}$）。【94.2. 放射師檢覈】

71.【1】當要達到穿透因數 BX 時，所需的什一值層（TVL）數目為 n，其關係式為：（① $n = \log_{10}(1/B_x)$ ② $n = \ln(1/B_x)$ ③ $n = \log_{10}(B_x)$ ④ $n = \ln(B_x)$）。【94.2. 放射師檢覈】

2.54 ｜ 射質因數、輻射加權因數、組織加權因數

1.【3】射質因數與下列何者有關？（①關鍵群體②吸收劑量③線性能量轉移④以上皆是）。【88.2. 輻防初級基本】

2.【3】射質因數與下列何者直接有關？（① HVL ② ALI ③ LET ④ DAC）。【89.3. 輻防中級基本】

3.【3】射質因數（Quality factor）與下列何者最有關？（① HVL ② ALI ③ LET ④ TLD）。【94.1. 放射師專技高考】

4.【3】射質因數 Q，與下述何者關係最密切？（①輻射能量②輻射當量③輻

射在水中的線性能量轉移④輻射的電量）。【94.2. 放射師檢覈、96.1. 輻安證書專業】

5.【1】輻射的射質因數與下列何者有關？（①輻射的種類②器官的種類③器官的大小④輻射強度）。【93.2. 輻安證書法規、98.1. 放射師專技高考】

6.【4】下列何者射質因數最大？（① 20 MeV X- 射線② 10 MeV 電子③ 5 MeV 質子④ 1 MeV 中子）。【88.2. 輻防中級基本】

7.【1】有關阿伐粒子、中子與加馬射線射質因數的大小，下列何者正確？（①阿伐粒子＞中子＞加馬射線②中子＞阿伐粒子＞加馬射線③加馬射線＞中子＞阿伐粒子④加馬射線＞阿伐粒子＞中子）。【95.2. 輻安證書法規】

8.【2】下列不同能量（MeV）之中子，何者之射質因數最大？（① 2.5× 10-8 ② 0.5 ③ 10 ④ 100）。【88.1. 輻防中級基本】

9.【4】中子射質因數 Q 值（①與能量無關②恒大於 10 ③視作用物質定④以上皆非）。【87.1. 輻防初級基本】

10.【1】對於射質因數（Q），下列何者是錯的？（① Q 值隨中子能量上升而增加② Q 值與 LET 有關③對中子而言，0.5 MeV 中子的 Q 值比 10 MeV 者大④ β 與 γ 的 Q 值相等）。【88.1. 輻防高級基本】

11.【1】γ 射線的 radiation weighting factor 為：（① 1 ② 5 ③ 12 ④ 20）。【97.1. 放射師專技高考】

12.【2】依據我國「游離輻射防護安全標準」，對於單能中子之輻射加權因數，最大值約為多少 MeV 之中子？（① 0.1 ② 0.5 ③ 10 ④ 50）。【94.2. 輻安證書法規】

13.【3】能量小於 100 keV 而大於 10 keV 的中子，其 radiation weighting factor 為：（① 1 ② 5 ③ 10 ④ 20）。【94.2. 放射師檢覈】

14.【2】能量小於 10 keV 的中子，其 radiation weighting factor 為？（① 1 ② 5 ③ 12 ④ 20）。【94.2. 放射師專技高考】

15.【2】熱中子的輻射加權因數（WR）為何？（① 1 ② 5 ③ 10 ④ 20）。【93.1. 輻安證書法規】

16.【3】能量大於 2 MeV 以上之質子射線，其「輻射加權因數」WR 為：（① 1 ② 2 ③ 5 ④ 10）。【97.1.、98.1. 輻防員法規】

17.【1】能量大於 20 MeV 之中子，其輻射加權因數為：（① 5 ② 10 ③ 15 ④ 20）。【98.1. 輻防師法規】

18.【3】下列敘述何者正確？A.LET 代表荷電粒子的射程；B. 加權因數係由危險度求得；C.γ 射線的輻射加權因數為 2；D. 射質因數由 LET 的值來決定。（① A 與 B ② A 與 D ③ B 與 D ④ C 與 D）。【90.1. 操作初級基本、95.1. 輻安證書專業】

19.【4】阿伐粒子及帶多電荷粒子的輻射加權因數（WR）等於（① 1 ② 5 ③ 15 ④ 20）。【92.2. 輻安證書法規】

20.【4】貝他、加馬、X 射線的輻射加權因數為（① 2 ② 3 ③ 4 ④ 1）。【89.1. 輻防中級基本】

21.【2】下列何種射線之輻射加權因數不為 1？（① X 射線 ② 阿伐射線 ③ 貝他射線 ④ 加馬射線）。【93.2. 放射師檢覈】

22.【1】下列何者的輻射加權因數最小？（① X 射線 ② 質子射線 ③ 中子射線 ④ α 射線）。【94.2. 放射師檢覈】

23.【3】下列何者的輻射加權因數最小？（① 質子 ② 快中子 ③ X 光 ④ 熱中子）。【94.2. 輻安證書專業】

24.【4】比較下列幾種輻射，以何者的輻射加權因數最大？（① γ 射線 ② 質子 ③ 中子 ④ 阿伐粒子）。【93.1. 放射師檢覈】

25.【1】若組織之吸收劑量相同，下列那一種輻射的輻射加權因數值最高？（① α 粒子 ② β 粒子 ③ 加馬 ④ 電子）。【96.2. 輻安證書法規】

26.【4】下列何者的輻射輻射加權因數最大？（① X 射線 ② 質子 ③ 電子 ④ 重核）。【98.1. 輻安證書法規】

27.【1】下列何者的 radiation quality factor 最小？（① γ 射線 ② 中子射線 ③ 質子 ④ α particles）。【98.1. 放射師專技高考】

28.【4】下列何者的 radiation weighting factor 最大？（① 加馬射線 ② X 射線

③能量大於 2 MeV 的質子④ α particles）。【94.1. 放射師專技高考】

29.【4】下列何種 radiation，其 radiation weighting factor 最高？（① γ-rays ② X-rays ③ electrons ④ neutrons, energy < 10 keV）。【96.2. 放射師專技高考】

30.【3】輻射加權因數的大小關係為：（①阿伐 > 加馬 > 中子②加馬 > 阿伐 > 中子③阿伐 > 中子 > 加馬④中子 > 阿伐 > 加馬）。【92.2. 輻防師法規】

31.【4】阿爾發（α）、質子（p）、加馬（γ）、X 光（X）、電子（e）這五種輻射的輻射加權因數，依大小排列為：（① α > p > γ > X > e ② X = γ > e > p > α ③ p > α > X > γ > e ④ α > p > γ = X = e）。【91 二技統一入學】

32.【1】加馬（γ）、X 光（X）、電子（e）、阿伐（α）及質子（p）等 5 種輻射的輻射加權因數由小到大排序為何？（① e = X = γ < p < α ② e < X = γ < p < α ③ e < X < γ < α < p ④ e = X = γ < α < p）。【94.2. 放射師檢覈】

33.【1】5 MeV 的 α 粒子、2.5 MeV 的中子及 10 MeV 的電子之輻射加權因數分別為 a、b、c，則其大小關係為：（① a > b > c ② c > a > b ③ a > c > b ④ b > a > c）。【97.1. 輻防師法規】

34.【2】關於輻射加權因數，下列何者為正確？（①單能中子能量愈高，輻射加權因數愈大②熱中子之輻射加權因數為 5③質子和電子都帶一單位電荷，故其輻射加權因數相同④阿伐粒子之輻射加權因數為 10）。【94.1. 放射師檢覈】

35.【4】輻射加權因數指為輻射防護目的，用於以吸收劑量計算組織與器官等價劑量之修正因數，有關各類輻射加權因數，下列何者不正確？（①所有能量之光子為 1 ②所有能量之貝他粒子為 1 ③中子依能量不同，介於 5 ～ 20 之間④阿伐粒子為 10）。【96.1. 輻安證書法規】

36.【4】組織加權因數之國際制單位為：（① Sv^{-1} ② Sv ③ G^{-1} ④無單位）。【98.2. 放射師專技高考】

37.【4】組織加權因數與下列何者最相關？（①水之線性能量轉移②輻射加權因數③輻射之能量④該組織之輻射危險度）。【94.2. 放射師專技高考】

38.【2】組織加權因數 W_T，與下列何者最有關係？（①輻射能量②有效劑量③吸收劑量④輻射種類）。【94.2. 放射師檢覈】

39.【3】有效劑量的組織加權因數與下述何者最有關？（①輻射能量②組織質量③組織輻射致癌機率④輻射的線性能量轉移）。【94.1. 放射師專技高考】

40.【1】依游離輻射防護安全標準規定，加權因數 0.20 的是下列那一項？（①性腺②乳腺③骨髓④甲狀腺）。【94.1. 放射師檢覈】

41.【3】全身各器官或組織之組織加權因數的和為：（① 0.3 ② 0.7 ③ 1.0 ④ 10）。【94.2. 放射師專技高考】

42.【2】乳腺的組織加權因數 WT 為：（① 0.12 ② 0.05 ③ 0.03 ④ 0.01）。【97.1. 輻防員法規】

43.【2】依游離輻射防護安全標準，胃的組織加權因數為：（① 0.2 ② 0.12 ③ 0.05 ④ 0.01）。【98.1. 輻防員法規】

44.【3】肝臟的組織加權因數為（① 0.2 ② 0.12 ③ 0.05 ④ 0.01）。【98.1. 輻防師法規】

45.【4】單一器官或組織的組織加權因數最大者為（① 0.3 ② 0.12 ③ 0.1 ④ 0.20）。【92.2. 輻安證書法規】

46.【3】下列何者之組織加權因數最大？（①骨髓②胸腺③性腺④甲狀腺）。【88.2. 輻防初級基本、93.1. 輻安證書法規】

47.【4】在我國現行游離輻射防護法規中，下列何器官組織之加權因數較大？（①甲狀腺②肺③胃④性腺）。【96.2.、97.2. 輻安證書法規、98.2. 放射師專技高考】

48.【3】下列何器官的 tissue weighting factor 最高？（① bladder ② skin ③ lung ④ liver）。【94.1. 放射師專技高考】

49.【1】下列何者的組織加權因數最小？（①皮膚②肺③乳腺④骨髓）。【94.2. 輻安證書法規】

50.【1】依據游離輻射防護安全標準，如果下列器官或組織受到輻射曝露，則那一種器官或組織之組織加權因數最小？（①乳腺②肺③紅骨髓④胃）。

51.【4】下列何器官的 tissue weighting factor 最低？（① gonads ② colon ③ lung ④ liver）。【94.2. 放射師專技高考】

52.【4】現行游離輻射防護安全標準肺部的組織加權因數為：（① 0.20 ② 0.15 ③ 0.03 ④ 0.12）。【96.1. 輻防員法規】

53.【3】性腺的組織加權因數，在 ICRP 第 26 號與第 60 號報告分別為：（① 0.15, 0.05 ② 0.05, 0.15 ③ 0.25, 0.20 ④ 0.20, 0.25）。【95.1. 放射師專技高考】

54.【2】ICRP-60 報告中，最大和次大的組織加權因數是那兩個器官？（① 性腺的組織加權因數最大，乳腺的組織加權因數次大②性腺的組織加權因數最大，骨髓的組織加權因數次大③骨髓的組織加權因數最大，性腺的組織加權因數次大④骨髓的組織加權因數最大，乳腺的組織加權因數次大）。【94.1. 放射師檢覈】

55.【2】骨髓的組織加權因數與性腺的組織加權因數相比較為（①大②小③相等④差不多）。【91.1. 操作初級基本】

56.【1】依據游離輻射防護安全標準，如果下列器官或組織受到輻射曝露，則那一種器官或組織之組織加權因數最小？（①骨表面②乳腺③骨髓④胃）。【94.2. 放射師專技高考】

57.【4】有關組織加權因數，下列何者正確？（①性腺＞甲狀腺＞紅骨髓②性腺＞乳腺＞紅骨髓③紅骨髓＞乳腺＞性腺④性腺＞乳腺＝甲狀腺）。【97.2. 輻防員法規】

58.【1】Gonads、lung 及 thyroid 等三種人體組織的組織加權因子（tissue weighting factor, W_T）的大小順序為何？（① gonads > lung > thyroid ② lung > thyroid > gonads ③ gonads > thyroid > lung ④ thyroid > lung > gonads）。【96.2. 放射師專技高考】

59.【4】下列那一組組織或器官之加權因數之和最低？（①性腺；骨髓②乳腺；結腸③甲狀腺；肺④甲狀腺；骨表面）。【96.1. 放射師專技高考】

60.【4】依據游離輻射防護安全標準，下列何種器官或組織，其組織加權因數

與甲狀腺相同？（①骨表面②肺③性腺④乳腺）。【93.2. 輻安證書法規】

61.【1】對於性腺、肺與甲狀腺三種組織之組織加權因數分別為 A、B、C，則其大小關係為：（① A＞B＞C ② C＞A＞B ③ B＞C＞A ④ B＞A＞C）。【88.1. 輻防中級基本】

62.【3】對於性腺、乳腺及胃三種組織加權因數分別為 A、B、C，則其大小關係為：（① A＞B＞C ② C＞A＞B ③ A＞C＞B ④ B＞A＞C）。【97.1. 輻防師法規】

63.【3】輻射致癌的危險度最高的器官為何？（①生殖腺②肝③骨髓④甲狀腺）。（註：依據現行法規）【89.2. 操作初級基本】

64.【4】輻射危害之機率效應（stochastic effect）中，下列那一種組織或器官的輻射危險度最大？（①甲狀腺②肺臟③骨髓④性腺（遺傳效應））。【91 二技統一入學】

65.【1】有關甲狀腺、肺、性腺等器官的組織加權因數（Tissue weighting factor），其大小順序為：（①性腺＞肺＞甲狀腺②肺＞性腺＞甲狀腺③性腺＞甲狀腺＞肺④甲狀腺＞肺＞性腺）。【92 二技統一入學】

66.【4】比較下列之組織、器官，哪一項對輻射較不敏感？（①性腺②骨髓③肺④甲狀腺）。【91.2. 操作初級專業設備】

67.【4】下列組織、器官中，哪一個對輻射最不敏感？（①性腺②骨髓③肺④肌肉）。【94.2. 輻安證書專業】

68.【3】下列那一組織或器官接受相同等價劑量後，患致死癌的機會最低？（①紅骨髓②肺③甲狀腺④胃）。【98.1. 放射師專技高考】

69.【1】一西弗等價劑量造成什麼組織的機率效應風險最大？（①骨髓②甲狀腺③乳腺④骨表面）。【93.1. 輻安證書專業】

2.55 ｜等效劑量、等價劑量、有效劑量

1.【2】器官劑量的單位為（①西弗②戈雷③侖琴④貝克）。【97.1. 輻安證書法

規、97.1. 輻防員法規、97.1. 輻防師法規】

2.【2】射質因數（Q）是用於轉換吸收劑量為：（①約定劑量②等效劑量③體外劑量與體內劑量之總和④有效劑量）。【93.2. 放射師檢覈】

3.【4】假設一個人，分別接受 0.1 cGy, 2 MeV 的加馬射線和 0.05 cGy, 2 MeV 的中子射束，那麼此人所接受的等效劑量為：（① 0.1 mSv ② 1.0 mSv ③ 1.5 mSv ④ 11.0 mSv）。【97.2. 放射師專技高考】

4.【1】一戈雷的吸收劑量，下列那一輻射的生物效應最大？（①阿伐粒子②貝他粒子③加馬射線④ X 射線）。【92.1. 輻安證書專業】

5.【3】若組織的吸收劑量相同，則下列何者產生的輻射生物效應最低？（①阿伐粒子②質子③電子④中子）。【91.1. 放射師檢覈】

6.【1】若組織之吸收劑量相同，下列那一種輻射產生的輻射生物效應最高？（① α ② β ③ γ ④質子）。【94.2. 放射師專技高考】

7.【1】如果吸收劑量相同，下列那一種輻射對身體組織、器官所造成的傷害最大？（①阿伐②貝他③質子④加馬）。【95.2. 放射師專技高考】

8.【1】相同的吸收劑量，下列那一種輻射造成的體內生物效應最大？（① α 粒子② β 粒子③ γ 射線④ X 射線）。【98.2. 放射師專技高考】

9.【4】輻射防護學中，用來評估輻射生物傷害的量是？（①活度②暴露③吸收劑量④等價劑量）。【90 放射師專技高考】

10.【2】ICRP 60 號報告中，等價劑量之定義為：（①輻射加權因數與組織平均吸收劑量之和②輻射加權因數與組織平均吸收劑量之積③輻射加權因數與組織加權因數之和④輻射加權因數與組織加權因數之積）。【96.1. 放射師專技高考】

11.【4】依中華民國 94 年 12 月 30 日發布的游離輻射防護安全標準規定，等價劑量是指：（①吸收劑量與對應射質因數乘積之和②吸收劑量與對應射質因數和之乘積③器官劑量與對應輻射加權因數和之乘積④器官劑量與對應輻射加權因數乘積之和）。【97.1. 放射師專技高考】

12.【3】器官劑量與對應輻射加權因數乘積之和稱為：（①等效劑量②有效等

效劑量③等價劑量④有效劑量）。【97.1. 輻安證書法規】

13.【3】輻射加權因數與什麼的乘積即為等價劑量？（①線性能量轉移②相對生物效能③吸收劑量④吸收能量）。【91.1. 操作初級基本】

14.【1】西弗是何者的單位？（①等價劑量②輻射活度③吸收劑量④輻射場強度）。【90 二技統一入學】

15.【4】單位西弗（Sv）是用來描述：（①輻射場強度②放射性強度③輻射比活度④輻射生物傷害程度）。【94.2. 放射師檢覈】

16.【3】每西弗等於（① 91 侖目② 82 侖目③ 100 侖目④ 150 侖目）。【92.1. 輻安證書專業】

17.【2】等價劑量率的單位為（①貝克 / 秒②西弗 / 秒③戈雷 / 秒④侖琴 / 秒）。【92.1. 輻安證書專業】

18.【3】對於阿伐粒子，若吸收劑量為 10 Gy，則等價劑量應為多少 Sv ？（① 100 ② 150 ③ 200 ④ 250）。【92.2. 輻安證書專業】

19.【4】阿伐粒子的吸收劑量應為其等價劑量的（① 10 倍② 1/10 倍③ 20 倍④ 1/20 倍）。【93.2. 輻安證書法規】

20.【3】阿伐粒子所造成的器官等價劑量為其吸收劑量的：（① 10 倍② 1/10 倍③ 20 倍④ 1/20 倍）。【96.2.、97.2. 輻安證書法規】

21.【3】下列何者的等價劑量大於吸收劑量？（① 20 MV X 射線② 10 MeV 電子射束③中子射束④ 100 kV X 射線）。【90.2. 放射師檢覈】

22.【2】一位工作人員全身受到熱中子照射產生 0.10 mGy，估計其等價劑量為多少 mSv ？（① 0.10 ② 0.5 ③ 1.0 ④ 2.0）。【97.2. 放射師專技高考】

23.【4】若某一組織或器官之等價劑量相同，則下列何種輻射給予該組織或器官之器官劑量最高？（①中子②質子③ α 粒子④ β 粒子）。【98.1. 放射師專技高考】

24.【4】對於 1 MeV 的 γ、β 與 α 射線，若所造成的吸收劑量相等，則等價劑量大小關係為：（① $\alpha = \beta > \gamma$ ② $\alpha > \beta > \gamma$ ③ $\beta > \alpha > \gamma$ ④ $\gamma = \beta < \alpha$）。【88.1. 輻防初級基本、97.1. 輻安證書專業】

25.【2】中子（n），貝他（β），加馬（γ）之能量各為 1 MeV，若其等價劑量各為 1 Sv，則吸收劑量值之大小排列何者正確？（① n＞β＝γ ② β＝γ＞n ③ γ＜β＜n ④ γ＜β＝n）。【92 二技統一入學】

26.【1】身體某器官接受 X 光照射，若等價劑量為 1 mSv，則吸收劑量為多少 Gy？（① 0.001 ② 0.1 ③ 1 ④ 10）。【89.2. 操作初級基本】

27.【3】身體某器官接受 X 光照射，若吸收劑量為 0.001 Gy，則等價劑量為多少 mSv？（① 0.001 ② 0.1 ③ 1 ④ 10）。【96.2. 輻安證書專業】

28.【1】對 X 光而言，若吸收劑量等於 1 mGy，則等價劑量為多少 Sv？（① 0.001 ② 0.1 ③ 1 ④ 10）。【89.2. 操作初級選試設備】

29.【1】身體某器官接受 X 光照射，若等價劑量為 3 mSv，則吸收劑量為多少 Gy？（① 0.003 ② 0.3 ③ 3 ④ 30）。【92.2. 輻安證書專業】

30.【3】40 公克的腫瘤，經 γ 射線照射後，吸收 0.01 焦耳的能量，則其等價劑量為多少？（① 25 雷得 ② 0.25 戈雷 ③ 25 侖目 ④ 2.5 西弗）。【94.2. 放射師專技高考】

31.【4】某器官重 100 公克，接受 0.1 焦耳的 X 光能量，試問其等價劑量為多少？（① 0.1 戈雷 ② 1 戈雷 ③ 0.1 西弗 ④ 1 西弗）。【90.1. 操作初級選試設備】

32.【2】某器官重 20 公克，受 X 光曝露後，獲得 0.04 焦耳（J）的平均能量，則其等價劑量為：（① 5 Sv ② 2 Sv ③ 0.5 Sv ④ 2 mSv）。【91 二技統一入學】

33.【4】甲狀腺重 20 公克，接受 0.1 焦耳的 γ 射線能量，試問其等價劑量為多少？（① 0.05 戈雷 ② 5 戈雷 ③ 0.5 西弗 ④ 5 西弗）。【94.1. 放射師專技高考】

34.【3】操作 X 光機時，眼球水晶體接受到 10 毫雷得的劑量，若換算為等價劑量時，應等於多少微西弗？（① 1 微西弗 ② 10 微西弗 ③ 100 微西弗 ④ 1000 微西弗）。【90.1. 操作初級選試設備】

35.【4】某器官重 50 公克，接受 0.1 焦耳的 X 光能量，試問其等價劑量為多少？（① 0.2 戈雷 ② 2 戈雷 ③ 0.2 西弗 ④ 2 西弗）。【91.1. 操作初級專業設備】

36.【4】人體的甲狀腺，接受了 0.2 mGy 的 β 輻射和 0.3 mGy 的 α 輻射，試求甲狀腺的等價劑量？（① 0.186 毫西弗 ② 0.5 毫西弗 ③ 2.2 毫西弗 ④ 6.2

毫西弗)。【93.1. 放射師檢覈】

37.【2】甲、乙、丙、丁四人分別接受 1 mGy, 1 rad, 1 mSv, 1 rem 的快中子劑量,則何人所受之中子等價劑量最大?(①甲②乙③丙④丁)。【89.3. 輻防初級基本】

38.【4】有效劑量的單位為:(①雷得(rad)②侖琴(R)③戈雷(Gy)④西弗(Sv))。【92 二技統一入學】

39.【4】人體中受曝露之各組織或器官之等價劑量與各該組織或器官之組織加權因數乘積之和稱為:(①吸收劑量②有效等效劑量③等價劑量④有效劑量)。【97.1. 輻防員法規】

40.【2】某人的甲狀腺($W_T = 0.03$)及性腺($W_T = 0.25$)分別受到 10 及 20 毫西弗的等價劑量,其餘器官未受曝露,則有效劑量等於多少毫西弗?(① 3.7 ② 5.3 ③ 7.8 ④ 8.6)。【89.2. 操作初級基本】

41.【3】某人的性腺($W_T = 0.25$)及乳腺($W_T = 0.15$)各接受 10 毫西弗等價劑量,其餘器官未受曝露,求此人共接受多少有效劑量(毫西弗)?(① 2.5 ② 2.0 ③ 4.0 ④ 3.5)。【92.2. 輻安證書專業】

42.【4】某人的性腺($W_T = 0.25$)及乳腺($W_T = 0.15$)各接受 20 毫西弗的等價劑量,其餘器官未受曝露,求此人共接受多少有效劑量(毫西弗)?(① 2.5 ② 4.0 ③ 5.0 ④ 8.0)。【96.1. 輻安證書專業】

43.【3】某人體重 60 公斤,全身均勻受 X 光曝露,共接受能量 0.3 焦耳,試計算此人接受多少有效劑量?(① 0.5 毫西弗② 1.0 毫西弗③ 5 毫西弗④ 10 毫西弗)。【93.1. 放射師檢覈】

44.【1】β 射線對甲狀腺造成 0.5 mGy 的吸收劑量,請問其有效劑量為多少 mSv?[甲狀腺的組織加權因數為 0.05](① 0.025 ② 0.25 ③ 0.5 ④ 1)。【93.1. 輻安證書專業】

45.【3】某人的甲狀腺($W_T = 0.05$)及性腺($W_T = 0.20$)分別受到 10 及 30 毫西弗的等價劑量,其餘器官未受曝露,則有效劑量等於多少毫西弗?(① 3.7 ② 5.3 ③ 6.5 ④ 8.6)毫西弗。【93.2.、97.2. 輻安證書專業】

46.【1】某人甲狀腺（組織加權因數 0.05）及性腺（組織加權因數 0.20）分別受到 20 毫西弗及 10 毫西弗的等價劑量，其餘器官未受暴露。請問某人受到的有效劑量多少毫西弗？（① 3 ② 5 ③ 30 ④ 50）。【94.1. 放射師檢覈】

47.【2】在一實驗室意外事故，保健物理人員利用生物學鑑定度量與人體掃描的數據，算出一工作人員的甲狀腺等價劑量為 61.5 mSv，而全身劑量為 0.13 mSv，則該工作人員的有效劑量為何？已知甲狀腺的組織加權因數為 0.05：（① 0.13 mSv ② 3.2 mSv ③ 61.37 mSv ④ 61.63 mSv）。【94.1. 放射師檢覈】

48.【3】某人的性腺（$W_T = 0.25$）及甲狀腺（$W_T = 0.03$）各接受 20 毫西弗劑量，其餘器官未受曝露，則此人共接受多少毫西弗之有效劑量？（① 0.15 ② 4.4 ③ 5.6 ④ 40）。【94.2. 放射師專技高考】

49.【3】某人的性腺（$W_T = 0.25$）及乳腺（$W_T = 0.15$）各接受 20 毫西弗的等價劑量，其餘器官未受曝露，求此人共接受多少有效劑量（毫西弗）？（① 4.0 ② 6.0 ③ 8.0 ④ 10.0）。【94.2. 放射師檢覈】

50.【3】假設某人的性腺（$W_T = 0.25$）及骨髓（$W_T = 0.12$）分別受到 20 及 10 毫西弗的等價劑量，其餘器官未受暴露，則有效劑量等於（① 3.8 ② 5.4 ③ 6.2 ④ 7.6）毫西弗。【95.2. 放射師專技高考】

51.【2】某人甲狀腺（組織加權因數 0.03）及乳腺（組織加權因數 0.15）分別受到 30 毫西弗及 20 毫西弗的等價劑量，其餘器官未受曝露。請問某人受到的有效劑量為多少毫西弗？（① 2.1 ② 3.9 ③ 5.1 ④ 50）。【96.2. 放射師專技高考】

52.【2】某人一年內紅骨髓（$W_T = 0.12$）及肺（$W_T = 0.12$）分別接受 5 毫西弗與 20 毫西弗之等價劑量，其餘器官未受曝露，則此人共接受多少 mSv 有效劑量？（① 0.24 ② 3.0 ③ 25.0 ④ 25.42）。【97.1. 放射師專技高考】

2.56 ｜機率效應、確定效應

1. 【1】下列有關確定效應之敘述，何者正確？（①可能有劑量低限值②發生之機率與劑量有關③指致癌效應及遺傳效應④嚴重程度與劑量無關）。【97.2. 輻安證書法規】

2. 【4】關於確定效應的敘述，下列何者正確？（①確定效應是一種全或無的效應（all-or-none effect）②確定效應的發生無低限值③確定效應通常是指偶然發生的效應④高劑量的輻射曝露所導致的器官萎縮、組織纖維化與腫瘤根除等均為確定效應）。【94.2. 放射師檢覈】

3. 【1】有關確定效應的敘述，正確的組合為何？A、全部均為軀體效應；B、有低限劑量存在；C、劑量愈高，發生頻度也變高；D、不管劑量多低，傷害的程度不變；（① AB ② AC ③ BC ④ BD）。【93.2、94.2. 輻安證書專業】

4. 【4】確定效應之特性包括那些？A、全部為軀體效應；B、無低限劑量；C、劑量愈高效應愈嚴重；D、劑量愈低該效應之發生機率愈低。（① AD ② BC ③ CD ④ AC）。【96.2. 放射師專技高考】

5. 【3】輻射傷害的嚴重性隨接受劑量上升而增加者稱為：（①致癌效應②遺傳效應③非隨機效應④隨機效應）。【90 二技統一入學】

6. 【3】下列有關確定效應的敘述何者正確？（①無低限劑量②遺傳疾病屬此類效應③傷害之嚴重性與劑量成正比函數關係④發生傷害效應之機率與劑量成正比函數關係）。【98.1. 放射師專技高考】

7. 【1】可能有劑量低限值存在的效應為（①確定效應②機率效應③激效效應④遺傳效應）。【96.2. 輻防員法規】

8. 【1】確定效應是（①有低限劑量②無低限劑量③遺傳效應④癌症）。【91.1. 操作初級基本】

9. 【2】下列何種放射生物效應的產生與閾值劑量（threshold dose）有關？（①劑量率效應②確定效應③致癌和遺傳效應④機率效應）。【98.1. 放射師專技高考】

10.【1】下列何者是輻射曝露導致的機率效應特性？（①發生機率與所受劑量大小成比例增加②嚴重程度與所受劑量大小成比例增加③可能有劑量低限值存在④會導致白內障）。【94.2. 放射師檢覈】

11.【1】機率效應指其發生機率與所受劑量大小（①成比例增加②成比例減少③相等④不成比例減少）。【92.2. 輻安證書法規】

12.【1】機率效應的敘述下列何者為正確？（①無低限劑量②不含遺傳效應③不孕④白內障）。【93.1. 輻安證書專業】

13.【2】關於輻射健康效應之機率效應與所受劑量關係，下列何者不正確？（①發生機率與劑量成正比②效應發生與輻射性質有關③效應嚴重程度與劑量無關④效應發生無劑量低限值）。【94.1. 放射師專技高考】

14.【4】關於機率效應的敘述，下列何者最正確？（①機率效應的嚴重程度與所受劑量大小成比例增加②水晶體白內障的發生屬於機率效應③機率效應之劑量低限值可能存在④機率效應的發生率與所受劑量大小成比例增加）。【94.2. 放射師檢覈】

15.【4】關於機率效應之敘述，下列何者正確？A、無低限劑量；B、包含脫髮之生物效應；C、劑量愈低，此效應發生的機率愈低；D、全部為軀體效應。（① BC ② AD ③ BD ④ AC）。【96.1. 放射師專技高考】

16.【2】下列何種描述輻射效應為錯誤？（①致癌為 stochastic effects ②白內障為 stochastic effects ③遺傳為 stochastic effects ④ Stochastic effects 沒有閾值）。【94.1. 放射師專技高考】

17.【4】下列關於機率效應之敘述：A、都是軀體效應；B、無低限劑量；C、劑量愈高，效應愈嚴重；D、劑量愈低，效應發生的機率愈低。正確的組合為？（① AD ② BC ③ AC ④ BD）。【94.2. 放射師專技高考】

18.【1】關於輻射效應，下列敘述何者正確？（①機率效應與嚴重程度無關②確定效應的發生沒有低限劑量③ LD-50/30 是指有 30% 的動物在 50 天內死亡④遺傳效應是確定效應）。【91.2. 操作初級專業設備】

19.【3】關於輻射健康效應的敘述，下列何者有誤？（①機率效應與嚴重程度

無關②確定效應有可能存在低限值③白內障屬於機率效應④應該防止確定效應損害之發生）。【94.2. 輻安證書專業】

20.【1】關於機率效應與確定效應，下列敘述何者正確？（①確定效應所引發的病症，例如不孕症②確定效應的傷害嚴重程度與輻射劑量無關③機率效應的傷害嚴重程度與輻射劑量成正比④機率效應有低限劑量）。【94.1. 放射師檢覈】

21.【4】下列何者為確定效應的病例？（①癌症②遺傳效應③白血病④白內障）。【91 放射師專技高考、97.1. 輻安證書法規】

22.【3】放射線照射後，產生的確定效應為何？（①白血病②皮膚癌③白內障④染色體異常）。【93.2. 放射師專技高考、98.1. 輻安證書專業】

23.【1】眼球的白內障是屬於：（①確定效應②立即效應③機率效應④遺傳效應）。【92.1. 放射師檢覈】

24.【4】證據上顯示下列何種人因受到高能重粒子之照射而早期產生白內障？（①受到原子彈曝露的人②輻射工作人員③放射線治療的病患④太空人）。【98.1. 放射師專技高考】

25.【4】皮膚損傷是屬於（①機率效應②立即效應③瞬發效應④確定效應）。【89.1. 輻防中級基本】

26.【4】那一健康效應的嚴重程度，隨等價劑量的增加而增加？（①白血病②甲狀腺癌③遺傳效應④白內障）。【89.2. 輻防初級基本】

27.【4】那一健康效應有低限劑量且其嚴重程度，隨等價劑量的增加而增加？（①白血病②甲狀腺癌③遺傳效應④白內障）。【92.2. 輻安證書專業】

28.【1】下列何者不屬確定效應？（①白血病②脫毛③白內障④不孕）。【88.2. 輻防初級基本】

29.【3】癌是屬於（①確定效應②立即效應③機率效應④瞬發效應）。【89.1. 輻防中級基本】

30.【1】癌症是屬於（①機率效應②確定效應③瞬發效應④輻射激效（HORMESIS））。【90.1. 操作初級選試設備】

31.【3】輻射誘發的癌病與遺傳效應屬於（①急性效應②確定效應③機率效應④早期效應）。【89.2. 操作初級選試設備】

32.【3】輻射致癌是屬於何種效應？（①急性②遺傳③機率④確定）。【91.2. 操作初級基本】

33.【1】骨髓受輻射曝露所引起之白血病，屬於那一類健康效應？（①機率效應②確定效應③急性效應④低限劑量效應）。【93.2. 輻安證書專業】

34.【2】骨髓受輻射曝露所引起之白血病（leukemia），屬於那一類健康效應？（①急性效應②機率效應③確定效應④有低限劑量效應）。【94.2. 放射師檢覈、97.1. 輻防員法規】

35.【2】輻射產生之遺傳效應屬於：（①確定效應②機率效應③非機率效應④急性效應）。【93.2.、97.1. 輻安證書專業、94.2. 放射師檢覈、98.1. 輻安證書法規】

36.【3】在輻射的健康效應中，下列何者屬於機率效應（Stochastic effect）？（①白血球減少②白內障③癌症④脫毛）。【91.1. 放射師檢覈】

37.【2】下列何者屬於機率效應（stochastic effect）？（①皮膚的紅斑②白血病③不孕④脫毛）。【96.2. 輻安證書專業】

38.【4】下列何者為機率效應的病例？（①皮膚紅斑和遺傳效應②癌症和白內障③白血病和不妊④癌症和遺傳效應）。【92.1. 放射師專技高考】

39.【3】下列那一種效應發生的機率與劑量成正比且無低限劑量？（①不孕②死亡③遺傳④嘔吐）。【96.1. 放射師專技高考】

40.【1】放射線造成 cancer，是一種：（① stochastic effect，沒有 dose threshold ② stochastic effect，有 dose threshold ③ deterministic effect，沒有 dose threshold ④ deterministic effect，有 dose threshold）。【96.1. 放射師專技高考】

41.【2】因輻射照射引起的白內障、毛髮脫落、不孕症、癌症及遺傳疾病，其中屬於機率效應的共有幾種？（①1種②2種③3種④4種）。【91.1. 放射師檢覈】

42.【3】輻射曝露所造成的皮膚紅斑、肺癌、不孕、白內障、遺傳效應及白血病等生物效應中屬於機率效應（stochastic effect）的共有幾項？（① 1 ② 2 ③ 3 ④ 4）。【97.2. 輻安證書專業】

43.【3】輻射暴露所造成的皮膚紅斑、肺癌、不孕、白內障、遺傳效應及白血病等生物效應中屬於機率效應的共有幾項？（① 1 項 ② 2 項 ③ 3 項 ④ 4 項）。【95.2. 放射師專技高考】

44.【4】Radiation 造成 cancer，下列描述何者錯誤？（①是一種 stochastic effect，沒有 dose threshold ②孩童期照射得到甲狀腺癌之機會高於成年人照射③潛伏期最短的是白血病④沒有證據顯示輻射會增加乳癌發生率）。【95.1. 放射師專技高考】

45.【3】關於輻射生物效應的敘述，下列何者錯誤？（①輻射曝露而造成生物的改變可能是有害或無害的變異② 1 cGy 與 10 Gy 的劑量所誘發癌症的嚴重程度是一樣的③ 1 cGy 的劑量誘發癌症的機率與 10 Gy 的劑量誘發癌症的機率是一樣的④輻射生物效應是由於受照射細胞被氧化所導致的）。【94.2. 放射師檢覈】

46.【4】評估白血病的風險，應使用什麼組織的等價劑量？（①血液②淋巴腺③骨表面④骨髓）。【89.2. 輻防初級基本】

47.【4】若 a、b、c、d 分別代表不孕、染色體異常、白血病與胃腸傷害，則每年接受 0.1 Sv 的全身照射數年，可能引起效應之組合為何？（① a＋b ② a＋c ③ a＋d ④ b＋c）。【91.2. 放射師檢覈】

48.【2】輻射防護之目的為（①防止機率效應，抑低確定效應之發生②防止確定效應，抑低機率效應之發生③合理抑低（ALARA）④符合法規之劑量限度）。【91.1. 放射師檢覈】

49.【4】輻射作業應：（①防止確定及機率效應之發生②抑低確定及機率效應之發生率③防止機率效應之發生，抑低確定效應之發生率④防止確定效應之發生，抑低機率效應之發生率）。【95.1. 放射師專技高考】

50.【3】輻射劑量限制之目的為下列何種組合？A、抑低確定效應之發生率；

B、抑低機率效應之發生率；C、防止機率效應損害之發生；D、防止確定效應損害之發生。（① AB ② AC ③ BD ④ CD）。【96.1. 放射師專技高考】

51.【2】輻射防護的目的之一是防止何事件發生？（①機率效應②確定效應③光電效應④康卜吞效應）。【91.2. 操作初級基本】

52.【1】下列何者不是現行輻射工作人員劑量限值設定的基礎？（①盡可行的低②合理抑低③防止確定效應損害的發生④限制機率效應損害發生的機會至可接受程度）。【94.2. 放射師檢覈】

53.【4】等價劑量若不超過游離輻射防護安全標準之規定值，則可以防止什麼效應損害之發生？（①遺傳效應②白血病③乳癌④白內障）。【93.1. 輻安證書專業】

2.57 │ 機率效應的危險度

1.【2】為管制機率效應，劑量限度是以下列何者表示？（①吸收劑量②有效劑量③約定等價劑量④等價劑量）。【93.2. 輻安證書法規】

2.【3】為管制機率與確定效應，劑量限度係分別以何種劑量表示？（①有效與吸收②等價與有效③有效與等價④等價與吸收）。【89.3. 輻防中級基本】

3.【3】用以指示輻射機率效應高低的劑量單位是（①吸收劑量②等價劑量③有效劑量④約定等價劑量）。【91.1. 操作初級專業密封】

4.【1】表現輻射機率效應所採用的劑量單位是（①有效劑量②吸收劑量③等價劑量④貝克）。【91.2. 操作初級專業密封】

5.【1】下列何者能做為標示全身危險度的劑量？（①有效劑量②約定集體有效劑量③等價劑量④吸收劑量）。【93.2. 放射師檢覈】

6.【1】危險度因數是指人體接受單位有效劑量的危險程度，僅應用於：（①機率效應②確定效應③輻射分解效應④反劑量效應）。【93.2. 放射師檢覈】

7.【2】危險度（risk）的單位是（①機率／居里②機率／西弗③白血病／地區④癌／嬰孩）。【89.1. 輻防中級基本】

8.【4】ICRP60 號報告中的輻射傷害（detriment），不包含那些效應？（①致命癌症②非致命癌症③嚴重遺傳效應④確定效應）。【89.2. 輻防高級基本】

9.【1】某人接受 5 雷得之加馬全身劑量，則（①可能會有機率效應②會有確定效應③會有消化腸道傷害④會有水晶體的傷害）。【89.3. 輻防高級】

10.【4】某核醫藥物對性腺的危險度是 4×10^{-3} Sv^{-1}，則性腺的等價劑量限值為多少 $mSv\ y^{-1}$？（所有器官的總危險度 = 16.5×10^{-3} Sv^{-1}）（① 66.6 ② 82.5 ③ 100.0 ④ 200.0）。【91.2. 放射師檢覈】

11.【2】性腺的危險度為 4（10^{-3} Sv^{-1}，請問父或母接受 0.05 西弗的劑量照射後，其後代嚴重產生遺傳效應的機率為多少？（① 4×10^{-4} ② 2×10^{-4} ③ 1×10^{-4} ④ 0.5×10^{-4}）。【92.1. 輻安證書專業】

12.【3】某人甲狀腺接受 10^{-2} 西弗加馬射線照射後，導致甲狀腺癌之機率為多少？（已知甲狀腺之組織加權因數為 0.03，全身均勻照射之終身危險度為 1.67×10^{-2} 西弗 $^{-1}$）（① 1.5×10^{-7} ② 1.5×10^{-6} ③ 5×10^{-6} ④ 5×10^{-5}）。【92.2. 放射師專技高考】

13.【1】某人甲狀腺（組織加權因數 0.05）接受 3 西弗加馬輻射照射後，導致得甲狀腺癌的機率為多少？已知其終身危險度因數 0.5×10^{-3}/ 西弗：（① 7.5×10^{-5} ② 4.5×10^{-5} ③ 7.5×10^{-3} ④ 4.5×10^{-3}）。【94.1. 放射師檢覈、97.2. 放射師專技高考】

14.【3】若性腺的終生危險度因數為 4×10^{-3}（西弗 $^{-1}$），則父與母均接受 0.25 西弗的劑量後，其後代產生遺傳效應的機率為：（① 2×10^{-4} ② 2×10^{-5} ③ 2×10^{-3} ④ 10^{-3}）。【93.2. 放射師檢覈】

2.58 │直接作用、間接作用

1.【1】游離輻射對細胞的間接效應係因輻射與何種分子作用所致？（①水②蛋白質③葡萄糖④脂質）。【95.1. 放射師專技高考、98.1. 輻安證書專業】

2.【1】關於輻射對細胞的生物效應之敘述，下列何者正確？（①輻射對細胞

的生物學效應是由直接和間接作用造成的②間接效應是由輻射本身的初始作用產生的③直接效應是照射後經由各種階段顯現出來的④輻射產生的反應產物在稍後時刻由於化學變化侵蝕 DNA 鏈是直接效應）。【94.2. 放射師檢覈】

3.【3】高能 X-ray 的輻射生物效應在 DNA level，下列何者正確？（①經由射線的 direct action only ②經由射線的 indirect action only ③經由射線的 direct 及 indirect action ④以上皆非）。【95.2. 放射師專技高考】

4.【1】藉由自由基（free radical）的生成所產生的輻射生物傷害稱為輻射的：（①間接效應②直接效應③機率效應④確定效應）。【94.2. 放射師檢覈】

5.【4】輻射與 DNA 的間接作用（indirect action），媒介是什麼？（①氫分子②氧分子③蛋白質④自由基）。【89.2. 輻防初級基本、96.2. 輻安證書專業】

6.【1】經由水中什麼物質的能量傳遞，游離輻射可以造成 DNA 分子的鍵結斷裂？（①自由基②雜粒③細菌④懸浮物）。【93.1. 輻安證書專業】

7.【3】下列有關自由基（free radical）之敘述，何者正確？（①在人體內的平均壽命很長，約為 105 秒②帶正電荷，易與電子作用釋出大量熱能③具有未配對的電子，化性活潑非常不穩定④游離輻射對細胞的直接作用最易產生各種自由基）。【92.1. 放射師檢覈】

8.【3】下列有關影響輻射生物效應之因素何者正確？（①累積劑量相同，高劑量率者造成傷害較小②累積劑量相同，間歇照射較連續照射傷害大③低溫可使自由基擴散作用減小而降低傷害④相同吸收劑量，高 LET 輻射對細胞有較大的存活率）。【92.1. 放射師檢覈】

9.【3】細胞內水被分解後，下列那一產物的輻射傷害最嚴重？（① e-aq ② H3O ＋③ OH ④ H2）。【91 放射師專技高考】

10.【4】下列描述何者為誤？（① X- 光是間接性游離（indirectly ionizing）② X- 光之吸收的第一步乃是產生快速反彈電子（fast recoil electrons）③中子之吸收的第一步乃是產生快速反彈質子（fast recoil protons）、α- 粒子及較重之核分裂碎片④加馬光（γ-ray）對生物之傷害，2/3 作用乃由反彈電子（recoil electrons）直接傷害 DNA 產生）。【94.1. 放射師檢覈】

2.59 ｜ 相對生物效應

1. 【2】相對生物效應（relative biological effectiveness, RBE）是指達到同樣的生物效應時，所需標準輻射的劑量與待測輻射的劑量的比值。在此標準輻射是指：（① 150 kVp 的 X 射線② 250 kVp 的 X 射線③ 10 MeV 的質子④ 1 MeV 的中子）。【92.1. 放射師檢覈】

2. 【4】比較生物效能（RBE）是一種輻射對於另一種輻射的（①優劣比較②高低比較③強弱比較④相對生物效能）。【89.1. 輻防高級基本】

3. 【4】引起相同生物效應之兩種輻射吸收劑量的比值稱為什麼？（①輻射加權因數②組織加權因數③線性能量轉移④相對生物效應）。【89.2. 輻防中級基本】

4. 【4】下列何種輻射源的 RBE 值最大？（① ^{60}Co γ-ray ② 10 MV X-ray ③ 15 MV X-ray ④ neutron beam）。【94.2. 放射師檢覈】

5. 【3】在評估某種輻射的生物效應時，是以下列何種標準輻射的生物效應所需劑量做為比值？（① α ② β ③ X ④中子）。【91.2. 放射師檢覈】

6. 【1】RBE 定義中，什麼輻射是參考輻射？（① X 光②阿伐粒子③貝他粒子④中子）。【96.1. 輻安證書專業】

7. 【3】若 a 和 b 分別代表 250 kVp 的 X 光及某一輻射產生相同生物效應的劑量，則相對生物效應（relative biological effectiveness, RBE）的值為何？（① a + b ② a-b ③ a/b ④ b/a）。【91、98.2. 放射師專技高考】

8. 【4】 對 於 relative biologic effectiveness（RBE），linear energy transfer（LET）及 oxygen enhancement ratio（OER）之描述，下列何者正確？（① LET 與 RBE 成直線正比例關係② 150 MeV 之質子，其 RBE 值為 2.5 ③ LET = 110 keV/μm 之 α 粒子，其 OER 值小於 1 ④ 15 MeV 中子之 OER 值小於 3）。【96.1. 放射師專技高考】

9.【4】下列那些因子會影響 RBE 值的大小？A、照射的輻射劑量；B、分次照射的次數；C、照射時的劑量率。（①僅 AB ②僅 AC ③僅 BC ④ABC）。【97.1. 放射師專技高考】

2.60 │劑量反應曲線

1.【4】輻射生物學的名詞 $LD_{50/30}$ 代表：（① 30% 的動物在 50 天內死亡的劑量② 30% 的動物在 50 天後存活的劑量③ 50% 的動物在 30 天內復原的劑量④ 50% 的動物在 30 天內死亡的劑量）。【91 放射師專技高考、97.1. 輻安證書專業】

2.【3】在輻射生物效應的表示法中，$LD_{50/30\text{-day}}$ 是指：（① 50 雷得劑量在 30 天內所造成個體死亡的數目② 50 雷得劑量在 30 天內所造成個體死亡的百分比③在 30 天內造成 50% 個體死亡所需的劑量④在 30 天內造成 50 個個體死亡所需的劑量）。【94.2. 放射師檢覈】

3.【2】輻射生物學的名詞，$LD_{50/30}$ 之 LD 是代表：（①等價劑量②致死劑量③有效劑量④遺傳劑量）。【95.2. 放射師專技高考】

4.【1】急性輻射曝露中所用的 $LD_{50/60}$ 評估，通常代表下列何者？（①表示在 60 天內 50% 的受曝者死亡的平均劑量②表示在 50 天內 60% 的受曝者死亡的平均劑量③表示在 60 天內 50% 的受曝者復原的平均劑量④表示在 50 天內 60% 的受曝者存活的平均劑量）。【97.2. 放射師專技高考】

5.【1】經輻射曝露後，會在 60 天內造成 50% 個體致死的輻射劑量，通常會用何種縮寫符號表示？（① $LD_{50/60}$ ② $LD_{60/50}$ ③ LD_{50} ④ LD_{60}）。【97.1. 輻防員專業】

6.【3】確定效應的劑量反應曲線（dose-response curve）為：（①通過原點的直線②不通過原點的直線③通過原點的 S 型曲線④不通過原點的 S 型曲線）。【94.2. 放射師檢覈】

7.【4】輻射防護主張的機率效應之劑量 - 回應是：（①二次低限（quadratic

threshold）②二次無低限（quadratic non-threshold）③線性低限④線性無低限）。【94.2. 放射師檢覈】

8.【4】什麼效應與劑量間的關係，屬於線性無低限（Linear non-threshold）？（①皮膚紅斑②不孕③白內障④癌症）。【96.1. 輻安證書專業】

9.【3】下列對細胞存活曲線之描述何者為誤？（①對正常人之纖維細胞，在曲線的初端有一 shoulder ②通常縱軸為存活率，採用對數刻度④通常橫軸為劑量，採用對數值刻度④採用中子射線，其曲線更趨近於直線，而 shoulder 不明顯或消失）。【94.1. 放射師檢覈】

10.【3】下列細胞存活曲線（Cell Survival Curves）相關參數所表示的意義何者錯誤：（① D_0 是指照射細胞存活率以指數的方式減少至原始值的 37% 所需的劑量② D_{10} 是指細胞存活率減少至原始值的 10% ③ D0 亦稱為初始斜率（initial slop），D_1 稱為末端斜率（final slop）④ $D_{10} = 2.3 \times D_0$）。【95.2. 放射師專技高考】

11.【2】在靶論（target theory）中，如果是單靶單擊（single-target single-hit）模式，則細胞的存活曲線呈什麼函數關係？（①對數②指數③二次④ S 型）。【89.2. 輻防中級基本】

12.【2】輻射敏感度 D_0 為細胞存活率等於多少時所需的輻射劑量？（① 10% ② 37% ③ 50% ④ 90%）。【93.1. 放射師檢覈】

13.【1】若細胞存活分率（surviving fraction）與劑量間呈指數關係，表示什麼？（①單靶單擊模式②多靶單擊模式③單靶多擊模式④多靶多擊模式）。【89.2. 輻防高級基本】

14.【1】何種輻射之細胞生存曲線（cell survival curve）會比較接近直線（straight line）？（①低能中子②高能電子③高能光子④低能光子）。【95.2. 放射師專技高考】

15.【2】假設有一個腫瘤（內含 10^6 個 cells），已知利用放射線治療可殺死一半細胞的劑量為 2 Gy。請問放射治療需要多少 Gy 才可以殺死所有細胞？（① 20 ② 40 ③ 30 ④ 10）。【97.2. 放射師專技高考】

2.61 ｜輻射生物效應

1.【3】輻射傷害的第一步是由於放射線通過生物體時，與生物內的元素及分子作用，結果是在作用物內造成游離，使作用原子被激發，或使作用分子的分子鍵被打斷等現象。請問此第一步大約在放射線通過生物體後多久完成？（①十萬分之幾秒②萬分之幾秒③千分之幾秒④百分之幾秒）。【94.1. 放射師檢覈】

2.【3】就剛被鈷六十照射過的癌症病人而言，下述何者正確？（①病人體內殘留少量 Co-60 射線②病人體內殘留少量 Co-60 原子③病人體內無殘留輻射④病人體內正常細胞不受影響）。【90 二技統一入學】

3.【2】輻射傷害的第一步驟非常短，大約在千分之幾秒內完成，其結果是在作用物內造成游離，而出現某些現象。請問下列那一個現象不會在千分之幾秒內出現？（①產生熱②使皮膚紅腫③使作用分子的分子鍵被打斷④使作用原子被激發）。【98.2. 放射師專技高考】

4.【4】輻射與人體作用，下列那一階段作用所需的時間最長？（①游離與激發之物理作用②分子內的放射化學變化③生理及解剖上的變化④產生癌症或遺傳效應）。【92.1. 放射師檢覈】

5.【4】游離輻射會造成細胞死亡，其原因主要是細胞的哪一部分受到傷害？（①細胞壁②細胞膜③細胞質④細胞核）。【90.1. 輻防初級基本、98.1. 輻安證書專業】

6.【3】游離輻射直接或間接對細胞作用，其中細胞之死亡原因主要是那一部分構造受到傷害？（①細胞膜②細胞質③細胞核④核糖體）。【92.1. 放射師檢覈】

7.【1】人類短時間內受到全身曝露，其半致死劑量約為多少 Gy？（① 4.0 ～ 6.0 ② 0.4 ～ 0.6 ③ 0.1 ～ 0.2 ④ 1.0 ～ 2.0）。【98.1. 放射師專技高考】

8.【1】若無適當醫護，接受多少西弗以上的劑量，死亡率 100%？（① 6 ② 60 ③ 600 ④ 6000）。【93.1. 放射師專技高考、98.1. 輻安證書專業】

9.【2】急性的全身輻射過量暴露會影響到人體所有的器官及系統,而有可能產生急性輻射症候群。下述何者非屬急性輻射症候群?(①造血的症候群②骨骼的症候群③胃腸道的症候群④中樞神經系統的症候群)。【94.1. 放射師檢覈】

10.【2】下列何者不屬於急性輻射症候群?(①造血症候群②呼吸症候群③胃腸道症候群④中樞神經症候群)。【95.2. 放射師專技高考】

11.【1】全身接受加馬射線在 3～8 Gy 時的急性效應為?(①造血系統症候群②胃腸消化道症候群③中樞神經系統症候群④呼吸系統症候群)。【93.2. 放射師檢覈】

12.【4】人體接受 1 Gy 的 γ 射線照射後,血液成分最早減少的項目為何?(①血小板②紅血球③淋巴球④顆粒白血球)。【90.1. 操作初級基本】

13.【3】人體組織何者的輻射敏感度最大?(①骨骼②肌肉③血液④神經)。【93.2. 放射師專技高考】

14.【3】全身照射多少劑量會引起嚴重腸胃道症狀並於九天內死亡?(① 200 cGy ② 300 cGy ③ 1000 cGy ④ 100 cGy)。【95.2. 放射師專技高考】

15.【4】某人接受 30 戈雷的全身急性劑量,則下列敘述何者正確?(①沒有顯著的效應②輕微的效應③中度的血液變化④可能死亡)。【93.1. 放射師專技高考】

16.【4】當全身遭受急性輻射曝露劑量超過多少戈雷時,將可能死於中樞神經系統症候群?(① 20 ② 50 ③ 10 ④ 100)。【97.1. 放射師專技高考】

17.【2】當全身遭受急性輻射曝露劑量超過 100 Gy 時,將可能因為下列何種急性效應而致死?(① gastrointestinal syndrome ② cerebrovascular syndrome ③ hematopoietic syndrome ④ reproductive syndrome)。【92.2. 放射師檢覈】

18.【2】急性全身輻射曝露造成的致死效應中,何者所需的劑量最高?(①生殖系統症候群②中樞神經系統症候群③造血症候群④腸胃症候群)。【95.1. 放射師專技高考、98.1. 輻安證書專業】

19.【2】輻射之全身急性效應可分為中樞神經、造血與腸胃三種症候群，其發生與劑量大小關係為：（①中樞＞造血＞腸胃②中樞＞腸胃＞造血③造血＞腸胃＞中樞④造血＞中樞＞腸胃）。【90.1. 輻防初級基本、91.2. 操作初級基本】

20.【1】急性輻射症候群可分為三類，依嚴重性的增加，其順序為：（①造血症候群、胃腸道症候群、中樞神經症候群②造血症候群、中樞神經症候群、胃腸道症候群③胃腸道症候群、造血症候群、中樞神經症候群④中樞神經症候群、造血症候群、胃腸道症候群）。【92.1. 放射師專技高考】

21.【2】高劑量輻射生物效應包含：A、造血症候群；B、胃腸症候群；C、中樞神經系統症候群。發生三種效應之劑量閾值（thresholddose）各不相同，劑量閾值由低至高排列順序為：（①CBA②ABC③BAC④BCA）。【94.2. 放射師專技高考】

22.【4】全身急性效應可分為 A、造血症候群，B、腸胃症候群，C、中樞神經症候群，D、分子死亡等四類，請依照引起此四類效應的劑量由大到小排列：（① A＞B＞C＞D② B＞D＞C＞A③ A＞C＞B＞D④ D＞C＞B＞A）。【94.1. 放射師檢覈】

23.【3】輻射急性效應中胃腸消化道症狀之存活天數約為多少？（①一個月②二週③ 3～10 天④ 1～2 天）。【93.2. 放射師檢覈】

24.【3】急性輻射效應所發生的症候群中，下列何者為最敏感的生物指標？（①頭暈②噁心③血球計數改變④體溫增加）。【93.2. 放射師檢覈、96.1. 輻安證書專業】

25.【1】下列有關 X- 光全身照射之描述，何者有誤？（①照射單一劑量超過 10 戈雷（Gy）時，應考慮用骨髓移植來拯救②接受單一劑量 6-8 戈雷照射，可能在 3 週後因造血系統之問題死亡③接受單一劑量 100 戈雷照射，會在數日內死亡④接受單一劑量 4-5 戈雷照射後，若給予適當之醫療照顧可減少病患死亡率）。【94.1. 放射師檢覈】

26.【4】下列何者不為遲延的軀體效應？（①癌症②壽命縮短③白內障④不孕

症）。【88.2. 輻防中級基本】

27.【2】以下何者的發生是屬於輻射生物效應中的遲延效應（delayed-effect）？（①噁心、嘔吐②白內障③皮膚紅腫④不孕）。【94.2. 放射師檢覈】

28.【1】輻射傷害的第三步驟可分為兩類，其中一類稱為解剖損傷，下列何者不屬解剖損傷？（①細胞突變②皮膚紅腫③脫髮④血液改變）。【98.1. 放射師專技高考】

2.62 ｜氧效應

1. 【1】細胞在充滿氧的情形下對輻射的敏感性會變得（①更敏感②更不敏感③不影響④難以判定）。【91.1. 操作初級專業密封】

2. 【2】組織內的含氧量降低，則其對 X 射線的敏感度：（①增加②減少③不變④有時增加有時減少）。【91.2. 操作初級專業設備】

3. 【1】下列有關輻射之生物效應敘述，何者正確？（①在高氧狀態下，細胞較易受輻射傷害②分裂繁殖旺盛的細胞最抗輻射③完全分化的細胞對輻射最敏感④維生素可以氧化自由基而增加輻射傷害）。【92.1. 放射師檢覈】

4. 【3】細胞受輻射照射時，下列所述何者最可增強其存活率？（①增高照射時細胞周圍的溫度②增高照射時細胞周圍氧氣的濃度③增高照射時細胞周圍硫氫化合物的濃度④增高照射時細胞周圍水的濃度）。【91.1. 放射師檢覈】

5. 【2】下列那一種輻射種類對細胞的傷害，較易受氧效應的影響？（①阿伐粒子②加馬射線③中子④質子）。【92.1. 放射師檢覈】

6. 【4】下列何種射線對細胞的傷害最不受細胞內含氧量所影響？（① 10 MV X-ray ② 15 MeV 質子③ 20 MeV 中子④ 1.2 MeV α 粒子）。【98.2. 放射師專技高考】

7. 【1】關於增氧比（oxygen enhancement ratio，OER）的敘述，下列何者正確？（①增氧比是指同一種輻射在有氧與缺氧的狀態下，產生相同生物效應所需劑量的比值②對 X 光而言，增氧比為 1 ③對電子而言，增氧比為

1 ④對阿伐粒子而言，增氧比為 2）。【93.1. 放射師檢覈】

8.【3】關於增氧比（oxygen enhancement ratio，OER），下列敘述何者正確？
（①對 X 光而言，高劑量的增氧比為 1.3 ②對 X 光而言，劑量低於 2 Gy，
增氧比約為 3 ③當增氧比等於 1，就是沒有氧效應（oxygen effect）④對中
子輻射而言，增氧比為 2.6）。【94.2. 放射師專技高考】

9.【2】下列有關氧氣與放射敏感度之描述，何者為誤？（① X- 光在高劑
量區時，其 OER（oxygen enhancement ratio）約為 2.5-3 ② LET 為 100
keV/m 時之 OER 值較 LET 為 10 keV/m 時大 ③細胞缺氧時，對 X-ray 照
射之敏感度較低 ④臨床上有證據顯示較缺氧之子宮頸癌病患接受放射治療
之預後較差）。【94.1. 放射師檢覈】

10.【4】在 LET 大於多少值以上時，則氧增強效應（OER）數值會趨近於 1？
（① 10 keV/μm ② 50 keV/μm ③ 100 keV/μm ④ 200 keV/μm）。【93.2. 放射
師檢覈】

11.【4】在癌組織中，出現所謂急性缺氧狀況之原因為何？（①癌組織壞死②
組織中氧氣擴散速度太慢③細胞新陳代謝速率過快④血管暫時性收縮或阻
塞）。【97.2. 放射師專技高考】

12.【2】氧在腫瘤組織動脈端微血管中，能單純經擴散方式到達的距離約為多
少？（① 7 μm ② 70 μm ③ 7 mm ④ 70 mm）。【97.2. 放射師專技高考】

2.63 │ 細胞與組織的輻射敏感度

1.【1】各種細胞的 T_c（cell cycle time）長短不同，主要是決定於那一個週
期的時間不同？（① G_1 ② S ③ G_2 ④ M）。【96.2. 放射師專技高考】

2.【4】從人體靜脈內抽出的淋巴球屬於細胞週期的哪個時期？（① M ② G_2
③ S ④ G_0）。【91.2. 操作初級專業密封】

3.【4】人體細胞分裂的週期可分成四個時期，其中對輻射最不敏感的時期是
（① M 期② G_2 期③ G_1 期④ S 期）。【91.2. 操作初級專業密封】

4. 【3】人體細胞的分裂週期之中，那一個時期對輻射最敏感？（① G_0 期② G_1 期③ G_2 期④ S 期）。【91.1. 操作初級專業密封】

5. 【3】細胞週期中，哪一期對於輻射傷害最敏感？（① G_1 ② G_2 ③ M ④ ES 和 LS）。【91.2. 操作初級專業 X 光機】

6. 【4】人體細胞分裂的周期可分成四個時期，其中對輻射最敏感的時期是（① G1 期② S 期③ G2 期④ M 期）。【94.2. 輻安證書專業】

7. 【3】細胞週期分為細胞靜止期（G_0），DNA 合成準備期（G_1），合成期（S），分裂準備期（G2）和分裂期（M）五期，其中對輻射線最敏感的時期是？（① G_0 和 S 期② G_1 和 M 期③ G_2 和 M 期④ S 和 M 期）。【95.2. 放射師專技高考、97.2. 輻安證書專業】

8. 【4】細胞週期的放射敏感度以那一期最不敏感？（① G_1 ② G_2 ③ M ④ S）。【93.2. 放射師檢覈、95.1. 放射師專技高考】

9. 【4】人體細胞分裂的週期之中，哪一個時期對輻射最不敏感？（① G_0 ② G_1 ③ M ④ S）。【96.2. 輻安證書專業】

10. 【2】細胞週期（cell cycle）的那個時間點會表現出最強的放射線抗性？（① G_1 檢查點（check point）② S ③ G_2 檢查點④ M）。【98.2. 放射師專技高考】

11. 【2】若細胞平均分布於細胞週期中，在一高劑量照射後，存活比例最高的是在何期之細胞？（① G_2/M ② Late S ③ Early S ④ G_1）。【94.1. 放射師專技高考】

12. 【1】對於細胞在不同細胞週期中放射敏感度之比較，下列何者正確？（① G_2/M > G_1 > Late S ② G_1 > Late S > G_2/M ③ Late S > G_1 > G_2/M ④ G_2/M > Late S > G_1）。【96.1. 放射師專技高考】

13. 【3】對細胞週期之描述，下列何者有誤？（①生長的快與慢的腫瘤，其細胞週期之最大差異性在 G_1 之長短② Late S 對放射線最不敏感③細胞在細胞週期不同 phase 之放射敏感性不同，此現象在採用中子照射比 X 光明顯④ G_2 & M 對放射線最敏感）。【94.1. 放射師檢覈】

14. 【4】對於細胞週期輻射效應的敘述，下列何者錯誤？（① G_1 期比 S 期有

較高的氧增比（OER）② G_1 期比 S 期有較高的輻射敏感度③ M 期及 G_2
期對放射線最敏感④ S 期晚期對放射線最敏感）。【98.1. 放射師專技高考】

13.【3】根據 Bergonie 及 Tribondeau 法則，什麼樣的細胞或組織對放射線最
敏感？（①增殖能力低、細胞分裂緩慢、分化程度高②增殖能力高、細胞
分裂緩慢、分化程度高③增殖能力高、細胞分裂快速、分化程度低④增殖
能力低、細胞分裂快速、分化程度低）。【92.2. 放射師檢覈】

14.【4】下述四種條件中，那一種的放射線生物敏感度最低？（①分裂頻度高
的組織細胞②在正常情況下分裂次數多的組織細胞③型態與功能上屬於未
分化型的組織細胞④型態與功能上屬於已分化型的組織細胞）。【92.2. 放射
師專技高考】

15.【2】人體組織的輻射敏感度與細胞分裂的頻度成（①反比②正比③無相關
④未知）。【91.2. 操作初級專業密封】

16.【4】下列何種組織對放射線最敏感？（①神經②肝臟③皮膚④骨髓）。
【93.1. 放射師檢覈】

17.【3】下列那一種細胞對輻射線的敏感度最高？（①肌肉細胞②神經細胞③
小腸黏膜上皮細胞④肝細胞）。【97.2. 放射師專技高考】

18.【4】下列那一個組織對輻射最不敏感？（①肺②骨髓③性腺④肌肉）。
【91.1. 放射師檢覈】

19.【3】人體中對游離輻射最不敏感的細胞為：（①骨髓細胞②腺體細胞③神
經細胞④卵細胞）。【91.2. 放射師檢覈、97.1.、97.2. 輻安證書專業】

20.【1】下列那一種細胞對輻射較不敏感，即最抗輻射？（①神經細胞②骨髓
細胞③腸腺窩細胞④淋巴細胞）。【92.1. 放射師檢覈】

21.【4】有關人體器官組織對輻射敏感度的敘述，何者正確？（①由於皮膚
的再生能力高，比腸及甲狀腺敏感度高②神經的輻射敏感度最高③肌肉的
敏感度較骨髓低，較肝臟及甲狀腺高④生殖腺的輻射敏感度比水晶體、肝
臟、脂肪組織都高）。【94.2. 放射師檢覈】

22.【3】有關人體器官組織對輻射敏感度的敘述，何者正確？（①肌肉的敏感

度較骨髓低，較肝臟及甲狀腺高②由於皮膚的再生能力高，比腸及甲狀腺敏感度高③生殖腺的輻射敏感度比水晶體、肝臟、脂肪組織都高④神經的輻射敏感度最高）。【94.2. 輻安證書專業】

2.64 ｜ 輻射生物學

1. 【2】輻射導致的遺傳突變大部分屬於：（①顯性突變②隱性突變③獨特的突變④表現在第一子代）。【92.2. 放射師檢覈】

2. 【3】下列何種輻射生物效應是因為最初受到輻射傷害的細胞為生殖細胞？（①器官萎縮②白血病③基因突變④白內障）。【92.1. 放射師檢覈】

3. 【4】以下輻射誘發的癌症之中，與自然發生的癌症無法區分者的組合為何？A、甲狀腺癌；B、白血病；C、乳癌；D、肺癌；（① ACD ② AB ③ D ④ ABCD）。【93.2. 輻安證書專業】

4. 【3】下列放射線導致的癌症中，何者的潛伏期最短？（①乳癌②大腸癌③血癌④皮膚癌）。【92.2. 放射師檢覈、97.2. 放射師專技高考】

5. 【2】那一種輻射健康效應，具有最長的潛伏期？（①白血病②實體癌③皮膚紅斑④噁心）。【96.1. 輻安證書專業】

6. 【3】細胞受輻射照射時，下列何者最能減少其輻射傷害？（①增高照射時細胞周圍的溫度②增高照射時細胞周圍氧氣的濃度③增高照射時細胞周圍硫氫化合物的濃度④增高照射時細胞中的水含量）。【98.1. 放射師專技高考】

7. 【2】關於劑量率效應，下列敘述何者正確？（①劑量率的高低不會影響細胞修復的程度②當輻射劑量率降低時，輻射回應會降低③當使用低劑量率與延長曝露時間，某一給與劑量所產生的生物效應會升高④劑量率效應是指降低劑量率會增加細胞死亡）。【94.2. 放射師專技高考】

8. 【2】輻射生物學的四個「R」為修復、再分組、再生長與再氧化，其中，修復是指：（①致死傷害的修復②次致死傷害的修復③潛在致死傷害的修復④無法修復傷害的修復）。【94.2. 放射師專技高考】

9.【1】輻射生物中利用 4Rs 來說明為何要實施分次放射治療，下列何者不屬於 4Rs？（① Refractionation ② Repopulation ③ Reoxygenation ④ Reassortment）。【93.2. 放射師檢覈】

10.【1】輻射造成人類懷孕過程中胎兒發育畸形的傷害主要發生在何種系統？（①中樞神經系統②消化系統③內分泌系統④免疫系統）。【92.2. 放射師檢覈】

11.【4】下列有關放射線對胚胎及胎兒之描述，何者錯誤？（①放射傷害最易造成永久性生長遲緩是在受孕 6 週後之胎兒形成期②放射傷害產生智力遲緩，主要是發生在受孕後 8-15 週之胎兒形成期③受孕 2-26 週中若接受超過 0.1Gy 放射劑量，應考慮治療性流產④對於尚未著床之胚胎的放射傷害，主要以造成畸形為主）。【95.1. 放射師專技高考】

12.【3】一細胞培養物裡含有 108 個細胞，其加倍的時間為 10 小時，請問一天後細胞數約為多少？（① $2.47×10^8$ ② $4.05×10^8$ ③ $5.28×10^8$ ④ $7.43×10^8$）。【96.1. 放射師專技高考】

13.【4】有關游離輻射對 DNA 的傷害之描述，何者錯誤？（①單股斷裂可以利用對側 DNA 做模版，完全修復②雙股斷裂和染色體變異有正向關聯③人類周邊血液淋巴球的染色體變異，是用來推測人體輻射意外時照射劑量的方法之一④游離輻射劑量和染色體變異呈現直線相關性）。【96.1. 放射師專技高考】

14.【3】下列有關游離輻射的敘述，何者錯誤？（①會造成 DNA 單股斷裂②會造成 DNA 雙股斷裂③不會造成鹼基的損壞④會形成雙中節染色體）。【97.2. 放射師專技高考】

2.65 ｜體內劑量

1.【3】侵入體內放射性核種的途徑有三：（①呼吸、說話、聽覺②內傷、焦慮、失眠③呼吸、飲食、傷口④血管、尿道、耳朵）。【89.1. 輻防初級基

本、92.1. 輻安證書專業】

2.【4】人體攝取放射性物質，係透過（①吸入②食入③注射入④以上皆可）。
【92.1. 輻安證書專業】

3.【4】下列何者不是造成體內污染的途徑？（①皮膚侵入②呼吸③飲食④操作 X 光機）。【91.1. 操作初級專業設備】

4.【2】為防止體內污染應管制（①飲食和土壤②空氣和飲食③水和酒④氧氣）。
【91.1. 操作初級基本】

5.【3】放射性同位素製造的加速器工作人員，除應對個人體外曝露做監測外，尚須定時進行（①表面污染監測②落塵監測③體內污染監測④環境監測）。【89.2. 操作初級選試設備】

6.【2】體外曝露輻射防護的三原則為 TDS。體內曝露輻射防護則有 3D 原則，請問下述那一項不包括在 3D 原則內？（①稀釋（dilute）②距離（distance）③分散（disperse）④除污（decontaminate））。【92.2. 放射師專技高考】

7.【4】下列何者屬體內污染防治？（①安全習慣②面具③防護衣④以上皆是）。
【88.2. 輻防初級基本】

8.【3】降低體內曝露的防治原則中，不包括下列何者？（①減少吸收②增加排泄③遠離射源④防止滯留在體內）。【91.1. 放射師檢覈】

9.【2】以下何者不是減少體內劑量的方法？（①將射源限定在封閉的區域②增加屏蔽厚度③穿著防護衣④戴上防護面具）。【94.2. 放射師檢覈】

10.【1】防止體內曝露的方法中，最優先的選擇是什麼？（①射源密封②在氣櫃中操作射源③經常除污④妥慎處理廢料）。【89.2. 輻防初級基本】

11.【2】放射性污染之除污作業原則為：（①由外向內、由高污染區向低污染區除污②由外向內、由低污染區向高污染區除污③由內向外、由高污染區向低污染區除污④由內向外、由低污染區向高污染區除污）。【94.2. 輻安證書專業、94.2. 放射師專技高考】

12.【2】正常使用下，既有可能造成體外曝露，又有可能造成體內曝露的射源是（①密封射源②非密封射源③產生游離輻射的設備④以上三種都有可能）。

【94.2. 輻安證書專業】

13.【2】參考人是代表人體與生理學特性之總合，用於輻射防護評估目的，請問其由下列哪一單位提出？（① IAEA ② ICRP ③ ICRU ④ UNSCEAR）。
【95.2. 輻防師法規】

14.【2】下列何者指用於輻射防護評估目的，由國際放射防護委員會提出，代表人體與生理學特性之總合？（①標準人②參考人③自然人④法人）。
【93.1. 放射師檢覈、97.1.、98.1. 輻安證書法規】

15.【3】參考人每年水之攝入量為多少立方公尺？（① 14.6 ② 7.3 ③ 1.095 ④ 1.46）。【87.1. 輻防初級基本】

16.【1】依游離輻射防護安全標準，計算水中排放物濃度時假設一般人（> 17 歲）每年嚥入多少立方米之水體積？（① 1.095 ② 1.005 ③ 0.73 ④ 1.500）立方米。【98.1. 輻防員法規】

17.【3】參考人在輕度工作情況下，每分鐘之呼吸量為多少立方公尺？（① 1.2 ② 0.2 ③ 0.02 ④ 0.12）。【93.2. 輻安證書法規】

18.【2】參考人在輕度工作情況下，在 1 工作年內將呼吸 2400 m^3 之空氣，則參考人的呼吸率為多少 m^3/h？（① 0.6 ② 1.2 ③ 6 ④ 12）。【95.1. 放射師專技高考】

19.【3】胃腸道模型 ICRP-30 分為（① 2 部分② 3 部分③ 4 部分④ 8 部分）。
【89.1. 輻防高級基本】

20.【2】胃腸模式劃分為胃、小腸、大腸上部及大腸下部。試問嚥入體內之活度由哪一隔室進入血液？（①胃②小腸③大腸上部④大腸下部）。【91.1. 放射師檢覈】

21.【2】ICRP 的腸胃道隔室模式（compartment model）中，可溶性物質經由那一隔室進入體液（body fluid）中？（①胃②小腸③大腸上部④大腸下部）。
【97.2. 輻防師專業】

22.【2】ICRP 胃腸道模型中，f_1 值愈大，糞便中的活度如何？（①愈大②愈小③不變④不一定）。【87.2. 輻防中級基本】

23.【4】胃腸道劑量評估模式中，食物平均留存時間最短的器官為：（①大腸上部②大腸下部③小腸④胃）。【94.2. 放射師專技高考】

24.【4】肺模型的三區英文為 N-P、T-B、P 分別指（①鼻、口、喉②鼻咽、氣管、支氣管③咽、鼻、喉④鼻咽、氣管支氣管、肺）。【89.1. 輻防高級基本】

25.【2】吸入之年攝入限度（ALI）及推定空氣濃度（DAC）是針對 AMAD 多少微米的空氣懸浮粒子而言？（①3②1③0.3④0.1）。【96.2. 輻防師法規】

26.【1】AMAD 愈大，呼吸道中那一部位的活度積沈愈多？（①鼻咽②氣管、支氣管③肺④淋巴）。【87.2. 輻防中級基本】

27.【2】放射性物質分成三級，D 級為生物半衰期（①<5 天②<10 天③<50 天④<100 天）者。【90.1. 操作初級基本】

28.【4】空氣中懸浮微粒的空氣動力直徑（aerodynamic diameter）呈什麼分布？（① binomial ② Poisson ③ Gaussian ④ log-normal）。【87.2. 輻防高級基本】

29.【4】空氣懸浮體之「空氣動力學直徑」的分布，呈什麼函數？（①對數②指數③常態④對數常態）。【89.2. 輻防高級基本】

30.【2】放射性空浮微粒的粒徑直徑大小，呈何種分布？（①常態分布②對數常態分布③對數分布④指數分布）。【91 放射師專技高考】

31.【1】空浮放射性物質分級為 D、W、Y，是根據放射性物質在人體那一器官之生物滯留時間？（①肺②胃③腸④腦）。【93.1. 放射師專技高考】

32.【4】不同放射性物質分屬的 D/W/Y 類，是依其滯留在何器官的時間長短而區分？（①心臟②胃③肝④肺）。【93.2. 輻安證書法規】

33.【3】放射性物質的 D/W/Y 類，是依據什麼的存留半衰期長短而定？（①攝入血液②攝入淋巴系統③吸入肺部④攝入胃腸道）。【95.1. 放射師專技高考】

34.【2】D/W/Y 的分類和什麼有關？（① AMAD ②化合物種類③活度④核種半衰期）。【87.2. 輻防高級基本】

35.【4】吸入放射性物質在肺部之生物滯留時間，可分為那三種級別？（① S、

M、D②M、D、W③D、W、Q④D、W、Y）。【93.1. 輻安證書專業】

36.【1】D、W、Y 三類懸浮體中，那一類最快可由尿中驗出？（①D②W③Y④不一定）。【89.2. 輻防初級基本】

37.【4】國際放射防護委員會依其發展之呼吸道廓清模型將化合物粒子依經由呼吸攝入體內經由溶解或液化被血液吸收之吸收率所為之分類，區分為 F 類者，其生物半化期之預設值為：（① 140 天②介於 3 天至 10 天③ 3 天④ 10 分鐘）。【97.2. 輻防師法規】

38.【2】肺吸收類別，F 類的生物半化期之預設值為幾分鐘？（① 5 ② 10 ③ 30 ④ 60）。【97.1. 輻防師法規】

39.【2】M 類之肺吸收類別，其生物半化期預設值為 10 分鐘佔百分之十，另外的百分之九十的預設值是多久？（① 100 分鐘② 140 天③ 700 天④ 1 年）。【98.1. 輻防師法規】

40.【3】呼吸道評估模式中，鼻咽部分為 a、b 二種淨除途徑，如 W 類核種之 a 途徑隔室分數（F）為 0.1，則 b 途徑之 F 值為：（① 0.1 ② 0.5 ③ 0.9 ④ 1.0）。【94.2. 放射師專技高考】

41.【1】以下那一個委員會是專為核子醫學之體內劑量，提供相關放射核種之劑量表格、計算模擬與規範等資訊？（① MIRD ② IAEA ③ AEC ④ NCRP）。【95.1. 放射師專技高考】

42.【1】攝入肝中之放射性核種，每次衰變發射一能量為 6 MeV 的阿伐粒子。已知腎（靶器官）的質量為 1 kg，請問等於多少 MeV/t-kg ？（① 0 ② 3 ③ 6 ④無法計算）。【87.2. 輻防高級基本】

43.【3】活度為 6000 Bq 的 C-14，β 最大能量為 0.156 MeV，均勻分布於重量 25 g 的器官中，則對此器官造成之吸收劑量率為若干 mGy/d ？（① 0.323 ② 1.29 ③ 1.725 ④ 3.23）。【98.1. 放射師專技高考】

2.66 ｜有效半化期

1. 【2】某一放射性核種之有效衰變常數為 0.1 天 $^{-1}$，物理衰變常數為 0.03 天 $^{-1}$，則生物清除常數為何？（① 0.003 天 $^{-1}$ ② 0.07 天 $^{-1}$ ③ 0.13 天 $^{-1}$ ④ 3.33 天 $^{-1}$）。【97.1. 放射師專技高考】

2. 【1】有效半衰期（T_E）與放射性半衰期（T_R）的關係為：（① $T_E = T_R \times T_B / (T_R + T_B)$ ② $T_E = (T_R + T_B) / (T_R \times T_B)$ ③ $T_R = T_E \times T_B / (T_E + T_B)$ ④ $T_B = T_R \times T_E / (T_R + T_E)$）。【92.1. 放射師專技高考】

3. 【2】有效半化期（T_{eff}）、生物半化期（T_b）及物理半化期（T_p）三者關係為何？（① $T_{eff} = T_b + T_p$ ② $1/T_{eff} = 1/T_b + 1/T_p$ ③ $T_{eff} = T_b \times T_p$ ④ $1/T_{eff} = 1/(T_b \times T_p)$）。【92 二技統一入學】

4. 【3】生物半衰期（T_B）、物理半衰期（T_R）與有效半衰期（T_E）之關係為：（① $T_B = (T_E \cdot T_R)/(T_R + T_E)$ ② $T_B = (T_E \cdot T_R)/(T_E - T_R)$ ③ $T_B = (T_E \cdot T_R)/(T_R - T_E)$ ④ $T_B = (T_R - T_E)/(T_E \cdot T_R)$）。【97.2. 放射師專技高考】

5. 【1】A 為甲狀腺造影的放射核種生物半衰期，B 為甲狀腺造影的放射核種物理半衰期，則該放射核種之有效半衰期為？（① $A \times B/(A + B)$ ② $(A + B)/(A \times B)$ ③ $(A - B)^2/(A + B)$ ④ $(A + B)/(A - B)^2$）。【94.1. 放射師專技高考】

6. 【3】某人攝入碘後，經 48 小時排挬出 3/4 的量，問生物半衰期等於幾小時？（① 64 ② 36 ③ 24 ④ 12）。【89.2. 輻防高級基本】

7. 【2】某人攝入碘後，經過 72 小時排出 7/8 的量，請問其生物半衰期為多少小時？（① 12 ② 24 ③ 36 ④ 48）。【98.1. 輻安證書專業】

8. 【3】下列有關放射性核種的生物半衰期的敘述，何者正確？（①在各種組織間無任何差異②比有效半衰期短③跟核種的化學特性有關④物理半衰期大者，生物半衰期長）。【96.2. 放射師專技高考】

9. 【3】某核種的物理與生物半化期均為 4 天，則其有效半化期為若干天 ？（① 0.5 ② 1 ③ 2 ④ 4）。【97.2. 輻安證書專業】

10.【3】某放射性核種的物理與生物半化期皆為 10 天，則其有效半化期為多少天？（① 10 ② 20 ③ 5 ④以上皆非）。【88.2. 輻防初級基本、93.2. 輻安證書專業】

11.【4】某核種的物理與生物半化期分別為 2 天與 10 天，則其有效半化期為若干天？（① 6 ② 8 ③ 12 ④以上皆非）。【92.1. 輻安證書專業】

12.【1】碘 -131 的生物與物理半化期分別為 120 與 8 天，則其有效半化期應為若干天：（① 7.5 ② 64 ③ 112 ④ 128）。【90.1. 輻防中級基本、98.1. 輻安證書專業】

13.【3】某一核種放入體內，已知其生物半衰期為 32 天，而其物理半衰期為 8 天，請問有效半衰期為幾天？（① 13.2 ② 8.05 ③ 6.4 ④ 3.2）。【90.2. 放射師檢覈】

14.【2】某核種之物理半衰期為 6 天，生物半衰期為 30 天，則其有效半衰期為多少天？（① 2 ② 5 ③ 18 ④ 36）。【96.2. 放射師專技高考】

15.【1】^{111}In 的半衰期為 67 小時，而 ^{111}In-DTPA 做核醫藥物時的生物半衰期為 1.5 hr，試問 ^{111}In-DTPA 之有效半衰期為多少小時？（① 1.47 ② 5.47 ③ 14.7 ④ 54.7）。【91.1. 放射師檢覈】

16.【2】已知 ^{131}I 的物理半化期為 8.04 d，生物半化期為 138 d，則有效半化期為多少？（① 7.5 d ② 7.6 d ③ 7.7 d ④ 7.8 d）。【93.1. 放射師檢覈】

17.【1】若某核種之生物半衰期為 1 天，放射性半衰期為 30 年，則其有效半衰期約為：（① 1 天 ② 30 年 ③ 15 年 ④ 1 年）。【93.2. 放射師檢覈】

18.【2】某放射性核種其生物半衰期 6 天，物理半衰期為 3 天，則其有效半衰期為幾天？（① 1 天 ② 2 天 ③ 3 天 ④ 5 天）。【95.2. 放射師專技高考】

19.【3】口服碘 131 作甲狀腺機能亢進症之治療，如果生物半衰期為 24 天，則有效半衰期為：（① 2 天 ② 4 天 ③ 6 天 ④ 8 天）。【96.1. 放射師專技高考】

20.【2】假設某放射性同位素的半衰期為 10 天，其人體內的清除常數為 0.0693 天$^{-1}$，則此同位素在人體的有效半化期為：（① 0.693 天 ② 5 天 ③ 10 天 ④ 10.069 天）。【94.1. 放射師專技高考】

21.【3】某病患接受 Tc-99m DISIDA 檢查，該藥物注射 6 小時之後，10% 經腎臟排出，36.5% 經腸道排泄，另 3.5% 經汗液排出。則此放射性藥物之有效半衰期約為多少小時？（Tc-99m 的物理半衰期為 6 小時）（① 1 小時② 2 小時③ 3 小時④ 4 小時）。【92.1. 放射師專技高考】

22.【3】某病患接受 ^{99m}Tc-MAA 檢查，該藥物注射 6 小時之後，35% 經腎臟排出，15% 經腸道排泄。則此放射性藥物之有效半衰期約為多少小時？（99mTc 的物理半衰期為 6 小時）（① 1 ② 2 ③ 3 ④ 4）。【96.2. 放射師專技高考】

23.【2】某同位素的物理半衰期為 30 天，已知其有效半衰期為 12 天，試推算其生物半衰期為多少？（① 42 天② 20 天③ 18 天④ 8.6 天）。【94.1. 放射師檢覈】

24.【4】某放射性同位素的物理半化期為 8 天，在人體的有效半化期為 5 天，則其生物半化期為多少天？（① 3 ② 13 ③ 13.2 ④ 13.3）。【94 二技統一入學】

25.【2】已知 ^{99m}Tc-MAA 停留在肺臟的有效半化期（effective half-life）為 2 小時，^{99m}Tc 的放射半化期為 6.02 小時，則 ^{99m}Tc-MAA 停留在肺臟的生物半化期約為：（① 1.5 小時② 3 小時③ 4 小時④ 4.5 小時）。【94.2. 放射師檢覈】

26.【3】已知 I-131 之半衰期為 8 天，將之注入病人後發現甲狀腺之碘劑量以 5 天之半衰期在減少，請問病人對 I-131 之生物半衰期多長？（① 3.05 ② 6.53 ③ 13.3 ④ 125.4）天。【92.1. 放射師專技高考】

27.【3】90Sr 之物理半化期為 28 年，如有效半化期為 14 年，則其生物半化期為：（① 7 年② 14 年③ 28 年④ 32 年）。【93.1. 放射師檢覈、96.2. 輻安證書專業】

28.【4】以碘 -131 檢查甲狀腺功能，測得甲狀腺中之碘 -131 活度以半化期 5 天在蛻變，已知碘 -131 的物理半化期為 8.05 天，則生物過程排除碘 -131 之生物半化期為多少天？（① 3.05 ② 6.53 ③ 9.05 ④ 13.2）。【92.2. 放射師專技高考】

29.【4】假如碘 -131 在人體內的有效半衰期為 5 天，而碘 -131 核種的物理半

衰期為 8 天，請計算其生物半衰期為若干天？（① 3 天 ② 5 天 ③ 6.5 天 ④ 13.3 天）。【93.2. 放射師檢覈】

30.【1】用 ^{131}I 做甲狀腺檢查時，發現甲狀腺的有效半衰期為 5 天，則生物半衰期約為幾天？（① 13 ② 5 ③ 3 ④ 1）。【93.2. 放射師專技高考】

31.【3】服用碘 -131 的病患，其甲狀腺中之活度以半衰期 5 天進行衰變，已知經由生物過程排除之碘 -131 其生物半衰期為 13.2 天，請問碘 -131 的物理半衰期約為多少天？（① 6.05 天 ② 7.05 天 ③ 8.05 天 ④ 9.05 天）。【94.1. 放射師檢覈】

32.【2】已知一放射性核種被一動物體攝取，實驗後若發現該核種之生物半衰期及有效半衰期分別為 8 小時及 4 小時，試問該核種之衰變常數 λ 為若干 hr-1？（① 0.057 ② 0.087 ③ 0.077 ④ 0.07）。【92.2. 放射師專技高考】

33.【1】核種之生物半衰期及有效半衰期分別為 8 小時及 4 小時，試問該核種之衰變常數（decay constant）λ（h^{-1}）為何？（① 0.086 ② 0.076 ③ 0.066 ④ 0.056）。【98.2. 放射師專技高考】

34.【4】某放射性同位素之物理半化期為 8 天，若進入體內之初始活度為 1.85 $\times 10^7$ Bq，經過一星期後活度為 7.4×10^6 Bq，試問其生物半化期為多少天？（① 12.7 ② 13.7 ③ 14.7 ④ 15.7）。【98.1. 輻防師專業】

35.【1】TR 代表核種的放射性半衰期，TB 代表此核種的生物半衰期，請問有效排出常數（effective elimination constant）等於：（①（0.693/T$_R$）+（0.693/T$_B$）②（1/T$_R$）+（1/T$_B$）③ T$_R \times$T$_B$/（T$_R$ + T$_B$）④ 0.693$\times$T$_R \times$T$_B$/（T$_R$ + T$_B$））。【95.1. 放射師專技高考】

36.【2】某病患在服用 45 mCi 的 I-131 後，立刻在距離其 3 公尺處測量，結果為 60 mrem/hr。若在 8 小時之後，仍於距離其 3 公尺處測量，結果為 30 mrem/hr，則此時還有多少 mCi 的 I-131 留在此病人體內？（① 15.5 mCi ② 22.5 mCi ③ 35 mCi ④ 40 mCi）。【92.1. 放射師專技高考】

37.【3】當核種的物理半衰期（T$_P$）很長且其在生物體內之生物半衰期（T$_B$）很短時，下列有關該核種之有效半衰期（T$_E$），何者正確？（① T$_E$ >> T$_B$

② $T_E ≒ T_P$ ③ $T_E ≒ T_B$ ④ $T_E >> T_P$）。【90 放射師專技高考】

38.【1】如果一放射性同位素的物理半衰期（T_p）比生物半衰期（T_b）短許多，此同位素的有效半衰期（T_{eff}）大約等於（① T_p ② T_b ③（$T_p + T_b$）/2 ④（T_pT_b）$^{1/2}$）。【90.1. 放射師檢覈】

39.【3】那一半衰期的值最小？（①放射半衰期②生物半衰期③有效半衰期④排泄半衰期）。【89.2. 輻防初級基本】

40.【3】下列有關有效半衰期之敘述何者正確？（①較物理半衰期為長②等於生物半衰期③小於或等於物理半衰期④和注射之放射活度有關）。【93.1. 放射師專技高考】

2.67 ｜游離輻射防護法─總則與附則

1.【2】游離輻射防護法制定之流程為：（①由行政院送請總統公布②由行政院送立法院審查，由總統公布③由行政院送立法院審查，由行政院公布④由行政院送立法院審查，由原子能委員會公布）。【92.2. 輻防員法規】

2.【2】以下法規的位階何者最高？（①游離輻射防護法施行細則②游離輻射防護法③游離輻射防護安全標準④放射性物質安全運送規則）。【94.1. 放射師專技高考】

3.【4】輻射防護法奉行政院核定自（①九十一年一月三十日②九十一年二月一日③九十二年一月三十日④九十二年二月一日）施行。【93.2. 輻安證書法規】

4.【2】游離輻射防護法於（① 92 年 1 月 30 日由總統公布② 92 年 2 月 1 日開始施行③ 92 年 1 月 30 日由行政院公布④ 91 年 1 月 30 日開始施行）。【96.1. 輻安證書法規】

5.【3】下列何項之定義係指核種自發衰變時釋出游離輻射之現象？（①游離②輻射③放射性④曝露）。【98.1. 放射師專技高考】

6.【2】下列何者為本法所定義的『可發生游離輻射設備』？（①核子反應器

設施②電腦斷層儀③活度為 1010 貝克的鈷六十④心電圖儀）。【92.2. 輻防師法規】

7.【4】游離輻射防護法所稱之可發生游離輻射設備不包括下列何者？（①電視接收機②電子顯微鏡③行李檢查 X 光機④核子反應器）。【96.1. 輻防師法規】

8.【4】可發生游離輻射設備不包括（①骨質密度儀②離子佈植機③靜電消除器④微波爐）。【96.2. 輻安證書法規】

9.【2】人體受游離輻射照射或接觸、攝入放射性物質之過程稱為（①輻射作業②曝露③干預④照射）。【96.2.、98.1. 輻安證書法規】

10.【4】放射技術師於醫院工作期間所接受之輻射曝露稱為：（①醫療曝露②工作曝露③緊急曝露④職業曝露）。【93.1. 放射師檢覈】

11.【4】以下何人的曝露，不屬於職業曝露？（①放射科醫師②放射技術師③放射科護士④放射診斷病患）。【91.2. 操作初級基本】

12.【3】「游離輻射防護法」所稱之「醫療曝露」是指下列何人所接受之曝露？（①在醫療過程中病人協助者及醫事放射師②在醫療過程中病人及醫事放射師③在醫療過程中病人及其協助者④在醫療過程中病人及護理人員）。【94.2. 放射師檢覈】

13.【3】游離輻射防護法所稱之「醫療曝露」是指下列何人所接受之曝露？（①病人及從事輻射作業人員②病人協助者及從事輻射作業人員③病人及其協助者④病人及其協助者及從事輻射作業人員）。【92.2. 輻防師法規、94.2. 輻安證書法規、97.2. 輻防師法規】

14.【3】醫療曝露指在醫療過程中何人接受的曝露？（①病人②協助病人者③病人及其協助者④醫生）。【93.2. 輻防員法規、97.1. 輻安證書法規】

15.【2】依據游離輻射安全標準，醫院中協助病人的看護，其在醫療過程中所接受之曝露屬於（①職業曝露②醫療曝露③緊急曝露④公眾曝露）。【93.2.、95.2.、97.2. 輻安證書法規】

16.【2】急迫情況下作有計畫之例外曝露，稱為（①計畫特別曝露②緊急曝露

③意外曝露④急迫曝露）。【93.1. 輻安證書專業】

17.【1】下列何者為發生事故之時或之後，為搶救人員，阻止事態擴大或其他緊急情況，而有組織且自願接受之曝露：（①緊急曝露②職業曝露③醫療曝露④意外曝露）。【97.2. 輻安證書法規】

18.【3】任何引入新輻射源或曝露途徑、或擴大受照人員範圍、或改變現有輻射源之曝露途徑，從而使人們受到之曝露，或受到曝露之人數增加而獲得淨利益之人類活動稱為（①干預②合理抑低③輻射作業④干涉）。【97.1. 輻安證書法規】

19.【4】下列何者為游離輻射防護法中定義「影響既存輻射源與受曝露人間之曝露途徑，以減少個人或集體曝露所採取之措施」之名詞？（①輻射作業②處置③處理④干預）。【92.1. 放射師檢覈、92.2. 輻防員法規、94.1. 放射師檢覈、94.2、96.1.、96.2.、97.2. 輻安證書法規、97.1. 輻防師法規】

20.【1】干預是一種措施，針對個人或集體曝露採取（①減少曝露②增加個人曝露③增加集體曝露④增加個人和集體曝露）。【92.1. 輻安證書法規】

21.【2】游離輻射防護法中的用詞「干預」係指何種措施？（①增加個人或集體暴露②減少個人或集體暴露③正當化④合理仰低）。【95.2. 放射師專技高考】

22.【1】經主管機關許可、發給許可證或登記備查，經營輻射作業相關業務者，稱為：（①設施經營者②雇主③輻射工作人員④輻射作業場所）。【97.2. 放射師專技高考】

23.【3】游離輻射防護法中所指僱用人員從事輻射作業相關業務者，稱為：（①設施經營者②輻射工作人員③雇主④輻防人員）。【97.2. 輻安證書法規】

24.【4】「游離輻射防護法」所稱之「設施經營者」與「雇主」之區別，下列何者正確？（①「設施經營者」負特定法律責任之當事人，「雇主」不是負特定法律責任之當事人②「雇主」的法定責任與輻射源（物）或輻射工作場所（地）有直接關聯③「設施經營者」著重其與受僱人的法律關係，其法定責任與輻射工作人員（人）的輻射安全有直接關聯④「設施經營者」與「雇

主」可能為自然人、法人、非法人之團體設有代表人或管理人者、行政機關、其他依法律規定得為權利義務之主體者等）。【94.2. 放射師檢覈】

25.【3】依據游離輻射防護法之定義，受僱或自僱經常從事輻射作業，並認知會接受曝露之人員稱為（①輻射防護人員②輻射操作人員③輻射工作人員④輻射運轉人員）。【95.1. 輻安證書法規、98.1. 輻防師法規】

26.【4】輻射工作人員之認定基準以從事游離輻射作業人員其所受輻射劑量有可能超過每年多少 mSv 者？（① 50m Sv ② 20 mSv ③ 2.4 mSv ④ 1 mSv）。【96.1. 輻防師法規】

27.【1】國際單位制之人員劑量單位為：（①西弗②克馬③戈雷④侖目）。【97.2. 輻安證書法規】

28.【2】游離輻射防護法用詞定義中，下列何者為正確？（①西弗是活度單位②因核子試爆之全球落塵屬於背景輻射③可發生游離輻射設備包括核子反應器設施④游離輻射指直接使物質產生游離作用之電磁輻射）。【92.1. 輻防師法規、94.2. 輻安證書法規】

29.【2】游離輻射防護法用詞定義中，下列何者為正確？（①干預會增加個人曝露②放射性廢棄物包括備供最終處置之用過核子燃料③可發生游離輻射設備包括核子反應器設施④西弗是活度單位）。【95.1. 輻防師法規】

30.【1】游離輻射防護法用詞定義中，下列何者正確？（①因核子試爆之全球落塵屬於背景輻射②西弗是活度單位③可發生游離輻射設備包括核子反應器設施④游離輻射指直接使物質產生游離作用之電磁輻射）。【94.2. 放射師檢覈】

31.【4】下列何者不適用「游離輻射防護法」之規定？（①職業曝露②緊急曝露③醫療曝露④天然放射性物質、背景輻射及其所造成之曝露）。【93.1. 輻防師法規】

32.【1】下列有關醫療曝露、天然放射性物質及背景輻射之敘述，何者錯誤？（①醫療曝露、天然放射性物質、背景輻射及其造成之曝露，不適用「游離輻射防護法」之規定②醫療曝露指在醫療過程中病人及其協助者所接受之

曝露③醫療機構對於協助病人接受輻射醫療者，其有遭受曝露之虞時，應事先告知及施以適當之輻射防護④天然放射性物質及其造成之曝露，有影響公眾安全之虞者，主管機關得經公告之程序，將其納入管理）。【98.1. 放射師專技高考】

33.【3】下列何者不屬於游離輻射防護法管制之範圍？（①受放射性污染的建築物② X 光機③微波爐④醫用直線加速器）。【93.1. 輻防員法規、94.1. 放射師檢覈、97.2. 輻安證書法規】

34.【3】請問以下哪一種不屬於游離輻射防護法所指的「輻射源」？（①放射性物質②可發生游離輻射設備③行動電話④核子反應器）。【92.1. 輻安證書法規】

35.【4】下列何者不適用游離輻射防護法之規定？（①職業暴露②緊急暴露③醫療暴露④天然放射性物質、背景輻射及其所造成之暴露）。【94.1. 放射師檢覈】

36.【4】請問以下那一種不屬於「游離輻射防護法」所指的輻射源？（①醫用密封放射性物質，如 ^{60}Co、^{192}Ir ②醫用非密封放射性物質，如 ^{99m}Tc、^{131}I ③醫用可發生游離輻射設備，如 X 光機、LINAC ④核磁造影儀）。【94.2. 放射師檢覈】

37.【2】下列何者不屬於游離輻射防護法所指之「可發生游離輻射設備」？（① X 光機②核子反應器③離子佈植機④靜電消除器）。【95.1. 輻安證書法規】

38.【1】下列何者不是游離輻射防護法所定義的『可發生游離輻射設備』？（①核子反應器設施②電腦斷層掃描儀③加速器④乳房 X 光攝影機）。【97.1. 輻防師法規】

39.【4】參與下列那些相關作業人員，應依「游離輻射防護法」第 2 章輻射安全防護相關規定辦理？ A、放射性物質；B、可發生游離輻射設備；C、核子燃料；D、放射性廢棄物。（① AB ② ABC ③ ABD ④ ABCD）。【98.1. 放射師專技高考】

40.【3】請問商品欲添加放射性物質時，應向下列哪一個主管機關申請許

可？（①經濟部②行政院環保署③行政院原子能委員會④行政院衛生署）。
【92.1. 輻安證書法規】

41.【2】密封射源的報廢應向那一單位申請？（①衛生署②原子能委員會③地方政府④環保署）。【94.2. 輻安證書專業】

42.【4】對游離輻射防護法，下列何者為正確？（①違法有二年的緩衝期②最末乙條為『本法自公布日施行』③可發生游離輻射設備包括核子反應器④經立法院通過後，陳總統公布）。【92.2. 輻防師法規】

2.68 ▏游離輻射防護法─輻射安全防護

1.【2】現行的游離輻射防護安全標準，係依游離輻射防護法第幾條規定訂定？（①第一條②第五條③第二十四條④第二十六條）。【93.1. 放射師檢覈】

2.【2】游離輻射防護法中規定，主管機關應參考下列何單位之最新標準訂定游離輻射防護安全標準？（①國際衛生組織（WHO）②國際放射防護委員會（ICRP）③國際原子能總署（IAEA）④國際輻射單位與度量委員會（ICRU））。【92.2. 輻防師法規】

3.【4】游離輻射防護法：為限制輻射源或輻射作業之輻射曝露，主管機關應參考那一單位之最新標準訂定游離輻射防護安全標準？（①國際輻射單位與度量委員會②美國輻射防護與度量委員會③聯合國原子輻射效應科學委員會④國際放射防護委員會）。【92.2. 放射師檢覈、96.2. 輻安證書法規】

4.【3】為限制輻射源或輻射作業之輻射曝露，主管機關應參考國際放射防護委員會最新標準訂定（①游離輻射防護法②游離輻射防護法施行細則③游離輻射防護安全標準④放射性物質與可發生游離輻射設備及其輻射作業管理辦法）。【96.1. 輻安證書法規】

5.【3】我國現行游離輻射防護安全標準，在修訂過程中有引進參考國際放射防護委員會（ICRP）第幾號文件之劑量限值及管制週期？（① ICRP-30（1978）② ICRP-51（1987）③ ICRP-60（1990）④ ICRP-74（1997））。【92.1. 放

射師檢覈】

6. 【3】95 年修正發布之「游離輻射防護安全標準」，主要係參考國際放射防護委員會發表之幾號報告？（① ICRP-2 及 ICRP-9 ② ICRP-26 及 ICRP-30 ③ ICRP-60 ④ ICRP-2005）。【97.2. 放射師專技高考】

7. 【1】輻防法第五條規定主管機關應參考下列何者之最新標準據以訂定本國輻防標準？（① ICRP ② ICRU ③ IAEA ④ UNSCEAR）。【94.2. 輻防師法規】

8. 【3】根據游離輻射防護法第七條規定，醫院要開設放射部門，必須制定什麼文件且經主管機關核准才可作業？（①放射診斷治療程序書②本醫院輻射應用項目表③輻射防護計畫④病患接受放射處理）。【94.2. 放射師檢覈】

9. 【1】依游離輻射防護法第八條之規定，下列何者應負責確保輻射作業對輻射工作場所以外地區造成之輻射強度與水中、空氣中及污水下水道中所含放射性物質之濃度，不超過游離輻射防護安全標準之規定？（①設施經營者②輻射防護師③輻射防護員④輻射工作人員）。【92.1. 輻防員法規、96.1.、96.2. 輻安證書法規】

10.【2】設施經營者應確保其輻射作業對輻射工作場所以外地區造成之輻射強度與水中、空氣中及污水下水道中所含放射性物質之濃度，不超過下列何者之規定？（①游離輻射防護法施行細則②游離輻射防護安全標準③環境污染環境標準④輻射工作場所管理與場所外環境輻射監測作業準則）。
【98.1. 輻安證書法規】

11.【3】依游離輻射防護法第九條之規定，輻射工作場所排放含放射性物質之廢氣或廢水者，設施經營者應實施下列何者，並報請主管機關核准後，始得為之？（①輻射防護計畫②輻射安全測試③輻射安全評估④環境輻射監測）。【96.2. 輻防員法規、98.1. 輻安證書法規】

12.【2】依游離輻射防護法第十條之規定，將輻射工作場所劃分管制區及監測區，則設施經營者對於什麼區應採取環境輻射監測：（①管制區②監測區③住宿區④野生動物保護區）。【92.1. 輻安證書法規】

13.【3】依游離輻射防護法，輻射工作場所應依其作業特性及曝露程度劃分為

那二個區域？（①危險區與示警區②危險區與管制區③管制區與監測區④示警區與監測區）。【92.2. 輻防師法規、93.2. 放射師專技高考、94.1. 放射師檢覈】

14.【1】設施經營者應依主管機關規定，依劑量高低將輻射工作場所劃分為：（①管制區、監測區②管制區、非管制區③管制區、公眾區④高劑量區、低劑量區）。【93.2. 放射師檢覈】

15.【4】下列何者不是輻射工作場所劃分的區域？（①管制區②場所監測區③環境監測區④輻射曝露區）。【94.1. 放射師專技高考】

16.【4】應設置實體圍籬，並於進出口處及區內適當位置，設立明顯之輻射示警標誌及警語之輻射工作場所稱為（①警戒區②監測區③輻射曝露區④管制區）。【96.1. 輻安證書法規】

17.【1】根據游離輻射防護法第 11 條規定，主管機關得隨時派員檢查輻射作業及其場所，對於不合規定者，應以書面敘明理由，但情況急迫時，可先以口頭為之，並於處分後幾日內補行送達處分書？（① 7 日② 10 日③ 5 日④ 15 日）。【98.1. 輻安證書法規】

18.【2】依游離輻射防護法第 12 條規定，下列何種曝露於搶救生命或防止嚴重危害時，始得為之：（①醫療曝露②緊急曝露③意外曝露④計劃特別曝露）。【93.1. 放射師檢覈】

19.【1】輻射工作場所發生重大輻射意外事故且情況急迫時，為防止災害發生或繼續擴大，以維護公眾健康及安全，設施經營者得依主管機關之規定採行（①緊急曝露②特別計畫曝露③特別許可曝露④合理抑低）。【98.1. 輻安證書法規】

20.【1】下列那種情況不得採行緊急曝露？（①搶救財物②搶救生命或防止嚴重危害③減少大量集體有效劑量④防止發生災難情況）。【93.1.、97.2. 輻安證書法規】

21.【4】下列那一項條件不符合施行緊急暴露的原則？（①搶救生命或防止嚴重危害②減少大量集體有效劑量③防止發生災難情況④減少關鍵群體劑

量）。【94.1. 放射師檢覈】

22.【4】依據游離輻射防護安全標準第十六條之規定，設施經營者在符合下列哪些情況時，始得採行緊急曝露？（①搶救生命或防止嚴重危害②減少大量集體有效劑量③防止發生災難情況④以上皆是）。【92.1. 輻安證書法規】

23.【2】依游離輻射防護法第 13 條規定，下列何者必須通知輻射安全主管機關？（①參加輻射防護講習②列管射源遺失③接受醫療曝露④遺失人員劑量佩章）。【93.2. 放射師專技高考】

24.【2】依游離輻射防護法規定，下列何者必須通知輻射安全主管機關？（①參加輻射防護講習②人員接受之劑量超過游離輻射防護安全標準之規定③接受醫療曝露④遺失人員劑量佩章）。【97.1. 輻安證書法規】

25.【4】發現射源遺失應立即（①告知場所主管②告知原子能委員會③主動尋找④以上皆是）。【91.2. 操作初級專業密封】

26.【4】下列何項事故發生時，應採取必要之防護措施，並立即通知主管機關：（①輻射作業儀器故障②永久停止輻射作業③證照遺失④放射性物質遺失或遭竊者）。【95.1.、97.2. 輻安證書法規】

27.【3】依游離輻射防護法第十四條之規定，從事或參與輻射作業之人員，以年滿幾歲者為限？（①十四歲②十六歲③十八歲④二十歲）。【92.1. 輻防員法規】

28.【3】從事或參與輻射作業之人員，必須年滿（① 14 ② 16 ③ 18 ④ 20）歲以上。【96.2. 輻安證書法規】

29.【2】依據游離輻射防護法規定，幾歲以下，不得從事或參與輻射作業？（① 20 歲② 18 歲③ 16 歲④ 14 歲）。【93.2. 輻安證書法規】

30.【2】根據游離輻射防護法，任何人不得令未滿幾歲者從事或參與輻射作業？（① 14 歲② 16 歲③ 18 歲④ 20 歲）。【93.1. 放射師檢覈、96.1.、97.1. 輻安證書法規、97.2. 輻防員法規】

31.【3】游離輻射防護法第 14 條規定，從事或參與輻射作業之人員，以年滿 X 歲者為限；任何人不得令未滿 Y 歲者從事或參與輻射作業。其中之 X 與

Y 為：（① X = 20, Y = 18 ② X = 16, Y = 18 ③ X = 18, Y = 16 ④ X = 20, Y = 16）。【97.2. 輻安證書法規】

32.【3】有關告知懷孕之女性工作人員，下列敘述何者錯誤？（①應立即檢討其工作條件②應確保妊娠期間胚胎或胎兒所受之暴露符合規定③應立即調動其職務為非輻射工作人員④於妊娠期間胚胎或胎兒所受之暴露應符合一般人之劑量限度）。【93.2. 放射師檢覈】

33.【2】游離輻射防護法第 15 條規定，為確保輻射工作人員所受職業曝露不超過劑量限度並合理抑低，雇主應對輻射工作人員實施：（①年度健康檢查②個別劑量監測③特別醫務監護④干預措施）。【97.2. 輻安證書法規】

34.【1】依游離輻射防護法第 15 條規定，輻射工作人員評估年曝露不可能超過劑量限度之一定比例者，得以何者取代個別劑量監測：（①作業環境監測②環境劑量加權法③職業人員劑量分析法④輻射屏蔽監測）。【93.2. 放射師專技高考】

35.【3】經評估輻射作業對輻射工作人員 X 年之曝露不可能超過劑量限之一定比例者，得以作業環境監測或個別劑量抽樣監測代之，X = ？（① 5 年② 10 年③ 1 年④ 2 年）。【93.2. 輻防師法規】

36.【4】游離輻射防護法第十五條規定，為確保輻射工作人員所受職業暴露不超過劑量限度並合理抑低，雇主應對輻射工作人員實施什麼？但經評估輻射作業對輻射工作人員一年之暴露不可能超過劑量限度之一定比例者，得以什麼或個別劑量抽樣監測代之？（①作業環境監測；特別醫務監測②作業環境監測；個別劑量監測③特別醫務監測；作業環境監測④個別劑量監測；作業環境監測）。【94.1. 放射師檢覈】

37.【1】依游離輻射防護法第十六條之規定，輻射人員體格檢查之費用應由（①雇主負擔②輻射工作人員負擔③雇主及工作人員平均負擔④以上均非）。【91.2. 操作初級基本】

38.【2】在職之輻射工作人員應定期接受健康檢查，請問由此產生之費用應由下列何者支付？（①自付②雇主③設施部門主管④輻射防護人員）。【98.1. 輻

安證書法規】

39.【4】依游離輻射防護法第十六條之規定，下列何者不屬於特別醫務監護之項目？（①特別健康檢查②劑量評估③放射性污染清除④體格檢查）。【92.1. 輻防員法規、94.2. 放射師檢覈】

40.【2】依據游離輻射防護法第18條之規定，醫療機構對於協助病人接受輻射醫療者，其有遭受曝露之虞時，應採用下列何種措施？A、婉拒其協助；B、事前告知；C、施以適當之輻射防護；D、給予人員劑量佩章以偵測其劑量。（① AD ② BC ③ AC ④ BD）。【96.1. 放射師專技高考】

41.【2】依游離輻射防護法施行細則第19條第1項第2款，輻射作業場所依游離輻射防護法第7條第1項規定設置之輻射防護人員離職，而未於幾個月內補足者，表示其所需具備之安全條件與原核准內容不符，設施經營者應向行政院原子能委員會申請核准停止使用或運轉，並依核准之方式封存或保管。（① 1 個月② 3 個月③ 6 個月④ 9 個月）。【92.1. 輻防員法規】

2.69 ┃游離輻射防護法─物質、設備與作業管理

1. 【1】依據游離輻射防護法第二十九條之規定，放射性物質及可發生游離輻射設備應申請：（①許可證或登記備查②持有證或安全證書③許可證或物質執照④登記備查或物質執照）。【94.2. 放射師專技高考】

2. 【3】依游離輻射防護法第29條規定，下列何者輸出、輸入時不需經主管機關（行政院原子能委員會）核准？（①行李檢查 X 光機②離子佈植機③微波爐④靜電消除器）。【98.1. 輻安證書法規】

3. 【4】高活度放射性物質或高能量可發生游離輻射設備之高強度輻射設施之運轉，依游離輻射防護法第二十九條之規定，下列哪些人員才可負責操作？（①輻射防護員②輻射防護師③取得輻射安全證書之人員④合格之運轉人員）。【92.1. 輻安證書法規、96.1. 輻防師法規】

4. 【2】依游離輻射防護法第三十二條之規定，經行政院原子能委員會核發之

放射性物質或可發生游離輻射設備許可證，其有效期間最長為幾年：（①三年②五年③十年④十五年）。【92.1.、98.1. 輻防員法規、92.2. 放射師專技高考、93.1.、96.1. 輻安證書法規】

5. 【1】放射性物質、可發生游離輻射設備，於許可證有效期間內，每年至少偵測幾次，提報主管機關偵測證明備查？（①1②2③3④4）。【93.1. 放射師檢覈、95.1.、96.2. 輻安證書法規】

6. 【4】主管機關核發的放射性物質或可發生游離輻射設備申請停止使用之許可，其有效期限最長為：（①5 年②6 年③10 年④2 年）。【94.2.、96.2. 輻防師法規、95.2、96.1. 輻安證書法規】

7. 【4】依游離輻射防護法第 33 條之規定，許可、許可證或登記備查之記載事項有變更者，設施經營者應自事實發生之日起幾日內，向行政院原子能委員會申請變更登記？（①十日②十五日③二十日④三十日）。【97.1.、98.1. 輻安證書法規、93.1. 放射師檢覈、95.2.、97.1. 放射師專技高考、96.2. 輻防員法規】

8. 【4】根據「游離輻射防護法」第 35 條規定，高強度輻射設施永久停止運轉後，設施經營者應於多久之內擬訂設施廢棄之清理計畫，報請主管機關核准後實施？（①1 個月②2 個月③3 個月④6 個月）。【95.2. 輻安證書法規、95.2. 放射師專技高考】

9. 【3】高強度輻射設施永久停止運轉後六個月內應提出設施廢棄之清理計畫，並應於永久停止運轉後幾年內完成？（①1 年②2 年③3 年④4 年）。【93.2. 輻防員法規、94.1. 放射師檢覈、97.1. 輻安證書法規】

10. 【4】高強度輻射設施永久停止運轉後 X 個月內應提出設施廢棄之清理計畫，並應於永久停止運轉後 Y 年內完成，X，Y 值各為：（①1,2②3,2③3,5④6,3）。【97.1. 輻防員法規】

11. 【3】申請放射性物質或可發生游離輻射設備安裝或改裝者，經核准後應依規定期限完成。高強度輻射設施應自核准之日起 X 年內完成，其餘放射性物質或可發生游離輻射設備應自核准之日起 Y 年內完成。請問 X、Y 各為

何？（① 3、2 ② 3、1 ③ 2、1 ④ 2、0.5）。【96.1. 輻防師法規】

12.【3】依游離輻射防護法第 35 條之規定，永久停止使用之放射性物質，設施經營者應將其列冊陳報行政院原子能委員會，並退回原製造或銷售者、轉讓、以放射性廢棄物處理，其處理期間不得超過幾個月？（①一個月②二個月③三個月④六個月）。【92.2. 放射師專技高考、95.2. 輻防師法規】

13.【3】放射性物質、可發生游離輻射設備之永久停止使用，以放射性廢棄物處理或依主管機關規定之方式處理，其處理期間不得超過多久？但經主管機關核准者，得延長之。（① 30 日② 60 日③ 3 個月④半年）。【96.2.、97.2. 輻防員法規】

14.【1】依游離輻射防護法第 36 條之規定，放射性物質、可發生游離輻射設備之使用或其生產製造設施之運轉，其所需具備之安全條件與原核准內容不符，未向行政院原子能委員會報請核准停止使用或運轉，持續達多久以上，視為永久停止使用或運轉？（① 1 年② 3 年③ 5 年④ 6 年）。【94.1. 放射師檢覈、96.2.、97.2. 輻安證書法規、98.1. 輻防員法規】

2.70 ｜游離輻射防護法─罰則

1.【3】違反游離輻射防護法，最高可處幾年有期徒刑？（① 7 年② 5 年③ 3 年④ 1 年）。【93.2、95.2. 輻安證書法規、97.2. 輻防師法規】

2.【2】違反輻防法第 7 條第 2 項，未提報或未經核准輻射防護計畫前，擅自進行輻射作業導致嚴重污染環境者，處幾年以下有期徒刑？（① 1 年② 3 年③ 2 年④ 4 年）。【98.1. 輻防師法規】

3.【3】根據游離輻射防護法，擅自或未依核准之輻射防護計畫進行輻射作業，致嚴重污染環境，最多可處幾年以下有期徒刑？（① 1 年② 2 年③ 3 年④ 4 年）。【92.1. 放射師專技高考】

4.【1】游離輻射防護法規定：擅自或未依核准之輻射防護計畫進行輻射作業，致嚴重污染環境，可處罰多少新台幣罰金？（① 300 萬元以下② 200 萬元

以下③ 100 萬元以下④ 50 萬元以下）。【97.2. 輻安證書法規】

5.【3】游離輻射防護法最重罰則為：（①處五年以下有期徒刑，拘役或科或併科新台幣五百萬元以下罰金②處四年以下有期徒刑，拘役或科或併科新台幣四百萬元以下罰金③處三年以下有期徒刑，拘役或科或併科新台幣三百萬元以下罰金④處二年以下有期徒刑，拘役或科或併科新台幣二百萬元以下罰金）。【92.2. 輻防員法規】

6.【4】依「游離輻射防護法」規定有申報義務，明知為不實事項而申報或於業務上作成之文書為不實記載，處以：（①處新臺幣四十萬元以上二百萬元以下罰鍰②併科新臺幣一百萬元以下罰金下罰鍰③處一年以下有期徒刑、拘役或科或併科新臺幣一百萬元以下罰金④處三年以下有期徒刑、拘役或科或併科新臺幣三百萬元以下罰金）。【93.1. 輻防員法規】

7.【1】依據「游離輻射防護法」規定，棄置放射性物質之罰則為（①處 3 年以下有期徒刑、拘役或科或併科新台幣 300 萬元以下罰金②處 1 年以下有期徒刑、拘役或科或併科新台幣 100 萬元以下罰金③處新台幣 40 萬元以上 200 萬元以下罰鍰，並令其限期改善④處新台幣 10 萬元以上 50 萬元以下罰鍰，並令其限期改善）。【93.2. 輻防師法規、95.1.、96.2. 輻安證書法規、95.2.、96.2. 輻防師法規、97.2. 放射師專技高考】

8.【3】下列哪一情形，應處 3 年以下有期徒刑、拘役或併科新臺幣 300 萬元以下罰金？（①拒絕主管機關依規定實施之檢查②僱用未經訓練之人員操作放射性物質③棄置放射性物質④擅自排放含放射性物質之廢氣或廢水）。【98.1. 輻安證書法規】

9.【1】若不遵行主管機關要求限期改善其輻射作業及其場所或停止其輻射作業之命令者，將被處何種有期徒刑？（①1 年②2 年③3 年④半年）。【95.1. 輻防員法規】

10.【1】未經主管機關許可，擅自於商品中添加放射性物質，經令其停止添加或回收而不從者最多可處幾年以下有期徒刑？（①1 年②2 年③3 年④ 0.5 年）。【97.1. 輻防員法規、97.2. 輻安證書法規】

11.【3】未經主管機關許可，擅自於商品中添加放射性物質，經令其停止添加或回收而不從，應處幾年以下有期徒刑、拘役或科或併科新台幣一百萬元以下罰金？（①三年②二年③一年④半年）。【93.1. 放射師檢覈、94.2. 輻安證書法規】

12.【3】若販賣之商品有添加放射性物質且被主管機關檢測確實已違反標準而被要求不准銷售者，若違反主管機關之要求將被處罰一年有期徒刑及？（①300 萬元② 200 萬元③ 100 萬元④ 60 萬元）罰金。【95.1. 輻防師法規、95.2. 輻防師法規】

13.【1】違反游離輻射防護法第二十一條第一項規定，擅自於商品中添加放射性物質者，可處新台幣多少萬元罰鍰？（①六十至三百萬②四十至二百萬③十至五十萬④五至二十五萬）。【95.1. 輻安證書法規】

14.【4】擅自或未依核准之輻射防護計畫進行輻射作業處（①新台幣 300 萬元以下新台幣 100 萬元以上② 100 萬元以下新台幣③ 200 萬元以下新台幣④ 60 萬元以上 300 萬元以下罰鍰）。【93.2、94.2. 輻安證書法規】

15.【4】放射性物質或可發生游離輻射設備未依規定取得許可證，擅自進行輻射作業，應處新臺幣：（① 4 萬元以上 20 萬元以下② 15 萬元以上 25 萬元以下③ 10 萬元以上 50 萬元以下④ 60 萬元以上 300 萬元以下）罰鍰，並令其限期改善；屆期未改善者，按次連續處罰，並得令其停止作業。【98.1. 輻安證書法規】

16.【4】依游離輻射防護法規定，違反游離輻射防護安全標準且情節重大之罰則為：（①處三年以下有期徒刑、拘役或科或併科新臺幣三百萬元以下罰金②處一年以下有期徒刑、拘役或科或併科新臺幣一百萬元以下罰金③處新臺幣六十萬元以上三百萬元以下罰鍰，並令其限期改善④處新臺幣四十萬元以上二百萬元以下罰鍰，並令其限期改善）。【95.2. 輻防員法規】

17.【3】僱用無證書（或執照）人員操作放射性物質或可發生游離輻射設備之罰則為何？（①處新臺幣 60 萬元以上 300 萬元以下罰鍰②處新臺幣 40 萬元以上 200 萬元以下罰鍰③處新臺幣 10 萬元以上 50 萬元以下罰鍰④處新

臺幣 5 萬元以上 25 萬元以下罰鍰)。【96.2. 輻安證書法規、96.2. 輻防師法規】

18.【3】放射性物質或可發生游離輻射設備未依規定同意登記,擅自進行輻射作業,應處新臺幣:(① 4 萬元以上 20 萬元以下② 5 萬元以上 25 萬元以下③ 10 萬元以上 50 萬元以下④ 40 萬元以上 200 萬元以下)罰鍰,並令其限期改善;屆期未改善者,按次連續處罰,並得令其停止作業。【98.1. 輻安證書法規】

19.【3】雇主未依規定對在職之輻射工作人員定期實施教育訓練,應處新臺幣(①二萬元以下②四萬元以上二十萬元以下③五萬元以上二十五萬元以下④十萬元以上五十萬元以下)罰鍰,並令其限期改善;屆期未改善者,按次連續處罰,並得令其停止作業。【96.1. 輻防員法規】

20.【1】游離輻射防護法對輻射工作人員拒不接受教育訓練,處以何罰鍰?(①新台幣 2 萬元以下②新台幣 1 萬元以下③新台幣 5 仟元以下④新台幣 3 仟元以下)。【97.2. 輻安證書法規】

21.【2】依據游輻射防護法規定,輻射工作人員拒不接受教育訓練或醫務監護時,應罰(① 1 萬元以下罰緩② 2 萬元以下罰鍰③停止工作④吊銷執照)。【95.1、95.2、96.1.、96.2.、97.1. 輻安證書法規】

22.【1】依據游離輻射防護法第 46 條的規定,輻射工作人員違反第 16 條第 7 項規定,拒不接受檢查或特別醫務監護時,其處罰為何?(①處新台幣 2 萬元以下罰鍰②處新台幣 4 萬元以上 20 萬元以下罰鍰③處新台幣 40 萬元以上 200 萬元以下罰鍰④處 1 年以下有期徒刑、拘役或科或併科新台幣 100 萬元以下罰金)。【98.1. 放射師專技高考】

23.【3】下列何者非為「游離輻射防護法」罰則規定之處分對象:(①法人之負責人②法人或自然人之代理人③輻射防護人員④輻射工作人員)。【91.2. 操作初級基本】

24.【1】輻射作業或場所經行政院原子能委員會檢查不符規定,要求受檢者限期改善,其改善期間,除主管機關另有規定者外,依游離輻射防護法

第 47 條之規定為：（① 30 日② 60 日③ 90 日④ 120 日）。【92.1.、96.2.、97.1. 輻安證書法規、97.2. 輻防員法規、98.1. 輻防師法規】

25.【2】輻射作業或場所經行政院原子能委員會檢查不符規定，要求受檢者限期改善。依游離輻射防護法之規定其改善期間，除主管機關另有規定者外，為：（①十四日②三十日③六十日④九十日）。【92.1. 輻防員法規、93.2. 放射師專技高考、97.2. 輻安證書法規】

26.【2】經依「游離輻射防護法」第 49 條規定廢止許可證或登記備查者，自廢止之日起，多久內不得申請同類許可證或登記備查？（① 6 個月② 1 年③ 2 年④ 3 年）。【94.2. 輻安證書法規、94.2. 輻防員法規、95.1. 輻防師法規、95.2. 放射師專技高考】

2.71 ｜游離輻射防護法施行細則

1.【3】訂定發布「游離輻射防護法」施行日期的機關，及訂定發布「游離輻射防護法施行細則」的機關分別為何？（①立法院，行政院②立法院，行政院原子能委員會③行政院，行政院原子能委員會④行政院，行政院）。【98.1. 放射師專技高考】

2.【4】根據游離輻射防護法施行細則第 2 條規定，設施經營者擬訂輻射防護計畫，下列何者不是必要之規劃事項？（①輻射防護管理組織及權責②人員防護與醫務監護③紀錄保存④不同種類輻射偵測器之採購）。【92.1. 放射師檢覈】

3.【3】根據游離輻射防護法施行細則，設施經營者擬訂輻射防護計畫，下列何者不是必要之規劃事項？（①人員防護②醫務監護③輻射安全稽查作業④紀錄保存）。【98.1. 輻安證書法規】

4.【3】依據「游離輻射防護法施行細則」第 3 條規定，含放射性物質廢氣或廢水之排放紀錄保存期限，除屬核子設施者為 X 年外，餘均為 Y 年。其中 X、Y 各為（① 5、1 ② 5、3 ③ 10、3 ④ 10、5）。【93.2. 輻防員法規、

97.1. 輻防師法規】

5.【4】設施經營者記錄含放射性物質廢氣或廢水之排放紀錄，其保存期限，除屬核子設施者為 X 年外，餘均為 Y 年。請問 X＝？Y＝？（① X ＝ 10，Y ＝ 30 ② X ＝ 30，Y ＝ 10 ③ X ＝ 3，Y ＝ 10 ④ X ＝ 10，Y ＝ 3）。【93.1. 輻防師法規】

6.【2】設施經營者依規定應記錄含放射性物質之廢氣或廢水之排放，請問除核子設施外之排放紀錄保存期限為（① 1 年② 3 年③ 5 年④ 10 年）。【98.1. 輻安證書法規】

7.【1】某教學醫院依核可之計畫排放放射性物質之排放紀錄，其保存期限為幾年？（① 3 ② 5 ③ 10 ④ 30）。【93.2. 放射師檢覈】

8.【4】根據游離輻射防護法施行細則第 4 條規定，放射性射源遺失，應於事故發生之日起或自知悉之日起多少日內，向主管機關提出實施調查、分析及記錄之報告？（① 7 天② 10 天③ 15 天④ 30 天）。【94.2. 輻安證書法規】

9.【3】若遺失放射性物質，依游離輻射防護法第十三條規定立即報告行政院原子能委員會外，並應於事故發生之日起或自知悉之日起多少日內，向行政院原子能委員會提出實施調查、分析及記錄之報告？（① 10 ② 20 ③ 30 ④ 45）。【93.2. 放射師檢覈】

10.【3】若設施經營者遺失放射性物質，依游離輻射防護法第十三條規定立即報告行政院原子能委員會外，並應於事故發生之日起或自知悉之日起多少日內，向行政院原子能委員會提出實施調查、分析及記錄之報告？（①十日②二十日③三十日④六十日）。【92.2. 放射師專技高考、94.2. 輻防員法規】

11.【2】若輻射工作場所發生事故，設施經營者除應立即通報主管機關及採取必要之防護措施外，事故之調查報告應於幾天內提報主管機關？（① 15 天② 30 天③ 45 天④ 60 天）。【95.1. 輻防員法規】

12.【4】設施經營者發生「游離輻射防護法」所規定之應立即通知主管機關的事故時，其調查、分析及記錄之報告，應於事故發生之日起或自知悉之日起，多久期間內向主管機關提出？（① 3 日② 7 日③ 10 日④ 30 日）。【96.2. 放

射師專技高考】

13.【1】依游離輻射防護法施行細則第 5 條規定,雇主對在職之輻射工作人員定期實施之教育訓練,每人每年受訓時數須為幾小時以上?(①三小時②六小時③十二小時④三十小時)。【93.2.、97.2. 放射師專技高考、97.2.、98.1. 輻安證書法規】

14.【4】雇主為在職之輻射工作人員實施定期教育訓練,其相關資料至少要保存幾年?(① 1 ② 3 ③ 5 ④ 10)。【97.2. 輻安證書法規、98.1. 輻防師法規】

15.【2】雇主依游離輻射防護法施行細則對在職之輻射工作人員定期實施之教育訓練,每人每年受訓時數須為 X 小時以上,其記錄至少保存 Y 年。請問 X、Y 各為何?(① 3、5 ② 3、10 ③ 6、3 ④ 18、5)。【92.2. 輻防師法規、95.2.、96.1.、96.2. 輻防員法規、96.2. 輻安證書法規】

16.【1】雇主對在職之輻射工作人員定期實施之教育訓練,且每人每年受訓時數須為三小時以上,請問下列何者不屬於教育訓練科目?(①環境影響評估②輻射基礎課程③輻射生物效應④輻射防護課程)。【93.1. 輻安證書法規】

17.【1】游離輻射防護法施行細則規定「對在職之輻射工作人員定期實施之教育訓練」,可以每年應實施訓練時數之若干比例內製作影音光碟授課?(① 1/2 ② 1/3 ③ 1/4 ④ 1/5)。【95.2、96.1. 輻防師法規、96.2. 輻防員法規、97.1. 輻安證書法規】

18.【2】游離輻射防護法施行細則第 6 條規定,經評估輻射作業對輻射工作人員一年之曝露不可能超過劑量限度之多少比例者,得以作業環境監測或個別劑量抽樣監測代之?(①十分之一②十分之三③三分之一④二分之一)。【93.1. 放射師檢覈】

19.【3】輻射工作人員一年之輻射曝露經評估後不可能超過劑量限度之一定比例者,得以作業環境監測或個別劑量抽樣監測代替個別劑量監測。依據「游離輻射防護法施行細則」,此一定比例為(① 1/3 ② 1/2 ③ 3/10 ④ 2/5)。【94.2.、96.1.、97.1. 輻防員法規、95.2. 輻安證書法規】

20.【2】依「游離輻射防護法」第 15 條及「游離輻射防護法施行細則」第 6

條之規定，輻射工作人員職業曝露之年有效劑量於多少毫西弗以下得以作業環境監測取代個別劑量監測？（①一毫西弗②六毫西弗③十毫西弗④二十毫西弗）。【92.2.、96.1. 放射師專技高考、94.2. 放射師檢覈、96.1. 輻安證書法規】

21.【2】放射性物質運送工作人員所接受之年有效劑量可能大於若干毫西弗，除應定期或必要時對輻射作業場所執行環境監測及輻射曝露評估外，並應執行個別人員偵測及醫務監護？（①1②6③15④50）。【96.2. 輻防員法規、98.1. 輻安證書法規】

22.【2】依據天然放射性物質管理辦法，天然放射性物質經主管機關公告納管後，其輻射劑量評估結果造成工作人員之年有效劑量大於多少毫西弗者，其所有人、持有人或管理人應對工作人員實施個別劑量監測，並提出輻射防護計畫，經主管機關核准後實施？（①1②6③15④20）。【96.1. 輻防師法規】

23.【3】經評估輻射作業對輻射工作人員一年之曝露不可能超過多少時，得以作業環境監測或個別劑量抽樣監測代替個別劑量監測？（①有效等效劑量為 15 毫西弗②眼球水晶體之等效劑量為 150 毫西弗③皮膚等效劑量為 150 毫西弗④四肢等效劑量為 500 毫西弗）。【96.2. 輻安證書法規】

24.【3】依游離輻射防護法第十五條之規定，雇主對輻射工作人員實施劑量監測結果，應依主管機關之規定記錄、保存、告知當事人。於游離輻射防護法施行細則第七條規定，此一記錄，雇主應自輻射工作人員離職或停止參與輻射工作之日起，至少保存 30 年，並至輻射工作人員年齡超過幾歲？（①65②70③75④80）。【92.2. 放射師專技高考、98.1. 輻防師法規】

25.【4】依游離輻射防護法第十五條及游離輻射防護法施行細則第七條之規定，雇主對輻射工作人員實施劑量監測結果之紀錄，雇主應自輻射工作人員離職或停止參與輻射工作之日起，至少保存幾年？（①五年②十年③二十年④三十年）。【94.2. 輻安證書法規、98.1. 放射師專技高考】

26.【1】某甲輻射工作人員自 35 歲開始工作並於 40 歲離職，請問雇主依規定

應保存某甲之職業曝露歷史至幾歲？（① 75 ② 70 ③ 65 ④ 60）。【92.2. 輻防師法規】

27.【4】某輻射工作人員自 20 歲開始工作，並實施個別劑量監測，至 30 歲離職，且不再從事輻射相關工作，則依法雇主應保存其職業曝露紀錄至該名工作人員幾歲為止？（① 50 歲 ② 60 歲 ③ 70 歲 ④ 75 歲）。【93.1. 放射師檢覈、97.2. 放射師專技高考】

28.【1】陳先生為輻射工作人員，20 歲生日當天進入一非破壞檢測公司開始從事放射線照相檢驗的工作，一直到 35 歲生日從該公司辦理離職，並轉行從事其他無須接受游離輻射職業曝露的職業。請問該非破壞檢測公司對陳先生的職業曝露紀錄，應至少保存至那一天以後？（①陳先生滿 75 歲 ②陳先生滿 65 歲 ③陳先生滿 40 歲 ④永久保存）。【93.1. 輻安證書法規、97.2. 輻防師法規】

29.【3】某一輻射工作人員於 40 歲時離職停止參與輻射工作，依游離輻射防護法及施行細則，其人員劑量紀錄應至少保存至：（① 65 歲 ② 70 歲 ③ 76 歲 ④ 80 歲）。【96.1. 放射師專技高考】

30.【2】游離輻射防護法施行細則第七條規定，每一輻射工作人員的職業曝露歷史紀錄，雇主應自輻射工作人員離職或停止參與輻射工作之日起，至少保存 X 年，並至輻射工作人員年齡超過 Y 歲。其中之 X 與 Y 為：（① X = 20, Y = 65 ② X = 30, Y = 75 ③ X = 30, Y = 70 ④ X = 40, Y = 70）。【94.1. 放射師檢覈、95.2.、96.2.、97.1.、97.2. 輻安證書法規】

31.【4】某輻射工作人員自 35 歲開始工作，並實施個別劑量監測，至 65 歲退休，且不再從事輻射相關工作，請問依法雇主應保存其職業曝露紀錄至該名工作人員幾歲？（① 65 ② 75 ③ 85 ④ 95）。【97.1. 放射師專技高考】

32.【4】依據「游離輻射防護法施行細則」第 7 條規定，輻射工作人員離職時，雇主應向其提供何種紀錄？（①醫護監護紀錄②健康檢查紀錄③教育訓練紀錄④職業曝露紀錄）。【93.1. 輻安證書法規、95.2. 輻防員法規】

33.【3】依據「游離輻射防護法施行細則」第 8 條規定，游離輻射防護法所定

之體格檢查、定期健康檢查及紀錄保存,準用下列何者之規定?(①勞工健康安全法②勞工衛生法③勞工健康保護規則④全民健康保險法)。【95.2. 輻防師法規、97.1. 輻安證書法規】

34.【3】依游離輻射防護法施行細則,員工體格檢查、健康檢查及醫務監護紀錄,雇主應保存幾年?(① 3 ② 10 ③ 30 ④ 50)年。【98.1. 輻防師法規】

35.【4】輻射工作人員健康檢查紀錄應保存多久?(①五年②十年③二十年④三十年)。【97.1.、97.2. 輻安證書法規】

36.【1】依據「游離輻射防護法施行細則」第 9 條定義,於不可預料情況下接受超過劑量限度之曝露稱為:(①意外曝露②緊急曝露③特殊曝露④計畫特別曝露)。【91.2. 放射師檢覈】

37.【4】「游離輻射防護法施行細則」第 9 條提及「游離輻射防護法」所稱意外曝露,指於不可預料情況下接受超過劑量限度之曝露;所稱劑量,指:(①皮膚劑量②等價劑量③吸收劑量④有效劑量)。【93.1.、94.2. 輻安證書法規、97.2. 輻防師法規】

38.【4】游離輻射防護法施行細則第 15 條規定,放射性物質之生產與可發生游離輻射設備之製造,其生產、製造紀錄須每 X 個月報送主管機關,且至少保存 Y 年。此 X、Y 值分別為?(① 1,10 ② 2,10 ③ 3,10 ④ 3,5)。【95.1. 輻防師法規】

39.【3】放射性物質與可發生游離輻射設備之生產紀錄或製造紀錄與庫存及銷售紀錄,應於每季結束後一個月內,報送主管機關,並至少保存幾年?(①一年②二年③五年④十年)。【97.1. 輻安證書法規】

40.【3】放射性物質之生產每隔多久需將生產紀錄、庫存及銷售紀錄報送主管機關?(①每年②每半年③每季④每月)。【98.1. 輻防師法規】

41.【3】依游離輻射防護法第三十二條第三項規定,設施經營者應對放射性物質、可發生游離輻射設備或其設施,每年至少偵測一次,提報主管機關偵測證明備查。依游離輻射防護法施行細則第十八條之規定,應於何時前提報之?(①次年一月一日②次年一月三十一日③當年十二月三十一日④以

上皆非）。【92.1. 輻安證書法規】

42.【3】依游離輻射防護法施行細則第 19 條規定，放射性物質、可發生游離
　　輻射設備之使用或其生產製造設施之運轉，其操作人員離職，而未於多久
　　之內補足者，設施經營者應向主管機關申請核准停止使用或運轉，並依核
　　准之方式封存或保管？（①十日②二十日③三十日④三個月）。【95.1. 輻安
　　證書法規】

43.【3】輻射作業場所依輻防法規定設置之輻防人員離職之後多久未補足者，
　　即被視為安全條件與原核准內容不符？（① 1 年② 半年③ 3 個月④ 1 個月）。
　　【95.1、95.2. 輻防師法規】

44.【4】放射性物質之機具、可發生游離輻射設備或其生產製造設施損壞後，
　　未於多久期間內修復者，將被視為其安全條件與原核准內容不符？（① 1
　　年② 2 年③ 3 年④ 6 個月）。【98.1. 輻防師法規】

45.【4】可發生游離輻射設備損壞，而未能於幾個月內修復者，設施經營者應
　　向主管機關申請核准停止使用或運轉？（① 1 ② 2 ③ 3 ④ 6）。【93.2. 放射
　　師檢覈、96.2.、98.1. 輻防員法規、97.1. 輻安證書法規】

46.【4】放射性物質活度衰減至無法達成原申請目的之用途，應於多久期限內
　　更換以符合主管機關原核准內容？（① 30 日② 1 個月③ 3 個月④ 6 個月）。
　　【98.1. 輻安證書法規】

2.72 ｜游離輻射防護安全標準

1.【2】一定量之放射性核種在某一時間內發生之自發衰變數目稱之為：（①
　　克馬②活度③放射性④曝露）。【96.1. 輻安證書法規】

2.【2】依據 94 年 12 月修正之游離輻射防護安全標準，人體表面定點下適當
　　深度處軟組織體外曝露之劑量稱為（①吸收劑量②個人等效劑量③等價劑
　　量④有效劑量）。【96.2. 輻防師法規】

3.【4】在人體指定點下方深度 d 軟組織中的等價劑量 HP（d）稱為：（①等

價劑量②有效劑量③器官劑量④個人等效劑量）。【94.2. 放射師檢覈】

4.【3】就輻射從業人員而言,「約定等價劑量」是指攝入放射性物質後,對單一器官或組織在幾年內將累積之等價劑量?（① 5 年② 20 年③ 50 年④ 70 年）。【92.2. 放射師檢覈】

5.【4】約定等價劑量指工作人員攝入放射性核種後多少年內累積之等價劑量?（① 1 年② 5 年③ 10 年④ 50 年）。【93.1. 放射師檢覈、96.2. 放射師專技高考】

6.【3】約定等價劑量指組織或器官攝入放射性核種後,經過一段時間所累積之等價劑量,一段時間為自放射性核種攝入之日起算,對未滿 17 歲者計算至幾歲?（① 50 ② 60 ③ 70 ④ 75）。【95.2.、98.1. 輻防員法規、98.1. 放射師專技高考】

7.【2】依據 94 年 12 月修正之游離輻射防護安全標準,有關約定等價劑量,對 17 歲以上者以 X 年計算;對未滿 17 歲者計算至 Y 歲。其中 X、Y 為（① 50、75 ② 50、70 ③ 60、75 ④ 60、70）。【96.2. 輻防師法規】

8.【3】下列有關約定等價劑量的敘述,何者正確?（①單位為戈雷②自攝入放射性核種後開始,成人以 30 年的積存計算③自攝入放射性核種後開始,對未滿 17 歲者計算至 70 歲④自攝入放射性核種後開始,以核種的半衰期計算）。【97.1. 輻防員法規】

9.【3】對十七歲以上者而言,約定等價劑量指組織或器官攝入放射性核種後,經過多久所累積之等價劑量?（① 45 年② 48 年③ 50 年④ 53 年）。【98.1. 輻安證書法規】

10.【4】約定有效劑量指體內受曝露器官或組織之:（①吸收劑量與射質因數之和②吸收劑量與射質因數之積③約定等價劑量與組織加權因數乘積之積④約定等價劑量與組織加權因數乘積之和）。【97.1. 放射師專技高考】

11.【3】某一學生於 18 歲遭體內曝露,則其約定有效劑量應計算至該學生多少歲?（① 50 歲② 65 歲③ 68 歲④ 75 歲）。【96.1. 放射師專技高考】

12.【3】集體有效劑量是指特定人口曝露於某輻射源,群體所受有效劑量之總

和,單位為:(①貝克②戈雷③人西弗④人侖琴)。【92.2. 放射師檢覈】

13.【4】人西弗是什麼劑量單位?(①等效劑量②有效劑量③有效等效劑量④集體有效劑量)。【93.1. 輻安證書專業、97.2. 放射師專技高考】

14.【4】集體有效劑量的單位為:(①西弗②焦耳 / 公斤空氣③戈雷④人西弗)。【93.2.、97.1. 輻安證書法規、94.2.、98.1. 放射師專技高考】

15.【2】游離輻射防護安全標準所定義之集體劑量,其國際制單位為:(①人戈雷②人西弗③人侖目④人雷得)。【96.1. 放射師專技高考】

16.【3】下列何者是一種值得推廣的輻射防護措施?(① ICRU ② KERMA ③ ALARA ④ IAEA)。【95.2. 放射師專技高考】

17.【3】儘一切合理之努力,以維持輻射曝露在實際上遠低於游離輻射防護安全標準之劑量限度,稱為:(① ARARA ② ARALA ③ ALARA ④ ALALA)。【93.1. 輻安證書專業】

18.【3】輻射安全中對於劑量應該合理抑低,此「合理抑低」之英文縮寫為:(① ICRP ② DAC ③ ALARA ④ IAEA)。【91.1. 操作初級專業設備】

19.【2】ALARA 為合理抑低原則之縮寫,其中 R 之意義為:(① rem ② reasonably ③ radiation ④ roentgen)。【96.1. 放射師專技高考】

20.【4】下列何者不屬於合理抑低之考量?(①工作人員之個人劑量②集體有效劑量③經濟因素④豁免管制量)。【88.2. 輻防初級基本】

21.【3】游離輻射防護安全標準中之關鍵群體組成份子為(①群眾中對輻射傷害最敏感的群體②群眾中所受背景輻射劑量最高,而具代表性者③群眾中所受人為輻射劑量最高,而具代表性者④群眾中所受背景輻射劑量最低,而具代表性者)。【93.2. 輻安證書法規】

22.【2】依 94 年 12 月修正之游離輻射防護安全標準,人體組織等效球指直徑為多少毫米、密度為每立方毫米 1 毫克之球體?(① 500 ② 300 ③ 200 ④ 100)。【96.2. 輻防員法規】

23.【1】人體組織等效球:指直徑為三百毫米,密度為每立方毫米一毫克之球體,其質量組成以何者最大?(①氧②碳③氫④氮)。【97.1. 輻安證書法規、

97.1.、98.1. 輻防員法規】

24.【1】 人體組織等效球：指直徑為三百毫米，密度為每立方毫米一毫克之球體，其質量組成下列何者正確？（①氧＞碳＞氫＞氮②氧＞碳＞氮＞氫③碳＞氮＞氫＞氧④碳＞氮＞氧＞氫）。【97.1. 輻防師法規】

25.【3】 在人體組織等效球的質量組成中，下列何者錯誤？（①氧佔 76.2%②碳佔 11.1% ③氮佔 10.1% ④不含鉀）。【98.1. 輻防師法規】

26.【2】 依據「游離輻射防護安全標準」第 4 條規定，有關體外曝露與體內曝露所造成劑量合併計算之方式，個人劑量之體外劑量或體內劑量於一年內不超過 X 毫西弗時，體外劑量與體內劑量得不必相加計算。請問 X 為何？（① 1 ② 2 ③ 5 ④ 10）。【96.1. 輻防員法規】

27.【2】 強穿輻射產生之個人等效劑量或攝入放射性核種產生之約定有效劑量於一年內不超過多少毫西弗時，體外曝露及體內曝露得不必相加計算？（① 1 ② 2 ③ 5 ④ 10）。【97.1. 輻防員法規、97.1. 輻防師法規】

28.【2】 依據游離輻射防護安全標準第 4 條規定，度量或計算強穿輻射產生之個人等效劑量或攝入放射性核種產生之約定有效劑量於一年內不得超過多少劑量？（① 1 mSv ② 2 mSv ③ 5 mSv ④ 6 mSv）。【98.1. 放射師專技高考】

29.【1】 依據「游離輻射防護安全標準」第 5 條之規定，輻射示警標誌之圖底的顏色為：（①黃色②白色③綠色④紫紅色）。【97.1.、98.1. 輻安證書法規】

30.【4】 依據最新「游離輻射防護安全標準」第五條之規定，輻射示警標誌之三葉形為哪一種顏色？（①黃色②白色③黑色④紫紅色）。【97.2. 輻安證書法規】

31.【3】 有關輻射示警標誌的敘述，何者正確？（①底為紫紅色，三葉形為藍色②底為綠色，三葉形為紅色③底為黃色，三葉形為紫紅色④底為綠色，三葉形為黃色）。【93.1. 放射師檢覈、97.1. 輻防員法規】

32.【1】 輻射示警標誌的顏色及形狀原則為何？（①黃底紫紅色之三葉形②紫紅底黃色之三葉形③黃底紫紅色之心形④紫紅底黃色之三角形）。【95.2.、98.1、98.2 放射師專技高考】

33.【2】在建置輻射防護體系時，所應考量的原則是：（①時間、距離與屏蔽②正當性、最適化、劑量限度③局限、移除、稀釋④食入、攝入、皮膚吸收）。【97.1. 放射師專技高考】

34.【1】輻射防護的原則不包括什麼？（①成本化②正當化③最適化④限制化）。【91.2. 操作初級基本】

35.【1】所謂輻射防護實踐的正當化是指（①利益超過代價②利益代價相等③代價大於利益④不付出任何代價）。【91.2. 操作初級基本】

36.【1】為達成輻射限制的目的：（①利要大於弊②弊要大於利③個人劑量可以超過規定值④不必採用合理抑低方法）。【92.2. 輻安證書法規】

37.【1】輻射防護的正當化是指是指（①利益 > 代價②利益 = 代價③利益 <代價④不付出任何代價）。【91.1. 操作初級基本、93.1. 輻安證書專業】

38.【2】合理抑低原則（ALARA）是什麼的應用？（①正當化②最適化③限制化④合理化）。【97.2. 輻安證書專業】

39.【1】在輻射防護限制系統中，經考慮到經濟與社會因素後，一切曝露應合理抑低是為：（①最適化（Optimization）②正當化（Justification）③限制化（Limitation）④評估化（Assessment））。【94.1.、97.1. 放射師專技高考、96.1.、96.2. 輻安證書法規】

40.【3】依據「游離輻射防護安全標準」第 6 條規定，個人劑量，係指個人接受體外曝露與體內曝露所造成劑量之總和，不包括由背景輻射曝露及下列何種曝露所產生之劑量？（①一般曝露②緊急曝露③醫療曝露④計劃特別曝露）。【93.1. 放射師檢覈】

41.【4】「游離輻射防護安全標準」第 6 條所稱之個人劑量，指個人接受體外曝露及體內曝露所造成劑量之總和，不包括由何種曝露所產生之劑量？（①背景輻射曝露及職業曝露②背景輻射曝露及意外曝露③意外曝露及醫療曝露④背景輻射曝露及醫療曝露）。【96.2.、97.2. 輻安證書法規】

42.【2】關於游離輻射防護安全標準所稱的個人劑量，下列敘述何者正確？（①指個人接受體外暴露及背景輻射暴露所造成劑量之總和，不包括醫療暴露

②指個人接受體外暴露及體內暴露所造成劑量之總和，不包括背景輻射暴露③指個人接受體內暴露及醫療暴露所造成劑量之總和，不包括背景輻射暴露④指個人接受體內暴露及背景輻射暴露所造成劑量之總和，不包括醫療暴露）。【94.1. 放射師檢覈】

43.【2】個人劑量係指個人接受體外曝露及體內曝露所造成劑量之總和。此劑量：（①不包括由緊急曝露所產生之劑量②不包括由背景輻射曝露及醫療曝露所產生之劑量③包括背景輻射曝露，但不包括由醫療曝露所產生之劑量④包括醫療曝露，但不包括由背景輻射曝露所產生之劑量）。【95.1. 放射師專技高考】

44.【1】「游離輻射防護安全標準」所稱個人劑量，包括下列那些劑量之總和？A、體外曝露的劑量；B、體內曝露的劑量；C、背景輻射曝露的劑量；D、醫療曝露的劑量。（① AB ② ABC ③ ABD ④ ABCD）。【96.2. 放射師專技高考】

45.【4】核子醫學上，病人的許可劑量為：（①職業人員年劑量限值的 5 倍②民眾年劑量限值的 5 倍③民眾終身劑量限值的 5 倍④不訂定絕對的許可劑量）。【94 二技統一入學】

46.【2】下列關於病人接受醫療曝露之敘述，何者正確？（①屬於職業曝露②無劑量限度但仍應合理抑低③其深部等效劑量之年劑量限度為 50 毫西弗④其劑量紀錄應至少保存 30 年並至年齡超過 75 歲）。【96.1. 放射師專技高考】

47.【1】下列何者非屬「游離輻射防護法」規定醫療機構應執行事項？（①對於接受輻射醫療之病人，實施人員劑量監測②應依主管機關公告之醫療曝露品質保證標準擬訂醫療曝露品質保證計畫③應就規模及性質，依規定設醫療曝露品質保證組織、專業人員或委託相關機構④對於協助病人接受輻射醫療者，其有遭受曝露之虞時，應事前告知及施以適當之輻射防護）。【97.2. 放射師專技高考】

48.【4】個人劑量包括（①背景輻射曝露產生的劑量②醫療曝露產生的劑量③天然放射性物質產生的劑量④體外與體內曝露造成劑量的總和）。【92.2. 輻

安證書法規】

49.【3】游離輻射防護安全標準第 14 條規定，下列那一項為必需之條件？放射性物質須（①經稀釋②經過濾處理③為可溶於水者④經消毒處理）始得排入下水道系統。【91.2. 操作初級基本】

50.【3】放射物質要排入下水道系統之必要條件為：（①經稀釋②經過濾處理③可溶於水④經消毒處理）。【97.1. 輻防師法規】

51.【4】每年排入污水下水道之氚之總活度不得超過（① 1.85×10^8 貝克② 1.85×10^9 貝克③ 1.85×10^{10} 貝克④ 1.85×10^{11} 貝克）。【97.1. 輻安證書法規、98.1. 輻防員法規】

52.【2】每年排入污水下水道之碳 -14 總活度不得超過多少貝克？（① 1.0×10^{10} ② 3.7×10^{10} ③ 1.85×10^{11} ④ 3.7×10^{11}）。【98.1. 輻防師法規】

53.【3】每年排入污水下水道系統之放射性物質，除氚及碳十四外，其他放射性物質之活度總和不得超過多少貝克？（① 3.7×10^8 ② 3.7×10^9 ③ 3.7×10^{10} ④ 3.7×10^{11}）。【93.1. 放射師檢覈、98.1. 輻安證書法規】

54.【1】某公司有 H-3, C-14 與 P-32 三種廢液，其排入下水道系統之總活度限值大小關係為：（① H＞C＞P ② P＞C＞H ③ C＞H＞P ④ P＞H＞C）。【89.3. 輻防初級基本】

55.【1】游離輻射防護安全標準第 16 條規定，主管機關為合理抑低下列何者，得再限制輻射工作場所外地區之輻射劑量或輻射工作場所之放射性物質排放量？（①集體有效劑量②個人等效劑量③約定有效劑量④周圍等效劑量）。【97.1. 輻防員法規】

56.【2】游離輻射防護安全標準第 19 條規定，液體閃爍計數器之閃爍液每公克所含哪兩種核種的活度少於 1.85×10^3 貝克者，其排放不適用游離輻射防護安全標準的規定：（①鈷 60 和銫 137 ②碳 14 和氚③鍶 90 和鐳 226 ④鈹 7 和重氫）。【92.2. 輻安證書法規】

57.【2】游離輻射防護安全標準第 20 條規定，動物組織或屍體每公克含那兩種核種的活度少於 1.85×10^3 貝克者，其廢棄不適用「游離輻射防護安全標

準」的規定：（①鈷 60 和銫 137 ②碳 14 和氚③碳 14 及鈷 60 ④鍶 90 和氚）。
【97.1. 輻防員法規】

58.【1】動物屍體每公克所含之碳 -14 活度少於多少貝克者，其廢棄不適用游
離輻射防護安全標準？（① 1850 ② 3700 ③ 185 ④ 370）。【98.1. 輻防師法規】

59.【4】阿伐粒子潛能濃度（potential alpha-energy concentration）的定義為
單位體積空氣中所有短半衰期氡子核完全衰變至那一個長半衰期子核所放
出的阿伐粒子能量總和？（① ^{214}Po ② ^{218}Po ③ ^{206}Pb ④ ^{210}Pb）。【93.1. 放
射師檢覈】

60.【1】「游離輻射防護安全標準」中所定義之個人等效劑量，乃指人體表面
定點下適當深度處軟組織體外曝露之等效劑量。對於弱穿輻射，為多少毫
米深度處軟組織？（① 0.07 ② 0.007 ③ 3 ④ 10）。【97.2. 輻防師法規】

61.【3】淺部等價劑量指多少深度組織之等效劑量？（① 10 毫米② 1 毫米③ 0.07
毫米④ 0.007 毫米）。【96.2. 放射師專技高考】

62.【2】淺部等效劑量，係指若干公分深處組織之等效劑量？（① 1 ② 0.007
③ 0.07 ④ 0.1）。【93.2. 輻安證書法規】

63.【1】人體皮膚角質層的平均厚度為幾公分？（① 0.007 ② 0.003 ③ 0.07 ④
0.03）。【93.1. 輻安證書專業】

64.【4】「游離輻射安全標準」中所定義之個人等效劑量，乃指人體表面定點
下適當深度處軟組織體外曝露之等效劑量。對於眼球水晶體之曝露，為多
少毫米深度處軟組織？（① 0.07 ② 1 ③ 0.3 ④ 3）。【97.2. 輻安證書法規】

65.【2】眼球等效劑量指的是組織多少深度的等效劑量？（① 0.007 公分② 0.3
公分③ 1 公分④ 0.07 公分）。【93.2.、96.2. 輻安證書法規】

66.【3】眼球等效劑量和眼球水晶體的等效劑量兩者的限度（①不相同②不相
等③視為相同④無關）。【92.2. 輻安證書法規】

67.【4】游離輻射防護安全標準中所定義之個人等效劑量，乃指人體表面定點
下適當深度處軟組織體外曝露之等效劑量。對於強穿輻射，為多少毫米深
度處軟組織？（① 0.07 ② 1 ③ 3 ④ 10）。【97.2.、98.1. 輻防員法規】

68.【1】適用於包括頭部、身體軀幹、手肘以上手臂、膝蓋以上腿部等部位之全身體外曝露，指其一公分深處之等效劑量稱為：（①深部等效劑量②淺部等效劑量③全身有效劑量④約定等價劑量）。【92.1. 放射師檢覈】

69.【4】強穿輻射個人等效劑量適用於下列那一部位之體外曝露？（①眼球水晶體②皮膚③四肢④全身）。【98.1. 放射師專技高考】

70.【1】輻射防護中可用深部等效劑量取代（①有效劑量②約定等價劑量③吸收劑量④皮膚劑量）。【91.2. 操作初級專業密封】

71.【4】全身體外曝露，何部位不適用以深部等效劑量評估？（①頭部②身體軀幹③膝蓋以上腿部④皮膚）。【92.2. 放射師檢覈】

72.【2】關於人員劑量監測的量之簡化，下列敘述何者錯誤？（①深部等效劑量指身體一公分深處之等效劑量②深部等效劑量適用於全身之體外曝露與體內曝露③淺部等效劑量適用於皮膚或四肢之體外曝露，指 0.007 公分深處組織之等效劑量④眼球等效劑量適用於眼球水晶體之體外曝露，指 0.3 公分深處組織之等效劑量）。【94.2. 放射師檢覈】

73.【4】依據我國法規，人員體外劑量應評估：（①吸收劑量與全身劑量②曝露劑量（侖琴）與吸收劑量③約定等價劑量與約定有效劑量④深部等價劑量與淺部等價劑量）。【96.1. 放射師專技高考】

2.73 │劑量限制

1.【3】游離輻射防護安全標準第 7 條規定，輻射工作人員每連續五年週期之有效劑量不得超過：（① 20 mSv ② 50 mSv ③ 100 mSv ④ 20 Sv）。【92.2. 放射師檢覈】

2.【3】輻射工作人員職業曝露之劑量限度規定每連續五年週期之有效劑量不得超過 100 毫西弗，且任何單一年內之有效劑量不得超過多少毫西弗？（① 20 ② 30 ③ 50 ④ 60）。【92.1. 放射師檢覈】

3.【4】在職業曝露的劑量限度，所謂週期是指（① 1 年② 2 年③ 3 年④ 5 年）。

【92.2. 輻安證書法規】

4.【4】輻射防護標準之規定中，職業劑量限制的週期為？（①一月②一季③一年④五年）。【93.2. 放射師檢覈】

5.【1】任何單一年內的有效劑量不得超過 50 毫西弗係指在（①週期內②週期外③與週期無關④ 3 個週期以上）。【92.2. 輻安證書法規】

6.【2】輻射工作人員職業曝露之劑量限度每連續五年週期之有效劑量不得超過多少？（① 50 毫西弗② 100 毫西弗③ 200 毫西弗④ 500 毫西弗）。【93.2. 輻安證書法規、97.2. 輻防員法規】

7.【3】游離輻射防護安全標準中規定，輻射工作人員連續 5 年不得接受超過 100 mSv 之劑量，該劑量之正確單位應為：（①吸收劑量②等價劑量③有效劑量④等值劑量）。【93.2. 放射師專技高考】

8.【4】在職業曝露的劑量限度規定中，適用每五年週期劑量限度規定的是：（①深部等效劑量②淺部等效劑量③眼球等效劑量④有效劑量）。【93.1. 輻安證書法規】

9.【3】游離輻射防護安全標準中規定，輻射工作人員職業曝露之劑量限度，每連續五年週期不得超過一百毫西弗之劑量，此處所指的劑量為：（①吸收劑量②有效等效劑量③有效劑量④等價劑量）。【97.1. 輻安證書法規】

10.【3】目前的人員劑量管制週期（每連續五年為一週期）起始於民國幾年？（① 90 ② 91 ③ 92 ④ 93）年。【96.1. 輻防員法規】

11.【3】依游離輻射防護法規定輻射工作人員職業曝露之劑量限度，下列何者為正確？（①每連續三年週期之有效劑量不得超過五十毫西弗。且任何單一年內之有效劑量不得超過五十毫西弗②每連續五年週期之有效劑量不得超過一百毫西弗。且任何單一年內之有效劑量不得超過一百毫西弗③每連續五年週期之有效劑量不得超過一百毫西弗。且任何單一年內之有效劑量不得超過五十毫西弗④每連續五年週期之有效劑量不得超過五百毫西弗。且任何單一年內之有效劑量不得超過一百毫西弗）。【94.1. 放射師專技高考】

12.【4】有關輻射工作人員職業曝露之劑量限度，下列何者正確？（①每連續

5 年週期之有效劑量不得超過 250 毫西弗②眼球水晶體之等價劑量於一年內不得超過 500 毫西弗③皮膚或四肢之等價劑量於一年內不得超過 150 毫西弗④任何單一年內之有效劑量不得超過 50 毫西弗）。【96.1. 輻防員法規】

13.【2】已知甲狀腺的加權因數為 0.03，甲狀腺受到照射，則工作人員的甲狀腺一年可接受多少劑量？（① 0.05 Sv ② 0.5 Sv ③ 0.8 Sv ④ 1.0 Sv）。【93.2. 放射師檢覈】

14.【3】有一工作人員在半年中甲狀腺（$W_T = 0.03$）、性腺（$W_T = 0.25$）、乳腺（$W_T = 0.15$）分別接受 50、100、30 毫西弗（mSv）的劑量，則在下半年僅甲狀腺照射至多可接受多少劑量？（① 19 mSv ② 31 mSv ③ 450 mSv ④ 633 mSv）。【97.1. 放射師專技高考】

15.【2】假設放射線技術師在工作時，僅性腺（$W_T = 0.20$）受到照射，試問其性腺一年最多可接受多少劑量？（① 0.05 西弗 ② 0.2 西弗 ③ 0.4 西弗 ④ 1.6 西弗）。【90.1. 操作初級選試設備】

16.【3】某輻射工作人員前四年之年有效劑量分別為 15 mSv、11 mSv、7 mSv 及 12 mSv。請問第五年此人最多可接受有效劑量為：（① 15 mSv ② 20 mSv ③ 50 mSv ④ 55 mSv）。【95.1. 放射師專技高考】

17.【3】某輻射工作人員前四年之年有效劑量分別為 10 mSv、11 mSv、14 mSv 及 10 mSv。請問第五年此人最多可接受有效劑量為：（① 15 mSv ② 20 mSv ③ 50 mSv ④ 55 mSv）。【97.1. 輻防員法規】

18.【1】某甲輻射工作人員第一、二、三、四年的年有效劑量分別為 20、25、30、15 mSv，請問第五年的限值為若干 mSv？（① 10 ② 20 ③ 30 ④ 50）。【92.2. 輻防師法規】

19.【2】假設某輻射工作人員接受之有效劑量，過去四年分別為 25 毫西弗、15 毫西弗、10 毫西弗及 20 毫西弗，則今年最高不得超過多少毫西弗？（① 20 ② 30 ③ 40 ④ 50）。【95.2. 放射師專技高考】

20.【3】某輻射工作人員自 94 年至 97 年所受劑量分別為 20、35、18、17 毫西弗，請問 98 年最多可接受多少劑量，仍可符合「游離輻射防護安全標準」

劑量週期及限度之規定？（① 10 毫西弗② 20 毫西弗③ 50 毫西弗④ 65 毫西弗）。【97.1. 放射師專技高考】

21.【3】職業曝露的劑量限度規定中，眼球水晶體等價劑量於 1 年內不得超過：（① 500 毫西弗② 300 毫西弗③ 150 毫西弗④ 50 毫西弗）。【93.1. 輻安證書法規】

22.【3】輻射工作人員之眼球等效劑量於一年內不得超過多少劑量？（① 50 毫西弗② 100 毫西弗③ 150 毫西弗④ 500 毫西弗）。【92.2. 放射師檢覈、94.2. 輻防師法規、97.2. 輻防員法規、98.1. 放射師專技高考】

23.【3】在職業曝露的劑量限度，淺部等效劑量於 1 年內不得超過（① 300 毫西弗② 400 毫西弗③ 500 毫西弗④ 50 毫西弗）。【92.2、93.2. 輻安證書法規】

24.【4】輻射工作人員之淺部等效劑量於一年內不超過多少毫西弗，可視為不超過個人劑量限度？（① 50 ② 100 ③ 150 ④ 500）。【92.1. 放射師檢覈】

25.【4】輻射工作人員職業曝露之劑量限度，皮膚之等價劑量於一年內不得超過：（① 5 mSv ② 50 mSv ③ 150 mSv ④ 500 mSv）。【95.1. 放射師專技高考】

26.【3】依據游離輻射防護安全標準第七條之規定，輻射工作人員職業曝露之劑量限度，皮膚或四肢之等價劑量於一年內不得超過多少毫西弗？（①一百毫西弗②二百五十五毫西弗③五百毫西弗④七百五十毫西弗）。【92.1.、97.2. 輻防師法規、92.2. 放射師專技高考、94.2.、97.1. 輻安證書法規】

27.【4】依據「游離輻射防護安全標準」，輻射工作人員職業曝露之劑量限度：眼球水晶體之等價劑量於一年內不得超過 X 毫西弗，皮膚或四肢之等價劑量於一年內不得超過 Y 毫西弗。其中 X、Y 各為（① 50、150 ② 150、300 ③ 50、500 ④ 150、500）。【93.2. 輻防員法規】

28.【1】輻射工作人員職業曝露之劑量限度，每連續 5 年週期之有效等效劑量不得超過 X 毫西弗，且任何單一年內之有效等效劑量不得超過 Y 毫西弗。X、Y 各為（① 100、50 ② 100、20 ③ 250、50 ④ 250、20）。【96.2. 輻安證書法規】

29.【3】游離輻射防護安全標準規定：輻射工作人員職業曝露之劑量限度，

眼球水晶體及皮膚之年等價劑量限值分別為多少 mSv？（① 50，100 ② 100，50 ③ 150，500 ④ 500，150）。【94.1. 放射師專技高考】

30.【4】 輻射工作人員職業曝露之年劑量限度大小關係為（①有效劑量（A）＞眼球水晶體等價劑量（B）＞皮膚或四肢等價劑量（C）② A＞C＞B ③ C＞A＞B ④ C＞B＞A）。【92.2. 輻防師法規】

31.【4】 下列何者違反輻射工作人員之劑量限度？（①眼球水晶體之等價劑量於一年內為 100 毫西弗②連續五年週期內之有效劑量為 50 毫西弗③皮膚之等價劑量於一年內為 300 毫西弗④眼球水晶體之等價劑量於一年內為 200 毫西弗）。【93.2. 放射師檢覈】

32.【3】 在一混合輻射場中，加馬（γ）劑量率為 5 μGy/h，快中子劑量率為 20 μGy/h，熱中子劑量率為 30 μGy/h。若某一輻射工作人員最多能接受 1 mSv，則最多可工作多久？（加馬、快中子、熱中子之輻射加權因數（W_R）分別為 1、20 及 5）（① 1 小時 24 分鐘② 1 小時 35 分鐘③ 1 小時 48 分鐘④ 1 小時 58 分鐘）。【94.2. 放射師檢覈】

33.【4】 游離輻射防護安全標準第 10 條規定，十六歲至十八歲接受輻射作業教學或工作訓練者，其個人劑量限度為：皮膚或四肢之等價劑量於一年內不得超過多少？（①六毫西弗②五十毫西弗③一百毫西弗④一百五十毫西弗）。【92.2. 放射師檢覈、94.2. 輻安證書法規、94.1. 放射師專技高考】

34.【3】 十六歲至十八歲接受輻射作業教學或工作訓練者，一年內之有效劑量不得超過多少毫西弗？（① 20 ② 10 ③ 6 ④ 5）。【96.2、97.1. 輻安證書法規、97.2. 輻防員法規、98.2 放射師專技高考】

35.【4】 某十七歲之學員接受輻射作業教育，其一年內之有效劑量不得超過幾個毫西弗？（① 1 ② 2 ③ 4 ④ 6）。【93.2. 放射師檢覈】

36.【3】 十六歲以上未滿十八歲者接受輻射作業教學或工作訓練，其個人眼球水晶體之等價劑量每年不得超過多少毫西弗？（① 1 ② 6 ③ 50 ④ 150）。【97.1. 輻防員法規、97.2. 輻安證書法規、97.2. 輻防師法規】

37.【3】 16 歲以上未滿 18 歲者接受輻射作業教學或工作訓練，其個人年劑

量限度中眼球水晶體之等價劑量與皮膚或四肢之等價劑量分別為多少毫西弗？（① 15，50 ② 45，150 ③ 50，150 ④ 150，500）。【97.2. 放射師專技高考】

38.【3】有關 16 歲至 18 歲接受輻射作業教學或工作訓練者，其個人劑量限度，下列何者正確？（①每連續 5 年週期之有效劑量不得超過 100 毫西弗②眼球水晶體之等價劑量於一年內不得超過 150 毫西弗③皮膚或四肢之等價劑量於一年內不得超過 150 毫西弗④任何單一年內之有效劑量不得超過 20 毫西弗）。【96.1. 輻防師法規】

39.【3】依 94 年 12 月 30 日公布之游離輻射防護安全標準第十一條第二項規定，對告知懷孕之女性輻射工作人員，其腹部表面之等價劑量於剩餘妊娠期間不應超過多少？（① 0.5 毫西弗② 1 毫西弗③ 2 毫西弗④ 5 毫西弗）。【95.2.、98.1. 輻防員法規、97.2.、98.1. 輻安證書法規】

40.【1】依我國「游離輻射防護安全標準」第 12 條之規定，一般人一年內之有效劑量不得超過：（① 1 毫西弗② 20 毫西弗③ 50 毫西弗④ 100 毫西弗）。【92.2.、93.2. 放射師專技高考、96.2.、97.2. 輻安證書法規】

41.【1】我國現行的游離輻射防護安全標準規定一般人曝露的年有效劑量限度為：（① 1 毫西弗② 50 毫西弗③ 5 毫西弗④ 10 毫西弗）。【92.2. 輻安證書法規、94.1. 放射師專技高考】

42.【2】輻射作業造成一般人之年劑量限度中，皮膚之等價劑量不得超過幾毫西弗？（① 15 ② 50 ③ 150 ④ 500）。【98.1. 輻安證書法規】

43.【3】一般人之劑量限度，一年之內眼球水晶體之等價劑量不得超過多少毫西弗？（① 1 毫西弗② 5 毫西弗③ 15 毫西弗④ 50 毫西弗）。【98.1. 輻安證書法規】

44.【1】一般人之年有效劑量與一般人之眼球水晶體年等價劑量限度，分別為若干毫西弗？（①1 與 15 ②5 與 15 ③1 與 50 ④5 與 50）。【92.2. 輻防師法規】

45.【4】一般人之劑量限度，依下列之規定：(1) 一年內之有效劑量不得超過 X 毫西弗，(2) 眼球水晶體之等價劑量於一年內不得超過 Y 毫西弗，(3) 皮

膚之等價劑量於一年內不得超過 Z 毫西弗。請問 X = ？Y = ？Z = ？（① X = 50，Y = 150，Z = 500 ② X = 20，Y = 50，Z = 500 ③ X = 1，Y = 50，Z = 150 ④ X = 1，Y = 15，Z = 50）。【93.1、96.1. 輻防師法規】

46.【4】職業人員有效劑量之劑量限制是一般人限制量之（① 2 ② 5 ③ 10 ④ 50）倍。【91.1. 操作初級基本】

47.【2】關於眼球水晶體的等價劑量年限值，輻射工作人員、接受輻射作業教學或工作訓練 16 歲以上未滿 18 歲者、一般人各為 X、Y、Z 毫西弗。其中 X、Y、Z 為：（① 50、6、1 ② 150、50、15 ③ 500、150、50 ④ 100、50、5）。【97.1. 輻防師法規】

48.【3】我國游離輻射防護安全標準第十三條規定，場所主管應確保其輻射作業，對一般人造成之年有效劑量不得超過多少毫西弗？（① 0.1 ② 0.5 ③ 1 ④ 5）。【91 放射師專技高考】

49.【1】輻射作業造成一般人口中之關鍵群體之年劑量限度，其有效劑量不得超過：（① 1 mSv ② 2 mSv ③ 3.7 mSv ④ 5 mSv）。【95.1. 放射師專技高考】

50.【1】游離輻射防護安全標準第 13 條規定，輻射作業場所外圍空氣與水中之放射性核種造成的劑量率每小時不得超過多少毫西弗？（① 0.02 ② 0.1 ③ 0.5 ④ 1.0）。【92.1. 放射師專技高考】

51.【3】含放射性物質之廢氣或廢水之排放，對輻射工作場所外地區中一般人體外曝露造成之劑量，於一年內不得超過多少毫西弗？（① 0.02 ② 0.1 ③ 0.5 ④ 1.0）。【93.1. 放射師檢覈】

52.【3】輻射工作場所排放含放射性物質之廢氣或廢水，對輻射工作場所外地區中一般人體外曝露造成之劑量，於 1 小時內應不超過 X 毫西弗，1 年內不超過 Y 毫西弗。其中 X、Y 為（① 0.05、0.5 ② 0.05、1 ③ 0.02、0.5 ④ 0.02、1）。【96.2. 輻防師法規】

53.【2】依據「游離輻射防護安全標準」規定，設施經營者於規劃、設計及進行輻射作業時，對輻射工作場所外地區中一般人體外曝露造成之劑量，於 1 小時內不超過 X 毫西弗，1 年內不超過 Y 毫西弗。請問以上之 X、Y 各為

何？（① 0.01、0.5 ② 0.02、0.5 ③ 0.01、1 ④ 0.02、1）。【94.2、96.1.、
97.1. 輻防師法規】

54.【4】設施經營者須對其輻射工作場所地區外一般人體外曝露造成之劑量，
1 小時內及 1 年內分別不得超過多少 mSv？（① 0.2 及 0.5 ② 0.02 及 0.05
③ 0.05 及 0.2 ④ 0.02 及 0.5）。【93.1. 輻防師法規、94.2. 輻防員法規】

55.【4】根據「游離輻射防護安全標準」第 15 條規定，設施經營者於特殊情
況下，經主管機關核准後，對於一般人在 1 年內的最高劑量不得超過：（①
1 毫西弗 ② 2 毫西弗 ③ 3 毫西弗 ④ 5 毫西弗）。【95.2. 放射師專技高考、
95.2.、98.1. 輻安證書法規】

56.【2】為防止發生災難，設施經營者應盡合理之努力，使搶救人員之劑量儘
可能不超過幾毫西弗？（① 50 ② 100 ③ 150 ④ 500）。【98.1. 輻安證書法規】

57.【3】有關緊急曝露人員之劑量規定，何者正確？（①為搶救生命，劑量限
值為單一年劑量限度之 5 倍②為防止嚴重危害，劑量限值為單一年劑量限
度之 10 倍③為減少大量集體有效劑量，劑量限值為單一年劑量限度之 2 倍
④緊急曝露所接受之劑量，應與職業曝露之劑量合併記錄）。【96.2. 輻防員
法規】

58.【3】為搶救生命，參與緊急曝露之劑量儘可能不超過單一年劑量限度之 X
倍。除搶救生命外，參與緊急曝露之劑量儘可能不超過單一年劑量限度之
Y 倍。X、Y 各為：（① 20、10 ② 10、5 ③ 10、2 ④ 5、2）。【97.2. 輻防
師法規】

59.【4】依據「游離輻射防護安全標準」第 18 條規定，為搶救生命，參與緊
急曝露之劑量儘可能不超過多少毫西弗？（① 50 ② 100 ③ 200 ④ 500）。
【92.1. 輻防師法規、95.2.、97.1. 放射師專技高考、96.1.、97.2. 輻安證書
法規、97.1. 輻防員法規】

60.【2】依據「游離輻射防護安全標準」之規定，為搶救生命，參與緊急曝露
之劑量儘可能不超過 X 毫西弗；為了防止發生災難情況，參與緊急曝露之
劑量儘可能不超為 Y 毫西弗。其中 X、Y 各為（① 500、200 ② 500、100

③ 200、100 ④ 200、50）。【93.2. 輻防師法規】

61.【4】輻射工作人員因一次若干毫西弗以上之曝露，雇主應即予特別健康檢查？（① 5 ② 10 ③ 20 ④ 50）。【92.2. 輻防員法規】

62.【2】依游離輻射防護法第十六條之規定，輻射工作人員因緊急曝露所接受之劑量超過多少毫西弗以上時，雇主應即予特別醫務監護？（① 20 ② 50 ③ 100 ④ 500）。【92.2. 放射師專技高考、93.2、96.1、96.2. 輻安證書法規、93.2. 輻防員法規、94.2、96.1、97.2. 輻防師法規】

63.【2】輻射工作人員因一次意外曝露或緊急曝露所接受之劑量超過多少毫西弗以上時，雇主應即予以包括特別健康檢查、劑量評估、放射性污染清除、必要治療及其他適當措施之特別醫務監護？（① 25 ② 50 ③ 75 ④ 100）。【98.1. 放射師專技高考】

64.【3】針對人體組織器官的劑量年限值，採用（①有效劑量②吸收劑量③等價劑量④貝克）做為單位。【91.2. 操作初級專業密封】

65.【2】游離輻射防護法第十六條第二項規定，輻射工作人員因一次意外曝露或緊急曝露所接受之劑量超過五十毫西弗以上時，雇主應即予以特別醫務監護。請問這所說的劑量超過五十毫西弗指的是甚麼劑量？（①淺部等價劑量②有效劑量③眼球等價劑量④深部等價劑量）。【92.1. 放射師專技高考、93.1. 輻防員法規、94.1. 放射師檢覈】

2.74 ｜年攝入限度、推定空氣濃度與排放管制限度

1.【3】年攝入限度是指：（①職業性体外曝露②一般人体外曝露③職業性体內曝露④一般人体內曝露）。【89.3. 輻防初級基本、91.2. 操作初級基本】

2.【2】年攝入限度是規範（①職業人員的體外曝露②職業人員的體內曝露③一般人的體外曝露④一般人的體內曝露）。【98.1. 輻安證書法規】

3.【4】所謂年攝入限度是指：（①一般人的等價劑量②一般人的約定等價劑量③職業工作者的等價劑量④職業工作者的約定等價劑量）。【89.3. 輻防中

級基本】

4.【1】年攝入限度與下列何者有關？（①約定等價劑量②深部等價劑量③淺部等價劑量④眼球等價劑量）。【91.1. 操作初級基本】

5.【1】下列何者適用於職業曝露？（①年攝入限度與推定空氣濃度②年攝入限度與空氣中排放物濃度③推定空氣濃度與空氣中排放物濃度④年攝入限度、推定空氣濃度與空氣中排放物濃度）。【91.2. 放射師檢覈】

6.【3】年攝入限度指參考人在 1 年內攝入某一放射性核種而導致 X 毫西弗之約定有效劑量或任一器官或組織 Y 毫西弗之約定等價劑量，上述兩者之較小值。其中 X、Y 為（① 50、100 ② 20、100 ③ 50、500 ④ 20、100）。【96.2. 輻防員法規】

7.【1】評估某一放射性核種之年攝入限度（ALI），得限制機率效應之 ALI 為 7.3×10^2 Bq，防止確定效應之 ALI 為 5.3×10^2 Bq，則此核種之 ALI 值為：（① 0.53 kBq ② 0.63 kBq ③ 0.73 kBq ④ 1.26 kBq）。【94.2. 放射師專技高考】

8.【4】若工作人員嚥入體內之銫 137 活度等於年攝入限度，則其什麼劑量等於 50 毫西弗？（①等價劑量②有效劑量③約定等價劑量④約定有效劑量）。【89.2. 輻防高級基本】

9.【4】某一工作人員吸入 ^{131}I 之活度為 4×10^5 Bq，則其接受之約定等價劑量為多少？（^{131}I 之 ALI = 2×10^6 Bq）（① 5 mSv ② 10 mSv ③ 50 mSv ④ 100 mSv）。【93.1. 放射師檢覈】

10.【4】^{131}I 的 ALI（吸入）= 2×10^6 Bq，乃根據甲狀腺的確定效應條件求得的。問吸入 1 MBq 的 ^{131}I 時，甲狀腺的約定等價劑量等於多少 mSv？（① 25 ② 50 ③ 150 ④ 250）。【87.2. 輻防高級基本】

11.【2】從尿液分析的結果，得知一工作人員於空浮污染區工作時所吸入 I-131 的活度為 0.36 MBq（I-131 年攝入限度為 2 MBq），則其所造成的體內約定等效劑量為多少 mSv？（① 9 ② 90 ③ 3.6 ④ 36）。【97.1. 放射師專技高考】

12.【3】已知單次攝入 5.0×10^3 Bq 的某放射性核種而造成的約定有效劑量 =

0.5 mSv。若攝入劑量限度為 50 mSv，則年攝入限度（ALI）為何？（① 5.0 ×10³ Bq ② 5.0×10⁴ Bq ③ 5.0×10⁵ Bq ④ 5.0×10⁶ Bq）。【94.2. 放射師檢覈】

13.【3】已知某核種造成全身有效劑量達到劑量限度（單一年不得超過 50 mSv）之年攝入限度（ALI）為 10 kBq，攝入後 2 個月經全身計測其活度為 500 Bq，則此次情況造成之體內劑量 HE 為何？（① 0.25 mSv ② 1.25 mSv ③ 2.5 mSv ④ 5.0 mSv）。【94.2. 放射師檢覈】

14.【3】有一工作人員在一年內攝入 ^{137}Cs 的活度為年攝入限度的四分之一，試問此人在該年內尚可接受多少 mSv 的深部等價劑量？（① 12.5 ② 25 ③ 37.5 ④ 125）。【91.1. 放射師檢覈】

15.【2】某一工作人員一年中攝入 ^{60}Co 之量為 3/4 ALI，則該年內該工作人員最多可接受多少深部等價劑量？（① 25 mSv ② 12.5 mSv ③ 2.5 mSv ④ 0.25 mSv）。【93.1. 放射師檢覈】

16.【3】某一輻射工作人員一年內接受 30 毫西弗之深部等價劑量，試問此人該一年內尚可吸入多少放射性核種，才不會超過人員劑量限度？（① ALI 之 1.4 倍 ② ALI 之 1.0 倍 ③ ALI 之 0.4 倍 ④ ALI 之 0.2 倍）。【94.2. 放射師專技高考】

17.【2】有一工作人員在一年內攝入 ^{137}Cs 及 ^{60}Co 的活度分別為其年攝入限度的 1/5 及 3/10，試問此人在該年內尚可接受多少 mSv 的深部等價劑量？（① 20 ② 25 ③ 35 ④ 40）。【91 放射師專技高考】

18.【4】工作人員一年內體外曝露的深部等價劑量為 20 mSv，其該年內最多可攝入多少貝克的鈷 60（ALI = 7×10⁶ Bq）？（① 1.4×10⁶ ② 2.8×10⁶ ③ 3.5×10⁶ ④ 4.2×10⁶）。【89.2. 輻防高級基本】

19.【2】1 西弗有效劑量對應的致癌風險為 1×10^{-2}。已知 ^{60}Co 的 ALI = 7×106 Bq，某人攝入 1×106 Bq 的 ^{60}Co，問其致癌機率有多大？（① 7× 10^{-6} ② 7× 10^{-5} ③ 3× 10^{-4} ④ 3× 10^{-3}）。【89.2. 輻防初級基本】

20.【4】由機率效應求得鈷 -60 之年攝入限度為 7×10⁶ Bq，工作人員攝入 1

MBq 的 60Co，求約定有效劑量等於多少 mSv？（① 500 ② 50 ③ 21.3 ④ 7.1）。【91.1. 放射師檢覈】

21.【1】深部等價劑量與 50 毫西弗之比值及各攝入放射性核種活度與什麼之比值的總和不大於一？（①年攝入限度②推定空氣濃度③空氣中排放物濃度④排放限度）。【87.2. 輻防高級基本】

22.【1】告知懷孕的女性輻射工作人員，其體內的放射性核種於剩餘妊娠期間不超過年攝入限度的（① 2% ② 5% ③ 1% ④ 4%）。【92.2. 輻安證書法規】

23.【2】雇主被告知懷孕的女性輻射工作人員，需使其體內的放射性核種於剩餘妊娠期間不超過年攝入限度的（① 1% ② 2% ③ 4% ④ 5%）。【93.2. 輻安證書法規】

24.【2】對告知懷孕之女性輻射工作人員，其腹部表面之等價劑量於剩餘妊娠期間不超過二毫西弗，且攝入體內之放射性核種不超過年攝入限度百分之幾，視為不超過胎兒之劑量限度？（① 1% ② 2% ③ 10% ④ 20%）。【93.1. 放射師檢覈】

25.【2】告知懷孕的女性輻射工作人員，其體內的放射性核種於剩餘妊娠期間不得超過年攝入限度的多少 %？（① 1 ② 2 ③ 3 ④ 5）。【93.2. 放射師檢覈】

26.【1】對告知懷孕之女性輻射工作人員，其腹部表面之等價劑量於剩餘妊娠期間不超過 X 毫西弗，且攝入體內之放射性核種不超過年攝入限度之百分之 Y，視為不超過胎兒之劑量限度，請問 X ＝？ Y ＝？（① X ＝ 2，Y ＝ 2 ② X ＝ 0.1，Y ＝ 1 ③ X ＝ 2，Y ＝ 10 ④ X ＝ 0.1，Y ＝ 5）。【93.1. 輻防師法規】

27.【4】懷孕之女性輻射工作人員，在其賸餘妊娠期間攝入體內放射性核種造成約定有效劑量不得超過多少毫西弗？（① 6 ② 3 ③ 2 ④ 1）。【98.1. 輻防師法規】

28.【1】雇主於接獲女性輻射工作人員告知懷孕後應即檢討其工作條件，使其胚胎或胎兒接受與一般人相同之輻射防護。其賸餘妊娠期間下腹部表面之等價劑量，不得超過 X 毫西弗，且攝入體內放射性核種造成之約定有效劑量不得超過 Y 毫西弗，X、Y 值各為：（① 2、1 ② 1、1 ③ 1、5 ④ 5、1）。

【97.1. 輻防師法規】

29.【1】對告知懷孕之女性輻射工作人員，其腹部表面之等價劑量於剩餘妊娠期間不超過 X 毫西弗，且攝入體內之放射性核種不超過年攝入限度之百分之 Y，視為不超過胎兒之劑量限度，其中 X、Y 各為（① 2、2 ② 0.1、1 ③ 2、10 ④ 0、5）。【93.2. 輻防師法規】

30.【3】同時攝入母核種與子核種時，其年攝入限度之使用應如何處理？（① 以母核種為準②以子核種為準③以混合物為之④以母核種與子核種中，取其高者為之）。【93.2. 放射師檢覈】

31.【2】參考人在一年工作期間中吸入空氣的體積為（① 2.4 m³ ② 2.4×10^3 m³ ③ 2.4×10^2 m³ ④ 2.4×10^7 m³）。【89.1. 輻防高級基本】

32.【3】「游離輻射防護安全標準」附表四中提到：輻射工作人員參考人在輕度工作情況下每年吸入多少立方米之空氣體積？（① 1200 ② 2000 ③ 2400 ④ 3600）。【97.2. 輻防員法規】

33.【2】推定空氣濃度係指放射性核種在每一立方公尺空氣中之濃度。請問：依參考人在輕微體力活動下，一年呼吸此濃度之空氣幾小時，將達到年攝入限度？（① 1800 ② 2000 ③ 2200 ④ 2400）。【94.1. 放射師檢覈、97.2. 輻防師法規】

34.【3】參考人在輕微體力之活動中，於 1 年中呼吸推定空氣濃度之空氣若干小時，將導致年攝入限度？（① 86400 ② 8760 ③ 2000 ④ 365）。【96.2. 輻防師法規】

35.【2】下列關於推定空氣濃度之敘述，何者正確？（①其國際制單位為貝克②由年攝入限度（ALI）推導③假設參考人 1 年呼吸量為 2.4×10^2 立方公尺④其專用單位為西弗 / 立方公尺）。【91.2. 放射師檢覈】

36.【1】游離輻射防護安全標準附表中 DAC 縮寫中的 A 字為：（① Air ② Area ③ Activity ④ Annual）。【89.3. 輻防中級基本】

37.【3】推定空氣濃度的國際制單位為：（①西弗 / 立方公分②侖琴 / 立方公尺③貝克 / 立方公尺④年攝入限度 / 立方公尺）。【94.1. 放射師專技高考、

【97.1. 輻安證書法規】

38.【1】推定空氣濃度（DAC）（Bq/m^3）與年攝入限度（ALI）（Bq）兩者的關係為何？（① ALI ＝ 2400×DAC ② 2400×ALI ＝ DAC ③ ALI ＝ 2000×DAC ④ 2000×ALI ＝ DAC）。【95.2. 放射師專技高考】

39.【1】推定空氣濃度（DAC）與年攝入限度（ALI）之間的關係為？（① DAC ＝ ALI/2.4×10^3（貝克／立方公尺）② DAC ＝（2.0×10^3）ALI（貝克／立方公尺）③ DAC ＝ ALI/50（貝克／立方公尺）④ DAC ＝ ALI/2.0×10^3（貝克／立方公尺））。【93.2. 放射師檢覈、95.2. 輻防師法規】

40.【3】以國際單位制為準，1 ALI ＝ 多少 DAC？（① 2.0×10^{-3} ② 2.0×10^3 ③ 2.4×10^3 ④ 2.4×10^{-3}）。註：ALI ＝ 年攝入限度，DAC ＝ 推定空氣濃度。【92.2. 輻安證書法規】

41.【2】空浮銫 137，其吸入的年劑量限度為 6×10^6 Bq，推定空氣濃度為何？（① 3.5×10^3 Bq/m^3 ② 2.5×10^3 Bq/m^3 ③ 4.5×10^3 Bq/m^3 ④ 1.5×10^3 Bq/m^3）。【91.1. 操作初級基本】

42.【1】已知 ^{137}Cs 的吸入 ALI ＝ 6×10^6 Bq，請問 ^{137}Cs 的 DAC（Bq/m3）為：（① 2.5×10^3 ② 4.8×10^3 ③ 2.5×10^4 ④ 4.8×10^4）。【92.2. 放射師檢覈】

43.【1】某一放射性核種之年攝入限度（ALI）為 4.8×10^6 Bq，則其推定空氣濃度（DAC）為多少 Bq/m^3？（① 2.0×10^3 ② 4.8×10^3 ③ 4.8×10^6 ④ 1.2×10^{10}）。【94.2. 放射師專技高考】

44.【1】若空浮 ^{137}Cs 的推定空氣濃度 DAC 為 2500 Bq/m^3，則其年攝入限度 ALI 為何？（① 6×10^6 Bq ② 3×10^6 Bq ③ 6×10^5 Bq ④ 3×10^5 Bq）。【91.2. 操作初級專業設備】

45.【3】某一核種之推定空氣濃度（DAC）為 5×10^2 Bq/m^3，則其年攝入限度（ALI）為：（① 5×10^2 Bq ② 6.0×10^5 Bq ③ 1.2×10^6 Bq ④ 2.4×10^6 Bq）。【93.1. 放射師檢覈】

46.【1】若某一放射性核種之推定空氣濃度（DAC）為 2×10^3 Bq/m^3，則其年攝入限度（ALI）為多少貝克？（① 4.8×10^6 ② 4.0×10^6 ③ 1.00 ④ 0.83）。

47.【2】某人曝露於 40 DAC-hr 環境下，請問相當於接受若干 ALI？（① 0.2 ② 0.02 ③ 0.4 ④ 0.04）。【88.1. 輻防中級基本】

48.【1】某人今年接受 50 DAC-h，它相當於若干 ALI？（① 0.025 ② 0.05 ③ 0.25 ④ 0.5）。【89.3. 輻防中級基本】

49.【2】我國游離輻射防護安全標準附表述及的放射性核種管制限度中（①年攝入限度（ALI）係由空氣懸浮體之活度平均數空氣動力學直徑來定②排放物濃度針對水與空氣③推定空氣濃度（DAC）適用於一般人之管制④若活度不超過豁免管制量，可將放射性物質加入於玩具中）。【90.1. 輻防高級】

50.【4】於計算水中或空氣排放濃度的公式中，為針對一般人的年齡差異作調整，故須除以下列哪一值？（① 50 ② 10 ③ 5 ④ 2）。【96.2. 輻防師法規】

51.【2】依原能會建議，洗滌廢水可排放的依據是要小於（①排放限度②水中排放物濃度③推定濃度④攝入限度）。【91.2. 操作初級專業非密封】

52.【4】放射性物質的排放可能間接污染飲用水或灌溉用水系統時，其排放濃度應以下列何種限值來管制？（①最大許可濃度②年攝入限度③污水下水道排放物濃度④水中排放物濃度）。【93.2. 放射師檢覈】

53.【2】某人於操作 ^{3}H 標幟物時，不慎吸入 0.1 kBq 的 ^{3}H，則其所造成的約定有效劑量（committed effective dose equivalent, CEDE）為何？[3H 的劑量轉換因數（DCF）為 1.73×10^{-11} Sv/Bq]：（① 0.173 nSv ② 1.73 nSv ③ 17.3 nSv ④ 173 nSv）。【94.2. 放射師檢覈】

54.【1】若一空浮放射性物質，其吸入的劑量轉換係數（DCF）為 6.7×10^{-9} Sv/Bq，則其推定空氣濃度為（① 3.11×10^3 Bq/m^3 ② 3.11×10^4 Bq/m^3 ③ 3.11×10^5 Bq/m^3 ④ 3.11×10^6 Bq/m^3）。【97.1. 輻防師專業】

55.【1】某工作人員意外受到 6000 Bq 的 ^{32}P 溶液濺灑到 15 cm^2 的皮膚，請問受污染皮膚的劑量率為何？ DCF（^{32}P, 皮膚）＝ 3.47×10^{-6} Gy cm^2 h^{-1} Bq^{-1}。（① 1.39 mGy h^{-1} ② 8.68 mGy h^{-1} ③ 25.9 mGy h^{-1} ④ 312.3 mGy h^{-1}）。【98.1. 輻防員專業】

56.【3】一般人之個人嚥入劑量轉換因數（西弗／貝克）共分為幾個年齡群？（①3 個② 4 個③ 6 個④ 10 個）。【98.1. 輻防師法規】

57.【1】排放物濃度是依據職業人員之年攝入限度所推導，而其中年劑量限值是以（① 1 mSv ② 5 mSv ③ 30 mSv ④ 50 mSv）來計算。【90.1. 操作初級基本】

58.【4】氣態瀰漫核種對於健康的危害，主要是什麼引起的？（①肺劑量②支氣管劑量③生殖腺劑量④體外曝露之劑量）。【87.2. 輻防高級基本】

59.【2】氣態瀰漫以何種曝露為主要限制？（①體內曝露②體外曝露③慢性曝露④急性曝露）。【91.1. 操作初級基本】

60.【4】氣態瀰漫之核種，主要曝露途徑為何？（①嚥入②吸入③皮膚吸收④體外曝露）。【95.1、96.1.、96.2. 輻安證書法規】

61.【1】那一氣體造成的人員曝露屬於氣態瀰漫？（①氫氣②碘氣③氯氣④溴氣）。【89.2. 輻防中級基本】

2.75 ｜輻射量與單位

1.【4】貝克（Bq）是什麼單位？（① exposure ② dose equivalent ③ absorbed dose ④ activity）。【97.2. 放射師專技高考】

2.【2】吸收劑量的國際制單位為：（①焦耳・秒②焦耳／千克③焦耳・千克④爾格／秒）。【97.2. 放射師專技高考】

3.【3】吸收劑量的國際單位為：（①西弗②貝克③戈雷④雷得）。【97.2. 輻防員法規】

4.【2】下列何者為戈雷(Gy)的單位？（① Bq s ② J/kg ③ Sv ④ C/kg）。【97.2. 輻安證書專業】

5.【2】下列何者是吸收劑量的單位？（① C/kg ② Gy ③ rem ④ Sv）。【98.1. 輻安證書專業】

6.【1】下列何者為吸收劑量的單位？（① Gy（J/kg）② Sv（J/kg）③

exposure（C/kg）④ Bq（disintegration/s））。【98.2. 放射師專技高考】

7.【1】 等價劑量的單位為：（①西弗②貝克③戈雷④侖琴）。【98.1. 輻安證書法規】

8.【1】 下列量與單位之組合何者正確？（①線性能量轉移 keV · μm^{-1} ②等價劑量 J · s^{-1} ③衰變常數 s ④曝露量 C · kg）。【89.2. 操作初級基本、92.2. 輻安證書專業】

9.【4】 下列量與單位之組合，何者正確？（①等價劑量 J s^{-1} ②衰變常數 s ③暴露量 C kg ④線性能量轉移 keV μm^{-1}）。【93.2. 放射師檢覈】

10.【3】 下列量與單位相互間的組合何者為正確？（①曝露量—— Gy kg^{-1} ②蛻變常數—— s^{-1} kg ③碰撞截面積—— m^2 ④吸收劑量—— Sv）。【89.2. 操作初級基本】

11.【2】 下列那一組物理量何其單位是正確的？（①暴露量：西弗②吸收劑量：戈雷③活度：公斤 / 庫侖④等價劑量：貝克）。【90.1. 操作初級選試設備】

12.【2】 吸收劑量與人員深部等價劑量的國際制單位分別為：（①雷得與侖目②戈雷與西弗③貝克與西弗④戈雷與侖琴）。【94.2. 放射師專技高考】

13.【2】 下列的組合，錯誤者為何？（① 20 fBq = 2×10^{-2} pBq ② 100 μSv · MBq^{-1} · h^{-1} = 10 pSv · Bq^{-1} · h^{-1} ③ 100 fm^2 = 10^{-13} m^2 ④ 0.1 nJ · kg^{-1} = 10^2 pGy）。【93.2. 放射師專技高考】

14.【3】 下列何者為錯誤？（① 1 Gy = 100 rad ② 1 mSv = 0.1 rem ③ 1 rem = 1 rad ④ 1 rem = 10 mSv）。【88.1. 輻防初級基本】

15.【4】 下列的單位與數量之關係何者為誤？（① 1 Ci = 3.7×10^{10} Bq ② 1 rad = 10^{-2} Gy ③ 1 Gy = 1 J kg^{-1} ④ 1 Sv = 10 rem）。【93.1. 輻安證書專業】

16.【4】 下列各項之單位何者有誤？（①年攝入限度：貝克②推定空氣濃度：貝克 / 立方公尺③吸收劑量：戈雷④集體有效劑量：西弗）。【95.2. 輻安證書法規】

17.【2】 下列各名詞單位何者錯誤？（①活度：貝克②吸收劑量：西弗③等價劑量：西弗④集體有效劑量：人西弗。）。【96.2. 輻安證書法規】

18.【4】在規範輻射的機率效應時,其所用的物理量及單位何者正確?(①物理劑量/戈雷②有效劑量/雷得③等價劑量/侖目④有效劑量/西弗)。【94.2. 放射師檢覈】

2.76 │放射性物質與可發生游離輻射設備及其輻射作業管理辦法

1.【2】掩蔽、疏散、製造鈷 60 射源、運送放射性物質、安裝 X 光機等活動中,屬於輻射作業的共有幾項:(① 2 項② 3 項③ 4 項④ 5 項)。【97.1. 輻防師法規】

2.【4】將放射性核種加入其他物質結合,使成為放射性化合物之過程,稱為:(①改善②污染③改裝④標誌)。【93.1. 輻安證書法規、95.1.、97.1.、97.2. 輻防師法規、96.1. 輻防員法規】

3.【4】依法規規定可發生游離輻射設備加速電壓值大於多少伏特為高強度輻射設施?(①五百萬②一千萬③二千萬④三千萬)。【93.2. 放射師檢覈】

4.【3】使用可發生游離輻射設備之加速電壓值大於下列何值,始被視為高強度輻射設施?(① 3000 kV ② 300 MV ③ 30 MV ④ 3000 TBq)。【94.2. 輻防員法規、98.1. 輻防師法規】

5.【3】使用可發生游離輻射設備粒子能量大於多少 MeV 以上,始被視為高強度輻射設施?(① 10 ② 20 ③ 30 ④ 40)。【95.1.、95.2. 輻防師法規、97.1. 輻安證書法規】

6.【1】依「放射性物質與可發生游離輻射設備及其輻射作業管理辦法」規定,使用密封放射性物質活度大於多少貝克之設施,屬於高強度輻射設施?(① 1000 TBq ② 1000 GBq ③ 100 GBq ④ 100 MBq)。【96.1. 輻防員法規、97.2. 輻防師法規】

7.【2】使用密封放射性物質活度大於 X 貝克之設施即被列為高強度輻射設施。此 X 值為?(① 1000 億② 1000 兆③ 1000 萬④ 100 億)。【95.1. 輻防

員法規、95.2. 輻防師法規】

8.【1】依放射性物質與可發生游離輻射設備及其輻射作業管理辦法第二條第五款之規定，下列何者屬於高強度輻射設施？（①含鈷六十之活度為一千二百兆貝克（1200 TBq）之照射場②一般醫療用之骨質密度儀③含鋂二四一之活度為一千萬貝克（10 MBq）之毒氣偵檢器④粒子能量為一千萬電子伏（10 MeV）之直線加速器）。【92.1. 輻防師法規】

9.【4】放射性物質與可發生游離輻射設備及其輻射作業管理辦法第 4 條規定，下列何者不具備申請輸入、轉讓或輸出放射性物質或可發生游離輻射設備之資格？（①學術研究機構②醫療院所③政府機關④一般個人）。【92.1. 輻安證書法規】

10.【3】放射性物質與可發生游離輻射設備及其輻射作業管理辦法第 14 條規定，放射性物質、設備等輸入、輸出、過境、轉口許可之有效期限為：（① 1 個月② 3 個月③ 6 個月④ 12 個月）。【94.2.、96.2.、97.2. 輻防師法規、96.2. 輻安證書法規】

11.【3】輸入、轉讓、輸出、過境或轉口許可之有效期限為（① 1 個月② 3 個月③半年④ 1 年）。【95.2. 輻防員法規、98.1. 輻防師法規】

12.【4】游離輻射防護法將放射性物質及可發生游離輻射設備分那三類？（①執照、登記、豁免②高強度、中強度、低強度③高活度、中活度、低活度④許可、登記備查、豁免）。【92.2. 輻防師法規】

13.【3】非密封放射性物質的活度在豁免管制量多少倍以下者，應向主管機關申請登記備查？（① 10000 倍② 1000 倍③ 100 倍④ 10 倍）。【98.1. 輻防員法規】

14.【2】依放射性物質與可發生游離輻射設備及其輻射作業管理辦法第 16 條規定，放射性物質在儀器內形成一組件，若其活度為豁免管制量的 X 倍以下，且在正常操作情況下，表面 5 公分處之劑量率低於 Y 微西弗／小時者，須申請登記備查。其 X、Y 分別為？（① 1000,1 ② 1000,5 ③ 10000,1 ④ 10000,5）。【95.1、96.1. 輻防師法規】

15.【2】依放射性物質與可發生游離輻射設備及其輻射作業管理辦法第 17 條規定，行李檢查 X 光機在正常使用狀況下，其可接近表面 5 公分處劑量率為每小時若干微西弗以下者，應向主管機關申請登記備查？（① 1 ② 5 ③ 10 ④ 50）。【95.2. 輻防員法規、96.1. 輻安證書法規】

16.【1】行李檢查 X 光機在正常使用下，其可接近表面 5 公分處劑量率多少以下者，應向主管機關申請登記備查？（① 5 μSv/h ② 0.5 μSv/h ③ 0.5 mSv/h ④ 1.0 mSv/h）。【96.2. 輻安證書法規】

17.【2】有一骨質密度儀，其在正常使用狀況下，表面五公分處劑量率為 3 微西弗 / 小時，請問應向主管機關申請（①許可證②登記備查③運轉證書④豁免管制）。【93.2. 輻安證書法規】

18.【2】有一櫃型 X 光機，其在正常使用狀況下，表面五公分處劑量率為 3 微西弗 / 小時，請問應向主管機關申請：（①許可證②登記備查③運轉證書④豁免管制）。【97.2. 輻安證書法規】

19.【2】使用之行李檢查 X 光機在正常使用狀況下，距其可接近表面多遠處之劑量率在每小時 5 微西弗以下者，應向主管機關申請登記備查？（① 10 公分② 5 公分③ 20 公分④ 1 公尺）。【98.1. 輻防員法規】

20.【2】依「放射性物質與可發生游離輻射設備及其輻射作業管理辦法」規定，使用之行李檢查 X 光機在正常使用狀況下，其可接近表面 X 公分處劑量率為每小時 Y 微西弗以下者，應向主管機關申請登記備查。其中 X、Y 各為（① 5、1 ② 5、5 ③ 10、1 ④ 10、5）。【94.2. 輻防員法規】

21.【4】公稱電壓在多少 kV 以下之可發生游離輻射設備，應向主管機關申請登記備查？（① 50 ② 75 ③ 125 ④ 150）kV。【98.1. 輻防員法規】

22.【2】某單位有一部固定型十三萬伏公稱電壓之可發生游離輻射設備，它是屬於那類？（①豁免管制②登記備查③許可④高強度輻射設施）。【92.2. 輻防師法規】

23.【2】依放射性物質與可發生游離輻射設備及其輻射作業管理辦法之規定，醫院之固定型 X 光機，其公稱電壓為 300 kV，應向主管機關申請：（①登

記備查②許可證③高強度設施使用許可證④輻射安全證書)。【96.1. 放射師專技高考】

24.【2】某醫院有一台 15 MV 之直線加速器,它是屬於:(①高強度輻射設施②許可類③登記備查類④豁免管制類)。【92.2. 輻防員法規、96.1.、97.2. 輻安證書法規】

25.【2】某單位有一部固定型 20 萬伏公稱電壓之可發生游離輻射設備,它是屬於(①高強度輻射設施②許可類③登記備查④豁免管制)。【95.1. 輻安證書法規】

26.【1】依「放射性物質與可發生游離輻射設備及其輻射作業管理辦法」規定,下列何者是屬於許可類?(①移動型 X 光機②能量大於 100 kVp 之固定型 X 光機③能量大於 120 kVp 之固定型 X 光機④活度大於豁免管制量 10 倍之放射性物質)。【92.2. 輻防員法規】

27.【4】依「放射性物質與可發生游離輻射設備及其輻射作業管理辦法」規定,可發生游離輻射設備粒子能量大於多少之設施,屬於高強度輻射設施?(① 150 keV ② 10 MeV ③ 25 MeV ④ 30 MeV)。【97.2. 輻防員法規】

28.【1】密封放射性物質按其對人體健康及環境之潛在危害程度可分為五類,依放射性物質與可發生游離輻射設備及其輻射作業管理辦法第 18 條規定,使用第幾類之密封放射性物質者,應提送保安措施說明文件?(①第 1、2 類②第 2、3 類③第 3、4 類④第 4、5 類)。【97.2. 輻防員法規、98.1. 輻防師法規】

29.【2】密封放射性物質按其對人體健康及環境之潛在危害程度可分為五類,欲使用第五類密封放射性物質者,應向主管機關申請:(①豁免管制②登記備查③使用許可證④高強度輻射設施操作許可)。【97.2. 輻防師法規】

30.【2】密封放射性物質按其對人體健康及環境之潛在危害程度,已經將各核種依其活度由於區分為幾類?(① 4 類② 5 類③ 7 類④ 9 類)。【98.1. 輻防員法規】

31.【2】依放射性物質與可發生游離輻射設備及其輻射作業管理辦法第 21 條

規定，輻射設備之使用許可證之有效期限最長為多少年？（① 3 ② 5 ③ 10 ④ 15）。【93.2. 放射師檢覈、97.1. 輻安證書法規】

32.【4】主管機關核發之放射性物質或可發生游離輻射設備之持有許可證，有效期限為（① 1 年② 2 年③ 3 年④ 5 年）。【96.2.、98.1. 輻安證書法規】

33.【2】放射性物質、設備之使用許可證與生產製造許可證有效期分別為 A: 5 年，B: 6 年，C: 10 年，D: 15 年。（① A 和 B ② A 和 C ③ B 和 C ④ B 和 D）。【94.2. 輻防師法規】

34.【3】放射性物質與可發生游離輻射設備及其輻射作業管理辦法第 21 條規定，依放射性物質與可發生游離輻射設備及其輻射作業管理辦法之規定，設施經營者於換發使用許可證或使用登記備查時，應檢附最近多久內的測試報告？（① 6 個月② 3 個月③ 30 日④ 7 日）。【95.1. 輻安證書法規】

35.【4】放射性物質與可發生游離輻射設備及其輻射作業管理辦法第 28 條規定，使用高強度輻射設施者，申請安裝許可時，實施作業場所輻射安全評估，其內容不包括下列何者？（①場所平面圖及屏蔽規劃②設施輻射劑量評估及防護措施③放射性污染物處理措施④場所外環境輻射監測計畫）。
【96.2. 輻防師法規】

36.【2】放射性物質與可發生游離輻射設備及其輻射作業管理辦法第 35 條規定，放射性物質或可發生游離輻射設備需停止使用者，提出申請後，經主管機關審查合格，發給的停用許可有效期間最長為多久？（① 1 年② 2 年③ 3 年④ 5 年）。【97.1.、98.1. 輻安證書法規】

37.【3】放射性物質與可發生游離輻射設備及其輻射作業管理辦法第 37 條規定，經核准以放射性廢棄物處理之放射性物質，須於多久之內將放射性廢棄物運送至合法的接收單位？（① 1 個月② 2 個月③ 3 個月④ 6 個月）。
【94.2.、98.1. 輻防員法規、95.2. 輻安證書法規】

38.【3】設施經營者於放射性物質永久停止使用，而以放射性廢棄物處理時，經主管機關核准後，設施經營者應於幾個月內，將放射性廢棄物運送至接收單位。於完成接收後三十日內，檢送輻射作業場所偵測證明及接收文

件，送主管機關備查。（① 1 ② 2 ③ 3 ④ 6）。【96.1. 輻防員法規】

39.【4】放射性物質永久停止使用並以放射性廢棄物處理時，設施經營者在經主管機關核准後應於 X 個月內將該放射性廢棄物運到接收單位，並於 Y 日內將接收文件送主管機關備查。其 X、Y 分別為？（① 6，30 ② 6，60 ③ 12，60 ④ 3，30）。【95.1. 輻防師法規】

40.【2】依放射性物質與可發生游離輻射設備及其輻射作業管理辦法第 42 條規定，申請放射性物質或可發生游離輻射設備之展示許可，其展示期間不得超過多久？（① 1 個月 ② 2 個月 ③ 3 個月 ④ 6 個月）。【96.2.、97.2. 輻防師法規】

41.【3】依放射性物質與可發生游離輻射設備及其輻射作業管理辦法第 47 條規定，放射性物質或可發生游離輻射設備之輻射安全測試及密封放射性物質擦拭測試，應由經主管機關認可之輻射防護偵測業務者或設施經營者指定之（①輻射工作人員②領有輻射安全證書之工作人員③輻射防護人員④輻射防護包商）為之。【95.2. 輻防員法規】

42.【2】放射性物質與可發生游離輻射設備及其輻射作業管理辦法第 50 條規定，使用非密封放射性物質者，每年應就排放之廢水取樣至少幾次，並偵測分析其核種？（① 1 ② 2 ③ 4 ④ 6）。【95.1.、98.1. 輻安證書法規、95.2. 輻防師法規、98.1. 輻防員法規】

43.【2】若有使用非密封放射性物質者，其經營者須每年就排放之廢水取樣至少幾次，並偵測分析其核種？（① 1 次 ② 2 次 ③ 4 次 ④ 6 次）。【94.2.、96.1. 輻防員法規、96.2.、97.1. 輻安證書法規】

44.【2】輻射工作場所有排放放射性廢氣、廢水者，每年需申報 X 次排放紀錄。X 值為：（① 1 次 ② 2 次 ③ 3 次 ④ 4 次）。【98.1. 輻防師法規】

45.【1】放射性物質與可發生游離輻射設備及其輻射作業管理辦法第 51 條規定，設施經營者對放射性物質及可發生游離輻射設備，每（①半年②一年③二年④三年）應查核料帳及使用現況，查核紀錄並應留存備查。【91.2. 放射師檢覈】

46.【4】放射性物質使用或持有許可證、登記備查者，必須每隔多久自行檢查其料帳及使用現況，檢查紀錄須留存備查？（①1個月②2個月③3個月④半年）。【95.1.、96.2. 輻防師法規】

47.【3】設施經營者對不屬豁免管制之放射性物質或可發生游離輻射設備，多久應查核其料帳及使用現況一次，查核紀錄並應留存備查？（①1個月②3個月③半年④1年）。【96.1.、97.2. 輻安證書法規】

48.【1】放射性物質與可發生游離輻射設備及其輻射作業管理辦法第52條規定，使用或持有密封放射性物質之設施經營者，應每隔多久向主管機關申報使用或持有動態？（①1個月②2個月③3個月④4個月）。【95.1.、97.2.、98.1. 輻防員法規、95.1、96.2. 放射師專技高考、96.2. 輻安證書法規】

49.【1】使用或持有密封放射性物質者須每隔多久要透過網際網路方式向主管機關申報持有或使用動態？（①1個月②3個月③6個月④12個月）。【94.2. 輻防師法規、95.2. 輻安證書法規、96.2. 輻防師法規】

50.【1】使用或持有（①密封放射性物質②非密封放射性物質③可發生游離輻射設備④高強度輻射設備）之設施經營者，每月應於規定期間內，向主管機關申報前月之使用或持有動態，並得以網際網路方式辦理。【96.1.、97.2. 輻安證書法規】

51.【1】使用或持有下列何者之設施經營者，應於每月一日至十五日之期間內，向主管機關申報前月之使用或持有動態，此項申報作業，得以網際網路方式辦理：（①密封放射性物質②非密封放射性物質③可發生游離輻射設備④核子反應器）。【97.1. 輻安證書法規】

52.【3】依放射性物質與可發生游離輻射設備及其輻射作業管理辦法第54條規定，半衰期小於多少天之密封射源，可免擦拭測試？（①10②20③30④50）。【92.1. 放射師專技高考】

53.【4】毒氣偵檢器中所含之鋂241之擦拭測試，設施經營者應多久實施一次？（①半年②1年③2年④3年）。【97.2. 輻防員法規】

54.【4】有一顆工業用密封加馬射源，活度大於 3.7 百萬貝克（3.7 MBq），依
規定須每隔多久做一次擦拭測試？（①每月②每 3 個月③每 6 個月④每年）。
【98.1. 輻防員法規】

55.【3】遙控後荷式放射治療設備所使用之 Ir-192 密封射源，必須每隔多久作
一次擦拭測試？（①每月②每季③每半年④每年）。【98.1. 輻防師法規】

56.【4】依放射性物質與可發生游離輻射設備及其輻射作業管理辦法第 54 條
規定，有關設施經營者實施密封放射性物質之擦拭測試，下列何者正確？
（①氣態密封放射性物質為半年實施 1 次②遠隔治療設備、遙控後荷式治療
設備用之密封放射性物質為每年實施 1 次③液態閃爍計數器中供校正用密
封放射性物質為每 2 年實施 1 次④毒氣偵檢器中所含之鋂 241 為每 3 年實
施 1 次）。【96.2. 輻防師法規】

57.【2】依放射性物質與可發生游離輻射設備及其輻射作業管理辦法規定，
下列何者之年度偵測項目應包含擦拭測試？（①醫用治療型 X 光機②密封
放射性物質③非密封放射性物質作業場所④非醫用可發生游離輻射設備）。
【95.2. 輻防員法規】

58.【1】領有許可證之非醫用可發生游離輻射設備之年度偵測項目中不包含下
列何者？（①擦拭測試②安全連鎖功能測試③管制區、監測區四週之輻射
劑量（率）④儀器裝備或防護屏蔽外四週之輻射劑量（率））。【96.1. 輻防師
法規】

59.【1】遠隔治療設備、遙控後荷式治療設備用的密封放射性物質之擦拭報告
應為：（①半年實施一次②每年實施一次③每二年實施一次④每三年實施一
次）。【94.2. 放射師檢覈】

60.【1】設施經營者依規定實施密封放射性物質擦拭測試，結果大於（① 185
② 370 ③ 555 ④ 740）貝克者，應即停止使用，並於七日內向主管機關申報。
【97.1. 輻安證書法規】

61.【3】實施密封放射性物質擦拭測試結果大於 X 貝克者，設施經營者應即
停止使用，並於 Y 日內向主管機關申報。請問 X、Y 各為何？（① 185、3

② 370、3 ③ 185、7 ④ 370、7）。【95.2. 輻防師法規】

62.【2】依據九十七年七月十一日修正之「放射性物質與可發生游離輻射設備及其輻射作業管理辦法」第五十五條之規定，測試報告、擦拭報告、廢水樣品偵測紀錄及工作場所偵測紀錄，應保存幾年？（① 10 ② 5 ③ 3 ④ 1）。【94.1. 放射師檢覈、95.2.、97.2. 輻防員法規、97.2.、98.1. 輻安證書法規、97.2.、98.1. 輻防師法規】

63.【3】醫療院所的輻射安全測試報告、擦拭報告、廢水樣品偵測紀錄及工作場所偵測紀錄，應保存幾年？（① 1 ② 3 ③ 5 ④ 10）。【94.2. 放射師檢覈】

2.77 | 輻射防護管理組織及輻射防護人員設置標準、輻射防護人員管理辦法

1.【2】依據「輻射防護管理組織及輻射防護人員設置標準」之規定，放射性照相檢驗業者使用或持有可發生游離輻射設備或放射性物質之機具達十一至十五部規模者，應至少配置輻射防護員（①一名②二名③三名④五名）。【93.2. 輻防員法規】

2.【3】某一醫院設置九部 X 光機從事放射診斷業務，並無放射治療或核子醫學業務，則應設置多少位輻防員？（① 2 位② 3 位③ 0 位④ 1 位）。【94.2.、96.2. 輻防師法規】

3.【1】放射線照相檢驗業使用或持有可發生游離輻射設備或放射性物質之機具達二十一部以上者，應至少配置輻射防護師 X 名、輻射防護員 Y 名。請問 X = ？ Y = ？（① X = 1，Y = 3 ② X = 1，Y = 5 ③ X = 2，Y = 3 ④ X = 2，Y = 5）。【93.1、96.1. 輻防師法規】

4.【1】從事放射診斷及放射治療兩項業務之醫院，須各設置至少幾名輻防師及輻防員？（① 1 人，1 人② 0 人，1 人③ 1 人，3 人④ 1 人，2 人）。【94.2. 輻防員法規】

5.【3】醫療院所從事放射診斷、核子醫學、放射治療三項診療業務者，至少

應配置多少輻射防護人員？（①二名輻射防護員②一名輻射防護師與一名輻射防護員③一名輻射防護師與二名輻射防護員④二名輻射防護師與一名輻射防護員）。【92.2. 放射師檢覈、97.1. 輻防師法規】

6.【4】醫療院所從事含放射診斷、核子醫學、放射治療等 3 項診療業務者應至少配置輻防員 X 名及輻防師 Y 名。此 X,Y 各為：（① 1,1 ② 1,2 ③ 2,2 ④ 2,1）。【98.1. 輻防師法規】

7.【2】某醫療機構設有放射診斷、核子醫學、放射治療三項業務之外並設有迴旋加速器，該機構應至少配置輻防師 X 名，輻防員 Y 名。其 X、Y 值分別為？（① 2，3 ② 2，2 ③ 2，4 ④ 1，3）。【95.1.、95.2. 輻防師法規】

8.【3】生產放射性物質機構，至少配置（①輻射防護師 1 名②輻射防護員 1 名③輻射防護師與輻射防護員各 1 名④輻射防護師 1 名、輻射防護員 3 名）。【96.2. 輻防員法規】

9.【4】下列敘述何者正確？（①僅從事放射治療業務者，至少配置輻射防護員 1 名②僅從事放射診斷業務者，且設有 10 部 X 光機以上者，應至少配置輻射防護師 1 名③放射線照相檢驗業使用或持有可發生游離輻射設備或放射性物質之機具 11 至 15 部規模者，應至少配置輻射防護員 3 名④製造可發生游離輻射設備機構至少配置輻射防護員 1 名）。【96.1. 輻防師法規】

10.【3】下列有關醫療院所應配置之輻射防護人員，何者正確？（①僅從事放射治療業務者，至少配置輻射防護員 1 名②僅從事核子醫學業務者，至少配置輻射防護師 1 名③僅從事放射診斷業務，設有 10 部 X 光機以上者，應至少配置輻射防護員 1 名④從事放射診斷、核子醫學、放射治療三項診療業務者，至少配置輻射防護師 1 名、輻射防護員 1 名）。【96.2. 輻防師法規】

11.【1】依據「輻射防護管理組織及輻射防護人員設置標準」附表二之規定，事業類別屬於其他，登記備查及許可證登載之密封放射性物質活度總和達 X 貝克以上，未達 Y 貝克者，至少配置輻射防護員一名，請問 X = ？ Y = ？（① X = 1×10^{12}，Y = 1×10^{15} ② X = 1×10^{13}，Y = 1×10^{16} ③ X = 1 ×

10^{14}，$Y = 1 \times 10^{17}$ ④ $X = 1 \times 10^{15}$，$Y = 1 \times 10^{18}$）。【93.1. 輻防員法規】

12.【4】依輻射防護管理組織及輻射防護人員設置標準第十一條的規定，輻射防護人員不足設置標準時，設施經營者應即補足。設施經營者內無適當人選時，得報經行政院原子能委員會核准後，聘請從事輻射防護偵測業務機構向行政院原子能委員會報備之輻射防護人員兼任之。兼職期間每次不得超過多久？（①一個月②三個月③六個月④十二個月（一年））。【92.1. 輻防員法規、92.2. 放射師專技高考】

13.【2】輻射防護人員不足設置標準時，設施經營者得報經主管機關核准後，聘用兼職輻射防護人員，兼職期間每次不得超過：（①半年②一年③一年半④二年）。【94.1. 放射師檢覈】

14.【1】依輻射防護管理組織及輻射防護人員設置標準之規定，兼職輻射防護人員於同一期間以兼任幾家為限？（①一家②二家③三家④四家）。【95.1. 輻防師法規】

15.【2】依輻射防護管理組織及輻射防護人員設置標準第 12 條的規定，輻射防護管理委員會多久至少應開會一次？（①一年②半年③三個月④一個月）。【92.1. 輻防師法規、93.2.、97.1. 輻安證書法規、97.2. 輻防員法規】

16.【2】輻射防護管理委員會的委員中至少需含幾名專職輻防人員？（① 1 名② 2 名③ 3 名④ 4 名）。【97.1. 輻防員法規】

17.【4】輻射防護管理委員會至少要 X 位委員以上組成，且其中至少要含 Y 位專職輻防人員。其 X、Y 值分別為？（① 10，5 ② 5，2 ③ 5，3 ④ 7，2）。【96.1. 輻防員法規】

18.【3】輻射防護管理委員會的委員至少要多少人？且其中至少含幾名專職輻防人員？（① 5 人，1 人② 7 人，1 人③ 7 人，2 人④ 7 人，3 人）。【94.2. 輻防員法規、95.2. 輻防師法規】

19.【4】輻射防護管理委員會應至少每 X 個月開會一次，會議紀錄應至少保存 Y 年備查。請問 X、Y 各為何？（① 3、1 ② 6、1 ③ 3、3 ④ 6、3）。【94.2. 輻防師法規、96.1. 輻安證書法規、96.2. 輻防員法規、96.2. 輻防師法規】

20.【4】國內外專科以上理、工、醫、農科系畢業，曾修習幾學分以上之輻射防護相關科目持有學分證明，經員級專業測驗及格後，再接受六個月以上輻射防護工作訓練者，得申請輻射防護員認可？（①二學分②三學分③四學分④六學分）。【94.1. 放射師檢覈】

21.【2】大學校院理、工、醫、農科系以上畢業，經員級專業測驗及格者，再接受多少個月以上時間之輻射防護工作訓練後，得申請輻射防護員認可？（①1個月②3個月③6個月④1年）。【97.2. 輻防員法規】

22.【2】國內外專科以上輻射防護相關科系畢業，經員級專業測驗及格後，再接受多久以上的輻射防護工作訓練者，得申請輻射防護員認可？（①3個月②6個月③1年④2年）。【92.2. 放射師檢覈】

23.【4】依據輻射防護人員管理辦法第3條規定，國內外高中（職）畢業，曾接受 X 小時以上之輻射防護人員專業訓練持有結業證書，經員級專業測驗及格後，再接受 Y 個月以上輻射防護工作訓練者，得申請輻射防護員認可。（① X = 90，Y = 6 ② X = 90，Y = 9 ③ X = 108，Y = 6 ④ X = 108，Y = 9）。【93.1. 輻防員法規】

24.【1】申請輻防員認可資格中，若是高中（職）畢業學歷者，則須先接受 X 小時以上輻防人員專業訓練結業，經員級測驗合格後，再接受 Y 個月以上輻防工作訓練。其 X、Y 值分別為？（① 108，9 ② 144，6 ③ 108，9 ④ 144，6）。【95.1. 輻防員法規】

25.【3】某人係專科畢業，要成為員級輻射防護人員之前須先接受 X 小時輻射防護人員專業訓練，經員級專業測驗及格，還須接受 Y 個月輻射防護工作訓練。X，Y 各為：（① 108，3 ② 144，3 ③ 108，6 ④ 144，6）。【98.1. 輻防員法規】

26.【4】某人具專科畢業學歷，他（她）要成為輻防師之前，須先受 X 小時以上輻防人員專業訓練結業、經師級測驗合格後，再接受 Y 個月以上輻防工作訓練。其 X、Y 值分別為？（① 108，9 ② 108，6 ③ 144，9 ④ 144，6）。【95.1. 輻防師法規】

27.【1】有關輻射防護師申請認可之資格，下列敘述何者正確？（①大學校院以上輻射防護相關科系畢業，經師級專業測驗及格後，再接受 3 個月以上輻射防護工作訓練者②專科理、工、醫、農科系以上畢業，曾修習 8 學分以上之輻射防護相關課程持有學分證明或接受輻射防護人員專業及進階訓練達 144 小時以上持有結業證書，經師級專業測驗及格後，再接受 3 個月以上輻射防護工作訓練者③具有輻射防護員資格，曾修習 4 學分以上之輻射防護相關課程持有學分證明者④具有輻射防護員資格期間，從事有關輻射防護實務工作 5 年以上者）。【96.1. 輻防師法規】

28.【4】依據輻射防護人員管理辦法第 4 條之規定，輻射防護員認可所需之輻射防護工作訓練證明文件須經何人簽章？（①輻射防護員本人②輻射防護員本人之直屬長官③行政院原子能委員會輻射防護處處長④設施經營負責人或雇主）。【93.1. 輻防員法規、94.1. 放射師檢覈】

29.【4】依現行輻射防護人員管理辦法第 6 條規定，輻射防護人員認可證書其有效期限為多久？（① 3 年② 4 年③ 5 年④ 6 年）。【92.1. 放射師檢覈】

30.【4】輻射防護人員認可證書之有效期限為幾年？（① 2 ② 3 ③ 5 ④ 6）。【92.2. 放射師檢覈】

31.【4】依輻射防護人員管理辦法第 7 條規定，換發輻射防護員認可證書者，須檢具認可證書有效期限內之輻射防護相關繼續教育積分至少（① 108 ② 90 ③ 80 ④ 72）點以上。【96.1. 輻防員法規】

32.【2】申請換發輻射防護員級認可證書者，應填具申請表，並檢具認可證書有效期限內參加輻防學術活動或繼續教育之證明文件，向主管機關提出申請：所指學術活動或繼續教育之積分為多少點以上？（① 36 點② 72 點③ 96 點④ 108 點）。【96.1. 輻防師法規、97.2.、98.1. 輻防員法規】

33.【3】輻射防護員之換發為若干積點以上？（①五年內為 72 點②五年內為 96 點③六年內為 72 點④六年內為 96 點）。【92.2. 輻防員法規】

34.【3】申請換發輻射防護師級認可證書者，應填具申請表，並檢具認可證書有效期限內參加輻防學術活動或繼續教育之證明文件，向主管機關提出申

請：所指學術活動或繼續教育之積分為多少點以上？（① 36 點 ② 72 點 ③ 96 點 ④ 120 點）。【97.2. 輻防師法規】

35.【3】輻防師與輻防員之換發各為若干積點以上？（①五年內各為 96 與 72 點 ②五年內各為 120 與 90 點 ③六年內各為 96 與 72 點 ④六年內各為 120 與 90 點）。【92.2. 輻防師法規】

36.【4】依據「輻射防護人員管理辦法」，申請換發認可證書者，應檢具認可證書有效期限內參加學術活動或繼續教育之積分證明文件，向主管機關提出申請。學術活動或繼續教育之積分，輻射防護師至少 X 點以上，輻射防護員至少 Y 點以上。其中 X、Y 各為（① 144、108 ② 130、90 ③ 120、90 ④ 96、72）。【93.2. 輻防師法規、96.2. 輻防員法規】

37.【3】輻防員認可證書的有效期限為 X 年，應於期限屆滿前 Y 個月內申請換發證書，需檢具證書有效期限內參加相關學術活動或繼續教育之積分 Z 點的證明文件。其 X、Y、Z 分別為？（① 6，3，120 ② 5，3，96 ③ 6，3，72 ④ 5，3，90）。【95.1. 輻防員法規】

38.【1】輻防師認可證書的有效期限為 X 年，期限屆滿前 Y 個月內要申請換證，須檢具證書有效期限內參加相關學術活動或繼續教育之積分 Z 點的證明文件。其 X、Y、Z 分別為（① 6，3，96 ② 5，2，120 ③ 4，2，90 ④ 6，2，120）。【95.1. 輻防師法規】

39.【4】輻射防護人員認可證書有效期限為 X 年，申請換發認可證書者，須檢具認可證書有效期限內參加學術活動或繼續教育之積分證明文件，輻射防護師至少 Y 點以上，輻射防護員至少 Z 點以上。其中 X、Y、Z 為：（① 5、120、90 ② 6、120、90 ③ 5、96、72 ④ 6、96、72）。【97.1. 輻防員法規】

40.【4】依輻射防護人員管理辦法第 8 條規定，可以擔任輻射工作人員定期教育訓練之授課人員資格中，大專院校相關科系畢業，且在研究單位從事輻防實務工作幾年以上資歷者？（① 3 年 ② 10 年 ③ 1 年 ④ 5 年）。【94.2. 輻防員法規、98.1. 輻安證書法規】

41.【4】有關擔任輻射防護人員繼續教育之講員資格，下列何者錯誤？（①取

得輻射防護師資格者②大學校院相關科系之講師以上者③大學校院相關科系研究所碩士學位以上者④大學校院相關科系畢業，並從事有關輻射防護實務工作 3 年以上者）。【96.2. 輻防員法規】

42.【2】辦理有關輻防繼續教育課程或研討會或專題演講之單位，須於舉辦前幾天之內將規定的資料送主管機關核備？（①7 天②15 天③30 天④45 天）。【94.2. 輻防師法規】

43.【2】辦理有關輻防相關繼續教育課程結束後，須在幾天之內將規定的資料送主管機關存查？（①7 天②15 天③20 天④30 天）。【94.2. 輻防員法規】

44.【1】輻射防護人員認可證書，經主管機關廢止或撤銷者，自廢止或撤銷日起多久內不得重新申請？（①一年②二年③三年④四年）。【94.1. 放射師檢覈、95.2.、96.1.、96.2.、97.2. 輻防員法規、96.1. 輻防師法規】

45.【1】以下何者為輻射防護相關課程中之「核心課程」？（①輻射安全②輻射度量③輻射劑量④輻射生物）。【97.2. 輻防師法規】

2.78 │放射性物質或可發生游離輻射設備操作人員管理辦法

1.【2】基於教學需要在合格人員指導下從事輻射源之操作訓練者，不包括下列何人員在內？（①接受職前訓練之新進人員②受主管機關委託執行檢查人員③接受臨床訓練之醫師、牙醫師或於醫院實習之醫學校院學生、畢業生④中等學校、大專校院及學術研究機構之教員、研究人員及學生）。【97.2. 放射師專技高考】

2.【4】依放射性物質或可發生游離輻射設備人員管理辦法第 3 條規定，基於教學需要，在合格人員指導下從事操作訓練者，其學員或學生必須先接受至少幾小時的輻防講習課程？（①4 ②18 ③8 ④3）。【94.2. 輻防師法規、95.2. 輻防員法規、98.1. 輻安證書法規】

3.【1】基於教學需要在合格人員指導下從事操作訓練者，於操作放射性物質

或可發生游離輻射設備前，應接受合格人員規劃之操作程序及輻射防護講習，相關資料應留存備查，並保存多久？（① 3 年② 5 年③ 10 年④ 30 年）。【97.2. 輻安證書法規】

4. 【1】學生受訓操作放射性物質或可發生游離輻射設備，須先接受至少 X 小時的輻防講習始得為之，而受訓人員、課程等資料需留存 Y 年備查。此 X、Y 分別為？（① 3，3 ② 3，10 ③ 6，10 ④ 6，3）。【95.1、96.1. 輻防員法規】

5. 【3】依據「放射性物質或可發生游離輻射設備人員管理辦法」第 5 條規定，欲操作的放射性物質，在儀器或製品內或形成一組件，其活度為豁免管制量多少倍以下，且可接近表面五公分處劑量率為每小時五微西弗以下者，得以訓練代替輻射安全證書？（① 10 ② 100 ③ 1000 ④ 10000）。【93.2. 輻防師法規、94.2.、97.2. 輻防員法規、95.1、95.2、96.1. 輻安證書法規】

6. 【1】操作一定活度以下之放射性物質或一定能量以下之可發生游離輻射設備者，得以輻射防護訓練取代輻射安全證書，其訓練時數不得少於幾小時？（① 18 ② 36 ③ 90 ④ 108）。【95.1. 輻安證書法規】

7. 【1】操作放射性物質的活度在豁免管制量多少倍以下的人可以用接受 18 小時訓練來取代輻射安全證書？（① 100 倍② 1000 倍③ 10000 倍④ 100000 倍）。【96.1.、96.2. 輻安證書法規、96.1.、96.2. 輻防員法規】

8. 【1】依放射性物質或可發生游離輻射設備人員管理辦法第 4 條規定，申領輻射安全證書者，須先接受 X 小時輻射防護相關課程並經主管機關測驗合格。此 X 為？（① 36 ② 108 ③ 18 ④ 144）。【95.1. 輻防員法規】

9. 【4】下列那一種人不得操作公稱電壓為 160 kV 之 X 光機？（①領有放射線科專科醫師執業執照者②領有醫事放射師法核發之執業執照者③領有輻射安全證書者④領有輻射防護訓練 18 小時之證明者）。【96.1. 放射師專技高考】

10.【3】依放射性物質或可發生游離輻射設備操作人員管理辦法第 7 條規定，輻射安全證書之有效期限為幾年？（① 3 ② 5 ③ 6 ④ 10）。【92.1.、94.2.、

97.1.、97.2. 輻安證書法規】

11.【3】放射性物質或可發生游離輻射設備之使用許可證有效期間最長為 X 年，輻射安全證書有效期限為 Y 年。X、Y 各為（①3、5 ②3、6 ③5、6 ④6、6）。【96.1. 輻安證書法規】

12.【3】依放射性物質或可發生游離輻射設備操作人員管理辦法第八條規定，輻射安全證書有效期限屆滿前六個月，申請人需填具申請前六年內，接受行政院原子能委員會認可之輻射防護訓練業務者舉辦之輻射防護訓練及格，或接受本法第十四條第四項之定期教育訓練，其規定之時數為幾小時？（①3 ②18 ③36 ④108）。【93.2. 放射師檢覈】

13.【2】申請換發輻射安全證書，申請前六年內，應接受主管機管認可之輻射防護訓練業務者舉辦之輻射防護訓練及格，合計時數達幾小時以上證明文件？（①18 ②36 ③90 ④120）。【93.1.、93.2.、97.2. 輻安證書法規】

14.【2】輻射安全證書有效期限為 X 年，屆期申請換發時須檢具有效期間內接受輻防訓練合計 Y 小時以上證明文件。此 X、Y 分別為？（①5，30 ②6，36 ③4，24 ④3，36）。【95.1. 輻防師法規、95.2. 輻防員法規、96.2. 輻安證書法規】

15.【2】依放射性物質或可發生游離輻射設備操作人員管理辦法第 9 條規定，輻射安全證書經主管機關撤銷或廢止者，自撤銷或廢止之日起多久內不得申請？（①6 個月 ②1 年 ③2 年 ④3 年）。【97.2.、98.1. 輻安證書法規】

16.【2】依據放射性物質生產設施運轉人員管理辦法第 4 條規定，領有輻射安全證書或主管機關認可之輻射相關執業執照之人員，經完成生產設施運轉訓練及運轉操作訓練者，得經由設施經營者向主管機關申請測驗，經測驗合格者，由主管機關發給運轉人員證書。其中生產設施運轉訓練時數不得少於幾小時？（①108 ②54 ③90 ④144）。【94.2、96.1. 輻防師法規】

17.【3】生產正子藥物的小型迴旋加速器（baby cyclotron）之運轉，依「游離輻射防護法」第 29 條之規定，下列那些人員才可負責操作？（①輻射防護師 ②輻射防護員 ③合格之運轉人員 ④取得輻射安全證書之人員）。【94.2. 放

射師檢覈】

18.【3】依「游離輻射防護法」及其授權辦法規定，下列有關以醫用迴旋加速器生產放射性物質之敘述，何者正確？（①應由領有醫事放射師執照之人員負責運轉②列屬高強度輻射設施③依主管機關規定之項目每年至少偵測一次，並提報主管機關偵測證明備查④該設施之許可證有效期限最長為5年）。【97.2. 放射師專技高考】

19.【1】依據高強度輻射設施種類及運轉人員管理辦法，運轉人員證書有效期限為 X 年，申請換發時，應檢具證書有效期限內，接受輻射防護訓練業務者舉辦之輻射防護訓練及格，或接受雇主定期實施之輻防教育訓練，合計時數達 Y 小時以上證明文件。請問 X、Y 各為何？（①6、36②6、54③6、120④5、72）。【96.1. 輻防員法規】

20.【4】操作加速電壓值為 40 MV 的可發生游離輻射設備的人員，應擁有：（①輻射安全證書②醫事放射師執業執照③輻射防護師證書④高強度輻射設施運轉人員證書）。【96.1. 放射師專技高考】

21.【2】根據放射性物質生產設施運轉人員管理辦法，運轉人員證書經主管機關撤銷或廢止者，自撤銷或廢止之日起多久內不得重新申請？（①半年②一年③二年④三年）。【97.1. 輻防員法規、97.1. 輻安證書法規】

22.【1】游離輻射防護法管制可發生游離輻射設備的操作，操作人員的證書資格分為幾級？（①2級②3級③4級④5級）。【93.2. 放射師檢覈】

2.79 ｜放射性物質安全運送規則

1.【1】規範放射性物質之包裝、包件、貯存等作業及核准等事項之法規為：（①放射性物質安全運送規則②游離輻射安全標準③放射性物質與可發生游離輻射設備及其輻射作業管理辦法④游離輻射防護法施行細則）。【93.1.、97.2. 輻安證書法規】

2.【2】下列何者適用於放射性物質安全運送規則？（①放射性物質屬運送

之載具整體中之一部分者②天然鈾③符合法規規定之含放射性物質消費性產品之販售④因醫療所需已植入或注入人體或動物體內之放射性物質）。
【96.2. 輻防師法規】

3.【4】下列哪一項法規與放射性物質運送之安全規定無關？（①游離輻射防護法②游離輻射防護安全標準③放射性物質安全運送規則④建築法）。
【92.1. 輻安證書法規】

4.【3】依據「放射性物質安全運送規則」，貨品經由我國機場、港口，未經卸載，以同一航空器或運輸工具，進入其他國家或地區，所做一定期間之停留稱為：（①轉讓②輸出③過境④轉口）。【97.2. 輻防員法規】

5.【2】於放射性物質安全運送規則中提到，在物體表面每平方公分面積上之貝他發射體活度高於多少以上即為「污染」：（① 0.04 貝克② 0.4 貝克③ 4 貝克④ 40 貝克）。【94.1. 放射師檢覈】

6.【2】依據放射性物質安全運送規則，污染是指在物體表面每平方公分面積上之貝他、加馬及低毒性阿伐發射體在 X 貝克以上，或其他阿伐發射體在 Y 貝克以上者。請問 X、Y 各為何？（① 4、0.4 ② 0.4、0.04 ③ 0.04、0.4 ④ 0.4、4）。【96.1. 輻防師法規】

7.【1】為管制輻射曝露配賦予單一包件、外包裝、罐槽或貨櫃，或未包裝之第一類低比活度物質或第一類表面污染物體之單一數值為（①運送指數②核臨界安全指數③ A1 值④ A2 值）。【96.1. 輻防師法規】

8.【2】為管制盛裝可分裂物質之包件之堆積，所配賦予單一包件之數值稱為（①運送指數②核臨界安全指數③輻射強度④ A1 值）。【96.2. 輻防員法規】

9.【4】放射性物質安全運送規則中，所稱之單邊核准，僅需取得下列何者主管機關之核准？（①進口國家②出口國家③航空器空中運送飛越領空未落地停留之國家④原設計國家）。【96.2. 輻防師法規】

10.【4】依放射性物質安全運送規則第 9 條之規定，放射性物質之運送，工作人員所接受之年有效劑量可能大於 X 毫西弗，未達 Y 毫西弗者，應定期或必要時對輻射作業場所執行環境監測及輻射曝露評估。請問 X、Y 各為何？

（① 15、50 ② 6、15 ③ 2、6 ④ 1、6）。【96.1. 輻防師法規】

11.【1】放射性物質運送之工作人員，其每年可能接受大於 X mSv 且小於 Y mSv 之間者，須定期或在必要時對其輻射作業場所進行環境監測及輻射曝露評估？X、Y 值各為：（① 1，6 ② 0.1，1 ③ 1，5 ④ 0.5，1）。【94.2. 輻防師法規】

12.【3】依放射性物質安全運送規則第十條之規定，運送之放射性物質應與工作人員及民眾有充分隔離。計算工作人員經常佔用地區之分隔距離或劑量率時，應使用每年多少毫西弗之限值？（①一毫西弗②三毫西弗③五毫西弗④十毫西弗）。【92.1. 輻防員法規、94.2. 輻安證書法規、97.2. 輻防師法規】

13.【1】運送之放射性物質應與工作人員及民眾有充分隔離。計算一般民眾經常佔用地區或民眾經常接近地區之分隔距離或劑量率時，對關鍵群體應使用下列何種參考值？（①每年 1 毫西弗②每年 2 毫西弗③每 5 年 1 毫西弗④每 5 年 2 毫西弗）。【95.2. 輻防師法規】

14.【3】運送之放射性物質應與工作人員及民眾有充分隔離。計算工作人員經常佔用地區之分隔距離或劑量率時，應使用每年 X 毫西弗之限值。計算一般民眾經常佔用地區或民眾經常接近地區之分隔距離或劑量率時，對關鍵群體應使用每年 Y 毫西弗之參考值。其中 X、Y 為：（① 20、1 ② 10、1 ③ 5、1 ④ 5、0.5）。【97.1. 輻防師法規】

15.【1】依據放射性物質安全運送規則第 19 條之規定，包件以其盛裝放射性包容物之數量、性質及包裝之設計，分為甲型、乙型、丙型、工業、及（①微量②重量③輕量④巨型）等五種。【97.1. 輻防師法規】

16.【2】依據放射性物質安全運送規則第 21 條規定，交運之放射性物質包件及外包裝應按其運送指數及下列何者予以分類？（①核臨界安全指數②表面輻射強度③ A1 值④ A2 值）。【98.1. 輻防員法規】

17.【2】依據放射性物質安全運送規則第 22 條規定，運送包件總質量在若干公斤以上時，應將其允許盛裝之最大總質量，以清晰耐久之方式標示於包

裝外面？（① 10 ② 50 ③ 100 ④ 500）。【96.2. 輻防師法規】

18.【1】依據放射性物質安全運送規則第 35 條規定，運送下列哪一類包件或外包裝，可裝載於客艙內？（①I- 白②II- 黃③III- 黃④均不得置於客艙內）。【98.1. 輻安證書法規】

19.【4】依放射性物質安全運送規則第 42 條之規定，包件或外包裝除以專用運送，或作專案核定運送外，其外表面上之任一點，最大輻射強度不得大於每小時多少毫西弗？（① 0.2 ② 0.5 ③ 1.5 ④ 2）。【97.1. 輻防員法規】

20.【1】放射性物質之包件、外包裝、貨櫃及罐槽，裝入同一運送工具，在例行運送狀況下，運送工具外表面任一點之輻射強度不得大於每小時 X 毫西弗；距外表面二公尺處不得大於每小時 Y 毫西弗。請問 X ＝？ Y ＝？（① X ＝ 2，Y ＝ 0.1 ② X ＝ 1，Y ＝ 0.2 ③ X ＝ 2.5，Y ＝ 0.5 ④ X ＝ 0.5，Y ＝ 0.5）。【93.1. 輻防師法規】

21.【2】專門用來運送放射性物質的車輛，其外表面任一點及 2 公尺處的輻射劑量率，分別不得超過多少 mSv？（① 2 及 0.01 ② 2 及 0.1 ③ 0.2 及 0.01 ④ 0.2 及 0.01）。【94.2. 輻防員法規】

22.【1】依放射性物質安全運送規則第 43 條之規定，託運物品除以專用運送外，其他個別包件或外包裝之運送指數均不得超過多少？（① 10 ② 20 ③ 30 ④ 40）。【92.1. 輻防師法規】

23.【2】依據放射性物質安全運送規則，運送指數在多少以上之包件，應以專用運送為之？（① 5 ② 10 ③ 20 ④ 50）。【93.2. 輻安證書法規】

24.【2】依放射性物質安全運送規則之規定，運送指數在 X 以上或核臨界安全指數在 Y 以上之包件或外包裝，應以專用運送為之。請問 X、Y 各為何？（① 10、25 ② 10、50 ③ 20、50 ④ 20、100）。【93.2. 輻防師法規、95.2. 輻防員法規】

25.【4】依放射性物質安全運送規則第四十四條之規定，包件或外包裝除以專用運送，或作專案核定運送外，其外表面上之任一點，最大輻射強度不得大於每小時多少毫西弗？（① 0.5 毫西弗② 1 毫西弗③ 1.5 毫西弗④ 2 毫西

弗）。【92.1. 輻防師法規、92.2. 放射師專技高考、93.2.、94.2.、97.1. 輻安證書法規、95.2. 輻防員法規】

26.【2】依放射性物質安全運送規則第 45 條規定，以專用運送之包件，其外表面上任一點之最大輻射強度，不得大於（①每小時 5 毫西弗②每小時 10 毫西弗③每小時 15 毫西弗④每小時 50 毫西弗）。【95.2. 輻防師法規】

27.【3】依據放射性物質安全運送規則第 50 條規定，微量包件外表面任一點之輻射強度不得大於每小時（① 1 ② 2 ③ 5 ④ 10）微西弗。【96.1. 輻防員法規】

28.【2】依放射性物質安全運送規則第 60 條規定，包件有明顯或可能受損、滲漏時，應由甚麼人員儘速偵測、評估其污染及輻射強度？（①託運人②輻射防護人員③輻射工作人員④運送人）。【92.1. 輻防員法規】

29.【2】依據放射性物質安全運送規則第 71 條規定，載運 Ⅱ－黃類或 Ⅲ－黃類包件、外包裝、罐槽或貨櫃之道路車輛，除配戴個人偵測設備之人員外，核定載人座位，其輻射強度不得超過每小時（① 0.01 ② 0.02 ③ 0.1 ④ 0.2）毫西弗，但配戴個人偵測設備之人員，不在此限。【96.1. 輻安證書法規、96.2. 輻防師法規、98.1. 輻防員法規】

30.【2】道路運送放射性物質的車輛，其核定載人座位處的輻射強度限值為每小時：（①小於 0.002 mSv ②小於 0.02 mSv ③小於 0.2 mSv ④可大於 0.02 mSv）。【95.2. 輻安證書法規、94.2、96.1. 輻防員法規】

31.【4】依「放射性物質安全運送規則」第 78 條規定包件，表面輻射強度大於多少時，除經專案核定者外，不得空中運送？（①每小時 10 毫西弗②每小時 6 毫西弗③每小時 5 毫西弗④每小時 2 毫西弗）。【98.1. 輻防師法規】

32.【1】依「放射性物質安全運送規則」附件規定，鈾礦石是屬於下列哪一類物質？（① LSA-I ② LSA-II ③ SCO-I ④ SCO-II）。【98.1. 輻防師法規】

33.【1】放射性物質交運文件中之包件類別區分為幾類？（①三類②四類③六類④九類）。【93.1. 輻防員法規】

34.【2】依放射性物質安全運送規則附表六「包件及外包裝之分類」，有一包

件之運送指數為 0.5，請問為下列哪一項類別？（① I- 白②Ⅱ - 黃③Ⅲ - 黃
④Ⅲ - 黃並為專用）。【97.1. 輻防師法規】

35.【4】依放射性物質安全運送規則附表六「包件及外包裝之分類」，有一包
件之運送指數為 6，請問為下列哪一項類別？（① I- 白②Ⅱ - 白③Ⅱ - 黃④
Ⅲ- 黃）。【92.1. 輻防師法規】

36.【4】依據「放射性物質安全運送規則」之規定，運送指數為 15 的包件，
屬於下列哪一類？（① I- 白②Ⅱ - 黃③ Ⅲ- 黃④ Ⅲ- 黃且為專用）。【93.2. 輻
防員法規】

37.【4】依放射性物質安全運送規則附表六「包件及外包裝之分類」，有一包
件之運送指數為 19，請問為下列哪一項類別？（① I- 白②Ⅱ - 黃③Ⅲ - 黃
④Ⅲ - 黃並為專用）。【97.1. 輻防員法規】

38.【4】聯合國將危險物分為九類，放射性物質是屬（①第 1 類②第 3 類③第
5 類④第 7 類）。【94.2. 放射師檢覈、96.2. 輻防員法規、96.2.、98.1. 輻安
證書法規】

39.【2】聯合國將危險物區分為 X 類，其中放射性物質為 Y 類危險物，此 X,
Y 各為：（① 10,5 ② 9,7 ③ 7,5 ④ 10,7）。【96.1.、96.2. 輻防師法規】

2.80 │輻射工作場所管理與場所外環境輻射監測準則

1.【1】依輻射工作場所管理與場所外環境輻射監測作業準則第四條規定，設
施經營者於輻射工作場所內，為規範輻射作業、管制人員和物品進出，及
防止放射性污染擴散所劃定之地區為（①管制區②監測區③污染區④監視
區）。【92.1. 輻防員法規、97.1. 輻安證書法規】

2.【2】依「輻射工作場所管理與場所外環境輻射監測作業準則」第 4 條規定，
設施經營者對於輻射工作場所內，輻射狀況需經常處於監督下之地區，應
將其劃定為：（①管制區②監測區③限制區④禁建區）。【94.2. 輻安證書法

規、97.2. 輻防員法規】

3. 【3】輻射工作場所管理與場所外環境輻射監測準則第 6 條規定,設施經營者對進入管制區之輻射工作人員,應先審查一些項目,下列何者不包括在其審查之項目範圍內?(①輻射防護安全訓練紀錄②輻射劑量紀錄③輻射作業紀錄④體格檢查及健康檢查紀錄)。【93.1. 輻安證書法規、95.2. 輻防師法規】

4. 【1】設施經營者對進入輻射管制區之輻射工作人員,應先審查一些紀錄,下列何者非屬「輻射工作場所管理與場所外環境輻射監測作業準則」規定其應審查之項目?(①輻射作業紀錄②輻射防護安全訓練紀錄③輻射劑量紀錄④體格檢查、健康檢查紀錄)。【98.2. 放射師專技高考】

5. 【3】依輻射工作場所管理與場所外環境輻射監測準則第 15 條規定,合理抑低措施要考慮(①關鍵群體劑量②集體有效劑量③個人及集體有效劑量④肢體劑量)。【91.1. 操作初級基本】

6. 【3】為達成合理抑低的措施,場所主管應訂定那三種基準且由劑量低至高之排列為:(①紀錄基準、干預基準、調查基準②調查基準、干預基準、紀錄基準③紀錄基準、調查基準、干預基準④排放基準、調查基準、干預基準)。【93.2. 放射師檢覈】

7. 【3】什麼基準是用於促進合理抑低措施?(①大掃除與整理②調整、試車、補給③紀錄、調查、干預④監測、清查、盤點)。【91.1. 操作初級基本】

8. 【4】下列何者不屬於合理抑低措施?(①記錄基準②調查基準③干預基準④劑量限度)。【93.1. 放射師專技高考】

9. 【4】依輻射工作場所管理與場所外環境輻射監測準則第十七條規定,下列哪一項輻射工作場所,設施經營者不需於場所外實施環境輻射監測:(①核子反應器設施②放射性廢棄物最終處置設施③放射性廢棄物獨立貯存設施④使用鈷 -60 之照射場)。【92.1. 輻防員法規】

10. 【3】依輻射工作場所管理與場所外環境輻射監測準則第十九條規定,運轉前三年,設施經營者應提報環境輻射監測計畫,並進行至少多少時間以上

環境輻射背景調查：（①三個月②半年③二年④三年）。【97.1. 輻防員法規】

11.【2】依「輻射工作場所管理與場所外環境輻射監測作業準則」第 19 條規定，運轉前 X 年，設施經營者應提報環境輻射監測計畫，並進行至少 Y 年以上環境輻射背景調查。其中 X、Y 各為（① 2、1 ② 3、2 ③ 5、3 ④ 3、1）。【94.2. 輻防員法規、97.1. 輻防師法規】

12.【2】若需實施環境輻射監測之設施經營者，須於設施運轉前 X 年提報監測計畫，並進行至少 Y 年以上之環境輻射背景調查。此 X、Y 分別為？（① 2，1 ② 3，2 ③ 4，2 ④ 5，3）。【95.1. 輻防師法規】

13.【2】依輻射工作場所管理與場所外環境輻射監測準則規定，核子反應器設施運轉前 X 年，設施經營者應提報環境輻射監測計畫，並進行至少 Y 年以上環境輻射背景調查。請問 X、Y 各為何？（① 5、3 ② 3、2 ③ 3、1 ④ 2、1）。【95.2. 輻防師法規】

14.【4】依輻射工作場所管理與場所外環境輻射監測準則第 20 條規定，設施經營者執行環境輻射監測，發現監測值超過預警措施之調查基準，應（①於 24 小時內通報主管機關② 3 天內通報主管機關③於 7 日內以書面報告送主管機關備查④於 30 日內以書面報告送主管機關備查）。【93.2.、95.2. 輻安證書法規】

15.【4】依據「輻射工作場所管理與場所外環境輻射監測作業準則」第 20 條規定，設施經營者執行環境輻射監測，發現監測值超過預警措施之調查基準時，應於多少時間內以書面報告送主管機關備查？（① 2 小時內② 3 日內③ 7 日內④ 30 日內）。【97.2. 輻防員法規】

16.【3】當環境試樣放射性分析數據大於預警措施之調查基準時，該分析數據應保存多少年？（① 3 ② 5 ③ 10 ④ 30）。【97.2. 輻防師法規】

17.【2】依輻射工作場所管理與場所外環境輻射監測準則第 24 條規定，環境輻射監測分析數據，除放射性廢棄物處置場外，應保存 X 年。當環境試樣放射性分析數據大於預警措施之調查基準時，該分析數據應保存 Y 年。請問 X、Y 各為何？（① 1，3 ② 3，10 ③ 10，30 ④ 1，10）。【95.1.、

95.2、96.1. 輻防員法規、97.1. 輻防師法規】

18.【3】依「輻射工作場所管理與場所外環境輻射監測作業準則」規定，當環境試樣放射性分析數據大於下列何者時，該分析數據應保存十年？（①最小可測量②紀錄基準③調查基準④干預基準）。【94.2. 輻防師法規】

19.【2】環境輻射監測季報應保存 X 年，環境輻射監測年報應保存 Y 年。此 X、Y 分別為？（① 1，3 ② 3，10 ③ 10，30 ④ 1，10）。【95.1. 輻防員法規】

2.81 ｜商品輻射限量標準、輻射源豁免管制標準

1.【3】「商品輻射限量標準」未規定之商品為：（①飲用水（指供人飲用之水，含包裝水）②食品③化粧品④電視接收機）。【93.1. 輻防師法規、96.1.、96.2. 輻安證書法規】

2.【2】依據商品輻射限量標準第 4 條規定，對飲用水訂有各種限值，在何種狀況下，應進行鍶 90 之濃度分析？（①總阿伐濃度濃度超過限值②總貝他濃度超過限值③加馬所造成之年有效劑量超過限值④貝他及加馬所造成之年有效劑量超過限值）。【95.2. 輻防師法規】

3.【3】飲用水中總貝他濃度限值為每立方公尺 X 貝克。X 為？（① 500 ② 1000 ③ 1800 ④ 2000）。【95.1. 輻防員法規】

4.【3】商品輻射限量標準第 5 條規定，飲用水中貝他及加馬所造成之年有效劑量限值為 X 微西弗。此 X 值為？（① 4 ② 10 ③ 40 ④ 1）。【95.1. 輻防師法規、96.2. 輻防員法規】

5.【3】飲用水中貝他及加馬所造成之年有效劑量限值為（① 0.0004 ② 0.004 ③ 0.04 ④ 0.4）mSv。【94.2. 輻防員法規】

6.【3】商品輻射限量標準第 6 條規定，食品中銫 -134 與銫 -137 之總和含量每公斤限值為多少貝克？（① 131 ② 300 ③ 370 ④ 55）。【96.2. 輻防師法規】

7.【4】根據商品輻射限量標準，乳品及嬰兒食品中碘 131 含量每公斤限值為多少貝克？（① 131 ② 300 ③ 370 ④ 55）。【97.1. 輻防師法規】

8. 【4】電視接收機正常操作條件下，距表面 10 公分處之有效劑量率限值為每小時 X 微西弗。此 X 為？（① 0.5 ② 0.1 ③ 5 ④ 1）。【95.1. 輻防員法規、97.1. 輻安證書法規】

9. 【1】電視接收機在正常操作情況下，距其任何可接近之表面 0.1 公尺處之劑量率每小時不超過多少微西弗者，屬於豁免管制，免依游離輻射防護法之規定管制？（① 1 ② 0.5 ③ 2 ④ 5）。【97.2. 輻防員法規】

10.【2】依據商品輻射限量標準第 7 條規定，電視接收機在正常操作條件下，距離任何可接近表面 10 公分處之有效等效劑量率限值為每小時 X 微西弗或所產生輻射之最大電壓不大於 Y 萬伏特。其中 X、Y 為（① 1、1 ② 1、3 ③ 0.1、1 ④ 0.1、3）。【96.2. 輻防師法規】

11.【4】下列那一項得免受游離輻射防護之管制？（①可發生游離輻射設備之安裝、改裝②放射性物質之輸入、輸出③放射性物質之轉讓、廢棄④原子能委員會訂定之一定限量以內之放射性物質）。【94.1. 放射師專技高考】

12.【1】公稱電壓不超過三萬伏特之可發生游離輻射設備，在正常操作情況下，距其任何可接近之表面 0.1 公尺處之劑量率每小時不超過多少微西弗者，屬於豁免管制，免依游離輻射防護法之規定管制？（① 1 ② 0.5 ③ 2 ④ 5）。【97.2. 輻防師法規】

13.【1】依據「輻射源豁免管制標準」，公稱電壓不超過三萬伏特之可發生游離輻射設備，在正常操作情況下，距其任何可接近之表面 X 公尺處之劑量率每小時不超過 Y 微西弗者，為豁免管制。其中 X、Y 各為（① 0.1、1 ② 0.1、2 ③ 0.3、1 ④ 0.3、0.5）。【93.2. 輻防師法規、97.1. 輻安證書法規】

14.【1】公稱電壓不超過三萬伏特之可發生游離輻射設備，在正常操作情況下，距其任何可接近之表面 X 公尺處之劑量率每小時不超過 Y 微西弗者，為豁免管制。其中 X、Y 各為（① 0.1、1 ② 0.1、2 ③ 0.3、1 ④ 0.3、0.5）。【93.2. 輻安證書法規、97.1. 輻防員法規】

15.【1】距正常操作之電視接收器表面 X 公分處之輻射劑量率每小時須不超過 Y μSv 者，符合輻射源豁免管制標準，X，Y 值各為：（① 10，1 ② 1，10

③ 0.1，5 ④ 10，5）。【94.2. 輻防師法規】

16.【3】含放射性物質之商品，在正常操作情況下，距其表面 X 公分處之劑量率須不超過 Y μSv/ 小時者，符合輻射源豁免管制標準。X、Y 值各為：（① 1，10 ② 1，5 ③ 10，1 ④ 10，5）。【94.2. 輻防員法規】

2.82 │ 輻射防護服務相關業務管理辦法

1.【3】「輻射防護服務相關業務管理辦法」第 2 條所稱輻射防護服務相關業務，不包括下列何者？（①輻射防護偵測②放射性物質或可發生游離輻射設備銷售③放射性物質或可發生游離輻射設備廢棄接收④輻射防護訓練）。【94.2. 輻防師法規】

2.【4】下列何者不屬於「輻射防護服務相關業務管理辦法」所稱輻射防護服務相關業務？（①輻射防護教育訓練業者②輻射防護偵測業者③放射性物質或可發生游離輻射設備銷售業者④人員輻射劑量評定機構）。【97.2. 輻防師法規】

3.【1】依據輻射防護服務相關業務管理辦法第 8 條規定，申請從事可發生游離輻射設備、放射性物質及其工作場所之輻射防護偵測業務認可者，應置（①輻射防護師及輻射防護員至少各一人②置輻射防護師至少一人及輻射防護員或領有輻射安全證書者至少一人③輻射防護人員及領有輻射安全證書者至少各一人④輻射防護人員至少一人）。【95.2. 輻防師法規、96.1. 輻防員法規】

4.【2】依「輻射防護服務相關業務管理辦法」第 13 條規定，核發之認可證有效期限為幾年？（① 3 ② 5 ③ 6 ④ 10）。【94.2.、97.1. 輻安證書法規、95.2. 輻防員法規、97.1. 輻防師法規】

5.【2】有關申請從事輻射防護偵測業務認可者，應依規定置專職人員執行偵測業務，下列何者正確？（①可發生游離輻射設備、放射性物質及其工作場所之輻射防護偵測，應置輻射防護師至少 1 人②放射性物質運送有關之

輻射防護及偵測，應置輻射防護師及輻射防護員至少各 1 人③建築物輻射偵測，應置輻射防護員至少 2 人④鋼鐵建材輻射偵測，應置領有輻射安全證書者至少 1 人）。【96.2. 輻防師法規】

6. 【1】輻射防護偵測業者為執行輻射工作場所之輻防偵測、輻射安全評估、放射性物質運送之輻防與偵測，需置輻防師 X 名及輻防員 Y 名。此 X、Y 分別為？（① 1，1 ② 1，2 ③ 2，2 ④ 1，3）。【95.1. 輻防師法規】

7. 【1】依據「輻射防護服務相關業務管理辦法」第 17 條規定，從事輻防偵測業者發現異常輻射時，應立即電話通報主管機關並於幾天內提報書面報告？（① 7 天② 5 天③ 30 天④ 10 天）。【94.2. 輻防員法規、95.2. 輻防員法規】

8. 【4】依據「輻射防護服務相關業務管理辦法」第 18 條規定，從事輻射防護訓練業務者，應妥善保存訓練學員名冊及學員測驗資料，期間至少 X 年。從事輻射防護偵測業務或放射性物質或可發生游離輻射設備銷售服務業務者，使用之輻射偵測儀器，應每年送實驗室認證體系認證合格機構校正一次，校正紀錄應保存 Y 年。其中 X、Y 各為（① 3、3 ② 5、5 ③ 3、5 ④ 5、3）。【93.2. 輻防員法規】

9. 【3】依據輻射防護服務相關業務管理辦法第 21 條規定，從事輻防偵測業者之輻射偵測儀器應至少每年送校正一次，校正紀錄應保存（① 1 年② 2 年③ 3 年④ 5 年）。【96.1. 輻安證書法規】

10.【3】一般非醫用密封射源的使用單位，其輻射偵檢器必須多久校驗一次？（①每 3 個月②每 6 個月③每 12 個月④每 18 個月）。【91.2. 操作初級專業密封】

11.【3】一般所用手提式輻射偵檢器多久需要找合格單位校正一次？（①三個月②六個月③一年④二年）。【93.2. 放射師檢覈】

12.【3】一般輻射偵測與監測儀器須每隔多久送請認證合格的機構校正一次？（① 4 年② 2 年③ 1 年④ 3 年）。【94.2. 輻防師法規】

13.【1】從事輻防偵測業者之輻射偵測儀器應至少每 X 年送校正一次，校正紀錄應保存 Y 年。此 X、Y 分別為？（① 1，3 ② 0.5，3 ③ 1，10 ④ 0.5，

10）。【95.1、96.1、96.2. 輻防員法規】

14.【2】依據輻射防護服務相關業務管理辦法第 22 條規定，從事放射性物質或可發生游離輻射設備之銷售服務者，需每隔多久向主管機關提報銷售及庫存紀錄？（①每季②每半年③每年④每 2 年）。【95.1. 輻防師法規、98.1. 輻防員法規】

15.【4】從事輻防偵測業者每年須向主管機關提報 X 次業務統計表？訓練業務者須提報 Y 次營運報表？X、Y 值各為：（①1，1②2，2③2，1④1，2）。【94.2. 輻防師法規】

16.【4】從事輻射防護相關業務者，永久停止認可業務時，應於停止業務後（①5 天②7 天③10 天④30 天）內，向主管機關繳銷認可證。【97.1. 輻安證書法規】

2.83 ｜其他法規

1.【4】國際原子能總署的英文縮寫為：（① IRPA ② ICRU ③ ICRP ④ IAEA）。【90.1. 輻防初級基本】

2.【3】國際原子能總署英文簡稱為：（① UNSCEAR ② INER ③ IAEA ④ ICRP）。【97.2. 放射師專技高考】

3.【1】IAEA 為國際那一個組織？（①國際原子能總署②國際放射防護委員會③美國輻射防護委員會④國際衛生組織）。【93.2. 放射師檢覈】

4.【4】聯合國原子輻射效應科學委員會，簡稱：（① ICRP ② UNCRP ③ ICRU ④ UNSCEAR）。【95.1. 放射師專技高考】

5.【4】ICRU 為國際那一個組織？（①國際原子能總署②國際放射防護委員會③國際衛生組織④國際輻射單位與度量委員會）。【94.2. 輻防師法規】

6.【1】國際放射防護委員會之英文簡稱為：（① ICRP ② NCRP ③ IAEA ④ HPS）。【96.2. 放射師專技高考】

7.【2】原能員會輻防處的（①醫用科②非醫用科③保健物理科④環境科）負

責密封射源應用在醫療器材消毒、滅菌等照射作業的安全管理。【91.2. 操作初級專業密封】

8.【1】目前我國核電廠之用過燃料存放於：（①電廠內②送國外處置③核能研究所④蘭嶼）。【89.3. 輻防初級基本】

9.【3】用過燃料含有極高放射性，目前我國核電廠之用過燃料存放於：（1）蘭嶼②烏坵③核電廠④核能研究所）。【90.1. 輻防中級基本】

10.【4】依據國際原子能總署（IAEA）對於放射性核種放射毒性類別的分類，請問常用的核醫放射性核種 99mTc 屬於：（①極高毒性②高毒性③中毒性④輕毒性）。【94.2. 放射師檢覈】

11.【3】天然放射性物質經主管機關公告納管後，其輻射劑量評估結果造成工作人員之年有效劑量大於多少毫西弗者，應對工作人員實施個別劑量監測，並提出輻射防護計畫，經主管機關核准後實施？（① 1 ② 5 ③ 6 ④ 20）。【97.2. 輻防師法規】

12.【2】「人員輻射劑量評定機構認可及管理辦法」中，所謂人員輻射劑量是指（①體內輻射劑量②體外輻射劑量③體內輻射劑量與體外輻射劑量之和④背景輻射劑量）。【93.2. 輻防員法規】

13.【1】由主管機關發給之人員輻射劑量評定機構證書，有效期限為：（①三年②五年③六年④十年）。【93.2. 輻安證書法規、96.2.、97.2. 輻防員法規】

14.【3】主管機關核發之人員輻射劑量評定機構認可證書有效期限為 X 年，從事輻射防護訓練業務認可證書有效期限為 Y 年。其中 X、Y 各為（① 6、5 ② 5、5 ③ 3、5 ④ 5、10）。【93.2. 輻防師法規】

15.【1】依「人員輻射劑量評定機構認可及管理辦法」規定，評定機構確認劑量評定結果超過游離輻射防護安全標準工作人員之劑量限度時，應於多久之內通知劑量計之委託單位，同時報告主管機關？（① 2 小時② 24 小時③ 72 小時④ 7 天）。【94.2.、97.1. 輻防師法規】

16.【2】醫用直線加速器之輻射安全規定提到治療室門外應裝有顯著之何種顏色警示燈，以及有適當的輻射警示標誌、警語？（①藍色②紅色③綠色④

黃色）。【94.1. 放射師檢覈】

17.【4】使用揮發性之非密封放射性物質，必須設有具抽氣設備之氣櫃，其濾除率應不小於百分之多少？（① 50 ② 80 ③ 90 ④ 99.5）。【93.1. 放射師檢覈】

18.【2】於濾層檢驗中，絕對濾層（HEPA filter）做檢驗，經直徑 0.3 微米之 DOP 粒子測試，其濾除效率需達到多少上以才算合格？（① 99.95% ② 99.97% ③ 99.99% ④ 99.999%）。【94.1. 放射師檢覈】

19.【1】關於非密封放射性物質作業場所，氣櫃排氣所裝濾層的功能及使用目的，下列敘述何者正確？（①前置濾層用於保護絕對濾層及活性碳濾層②絕對濾層之吸附效率測試通常使用碘化鉀（KI）進行測試③活性碳濾層主要吸附 0.3 微米之粒子，吸附效率達 99.97% 以上④濾層之壓差變大超過管制值時應予更換，壓差變小則不須更換）。【96.2. 放射師專技高考】

20.【1】依據「放射性污染建築物事件防範及處理辦法」之規定，主管機關發現建築物遭受放射性污染時之年劑量在多少毫西弗以上者，該戶建築物所有權人、區分所有權人或共有人，得依規定之補助標準，向主管機關申請一次救濟金。（① 5 ② 10 ③ 15 ④ 50）。【93.2. 輻防師法規】

21.【3】依據「嚴重污染環境輻射標準」所規定，擅自或未依規定進行輻射作業而改變輻射工作場所外空氣、水或土壤原有之放射性物質含量，造成環境中一般人年有效劑量達多少毫西弗者，視為嚴重污染環境？（① 2 ② 5 ③ 10 ④ 20）。【96.1.、98.1. 輻安證書法規、97.2. 輻防師法規】

22.【4】污染環境指因輻射作業而改變何種品質：（①動物和植物②建築物③農作物④空氣、水或土壤）。【97.1. 輻安證書法規】

23.【3】若造成環境土壤中放射性核種濃度超過公告之清潔標準 X 倍且污染面積達 Y 平方公尺以上，即被認定為嚴重污染，X，Y 值各為：（① 10000，10000 ② 5000，5000 ③ 1000，1000 ④ 1000，10000）。【94.2. 輻防員法規】

24.【2】依據嚴重污染環境標準，擅自或未依規定進行輻射作業而改變輻射工作場所外空氣、水或土壤原有之放射性物質含量，造成一般人年有效劑量達 X 毫西弗者，或體外曝露之劑量於 1 小時內超過 Y 毫西弗為嚴重污染環

境。請問 X、Y 各為何？（① 5，0.02 ② 10，0.2 ③ 10，0.02 ④ 5，0.2）。
【94.2、96.1. 輻防員、師法規】

25.【1】嚴重污染環境之各款條件中，下列何者為誤？（①一般人年有效劑量
大於 6 毫西弗②土壤放射污染活度超出清潔標準 1000 倍以上且面積 1000
平方公尺以上③一般人體外曝露之劑量大於 0.2 毫西弗／小時④水中 2 小時
內平均活度大於連續排放濃度 1000 倍以上）。【95.1. 輻防師法規、98.1. 輻
防員法規】

26.【3】依輻射醫療曝露品質保證組織與專業人員設置及委託相關機構管理辦
法第 8 條，輻射醫療曝露品質保證組織應多久召開一次會議，檢討品質保
證計畫執行情形？（① 1 個月② 3 個月③半年④ 1 年）。【97.2. 放射師專技
高考】

27.【1】醫療曝露品質保證組織應每 X 年召開會議一次，檢討品質保證計畫執
行情形，並作成紀錄備查，這些紀錄應保存 Y 年，其中 X、Y 為：（① 0.5、
3 ② 0.5、5 ③ 1、3 ④ 1、5）。【97.1. 輻防師法規】

28.【3】使用醫用直線加速器、含鈷六十放射性物質之遠隔治療機、含放射性
物質之遙控後荷式近接治療設備之醫療機構，應自（① 92 年 7 月 1 日②
93 年 7 月 1 日③ 94 年 7 月 1 日④ 95 年 7 月 1 日）起，實施醫療曝露品質
保證作業。【96.1. 輻防員法規】

29.【2】主管機關公告之應實施醫療曝露品質保證作業之放射性物質及可發生
游離輻射設備中，不包括下列何者？（①醫用直線加速器②醫用移動型 X
光機（含透視）③含鈷 60 放射性物質之遠隔治療機④含放射性物質之遙控
後荷式近接治療設備）。【96.2. 輻防員法規】

30.【1】下列何種放射性物質及可發生游離輻射設備不包括於主管機關公告應
自 94 年 7 月 1 日起，實施醫療曝露品質保證作業的範圍？（①醫用 X 光
機②醫用直線加速器③含鈷六十放射性物質之遠隔治療機④含放射性物質
之遙控後荷式近接治療設備）。【96.1. 輻防師法規】

31.【1】各類放射性物質污染時，除污效果的好壞，通常以除污因數、除污效

率或殘餘值來說明。如果以 A 表示污染物取樣測得之活度，B 表示除污後再取樣測得之活度，則除污因數為：(① A/B ② B/A ③（A － B）/A ④（A － B）/B)。【94.1. 放射師檢覈】

32.【4】依核子反應器設施管制法規定，核子設施之周圍地區，應按核子事故發生時可能導致損害之程度，劃分為那兩區？（①管制與低開發②管制與低密度人口③禁建與低開發④禁建與低密度人口）。【88.1. 輻防中級基本】

33.【2】依放射性污染建築物現場輻射偵檢及劑量評估作業要點規定，針對輻射表面污染偵測，應距離受測物表面多少公分做偵測？（① 0.1 ② 1 ③ 10 ④ 20）。【92.2. 放射師專技高考】

34.【3】用於偵測地面各類放射性物質污染時，偵測器面積常設計為：（① 10 平方公分② 50 平方公分③ 100 平方公分④ 200 平方公分）。【94.1. 放射師檢覈】

第 3 章

計算機題庫與解答

3.1 | 原子物理

1. 某 X 光機的加速電壓為 60 kV，放出最短 X 光波長為 0.206 Å，假設 1 Å(埃) = 10^{-10} 公尺，光速 c = 3×10^8 公尺 / 秒，電子電量為 1.602×10^{-19} 庫侖，試求蒲郎克常數 h（Plank constant）。

答：E = hν，0.206 Å = 2.06×10^{-11} 公尺，ν = (3×10^8 公尺 / 秒)/2.06×10^{-11} 公尺 = 1.456×10^{19} s^{-1}，60 keV = $60\times1.602\times10^{-16}$ J = 9.612×10^{-15} J，9.612×10^{-15} J = h$\times1.456\times10^{19}$ s^{-1}，∴ h = 6.60×10^{-34} J s

2. 若已知 X 光機之波長為 1.24×10^{-11} m，則其能量為多少 keV？（Plank 常數 6.62×10^{-34} J-sec）

答：E = hν = hc/λ = (6.62×10^{-34} J s)$\times$(3×10^8 m/s)/(1.24×10^{-11} m) = 1.6×10^{-14} J = 10^5 eV = 100 keV

3. 100 kVp 之 X 光試求其最短波長？蒲朗克常數 h = 6.625×10^{-34} J sec，光速 = 3×10^8 m/s，1 eV = 1.6×10^{-19} J

答：E = hν = hc/λ, ∴ λ = hc/E = (6.625×10^{-34} J s)$\times$(3×10^8 m/s)/(1.6×10^{-14} J) = 1.24×10^{-11} m = 0.124 Å

4. 100 kVp 之 X 光，求其最短波長為若干 nm？（蒲朗克常數 = 4.15×10^{-15} eV s，光速 = 3×10^8 m/s）

答：E = hν = hc/λ, ∴ λ = hc/E = (4.15×10^{-15} eV s)$\times$(3×10^8 m/s)/(10^5 eV) = 1.245×10^{-11} m = 0.01245 nm

5. 一 X 光管以 100 kV 的電壓加速的電子撞擊靶核，請問其產生的 X 射線之最大能量為何？又最大頻率及最小波長各為多少？（蒲郎克常數 h = 6.625×10^{-34} J s，1 eV = 1.6×10^{-19} J）

答：以 1 V 加速電子 1 m 時，此電子的動能定義為 1 eV，故以 100 kV 的電壓加速的電子，其最大能量為 100 keV，由其產生的制動 X 射線之最大能量亦為 100 keV。

E = hν，100 keV$\times1.6\times10^{-16}$ J keV^{-1} = 6.625×10^{-34} J s$\times$ν，ν = 2.42$\times$

10^{19} s^{-1}

$\lambda = c/v = 3 \times 10^8$ m s^{-1}/(2.42$\times 10^{19}$ s^{-1}) = 1.24$\times 10^{-11}$ m

6. 已知拍攝一 X 光片之操作條件為 74 kVp 與 100 mAs，試問在其產生 X 光之過程中有若干個電子與陽極靶起作用？

答：100 mAs = 0.1 C = 0.1 C/(1.6$\times 10^{-19}$ C/ 個電子) = 6.25$\times 10^{17}$ 個電子

7. 氯氣在自然界有 ^{35}Cl 與 ^{37}Cl，已知 Cl 的平均原子量為 35.5，請問 35Cl 在自然界所佔的豐度為何？

答：假設 ^{35}Cl 在自然界所佔的豐度為 x，理論上，^{35}Cl 與 ^{37}Cl 的原子量約為 35 與 37，平均原子量為 35x + 37(1 − x) = 35.5，x = 0.75。

8. 某熱中子能量 0.025 eV，問該中子的速度為多少？（中子質量為 1.67$\times 10^{-27}$ kg）

答：代動能公式：E = 0.5 mv^2，

0.025 eV$\times$1.6$\times 10^{-19}$ J eV^{-1} = 0.5$\times$1.67$\times 10^{-27}$ kg$\times v^2$，

v^2 = 4.79$\times 10^6$ m^2 s^{-2}（註：1 J = 1 kg m^2 s^{-2}），v = 2189 m s^{-1}。

9. 電子的能量與其速度有關，若電子的速度為 2.70$\times 10^8$ m s^{-1}，其動能約為 多少 MeV ？

答：已知質點靜止質量 m_0 與其能量 E 的關係式為 E = m_0c^2（其中 c 為光速，靜止電子經質能互換後，m_0c^2 為 0.511 MeV）；運動質點質量 m 與其總能量 E 的關係式為 E = mc^2。於是，運動質點動能 E_k 為 mc^2 − m_0c^2，即 Ek = (m − m_0)c^2，愛因斯坦由相對論另導出了粒子速度與質量之關係式：m = m_0/[1 − (v/c)^2]0.5，其中 m 與 m_0 為粒子的靜止質量與速度為 v 時的質量，光速為 c。若電子的速度為 2.70$\times 10^8$ m s^{-1}，代入式中，m = 2.294 m_0，於是，E_k = 1.294 m_0c^2 = 1.294$\times$0.511 MeV = 0.661 MeV

10. 某一質點，若其前進的速度是光速的 98%，則其質量變為靜止質量的幾倍？

答：承前，若電子的速度為 0.98 c，代入 m = m_0/[1 − (v/c)^2]$^{0.5}$ 式中，得 m/m_0 = 1/[1 − (0.98)^2]$^{0.5}$ = 5.03

11. 若一電子具有 20 MeV 之動能，則其相對質量 m 約為靜止質量 m_0 之幾倍？

答：承前，$E_k = (m - m_0)c^2$，左右式均除以 m_0，則 $E_k/m_0 = [(m/m_0) - 1]c^2$，將式右的 c^2 搬至式左，得 $E_k/(m_0c^2) = (m/m_0) - 1$，即 $m/m_0 = 1 + E_k/(m_0c^2)$

相對質量 m 約為靜止質量 m_0 之 1 + 20 MeV/0.511 MeV = 40

12. 加速器加速質子能量至 0.936 MeV，質子的靜止質量為 936 MeV/c^2，則質子的速度為每秒多少公里？

答：承前，$m/m_0 = 1 + E_k/(m_0c^2) = 1 + 0.936$ MeV/936 MeV = 1.001

承前，$m = m_0/[1 - (v/c)^2]^{0.5}$，$1.001 = 1/[1 - (v/c)^2]^{0.5}$，$(v/c)^2 = 0.00199$，$v/c = 0.0447$，$v = 0.0447c = 0.0447 \times 3 \times 10^8$ m s^{-1} = 1.34×10^7 m s^{-1} = 1.34×10^4 km s^{-1}

13. 已知 ^{13}N(Z = 7) 比 ^{13}C(Z = 6) 的能階高 2.21 MeV，試求 ^{13}N 衰變釋放的 β^+ 粒子之最大能量為多少 MeV？

答：由於 β^+ 衰變時，母核需先消耗 1.022 MeV 形成正負電子對，其中，負電子與質子轉成中子，正電子由核釋出形成 β^+ 粒子，剩餘能量才由 β^+ 粒子與 ν 共同攜帶，於是，2.21 − 1.022 = 1.19 MeV。

亦即衰變能量（能階差，Q 值）將由 β^+ 粒子、ν、回跳核（^{13}C，能量極微，可忽略不計）共同攜帶，其中，β^+ 粒子的能量除其動能外，尚包括其未來互毀後產生的互毀輻射能量（1.022 MeV）。

14. ^{226}Ra $\rightarrow$ ^{222}Rn + α〔註：Ra 與 Rn 的 Z 分別為 88 與 86〕，Q 值為 4.88 MeV，求 Rn 與 α 的能量。

答：假設 ^{222}Rn 的能量，質量與速度分別為 E_1、M_1 與 V_1，α 的質量與速度分別為 M_2 與 V_2，則

能量守恆：$(1/2)(M_1V_1^2) + (1/2)(M_2V_2^2) = Q$ ·······························(1)

動量守恆：$M_1V_1 = M_2V_2$ ·······································(2)

^{222}Rn 能量為 $E^1 = Q[M_2/(M_1 + M_2)] = 86.4$ keV

α 能量為 $E_2 = Q[M_1/(M_1 + M_2)] = 4.79$ MeV

15. Compton 作用時，若入射光子能量 hν（h 為 Plank 常數，ν 為頻率），散射光子能量 hν'，光子散射角為 θ，靜止電子能量為 mc^2（m 為質量，c 為光速），證明 $hν' = hν/[1 + (hν/mc^2)(1 - \cosθ)]$。

答：若 p 為散射電子的動量，電子散射角為 φ，已知散射電子能量為 $[(mc^2)^2 + c^2p^2]^{1/2}$，則能量守恆：$hν + mc^2 = hν' + [(mc^2)^2 + c^2p^2]^{1/2}$...(1)，

水平方向動量守恆：$hν/c = (hν'/c) \cosθ + p \cosφ$...(2)

垂直方向動量守恆：$(hν'/c) \sinθ = p \sinφ$...(3)

由於 $\sin^2 φ + \cos^2 φ = 1$，可將 (2) 與 (3) 中的 φ 消去，

於是，$c^2p^2 = (hν/c)^2 - 2(hν/c)(hν'/c) \cosθ + (hν'/c)^2$...(4)

代回 (1)，得 $hν' = hν/[1 + (hν/mc^2)(1 - \cosθ)]$

16. 已知 ^{137}Cs 的兩種貝他蛻變模式，其最大能量分別為 0.512 MeV(95%) 和 1.174 MeV(5%)，釋放的加馬射線能量為 0.662 MeV(85%)，內轉換電子的比例為 10%。若其子核 ^{137}Ba 的 K 層及 L 層電子的束縛能分別為 38 及 6 keV，試計算 K 層及 L 層內轉換電子的能量並畫出 ^{137}Cs 衰變的電子能譜。

答：K 層內轉電子的能量 = 662 − 38 = 624 keV

L 層內轉電子的能量 = 662 − 6 = 656 keV

^{137}Cs 衰變的電子能譜如右圖

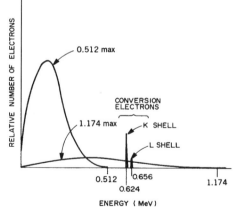

17. 如果一個元素的 K、L 及 M 層電子的結合能（binding energy）分別為 8979 eV、951 eV 和 74 eV，試問 $K_α$ 及 $K_β$ 特性 X 射線的能量各為何？氧原子的 K、L 及 M 層電子的結合能為 532 eV、23.7 eV 和 7.1 eV，試

問其鄂惹電子可能的能量為何？

答： K_α 特性 X 射線的能量為 $8979 - 951 = 8028$ eV

K_β 特性 X 射線的能量為 $8979 - 74 = 8905$ eV

氧原子 KLL 鄂惹電子的能量為 $532 - 23.7 - 23.7 = 484.6$ eV

氧原子 KLM 鄂惹電子的能量為 $532 - 23.7 - 7.1 = 501.2$ eV

氧原子 KMM 鄂惹電子的能量為 $532 - 7.1 - 7.1 = 517.8$ eV

18. 試求 $^{24}Na(Z = 11)$ 核種每個核子的平均結合能（binding energy）為多少 MeV ？若 ^{24}Na 原子質量為 23.991 amu，質子質量為 1.0073 amu，中子質量為 1.0087 amu，電子質量為 0.00055 amu，amu 為原子質量單位（atomic mass unit）。（忽略電子的結合能）

答： ^{24}Na 原子核質量：^{24}Na 原子質量 $- 11 \times 0.00055 = 23.985$ amu

質虧：$11 \times 1.0073 + 13 \times 1.0087 - 23.985 = 0.2084$ amu

質能互換後，0.2084 amu 相當於總結合能 194 MeV

平均結合能 $= 194/24 = 8.08$ MeV

19. 談質虧（mass defect）。

答：承上題，我們發現，核力，亦即核子的束縛能，源自於質虧；當質子與中子形成核時，將有質虧轉為核力。於是，應有一最適方法表示質虧大小，即表示核力大小。

首先，對任意一核種而言，我們必然知道其電子數、質子數與中子數，例如 He-4 核電子數、質子數與中子數分別為 2、2 與 2，於是，我們可得知其理論質量，即 $2m_e + 2m_p + 2m_p$（其中，m_e、m_p、$2m_p$ 分別代表電子、質子與中子的靜止質量）；其次，我們也必然知道 He-4 的質量數為 4。於是，我們定義質量差（mass excess，常以符號 Δ 表示）為原子質量－質量數。

值得注意的是，既然我們想表示核力，質量差的定義，就應以能量表示為宜，於是，質量差、原子質量、原子量均應先以 amu 為單位，再利用 931.5 MeV/amu 換算為以 MeV 為單位，因此，質量差也常稱為能量差。

由於質虧＝理論原子質量－實際原子質量（因電子數相同，質虧也等於原子核質量－實際原子核質量，可參考上題作法），其中，實際原子質量即為前述質量差定義中的原子質量。於是，原子質量＝質量差＋質量數；質虧＝理論原子質量－質量差－質量數。（註：此敘述中，因電子束縛能相對於核力很小，通常忽略不計；另原子量（g/mole）不等於原子質量（amu），因原子量是數種同位素的平均質量，例如 H 的原子量是氫、氘、氚其個別質量經豐度加權後的平均質量）。

以 He-4 為例，質虧＝$2m_e + 2m_p + 2m_n$- 質量差－4。其中，質量差均是查表獲得，例如 He-4、C-12、O-16、Co-60 分別是 2.4248、0、−4.7366、−61.651 MeV，計算時應特別注意正負號。較特殊的質量差為 C-12 者，由於一個 C-12 原子質量定義為 12 amu，C-12 質量數也是 12，因此，所有核種中，僅 C-12 的質量差為 0。

承上，質虧＝理論原子質量－質量差－質量數，當理論原子質量與質量數均以 MeV 表示時，數值將很大，例如 ^{4}He 質虧＝$2m_e + 2m_p + 2m_n$- 能量差－4 中，$2m_p$ 將約為 1.88×10^3 MeV，為計算方便，應將理論 4 核子的各約 940 MeV，銷掉質量數 4 的各約 940 MeV。此時，m_p 與 m_n 均以能量差呈現，分別以 $\Delta(^1H)$ 與 $\Delta(^1n)$ 表示，^{4}He 質虧＝$2 \times 0.511 + 2\Delta(^1H) + 2\Delta(^1n) - \Delta(^4He)$。

20. 試求 ^{24}Na(Z = 11) 結合能及每個核子的平均結合能。〔已知 ^{24}Na 能量差 8.418 MeV，質子、中子及電子的質量分別為 1.0073，1.0087 及 0.00055 amu〕

答：能量差＝ − 8.418 MeV ＝ (931.5 MeV/amu)×[^{24}Na 原子質量 (amu) − ^{24}Na 質量數 (以 amu 為單位)]

^{24}Na 原子質量 ＝ 23.990963 amu

質虧：11×1.0073 + 13×1.0087 + 11×0.00055 − 23.990963 = 0.208487 amu

質能互換後，0.208487 amu 相當於總結合能 194.2 MeV

平均結合能 = 194.2/24 = 8.09 MeV

21. 試計算 ^{17}C 的質量差（mass excess）與核束縛能（BE）。（^{17}C 原子質量 16.99913 amu，$\Delta(^1\text{n})$ = 8.071 MeV，$\Delta(^1\text{H})$ = 7.289 MeV）

答：$\Delta(^{17}\text{C})$ = 931.5×(16.99913 − 17) = − 0.810405 MeV

BE = (6×0.511 + 6×7.289 + 11×8.071) + 0.810405 = 136.4 MeV

3.2 ｜活度

1. 活度。

答：物質由分（或原）子組成，所以物質的量，應以分（或原）子數目表示。我們所操作物質的量，不適合用微觀（microscopic）的分（或原）子數目表示，於是，Avogadro 提出 6.02×10^{23} 個分（或原）子，定義為 1 莫耳，用莫耳數目表示物質的量。6.02×10^{23} 即為 Avogadro's 數。

巨觀（macroscopic）世界中，我們習慣用物質的質量代表物質的量，那麼，物質的質量如何與莫耳數目進行換算呢？靠的是分（或原）子量！1 莫耳分（或原）子重定義為分（或原）子量，單位為 g/ 莫耳；例如，水分子的分子量為 18 g/ 莫耳，9 g 的水等於 0.5 莫耳的水，等於 3.01×10^{23} 個水分子；反之；10^{23} 個水分子，等於 0.166 莫耳的水，等於 2.99 g 的水。至於原子，其質量數（A）為其核子數，又每一核子約重 1 amu（即 1.66 ×10^{-27} kg），所以，1 莫耳原子約重 A g；例如，1 g 的 ^{2}H 原子等於 0.5 莫耳的 ^{2}H，等於 3.01×10^{23} 個 ^{2}H 原子。

放射性物質的量是否應以原子數目表示呢？我們關心放射性物質的原因，是它會衰變，每衰變一次就會釋出定量的游離輻射，因此，放射性物質的原子數目雖然可表示放射性物質的量，但缺點是無法表示出游離輻射的量，因為原子數目多，不見得釋出的游離輻射就一定多。

雖然放射性物質的量與其原子數目成正比，但是，若放射性物質 A 較放射性物質 B 有較佳穩定性（衰變常數大或半化期短），即使物質 A 有較多原

子數目，二者釋出游離輻射的量仍難以論定。因此，欲表示放射性物質的量，除了必須知道它的原子數目外，還要知道它的穩定性（衰變常數或半化期）。

於是，為了也能表示出放射性物質釋出游離輻射量的能力，放射性物質的量以「活度」表示，活度 (A) = 衰變常數 (λ)× 原子數目 (N)。放射性物質每秒衰變 1 次，其活度稱為 1 Bq。以 K 為例，天然 K 中含 ^{39}K 與 ^{40}K（豐度為 0.012%，半化期為 1.3×10^9 年），則計算 1 g K 的活度時，λ 為 1.69 $\times10^{-17}$ s^{-1}（單位必須以 s^{-1} 表示），^{40}K 的原子數目（N）為 1.81×10^{18}，求出活度為 30.6 Bq（單位必須以 Bq 表示）。

活度可視為放射性核種的衰變速率，活度大即表示放射性物質單位時間內釋出游離輻射的量多，間接代表此放射性物質的危險性。此表示法與我們傳統觀念中物質量（原子數目或質量）的表示法不同，例如，法規規定輻射工作人員一年可呼吸攝入體內 ^{137}Cs 的量（年攝入限度）為 6×10^6 Bq，^{99m}Tc 的豁免管制量為 10^7 Bq，均不是以原子數目或質量表示。

活度又不同於累積活度，活度是放射性核種的衰變速率，累積活度則是放射性核種的衰變次數，此衰變次數（Ã）是時間（t）的函數，且與放射性核種（衰變常數為 λ）的初活度（A_0）成正比，$\tilde{A} = A_0(1 - e^{-\lambda t})/\lambda$，常用單位為 Bq s。

2. 使用計數率為 20% 的蓋格計數器，測定鉀 40 的試樣，，其淨計數為 30 cpm，則此試樣的放射性活度為多少貝克（Bq）？

答：鉀 40 為純 β$^-$ 射源，每衰變一次釋出一 β$^-$，因計數率為 20%，故每 5 次衰變計數值為 1（偵測效率為 0.2）；淨計數為 30 cpm，即每分鐘衰變次數為 30/0.2 = 150，每秒鐘衰變次數為 150/60 = 2.5，即此試樣的放射性活度為 2.5 Bq。

3. 鉈 201 在輻射醫學應用上確是診斷心臟疾病之一大利器，請問若病患注射 2 mCi 鉈 201，則內含鉈 201 幾克？註：鉈 201 之半衰期約 73 hr。

答：A = λN = $2\times3.7\times10^7$ = 7.4×10^7 Bq = 7.4×10^7 s^{-1}

$7.4 \times 10^7 \text{ s}^{-1} = (0.693/73 \times 3600 \text{ s}) \times (\text{x g}/201 \text{ g}) \times 6.02 \times 10^{23}$

$\text{x} = 9.37 \times 10^{-9} = 9.37 \text{ ng}$

4. 200 百萬貝克的 ^{210}Po（半衰期為 138 天）相當於幾克的 ^{210}Po？

答：$200 \times 10^6 \text{ Bq} = [0.693/(138 \times 86400 \text{ s})] \times (\text{x g}/210) \times 6.02 \times 10^{23}$，$\text{x} = 1.2 \times 10^{-6} \text{ g}$

5. 人體中平均含鉀量為 0.2%，^{40}K 在鉀元素的豐度比為 0.0117%，體重 65 公斤的人身體中含 ^{40}K 的活度為多少？【^{40}K：$T_{1/2} = 1.28 \times 10^9$ y，原子量 $= 39.0983$ U，$A = 6.022 \times 10^{23}$，ln2 $= 0.693$】

答：65 kg 的人體中含 ^{40}K 的量：$65 \times 0.002 \times 1.17 \times 10^{-4} = 1.521 \times 10^{-5}$ kg

1.28×10^9 y $\cong 4.03822 \times 10^{16}$ s

∴ $A = 0.693 \times 6.022 \times 10^{23} \times 1.521 \times 10^{-5}/(4.03822 \times 10^{16} \times 39.0983 \times 10^{-3}) \cong 4019.7$ Bq

6. ^{222}Rn 的半衰期為 3.8 天，1 μCi ^{222}Rn 的重量為多少克？又在 0℃ 及一大氣壓下為多少毫升？（標準狀況下，1 莫耳的氣體為 22.4 升）

答：$A = \lambda N$，$3.7 \times 10^4 \text{ s}^{-1} = [0.693/(3.8 \times 86400 \text{ s})] \times N$，$N = 1.753 \times 10^{10}$，

莫耳數為 $(1.753 \times 10^{10})/(6.02 \times 10^{23}) = 2.912 \times 10^{-14}$，

重量為 $2.912 \times 10^{-14} \times 222 \text{ g} = 6.46 \times 10^{-12} \text{ g}$

體積為 $2.912 \times 10^{-14} \times 22400 \text{ ml} = 6.52 \times 10^{-10} \text{ ml}$

7. 某迴旋加速器中心於上午八時生產 F-18 藥物 600 mCi/10 mL，於上午九時五十分提供某醫院 100 mCi F-18，到了下午一時三十分來了一受檢者，需要 10 mCi F-18 藥物，請問抽取之 F-18 藥物體積為多少？註：F-18 之半衰期約 110 min。

答：$t = 1$ 時 50 分 $= 110$ 分 $= 1$ 個半衰期

比活度變為 600/2 $= 300$ mCi/10 mL

提供 100 mCi，即提供 100 mCi/3.33 mL

$t = 3$ 時 40 分 $= 220$ 分 $= 2$ 個半衰期

比活度變為 100/4/3.33 mL $= 25$ mCi/3.33 mL

x mL×25 mCi/3.33 mL = 10 mCi，x = 1.33 mL

8. ^{226}Ra 的衰變圖如右。請問 1 MBq 的 ^{226}Ra，在 1 秒內發生內轉換（internal conversion）的次數等於多少？假設內轉換發生在 K 層，而 K 層電子的螢光產率（fluorecence yield）等於 0.7，試問在距射源 50 公分處的 K x-ray 通量率等於多少 $cm^{-2}\,s^{-1}$？

答：1 MBq = 10^6 dps

$10^6×0.057×0.35 = 19950\,s^{-1}$—在 1 秒發生內轉換的次數為 19950 次

$19950\,s^{-1}×0.7/[4\pi(50\,cm)^2] = 0.445\,cm^{-2}\,s^{-1}$（距射源 50 公分處的 K x-ray 通量率）

9. 承上題，100 貝克的 ^{226}Ra 在 1 秒內，會發生幾次內轉換（internal conversion）？

答：$100×0.057×0.35 = 1.995 = 2$

10. 有一核種 A 藉由 24% 的正子衰變及 76% 的電子捕獲衰變至核種 B，並放出下列射線：最高能量 1.62 MeV 的 β^+ 射線 16%，最高能量 0.98 MeV 的 β^+ 射線 8%，1.51 MeV 的 γ 射線 47%，0.64 MeV 的 γ 射線 55%，0.511 MeV 的 γ 射線 48%，及特性 X 射線與鄂惹電子（Auger electron）。請繪出此核種的衰變結構圖，並標示出衰變種類、百分比及能量。

答：β^+ 射線最高能量有 2 種，取高者（1.62 MeV）可判斷母核能階（= 1.62 + 1.02 = 2.64 MeV）。最高能量 0.98 MeV 的 β^+ 射線 8%，因此應伴隨 1.62 − 0.98 = 0.64 MeV 的 γ 射線 8%，但 0.64 MeV 的 γ 射線有 55%，即電子捕獲衰變中，有 55 − 8 = 47% 會衰變至能階 0.64 MeV。此 47% 的電子捕獲必先衰變至 0.64 + 1.51 = 2.15 MeV，因為另有 1.51 MeV 的 γ 射線 47%（此 γ 射線不可能來自 24% 的正子衰變）。換句話說，此 47% 的電子捕獲，將連續進行 2 次 γ 釋能，類似 ^{60}Co 貝它衰變後，也連續進行 2 次 γ 釋能。電子捕獲中，另有 76 − 47 = 29% 未再伴隨 γ 射線（直接衰變至子核的基底態）。最高能量 0.98 MeV 的 β^+ 衰變 8%，也直接衰變至子核的基底態。特性 X 射線與 Auger 電子不會畫在衰變結構圖中，互毀輻射（24% 正子

衰變伴隨生成的 0.511 MeV γ 射線 48%）也不會畫在衰變結構圖中。

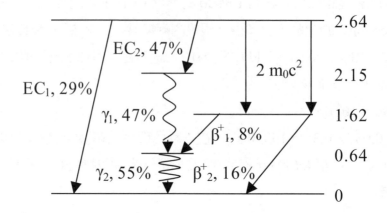

11. 某核種活度衰減如下圖，圖之 y 軸為對數座標，請估算此核種的衰變常數
   (λ) = ？

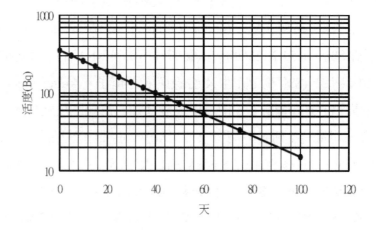

答：初活度約為 350 Bq，100 天後，活度約為 16 Bq，
   $16/350 = e^{-\lambda \times 100}$ d，$\ln(16/350) = -3.085 = -\lambda \times 100$ d，
   $\lambda = 0.03085$ d^{-1}。

12. 有一放射性同位素，若一年以後其初始量與剩餘量之比值為 1.14，則二年
   以後其活度為原來的多少倍？

答：一年以後初始活度（A_0）為剩餘活度（A）之比值為 1.14，即 $A/A_0 =$ 1/1.14；二年以後，即再經過一年，活度將再降為原活度的 1/1.14，於是，$(1/1.14) \times (1/1.14) = (1/1.14)^2$

另解：$A = A_0 e^{-\lambda t}$，即 $A/A_0 = e^{-\lambda t}$；已知一年以後（$t = 1$ 年）初始活度（A_0）與剩餘活度（A）之比值為 1.14，即 $A_0/A = 1.14$，$A/A_0 = 1/1.14 = e^{-\lambda \times 1 \text{年}}$；解得衰變常數（$\lambda$）約為 0.131 年$^{-1}$；二年以後（$t = 2$ 年），$A/A_0 = e^{-0.131 \times 2} \fallingdotseq 0.77 \fallingdotseq (1/1.14)^2$

13. 5 mCi 的 ^{131}I（$T_{1/2} = 8.05$ 天）與 2 mCi 的 $_{32}P$（$T_{1/2} = 14.3$ 天）需經過多少天，兩者的活度才會相等？

答：$5e^{-0.693t/8.05} = 2e^{-0.693t/14.3}$

$2.5 = e^{-0.0485t + 0.086t}$

$2.5 = e^{0.0375t}$

$0.9163 = 0.0375t$

$t = 24.4$（天）

14. 取一古代木料的燒灰試樣按既定步驟加以處理而成為二氧化碳，得 $^{14}CO_2$ 的放射性比活度為 228 Bq/g。另外，以相同的步驟對尚存活的微生物所得的 $^{14}CO_2$ 的放射性比活度為 918 Bq/g。請問該古木灰的年齡為多少？（^{14}C 之半衰期為 5730 年）

答：$228 = 918 \, e^{-0.693 \times t/5730 \text{年}}$，$t = 11460$ 年

另解：228/918 = 1/4，即經過 2 個半化期 = 11460 年

15. 購入 ^{59}Fe（半衰期：45 日）含有不純物 ^{60}Co（半衰期：5.3 年），其中 ^{60}Co 之放射性活度為全部之 0.1%，請問 2 年後 ^{59}Fe 與 ^{60}Co 之放射性活度比值為何？

答：題意為 ^{59}Fe 與 ^{60}Co 的初活度分別為初總活度之 99.9% 與 0.1%，即活度比值為 0.999/0.001 = 999。

2 年後，活度比值為 $999e^{-0.693 \times 2 \times (365/45)}/e^{-(0.693 \times 2/5.3)} = 0.0131/0.770 = 0.017$

16. 已知 ^{226}Ra 之半化期為 1600 年，請由半化期導出其比活度為多少 Bq/g ？

答：S.A. = A/w = λN/w = [0.693/(1600×365×24×3600 s)]×[(w g/226 g)× $6.02×10^{23}$]/w g = $3.66×10^{10}$ Bq g^{-1}

17. 請計算 ^{111}In 的比活度（Specific activity）為多少 mCi/mg ？（$T_{1/2}$ = 67 h）

答：S.A. = A/w = λN/w = [0.693/(67×3600 s)]×[(w g/111 g)×$6.02×10^{23}$]/w g = $1.55×10^{16}$ Bq g^{-1} = $4.21×10^{5}$ mCi mg^{-1}

18. 已知 ^{14}C 的半化期為 5730 年，試計算其平均壽命及比活度（specific activity）？

答：τ = 1.443 t$_{1/2}$ = 1.443×5730 y = 8268 y

S.A. = A/w = λN/w = [0.693/(5730×365×24×3600 s)]×[(w g/14 g)× $6.02×10^{23}$]/w g = $1.65×10^{11}$ Bq g^{-1} (4.46 Ci g^{-1})

19. 一樣品經閃爍計數器得 $5.8×10^{4}$ cpm。若加入 100 μl 甲苯（$1.80×10^{6}$ dpm/ml）再測，則為 $1.7×10^{5}$ cpm，試問該樣品的放射活度為多少 dpm ？

答：dpm× 偵測效率 = cpm

100 μl×$1.80×10^{6}$ dpm/ml = $1.80×10^{5}$ dpm

令偵測效率為 x，則應測得甲苯 cpm 數為 x×$1.80×10^{5}$

測得甲苯與樣品總 cpm 數為 $5.8×10^{4}$ cpm + x ×$1.80×10^{5}$ cpm = $1.7×10^{5}$ cpm

0.58 + 1.80x = 1.7，x = 0.622

該樣品的放射活度為 $5.8×10^{4}$ cpm/0.622 = $9.3×10^{4}$ dpm

20. 某蛋白質分解物的總量 100 mg，加入 10 mg 比活度為 200 cpm/mg 的標誌半胱胺酸，混合均勻後，再取混合均勻的溶液精製分離其中之半胱胺酸，得到比活度為 100 cpm/mg，則原蛋白質分解物中半胱胺酸含量為百分之多少？

答：假設原有 x mg 半胱胺酸

加入 10 mg 標誌半胱胺酸後，純化後半胱胺酸比活度將成為為 2000

cpm/[(10 + x) mg]

得純化後半胱胺酸 100 cpm/mg = 2000 cpm/(x + 10 mg)，半胱胺酸應有 10 mg

原始蛋白質分解物 100 mg 中含半胱胺酸 10 mg，含量 10%

21. 2 ml 溶液中含有 1 mCi 的 ^{14}C- 標誌某胺基酸，若其比活度為 150 mCi mmole^{-1}，則其胺基酸的濃度為多少 mM？

答：150 mCi mmole^{-1} = 1 mCi/2 ml = 150 mCi/300 ml

即 300 ml 中含 ^{14}C- 標誌的此胺基酸 1 mmole

1 M 指 1000 ml（1 公升）中含溶質（此例中指 ^{14}C- 標誌的此胺基酸）1 mole

1 mM 指 1000 ml 中含溶質（此例中指 ^{14}C- 標誌的此胺基酸）1 mmole

因此 300 ml 中含 1 mmole = 1000 ml 中含 3.3 mmole = 3.3 mM

22. 有一蛋白質水解產物被用來測定其中所含的天門冬酸；利用同味素稀釋分析法取放射活性比度 S.A. = 0.46 μCi/mg 的天門冬酸 5 mg 加入此蛋白質水解產物，從此蛋白質水解產物可分離 0.21 mg，放射活性比度 = 0.01 μCi/mg 的高純度天門冬酸，試問原來的蛋白質水解產物有多少質量的天門冬酸？

答：加 5 mg 0.46 μCi/mg，即加了 2.3 μCi

設原來的蛋白質水解產物有 x mg 的天門冬酸，0.01 μCi/mg = 2.3 μCi/[(x + 5) mg]，原來的蛋白質水解產物有 225 mg 的天門冬酸。【註：不論分離出多少純天門冬酸，放射活性比度皆為 2.3 μCi/[(x + 5) mg]，即此題中 0.21 mg 不會影響計算結果】

23. 已知一以 ^{203}Hg 標誌的 Hg(NO$_3$)$_2$ 溶液，其比活度為 5 μCi/ml，Hg 在溶液中的濃度為 5 mg/ml，則 Hg 的比活度為何？在 Hg(NO$_3$)$_2$ 溶液中的 Hg 有多少是 ^{203}Hg？Hg(NO$_3$)$_2$ 的比活度為何？（Hg(NO$_3$)$_2$ 的分子量為 324.63 g/mole，Hg 的原子量為 200.61 g/mole）。

答：5 μCi/ml = 5 mg/ml → 5 μCi/5 mg = 1 μCi/mg（Hg 的比活度）

1 μCi = 3.7×10^4 Bq = N×[0.693/(46.8×86400 s)]，N = 2.16×10^{11}，w = 203 g ×2.16×10^{11}/(6.02×10^{23}) = 7.28×10^{-11} g，7.28×10^{-11} g/0.001 g = 7.28×10^{-8} (^{203}Hg 於 Hg 中比例)

1 mg Hg　重 324.63/200.61 = 1.62 mg $Hg(NO_3)_2$ 重，1 μCi/1.62 mg = 0.6271 μCi/mg（$Hg(NO_3)_2$ 的比活度）

24. 以 ^{14}C（半衰期 5730 年）標誌的無水酒精 $CH_3 - {}^{14}CH_2 - OH$，其比活度為 1 mCi/mole，請問能用在一要求最小比活度為每 ml 每分鐘 10^8 轉換（transformation, t）的實驗上嗎？（酒精密度為 0.789 g/cm^3）

答：1 mCi = 3.7×10^7 轉換 / 秒 = 2.22×10^9 轉換 / 分鐘

CH_3CH_2OH 分子量 24 + 16 + 6 = 46 g/mole，1 mole = 46 g，46 g = 58.3 ml，2.22×10^9 轉換 / 分鐘 = 58.3 ml，3.81×10^7 轉換 / 分鐘 = 1 ml，∴ 不能用在此實驗上。

25. 鈷當作雜質含於鎳中欲定量之，將試樣 1 g 於反應器中照射，於照射過試樣中秤取 200 mg 溶於鹽酸，加入非放射性鈷 10 mg，藉離子交換法將一部份鈷純化分離，測其重量及鈷 -60 放射性各得 8.6 mg、10320 cpm。其次從照過試樣另秤取 200 mg 溶於鹽酸，加 20 mg 非放射性鈷，經同樣操作亦將一部份鈷純化分離，測其重量與放射性，各得 9.1 mg、6919 cpm，試求此樣品含有百分之幾的鈷？

答：令 200 mg 照過試樣中含鈷 x mg，放射性 y cpm，於是，

y/(x + 10) = 10320/8.6 ……………………………………(1)

y/(x + 20) = 6919/9.1 ……………………………………(2)

解聯立方程式，得 x = 7.3，

此樣品含鈷 7.3/200 = 3.65%

3.3 │連續衰變與中子活化

1. 假設在中子照射期間任何時刻 t 的活化原子數目為 Nt，中子通量率為 φ(n/cm² s) 活化截面為 σ(barn)，試證經中子活化後的活度 A 為

    $A = A_s(1 - e^{-0.693t/t_h})$

    式中 A_s 稱為飽和活度，t_h 為半衰期。

答：$dN_t/dt = A_s - \lambda N_t$，$dN_t/(A_s - \lambda N_t) = dt$，左右式分別對 N_t 與 t 積分，得 $[1/(-\lambda)] \times \ln(A_s - \lambda N_t) - (1/\lambda) \times \ln(A_s) = t$，$A_s - A_s e^{-\lambda t} = \lambda N_t = A$，$A = A_s(1 - e^{-\lambda t}) = A_s(1 - e^{-0.693t/t_h})$

2. 某金屬經中子活化照射兩個半衰期後，再經一個半衰期衰減，試問其活度為飽和活度的幾分之幾？

答：照射兩個半衰期後，活度為飽和活度的 3/4，即前題的 $0.75\,A_s$ 或 $0.75\varphi\sigma N_t$
    再經一個半衰期衰減，活度（飽和活度的 3/4）減半，即飽和活度的 3/8

3. 已知 Co-60 的半衰期為 5.26 年，若使用原子爐將 Co-59 活化，照射 5.26 年，再經過 10.52 年的衰減，試問其活度為飽和活度的幾分之幾？

答：經過 5.26 年的照射，即經過 1 個半衰期的照射，活度將為飽和活度的 1/2；經過 10.52 年的衰減，即是經過 2 個半衰期的衰減，活度將因衰變成為初活度的 1/4；於是活度將為飽和活度的 $(1/2) \times (1/4) = 1/8$

4. 含 1.0 毫莫耳鈉的化合物，在反應器中以通量率 1.0×10^{12} cm^{-2} s^{-1} 的熱中子照射，請問生成之 ^{24}Na 的飽和放射活度為多少 Bq？【^{23}Na(n, γ)^{24}Na 反應截面積為 0.53×10^{-24} cm^2】

答：$A = \dot{\Phi}\sigma N(1 - e^{-\lambda t})$，
    飽和時，$A_s = \dot{\Phi}\sigma N = 1.0 \times 10^{12} \times 0.53 \times 10^{-24} \times (0.001 \times 6.02 \times 10^{23}) = 3.19 \times 10^8$ Bq

5. 以 1.00 μg 的天然鈷作成的薄片試樣，在熱中子束通量密度為 1.00×10^{13} n cm^{-2} s^{-1} 中照射 1000 秒後，可獲得 2.00×10^9 個 ^{60}Co 原子，已知天然鈷中 100% 為 ^{59}Co，若以熱中子進行中子捕獲反應 ^{59}Co(n,γ) ^{60}Co，請

問其反應截面積 σ 值為多少？請以 barn 表示之。（^{59}Co 之原子量 A 為 58.9，亞佛加厥數 N 為 6.02×10^{23}）

答：當 λt 很小時，$N = \dot{\Phi}\sigma N_t t$，

$2.00 \times 10^9 = 1.00 \times 10^{13}$ cm^{-2} s$^{-1} \times \sigma \times [10^{-6} \times 6.02 \times 10^{23}/58.9] \times 1000$ s，σ $= 1.96 \times 10^{23}$ cm^2 = 19.6 barns

6. ^{24}Na 可以由 ^{26}Mg(d, α)^{24}Na 核反應（22 MeV 氘撞擊的截面積 25 mb）製得，0.1 mm Mg 靶薄片（M = 24.3，$\rho = 1.74$ g cm^{-3}）於 100 pA 照射 2 h，求生成 ^{24}Na 的活度。（^{26}Mg 的豐度為 11%，^{24}Na 的半化期為 15 h）

答：一個氘粒子電量為 1.6×10^{-19} C

100 pA 氘粒子的強度為 10^{-10} C s^{-1}，即 6.25×10^8 s^{-1}

0.1 mm Mg 靶薄片中每 cm^2 26Mg 原子的量為 0.01 cm $\times$ (1.74 g cm^{-3}) $\times$ 0.11 $\times$ (1/24.3 g) $\times$ (6.02 $\times 10^{23}$ atoms) $= 4.74 \times 10^{19}$ atoms cm^{-2}

A $= 6.25 \times 10^8$ s$^{-1} \times 25 \times 10^{-27}$ cm$^2 \times 4.74 \times 10^{19}$ atoms cm$^{-2} \times (1 - e^{-0.693 \times 2/15})$ = 65.4 Bq

7. 已知 ^{50}Cr 的熱中子捕獲機率是 13.5 邦，某樣品含未知量 ^{50}Cr，將此樣品置於一 10^{10} cm^{-2} s^{-1} 熱中子通量的反應器中照射 5 天，共生產出 ^{51}Cr（半化期為 27.8 天）的活度為 10^6 Bq，則此樣品中 ^{50}Cr 的質量為何？

答：10^6 Bq $= 10^{10}$ cm^{-2} s$^{-1} \times 13.5 \times 10^{-24}$ cm$^2 \times (x$ g/50 g) $\times 6.02 \times 10^{23} \times (1 - e^{-0.693 \times 5/27.8})$

$x = 5.25$ mg

8. 若有一未知量之 ^{50}A 樣品放在原子爐內活化 [^{50}A(n,γ)^{51}A]，如果在中子通量率為 10^{11} cm^{-2} s^{-1} 下照射一週，結果在計數效率為 20% 的碘化鈉閃爍偵檢器中測得 600 cpm，試問原先樣品中 A 的含量為多少克？[^{50}A 的截面為 15 邦；^{51}A 的半化期為 7 天，它蛻變中有 25% 會放出加馬]

答：600 cpm = 10 cps，每秒量得 10/0.25 = 40 次衰變，活度為 40/0.2 = 200 Bq

200 Bq $= 10^{11}$ cm^{-2} s$^{-1} \times 15 \times 10^{-24}$ cm$^2 \times (x$ g/50 g) $\times 6.02 \times 10^{23} \times (1 - $

$e^{-0.693 \times 7/7}$)

$x = 2.215 \times 10^{-8}$ g

9. 某試樣中含 2.3% 的鈉，今以通量率 3.0×10^{11} cm^{-2} s^{-1} 的熱中子照射此試樣 0.1 g，照射時間 10 分鐘，請問照射終了時，^{24}Na/^{23}Na 原子數比為多少？【^{23}Na(n, γ)^{24}Na 反應截面積 5.3×10^{-1} b，亞佛加厥數 6.02×10^{23} mol^{-1}，^{24}Na 半衰期 15 h】

答：照射前 23Na 原子數目為 N^t，

活度 $A = \dot{\Phi}\sigma N_t(1 - e^{-\lambda t})$，照射後原子數目 $N = A/\lambda = \dot{\Phi}\sigma N_t(1 - e^{-\lambda t})/\lambda$，

照射後 ^{24}Na/^{23}Na 原子數比為 $[\dot{\Phi}\sigma N_t(1 - e^{-\lambda t})/\lambda]/N_t = [\dot{\Phi}\sigma(1 - e^{-\lambda t})/\lambda] = 3.0 \times 10^{11} \times 5.3 \times 10^{-1} \times 10^{-24} \times [1 - e^{-0.693 \times 10/(15 \times 60)}]/[0.693/(15 \times 3600)] = 9.51 \times 10^{-11}$

10. 已知 ^{90}Sr(Z = 38) 是 β$^-$ 蛻變，其半化期為 29.12 年，子核 ^{90}Y(Z = 39) 的半化期為 64.0 小時（經 β$^-$ 蛻變成穩定的 ^{90}Zr(Z = 40)）。由於兩者半化期相差甚多，經過 7 個子核之半化期（448 小時）後，即可視為長期平衡。試求 1 mg ^{90}Sr 達到長期平衡時的 ^{90}Y 有多少克？

答：$[0.693/(29.12 \times 365 \times 24 \text{ h})] \times (1 \text{ mg}/90 \text{ g}) \times 6.02 \times 10^{23} = [0.693/(64 \text{ h})] \times (x \text{ mg}/90 \text{ g}) \times 6.02 \times 10^{23}$

$x = 0.251 \times 10^{-3}$ mg $= 0.251$ μg

11. 已知一個樣品包含了 1.0 GBq 的 ^{90}Sr(T = 29.12 y) 和 0.62 GBq 的 ^{90}Y(T = 64.0 h)。試問 29.12 年後該樣品的總活度多大？

答：1.0 GBq 的 ^{90}Sr 經 29.12 年後活度為 0.5 GBq，另可生成活度為 0.5 GBq 的 ^{90}Y，

0.62 GBq 的 ^{90}Y 經 29.12 年後活度為 0 Bq

故該樣品的總活度為 0.5 GBq + 0.5 GBq = 1.0 GBq

12. 當 1 mg 的 ^{137}Cs 與 ^{137m}Ba 平衡時有多少克的 ^{137m}Ba 會產生？(^{137}Cs → ^{137m}Ba → ^{137}Ba；^{137}Cs T$_{1/2}$ = 30 yr；^{137m}Ba T$_{1/2}$ = 2.6 min)

答：^{137}Cs 與 ^{137m}Ba 為長期平衡（半化期相差約 600 萬倍），平衡時二者活

度將相等，$\lambda_1 N_1 = \lambda_2 N_2$，$0.693 \times 10^{-3}$ g$\times 6.02 \times 10^{23}$/(137 g$\times 30 \times 365 \times 24 \times 60$ min) $= 0.693 \times x$ g$\times 6.02 \times 10^{23}$/(137 g$\times 2.6$ min)，$x = 10^{-3}$ g$\times 2.6$/($30 \times 365 \times 24 \times 60$) $= 1.65 \times 10^{-10}$ g。

13. 1 g 的 ^{226}Ra 與其子核 ^{222}Rn 達到長期平衡時，請計算標準狀態下 ^{222}Rn 的體積為何？（^{226}Ra 的半衰期：1600 年；^{222}Rn 的半衰期：3.8 日）

答：1 g 的 ^{226}Ra（即 1 Ci）與 ^{222}Rn 達到長期平衡時，^{222}Rn 的活度亦為 1 Ci。

1 Ci ^{222}Rn 的原子數目為 $A/\lambda = 3.7 \times 10^{10}$ s$^{-1} \times 3.8 \times 86400$ s/0.693 $= 1.753 \times 10^{16}$。

1 莫耳有 6.02×10^{23} 個原子，1.753×10^{16} 個原子為 2.912×10^{-8} 莫耳。

標準狀態下，1 莫耳理想氣體為 22.4 公升，2.912×10^{-8} 莫耳為 6.52×10^{-7} 公升。

14. 鐳蛻變模式為 ^{226}Ra $\rightarrow$ ^{222}Rn $+ \alpha$，若有一克鐳（半衰期 1620 年）在長期平衡時，所產生的氡氣（半衰期 3.83 天）在 STP 下對於一個體積為 2 升的容器所造成的壓力為多少 mmHg？

答：長期平衡時，所產生氡氣的活度將等於一克鐳的活度（1 Ci）。

$A = \lambda N$，3.7×10^{10} s$^{-1} = 0.693 \times N$/(3.83×86400 s)，$N = 1.77 \times 10^{16}$ 個氡原子，1.77×10^{16}/$6.02 \times 10^{23} = 2.94 \times 10^{-8}$ 莫耳氡。

1 莫耳理想氣體體積為 22.4 升，2.94×10^{-8} 莫耳 $\times 22.4$ 升 / 莫耳 $= 6.59 \times 10^{-7}$ 升氡。

容器體積不變時，增加的壓力與氣體體積成正比（$P_2 = P_1 V_2 / V_1$）

壓力將增為 $760 \times (2 + 6.59 \times 10^{-7})/2 = 760 + (2.50 \times 10^{-4})$ mmHg

即增加 2.50×10^{-4} mmHg

15. 鈾礦中 ^{231}Pa 與 ^{235}U 的原子數比為 4.7×10^{-5}，請計算 ^{231}Pa 的半衰期為何？（^{235}U 的半衰期為 7.0×10^8 年，^{231}Pa 與 ^{235}U 呈長期平衡）

答：平衡時二者活度將相等，$\lambda_1 N_1 = \lambda_2 N_2$，即 $T_2 N_1 = T_1 N_2$，

∴ $T_2/T_1 = N_2/N_1 = 4.7 \times 10^{-5} = T_2/(7.0 \times 10^8$ 年)，

$T_2 = 3.29 \times 10^4$ 年

16. 已知 ^{136}Cs（半化期為 13.7 d）經 β^- 發射蛻變成 ^{136m}Ba（半化期為 0.4 s），而 ^{136m}Ba 經由發射 γ 射線蛻變成穩定的 ^{136}Ba $\rightarrow$ ^{136}Cs $\rightarrow$ ^{136m}Ba $\rightarrow$ ^{136}Ba。t = 0 時純 ^{136}Cs 樣品的活度為 10^{10} Bq，試問在 $t_1 = 13.7$ d（精確值）到 $t_2 = 13.7$ d $+ 5$ s（精確值）之間有多少 ^{136m}Ba 原子蛻變？

答：^{136}Cs 與 ^{136m}Ba 半化期差異極大（超過 10^5 倍），經子核 7 倍（含）以上半化期後，子核將與母核達到長期平衡，即二者活度將相等

13.7 d 後 ^{136}Cs 與 ^{136m}Ba 的活度均為 5×10^9 Bq，且 $t_1 = 13.7$ d 到 $t_2 = 13.7$ d $+ 5$ s 之間活度不變（^{136}Cs 半化期為 13.7 d，5 s 之內活度的改變可忽略）

∴共有 5×10^9 s^{-1} $\times 5$ s $= 2.5 \times 10^{10}$ 個 ^{136m}Ba 原子蛻變

17. 已知母核 ^{99}Mo 的半衰期為 66.02 h，子核 Tc-99m 的半衰期為 6.02 h，則子核 Tc-99m 活度為最大值時所需的時間 t_{md} 為何？

答：$t_{md} = [\ln(\lambda_2/\lambda_1)]/(\lambda_2 - \lambda_1) = 2.395/(0.105^5 \text{ h}^{-1}) = 22.8$ h

18. 醫院核醫科在星期一早上十點收到 100 mCi 的 ^{99}Mo 發生器，星期四早上十點擠出 ^{99m}Tc 並且立即用完。到了星期四下午一點又需使用 ^{99m}Tc，問此時能再擠出多少 mCi 的 ^{99m}Tc ？

答：衰變系列的公式為 $A_2 = A_1[\lambda_2/(\lambda_2 - \lambda_1)][1 - e^{-(\lambda_2-\lambda_1)t}]$（^{99}Mo 與 ^{99m}Tc 的衰變常數分別為 0.01039 h^{-1} 與 0.1155 h^{-1}，假設 ^{99}Mo 衰變後皆會形成 ^{99m}Tc）

式中，$A_1 = 100$ mCi $e^{-0.01039 \times (3 \times 24 + 3)} = 45.9$ mCi

t 自早上十點至下午一點計 3 小時

$A_2 = 45.9$ mCi $\times [0.1155/(0.1155 - 0.01039)] \times [1 - e^{-(0.1155-0.01039) \times 3}] = 13.6$ mCi

19. 醫院星期一早上 10 點接到一部活度為 100 mCi 的 ^{99}Mo（半衰期為 66.7 小時）產生器，擠出 ^{99m}Tc 並且立即用完。星期二早上 10 點擠出 79 mCi 的 ^{99m}Tc（半衰期為 6.03 小時），則星期三早上 10 點可再擠出 多少 mCi

的 ^{99m}Tc ？

答：經過 1 天，^{99}Mo 的活度 $A_1 = A_{10}e^{-\lambda_1 t} = 100\ e^{-0.01039 \times 24} = 78$ (mCi)

依題意，經過 1 天，^{99m}Tc 的活度 $A_2 = 79$ mCi $= A_1[\lambda_2/(\lambda_2 - \lambda_1)][1 - e^{-(\lambda_2 - \lambda_1)}$ $\times 24\,h]$，因 $A_1 = 78$ mCi，因此，$[\lambda_2/(\lambda_2 - \lambda_1)][1 - e^{-(\lambda_2 - \lambda_1)t}] = 79/78 \fallingdotseq 1.01$

（註：經計算，$[\lambda_2/(\lambda_2 - \lambda_1)][1 - e^{-(\lambda_2 - \lambda_1) \times 24\,h}]$ 也確實 $\fallingdotseq 1.01$）

再經過 1 天，^{99}Mo 的活度 $A_1 = 100\ e^{-0.01039 \times 48} = 60.7$ (mCi)

^{99m}Tc 的活度 $A_2 = 60.7 \times 1.01 = 61.3$ (mCi)

20. 如果 100 mCi 的 ^{99m}Tc 從 ^{99}Mo/^{99m}Tc 發生器（已達平衡）到達醫院並被流洗出來，則此孳生器應具備哪些特性？

答：(1) 承前一題計算推知，$e^{-0.01039 \times 24} = 0.78$，因此，^{99}Mo 的活度每經一天，將降為前一天的 78%。

(2) 因 $\lambda_2/(\lambda_2 - \lambda_1)][1 - e^{-(\lambda_2 - \lambda_1) \times 24\,h}] \fallingdotseq 1$，亦即 $A_2 = A_1\lambda_2/(\lambda_2 - \lambda_1)][1 - e^{-(\lambda_2 - \lambda_1)}$ $\times 24\,h]$ 時，$A_2 = A_1$；即流洗出 ^{99m}Tc 的活度，將等於流洗當時 ^{99}Mo 的活度。

（註：假設流洗效率為 100%，^{99}Mo 衰變後皆會形成 ^{99m}Tc）

21. 假設每次擠取均可將 ^{99m}Tc 完全洗出，則 ^{99}Mo/^{99m}Tc 發生器擠取後，經過 24 小時再次擠取，請問所得放射性 $NaTcO_4$ 溶液中，^{99m}Tc 的莫耳分率大約為何？

答：^{99}Mo 與 ^{99m}Tc 半化期為 66.7 與 6.0 小時，令 24 小時前有 ^{99}Mo A_{10} Bq

利用累積活度（發射輻射）公式，24 小時內 ^{99}Mo 將有 $(A_{10}/\lambda)(1 - e^{-\lambda t}) = A_{10}(1 - e^{-0.0104 \times 24})/[0.693/(66.7 \times 3600\ s)] = 76500\ A_{10}$ 個原子衰變，即形成 $76500\ A_{10}$ 個 Tc（含 ^{99}Tc 與 ^{99m}Tc）原子

利用連續衰變瞬時平衡公式，24 小時後 ^{99m}Tc 活度為

$0.87A_1\lambda_2[1 - e^{-(\lambda_2 - \lambda_1)t}]/(\lambda_2 - \lambda_1) = 0.686\ A_{10}[$ 式中 A_1 指 24 小時後 ^{99}Mo 的活度，0.87 指 ^{99}Mo 每衰變一次，只形成 0.87 個 ^{99m}Tc 原子 $]$

利用 $A = \lambda N$ 公式，得 ^{99m}Tc 原子數 $N = A/\lambda = 0.686\ A_{10} \times 6.0 \times 3600/0.693 = 21400\ A_{10}$

$76500\ A_{10}$ 個 Tc（含 ^{99}Tc 與 ^{99m}Tc）原子中含 $21400\ A_{10}$ 個 ^{99m}Tc 原子，

莫耳分率大約為 0.28

22. 從 ^{99}Mo 的射源中萃取出 37 MBq(1 mCi) 的 ^{99m}Tc。一年後將此 ^{99m}Tc 排放至環境，請問 ^{99m}Tc 的子核 ^{99}Tc 的活度為多少？對環境影響如何？
【^{99}Mo：$T_{1/2} = 66$ h；^{99m}Tc：$T_{1/2} = 6$ h；^{99}Tc：$T_{1/2} = 2.13 \times 10^5$ y】

答：3.7×10^7 s^{-1} = 0.693 N/2.16$\times 10^4$ s (6 h = 2.16$\times 10^4$ s)

N = 1.16×10^{12} atoms ^{99m}Tc

^{99}Tc 的活度 A = λN = 0.693$\times 1.16 \times 10^{12}$ atoms/6.72$\times 10^{12}$ s (2.13$\times 10^5$ y = 6.72$\times 10^{12}$ s)

= 0.12 s^{-1} = 0.12 Bq

因 ^{99m}Tc 衰變成 ^{99}Tc 後的活度甚低，對環境無放射性污染之虞。

3.4 │荷電粒子與物質的作用

1. 為什麼阻擋本領（stopping power）及射程（range）適用於荷電粒子與物質的作用，而不適用於光子與物質的作用？

答：荷電粒子的游離能力較強，稱為直接游離粒子（directly ionizing particle），它與物質作用之能量損失，屬於連續減能（continuous slowing down）。由於荷電粒子在物質中的能量損失或射程，與其對應之平均值之間的差異不大，因此使用阻擋本領（單位距離內的平均能量損失）及射程（總行進距離）描述荷電粒子與物質的作用，十分恰當。相反地，光子屬於游離能力較弱的間接游離粒子（indirectly ionizing particle），它只需與物質作用一次即可損失全部能量，故非連續減能。由於光子在物質中的能量損失或射程，與其對應之平均值之間的差異很大，所以使用阻擋本領及射程描述光子與物質的作用，並不恰當。

2. 何謂線能（lineal energy）與直線能量轉移（LET）？又兩者有何區別。

答：線能（lineal energy, y），定義為在一小體積單元中由單次事件授予的能量，ε，與穿過該小體積單元的各向同性（isotropic）弦長的平均值，x，

之比，即：y = ε/x。線能是一個<u>機率量</u>，與 LET 的單位相同（LET 是一個<u>確定量</u>，它是帶電粒子沿路徑的能量損失率的平均值）。

直線能量轉移（linear energy transfer, LET），通常以 L 表示，為帶電粒子 dE 在物質中穿行單位長度路程 dl 時，由於與電子碰撞而損失的平均能量，即 L = dE/dl，單位為 J m⁻¹ 或 keVμm⁻¹。

一般輻射場不難測得線能、其頻率的分布以及劑量的平均值，但 LET 能譜的測量在技術上有很多困難，故輻射防護工作中可用線能 y 代替 LET，作為定義射質因數的基礎。

使用線能的缺點包括：需要規定該參考體積的大小 — 通常假定該參考體積是球型，但任何一種特定的幾何選擇，似乎都無法通用於常見的輻射場，且 y 的分布與這種特定的幾何選擇相關。另外，與弦相關的概念似乎不適用於電子的曲折路徑特性，特別是低能量電子。

3. 何謂直線能量轉移（LET）？為何引進此概念，其取值變化又與何種劑量有關？

答：直線能量轉移（linear energy transfer, LET），通常以 L 表示，為帶電粒子 dE 在物質中穿行單位長度路程 dl 時，由於與電子碰撞而損失的平均能量，即 L = dE/dl，單位為 J m⁻¹ 或 keVμm⁻¹。

考慮到產生吸收劑量的帶電粒子的生物效應而對該吸收劑量加權，引進了射質因數，而射質因數（Q）與水中直線能量轉移 L 的函數成依存關係。其取值變化會影響到射質因數 Q 的值。而等效劑量 H = DQ，所以其取值變化與等效劑量有關。

4. 若 α 粒子在空氣中之射程 R 與其能量 E 之關係，可以下列經驗公式描述之：

R(cm) = 0.56E(MeV)，E < 4 MeV

R(cm) = 1.24E(MeV) − 2.62，4 MeV < E < 8 MeV

則在空氣中能量為 6 MeV 之 α 粒子，對人體所造成之體外曝露，會有何影響？

答：1.24×6 − 2.62 = 4.82 cm

α 粒子能量高於 6 MeV 時會對人的皮下組織造成吸收劑量，故必須距離此粒子 5 cm 以上，即可不考慮此體外曝露。

5. 在標準狀況下，體積為 1 cm^3 的空氣腔曝露在輻射場中產生 3.336×10^{-10} 庫侖的電量，求空氣腔所吸收的劑量為多少 Gy ？（空氣密度 = 1.293 kg/m^3，W/e = 33.85 焦耳 / 庫侖）

答：吸收能量為 3.336×10^{-10} C $\times$ 33.85 J C^{-1} = 1.13×10^{-8} J，空氣質量為 10^{-6}m^3 $\times$ 1.293 kg m^{-3} = 1.293×10^{-6} kg，吸收劑量為 1.13×10^{-8} J/(1.293×10^{-6} kg) = 8.74×10^{-3} J kg^{-1} = 8.74×10^{-3} Gy

6. 一台游離腔受到氦離子束的照射，氦離子初始動能為 5 MeV，強度為 8×10^6 氦離子 / 秒，所有氦離子都停留在游離腔中，氦離子的 W 值為 36 eV/離子對，試計算其飽和電流。如果該游離腔含 0.876 g 氣體，試計算其劑量率。

答：能量率：$8 \times 10^6 \times 5 \times 10^6$ = 4×10^{13} eV/s

飽和電流：(4×10^{13} eV/s) $\times$ (1.6×10^{-19} C/ 離子對) $\times$ (1 離子對 /36 eV) = 1.78×10^{-7} C/s = 1.78×10^{-7} A

劑量率：(1.78×10^{-7} C/s) $\times$ (36 J/C) $\times$ (3600 s/h)/(0.000876 kg) = 26.3 Gy/h

7. 一個射源放出 5.30 MeV α 粒子，在氣體游離腔內，每分鐘 1200 個粒子的速率被吸收，其飽和電流為 4.7×10^{-13} A，試計算該 α 粒子在該氣體中的 W 值？

答：每分鐘吸收能量為 1200×5.3 MeV = 6.35×10^9 eV

飽和電流 4.7×10^{-13} A = 4.7×10^{-13} C s^{-1} = 2.82×10^{-11} C min^{-1}

2.82×10^{-11} C/(1.6×10^{-19} C/IP) = 1.76×10^8 IP(每分鐘游離次數)

W 值為 6.35×10^9 eV/(1.76×10^8 IP) = 36 eV/IP

8. 一組織等效壁為 1 mm 厚而內徑為 10 cm 的球形游離腔，標準狀態下組織等效氣體的莫耳組成為：30.01% 的 CO_2，1.74% 的 N_2，67.92% 的 CH_4，0.33% 的 C_2H_6。此組織等效游離腔受到數 MeV 的中子照射，電流強度為 6×10^{-10} A，求此時授予組織等效壁的吸收劑量率為何？（產生每

離子對需要 30.5 eV）

答：球體積為 $(4/3)\pi r^3 = (4/3) \times 3.1416 \times (5\ cm)^3 = 523.6\ cm^3$

標準狀態下 1 莫耳理想氣體體積為 22.4 公升 = 22400 cm³

523.6 cm³ 相當於 523.6/22400 = 0.0234 莫耳

該氣體平均分子量（g mole⁻¹）為

$44 \times 0.3001 + 28 \times 0.0174 + 16 \times 0.6792 + 30 \times 0.0033 = 24.7$（C、O、N、H 原子量分別為 12、16、14、1）

0.0234 莫耳相當於 $0.0234 \times 24.7 = 0.578\ g = 5.78 \times 10^{-4}\ kg$

$6 \times 10^{-10}\ A = 6 \times 10^{-10}\ C\ s^{-1}$，吸收能量率為 $6 \times 10^{-10}\ C\ s^{-1} \times 30.5\ J\ C^{-1} = 1.83 \times 10^{-8}\ J\ s^{-1}$

吸收劑量率為 $1.83 \times 10^{-8}\ J\ s^{-1} / (5.78 \times 10^{-4}\ kg) = 3.17 \times 10^{-5}\ Gy\ s^{-1}$

9. 設 450 keV 的單能量 γ 射線被 NaI(Tl) 晶體所吸收（效率為 12%）。NaI 晶體產生平均能量 2.8 eV 的閃爍光子，其中有 75% 達到光電倍增管的陰極，該陰極將 20% 的入射光子轉換成光電子。(a) 請問對該 γ 射線而言，在 NaI(Tl) 晶體產生一個光電子所消耗的平均能量 (W) 多大？ (b) 請將該值與在氣體及半導體的 W 值比較，討論 W 值對偵檢器的影響是什麼？

答：(a) 平均閃爍光子生成數 = 450keV × 0.12/2.8 eV = 19286

到達陰極的閃爍光子數 = 19286 × 0.75 = 14465

陰極產生的光電子 = 14465 × 0.2 = 2893

γ 射線的能量為 450 keV，故 W = 450 keV/2893 = 156 eV

(b) 氣體及半導體的 W 值分別為 30 eV 及 3 eV。主要影響是 W 值越小，產生的光電子數目越多，偵檢器所產生脈衝信號之高低起伏（變異）越小，能量解析度越好。

10. 一動能為 1.2 MeV 的貝它粒子，如果用一 15 mg cm⁻² 的窗的游離腔偵測，則需用多厚鋁片屏蔽此射源，此游離腔才會完全偵測不到此貝它粒子？（註：貝它粒子的射程 $R = 412E^{1.265-0.0954\ln E}$，其中 R 的單位為 mg cm⁻²，E 的單位為 MeV，鋁的密度為 2.7 g cm⁻³）

答：$R = 412E^{1.265-0.0954\ln E} = 412 \times 1.2^{1.265-0.0954\ln 1.2} = 412 \times 1.2^{1.2476} = 517$ mg cm^{-2}

尚須屏蔽 $517 - 15 = 502$ mg cm^{-2}

鋁的密度為 2.7 g cm^{-3}，即 2700 mg cm^{-3}

502 mg cm^{-2}/(2700 mg cm^{-3}) $= 0.186$ cm $= 1.86$ mm

11. 比較彈性碰撞與非彈性碰撞。

答：非彈性碰撞指碰撞前後，二碰撞粒子總動能會發生改變之碰撞。例如，中子撞擊某核時，若未發生核反應，屬彈性碰撞，若發生核反應，屬非彈性碰撞；電子撞擊某自由電子時，屬彈性碰撞，撞擊某內層電子時，入射電子動能可能部分轉移為特性輻射逸失（不是粒子動能的形式），屬非彈性碰撞；光子與物質的作用，因光能異於動能，通常不以碰撞視之。

非彈性碰撞最常描述於電子與核的作用，若電子與核發生彈性碰撞，入射電子的平均能量損失率，依據動量與能量守恆定律，通常不超過萬分之一，可忽略不計。重要者是若電子與核發生非彈性碰撞，通常不是指發生了核反應（機率極低，可忽略不計），而是指入射電子的動能損失，以制動輻射形式逸失。此能量損失率通常不超過千分之一，但此制動輻射常為電子射源造成體外劑量的主因。

提及電子與物質作用機轉時，通常只提游離與產生制動輻射二機轉，其中，雖然游離可劃分為彈性碰撞與非彈性碰撞，但通常不做此細分。提及 X 光機產生 X 光的機轉時，一定會提到非彈性碰撞，因為制動輻射即是電子與核發生非彈性碰撞的產物。

提及中子與核作用機轉時，彈性碰撞與非彈性碰撞均重要，所以總會與第三種機轉－中子捕獲共同敘述，即中子與物質作用的機轉有三：彈性碰撞、非彈性碰撞、中子捕獲。

12. 輕荷電粒子與物質作用時，能量損失機轉為何？能量吸收機轉為何？應如何屏蔽？其射程如何？

答：輕荷電粒子與物質作用時，能量損失機轉為主要為游離（與電子發生彈性

碰撞），其次為產生制動輻射（與核發生非彈性碰撞）；換句話說，與輕荷電粒子發生非彈性碰撞釋出特性輻射或與核發生彈性碰撞損失動能之機轉均可忽略不計。以上現象可表示為：總阻擋本領 (Stotal) = 碰撞阻擋本領 (Scollisional) + 輻射阻擋本領 (Sradiative) 表示；其中，輕荷電粒子因產生制動輻射的能量損失約佔 3.5×10^{-4}ZEmax（Z 指原子序，Emax 指輕荷電粒子的最大能量，單位為 MeV），即因游離的能量損失約佔（$1 - 3.5 \times 10^{-4}$ZEmax）；此現象亦可表示為：(Sradiative)/(Stotal) = 3.5×10^{-4}ZEmax，其中，(Sradiative)/(Stotal) 指輕荷電粒子與物質作用時，入射能量轉為制動輻射能量的分率或稱為制動輻射能量的產率，部分書籍使用 f 或 g 代表此值。

輕荷電粒子與物質作用時，能量損失機轉主要為游離與產生制動輻射兩種，但物質吸收的能量則僅源於輕荷電粒子因游離損失的能量，因為制動輻射通常會因其高穿透性而未被物質吸收。

輕荷電粒子與物質作用時，產生制動輻射的能量損失與物質的原子序成正比（f = 3.5×10^{-4}ZEmax），為了避免高穿透性制動輻射的生成，應先以足夠厚度的低原子序物質屏蔽輕荷電粒子，再以足夠厚度的高原子序物質屏蔽前述生成的制動輻射，使制動輻射的量降至合理可接受的程度。

單能量輕荷電粒子於物質中有固定射程，此射程以密度厚度表示時（單位為 kg m^{-2}），通常不必考慮物質種類，因單能量輕荷電粒子在不同物質中的密度厚度射程幾乎是常數（即不同物質有相近的質量阻擋本領，單位為 MeV m^2 kg^{-1}）；但此射程以直線厚度表示時（單位為 m），則必須考慮物質種類，因為不同物質有不同密度；此時，高原子序物質有較高屏蔽輕荷電粒子的能力（即有較大的直線阻擋本領，單位為 MeV m^{-1}）。

13. 若一薄 LiF 劑量計，受到 $T_0 = 20$ MeV，通量為 3×10^{10} e cm^{-2} 的電子束的照射，試求其劑量 (Gy)。（不考慮 δ 射線）（電子射束的質量阻擋本領：1.654 MeV cm^2 g^{-1}）

答：電子射束的吸收劑量為 3×10^{10} cm$^{-2} \times$ 1.654 MeV cm^2 g^{-1} = 4.962×10^{10}

MeV g^{-1} = 7.94 Gy

14. 電子加速器運轉時，若手指被 5 MeV 的電子束照射 1 秒，此時被照射的部位平均吸收劑量為多少戈雷（Gy）？〔電子射束：10^9 個電子 / 秒，電子射束的直徑 = 5 mm，電子在手指中能量損失為 2 MeV cm^2/g〕

答：電子射束的面積：$\pi r^2 = \pi(0.25 \text{ cm})^2 = 0.19635 \text{ cm}^2$

電子射束的通量率：10^9 s^{-1}/(0.19635 cm^2) = 5.093×10^9 cm^{-2} s^{-1}

吸收劑量率 = 通量率 × 阻擋本領 = 5.093×10^9 cm^{-2} s^{-1} × 2 MeV cm^2 g^{-1}

$\times 1.6 \times 10^{-13}$ J MeV^{-1} = 1.63 J kg^{-1} s^{-1} = 1.63 Gy s^{-1}

電子束照射 1 秒，吸收劑量 = 1.63 Gy s^{-1} × 1 s = 1.63 Gy

15. 使用活度為 370 MBq 的 β 點射源 10 分鐘，請計算以指尖皮膚為入射面的吸收劑量與等價劑量。（射源與指尖的距離為 10 cm，皮膚對此 β 的平均阻止本領 = 1.9 MeV cm^2 g^{-1}，1 eV = 1.6×10^{-19} J）

答：370 MBq = 3.7×10^8 s^{-1}，10 分鐘共 3.7×10^8 s^{-1} × 10 × 60 s = 2.22×10^{11} 個 β

β 通量為 2.22×10^{11}/(4πr^2) = 1.77×10^8 cm^{-2}

吸收劑量為 1.77×10^8 cm^{-2} × 1.9 MeV cm^{2}g^{-1} = 3.36×10^8 MeVg^{-1} = 5.38 cGy

β 射質因數為 1，等價劑量為 5.38 cSv

16. 2 MeV 電子射束被用來照射厚度為 0.5 g/cm^2 的塑膠樣品。若 250 μA 的射束通過直徑為 1 cm 入口而撞擊到塑膠，試計算吸收劑量率？

答：250 μA = 2.5×10^{-4} C s^{-1}

電子射束通率 = 2.5×10^{-4} C s^{-1}/(1.6 × 10^{-19} C) = 1.56×10^{15} s^{-1}

電子射束能量通率 = 1.56×10^{15} s^{-1} × 2 MeV × 1.6 × 10^{-13} J MeV^{-1} = 499 J s^{-1}

直徑 1 cm，圓面積 = $\pi(0.5 \text{ cm})^2$，塑膠質量 = 圓面積 × 密度厚度 = $\pi(0.5$ cm$)^2$ × 0.5 g cm^{-2} = 0.3927 g = 3.927×10^{-4} kg

吸收劑量率 = 499 J s^{-1}/(3.927 × 10^{-4} kg) = 1.27×10^6 Gy s^{-1}

17. 某一輻射從業人員操作 37 MBq 的非密封射源，胸部配戴之劑量計與此射源的距離為 40 cm，劑量計測得之 β 射線之劑量為 1 mSv，請問此人操作

射源時間為何？（β射線在人體的阻止本領為 0.20 MeV m^2 kg^{-1}，1 MeV = 1.6×10^{-13} J）

答：37 MBq = 3.7×10^7 s^{-1}

β通量率為 3.7×10^7/(4πr^2) = 1.84×10^7 m^{-2} s^{-1}

吸收劑量率為 1.84×10^7 m^{-2} s^{-1}×0.20 MeV m^2 kg^{-1} = 3.68×10^6 MeV kg^{-1} s^{-1} = 5.89×10^{-7} Gy s^{-1}

β射質因數為 1，等價劑量 1 mSv = 吸收劑量 1 mGy

5.89×10^{-7} Gy s^{-1} = 10^{-3} Gy/t，t = 1698 s = 28.3 分鐘

18. 80 keV 的 β 粒子對水的阻擋本領值為 1.639 MeV cm^{-1}，W 值為 22 eV ip^{-1}，則此 β 粒子於水中的比游離為何？

答：1.639 MeV cm^{-1}/(22 eV ip^{-1}) = 74500 cm^{-1}

19. 當一快中子與一靜止之氚核發生正面碰撞時，此快中子將轉移其入射能量之多少百分比給氚核？

答：Emax = E×4mM/(m + M)^2，即 Emax/E = 4mM/(m + M)^2 = 4×1×3/(1 + 3)^2 = 0.75

20. 詳述 β$^-$ 射線與物質的相互作用機制。又在體外曝露時，β$^-$ 射線對人體哪些部位會造成較高劑量？

答：作用機制：主要為游離（使原子或分子失去軌道電子而成為離子）與激發（使原子或分子的低軌道電子躍遷至高軌道），次要為產生制動輻射（受原子或原子核的電場作用，降低 β$^-$ 射線的運動速度或改變其運動方向，β$^-$ 射線降低的動能以光的形式釋出）。制動輻射產率約為 3.5×10^{-4}ZEmax（其中，Z 與 Emax 分別為物質的原子序與 β$^-$ 射線的最大能量）。

β$^-$ 射線於人體的射程約為 mm 等級，故對人體水晶體、皮膚及表淺部位會造成較高的劑量。

21. 1 MeV 貝他粒子與 ^{197}Au(Z = 79) 作用，產生制動輻射的能量分率為 10^{-3}。請問 2 MeV 貝他粒子與 ^{64}Zn(Z = 30) 作用，產生制動輻射的能量分率為多少？

答：由經驗公式 f = 3.5×10⁻⁴ ZEmax 可知，貝他粒子與物質作用時，產生制動輻射的能量分率通常與物質原子序（Z）、貝他粒子能量（E）均成一次方正比，於是 $10^{-3} \times (2/1) \times (30/79) = 7.59 \times 10^{-4}$。

22. 1 個 Ci 的 Y-90 點射源被包裝在鉛（Z = 82）密封屏蔽體內，鉛屏蔽厚度足夠吸收該貝他（β⁻）粒子（其最大貝他能量為 2.28 MeV，平均貝他能量為 0.94 MeV）。為了輻射防護目的，假設制動輻射光子的平均能量均為 2.28 MeV，試估計算 Y－90 密封射源 1 m 處的光子通量率為多少？【制動輻射的產率 = 6×10^{-4} ZT/(1 + 6×10^{-4} ZT)】

答：制動輻射能量產率為 $(6 \times 10^{-4} \times 82 \times 2.28)/(1 + 6 \times 10^{-4} \times 82 \times 2.28) = 0.1009$

制動輻射能量通率為 3.7×10^{10} s⁻¹×0.94 MeV×0.1009 = 3.509×10^9 MeV s⁻¹×

1 m 處制動輻射能量通量率為 $(3.509 \times 10^9$ MeV s⁻¹)/[4×3.1416×(100 cm)²] = 2.792×10^4 MeV cm⁻² s⁻¹

1 m 處光子通量率為 $(2.792 \times 10^4$ MeV cm⁻² s⁻¹)/2.28 MeV = 1.225×10^4 cm⁻² s⁻¹

23. 一活度為 3.7×10^{11} Bq 的 32P（純 β⁻ 射源，T_{avg} = 0.70 MeV，T_{max} = 1.71 MeV，1.71 MeV 光子與空氣的 μ/ρ 與 μab/ρ 為 0.048 cm² g⁻¹ 與 0.026 cm² g⁻¹）射源溶於 50 mL 水中，設計一屏蔽使 1.5 m 外暴露率不超過 1 mR h⁻¹。

答：水的有效原子序為 $(1 \times 2/18) + (8 \times 16/18) = 7.22$

Emax = 1.71 MeV

制動輻射產率為 Y ≒ $6 \times 10^{-4} \times 7.22 \times 1.71/(1 + 6 \times 10^{-4} \times 7.22 \times 1.71) = 7.4 \times 10^{-3}$

制動輻射能量通率為 3.7×10^{11} s⁻¹×0.70 MeV×7.4×10^{-3} = 1.92×10^9 MeV s⁻¹

1.5 m 外制動輻射能量通量率為 1.92×10^9 MeV s⁻¹/[4(150 cm)²] = 6.79×

10^3 MeV cm^{-2} s^{-1}

1.5 m 外吸收劑量率為 6.79×10^3 MeV cm^{-2} s$^{-1} \times 0.026$ cm^2 g^{-1} = 177 MeV g^{-1} s^{-1}

單位換算：177 MeV g^{-1} s$^{-1} \times (1.60 \times 10^{-13}$ J MeV$^{-1}) \times (1000$ g kg$^{-1}) \times [1$ Gy/(J kg^{-1})]$\times (1$ R/0.0088 Gy) = 3.22×10^{-6} R s^{-1} = 11.6 mR h^{-1}

鉛密度為 11.36 g cm^{-3}，$\mu/\rho = 0.048$ cm^2 g^{-1}，$\mu = 0.55$ cm^{-1}

$1 = 11.6$ e$^{-0.55x}$，$x = 4.5$ cm

註 1：假設 β$^-$ 不穿透水溶液與杯壁，故不考慮 β$^-$ 的屏蔽

註 2：不考慮 β$^-$ 與杯壁作用產生的制動輻射

註 3：制動輻射產率也可以 $f = 3.5 \times 10^{-4}Z$Emax 公式計算

3.5 ｜光子與物質的作用

1. 康普吞效應中，1 MeV 的入射光子經一 90° 角的散射，試問其能量損失率約多少百分比？

答：若入射光子能量為 E，散射光子的散射角度為 θ，電子的靜止質量為 m，光速為 c，康普吞電子的能量為 T，則 T = E(1 − cos θ)/[(mc^2/E) + 1 − cos θ] = 1 MeV/(0.511 + 1) = 0.662 MeV

　　能量損失率為 0.662 MeV/1 MeV = 66.2%

2. 正子攝影產生的互毀光子在病人體內發生康普吞效應，求回跳電子的最大能量為何？

答：承上題，散射角度為 180° 時，回跳電子有最大能量

T_{max} = E(1 − cos180°)/[(mc^2/E) + 1 − cos180°] = 0.511 MeV$\times$2/(1 + 2) = 0.341 MeV

3. 有質量數 A、原子序數為 Z、密度為 ρ 的物質，試求其電子密度（單位體積的物質所含電子數目）？

答：單位體積的物質所含莫耳數目為 ρ/A，單位體積的物質所含原子數目為 (ρ/

A)×6.02×10^{23}，單位體積的物質所含電子數目為 (ρ/A)×6.02×10^{23}×Z。

4. 鋁的密度為 2.699 g cm^{-3}，原子量為 26.981，原子序為 13，則其電子密度為多少 e$^-$ cm^{-3}？

答： 1 g 鋁有 (1/26.981)×6.02×10^{23} 個鋁原子，有 13×(1/26.981)×6.02×10^{23} 個電子

鋁的電子密度為 2.699×13×(1/26.981)×6.02×10^{23} = 7.83×10^{23} e$^-$ cm^{-3}

5. 間接游離輻射與物質作用的機率大小如何表示？

答：間接游離輻射進入單位厚度物質（通常單位為 cm）時，一部分將與物質作用，另一部分將穿透（未發生作用），於是，習慣上，間接游離輻射與物質作用的機率大小，通常指與 1 cm 物質的作用機率大小。以光子而言，稱為直線衰減係數（linear attenuation coefficient，μ，單位為 cm^{-1}），以中子而言，稱為巨觀移除截面（macroscopic removal cross section，單位為 cm^{-1}）。

放射物理學中，物質的直線厚度(cm)可能與溫度壓力有關，尤其是氣體，因此，直線厚度並非科學表示法，直線厚度乘上密度此修正因數後，稱為密度厚度，單位為 g cm^{-2}，才是物質厚度的科學表示法。同理，光子的直線衰減係數不是光子與物質作用機率的科學表示法，將直線衰減係數除以密度此修正因數後，稱為質量衰減係數，指與 1 g cm^{-2} 物質的作用機率大小，單位為 cm^2 g^{-1}，質量衰減係數（μρ 或 μ/ρ）才是光子與物質作用機率的科學表示法。

光子與物質的作用機率，以微觀角度言，指光子與靶原子的作用機率，此時，將質量衰減係數中的質量，以原子密度換算（單位為 atom g^{-1}）後，稱為原子衰減係數，單位為 cm^2 或 cm^2 atom^{-1}。由於 cm^2 為截面積（cross section，可簡稱為截面）的單位，原子衰減係數（μa）也稱為微觀截面。由於光子與原子的作用機率通常很小，為方便表示，另設新單位邦（barn, b, 1 b = 10^{-24} cm^2）作為微觀截面的單位。前述的直線衰減係數則可稱為巨觀截面。以中子而言，巨觀移除截面（以∑表示）的單位為 cm^{-1}，但中

子被原子核捕獲的機率，單位則為 b，稱為中子捕獲截面（以 σ 表示）。

6. 已知 1 MeV 光子在碳（原子量為 12.011 g mole⁻¹，ρ = 2.25 g cm⁻³）中的直線衰減係數為 0.142 cm⁻¹，則其微觀截面（原子衰減係數 μ_a）為何？

答：μ 為 0.142 cm⁻¹，μ/ρ 則為 0.0631 cm² g⁻¹

1 g 碳有 (1/12.011)×6.02×10²³ = 5.012×10²² 個碳原子

μ_a 則為 0.0631 cm²/5.012×10²² = 1.26×10⁻²⁴ cm² = 1.26 b

7. 已知 8 MeV 光子與電子間的康普頓碰撞截面是 5.99×10⁻³⁰ m²，試求水之康普頓散射之線性衰減係數？

答：水分子有 10 個電子，水分子的康普頓碰撞截面（康普頓微觀截面或康普頓分子衰減係數）為 10×5.99×10⁻³⁰ = 5.99×10⁻²⁹ m²，水分子的分子量為 0.018 kg mole⁻¹，水分子的康普頓質量衰減係數為 5.99×10⁻²⁹×6.02×10²³/0.018 = 2.00×10⁻³ m² kg⁻¹

水密度為 1000 kg m⁻³，水分子的康普頓直線衰減係數為 1000×2.00×10⁻³ = 2.00 m⁻¹

8. 已知光子在密度 1.040 g cm⁻³ 的物質之 μ/ρ 為 0.02743 cm² g⁻¹，則平均自由行程（mean free path）為何？

答：μ/ρ 為 0.02743 cm² g⁻¹，μ 則為 0.02743 cm² g⁻¹×1.040 g cm⁻³ = 0.02853 cm⁻¹

平均自由行程為 1/μ = 1/0.02853 cm⁻¹ = 35 cm

9. 80 keV 的 X 光窄射束通過 5.5 公分厚的鋁板後，其輻射強度剩下為原來的 1/20。請問鋁對這種 X 光射束的半值層（HVL）為多少？

答：1/20 = e⁻⁰·⁶⁹³×⁵·⁵ ᶜᵐ/HVL，HVL = 1.27 cm

10. 150 keV 的光子對銅的直線衰減係數為 1.98 cm⁻¹，鋁的直線衰減係數為 0.385 cm⁻¹。設 150 keV 的 X 射束首先通過 7 mm 厚的銅板，然後再通過 9 mm 厚的鋁板，請問通過銅及鋁板的 X 射束之透過率為多少？

答：X 射束通過銅及鋁板的透過率為 e⁻¹·⁹⁸×⁰·⁷e⁻⁰·³⁸⁵×⁰·⁹ = 0.250×0.707 = 0.177

11. 物質係由中心 20 cm 的混凝土以及兩側各 0.3 cm 的鋼板組成，假設

使 1.33 MeV 的高能加馬射線正常的通過屏蔽物質，且所有的光子所穿透過的路徑長度（即屏蔽物質之厚度）均固定，請問有多少比率的上述高能初級加馬光子可穿透此屏蔽物質（不考慮增建因子）。鋼板的 mass attenuation coefficient = 0.0527 cm^2 g^{-1}，密度 = 7.86 g cm^{-3}，混凝土的 mass attenuation coefficient = 0.0564 cm^2 g^{-1}，密度 = 2.35 g cm^{-3}。

答：$e^{-0.0564 \times 2.35 \times 20} \times e^{-0.0527 \times 7.86 \times 0.3} \times e^{-0.0527 \times 7.86 \times 0.3} = 5.51\%$

12. 100 keV 的 X 射束通過 1 mm 厚的銅板後，再通過一鋁板，透過率為 50%。銅對 100 keV 的光子的衰減係數為 4.095 cm^{-1}，鋁對 100 keV 的光子的衰減係數為 0.4601 cm^{-1}，請問此時所用的鋁板厚度為多少？

答：$I/I_0 = 0.5 = e^{-4.095 \times 0.1} e^{-0.4601x} = 0.664 e^{-0.4601x}$，$0.753 = e^{-0.4601x}$，$0.284 = 0.4601x$，$x = 0.617$ cm

13. 一含有 10^5 光子的單能量射束穿透一厚度為 10^{26} atoms m^{-2} 的碳（Z = 6）薄片，假設碳原子軌域上的電子皆為自由電子且每個電子的康普吞反應截面為 0.4927×10^{-28} m^2，則通過碳薄片後減少多少光子？

答：每個電子的康普吞反應截面為 0.4927×10^{-28} m^2，即每個碳原子的康普吞反應截面為 $6 \times 0.4927 \times 10^{-28}$ m^2

$10^5 \times \exp(-10^{26}$ atoms m$^{-2} \times 6 \times 0.4927 \times 10^{-28}$ m$^2) = 97087$

減少光子數為 $100000 - 97087 = 2913$

14. 對於 80 kVp 的 X 光射束而言，需要多少厚度的銅濾片，才能達到等同於 2.5 mm 鋁當量厚度？（已知：鋁的密度為 2.699 g/cm^3，質量衰減係數為 0.02015 m^2/kg；銅的密度為 8.960 g/cm^3，質量衰減係數為 0.07519 m^2/kg）

答：鋁的直線衰減係數為 (2.699 g/cm^3) × (0.2015 cm^2/g) = 0.544 cm^{-1}，半值層為 1.27 cm，2.5 mm 鋁相當於 0.196 半值層。

銅的直線衰減係數為 (8.960 g/cm^3) × (0.7519 cm^2/g) = 6.737 cm^{-1}，半值層為 1.029 mm，0.196 半值層銅相當於 0.202 mm。

15. 能量為 2 MeV 之光子與 Al（原子量為 26.981 g mole^{-1}）原子作用，光電

效應、康普吞效應、成對產生的截面分別為 0.2 b, 0.1 b, 0.08 b。已知 Al 的密度為 2.7 g/cm^3，康普吞散射光子（scattered photon）的平均能量為 1.5 MeV，所有二次電子產生制動輻射的分率為 5%。請問 μ_{ab} 等於多少 cm^{-1}？

答：$\mu_{ab} = \mu \times E_{ab}/h\nu$

$\mu_a = 0.2 + 0.1 + 0.08 = 0.38$ b

$\mu = 0.38 \times 10^{-24}$ cm$^2 \times 6.02 \times 10^{23} \times 2.7$ g cm^{-3}/26.981 g $= 0.0229$ cm^{-1}

$E_{tr} = 2$ MeV$\times(0.2/0.38) + (2 - 1.5)$ MeV$\times(0.1/0.38) + (2 - 1.022)$ MeV $\times(0.08/0.38) = 1.39$ MeV

$E_{ab} = 1.39$ MeV$\times(1 - 0.05) = 1.32$ MeV

$\mu_{ab} = \mu \times E_{ab}/h\nu = 0.0229$ cm$^{-1} \times 1.32$ MeV/2 MeV $= 0.0151$ cm^{-1}

16. 能量為 1 MeV 的光子垂直打到 1 cm 厚鉛（$\mu/\rho = 0.0708$ cm^2 g^{-1}，$\rho = 11.35$ g cm^{-3}，原子量 $= 207.2$ g mole^{-1}，$\mu_{en}/\rho = 0.0685$ cm^2 g^{-1}），請問

    (1) 直線衰減係數為若干？

    (2) 光子與 1 cm 鉛作用之比率？

    (3) 經過 5 cm 鉛以後光子剩下多少比率？

    (4) 算出平均自由行程（mean free path）。

    答：(1) 直線衰減係數為 0.0708 cm^2 g$^{-1} \times 11.35$ g cm$^{-3} = 0.804$ cm^{-1}

    (2) 光子與 1 cm 鉛作用之比率為 $1 - e^{-0.804 \times 1} = 0.55$

    (3) 經過 5 cm 鉛以後光子剩下多少比率為 $e^{-0.804 \times 5} = 0.018$

    (4) 平均自由行程為 1/0.804 cm$^{-1} = 1.24$ cm

17. 離鈷 -60 點射源 1 公尺處的劑量率為 1 mSv/h，則：(1) 距離 10 公尺處劑量率為何？（空氣衰減因素忽略不計）(2) 若欲使上述位置的劑量率降低至 0.03 μSv/h，需用多厚的鉛板作屏蔽？（不考慮增建因數）〔鉛的 HVL(Co-60) = 1.2 公分〕

    答：(1) $1/10^2 = 0.01$ mSv/h

    (2) $0.03/1000 = e^{-0.693x/(1.2 \text{ cm})}$，$x = 18$ cm

18. 單能 X 光束射入水假體中,在水中每公分衰減 8%,試求水對此 X 光束的半值層厚度(HVL)。

答:$0.92 = e^{-0.693 \text{ cm/HVL}}$,$-0.08338 = -0.693 \text{ cm/HVL}$,$\therefore \text{HVL} = 8.31 \text{ cm}$

19. 銫 137 的半值層為 0.6 公分的鉛。距 3.7×10^9 貝克(100 毫居里)銫 137 射源 100 公分處,其劑量欲降至每周 40 小時為 1 毫西弗需要 3.8 公分的鉛。今有一個 1.48×10^{10} 貝克(400 毫居里)的銫 137 射源,在距其 50 公分處欲把劑量降至每周 0.1 毫西弗,需要鉛的厚度為何?

答:活度增 4 倍,劑量增 4 倍,需增加 2 個半值層
距離為 1/2 倍,劑量增 4 倍,需增加 2 個半值層
劑量需降 10 倍,約需增加 3.3 個半值層
共需增加 7.3 個半值層,即需 $3.8 + 7.3 \times 0.6 = 8.2$ 公分

3.6 │通量、能量通量與暴露

1. 已知一 X 光機之輸出強度為 $6.2 \text{ mR mA}^{-1} \text{ s}^{-1}$,請問欲產生 1 mR 之曝露值約需要若干個電子與陽極靶起反應?

答:欲造成 1 mR 之曝露值需要 $(1/6.2) \text{mA s} = 0.1613 \times 10^{-3} \text{ C s}^{-1} \text{ s} = 1.613 \times 10^{-4} \text{ C}$
一個電子的電量是 $1.6 \times 10^{-19} \text{ C}$
故需要 $1.613 \times 10^{-4} \text{ C}/1.6 \times 10^{-19} \text{ C} = 10^{15}$ 個電子

2. 以 0.6 c.c. 的游離腔測量 X 光曝露,在空氣中的讀數為 1.2 pC,若空氣中 W 值為 33.97 eV/ip,則空氣中由 X 光所造成的能量為何?

答:欲造成 1.2 pC 需吸收 $1.2 \times 10^{-12} \text{ C} \times 33.97 \text{ eV}/(1.6 \times 10^{-19} \text{ C}) = 2.55 \times 10^8 \text{ eV}$ 能量
$2.55 \times 10^8 \text{ eV} \times 1.6 \times 10^{-19} \text{ J eV}^{-1} = 4.08 \times 10^{-11} \text{ J}$

3. 活度 1 Ci 的 ^{137}Cs 點射源,每次蛻變所產生的 Γ 能量為 0.662 MeV(90%),則在距離射源 0.5 公尺處的光子能量通量率為多少 $\text{MeV m}^{-2} \text{ s}^{-1}$?

答：1 Ci = 3.7×10^{10} s^{-1}，

光子能量通率為 3.7×10^{10} s$^{-1} \times 0.662$ MeV$\times 0.9 = 2.20 \times 10^{10}$ MeV s^{-1}

光子能量通量率為2.20×10^{10} MeV s^{-1}/($4\pi r^2$) = 2.20×10^{10} MeV s^{-1}/[$4\pi(0.5$ m$)^2$] = 7.0×10^{9} MeV m^{-2} s^{-1}

4. 有一 ^{60}Co 的點射源，其活度為 1 Ci，γ 能量為 1.173 MeV(100%)、1.333 MeV(100%)，試求在 1 米處的輻射強度為多少 J m^{-2} s^{-1}？

答：1 Ci = 3.7×10^{10} s^{-1}，

光子能量通率為3.7×10^{10} s$^{-1} \times (1.173 + 1.333)$ MeV = 9.27×10^{10} MeV s^{-1}

光子能量通量率為 9.27×10^{10} MeV s^{-1}/($4\pi r^2$) = 9.27×10^{10} MeV s^{-1}/[$4\pi(1$ m$)^2$] = 7.38×10^{9} MeV m^{-2} s^{-1} = 1.18×10^{-3} J m^{-2} s^{-1}

5. 請問氣壓 = 625 mmHg，溫度 = 35°C的條件下，體積 1 cm^3 空氣的重量為何？

答：1 大氣壓 (760 mmHg) 與 273 K 時，空氣密度為 0.001293 g cm^{-3}，體積 1 cm^3 空氣的重量為 0.001293 g，

進行壓力與溫度之修正：

0.001293 g$\times$(625/760)$\times$[273/(273 + 35)] = 0.000942 g

6. 談溫壓修正係數。

答：求劑量時，必須知道空氣質量，而質量 = 體積 × 密度，游離腔有固定體積，因此，求劑量時，必須知道空氣密度。

空氣密度會隨溫度與壓力改變，因此，只能給 0°C(273°K)，760 mmHg 時的密度，即 0.001293 g/cm^3，當溫度與壓力改變為 T°K 與 P mmHg 時，再適度修正，即 (0.001293 g/cm^3)$\times$(P/760)$\times$(273/T)。

做游離腔校正時，就台灣言，以 0°C(273°K) 作為標準，似與日常生活的溫度相異甚大，冬天冷至 6-10°C，夏天熱至 36-40°C，因此，約略取均溫 22°C 較為合適。做游離腔校正時，量得的劑量即以 22°C(295°K) 作為溫度標準，非以 0°C 作為溫度標準。

因此，此校正後游離腔在作一般量測時，若溫度與 22°C 相去不遠，或計

讀不必極精確時，可省去溫壓修正，劑量值差異不大。

但是，溫度與 22°C 相去甚遠，或計讀必須極精確時，需做溫壓修正，以免劑量值差異太大。此時，量得的劑量值，需乘上溫壓修正係數，即 $(760/P) \times (T/295)$。

簡單說，空氣密度的溫壓修正係數為 $(P/760) \times (273/T)$，游離腔劑量值的溫壓修正係數為 $(760/P) \times (T/295)$。

7. 一支 Farmer 形式游離腔在核研所校正時的溫度及壓力修正至 22°C 及 760 mmHg，臨床劑量校正時之溫度及壓力為 20°C 及 766 mmHg，則其溫壓修正係數為何？

答：溫度由 22°C 降至 20°C，體積變為原來的 $(273 + 20)/(273 + 22)$。

壓力由 760 mmHg 增至 766 Hg，體積變為原來的 760/766。

總體積變為原來的 $760 \times 293/(766 \times 295) \doteqdot 0.985$，即密度或質量變為原來的 1/0.98544 = 1.015，量測值將變為原來的 1.015，因此，為求得正確值，溫壓修正係數為 1/1.015 = 0.985。

8. 使用 Farmer 游離腔作劑量校正時，需作溫度壓力校正，現壓力為 750 mmHg，溫度 20°C，請求出其校正因數 $C_{T,P}$ 為何？

答：未註明校正時的溫度及壓力時，校正時的溫度及壓力設定為 22°C 及 760 mmHg。承上題，若實測時溫度為 T°C，壓力為 P mmHg，則溫壓修正係數 $(C_{T,P})$ 為校正時密度（ρ_0）與實測時密度（ρ）之比值 = $[760 \times (273 + T)]/[P \times (273 + 22)]$。

$C_{T,P} = 760 \times 293/(750 \times 295) = 1.006$

9. 容積為 1 公升的空氣游離腔，在 27°C 的溫度及 700 托的壓力下作為環境偵測器使用。若飽和電流為 10^{-13} 安培，則以 $\mu C/kg \cdot h$ 與 mR/h 表示的暴露率各為多少？

答：1 公升 = 1000 cm³

空氣質量為 $1000 \text{ cm}^3 \times 0.001293 \text{ g cm}^{-3} \times (273/300) \times (700/760) = 1.084 \text{ g}$ $= 1.084 \times 10^{-3} \text{ kg}$

10^{-13} 安培 $= 10^{-13}$ C s$^{-1} = 3.6 \times 10^{-10}$ C h^{-1}

暴露率為 3.6×10^{-10} C h$^{-1}/(1.084 \times 10^{-3}$ kg$) = 0.332$ μC kg^{-1} h$^{-1} = 1.29$ mR h^{-1}

10. 一自由空氣游離腔（free-air ionization chamber）入口孔之直徑為 0.25 cm，收集板的長度為 6 cm，用 X 射線照射 30 秒鐘所產生的穩定電流為 2.6×10^{-10} A，溫度為 26℃，氣壓為 750 mmHg，試計算曝露（exposure）與曝露率（exposure rate）。在 0℃，1 atm 之空氣密度為 0.001293 g/cm^3。

答：$6 \times 3.1416 \times 0.125^2 \times 0.001293 \times (273/299) \times (750/760) = 3.43 \times 10^{-4}$ g

曝露率：2.6×10^{-10} C s$^{-1}/(3.43 \times 10^{-7}$ kg$) = 7.58 \times 10^{-4}$ C kg^{-1} s^{-1}

曝露：30 s $\times 7.58 \times 10^{-4}$ C kg^{-1} s$^{-1} = 2.27 \times 10^{-2}$ C kg^{-1}

11. 有一袖珍型游離腔體積 2.5 cm^3，電容為 10 pF，在 200 V 電位差下充滿電，佩帶著它接受 X 光照射，照射後電位差為 192 V，假設於標準狀態下，試求 (1) 求 X 光的曝露量（C/kg）？ (2) 吸收劑量為多少（mGy）？空氣密度 1.293 kg/m^3，$W_{air} = 33.85$ eV/ion pair。

答：(1) 電量 (C) = 電容 (F) $\times$ 電位差 (V)，$10^{-11} \times 8 = 8 \times 10^{-11}$ C

空氣質量為 $2.5 \times 1.293 \times 10^{-6}$ kg $= 3.233 \times 10^{-6}$ kg

曝露量 (C/kg) $= 8 \times 10^{-11}$ C$/(3.233 \times 10^{-6}$ kg$) = 2.5 \times 10^{-5}$ C kg^{-1}

(2) 吸收劑量為 33.85 J C$^{-1} \times 2.5 \times 10^{-5}$ C kg$^{-1} = 8.5 \times 10^{-4}$ Gy $= 0.85$ mGy

12. 有一袖珍式游離腔其內部容積為 2.5 cm^3，電容為 7 pF，初始充電至 200 V，經佩帶使用後，游離腔讀數儀指示其電位差為 110 V，試推算其曝露量有多少侖琴？（已知空氣的密度為 1.293×10^{-3} g cm^{-3}）

答：電量 (C) = 電容 (F) $\times$ 電位差 (V)，$7 \times 10^{-12} \times 90 = 6.3 \times 10^{-10}$ C

空氣質量為 $2.5 \times 1.293 \times 10^{-6}$ kg $= 3.233 \times 10^{-6}$ kg

曝露量 (C/kg) $= 6.3 \times 10^{-10}$ C$/(3.233 \times 10^{-6}$ kg$) = 1.95 \times 10^{-4}$ C kg$^{-1} = 0.76$ R

13. 一等效空氣壁的 50 μC/kg（～ 200 mR）袖珍劑量計，有 0.5 in 直徑與 2.5 in 長的靈敏體積，STP 下，靈敏體積充以空氣。劑量計的電容為 10 pF。若游離腔充電需要 200 V，則當游離腔讀數為 50 μC/kg 時，跨越其上的電壓？

答： 1 in = 2.54 cm，直徑 0.5 in，圓面積 = $\pi(0.25\times2.54\ cm)^2$ = 1.267 cm^2，

靈敏體積 = 圓面積 × 長 = 1.267 $cm^2\times2.5\times2.54$ cm = 8.05 cm^3；

空氣質量 = 靈敏體積 × 空氣密度 = 8.05 $cm^3\times0.001293$ g/cm^3 = 0.0110 g

50 μC/kg× 空氣質量 = 電量，電量 = 50 μC $kg^{-1}\times1.10\times10^{-5}$ kg = 5.50×10^{-10} C

電量 = 電容 × 電位差，5.50×10^{-10} C = 10^{-11} F×(200 V − x V)，跨越其上的電壓為 145 V。

14. 一台未密封的空氣壁袖珍游離腔，體積為 5.7 cm^3，電容為 8.6 pF。已知溫度為 25℃，壓力為 765 托。(1) 如果要測量 1.0 R 以下的曝露量，試問該游離腔需充電到多少伏？ (2) 如果在另一天也用同樣的充電電壓，當溫度為 18℃，壓力為 765 托，試問可測量最大的曝露量為多少？

答： (1)0℃、1 atm 之空氣密度為 0.001293 g/cm^3，25℃、765 托之空氣密度為 (273/298)×(765/760)×0.001293 g/cm^3 = 0.001192 g/cm^3

$(8.6\times10^{-12}\times x)$C×[1 R/(2.58×$10^{-4}$ C kg^{-1})]/(5.7×1.192×10^{-6} kg) = 1 R

x = 203.7 V

(2)18℃、765 托之空氣密度為 (273/291)×(765/760)×0.001293 g/cm^3 = 0.001221 g/cm^3

$(8.6\times10^{-12}\times203.7)$C×[1 R/(2.58×$10^{-4}$ C kg^{-1})]/(5.7×1.221×10^{-6} kg) = 0.976 R

15. 現有一個銅壁的充空氣的小空腔游離腔，其腔壁厚度等於電子最大射程。空腔體積為 0.100 cm^3。空氣密度為 0.001293 g/cm^3，給定的加馬射線曝露量產生了 7.00×10^{-10} C的電荷。(a)試求在空腔空氣中的平均吸收劑量。（W = 33.97 J/C）；(b) 應用布拉格戈雷（Bragg-Gray）原理，估計在臨近的銅壁中的吸收劑量，假設穿越空腔的電子之平均能量為 0.43 MeV。（對 0.43 MeV 之電子質量阻止本領 S_{cu} = 1.419 MeV cm^2 g^{-1}，S_{air} = 1.868 MeV cm^2 g^{-1}）；(c) 假設電子平均能量的誤差是 34%，則可能有的能量值為 0.65 MeV，試以電子平均能量為 0.65 MeV 重做 (b)。並給出由此造

成 D_{Cu} 的百分誤差。（對 0.65 MeV 之電子質量阻止本領 S_{cu} = 1.312 MeV cm^2 g^{-1}，S_{air} = 1.7245 MeV cm^2 g^{-1}）。

答：(a) 空腔的空氣質量為 0.100 cm^3×0.001293 g/cm^3 = 1.293×10^{-7} kg，空氣的吸收劑量為 7.00×10^{-10} C×(33.97 J/C)/(1.293×10^{-7} kg) = 0.18391 Gy

(b) 銅壁的吸收劑量為 0.18391 Gy×(1.419/1.868) = 0.13970 Gy

(c) 銅壁的吸收劑量為 0.18391 Gy×(1.312/1.7245) = 0.13991 Gy，(0.13991 − 0.13970)/0.13970 = 0.0015 = 0.15%

16. 使用 1 Ci ^{60}Co 射源時，下面的作業條件中，接受輻射曝露量的順序為何？（註：對 ^{60}Co 的 γ 射線鉛的半值層（HVL）為 1.2 cm）A. 以 1.2 cm 厚的鉛屏蔽射源，距離射源 50 cm 位置作業 30 分鐘，B. 以 3.6 cm 厚的鉛屏蔽射源，距離射源 50 cm 的位置作業 90 分鐘，C. 射源無屏蔽，距離射源 2 m 的位置作業 2 小時。

答：A 接受輻射曝露量正比於 0.5×[1/(0.5)^2]×30 = 60

B 接受輻射曝露量正比於 (1/8)×[1/(0.5)^2]×90 = 45

C 接受輻射曝露量正比於 1×[1/(2)^2]×120 = 30

於是，A > B > C

3.7 ｜克馬與吸收劑量

1. 比較 μ、μ_{tr} 與 μ_{ab}。

答：光子強度（*I*, intensity）常以數目（*N*, number）、通量（Φ, fluence，單位為 cm^{-2}）或通量率（$\dot{\Phi}$, fluence rate，單位為 cm^{-2} s^{-1}）表示，窄射束單能量光子的強度隨屏蔽厚度（*x*）呈指數減少現象，即能以 $I = I_0 e^{-\mu x}$ 表示，其中，μ 為衰減係數。當 μ*x* 很小時，與屏蔽作用的光子數目 $(N - N_0) = N_0(1 - e^{-\mu x}) \doteqdot N_0 \mu x$。

相較於與物質作用的光子數目，我們更關心的是光子的能量變化，當一能量為 E MeV 的光子與物質作用時，將有平均能量轉移（$\overline{E}_{tr}$ MeV）轉為

δ 射線的動能，將有平均能量吸收（$\overline{E}_{ab}$ MeV）被物質吸收。當總能量為 N_0E MeV 的窄射束單能量光子與物質（厚度為 x）作用時，將有 $N_0E\mu x \overline{E}_{tr}/E$ MeV 轉為 δ 射線的動能，將有 $N_0Ex\mu \overline{E}_{ab}/E$ MeV 被物質吸收。

為了方便計算，當 μx 很小時，我們定義 $\mu_{tr} = \mu \overline{E}_{tr}/E$，$\mu_{ab} = \mu \overline{E}_{ab}/E$，於是，當總能量為 N_0E MeV 的窄射束單能量光子與物質作用時，將有 $N_0Ex\mu_{tr}$ MeV 轉為 δ 射線的動能，將有 $N_0Ex\mu_{ab}$ MeV 被物質吸收。精確計算則有 $[N_0E(1 - e^{-\mu_{tr}x})]$ MeV 轉為 δ 射線的動能，將有 $[N_0E(1 - e^{-\mu_{ab}x})]$ MeV 被物質吸收。

光子能量另常以能量通量（Ψ, energy fluence，單位為 MeV cm^{-2}，等於前述的 ΦE）或能量通量率（$\dot{\Psi}$, energy fluence rate，單位為 MeV cm^{-2} s^{-1}，即前述的 $\dot{\Phi}$E）表示。相較於窄射束單能量光子與物質作用時，δ 射線的動能與物質吸收的能量，我們更關心的是單位質量（M）物質（密度為 ρ）中前述的能量變化。我們定義克馬 (K) = $\overline{E}_{tr}$/M = Ψ×μ_{tr}/ρ，吸收劑量 (D) = $\overline{E}_{ab}$/M = Ψ×μ_{ab}/ρ，二者單位可用 MeV g^{-1} 表示，亦可將 MeV g^{-1} 轉成 Gy。

由於 δ 射線與物質作用時，與電子碰撞（collision，即游離與激發）損失的能量通常將被物質吸收；與核非彈性碰撞所損失的能量，通常將以制動輻射形式逃逸出物質，不被物質吸收，於是，$\overline{E}_{tr}$ 與 $\overline{E}_{ab}$ 間的差異為制動輻射的能量。若 δ 射線與物質作用時，制動輻射的能量產率為 g，則 $\overline{E}_{ab}$ = $\overline{E}_{tr}$×$(1 - g)$，$\mu_{ab} = \mu_{tr}$×$(1 - g)$，D = K×$(1 - g)$。

2. 若有 1000 個光子，能量均為 1 MeV，其中 μ = 0.1 cm^{-1}，μ_{tr} = 0.06 cm^{-1}，μ_{ab} = 0.03 cm^{-1}，若介質厚度為 2 cm，則穿過介質之光子數目約多少個？

答：μ、μ_{tr}、μ_{ab} 分別用來定量窄射束光子數目、克馬、吸收劑量

即 N = $N_0e^{-\mu x}$、K = $K_0e^{-\mu_{tr}x}$、D = $D_0e^{-\mu_{ab}x}$

此題計算數目，於是，N = $1000e^{-0.1\times2}$ = 819 個

3. 10 cm^3 之空氣（空氣密度為 0.001293 g/cm^3）游離腔中量得 10,000 個離

子對。已知腔壁的 relative mass stopping power 為 1.3，利用 Bragg-Gray 原理求腔壁的吸收劑量（mGy）。

答：34 eV×10000×($1.6×10^{-19}$ J/eV)×1.3/[10 cm^3×(0.001293 g/cm^3)×(10^3 g kg^{-1})]

$\quad$ = $5.5×10^{-9}$ Gy = $5.5×10^{-6}$ mGy

4. 一游離腔之腔壁材料為鋁，腔中空氣的體積為 10 cm^3，腔壁對於空氣的質量阻擋本領比（relative mass stopping power）為 1.3。今將游離腔置入加馬輻射場中，測得 10,000 個離子對（ion pairs）。請問利用 Bragg-Gray 原理，求得的腔壁吸收劑量等於多少戈雷？

答：空氣質量為 10×0.001293×10^{-3} kg

$\quad$ 空氣吸收能量為 10000×34×$1.6×10^{-19}$ J

$\quad$ 腔壁吸收劑量為 10000×34×$1.6×10^{-19}$ J×1.3/(10×0.001293×10^{-3} kg)

$\quad$ = $5.5×10^{-9}$ Gy

5. 試求光子的能通量（Ψ，MeV m^{-2}）與侖琴（R），以及空氣質量能量吸收係數（μ_{ab}/ρ m^2 g^{-1}）彼此間的關係，此處 ρ 為空氣的密度。

答：1 R = $2.58×10^{-4}$ C kg^{-1}，

$\quad$ 假設 W = 33.85 eV/i.p.，即欲生成 1 C 電量需 33.85 J 之能量，則 1 R = $2.58×10^{-4}$ C kg^{-1} = 0.00873 J kg^{-1}，

$\quad$ 吸收劑量 = 能通量 × 質量能量吸收係數，侖琴 (R) = (Ψ MeV m^{-2})×(μ_{ab}/ρ m^2 kg^{-1})×($1.6×10^{-13}$ J MeV^{-1})×[R/(0.00873 J kg^{-1})]

6. 已知 1 MeV 的光子與空氣作用的質能吸收係數 $(\mu_{ab}/\rho)_{air}$ 等於 0.00279 m^2 kg^{-1}，則產生 1 侖琴的曝露量，需要 1 MeV 光子的能通量為多少 J m^{-2}？

答：1 R = $2.58×10^{-4}$ C kg^{-1} ≡ $8.73×10^{-3}$ J kg^{-1}（假設 W 值為 33.85 eV ip^{-1}）

$\quad$ D = Ψ · μ_{ab}/ρ，$8.73×10^{-3}$ J kg^{-1} = Ψ · 0.00279 m^2 kg^{-1}，Ψ = 3.13 J m^{-2}

7. 光子的能量為 1 MeV，通量率為 108/cm^2-s，光子與空氣作用的能量吸收係數為 μ_{en} = $3.3×10^{-5}$/cm，而空氣的密度為 0.00129 g/cm^3。試求空氣的吸收劑量率等於多少 mGy/s？人體軟組織的吸收劑量率等於多少 mGy/s？

（1 MeV = 1.6×10^{-13} J，$(\mu_{en}/\rho)_{tissue} = 0.0281$ cm^2/g）

答：吸收劑量率 = 能量通量率 × 質量能量吸收係數

能量通量率 = 1 MeV×10^8/cm^2-s = 108 MeV cm^{-2} s^{-1}

空氣的吸收劑量率 = 10^8 MeV cm^{-2} s^{-1}×[3.3×10^{-5} cm^{-1}/(0.00129 g cm^{-3})]

= 2.56×10^6 MeV g^{-1} s^{-1} = 4.10×10^{-4} Gy s^{-1} = 0.410 mGy s^{-1}

人體軟組織的吸收劑量率 = 10^8 MeV cm^{-2} s^{-1}×0.0281 cm^2 g^{-1} = 2.81×

10^6 MeV g^{-1} s^{-1} = 4.50×10^{-4} Gy s^{-1} = 0.450 mGy s^{-1}

8. 0.3 MeV 的加馬射束，其光子通量率為每平方公分每秒 1000 個量子，試求射束中之任一點的曝露量率及在該點之軟組織的吸收劑量率。[$\mu_a = 3.46$ $\times10^{-5}$ cm^{-1} (20℃)，$\rho_a = 1.293\times10^{-6}$ kg cm^{-3}(0℃)；$\mu_m = 0.0312$ cm^{-1}，$\rho_m = 0.001$ kg cm^{-3}，μ_a 與 μ_m 分別為空氣與軟組織的直線能量吸收係數，ρ_a 與 ρ_m 分別為空氣與軟組織的密度，空氣中每產生 1 離子對需消耗 34 eV]

答：能量通量率 = 0.3 MeV×1000 cm^{-2} s^{-1}×(1.6×10^{-13} J MeV^{-1}) = 4.8×10^{-11} J cm^{-2} s^{-1}

空氣的質量能量吸收係數 = 3.46×10^{-5} cm^{-1}/[(1.293×10^{-6} kg cm^{-3})× 273/293] = 28.72 cm^2 kg^{-1}（註：0℃時的 $\rho_a = 1.293\times10^{-6}$ kg cm^{-3}）

空氣的吸收劑量率 = 4.8×10^{-11} J cm^{-2} s^{-1}×28.72 cm^2 kg^{-1} = 1.38×10^{-9} Gy s^{-1}

曝露量率 = 1.38×10^{-9} Gy s^{-1}/(34 J C^{-1}) = 4.06×10^{-11} C kg^{-1} s^{-1}

軟組織的質量能量吸收係數 = 31.2 cm^2 kg^{-1}

軟組織的吸收劑量率 = 1.38×10^{-9} Gy s^{-1}×31.2/28.72 = 1.50×10^{-9} Gy s^{-1}

9. 照射在人體肌肉組織上約 10 MeV 光子通量為 10^{10} γ/cm^2，試求其克馬（Kerma）值為若干？（已知 $\mu/\rho = 0.0219$ cm^2/g，$E_{tr} = 7.32$ MeV）

答：克馬 = 能量通量 × 質量能量轉移係數

能量通量 = 10 MeV×10^{10} cm^{-2} = 10^{11} MeV cm^{-2}

質量能量轉移係數 = 0.0219 cm^2 g^{-1}×7.32/10 = 0.016 cm^2 g^{-1}

克馬 = 10^{11} MeV cm^{-2}×0.016 cm^2 g^{-1} = 1.6×10^9 MeV/g = 0.256 Gy

10. 考慮一能量為 0.3 MeV 的加馬射束。若光子通量率為每平方公尺每秒 2000 個量子，而空氣的溫度為 20°C，試求射束中一點的暴露率為何？（0°C時空氣的密度為 1.293×10^{-6} kg cm^{-3}，能量吸收係數 $\mu_{ab} = 3.46 \times 10^{-5}$ cm^{-1}）

答：20°C空氣的密度為 $[273/(273 + 20)] \times 1.293 \times 10^{-6}$ kg/cm^3 = 1.205×10^{-6} kg/cm^3

質量能量吸收係數（μ_{ab}/ρ）為 3.46×10^{-5} cm^{-1}/(1.205×10^{-6} kg/cm^3) = 28.71 cm^2 kg^{-1} = 0.02871 cm^2 g^{-1}

光子能量通量率為 0.3 MeV $\times$ 2000 m^{-2} s^{-1} = 600 MeV m^{-2} s^{-1} = 0.06 MeV cm^{-2} s^{-1}

吸收劑量率為 0.06 MeV cm^{-2} s^{-1} $\times$ 0.02871 cm^2 g^{-1} = 1.723×10^{-3} MeV g^{-1} s^{-1} = 2.757×10^{-13} J kg^{-1} s^{-1}

暴露率為 2.757×10^{-13} J kg^{-1} s^{-1} $\times$ (1 C/34 J) = 8.11×10^{-15} C kg^{-1} s^{-1}

11. 能量為 1 MeV 之平行光子射束，垂直入射在 1.2 cm 厚的鋁板（$\rho = 2.7$ g/cm^3）上，入射率為 1000/sec。鋁的質量衰減係數（mass attenuation coefficeint）和質能衰減係數（mass energy-absorption coefficeint）分別是 0.0620 cm^2/g 和 0.0270 cm^2/g，試問：(a) 有多少比例的光子沒有發生作用就穿透出去？(b) 鋁板每秒鐘吸收多少能量？(c) 如果能量轉移係數（mass energy-transfer coefficeint）是 0.0271 cm^2/g，則傳遞給鋁板電子的初始能量中有多少比例是以制動輻射發射出去？

答：a、直線衰減係數是 $0.062 \times 2.7 = 0.167$ cm^{-1}

因此沒有發生作用之比率為 $e^{-0.167 \times 1.2} = 0.818$

b、直線能量吸收係數是 $0.027 \times 2.7 = 0.0729$ cm^{-1}

因此能量被吸收之比率為 $1 - e^{-0.0729 \times 1.2} = 0.084$

鋁板每秒鐘吸收能量為 1000/sec $\times$ 1 MeV $\times$ 0.084 = 84.0 MeV/s

c、$\mu_{ab} = \mu_{tr} (1 - g)$，$g = 1 - (0.027/0.0271) = 0.0037$

12. 一束準直良好的射束含有 10^4 個光子，而光子能量為 10 MeV，射束打在

20 cm 厚的碳塊上。求在碳塊裡的 10 cm 深處，1 mm 的碳層所吸收的能量。（已知直線衰減係數 μ = 4.41 m^{-1}，平均能量吸收 E$_{ab}$ = 7.04 MeV）

答：$10^4 \times e^{-0.0441 \times 10} = 6434$

μ$_{ab}$ = 4.41 m^{-1}×7.04/10 = 3.10^5 m^{-1}

6434×10 MeV×3.10^5×0.001 = 200 MeV

13. 一束窄光子射束（narrow beam）含有 10^5 個光子，每個光子能量為 10 MeV，射入水中。試求在水中 10 cm 深處，1 mm 的水所吸收的能量。射束在水中的數據如下：

hv(MeV)	E$_{tr}$(MeV)	E$_{ab}$(MeV)	μ/ρ(cm^2/g)	μ$_{ab}$/ρ(cm^2/g)
10	7.3	7.07	0.0222	0.0157

答：$10^5 \times e^{-0.0222 \times 10} = 80092$

水的密度為 1 g cm^{-3}，故 μ$_{ab}$ = 0.0157 cm^{-1}

80092×10 MeV×0.0157×0.1 = 1257 MeV

14. 何謂克馬（kerma, K），它與能通量（energy fluence）的關係為何？

答：克馬是一個很重要的量，它是描述不帶電游離粒子與物質相互作用時，把多少能量傳給了帶電粒子的物理量。在輻射防護中，常用克馬的概念計算輻射場量，推斷生物組織中某點的吸收劑量，計算中子吸收劑量等。

克馬 K 是不帶電游離粒子與物質相互作用時，在單位質量的物質中產生的帶電粒子的初始動能的總和，定義為 dE$_{tr}$ 除以 dm 所得的商，即 K = dE$_{tr}$/dm，其中，dE$_{tr}$ 是不帶電游離粒子在特定物質的體積元內，釋放出來的所有帶電粒子的初始動能的總和；dm 為所考慮的體積元內物質的質量。

當提到克馬時，必須指明介質和所要研究點的位置（不同介質，μ$_{tr}$/ρ 不同）。物質中克馬的大小，反映著不帶電游離粒子交給帶電粒子能量的多少。克馬 K 的單位：J kg^{-1}，專用名詞是戈雷，符號是 Gy，1 Gy = 1 J kg^{-1}。對於一種給定的單能不帶電游離粒子的輻射場，根據能通量 Ψ 和質能轉移係數 μ$_{tr}$/ρ 的定義，我們可以得到輻射場中某點的的克馬 K 與能通量 Ψ 存在如下的關係：K = Ψ · μ$_{tr}$/ρ，其中，μ$_{tr}$/ρ 是物質對指定能量的不

帶電游離粒子的質能轉移係數，它表示不帶電游離粒子在物質中轉移給帶電粒子的動能佔其總能量的分數；Ψ 是不帶電游離粒子的能通量，它表示進入單位截面的球體內的所有不帶電粒子能量之和。

由上式可以看出：物質中某點，不帶電粒子的能通量 Ψ 越大，則該點上的克馬 K 亦越大，因此，由不帶電游離粒子釋放出來的帶電粒子的全部初始動能就越多。對於單能輻射情況，能通量與粒子通量 Φ 的關係可寫成 $\Psi = \Phi E$，因此，克馬 K 又可寫成 $K = \Phi \cdot \mu_{tr}/\rho \cdot E$。

15. 3.75 MeV 的光子衝擊 20 克的靶，產生 Compton 電子 e_1 為 1.10 MeV，如下圖所示。此 Compton 電子誘發 0.60 MeV 的 Bremsstrahlung 在 B 點處並行進至 C 點處靜止下

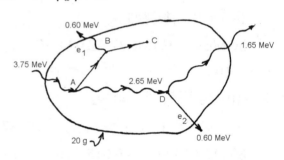

來。此 Bremsstrahlung 逸出靶，而無任何之相互作用於靶內。在 A 點處散射的 2.65 MeV 光子於 D 點處又產生 1.00 MeV 的 Compton 電子 e_2，此電子釋放 0.40 MeV 的能量於靶內，請計算在此過程中靶內所造成的 Kerma 及 absorbed dose 為多少 Gy？

16. 討論光子由肌肉進入骨骼時，克馬值的變化。

答：當單能量光子束由骨骼進入肌肉，或由肌肉進入骨骼時，克馬值將增加還是減少？因為克馬為光子能量通量（Ψ）與質量能量轉移係數（μ_{tr}/ρ）之積，若光子進入不同介質時 Ψ 不變，則 μ_{tr}/ρ 值大者克馬值將大。μ_{tr}/ρ 為質量衰減係數（μ/ρ）與平均能量轉移率（$E_{tr}/h\nu$）之積，下表列出相同 Ψ（假設為 100 MeV cm^{-2}）時，肌肉與骨骼的 $\mu tr/\rho$ 值、單位為 $cm^2\ g^{-1}$，E_{tr} 值、單位為 MeV，克馬（K）值、單位為 MeV g^{-1}。

hv		肌肉（Z = 7.64）			骨骼（Z = 12.31）		
MeV	μ/ρ	E_{tr}	K	μ/ρ	E_{tr}	K
0.05	0.224	0.00913	4.09	0.3471	0.0229	15.90
0.1	0.1692	0.0149	2.52	0.1803	0.0214	3.86
0.2	0.1358	0.0434	2.95	0.1334	0.0452	3.01
0.3	0.1176	0.0808	3.17	0.1142	0.0816	3.11
0.4	0.10^{5}2	0.124	3.26	0.1018	0.124	3.16
0.5	0.096	0.171	3.28	0.0927	0.171	3.17
1	0.0701	0.44	3.08	0.0676	0.44	2.97
2	0.049	1.06	2.60	0.0473	1.06	2.51
5	0.03	3.21	1.93	0.0297	3.23	1.92
6	0.0273	3.99	1.82	0.0273	4.02	1.83
8	0.0239	5.61	1.68	0.0242	5.68	1.72
10	0.022	7.32	1.61	0.0226	7.43	1.68

表中顯示，低能量（< 0.2 MeV）光子時，骨骼因有效原子序較大，光電效應機率（τ）較肌肉者顯著，故有較大 μ/ρ 值，光電效應的 E_{tr}/E 值也較散射者大，於是骨骼的 K 值較大；中能量（0.3-5 MeV）光子時，散射較顯著，散射的 E_{tr}/E 值雖然與原子序幾乎無關，但肌肉（電子束縛能較低）較骨骼有較大 μ/ρ 值，於是肌肉的 K 值較大；高能量（> 6 MeV）光子時，成對發生機率（κ）較顯著，成對發生的 E_{tr}/E 值較散射者大，且 κ 值與原子序平方成正比，骨骼較肌肉有較大 μ/ρ 值，於是骨骼的 K 值較大。

答：二次電子動能：1.1 + 1.0 = 2.1 MeV = 3.36×10^{-13} J

靶質量：0.02 kg

靶吸收能量：2.1 − 0.6(Bremsstrahlung) − 0.6(逸出靶外) = 0.9 MeV = 1.44 $\times 10^{-13}$ J

克馬：= 3.36×10^{-13} J/0.02 kg = 1.68×10^{-11} Gy

吸收劑量：= 1.44×10^{-13} J/0.02 kg = 7.20×10^{-12} Gy

17. 右圖為 1 kg 物質（圓圈中的體積）經光子輻射照射的能量傳遞情形，若 hv_1 = 200 keV，T_1 = 80 keV，hv_2 = 120 keV，T_2 = 20 keV，hv_3 =

30 keV，$T_3 = 60$ keV，$hv_4 = 60$ keV，$T_4 = 40$ keV，試求 (a) 吸收劑量 = keV/kg？(b) 克馬 = keV/kg？(c) 碰撞克馬 = keV/kg？

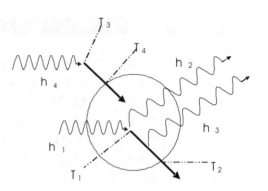

答：(a) 吸收劑量：$40 + 80 - 20 - 30$ $= 70$ keV kg^{-1}

(b) 克馬：80 keV kg^{-1}

(c) 碰撞克馬：$80 - 30 = 50$ keV kg^{-1}

3.8 ｜曝露率常數與增建因數

1. 已知 ^{60}Co 的相關數據如下：

hv(MeV)	N	Γ(m^2 R Ci^{-1} h^{-1})
1.173	0.998	0.617
1.332	1.000	0.681

試求 ^{60}Co 的曝露率常數 Γ，此處 N 為每次蛻變釋出的光子數。

答：$0.617 + 0.681 = 1.298$ m^2 R Ci^{-1} h^{-1}（通常 Γ 已將每次蛻變釋出的各種光子能量 hv 與光子數 N 分別列入計算後累加，故不應考慮 hv 與 N）

2. 已知 ^{60}Co 每次衰變釋放 2 個光子，能量分別為 1.17 及 1.33 MeV，此二光子在空氣中的能量吸收係數為 3.5×10^{-3} m^{-1}，試求鈷 -60 之比加馬射線發射（Specific Gamma-Ray Constant, Γ）為多少？請以 $X \cdot$ m^2/MBq $\cdot$ h 為單位。

答：每次衰變釋放的能量為 $1.17 + 1.33 = 2.5$ MeV

每單位活度（MBq）的能量通率為 10^6 s$^{-1} \times 3600$ s h$^{-1} \times 2.5$ MeV $\times 1.6 \times 10^{-13}$ J MeV$^{-1} = 1.44 \times 10^{-3}$ J h^{-1}

每單位活度（MBq）每單位距離（m）的能量通量率為 1.44×10^{-3} J h^{-1}/(4π

m^2) = 1.146×10^{-4} J m^{-2} h^{-1}

空氣的密度為 1.293 kg m^{-3}

此二光子在空氣中的質量能量吸收係數為 3.5×10^{-3} m^{-1}/(1.293 kg m^{-3}) = 2.707×10^{-3} m^2 kg^{-1}

每單位活度（MBq）每單位距離（m）的吸收劑量率為 1.146×10^{-4} J m^{-2} h^{-1} $\times2.707\times10^{-3}$ m^2 kg^{-1} = 3.10×10^{-7} J kg^{-1} h^{-1}

每單位活度（MBq）每單位離（m）的暴露率為 3.10×10^{-7} J kg^{-1} h^{-1}/(1 C/33.85 J) = 9.16×10^{-9} C kg^{-1} h^{-1}

Γ 為 9.16×10^{-9} X m^2 MBq^{-1} h^{-1}

3. ^{38}S 每次蛻變時，有 95% 的機率放出 1.88 MeV 的 γ 光子，試估計在離活度為 2.7×10^{12} Bq 的 ^{38}S 點源 3 m 處的曝露量率？

答：曝露量率為 $0.52\times C(\text{Ci})E(\text{MeV})/(r\text{ m})^2$ (R h^{-1}) = $0.52\times2.7\times10^{12}\times0.95\times1.88/(3^2\times3.7\times10^{10})$ = 7.55 R h^{-1}

4. 試證某一點射源在距離其 1 英呎處的光子曝露率（R/h）為 $6CE_n$，此處 C 為活度（Ci），E 為能量（MeV），n 為每次蛻變釋出的光子數。註：W = 33.85 eV/i.p.，$\mu_{ab}/\rho = 0.027$ cm^2/g (60 keV < E < 2 MeV)，ρ = 0.001293 g/cm^3 air，e = 1.6×10^{-19} C。

答：C Ci = 3.7×10^{10} C s^{-1}，

能量率為 3.7×10^{10} C s$^{-1}\times E$ MeV $\times n$ = 3.7×10^{10} CE_n MeV s^{-1}

能通量率為 3.7×10^{10} CE_n MeV s^{-1}/($4\pi r^2$) = 3.7×10^{10} CE_n MeV s^{-1}/$\{4\pi[(1/3.28)\text{ m}]^2\}$ = 3.17×10^{10} CE_n MeV m^{-2} s^{-1}

吸收劑量率為 3.17×10^{10} CE_n MeV m^{-2} s$^{-1}\times0.0027$ m^2 kg$^{-1}\times1.6\times10^{-13}$ J MeV^{-1} = 1.37×10^{-5} CE_n J kg^{-1} s^{-1}

曝露率為 1.37×10^{-5} CE_n J kg^{-1} s$^{-1}\times$[1 C/(33.85 J)]$\times3600$ s h$^{-1}\times$R/(2.58 $\times10^{-4}$ C kg^{-1}) ≒ 6 CE_n R h^{-1}

5. 請由鈷 -60 核種之加馬發射比：即距每 MBq 點射源一公尺處之曝露率為 9.2×10^{-9} C kg^{-1} h^{-1}，導出距鈷 -60 每 C（居里）外一呎處之曝露率為若

干 R/h？導出之曝露率（R h^{-1}）與常用的 6CE（在 1 呎處）關係為何？（1 R = 2.58×10^{-4} C kg^{-1}）

答：距一公尺改為一呎，距離變化為 1/3.28 = 0.305 倍，依平方反比律，曝露率增加 1/0.305^2 = 10.76 倍，

活度由 1 MBq 增為 1 Ci，即曝露率增加 3.7×10^4 倍，

於是，曝露率為 9.2×10^{-9} C kg^{-1} h^{-1}×10.76×3.7×10^4 = 3.61×10^{-3} C kg^{-1} h^{-1} = 14 R h^{-1}

若由公式計算，鈷 -60 每衰變一次，共釋出 2.5 MeV 光子，即 E = 2.5 MeV 代入公式，6CE = 6×1×2.5 = 15 R h^{-1}，此值與導出值 14 R h^{-1} 相當

6. 核種鈷 -60 之加馬發射比（specific gamma-ray emission）為 1.32 R m^2/Ci h，請問距 5 MBq 點射源 100 cm 處之曝露率為若干 R/h？

答：(1.32 R m^2 Ci^{-1} h^{-1})×1 Ci/(3.7×10^4 MBq)×5 MBq×[1/(1 m)^2] = 1.784×10^{-4} R h^{-1}

7. 某活度 3 居里射源的加馬比常數（specific gamma-ray constant）為 1.8 R/h per curie at 1 meter，則距此射源 1 毫居里、50 cm 遠處的曝露率為若干？

答：1.8 R h^{-1}×(0.001)/(0.5)^2 = 0.0072 R h^{-1} = 7.2 mR h^{-1}

8. 射源 ^{137}Cs 的 Γ 值為 2.3×10^{-9}(C/kg · m^2)/MBq · h。試求距離射源 2 公尺處 10^8 貝克 ^{137}Cs 射源的曝露率與空氣吸收劑量率。

答：暴露率：[2.3×10^{-9}(C/kg · m^2)/MBq · h]×10^8 Bq/(2 m)^2 = 5.75×10^{-8} C kg^{-1} h^{-1}

吸收劑量率：因為光子對空氣的 W 值為 34 eV ip^{-1}，∴ 5.75×10^{-8} C kg^{-1} h^{-1}×34 J C^{-1} = 1.96×10^{-6} J kg^{-1} h^{-1} = 1.96×10^{-6} Gy h^{-1}

9. 鈷 60 的加馬射線常數比（Γ, specific gamma-ray constant）為 3.7×10^{-4} mSv m^2 h^{-1} MBq^{-1}。今有一鈷 60 點射源活度為 10 微居里，其外有一厚度為 1 公分的鉛板（鈷 60 加馬射線在鉛中的半值層為 1.2 公分），試問距離此射源 2 公尺處的加馬射線劑量率等於多少 mSv/h？

答　：　3.7×10^{-4} mSv m^2 h^{-1} MBq$^{-1} \times 10 \times 3.7 \times 10^{-2}$ MBq $\times (e^{-0.693/1.2})/4$ m^2 = 1.92×10^{-5} mSv h^{-1}

10. 假設一 Co-60 的點射源（1 Ci）係置於一厚度為 10 cm 的屏蔽物質之前方 1 公尺處，其中平均有 10% 之高能初級加馬光子可穿透該屏蔽物質，請問 在該屏蔽物質之後方 1 公尺的工作人員每小時會接受到多少劑量（不考慮 增建因子）？ Co-60 的 dose rate constant 為 3.697×10^{-4} mSv h^{-1} MBq^{-1} m^2

答：$(3.697 \times 10^{-4}$ mSv h^{-1} MBq^{-1} m$^2) \times (10\%) \times (37000$ MBq$)/(2.1$ m$)^2 = 0.310$ mSv h^{-1}

11. 有一個 1.8 kBq 的 ^{133}Ba 與 0.5 kBq 的 ^{137}Cs 之混合點射源，^{133}Ba 的空氣 克馬率常數為 0.0704 µGy · m^2 · MBq^{-1} · h^{-1}，^{137}Cs 的空氣克馬率常數為 0.0771 µGy · m^2 · MBq^{-1} · h^{-1}。請計算離此點射源 30 公分的位置滯留 5 分鐘之空氣克馬為多少？

答　：　1.8 kBq $\times$ 0.0704 µGy · m^2 · MBq^{-1} · h$^{-1} \times (5/60)$ h$/(0.3$ m$)^2 = 1.173 \times 10^{-4}$ µGy
0.5 kBq $\times$ 0.0771 µGy · m^2 · MBq^{-1} · h$^{-1} \times (5/60)$ h$/(0.3$ m$)^2 = 3.57 \times 10^{-5}$ µGy
∴空氣克馬為 $1.173 \times 10^{-4} + 3.57 \times 10^{-5} = 1.53 \times 10^{-4}$ µGy = 0.153 nGy

12. 距離活度為 3 居里之鈷 -60 點射源外 2 米處之曝露率為多少？又若欲將該 點之劑量率降至 0.25 mR/h，則需多少厚度之混凝土屏蔽？〔已知鈷 -60 之 Γ 值為 13.2 R cm^2 h^{-1} mCi^{-1}，混凝土對鈷 -60 之屏蔽半值層厚為 6.2 公 分〕

答：3 居里外 2 米處：3 Ci $\times (1/200$ cm$)^2 \times 13.2$ R cm^2 h^{-1} mCi$^{-1} = 0.99$ R h^{-1}
欲將該點之劑量率降至 0.25 mR/h：$0.25/990 = e^{-0.693 x/6.2 \text{ cm}}$，x = 74.2 cm

13. 100 mCi 的銫 137 點射源，距離 1 m 處放置 TLD，曝露 5 小時，TLD 的 劑量讀數為 155 mR，請問 TLD 的校正常數為何？〔Cs-137：Γ = 0.34 R m^2 h^{-1} Ci^{-1}〕

答：0.1 Ci $\times [1/(1$ m$)^2] \times 5$ h $\times 0.34$ R m^2 h^{-1} Ci$^{-1} = 0.17$ R = 170 mR
170/155 = 1.1（量測值 × 校正常數 = 真值）

14. 有一 2 MeV 加馬射線的平行射柱，強度為 10^6 加馬射線 cm^{-2} s^{-1}，垂直

入射於 10 cm 厚鉛（$\rho = 11.36$ g cm^{-3}，$\mu/\rho = 0.0457$ cm^2 g^{-1}）屏蔽。試算在屏蔽後的 (1) 未碰撞通率，(2) 增建通率，和 (3) 曝露率。空氣 $\mu_{ab}/\rho =$ 0.0238 cm^2 g^{-1}，$B_m(4) = 2.41$，$B_m(7) = 3.36$。

答：(1) 求未碰撞通率時，不應考慮增建現象，$\mu x = 0.0457 \times 11.36 \times 10 =$ 5.19，10^6 cm^{-2} s$^{-1} \times e^{-5.19} = 5.57 \times 10^3$ cm^{-2} s^{-1}

(2) 內插法，增建因數 $B_m(5.19) = 2.41 + (3.36 - 2.41) \times (5.19 - 4)/(7 - 4)$ $= 2.79$

增建通率為 10^6 cm^{-2} s$^{-1} \times 2.79 \times e^{-5.19} = 1.55 \times 10^4$ cm^{-2} s^{-1}

(3) 假設屏蔽後每一加馬光子能量仍為 2 MeV（註：因增建了 2.79，即 2.79/3.79 = 74% 的光子曾與屏蔽發生碰撞，能量應有改變），能量通量率為 2 MeV $\times 1.6 \times 10^{-13}$ J MeV$^{-1} \times 1.55 \times 10^4$ cm^{-2} s$^{-1} = 4.96 \times 10^{-9}$ J cm^{-2} s^{-1}

吸收劑量率為 4.96×10^{-9} J cm^{-2} s$^{-1} \times 0.0238$ cm^2 g$^{-1} \times 10^3$ g kg$^{-1} = 1.18 \times 10^{-7}$ Gy s^{-1}

曝露率為 1.18×10^{-7} Gy s$^{-1} \times 3600$ s h$^{-1} \times$ [C/(34 J)] $\times$ [R/(2.58 $\times 10^{-4}$ C kg^{-1})] $= 48.4$ mR h^{-1}

15. 一個 10 Ci 的 ^{42}K（每衰變一次，釋出 0.18 個 1.52 MeV 之 γ）點射源，若距離射源 1 m 處之暴露率須降為 2.5 mR h^{-1}，需要多厚的鉛屏蔽？（鉛對 1.52 MeV 光子之質量衰減係數為 0.051 cm^2 g^{-1}，鉛的密度為 11.36 g cm^{-3}）。下表為鉛屏蔽光子點射源之增建因數值：

MeV	鬆弛長度數目，μx						
	1	2	4	7	10	15	20
1.0	1.37	1.69	2.26	3.02	3.74	4.81	5.86
2.0	1.39	1.76	2.51	3.66	4.84	6.87	9.00

答：未屏蔽前暴露率為 $0.5 \times 10 \times 0.18 \times 1.52 = 1.37$ R h$^{-1} = 1370$ mR h^{-1}

假設沒有增建，$e^{-\mu x} = 2.5/1370 = 1.82 \times 10^{-3}$，$\mu x = 6.31$

μx 於 4 與 7 間，能量為 1 與 2 MeV 間，內插得 B ≒ 3

增建的光子量需增加屏蔽將之衰減，假設應增加 μx 為 y

$1.82 \times 10^{-3} = Be^{-\mu x} = 3e^{-(6.31 + y)} = 3e^{-6.31}e^{-y}$，$1/3 = e^{-y}$，y = 1.1

於是，增建後 μx = 6.31 + 1.10 = 7.41，繼續內插得 B ≒ 3.5

同理，$1/3.5 = e^{-z}$，z = 1.25，於是，再增建後 μx = 6.31 + 1.25 = 7.56

重複前述反覆求解後，得 B = 3.53 且 μx = 7.6 此組解，可符合 1.82×10^{-3} $= Be^{-\mu x}$，也符合 B 與 μx 的對應表

$x = \mu x/\mu = 7.6/[(0.051 \text{ cm}^2 \text{ g}^{-1}) \times (11.36 \text{ g cm}^{-3})] = 13.1 \text{ cm}$

16. 使用一鉛屏蔽欲使加馬射線衰減至原來強度的 10^{-10}，假設屏蔽的衰減係數為：$\mu/\rho = 0.06 \text{ cm}^2/\text{g}$，$\rho = 11.4 \text{ g/cm}^3$；增建因數為：B = 1 + 0.4 μx。請問需要幾公分的屏蔽？

答：目前有 2 個未知數，B 與 x，需由聯立方程式解：

$10^{-10} = Be^{-\mu x}$ 與 B = 1 + 0.4 μx，

令 B = 1，μx = 23，於是 B = 10.2

因 B = 10.2，μx 需增加 ln (1/10.2) = 2.32，μx = 23 + 2.32 = 25.32，於是 B = 11.1

因 B = 11.1，μx 需增加 ln (1/11.1) = 2.32，μx = 23 + 2.41 = 25.41，於是 B = 11.2

取 μx = 25.5，B = 11.2

驗算：$Be^{-\mu x} = 11.2e^{-25.5} = 9.4 \times 10^{-11}$，接近題目需求 ($10^{-10}$)

於是，$x = \mu x/\mu = 25.5/[(0.06 \text{ cm}^2/\text{g}) \times 11.4 \text{ g/cm}^3] = 37.3 \text{ cm}$

3.9 ｜ X 光機防護屏蔽

1. 假設有一部 X 光機使用條件為 125 kV、15 mAs，每天照射 160 張，每星期工作 5 天，X 光機有用射柱朝固定方向照射，距離主屏蔽牆 3 公尺，牆後是停車場，試問 (1)X 光機的工作負荷為多少 mA-min/week。(2) 使用

因數 (U) 為多少？(3) 占用因數 (T) 為為少？(4) 停車場的週最大許可曝露 (P) 是多少侖琴／週？(5) 利用主屏蔽計算公式求 K 值的大小，並估計混泥土所需的屏蔽厚度。

答：(1)W = 15 mAs×(5 d wk^{-1})×(160 d^{-1})×1 min/60 s = 200 mA min wk^{-1}

(2)U = 1

(3)T = 1/4

(4)P = 0.002 R wk^{-1}

(5)K = 0.002×9/(200×1×1/4) = 3.6×10^{-4}

約需 18 cm 混凝土

2. 一部牙科 X 光機一天照射臼齒 20 張，使用條件為 50 kVp，15 mA-s 靶距隔鄰商店 3 公尺，使用因數為 1/4，占用因數為 1，主屏蔽計算公式為 K = Pd^2/(WUT)，試計算 K 值，並從下圖估計混凝土所需的屏蔽厚度。

答 ： P = 0.002 R wk^{-1}，d^2 = 9 m^2，W = 15 mAs×(5 d wk^{-1})×(20 d^{-1})×1 min/60 s = 25 mA min wk^{-1}，U = 1/4，T = 1

K = 0.002×9/(25×1×1/4) = 2.88×10^{-3}

查圖，約需 3 cm 混凝土

(註 1：管制區最大許可暴露率為 0.1 R wk^{-1}，非管制區最大許可暴露率原為 0.01 R wk^{-1}，92 年游離輻射防護安全標準公佈後，工作人員與一般人劑量限值由 10 倍改為 50 倍差異，非管制區最大許可暴露率於是改為 0.002 R wk^{-1})

(註 2：此題數字設計不好，造成查圖易造成重大誤差，若題目 kVp 能改為 250 kVp，查圖所得結果將不會有爭議)

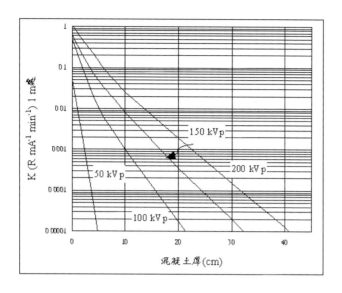

3. 一診斷 X 光機最大工作電壓為 125 kV，工作負載為 2000 mA min/wk，工作條件為 20 mA。試問距靶 3 m，若只考慮滲漏輻射，且佔用因子 = 1，則需多厚的混凝土屏蔽可使其劑量率達 0.01 R/wk。X 光（125 kV）之 HVL = 2 cm 混凝土。（假設 1 米處之滲漏輻射為 100 mR/h）

    答：$B = 60 \, IPd^2/WYT = 60 \times 20 \times 0.01 \times 9/(2000 \times 0.1 \times 1) = 0.54$

    $(\ln 0.54)/-0.693 = 0.9$

    $0.9 \times 2 \, cm = 1.8 \, cm$

4. 假設有一 X 光機工作負載為 2400 mA min/wk，距非管制區最短距離為 2 m，試問若考慮滲漏輻射，需多厚鉛做屏蔽，HVL = 0.28 mm 鉛，診斷型 X 光機滲漏輻射值為 2.58×10^{-5} C/kg hr(100 mR/hr)、X 光機以 20 mA 工作？

    答：降低因數為 $60 \times 20 \times 0.002 \times 2^2/(0.1 \times 2400 \times 1) = 0.04$

    $\ln 0.04/-0.693 = 4.645$

    $4.645 \times 0.28 \, mm = 1.3 \, mm$

5. 一台診斷用 200 kVp 的 X 光機距離一列為非管制區之辦公室 2 公尺遠，此 X 光機工作電流為 200 mA，每天平均工作 3 分鐘，每週工作五天。則

為了只屏蔽散射輻射，需要多厚混凝土作為防護屏蔽？

答：$P = 0.002$ R wk^{-1}，$d^2 = 4$ m^2，$W = 200$ mA$\times$(5 d wk^{-1})$\times$(3 min d^{-1}) = 3000 mA min wk^{-1}，$T = 1$

$K = 1000\times0.002\times4/(1\times3000\times1) = 2.67\times10^{-3}$

約需 20 cm 混凝土

6. 若針對某 150 kVp 的 X 光機計算次防護屏蔽時，求得散射輻射的 K 值為 0.002 R mA^{-1} min^{-1}，另求得滲漏輻射的 B 值（降低倍數）為 0.02，已知混凝土對 150 kVp X 光機之半值層 2.24 cm，則共需要多厚混凝土作為次防護屏蔽？

答：$K = 0.002$，查圖約需 15 cm 混凝土 = 6.7 HVLs

$\ln 0.02/-0.693 = 5.65$ HVLs

共需次防護屏蔽 $6.7 + 1 = 7.7$ HVLs = 17.3 cm 混凝土

7. 有一醫學中心利用下列條件做胸部 X 光攝影，靶至病患為 1.8 m、電流為 110 mA、時間為 0.1 秒，經查得資料病患本身散射會增加 40% 劑量，X 光在 1 m 空氣克馬（kerma）為 0.08 mGy/mAs，試略估計病人的劑量？

答：$0.08\times110\times0.1\times1.4/(1.8)^2 = 0.38$ mGy

8. 假設有一 X 光機的輸出為 3 mR/mAs 以及其每週在 100 mA 下所使用之時間約為 5 分鐘，請求出在 3 米之外的控制台障蔽每週所接受來自於滲漏及散射的輻射劑量為多少 mR？ (Hint：請假設散射為主射束之千分之一及滲漏輻射討論並假設在距此 X 光管 1 米處的滲漏輻射為 100 mR/h)

答：有用射束：(3 mR/mAs)$\times$100 mA$\times$5$\times$60 s = 90000 mR

散射輻射：90000 mR$\times$(1/1000)/9 = 10 mR

滲漏輻射：(100 mR/h)$\times$(5/60) h/9 = 1 mR

總輻射劑量：$10 + 1 = 11$ mR

9. 放射治療室中 ^{60}Co 點射源的活度為 500 Ci，距主屏蔽的距離為 3 公尺，屏蔽外為一般人之非管制區，佔用因數 T = 1/4，使用因數 U = 1/2。假設屏蔽為混凝土（半值層 HVL = 6 cm，增建因數 B = 10），求屏蔽的厚度。

（^{60}Co 的 $\Gamma = 3.7 \times 10^{-4}$ mSv-m^2/MBq-h）

答：未屏蔽時曝露率：$(3.7 \times 10^{-4}$ mSv-m^2/MBq-h$) \times (1/3$ m$)^2 \times (500$ Ci$\times 3.7 \times 10^4$ MBq Ci$^{-1}) = 761$ mSv h^{-1}

考慮佔用因數、使用因數、增建因數後曝露率：761 mSv h$^{-1} \times 0.25 \times 0.5 \times 10 = 951$ mSv h^{-1}

非管制區最大許可曝露率 (1 y = 50 wk，1 wk = 40 h)：1 mSv y$^{-1} = 0.02$ mSv wk$^{-1} = 0.0005$ mSv h^{-1}

951 降至 0.0005 需 $\ln(0.0005/951)/-0.693 = 20.9$ HVLs $= 125$ cm 混凝土

10. 一放射治療用之 ^{60}Co 點射源（$\Gamma = 3.7 \times 10^{-4}$ mSv-m^2/MBq-h）的活度為 500 Ci，距主屏蔽的距離為 3 公尺，屏蔽外為非管制區，而 T = 1/4，U = 1/2，求屏蔽之 transmission, K。又假設屏蔽為混凝土（HVL = 6 cm，B(buildup factor) = 10），求屏蔽的厚度。

答：未屏蔽前的等效劑量率為 $500 \times 3.7 \times 10^4$ MBq$\times 3.7 \times 10^{-4}$ mSv-m^2/MBq$-$h$\times (1/4) \times (1/2)/9$ m$^2 = 95$ mSv h^{-1}，

屏蔽後的等效劑量率必須為 1 mSv y^{-1}（非管制區），即 0.0005 mSv h^{-1}（一年工作 2000 小時），

於是，屏蔽之穿透率（K, transmission）必須為 $0.0005/95 = 5.26 \times 10^{-6}$

$5.26 \times 10^{-6} = 10e^{-0.693x/6 \text{ cm}}$，屏蔽厚度 x 為 125 cm

3.10 ｜劑量限制

1. 等價劑量與有效劑量。

答：輻射線造成的生物效應，分類方式很多，法規中的分類是將生物效應（即健康效應）區分為機率與確定效應，如同大部分輻射安全中所使用的專有名詞，顧名難思其義。

其實，日常生活中的生活效應也可以如此區分，只是我們不採行而已，也

因而令人覺得這組名詞頗為抽象。說得淺顯些，確定效應就如同大部分的毒害，毒與不毒看量，換句話說，有安全劑量值（也稱為閾值或低限值），只要劑量低於此值，就沒有毒害；反之，劑量超過此值，效應即發生，劑量超過此值越多，效應越嚴重。機率效應就如抽煙誘發肺癌的現象，煙抽得越多，肺癌誘發的機率越高；然而，不論煙抽得多、抽得少、甚或不抽煙，都有得到肺癌的機率；不論煙抽得多、抽得少、甚或不抽煙，若同樣得到肺癌，肺癌的嚴重程度與抽煙量的多寡無關。

游離輻射防護安全標準第二條第七項第十一款中，機率效應與確定效應分別定義如下。輻射之健康效應區分如下：（一）機率效應：指致癌效應及遺傳效應，其發生之機率與劑量大小成正比，而與嚴重程度無關，此種效應之發生無劑量低限值。（二）確定效應：指導致組織或器官之功能損傷而造成之效應，其嚴重程度與劑量大小成比例增加，此種效應可能有劑量低限值。

既然機率效應的發生機率與劑量成正比，確定效應的嚴重程度也與劑量成正比，那麼，此二種劑量是同一種劑量嗎？不是，因為僅一個劑量值是無法同時表示二種效應的，亦即知道某器官接受了某等價劑量值，僅能推斷此器官確定效應的嚴重程度，無法知道因為此器官的劑量將造成此人得到機率效應的機率。若想知道此機率，尚需知道器官的加權因數，經由算出有效劑量值，才能表示出機率效應的危險程度。精確地說，機率效應的發生機率與有效劑量成正比，確定效應的嚴重程度與等價劑量成正比。二劑量值必須分別求出，才能分別對二種效應作出風險或嚴重程度的評量。

游離輻射防護安全標準第二條第五款第五與七目中，等價劑量與有效劑量分別定義如下。等價劑量：指器官劑量與對應輻射加權因數乘積之和。有效劑量：指人體中受曝露之各組織或器官之等價劑量與各該組織或器官之組織加權因數乘積之和。

例如，某人肺臟（加權因數 0.12）接受 5 mSv 劑量，我們可以確定此人不會得到確定效應，因為 5 mSv 的等價劑量遠低於法規中所訂確定效應的

低限值。同時，此人因肺臟劑量會得到 0.6 mSv 有效劑量，表示此人有相當於 0.6 mSv 有效劑量的機率效應發生機率。

換個角度來說，某輻射工作人員接受輻射線照射後，此人所有接受輻射線照射的器官，各有各的等價劑量值，任一接受劑量的器官均須遵守不超過確定效應年低限值 500 mSv 的規定。此人將會有另一有效劑量值，為管制此人機率效應的發生機率為合理且可達成，此人的年有效劑量值不得超過 50 mSv。可見，等價劑量值與有效劑量值同時存在，游離輻射防護安全標準針對此二劑量值，均訂定了劑量限值。此二劑量值雖然都以 Sv 為單位，但分別代表著某人單一器官確定效應的嚴重程度與此人全身機率效應的發生機率。

2. 某人遭中子照射（Q = 4.2）後吸收劑量為 1.2 mGy，後又接受 X 光照射，吸收劑量為 3.7 mGy，試計算其等效劑量。

答： $1.2 \times 4.2 + 3.7 \times 1 = 8.74$ mSv

3. 設一名工作人員肺部受到肺內沉積的放射性核種的 α 輻射曝露的劑量 6 mGy，加上體外 γ 射線全身均勻曝露的劑量 20 mGy，試問：(1) 肺的等價劑量多大？（肺的 $W_T = 0.12$）(2) 全身的有效劑量多大？

答： (1) $6 \times 20 + 20 = 140$ mSv

(2) $6 \times 20 \times 0.12 + 20 \times 1 = 34.4$ mSv

4. 某一工作人員於前半年在某甲場所工作，經輻防人員調查劑量資料為甲狀腺 70 毫西弗，下半年至乙處工作其劑量資料為甲狀腺 450 毫西弗，性腺 100 毫西弗，乳腺 30 毫西弗，若你為乙處輻防人員，請問該工作人員是否超過法規限值？（甲狀腺、性腺、乳腺 W_T 分別為 0.03, 0.25, 0.15）

答：有效劑量：$520 \times 0.03 + 100 \times 0.25 + 30 \times 0.15 = 45.1 < 50$，未超過法規年限值

甲狀腺等價劑量：$70 + 450 = 520 > 500$，超過法規年限值

故超過法規年限值

5. 某職業工作者，今年接受某短半化期核種（半化期為一天），體外全身劑

量 20 mSv，體內甲狀腺等價劑量 400 mSv（加權因數 0.03），請問該員是否超過法規年限值？若此核種之有效半化期為一年，則該員是否超過法規年限值？

答：若為短半化期核種（半化期為一天）：

有效劑量：$400 \times 0.03 + 20 = 32 < 50$，未超過法規年限值

等價劑量：$400 + 20 = 420 < 500$，未超過法規年限值

故未超過法規年限值

若有效半化期為一年：

體內甲狀腺約定等價劑量約為 $(400 \text{ mSv/y})/(0.693/y) = 577 \text{ mSv} > 500$ mSv，超過法規年限值

6. 游離輻射曝露下的紅骨髓、性腺、甲狀腺，可能引起什麼機率效應？游離輻射曝露下的皮膚、水晶體、性腺，可能導致什麼確定效應？若工作人員只有性腺受到輻射曝露，問其年劑量限度等於多少 mSv ？（性腺的組織加權因數等於 0.20）

答：骨髓—白血病、性腺—遺傳變異、甲狀腺—甲狀腺癌

皮膚—紅斑、水晶體—白內障、性腺—不孕與內分泌失調

機率效應：$50 \text{ mSv y}^{-1} > x \text{ mSv y}^{-1} \times 0.20$，$x = 250 \text{ mSv y}^{-1}$；確定效應：$500 \text{ mSv y}^{-1}$，二者取低，$\therefore x = 250 \text{ mSv y}^{-1}$

7. 某輻射工作人員在前半年內接受到的劑量包括性腺 40 mSv，甲狀腺 200 mSv 與乳腺 150 mSv，若在下半年只有甲狀腺接受輻射照射，問此輻射工作人員在下半年甲狀腺最高可接受之劑量為何？性腺、甲狀腺、乳腺之加權因數分別為 0.20、0.05、0.05。

答：針對確定效應：$500 - 200 = 300 \text{ mSv}$ 等價劑量

針對機率效應：已接受 $40 \times 0.20 + 200 \times 0.05 + 150 \times 0.05 = 25.5 \text{ mSv}$ 有效劑量

尚可接受 $50 - 25.5 = 24.5 \text{ mSv}$ 有效劑量

$0.05x = 24.5$，$x = 490 \text{ mSv}$ 等價劑量

二者取低，下半年甲狀腺最高可接受之劑量為 300 mSv

8. 假設某工作人員於上半年中性腺（$W_T = 0.20$）接受了 100 mSv，甲狀腺（$W_T = 0.05$）接受了 200 mSv，若下半年工作中只有肺部（$W_T = 0.12$）受到曝露，問最多可再接受多少 mSv 劑量？

答：針對確定效應：500 mSv 等價劑量

針對機率效應：已接受 $100 \times 0.20 + 200 \times 0.05 = 30$ mSv 有效劑量

尚可接受 $50 - 30 = 20$ mSv 有效劑量

$0.12x = 20$，$x = 166$ mSv 等價劑量（捨去法）

二者取低，下半年肺部最高可接受之劑量為 166 mSv

9. 某工作人員於上半年中性腺（$W_T = 0.20$）接受了 20 mSv，甲狀腺（$W_T = 0.05$）接受了 200 mSv，若下半年工作中只有性腺受到曝露，問最多可再接受多少 mSv 劑量？

答：針對確定效應：$500 - 20 = 480$ mSv 等價劑量

針對機率效應：已接受 $20 \times 0.20 + 200 \times 0.05 = 14$ mSv 有效劑量

尚可接受 $50 - 14 = 36$ mSv 有效劑量

$0.20x = 36$，$x = 180$ mSv 等價劑量

二者取低，下半年性腺最高可接受之劑量為 180 mSv

10. 某人在核反應器維護工作中，體內接受了能量為 6 MeV 的 α 粒子（射質因數 Q = 20）及 1 MeV 的 β 粒子（Q = 1）污染，體外接受了能量為 2.5 MeV 的 γ 射線（Q = 1）及 1 MeV 的中子（Q = 20）照射，假設其組織器官的吸收劑量分別如下：性腺（加權因數 $w_t = 0.20$）γ 200 μGy、中子 20μGy；乳腺（$w_t = 0.05$）γ 200 μGy、中子 30μGy；紅骨髓（$w_t = 0.12$）α 20 μGy、β 100μGy、γ 200 μGy、中子 10μGy；肺（$w_t = 0.12$）α 30 μGy、β 150μGy、γ 200 μGy、中子 25μGy；甲狀腺（$w_t = 0.05$）γ 200 μGy、中子 25μGy；骨表面（$w_t = 0.01$）α 10 μGy、β 120μGy、γ 200 μGy、中子 25μGy；其他（$w_t = 0.05$）β 20μGy、γ 200 μGy、中子 25μGy。試問此人當年尚可接受多少有效劑量？

答：性腺：$200 + 20 \times 20 = 600$ μSv

乳腺：$200 + 30 \times 20 = 800$ μSv

紅骨髓：$20 \times 20 + 100 + 200 + 10 \times 20 = 900$ μSv

肺：$30 \times 20 + 150 + 200 + 25 \times 20 = 1450$ μSv

甲狀腺：$200 + 25 \times 20 = 700$ μSv

骨表面：$10 \times 20 + 120 + 200 + 25 \times 20 = 1020$ μSv

其他：$20 + 200 + 25 \times 20 = 720$ μSv

有效劑量 $= 0.6 \times 0.20 + 0.8 \times 0.05 + 0.9 \times 0.12 + 1.45 \times 0.12 + 0.7 \times 0.05 + 1.02 \times 0.01 + 0.72 \times 0.05 = 0.523$ mSv

尚可接受 $50 - 0.523 = 49.4$ mSv 之有效劑量（採捨去法）

11. 在一混合輻射場中，γ 劑量率為 5 μGy/h，快中子劑量率為 40 μGy/h，熱中子劑量率為 50 μGy/h。如某一輻射工作人員最多能接受 4 mSv，試求最多可工作多久？（γ、快中子、熱中子之輻射加權因數（W_R）分別為 1、20 及 5）

答：有效劑量率為 $[5 \times 1 + 40 \times 20 + 50 \times 5] \times 1 = 10^5 5$ μSv/h $= 1.055$ mSv/h。

最多可工作 4 mSv/(1.055 mSv/h) $= 3.8$ h $= 3$ h 48 min

12. 請以人體全身照射之總危險度 1.65×10^{-2}/Sv，來說明如何訂定工作人員之年有效劑量限值為 50 mSv。

答：工作人員之年有效劑量限值為 50 mSv 時，工作人員之年有效劑量平均值為 2.1 mSv（1980 年美國工作人員之數據），$(1.65 \times 10^{-2}$/Sv$) \times 2.1$mSv $= 1.2 \times 10^{-4}$，與安全工業危險度($0.2 \times 10^{-4} \sim 5 \times 10^{-4}$，1991 年美國之數據) 相當。

13. ICRP-26 建議的輻射工作人員劑量限度為一年 50 毫西弗，ICRP-60 則建議調整為五年 100 毫西弗。請問 ICRP-60 調整此一劑量限度的依據是什麼？什麼是輻射健康損傷（detriment）？

答：ICRP-60 定義的健康損傷（detriment），包括：致命癌症的機率、致命癌症之壽命折損的嚴重程度加權、非致命癌症、嚴重遺傳效應等四項。

ICRP-60 根據日本長崎、廣島兩地原爆生還者的流行病學研究，採用相乘模式（multiplicative model）求得：一西弗有效劑量引起工作人員之健康損傷為 5.6×10^{-2} SV^{-1}。而 ICRP-26 則採用相加模式（additive model）求得：一西弗有效劑量引起工作人員之機率效應風險為 1.65×10^{-2} SV^{-1}。基於此一對健康效應風險的改變，ICRP-60 建議將 ICRP-26 之工作人員的劑量限度，由一年 50 毫西弗調整為五年 100 毫西弗。

3.11 │ ALI 與 DAC

1. 估某一放射性核種之年攝入限度（ALI），得限制機率效應之 ALI 為 7.3 $\times 10^2$ Bq，防止非機率效應之 ALI 為 5.3×10^2 Bq，則此核種之 ALI 值為何？

答：年攝入限度指參考人在一年內攝入某一放射性核種而導致五十毫西弗之約定有效劑量或任一器官或組織五百毫西弗之約定等價劑量，上述兩者之較小值。依題意，取較小值 5.3×10^2 Bq，即 0.53 kBq。

2. 已知單次攝入 5.0×10^3 Bq 的某放射性核種而造成該器官的約定有效劑量 $H_E = 0.5$ mSv。若攝入劑量限度為 50 mSv，則年攝入限度（ALI）為何？

答：已知 5.0×10^3 Bq 導致 0.5 mSv 之約定有效劑量，ALI 將導致 50 mSv 之約定有效劑量，於是，0.5 mSv/(5.0×10^3 Bq) = 50 mSv/(ALI Bq)，∴ ALI = 5.0×10^5 Bq

3. 已知某核種造成全身有效劑量達到劑量限度（單一年不得超過 50 mSv）之年攝入限度（ALI）為 10 kBq，攝入後 2 個月經全身計測其活度為 500 Bq，則此次情況造成之體內劑量 H_E 為何？

答：已知 ALI（即 10 kBq）導致 50 mSv 之約定有效劑量（即劑量限度），欲求 500 Bq 將導致之 H_E（有效劑量），於是，50 mSv/10 kBq = x mSv/500 Bq，∴ x = 2.5 mSv

4. 設單次攝入 6.3×10^3 Bq 的某放射性核種，在其後 50 年期間身體的某器

官接受了 0.20 mGy 的 β 射線的劑量和 0.5 mGy 的 α 粒子曝露的劑量。該器官的組織加權因數為 0.05。(1) 試計算對該器官的約定等價劑量？(2) 如果這個器官是唯一受曝露的器官，試計算其約定有效劑量？(3) 試求這種攝入途徑的年攝入限度（ALI）？

答：(1) 約定等價劑量為 $0.2 \times 1 + 0.5 \times 20 = 10.2$ mSv

(2) $10.2 \times 0.05 = 0.51$ mSv

(3) 加權因數為 0.05，只應考量確定效應，即 10.2 mSv$/(6.3 \times 10^3$ Bq$) = 500$ mSv/ALI，ALI $= 3 \times 10^5$ Bq

5. 某一輻射工作人員一年內接受 30 毫西弗之深部等價劑量，試問此人該一年內尚可吸入多少放射性核種，才不會超過人員劑量限度？

答：此人已接受 $30/50 = 0.6$ 的劑量限度，尚可接受 0.4 的劑量限度。依據定義，年攝入限度指參考人在一年內攝入某一放射性核種而導致五十毫西弗之約定有效劑量或任一器官或組織五百毫西弗之約定等價劑量，上述兩者之較小值。年攝入限度即為劑量限度。故尚可接受 0.4 倍之 ALI。

或：任何單一年內，深部等價劑量與五十毫西弗之比值及各攝入放射性核種活度與其年攝入限度比值之總和不大於一。$(30/50) + x$ALI < 1，$x = 0.4$。

6. 某工作人員今年已吸入四分之一年攝入限度的碘 -131，則他在本年度內尚可接受多少體外劑量？

答：年攝入限度即為劑量限值（單一器官 500 mSv 或全身有效劑量 50 mSv）

碘 -131 分布以甲狀腺為主，劑量以 β 為主，故造成劑量應僅考慮甲狀腺，即甲狀腺接受 $500 \times 1/4 = 125$ mSv（確定效應）

全身有效劑量為 $125 \times 0.03 = 3.75$ mSv，保守起見，應加上其他器官碘 -131 的分布與 γ 造成的些微劑量，取 4 mSv（機率效應）

確定效應：$500 - 125 = 375$ mSv

機率效應：$50 - 4 = 46$ mSv

二者取低，下半年尚可接受之體外劑量為 46 mSv

（註：根據題意，尚可接受多少體外劑量？意指已接受 $50 \times 1/4 = 12.5$

mSv 有效劑量，故下半年尚可接受之體外劑量為 50 − 12.5 = 37.5 mSv，前述解法乃針對碘 -131 主要分布於甲狀腺現象回答）

7. 某人單一次攝入一百萬貝克活度的貝他核種，在 50 年內造成骨髓（加權因數為 0.12）劑量 200 mGy，請問是否超過法規限值？此核種之年攝入限度（ALI）為何？

答：考慮確定效應，貝他射質因數為 1，200 mGy = > 200 mSv，未超過法規年限值 500 mSv

考慮機率效應，加權因數為 0.12，有效劑量為 200×0.12 = 24 mSv，未超過法規年限值 50 mSv

加權因數為 0.12，超過 0.1，應以機率效應為主要考量，10^6 Bq 造成 24 mSv，欲造成 50 mSv 則需 $2×10^6$ Bq，ALI = $2×10^6$ Bq

8. 一工作者在一年中食入 ^{22}Na 10^6 Bq(ALI = 10^7 Bq) 和吸入 ^{239}Pu 10^2 Bq(ALI = $5×10^2$ Bq)，則在同一年內所能接受的全身體外曝露之最大等價劑量為何？

答：$(10^6/10^7) + (100/500) = 0.3$

$50×(1 − 0.3) = 35$ mSv

9. 一輻射作業場所內的設備需要人員進入維修，該場所受到 ^{137}Cs 的污染，空氣中的 ^{137}Cs 濃度等於推定空氣濃度（DAC）的 100 倍。一輻射工作人員今年已經接受了 15 毫西弗的深部等價劑量，請問他最長能在此場所內工作多少時間而不致超過年劑量限度？

答：尚能接受 50 − 15 = 35 mSv，即尚能接受 2000×35/50 = 1400 DAC h，最長能在此場所內工作 1400 DAC h/100 DAC = 14 h 而不致超過年劑量限度

10. 某工作人員一年中前三個月的累積劑量為：甲狀腺等價劑量 40 毫西弗、其他組織器官等價劑量 0 毫西弗。此人在該年之剩餘九個月中需調至空浮污染區（污染核種為 ^{131}I，濃度 = 2 DAC）工作，問他在此九個月中，最多可在此污染區工作多少小時？

答：加權因數為 0.03，未超過 0.1，應以確定效應為主要考量

尚可接受 500 − 40 = 460 mSv

2000 DAC h = 500 mSv，尚可接受 460 mSv = 1840 DAC h

尚可工作 1840 DAC h/2 DAC = 920 小時

11. 某工作人員今年 1 至 3 月所受的全部輻射劑量為：深部等價劑量 20 毫西弗。此人 4 至 12 月需在濃度等於 2 倍推定空氣濃度的 ^{60}Co 空浮污染區工作，請評估他在這段期間內，最多可在此污染區工作多少小時？

答：尚能接受 50 − 20 = 30 mSv，即尚能接受 2000×30/50 = 1200 DAC h，最長能在此場所內工作 1200 DAC h/2 DAC = 600 h 而不致超過年劑量限度

12. 一工作人員暴露於輻射劑量率 50 微西弗／時（μSv/h）與 1 推定空氣濃度一時（DAC-h）之空浮放射濃度的環境中，在不佩帶呼吸器下完成工作估計時間為 2 小時。如果他佩帶一半面呼吸器，他的工作效率將減少 20%，請問在佩帶半面呼吸器的情況下，他完成工作將約有多少總劑量負擔？已知佩帶半面呼吸器的防護因數（PF）為 10，又 1 DAC-h = 25 μSv。

答：原工作估計時間為 2 小時，佩帶半面呼吸器後，工作估計時間將為 2÷80% = 2.5 小時，體外劑量為 50×2.5 = 125 μSv。

原暴露於 1 DAC-h 中，佩帶半面呼吸器後，因防護因數為 10，相當暴露於 0.1 DAC-h 中，即 2.5 μSv，共工作 2.5 小時，體內劑量為 2.5×2.5 = 6.25 μSv。

總劑量負擔為 125 + 6.25 ≒ 130 μSv。

13. 某工作人員一年中體外曝露為：淺部等價劑量 200 mSv，深部等價劑量 20 mSv，又其生化分析結果顯示曾吸入 3.7×10^6 Bq 之鈷 60，請評估其年劑量是否超限。（鈷 60 的 ALI 值為 7.4×10^6 Bq(W 級)、1.11×10^6 Bq(Y 級)）

答：For W 級，(20×1/50) + (200×0.01/50) + (3.7/7.4) = 0.94 < 1 未超過

（註：深部等價劑量指全身均勻照射，全身加權因數為 1，淺部等價劑量指

皮膚劑量，皮膚加權因數為 0.01）

For Y 級，(20×1/50) + (200×0.01/50) + (3.7/1.1) > 1 超過

14. 某實驗室固定在每月 1 日使用 37 MBq 的 ^{32}P、每月 15 日使用 3.7 MBq 的 ^{137}Cs 做實驗，各產生約 50 公升的廢液，其中之放射性活度確認為使用活度量的 1/1000 以下。實驗產生之廢液先置於一廢液槽內，請計算月底（以 4 週計）可否將此廢液排放出去？^{32}P 與 ^{137}Cs 的排放濃度限值各為 0.3 Bq/cm^3、0.09 Bq/cm^3；^{32}P 與 ^{137}Cs 的半衰期各為 14 天、30 年。

答：^{32}P 與 ^{137}Cs 廢液共 100 公升，其中，^{32}P 的使用量為 37 MBq×(1/1000)，廢液中 ^{32}P 的濃度為 37 MBq×(1/1000)/100 公升 = 0.37 Bq cm^{-3}，經置放 28 天（2 個半化期）後，廢液中 ^{32}P 的濃度為 0.37 Bq cm^{-3}/4 = 0.0925 Bq cm^{-3}

同理，廢液中 ^{137}Cs 的濃度為 3.7 MBq×(1/1000)/100 公升 = 0.037 Bq cm^{-3} 排放廢液中有 2 種核種存在時，各核種濃度與其排放限度值之比的和須小於 1 時，方可排放。(0.0925/0.3) + (0.037/0.09) = 0.72 < 1，可排放。

15. 請以參考人為準，在一工作年之輕度工作情況下，算出經由呼吸攝入核種（氣態瀰漫核種除外）達到 ALI(Bq) 的 DAC 值？何謂氣態瀰漫？若為氣態瀰漫如何計算？（呼吸率 B(t) = 0.02 立方公尺 / 分）

答：(1) 呼吸率 B(t) = 0.02 立方公尺 / 分，即 2400 立方公尺 / 年

DAC = ALI (Bq)/2400 m^3。

(2) 氣態瀰漫指參考人於工作時，身處於放射性氣體中（submersion in a cloud of radioactive gas），該參考人劑量可同時來自於放射性氣體造成的體外劑量、器官的體內劑量與肺中放射性氣體造成的肺部劑量。其中，將以體外劑量為主要限制之考量。

(3) 氣態瀰漫核種之計算，由輻射工作人員之年有效劑量限度 50 毫西弗除以 DCN×1000×83.3。其中惰性氣體劑量轉換因數（DCN）為附表三之十成年人受惰性氣體曝露之有效劑量率；1000 －調整毫西弗至西弗之單位轉換；83.3 －調整天至年職業曝露時間 2000 小時。

3.12 ｜輻射計測與統計

1. 實驗室中有熱發光劑量計、蓋革計數器、液態閃爍計數器、碘化鈉多頻道能譜儀。(1) 要監測工作人員尿中的氚時，應使用那一儀器？ (2) 要監測桌上的碘 131 污染時，應使用那一儀器？ (3) 要鑑定桌上加馬污染是何核種時，應使用那一儀器？ (4) 要監測工作人員的皮膚劑量時，應使用那一儀器？請說明你選用這些儀器的理由。

答：(1) 液態閃爍計數器－氚僅釋出低能量 β，不具穿透性，只能以液態閃爍計數器量測，故選液態閃爍計數器

    (2) 蓋革計數器－已知污染核種（不需要定加馬能峰）、會釋出具穿透性的 γ，不需要決定劑量，故選蓋革計數器

    (3) 碘化鈉多頻道能譜儀－可測出加馬能峰，進而藉由判斷核種種類，故選碘化鈉多頻道能譜儀

    (4) 熱發光劑量計－前述三種偵檢器均無法或僅能間接計算劑量，欲監測工作人員劑量，應使用熱發光劑量計

2. 請繪簡圖並說明熱發光劑量計的工作原理。

答：熱發光劑量計 = thermoluminescence dosimetry = TLD，可將一段時間內所累積的輻射能，透過計讀機器，由輝光的計讀推算。TLD 具有體積小、攜帶方便的好處；唯輻射的度量值非即時計讀出。其應用簡單的原理如下：下圖為固態物理的簡單示意圖，電子原處於 Valence band（價電子帶），經游離輻射照射後，電子將從 Valence band 跳到 Conduction band（傳導帶）。因此將在 Valence band 留下一個電洞（vacancy），此電洞將在 Valence band 游動。而被激發的電子將在傳導帶游動，直到再掉落 Valence band 的基態或掉入電子陷阱（trap）。此陷阱常為所額外加入的元素造成，例如：$CaSO_4$：Dy 中的 Dy 即為造成 trap 的原因。若掉入電子陷阱內，此電子將待在陷阱內一段時間。將此受照射後的 TLD，加熱（約 300℃），則在陷阱內的電子會吸收此能量而跳躍至傳導帶，接著大部份再

降階釋能躍遷至價電子帶。而所釋出的能量我們稱為螢光。如此加熱釋出螢光的過程，稱為「熱發光（TL）」。將加熱溫度與 TLD 釋出 TL 的數量，可繪製所謂的「輝光曲線」，分析輝光曲線可以反推算入射的輻射量，再推論有多少劑量。

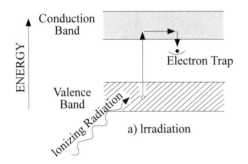
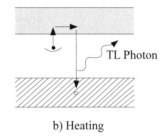

a) Irradiation   b) Heating

3. 鈉 -24 以 β⁻ 蛻變為鎂 -24（半化期為 15 小時），在蛻變過程中伴隨有 4.14 MeV(< 1%)、2.76 MeV(100%) 和 1.38 MeV(100%) 的 γ 射線，以固態閃爍偵檢器配合脈高分析儀獲得的 γ 能譜發現在 2.76 MeV、2.25 MeV、1.74 MeV、1.38 MeV、0.87 MeV、0.51 MeV 和 0.2 MeV 都有能峰出現，試解釋每一能峰的意義。

答：光子與物質作用主要機轉有三：一、若發生光電效應，光電峰為主要能峰，2.76 MeV 和 1.38 MeV 屬之。二、若發生康普吞作用，主要能峰為回散射峰（康普吞邊緣通常不顯著），2.76 MeV 和 1.38 MeV 光子的回散射光子，能量分別為 0.23 與 0.22 MeV，能峰 0.2 MeV 屬之。三、若發生成對發生，主要能峰為 1. 成對電子動能，2.76 − 1.02 = 1.74 MeV 與 1.38 − 1.02 = 0.36 MeV；2. 互毀輻射，0.511 MeV 屬之；3. 成對電子動能與一互毀輻射能量和，1.74 + 0.51 = 2.25 MeV 與 0.36 + 0.51 = 0.87 MeV 屬之。

4. 下圖為 NaI(T1) 偵檢器度量到的能譜圖，請問此為那一種核種的能譜？請說明能譜標示 A、B、C 三處的名稱與物理意義？

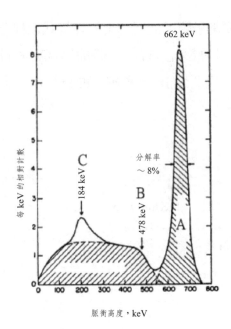

脈衝高度，keV

答：因為 $E_\gamma = 662$ keV，故此為核種 ^{137}Cs 的能譜。

A 是光電峰（photo peak），是 662 keV 光子與 NaI 材料發生光電效應，偵檢器度量到 662 keV 光電子的所有能量。

B 處是康普吞邊緣，是 662 keV 光子與 NaI 偵檢器發生康普吞作用，轉交給康普吞電子的最大可能能量（發生在光子 180 度回散射時）。此康普吞電子可能獲得之最大能量 $= 2 \times 0.662/[(0.511/0.662) + 2] = 0.478$ MeV。光子與 NaI 發生康普吞作用，造成的康普吞電子的能量從 0 到 478 keV 均有，而在 478 keV 處，將形成一較陡降之邊緣，即康普吞邊緣。

C 處是回散射鋒（backscattered peak），其能量為 662 − 478 = 184 keV，是發生回散射（180 度）時產生的散射光子，此光子若再發生光電效應將能量轉由光電子呈現，則為回散射鋒。

5. 某大醫學中心核醫部，因實習大夫注射 Tc-99m 藥物不慎逸漏注射檯面。該單位輻防人員以擦拭濾紙擦拭 100 cm² 注射檯面後，經測得計數率為 100 cps，若擦拭效率為 10%，計數效率 30%，則該檯面之污染活度為多

少 Bq/ m² ?

答：100 cm⁻² = 0.01 m²

$100 \text{ cps}/[(0.1 \text{ cps Bq}^{-1})\times0.3] = 3,333 \text{ Bq}$

該樓面之污染活度為 3,333 Bq/0.01 m² = 3.33×10⁵ Bq m⁻²

6. 輻防人員於某場所內抽氣取樣，抽氣機流量為 2 m³/min，抽氣時間 3 min，利用 β/γ 計測器計測，計測器背景值 40 cpm，計測器效率為 20%，濾紙效率 80%。取樣品面積 1/4 計測，計測值為 40,000 cpm，試計算空浮濃度。

答：共抽氣 6 m³

(40,000 − 40) cpm/0.2 = 199,800 dpm = 3,330 Bq

3,330 Bq×4/0.8 = 16,650 Bq

空浮濃度 = 16,650 Bq/6 m³ = 2,775 Bq m⁻³

7. 某樣品計測 3 分鐘為 23,580 計測數，計測器背景為 23 CPM，計測效率為 14%，受測點之抽氣時間為 25 分鐘，抽氣樣品流量率為 20 LPM，請計算受測點的空浮濃度。

答：樣品計測為 (23,580/3)CPM − 23 CPM = 7,837 CPM

7,837 CPM/(0.14 CPM DPM⁻¹) = 55,979 DPM = 933 Bq

共抽氣 25×20 L = 500 L = 0.5 m³

空浮濃度 = 933 Bq/0.5 m³ = 1,866 Bq m⁻³

8. 某大學生化實驗室使用 C-14 非密封放射性物質進行研究，因不慎發生空氣污染。該單位輻防人員進行空氣取樣，將 0.5 升污染空氣注入大型加壓氫氣游離腔，測得飽和游離電流 0.5 pA，請問該污染實驗室空氣活度濃度（Bq/m³）為何？（氫氣的 W 為 27 eV/ion pair，C-14 每次衰變放出一個貝他粒子平均能量為 49 keV，假設計數效率為 100%，且貝他粒子能量完全被吸收）

答：0.5 pA = 5×10⁻¹³ C s⁻¹

空氣體積為 0.5 L = 5×10⁻⁴ m³

W = 27 eV/ion pair = 27 J/C

空氣能量吸收率為 5×10^{-13} C s$^{-1} \times 27$ J/C $= 1.35 \times 10^{-11}$ J s^{-1}

活度為 1.35×10^{-11} J s^{-1}/($49 \times 1.6 \times 10^{-16}$ J Bq^{-1} s^{-1}) = 1,722 Bq

空氣活度濃度為 1,722 Bq/(5×10^{-4} m^3) $= 3.44 \times 10^6$ Bq m^{-3}

9. 有一 10 MV 之加速器用一游離腔校正其輸出，在深度 5 cm 水中測得讀值為 0.93 nC 而該加速器在此位置之輸出設定為 1 Gy，請問該加速器輸出誤差為多少？（游離腔在 22℃，101.3 kPa 情形下校正值為 1.04 Gy/nC，測量時之溫度、壓力分別為 26℃，100.6 kPa）

答：$P_1V = n_1RT_1$，$P_2V = n_2RT_2$，$n_1/n_2 = P_1T_2/P_2T_1 = 101.3 \times (26 + 273)/[100.6 \times (22 + 273)] = 1.02$

0.93 nC $\times$ 1.02 = 0.949 nC，

0.949 nC $\times$ 1.04 Gy/nC = 0.987 Gy

$(1 - 0.987)/1 = 1.3\%$

10. 一個半徑為 0.05 m 的圓形偵檢器放在點射源 0.2 m 處，問該系統的幾何效率為多少？

答：若 d 為偵檢器與點射源間的距離，a 為偵檢器半徑，則偵檢器面積面向射源的立體角（solid angle, Ω）為 $2\pi\{1 - [d/\sqrt{(d^2 + a^2)}]\}$，幾何效率為立體角與總立體角 4π 的比值，即 $0.5 \times \{1 - [d/\sqrt{(d^2 + a^2)}]$，代入此題得解 $0.5 \times \{1 - [0.2/\sqrt{(0.2^2 + 0.05^2)}] = 0.015$。

若 d ＞＞ a，Ω ≒ 偵檢器面積與 d^2 的比值，即 $\Omega \doteqdot \pi a^2/d^2$，幾何效率為 Ω 與 4π 的比值，即 $0.25 \times a^2/d^2$，代入此題得解 $0.25 \times 5^2/20^2 = 0.016$。

11. 通常評估偵檢器之能量解析度（energy resolution）是以其光峰之半峰全寬度（FWHM）來考慮：根據一 NaI 偵檢器與多頻道分析儀（MCA）所得之一組數據如下：

頻道數	24	25	26	27	28	29	30	31	32	33	34	35	36
計數／頻道	16	31	42	71	101	132	144	130	99	73	39	29	17

已知此一多頻道分析儀每一頻道代表 1.5 keV，請由以上資料估算 FWHM

為多少 keV ？

答：波峰位於第 30 頻道，計數為 144，半高為計數 72 之頻道，即第 27 與 33 頻道。

寬度為 6 頻道，即 FWHM = 6×1.5 keV = 9 keV

12. 通常評估偵檢器之能量解析度（Energy Resolution）是以其光峰之半峰處全寬度（FWHM）來考慮；根據一多頻道分析儀所得之一組光峰數據如下，而此組數據是經由 Ge 偵檢器進行偵測 100 秒所得的結果，已知此一多頻道分析儀每一頻道代表 1.5 keV，(1) 請依此條件估算解析度之 FWHM 為若干 keV ？ (2) 求在第 60 頻道之光峰大小為若干 counts/keV/sec ？

| 頻道數 | 57 | 58 | 59 | 60 | 61 | 62 | 63 |
| 計數 | 295 | 510 | 805 | 1023 | 810 | 490 | 301 |

答：(1) 最大值（1023 計數）位置：第 60 頻道，半高（平均 500 計數）位置：第 58-62 頻道，共 4 個頻道寬，於是，FWHM 為 4×1.5 keV = 6 keV。

(2) 第 60 頻道之光峰大小為 60×1.5 keV = 90 keV，得 1023 計數，即 1023 計數 /(90 keV) = 11.4 計數 /keV，此為偵測 100 秒所得的結果，即 (11.4 計數 /keV)/(100 sec) = 0.114 counts/keV/sec。

13. 假設度量的計數（counting）值 N 呈一高斯分布，平均計數值為 1000，標準差為 50。(1) 請寫出此高斯分布的機率分布 P(N)。(2) 請問計數大於 1050 的機率有多少？

答：(1) $P(N)=\frac{1}{\sigma\sqrt{2\pi}}e^{-(N-\bar{n})^2/2\sigma^2}$

P(N) = 發現正為 N 的機率，

$\bar{n}$ = 平均值，此題 $\bar{n}$ 為 1000，

σ = 標準差，此題 σ 為 50，

即 $P(N)=\frac{1}{50\sqrt{2\pi}}e^{-(N-1000)^2/5000}$

(2) 計數大於 1050 的機率即為計數位於單邊 1 個標準差外的機率，而計數

位於 1 個標準差內的機率為 0.6827，大於 1050 的機率為 $(1 - 0.6827)/2$ ≒ 0.16

14. 某一輻射計測系統，度量 10 分鐘後，其百分標準差為 3%，試問另需再計測多少時間，其百分標準差可減少為 1%？

答：$(N)^{1/2}/N = 3\% = 0.03$，$0.03 = 1/(N)^{1/2}$，$0.0009 = 1/N$，$N = 1111$。

$(N)^{1/2}/N = 1\% = 0.01$，$0.01 = 1/(N)^{1/2}$，$0.0001 = 1/N$，$N = 10000$。

尚須 $10000 - 1111 = 8889$ 次計數，已知 10 分鐘計得 1111 次計數，則欲計得 8889 次計數，尚須 81 分鐘，即 1 小時 21 分鐘。

15. 什麼是淨計數率（net counting rate）及其標準差（standard deviation）？如何才能降低此一標準差？

答：測量放射性物質的活度時，樣品的總（gross）計數除以總計數時間稱為總計數率，而儀器的背樣（background）計數除以背景計數時間稱為背景計數率。將總計數率減去背景計數率，即得樣品的平均淨計數率。因為理論上計數率呈現一常態分布（normal distribution），所以使用淨計數率的標準差代表此一分布的範圍大小。換言之，測量所得之淨計數率落在平均淨計數率加減一個標準差範圍內的機率，理論上等於 68%。增加計數時間即可降低此一標準差。

16. 一樣品連同背景一起被計數 5 分鐘，其計數為 10,000 counts，在沒有樣品的情況下計數背景 5 分鐘，其計數為 900 counts，請問此樣品的計數率和其標準差為多少？

答：樣品計數率 $10000/5 - 900/5 = 2000 - 180 = 1820$

樣品偏差為 $10000^{0.5}/5 = 20$，背景偏差為 $900^{0.5}/5 = 6$

淨計數率偏差為 $(20^2 + 6^2)0.5 = (400 + 36)^{0.5} = 20.9$

淨計數率與偏差為 1820 ± 20.9

17. 假設樣品計測 5 分鐘所得計數為 510 計數，背景計測 1 小時所得計數為 2400 計數，試求其淨計數率與偏差值？

答：樣品計數率 $510/5 - 2400/60 = 102 - 40 = 64$

樣品偏差為 $510^{0.5}/5 = 4.52$，背景偏差為 $2400^{0.5}/60 = 0.816$

淨計數率偏差為 $(4.52^2 + 0.816^2)^{0.5} = (20.4 + 0.67)^{0.5} = 4.59$

淨計數率與偏差為 62 ± 4.59

18. 若某核種放入活性偵檢器內計數兩分鐘得到 56000 counts，將核種移出偵檢器後再計讀背景值兩分鐘得到 1600 counts，請問此次的活性計讀結果的百分標準誤差為若干？

答：標準偏差為 $\{[(56000)^{0.5}/2]^2 + [(1600)^{0.5}/2]^2\}^{0.5} = [(56000/4) + (1600/4)]^{0.5} = 120$

活性計讀結果為 $(56000/2) - (1600/2) = 27200$

百分標準誤差為 $(120/27200) \times 100\% = 0.441\%$

19. 某個長壽命放射性樣品在計數器內測量了 10 分鐘，共記錄了 1426 個計數。之後拿走樣品，用 90 分鐘測得 2561 個背景計數。(a) 求樣品的淨計數率及其標準差。(b) 計數器對這個樣品的計數效率是 28%，求該樣品的活度（以 Bq 作單位）及其標準差。

答： a. 淨計數率 $= 1426/10 - 2561/90 = 114.1$ cpm

標準差 $= \sqrt{[(1426/10^2) + (2561/90^2)]} = 3.82$ cpm

b. 活度 $= 114.1/0.28 = 407$ dpm $= 6.78$ Bq

該活度的標準差 $= 3.82$ cpm$/0.28 = 13.6$ dpm $= 0.227$ Bq

20. 以 GM 計數器測定 ^{32}P 待測試樣的計數率，測得 3400 ± 100 cpm。事先以 ^{32}P 標準試樣求得此計數器之計數效率為 $(10.7 \pm 0.3)\%$。請計算條件不變下，此待測試樣之放射性活度、標準偏差與相對標準偏差（背景值可忽略）。

答：活度 (dpm) = 計數率 (cpm)/ 計數效率 $= 3400$ cpm$/0.107 = 31776$ dpm $= 530$ dps $= 530$ Bq

$(\sigma/530)^2 = (100/3400)^2 + (0.003/0.107)^2 = 0.000865 + 0.000786 = 0.00165$

$\sigma/530 = 0.04062$，標準偏差 $\sigma = 21.5$ Bq

相對標準偏差 $21.5/530 = 4.06\%$

21. 準備做一實驗以測量一低活性物質，所測得的背景為 30 counts/min，而樣品加背景約為 45 counts/min，如果計數時間為三小時，則背景計數之時間及樣品計數之時間應分別為多長，才能得到最大的準確度？

答：令 t_s 與 t_b 分別為樣品（含背景）與背景計數的最佳分配時間，則 $t_s/t_b = (45/30)^{0.5} = 1.225$；已知 $t_s + t_b = 180$ 分鐘，解聯立方程式，得樣品（含背景）的計數時間為 99 分鐘，背景的計數時間為 81 分鐘

22. 一樣品連同背景計數二分鐘其計數為 1800 counts，在沒有樣品下計數二分鐘其計數為 200 counts，如果決定此樣品的活性所花費的全部計數時間為 6 min，則花費於樣品的時間為幾分鐘？背景的時間為幾分鐘？

答：令 t_s 為樣品（含背景）的計測時間，t_b 為背景的計測時間

樣品（含背景）計數率為 900 cpm，背景計數率為 100 cpm

最佳分配時間：$t_s/t_b = (900/100)^{0.5} = 3$，已知 $t_s + t_b = 6$ 分鐘

∴樣品（含背景）的計測時間為 4.5 分鐘，背景的計測時間為 1.5 分鐘

23. 在相同條件下，計測某一試樣與標準物質的放射性活度，結果該試樣為 5000±50 cpm，標準物質為 2500±25 cpm，則該試樣與標準物質的放射性活度比及標準差為何？

答：$(\sigma_u/u)^2 = (\sigma_x/x)^2 + (\sigma_y/y)^2$

其中，$u = 5000/2500 = 2$，$\sigma_x = 50$，$\sigma_y = 25$

$(\sigma_u/2)^2 = (50/5000)^2 + (25/2500)^2$

$\sigma_u = 0.028$

24. 射源 A 之計測值為 18000 及射源 B 之計測值為 9000，則 A 與 B 之活度比值及標準差為何？

答：$(\sigma_u/u)^2 = (\sigma_x/x)^2 + (\sigma_y/y)^2$

其中，$u = 18000/9000 = 2$，$\sigma_x = \sqrt{18000}$，$\sigma_y = \sqrt{9000}$

$(\sigma_u/2)^2 = [(\sqrt{18000})/18000]^2 + [(\sqrt{9000})/9000]^2$

$\sigma_u = 0.026$

活度比值及標準差為 2±0.026

25. 假設 NaI(Tl) 計數器量測某樣品的計測效率為 5%，其對應的計測百分誤差為 10%。若此樣品在前述計數器的計測時間 t_s = 10 min，樣品平均計數率為 110 cpm，計數器的背景計測時間 t_b = 5 min，平均背景計數率為 25 cpm。試求此樣品的淨計數率及其標準誤差。

答：樣品計數率為 110±[($\sqrt{}$ 110×10)/10] cpm = 110±3.32 cpm

背景計數率為 25±[($\sqrt{}$ 25×5)/5] cpm = 25±2.24 cpm

淨計數率為 110 − 25± $\sqrt{}$ [(3.32)^2 + (2.24)^2] cpm = 85±4 cpm

編者個人認為「假設 NaI(Tl) 計數器量測某樣品的計測效率為 5%，其對應的計測百分誤差為 10%。」此段不應列入此題計算，因題目是求淨計數率及其標準誤差；若題目是求活度大小，才要考慮計測效率，因計數率 cpm÷ 計測效率 = 活度 dpm。

26. 有一樣品的約略計數後 45 cpm，背景值計測 30 分鐘得 15 cpm，為了有 96% 確定淨計數率在真實計數率的 ±10% 以內，則樣品應被計數多久？

答：背景值計測 30 分鐘得 15 cpm，計測值等於 450

假設樣品應計測值必須為 x 以達到題目需求，計測誤差將為 $\sqrt{}$ (x + 450)，計測百分誤差將為 [$\sqrt{}$ (x + 450)]/(x − 450)

題目要求 96% 確定淨計數率在真實計數率的 ±10% 以內，96% 確定指 2 個標準偏差，即 ±10% 指 2 個標準偏差，所以，題目要求的百分標準偏差為 ±5%

0.05 = [$\sqrt{}$ (x + 450)]/(x − 450)，得 x 約為 1282，樣品應被計數約 1282/45 = 28.5 分鐘。

27. 使用窗型 GM 計數管測定放射性活度。(1) 在無射源狀態計測 10 分鐘，3 次的計數值各為 550、510、540，則背景計數率（s^{-1}）及其標準差為何？
(2) 測定位於 GM 計數管前 5 cm 處的 ^{60}Co 射源，計測時間 5 分鐘，5 次的計測值各為 480、525、495、510、490，則包含背景值的計數率（s^{-1}）及其標準差為何？又其淨計數率（s^{-1}）及其標準差為何？（此時忽略分解時間之影響）(3) 相同位置放置一活度為 5000 Bq 的 ^{60}Co 標準射源，計

測時間為 5 分鐘，2 次的計數值為 151,600 及 148,400。考慮其分解時間 300 μs，問其計數率（s^{-1}）為何？(4) 待測 ^{60}Co 射源的放射性活度及其標準差為何？

答：(1) 總計數 550 + 510 + 540 = 1600，總計數的標準差 $\sqrt{(550 + 510 + 540)}$ = 40，計測 10 分鐘 3 次，總計測時間 30 分鐘，即 1800 s，背景計數率及其標準差為 1600/1800±40/1800 = 0.89 ± 0.022 s^{-1}

(2) 總計數 480 + 525 + 495 + 510 + 490 = 2500，總計數的標準差 $\sqrt{(480 + 525 + 495 + 510 + 490)}$ = 50，計測 5 分鐘 5 次，總計測時間 25 分鐘，即 1500 s，計數率及其標準差為 2500/1500 ± 50/1500 = 1.67 ± 0.033 s^{-1}；扣除背景值後的淨計數率及其標準差為 (1.67 − 0.89) ± $\sqrt{(0.033^2 + 0.022^2)}$ s^{-1} = 0.78 ± 0.040 s^{-1}

(3) 總計數 151,600 + 148,400 = 300,000，計測 5 分鐘 2 次，總計測時間 10 分鐘，即 600 s，計數率為 300,000/600 = 500 s^{-1}（背景計數率太低，可忽略不計）。分解時間 300 μ，考慮分解時間後的計數率為 500/(1 − 300×10^{-6}×500) = 588 s^{-1}

(4) 偵測效率 = cps/dps = 588/5000 = 11.76%，放射性活度及其標準差為 0.78/0.1176 ± 0.040/0.1176 = 6.67 ± 0.34 Bq

3.13 ｜有效半化期與體內劑量

1. 約定劑量。

答：體內吸收劑量是指呼吸或飲食攝入放射性核種後，所造成的吸收劑量。由於此劑量將因核種陸續在體內衰變而持續累積，所以體內吸收劑量是攝入後時間的函數，即 $D = \dot{D}_0(1 − e^{-\lambda t})/\lambda$，其中，D 為體內吸收劑量，$\dot{D}_0$ 為攝入放射性核種時的初吸收劑量率，λ 為有效排除常數，t 為攝入後的時間。游離輻射防護安全標準的人員劑量限度規定中，體內劑量也列入規範，由於體內劑量是攝入後時間的函數，必須約定一時間作為計算體內劑量的基

準，此時間即為 50 年。因此，呼吸或飲食攝入放射性核種後所造成的吸收劑量，便可使用公式 $D = \dot{D}_0(1 - e^{-\lambda t})/\lambda$ 計算，其中，t 為 50 年。此值可再由射質因數與加權因數觀念分別求出約定等價劑量與約定有效劑量。

游離輻射防護安全標準第二條第五款第六與八目中，約定等價劑量與約定有效劑量分別定義如下。約定等價劑量：指組織或器官攝入放射性核種後，經過一段時間所累積之等價劑量。一段時間為自放射性核種攝入之日起算，對 17 歲以上者以 50 年計算；對未滿 17 歲者計算至 70 歲。約定有效劑量：指各組織或器官之約定等價劑量與組織加權因數乘積之和。

實務上，未來 50 年的累積劑量僅列入今年劑量考量，容易造成高估今年劑量與低估往後每年的劑量的缺點，但為了律法的推行，仍不失為簡單易懂的方法。

約定的觀念僅適用體內劑量特有，不應與健康效應混為一談，簡單說，等價劑量為器官輻射劑量的基本量，用來表示器官確定效應的嚴重程度，加有效二字是考慮受照射器官的敏感度（即加權因數）後，用來表示機率效應的發生機率。前二劑量加約定二字，是考慮體內劑量值必須約定計算劑量的時間（即 50 年）後，才能得知約定後的體內劑量值。

2. 將一 8×10^7 Bq 的 ^{198}Au 置入病患體內，於 2.69 天後取出。已知 ^{198}Au 的半衰期為 2.69 d，問這段時間內的總衰變次數為多少？

答：經過一個半化期，剩下 1/2，即衰變掉 1/2

8×10^7 Bq $\times 0.5/[0.693/(2.69$ d $\times 86400$ s d$^{-1})] = 1.34 \times 10^{13}$ Bq s

3. 將 4.0 mCi 的 Au-198 射源（半衰期為 2.69 天）永遠插植在病人體內，則其發射輻射為多少？

答：永遠插植，即全部衰變掉

$4 \times 3.7 \times 10^7$ Bq $/[0.693/(2.69$ d $\times 86400$ s d$^{-1})] = 4.96 \times 10^{13}$ Bq s

4. 假如碘 -131 在人體內的有效半衰期（effective half-life）為 5 天，而碘 -131 核種的物理半衰期（physical half-life）為 8 天，請計算其生物半衰期（biological half-life）為若干天？

答：$T_E = T_B \times T_R/(T_B + T_R)$

$5 = 8x/(8 + x)$

$x = 13.3$ 天

5. 某人攝入碘後，經過 48 小時排泄出 3/4 的量，問生物半衰期等於幾小時？

答：排泄出 3/4 的量，表示經過 2 個有效半化期，有效半化期為 24 小時

$24 = 8 \times 24 \times x/(8 \times 24 + x)$，$x = 27.4$ 小時

6. 在一核子醫學檢查中，將鈉 -24（半化期為 15 h）注射到病人體內，在一小時後抽取血樣的計數為 5600 cpm/ml，四小時抽取血樣的計數為 4134 cpm/ml，注射前病人血液樣品計數為 200 cpm/ml，試計算鈉 -24 的生物半化期為多少小時？

答：依題意，經 3 小時，活度自 (5600 − 200) = 5400 降至 (4134 − 200) = 3934 cpm/ml，

即 $3934 = 5400e^{-\lambda \times 3\,h}$，得 $\lambda = 0.1056\ h^{-1}$，

有效半化期為 $0.693/0.1056 = 6.5625$ h，令生物半化期為 x h，$6.5625 = 15x/(15 + x)$，$x = 11.7$ h

7. 將 P-32 注入病人體內後，在 24 及 48 小時分別抽取 2 ml 之血液樣品。此二血液樣品均在注射後 50 小時才計數。二血樣之計數分別為 6820 及 3610 cpm，背景值為 120 cpm。試計算生物半化期為多少天？（P-32 物理半化期為 14.3 天）

答：經 1 d，活度自 (6820 − 120) = 6700 降至 (3610 − 120) = 3490 cpm，

即 $3490/6700 = e^{-\lambda \times 1\,d}$（不論血液樣品在注射後多少小時計數，活度比不變），得 $\lambda = 0.6522\ d^{-1}$，有效半化期為 $0.693/0.6522 = 1.063$ d，

令生物半化期為 x h，$1.063 = 14.3x/(14.3 + x)$，$x = 1.15$ 天

8. 某核種物理半化期 100 天，生物半化期 25 天，求其有效半化期？又若攝入後 2 個月經全身計測其活度為 800 Bq，問此次情況造成之體內劑量為多少 mSv ？（設此核種造成全身有效劑量達到限度之 ALI 為 20000 Bq）

答：有效半化期為 $100 \times 25/(100 + 25) = 20$ 天

攝入後 2 個月（即 60 天，3 個有效半化期）經全身計測其活度為 800 Bq，表示攝入活度為 6400 Bq

6400/20000 = 0.32 ALI，年有效劑量限度值為 50 mSv，0.32×50 mSv = 16 mSv

9. 某核子事故經過一段時間後，發現工作人員體內殘餘之核種活度只剩 1 μCi，事故當時該人員攝入該核種 128μCi，試問該事故發生多久了？（核種之物理半衰期為 90 天，生物半衰期為 10 天）

答： $128 = 2^7$，自 128μCi 降至 1 μCi，需 7 個有效半衰期

有效半衰期 = 90×10/(90 + 10) = 9 天

該事故發生了 9 天 ×7 = 63 天

10. 含 2 mCi C-14 的葡萄糖均勻分布在 50 克軟組織中，試問造成的吸收劑量率有多大？（C-14 β 粒子的 E_{max} = 0.156 MeV）

答： 2 mCi = $7.4×10^7$ s^{-1}

能量吸收率為 $7.4×10^7$ s^{-1}×0.156 MeV×$1.6×10^{-13}$ J MeV^{-1}/3 = 6.157× 10^{-7} J s^{-1}

吸收劑量率為 $6.157×10^{-7}$ J s^{-1}/0.05 kg = 12.3 μGy s^{-1} = 44.3 mGy h^{-1}

11. 某鈷 60 射源造成空間內某點處的吸收劑量率為 150 μGy/h，請問該點處連續接受曝露 10.54 年累積的吸收劑量為何？〔鈷 60 半化期為 5.27 年〕

答： (150 μGy/h)×$(1 - e^{-0.693×10.54/5.27})$/[0.693/(5.27×365×24 h)] = 7.5 Gy

12. 已知有效半衰期為 T_e（天），貝他的平均能量為 E(MeV)，人體每克組織中的放射性核種活度為 C(μCi)。該核種的放射半衰期為 T_R（天），生物半衰期為 T_b（天）。(1) 試求 T_e = ？ (2) 試證體內劑量 D(Gy) 於時刻 t 時為 D = 0.738 E T_e C $(1 - e^{-\lambda_e t})$。此處 λ_e 為有效衰變常數（天$^{-1}$）。

答： (1) $T_e = T_R×T_b/(T_R + T_b)$

(2) D = [C μCi×$(3.7×10^4$/μCi)]×E MeV×$(10^3$ g $kg^{-1})(1.6×10^{-13}$ J/ MeV)×$(1 - e^{-\lambda_e t})$/[0.693/(T_e×86400 s)] = 0.738 E T_e C $(1 - e^{-\lambda_e t})$ Gy

13. 某放射性同位素半化期為 2 d，進入體液中之活度為 $5×10^6$ Bq，試問在 4

天末有多少活度保留在該隔室中？又該核種在體液中生物半化期為 0.25 d。

答：$\lambda_{eff} = \lambda_R + \lambda_a = 0.693/2 + 0.693/0.25 = 0.35 + 2.77 = 3.12$ d^{-1}

$q_a(4) = q_a(0) \times e^{-\lambda_{eff} \times 4}$ d $= 5 \times 10^6\, e^{-3.12 \times 4} = 19$ Bq

14. ^{35}S 沉澱於一重 18 公克之睪丸，整個器官劑量均勻分布為 6660 Bq，試問其每日之劑量率為多少 Gy ？（^{35}S 釋出 β$^-$ 之平均能量 = 0.05 MeV，1 MeV $= 1.6 \times 10^{-13}$ J，1 d $= 8.64 \times 10^4$ s，1 Gy = 1 J/kg）

答：6660 Bq = 每秒 6660 次衰變

每秒 6660 次衰變 = 每秒吸收 6660×0.05 MeV $\times 1.6 \times 10^{-13}$ J MeV^{-1} 能量

每日之吸收劑量率為 $6660 \times 0.05 \times 1.6 \times 10^{-13}$ J $\times 86400$ d^{-1}/0.018 kg $=$ 2.56×10^{-4} Gy d^{-1}

15. 已知 S-35 的貝他粒子平均能量為 0.0488 MeV，其物理半衰期 87.1 天，生物半衰期 623 天，若有一睪丸重 18 g，有一遍及整個器官均勻分布的 6660 Bq 之 S-35，試計算每日的吸收？量率為多少 Gy/d ？

答：生物半化期 $= 87.1 \times 623/(87.1 + 623) = 76.4$ 天

一天內 6660 Bq 於睪丸內衰變次數 =

6600 Bq $\times 76.4 \times 86400$ s $\times (1 - e^{-0.693 \times 1/76.4})/0.693 = 5.68 \times 10^8$ Bq s

每衰變 1 次（Bq s）吸收 $0.0488 \times 1.6 \times 10^{-13}$ J 能量

每日之吸收劑量率為 $5.68 \times 10^8 \times 0.0488 \times 1.6 \times 10^{-13}$ J d^{-1}/0.018 kg $= 2.46$ $\times 10^{-4}$ Gy d^{-1}

16. 一攝護腺癌病人置入 ^{103}Pd(T$_{1/2}$ = 17 days) 做永久性插種治療，若初始劑量率為 0.42 Gy/h，則置入病人體內一個月後病人接受多少劑量？

答：$(0.42$ Gy/h$) \times (1 - e^{-0.693 \times 30d/17\,d})/[0.693/(17\,d \times 24\,h\,d^{-1})] = 174.5$ Gy

17. 一鈷 60 射源造成空間內某點處的吸收劑量率為 15 μGy/h，鈷 60 半化期為 5.27 年，請問該點處連續接受曝露 10.54 年累積的吸收劑量為何？

答 ：$(15$ μGy/h$) \times (1 - e^{-0.693 \times 10.54/5.27})/[0.693/(5.27 \times 365 \times 24\,h)] = 749435$ μGy $= 75$ cGy

18. 假設 ^{35}S 均勻分佈於睪丸（睪丸重 18 克），其第一天之吸收劑量率為

10^{-3}Gy，試計算 (1)5 天內睪丸之累積吸收劑量？ (2) 無限長時間後睪丸之劑量負擔（dose commitment）？（^{35}S 在睪丸內之有效半化期為 77 天）

答：初劑量率為 1 mGy d^{-1}，(1)5 天內累積之吸收劑量為 $1 \times 77 \times (1 - e^{-0.693 \times 5/77})$ /0.693 = 4.9 mGy；(2) 無限長時間後之劑量負擔為 $1 \times 77/0.693 = 111$ mGy。

19. 當射源器官為腎臟，靶器官亦為腎臟時，汞 203 分布於腎臟所造成腎臟的比等價劑量 ($\hat{H}$) 值為 8.1×10^{-4} rad μCi^{-1} h^{-1}，已知腎臟中汞 203 的有效半化期為 10.4 天，則腎臟中 1 MBq 汞 203 所造成腎臟的劑量負擔為何？

答：衰變次數為 10^6 Bq/[0.693/(10.4 d $\times$ 86400 s d^{-1})] = 1.30×10^{12} Bq s

　　1 μCi h = 3.7×10^4 Bq $\times$ 3600 s = 1.33×10^8 Bq s

　　劑量負擔為 1.30×10^{12} Bq s $\times 8.1 \times 10^{-4}$ rad/(1.33×10^8 Bq s) = 7.92 rad

3.14 │ MIRD 法

1. 設肺中某放射性同位素源每次衰變只發射一種能量為 500 keV 的光子，其比有效能量 SEE（腎←肺）為 5.82×10^{-9} MeV g^{-1}，試 (1) 求該同位素每次衰變對腎的等價劑量。(2) 求腎（腎←肺）的吸收分數。（腎的質量為 310 g）

答：(1)1.6×10^{-10} Sv/(MeV g^{-1})$\times 5.82 \times 10^{-9}$ MeV g^{-1} = 9.31×10^{-19} Sv

　　(2)0.5 MeV$\times$AF(腎←肺)/310 g = 5.82×10^{-9} MeV g^{-1}

　　$\therefore$ AF(腎←肺) = 3.61×10^{-6}

2. 已知肺（質量 M = 1000 g）中一放射性核種每次衰變以 72% 機率發射 1 MeV 光子，這是達到甲狀腺（質量 M = 20 g）唯一的輻射，1 MeV 光子的吸收分數 AF（甲狀腺←肺）為 9.4×10^{-5}，(1) 試對該核種計算 SEE（甲狀腺←肺）。(2) 若該核種在肺中共發生 10^8 次衰變時，甲狀腺接受多大的等價劑量？

答：(1)1 MeV$\times$0.72$\times 9.4 \times 10^{-5}$/20 g = 3.384×10^{-6} MeV g^{-1}

　　(2)$10^8 \times$(3.384×10^{-6} MeV g^{-1})$\times 1.6 \times 10^{-10}$ Sv/(MeV g^{-1}) = 5.41×10^{-8} Sv

3. 核種 ^{131}I 每次蛻變釋出 0.85 個最大能量為 0.6 MeV 與 0.15 個最大能量為 0.315 MeV 的 β。病人服用 2 mCi ^{131}I 後，假設甲狀腺質量為 20 g，^{131}I 均勻分布於甲狀腺中，且 β 射線完全被甲狀腺吸收，試求 (1) 病人甲狀腺的 β 有效能量比度（Specific effective energy, SEE）；(2) 甲狀腺 β 吸收劑量率；(3) 假設 ^{131}I 的放射性半化期為 8 天，生物半化期為 30 天，試求其在甲狀腺的有效半化期；(4) 病人服 ^{131}I 後，1 週及 1 年之甲狀腺 β 累積劑量。

答：(1)(0.6 MeV×0.85/3 + 0.315 MeV×0.15/3)/20 g = 9.29×10^{-3} MeV g^{-1}

(2)2 mCi = 7.4×10^7 s^{-1}，β 吸收劑量率 = 7.4×10^7 s^{-1}×9.29×10^{-3} MeV g^{-1}×1.6×10^{-10} Gy (MeV g^{-1})$^{-1}$ = 1.10×10^{-4} Gy s^{-1}

(3)8 天 ×30 天 /(8 天 + 30 天) = 6.32 天

(4)1 週之甲狀腺 β 累積劑量：

1.10×10^{-4} Gy s^{-1}×6.32×86400 s×(1 − e$^{-0.693×7天/6.32天}$)/0.693 = 46.4 Gy

1 年之甲狀腺 β 累積劑量：1.10×10^{-4} Gy s^{-1}×6.32×86400 s/0.693 = 86.7 Gy

4. ^{60}Co 每次衰變發射兩個光子，能量為 1.17 MeV 及 1.33 MeV。已知此二光子從肺中射至肝中的 absorbed fraction 分別為 8×10^{-6} 及 7×10^{-6}，而肝的質量為 1.8 kg，則 SEE（肝←肺）等於多少 MeV/t-kg？

答：[(1.17 MeV/t)×8×10^{-6} + (1.33 MeV/t)×7×10^{-6}]/1.8 kg = 1.04×10^{-5} MeV/t-kg

5. 某放射性核種為一純 α 射源，每次衰變時，只發射一 5.80 MeV 的 α 粒子，一位工作人員肺（1000 g）中負擔了該核種，該核種不會轉移至其他任何器官，則該 α 粒子對該工作人員的肺造成的比等價劑量 (肺←肺)$_α$ 為何？

答：AF(肺←肺)$_α$ = 1，α 的射質因數為 20

SEE(肺←肺)$_α$ = 5.8 MeV×20/1000 g = 0.116 MeV g^{-1}

比等價劑量 (肺←肺)$_α$ 為 0.116 MeV g^{-1}×1.6×10^{-10} Sv/(MeV g^{-1}) = 1.86×10^{-11} Sv

6. 若已知某放射性核種的半化期為 18 h，活度為 10^6 Bq 進入隔室 a（體液，代謝半排期為 0.25 d）。由隔室 a 到器官 b 的轉移分數為 0.3，在 b 中的代謝半排期為 2 d。試利用兩隔室模式計算在該放射性核種進入隔室 a 後 2 天之內隔室 a 和 b 中的衰變數。其中，$U_a(t) = A_0[1 - e^{-(\lambda_R + \lambda_a)t}]/(\lambda_R + \lambda_a)$，
$U_b(t) =$
$[b\lambda_a A_0/(\lambda_b - \lambda_a)](\{[1 - e^{-(\lambda_R + \lambda_a)t}]/(\lambda_R + \lambda_a)\} - \{[1 - e^{-(\lambda_R + \lambda_b)t}]/(\lambda_R + \lambda_b)\})$。

答：式中，$\lambda_a = 0.693/0.25$ d $= 2.772$ d^{-1}，$\lambda_b = 0.693/2$ d $= 0.3465$ d^{-1}，$\lambda_R = 0.693/18$ h $= 0.924$ d^{-1}，$b = 0.3$，$t = 2$ d，$A_0 = 10^6$ Bq $= 8.64 \times 10^{10}$ d^{-1}，

$U_a(2\ \text{d}) = A_0[1 - e^{-(\lambda_R + \lambda_a)2\ \text{d}}]/(\lambda_R + \lambda_a) = 2.34 \times 10^{10}$

$U_b(2\ \text{d}) = [b\lambda_a A_0/(\lambda_b - \lambda_a)][\ \{[1 - e^{-(\lambda_R + \lambda_a)2\ \text{d}}]/(\lambda_R + \lambda_a)\} - \{[1 - e^{-(\lambda_R + \lambda_b)2\ \text{d}}]/(\lambda_R + \lambda_b)\}\ ] = 1.35 \times 10^{10}$

7. 假定上一題中的放射性核種是 α 或低能 β 發射體，且子核是穩定核種。試求該放射性核種進入隔室 a 後 2 天之內授予器官 b 之約定等價劑量的分數？

答：約定等價劑量指 50 年的累積劑量

約定等價劑量 = 50 年內的衰變次數 × 比等價劑量

本題即是求【2 天內的衰變次數 / 50 年內的衰變次數】

$U_b(50\ \text{y}) = [b\lambda_a A_0/(\lambda_b - \lambda_a)]\{[1/(\lambda_R + \lambda_a)] - [1/(\lambda_R + \lambda_b)]\} = 1.53 \times 10^{10}$

$1.35/1.53 = 88\%$

8. 設一已知核種每次衰變只發射 1 個 5.5 MeV 的 α 粒子，不再發射其他輻射，其放射性半化期為 8.6 d。在體液（隔室 a）中的代謝半排期為 0.25 d，在隔室 b 中的代謝半排期為 3.5 d。該放射性核種由 a 進入 b 的分數為 0.80。假定食入的核種 100% 直接進入體液，隔室 a 中的放射性核種輻射對隔室 b 造成的劑量可忽略不計。隔室 b 的質量為 1800 g。試利用兩隔室模式，求：(1) 比有效能量，SEE($b \leftarrow b$)。(2) 在 $t = 0$ 時食入 1 Bq 的放射性核種，隨後 50 年期間隔室 b 中的衰變數。(3) 食入每 Bq 活度，隔室 b 中之約定等價劑量。(4) 如果隔室 b 的器官加權因數為 0.05，確定食入該放射性核種之年攝入限度。

答： (1)SEE$(b \leftarrow b) = 5.5$ MeV$\times 20/1800$ g $= 0.0611$ MeV g^{-1}

(2)$U_b(50 y) = [b\lambda_a A_0/(\lambda_b - \lambda_a)]\{[1/(\lambda_R + \lambda_a)] - [1/(\lambda_R + \lambda_b)]\} = 2.41 \times 10^5$

(3)比等價劑量 $(b \leftarrow b) = 0.0611$ MeV g$^{-1} \times 1.6 \times 10^{-10}$ Sv/(MeV g^{-1}) $= 9.78$ $\times 10^{-12}$ Sv

約定等價劑量 $= 2.41 \times 10^5 \times 9.78 \times 10^{-12}$ Sv $= 2.36 \times 10^{-6}$ Sv

(4) 由於加權因數為 0.05，僅需考慮確定效應

2.36×10^{-6} Sv/1 Bq $= 0.5$ Sv/ALI

ALI $= 2 \times 10^5$ Bq（以捨去法取一位有效數字）

3.15 │ 腸胃道與呼吸道模式

1. ICRP 使用隔室模式（compartment model）計算體內劑量。請就胃腸道的隔室模式繪圖，並定義 f_1。

答： $f_1 = \lambda_B/(\lambda_B + \lambda_{SI})$

f_1 指穩定核種食入後被體液吸收的分數，$1 - f_1$ 則為由大腸排遺的分數

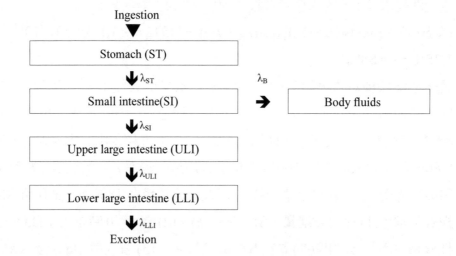

Section of GI tract	Mean residence time (d)	λ (d^{-1})
Stomach (ST)	1/24	24
Small Intestine(SI)	4/24	6
Upper Large Intestine (ULI)	13/24	1.8
Lower Large Intestine (LLI)	24/24	1

2. 設 t = 0 時單次食入 Au-198，試計算其初始活度在胃、小腸、大腸上段和大腸下段中的分數隨時間的變化。設食入穩定元素後達到體液的分數為 0.1，胃、小腸、大腸上段和大腸下段之代謝速率常數分別為 24、6、1.8、1(d^{-1})。

答：胃：$q_{ST}(t)/A_0 = e^{-\lambda_1 t}$

小腸：$q_{ST}(t)/A_0 = \lambda_{ST}[e^{-\lambda_1 t}/(\lambda_2 - \lambda_1) + e^{-\lambda_2 t}/(\lambda_1 - \lambda_2)]$

上大腸：$q_{ULI}(t)/A_0 = \lambda_{ST}\lambda_{SI}\{e^{-\lambda_1 t}/[(\lambda_2 - \lambda_1)(\lambda_3 - \lambda_1)] + e^{-\lambda_2 t}/[(\lambda_1 - \lambda_2)(\lambda_3 - \lambda_2)] + e^{-\lambda_3 t}/[(\lambda_1 - \lambda_3)(\lambda_2 - \lambda_3)]\}$

下大腸：$q_{LLI}(t)/A_0 = \lambda_{ST}\lambda_{SI}\lambda_{ULI}\{e^{-\lambda_1 t}/[(\lambda_2 - \lambda_1)(\lambda_3 - \lambda_1)(\lambda_4 - \lambda_1)] + e^{-\lambda_2 t}/[(\lambda_1 - \lambda_2)(\lambda_3 - \lambda_2)(\lambda_4 - \lambda_2)] + e^{-\lambda_3 t}/[(\lambda_1 - \lambda_3)(\lambda_2 - \lambda_3)(\lambda_4 - \lambda_3)] + e^{-\lambda_4 t}/[(\lambda_1 - \lambda_4)(\lambda_2 - \lambda_4)(\lambda_3 - \lambda_4)]\}$

其中，

$q_{ST}(t)/A_0$、$q_{SI}(t)/A_0$、$q_{ULI}(t)/A_0$、$q_{LLI}(t)/A_0$ 分別代表時間為 t 時，初始活度 (A_0) 在胃、小腸、大腸上段和大腸下段的分數

Au-198 的衰變常數為 $\lambda_R = 0.693/(2.7\ d)$

因 $0.1 = \lambda_B/(\lambda_B + 6)$，小腸排入體液的代謝速率常數為 $\lambda_B = 0.667\ d^{-1}$

λ_{ST}、λ_{SI}、λ_{ULI}、λ_{LLI} 分別代表胃、小腸排入大腸上段、大腸上段、大腸下段之代謝速率常數

λ_1、λ_2、λ_3、λ_4 分別代表胃、小腸、大腸上段、大腸下段之有效排除常數

$\lambda_1 = \lambda_R + \lambda_{ST}$，$\lambda_2 = \lambda_R + \lambda_{SI} + \lambda_B$，$\lambda_3 = \lambda_R + \lambda_{ULI}$，$\lambda_4 = \lambda_R + \lambda_{LLI}$

3. 在胃腸道劑量學模式中，試證明可由 f_1 求出 λ_B，即 $\lambda_B = f_1\lambda_{SI}/(1 - f_1)$，此處 f_1 是食入穩定元素後達到體液的分數。

答：$f_1 = \lambda_B/(\lambda_B + \lambda_{SI})$

$f_1 (\lambda_B + \lambda_{SI}) = \lambda_B$

$f_1\lambda_B + f_1\lambda_{SI} = \lambda_B$

$\lambda_B - f_1\lambda_B = f_1\lambda_{SI}$

$\lambda_B (1 - f_1) = f_1\lambda_{SI}$

$\lambda_B = f_1\lambda_{SI}/(1 - f_1)$

4. 設食入某放射性核種（半化期為 8 h）後某一時刻，小腸內容物中之活度為 2.80×10^5 Bq。如果食入該穩定元素後到達體液的分數為 0.41，(1) 求該核種由小腸到體液的轉移速率。(2) 求其在體液轉移隔室中之有效半化期。

答：(1) $f_1 = 0.41 = \lambda_B/(\lambda_B + 6)$，$\lambda_B = 4.17 \ d^{-1}$

$2.80 \times 10^5 \ Bq \times 4.17 \ d^{-1} = 1.17 \times 10^6 \ Bq \ d^{-1}$

(2) $T_B = 0.693/(4.17 \ d^{-1}) = 4$ h

$T_E = 8 \times 4/(8 + 4) = 2.67$ h

5. 設 $t = 0$ 時食入含 4.27×10^5 Bq 的 ^{86}Y（半化期為 14.74 h）的藥品（$f_1 = 1 \times 10^{-4}$）。試問 $t = 10$ h 時大腸上部中 ^{86}Y 的活度多大？

答：大腸上部：$q_{ULI}(t) = A_0\lambda_{ST}\lambda_{SI}\{e^{-\lambda_1 t}/[(\lambda_2 - \lambda_1)(\lambda_3 - \lambda_1)] + e^{-\lambda_2 t}/[(\lambda_1 - \lambda_2)(\lambda_3 - \lambda_2)] + e^{-\lambda_3 t}/[(\lambda_1 - \lambda_3)(\lambda_2 - \lambda_3)]\}$

式中，$A_0 = 4.27 \times 10^5$ Bq，$\lambda_{ST} = 1 \ h^{-1}$，$\lambda_{SI} = 0.25 h^{-1}$，$\lambda_1 = 0.693/(14.74 \ h) + 1 \ h^{-1} = 1.05 \ h^{-1}$，$\lambda_2 = 0.693/(14.74 \ h) + 0.25 h^{-1} + 0 h^{-1} = 0.297 \ h^{-1}$，$\lambda_3 = 0.693/(14.74 \ h) + 0.075 h^{-1} = 0.122 \ h^{-1}$，$t = 10$ h

得 $q_{ULI}(t) = 1.53 \times 10^5$ Bq

6. (a)ICRP 肺系統模式中，假定吸入活度中值空氣動力直徑（AMAD）為 1 μm 的氣膠沉積在氣管和支氣管的分數多大？

(b) 呼出的分數多大？

答：(a)0.08

(b)$1 - 0.30 - 0.08 - 0.25 = 0.37$

呼吸系統的隔室模型表：表中列出 AMAD 為 1 μm 氣膠的初積存分率（D）、各類別（D、W、Y）氣膠與各隔室（a、b、…、j）中的半排期（T）與移除分數（F）

部位	隔室	類別					
		D		W		Y	
		T(d)	F	T(d)	F	T(d)	F
N-P	a	0.01	0.5	0.01	0.1	0.01	0.01
($D_{\text{N-P}}$ = 0.30)	b	0.01	0.5	0.40	0.9	0.40	0.99
T-B	c	0.01	0.95	0.01	0.5	0.01	0.01
($D_{\text{T-B}}$ = 0.08)	d	0.2	0.05	0.2	0.5	0.2	0.99
	e	0.5	0.8	50	0.15	500	0.05
P	f	n.a.	n.a.	1.0	0.4	1.0	0.4
(D_{P} = 0.25)	g	n.a.	n.a.	50	0.4	500	0.4
	h	0.5	0.2	50	0.05	500	0.15
L	i	0.5	1.0	50	1.0	1000	0.9
	j	n.a.	n.a.	n.a.	n.a.	∞	0.1

7. 求空氣動力學活度直徑為 AMAD = 1 μm 的 Y 類氣膠的下述量的數值：
   D_{TB}，F_d，λ_f，λ_g，λ_d。

答： D_{TB} = 0.08

F_d = 0.99

λ_f = 0.693/1 d = 0.693 d^{-1}

λ_g = 0.693/500 d = 1.39×10^{-3} d^{-1}

λ_d = 0.693/0.2 d = 3.47 d^{-1}

8. 已知由單次攝入方式吸入 1000 Bq 的 W 類氣膠（活度中值空氣動力直徑 AMAD = 1 μm），(a) 按照 ICRP 的呼吸系統模式，求沉積在隔室 e 中的初始活度。(b) 如果該放射性核種的物理半化期為 32 d，試問 1 周後隔室 e 中的初始活度有多大分數仍滯留在該隔室。

答： (a)1000 Bq×0.25×0.15 = 37.5 Bq

(b) 有效半化期為 $50 \times 32/(50 + 32) = 19.5$ d

$A/A_0 = e^{-0.693 \times 7/19.5} = 0.78 = 78\%$

9. 吸入 W 類氣膠某一時刻，呼吸道系統模式中隔室 b 和 d 中的活度分別為 7.8×10^4 Bq 和 1.5×10^4 Bq，試問該氣膠活度向胃腸道的轉移速率多少？

答：7.8×10^4 Bq $\times (0.693/0.4$ d$) + 1.5 \times 10^4$ Bq $\times (0.693/0.2$ d$) = 1.87 \times 10^5$ Bq d^{-1}

10. ICRP-30 將呼吸道劃分為數個隔室（compartment）以推算體內劑量。請指出這些隔室，並定義 AMAD 與 D/W/Y。

答：ICRP-30 將呼吸道劃分為：鼻咽（NP）、氣管與支氣管（TB）、肺（P）、淋巴（L）等隔室。放射性懸浮體在這些隔室的沉積分率與生物滯留半化期，與這些懸浮體的粒徑及化合物種類有關。AMAD（activity median aerodynamic diameter）表示懸浮體的活度中數空氣動力學直徑，AMAD 愈大，懸浮體在 NP 中的沉積分率就愈大；AMAD 愈小，懸浮體在 P 中的沉積分率就愈大。又 D（day）/W（week）/Y（year）表示放射性懸浮體在肺部之生物滯留半化期，分別代表：小於十天、介於十天至一百天、大於一百天。

3.16 ｜其他

1. 輻射防護師與輻射防護員比較：

答：依輻射防護管理組織及輻射防護人員設置標準（以下簡稱本標準）第 4 條規定，具有表列（略）設備、業務或規模者，應設立輻射防護管理組織，並依表列名額配置輻射防護業務單位之各級輻射防護人員（即輻防師與輻防員）。例如從事放射診斷、核子醫學、放射治療三項診療業務者，除應設置輻射防護管理組織、輻射防護業務單位外，至少配置輻射防護師 2 名、輻射防護員 2 名。

原能會另規定（本標準第 5 條）具有表列（略）設備、業務或規模者，應依表列名額配置各級輻射防護人員。例如使用或持有可發生游離輻射設備

或放射性物質之機具 10（含）部以下者，應至少配置輻射防護員 1 名。

換句話說，輻射防護員工作單純，僅須從事本標準第 10 條規定之輻射防護管理業務（略）。輻射防護師除須從事前述業務外，尚須從事本標準第 12 條規定之輻射防護管理委員會業務（略）。

另外，依輻射防護人員管理辦法第 7 條規定，輻射防護人員申請換發認可證書（註：輻射防護人員認可證書有效期限為 6 年）時，須檢具認可證書有效期限內參加學術活動或繼續教育之積分證明文件，輻射防護師至少 96 點以上，輻射防護員至少 72 點以上。

2. 哪些人可以操作放射性物質或可發生游離輻射設備？

答：

壹、領有下列輻射相關執業執照經行政院原子能委員會（以下簡稱原能會）認可者：

一、放射線科、核子醫學科專科醫師執業執照。

二、依醫事放射師法核發之執業執照。

三、依游離輻射防護法第 7 條第 3 項規定之輻射防護人員認可證書。

四、依游離輻射防護法第 29 條第 5 項及第 30 條第 2 項規定之運轉人員執照。

貳、接受原能會指定之下列訓練，經原能會測驗合格後，向原能會申領核發（須檢具在職證明）並取得輻射安全證書（註：指操作放射性物質或可發生游離輻射設備人員執照。此證書相當於舊法之原能會核發之操作執照）者：

一、經主管機關認可之輻射防護訓練業務者依輻射防護相關業務管理辦法規定辦理之訓練（共 36 小時）。

二、國內公立或立案之私立大學校院或符合教育部採認規定之國外大學校院以上學校取得輻射安全、保健物理、放射物理、輻射生物、輻射度量、輻射劑量或其他經主管機關認定之有關輻射防護相關科目達 4 學分以上。

三、游離輻射防護法施行前曾參加主管機關認可或委託辦理之游離輻射防護講習班。

參、於操作一定活度以下之放射性物質或一定能量以下之可發生游離輻射設備者，得以訓練代替證書或執照；一定活度或一定能量之限值如下：

一、毒氣偵檢器中任一組件中所含鎇 241 之活度為 10 百萬貝克（MBq）以下者，其可接近表面 5 公分處劑量率為每小時 5 微西弗以下者。

二、放射性物質在儀器或製品內或形成一組件，其活度為豁免管制量 1000 倍以下，且可接近表面 5 公分處劑量率為每小時 5 微西弗以下者。

三、氣相層析儀或爆裂物偵檢器所含鎳 63 之活度為 740 百萬貝克以下者。

四、避雷針中所含鎇 241 之活度為 370 百萬貝克以下者。

五、前四款以外之放射性物質活度為豁免管制量 100 倍以下者。

六、可發生游離輻射設備其公稱電壓為 15 萬伏或粒子能量為 15 萬電子伏。

七、櫃型或行李檢查 X 光機、離子佈植機、電子束焊機或靜電消除器，其可接近表面 5 公分處劑量率為每小時 5 微西弗。

八、其他經主管機關指定者。

前項訓練係指下列之一取得證明者：

一、經主管機關認可之輻射防護訓練業務者依輻射防護相關業務管理辦法規定辦理之訓練（共 18 小時）。

二、國內公立或立案之私立大學校院或符合教育部採認規定之國外大學校院取得輻射安全、保健物理、放射物理、輻射生物、輻射度量、輻射劑量或其他經原能會認定之有關輻射防護相關科目達 2 學分以上。

肆、基於教學需要在合格人員指導下從事操作訓練者：指中等學校、大專

校院及學術研究機構之教員、研究人員及學生，主管機關認可之輻射防護訓練業務機構之學員，接受臨床訓練之醫師、牙醫師或於醫院實習之醫學校院學生、畢業生，接受職前訓練之新進人員。前項人員於操作放射性物質或可發生游離輻射設備前，應接受合格人員規劃之操作程序及輻射防護講習（3 小時）。但操作主管機關核發許可證之放射性物質或可發生游離輻射設備時，仍應在合格人員直接監督下為之。

3. 何謂運轉人員證書？

答：指高強度輻射設施與放射性物質生產設施運轉人員執照，其中，高強度輻射設施指使用可發生游離輻射設備加速電壓值大於 3000 萬伏（30 MV）之設施，使用可發生游離輻射設備粒子能量大於 3000 萬電子伏（30 MeV）之設施或使用密封放射性物質活度大於 1000 兆貝克（1000 TBq）之設施；放射性物質生產設施係指用電磁場、原子核反應等方法生產放射性物質之設施。

領有輻射安全證書、輻射防護人員認可證書、醫事放射師執業執照、放射線科專科醫師執業執照或核子醫學科專科醫師執業執照之人員，經完成放射性物質生產設施運轉訓練【設施經營者應將包括設施系統及運轉規範（包括正常、異常和緊急程序）之訓練時數、師資、學員名冊，報經原能會核備後實施。訓練時數不得少於 54 小時】及運轉操作訓練（含試運轉期間）者，得填具申請表，檢附證明文件，經由設施經營者向原能會申請測驗，經測驗合格者，由原能會發給運轉人員證書。

此證書相當於舊法之原能會核發之中級以上操作執照。

4. 新申請輻防人員執照流程為何？

答：填寫輻射防護人員認可證書核發申請表，檢附 (1) 學歷證明文件影本、(2) 輻射防護專業測驗及格通知書影本或國家考試及格證書影本、(3) 輻射防護工作訓練證明文件影本、(4) 兩吋照片一張、(5) 證照費壹仟元、(6) 審查費壹仟壹佰元 (以國內郵政普通匯票繳付，受款人：行政院原子能委員會)、(7) 身份證明影本。

其中，認可所需之輻射防護工作訓練證明文件須經設施經營負責人或雇主簽章；換句話說，你應是在職人員且已服務至少滿 X 年，簽請設施經營負責人或雇主用印即可。另新申請者免最近六年參加學術活動或繼續教育之積分，爾後換發執照才需要積分證明。

完成表格後，檢具表格內規定所需之證明文件，書面向原能會提出申請。

5. LNT（線性無閾值，linear nontheshold）假說、合理抑低（ALARA）、激效效應（hormesis）比較：

答：依據游離輻射防護安全標準，機率效應的發生機率與所受劑量大小成比例增加，而與嚴重程度無關，此種效應之發生無劑量之低限值。因此，對於有效劑量應合理抑低（ALARA），即盡一切合理之努力，以維持輻射曝露在實際上遠低於劑量限度。

此作法是根據 LNT（線性無閾值，linear nontheshold）假說成立所訂定，即機率效應的發生機率與所受劑量大小成比例增加，此種效應之發生無劑量之低限值。但此假說不可能被證實，因為極低劑量率時，樣品族群必須極大（例如 1 萬人接受 100 μSv 劑量），才能得到具統計意義的結果，此實驗是無法實施的。於是，LNT 假說不見得成立，此假說是根據高劑量率時機率效應的發生機率與所受劑量大小成比例增加現象，直線外插至低劑量率，輔以輻射防護保守觀念所得，並無實驗證據支持。

低劑量率時，機率效應的發生機率與所受劑量大小成何種相關性，假說頗多，雖無制式分類法，仍可概分為 LNT 假說、S 形有閾值（sigmoid threshold）假說、一次－二次式有閾值（linear-quadratic threshold）假說與激效效應（hormesis）假說等，其中，S 形有閾值假說與一次－二次式有閾值假說，雖仍認為有閾值的存在，但均反映出高劑量率時的致機率效應機率高於低劑量率者。激效效應假說則大膽認為無閾值的存在，甚至暗示某低劑量範圍時，其致機率效應機率將低於背景劑量者。當然，支持這些假說的學者們，均有提出支持該假說的可能機轉與統計、實驗證據，並非空想。

於是，我們該進一步思考的是，合理抑低將增加許多成本，但是否是在做白功呢？

6. 護理人員對輻射防護應有的觀念為何？

答：常聽到護理人員對放射部門提出安全質疑，放射師應提出哪些數據善盡告知責任呢？此問題相信總是困擾著放射師們。

個人認為，第一步，放射師應提出劑量計算的方法與結果，例如使用輻射偵檢器量出照片子時或照顧碘處理甲癌病患時護理人員位置的劑量率，考慮平方反比律與曝露時間後，求出有效劑量。放射師若不會操作輻射偵檢器或劑量換算，應求助輻射防護人員。

第二步，放射師應了解以下資訊：ICRP 提出一般人致癌機率為 $6.0 \times 10^{-2} \ SV^{-1}$，遺傳變異機率為 $1.3 \times 10^{-2} \ SV^{-1}$，總機率效應機率為 $7.3 \times 10^{-2} \ SV^{-1}$。輻射工作人員致癌機率為 $4.8 \times 10^{-2} \ SV^{-1}$，遺傳變異機率為 $0.8 \times 10^{-2} \ SV^{-1}$，總機率效應機率為 $5.6 \times 10^{-2} \ SV^{-1}$（註：一般人較輻射工作人員總機率效應機率高的原因與年齡、劑量率效應有關）。

第三步，將對方劑量，乘以前述機率效應機率，求得機率效應危險度。

第四步，告知對方應了解的資訊：

(1) 依據游離輻射防護安全標準，一般人（含孕婦）之劑量限度，一年內之有效劑量不得超過一毫西弗。告知其劑量合法。萬一劑量太高，應告知輻射防護人員與單位主管，並檢討輻射作業流程。

(2) 告知對方致癌、遺傳變異、總機率效應危險度，解讀其意義並協助降低其疑慮。

(3) 告知對方不會因該劑量發生畸胎、不孕等確定效應。

7. 輻射安全學中的指數行為。

答：輻射安全學中，許多自然現象符合指數行為，例如，放射性核種的原子數目隨時間呈指數減少現象，即 $N = N_0 e^{-\lambda t}$；窄射束單能量光子的強度隨屏蔽厚度呈指數減少現象，即 $I = I_0 e^{-\mu x}$；單擊單靶理論中，細胞殘存分率隨輻射吸收劑量呈指數減少現象，即 $S/S_0 = e^{-\alpha D}$ 等。以放射性核種的原子數

目隨時間呈指數減少現象為例，每經過 1、2、3 個半化期，原子數目與初原子數目的比值 N/N_0 分別為 1/2、1/4、1/8；換句話說，半化期（T）、半值層（HVL）、半致死劑量（LD_{50}）的數目，被分別用來定量相對原子數目 N/N_0、光子透射率 I/I_0、細胞殘存分率 S/S_0，分別為 $e^{-0.693t/T}$、$e^{-0.693x/HVL}$、$e^{-0.693D/LD_{50}}$。

當定量已衰變原子數目分率、未透射光子分率、細胞殘存分率時，則分別以 $1 - e^{-\lambda t}$、$1 - e^{-\mu x}$、$1 - e^{-\alpha D}$ 表示，以已衰變原子數目分率為例，每經過 1、2、3 個半化期，$(N_0 - N)/N_0 = 1 - e^{-\lambda t}$ 分別為 1/2、3/4、7/8。以 ^{99m}Tc（半化期 6 h）為例，未衰變原子數目分率 $e^{-\lambda t}$ 與已衰變原子數目分率 $1 - e^{-\lambda t}$ 分別以下圖的◇與■符號表示，其中，為一成長飽和曲線，即 $t \rightarrow \infty$ (或 t > 7T) 時，$1 - e^{-\lambda t} \rightarrow 1$(或 > 99%)。

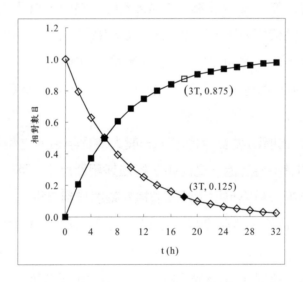

輻射安全學中，還有許多類似 $1 - e^{-\lambda t}$ 的指數行為現象，以下列舉三例：分別是中子活化分析、劑量累積、連續衰變現象。中子活化過程中，穩定母核捕獲中子，放射性子核（衰變常數為 λ，半化期為 T）產量（即活度，A）的公式為 $A = I\sigma N(1 - e^{-\lambda t})$，其中，$I\sigma N$（分別為入射粒子通量率、入射粒子與靶核的作用截面積、靶核數目）為活度的極大值（A_{max}），照

射時間 t 為 1、2、3 個放射性子核半化期時，生成活度將分別為極大值的 1/2、3/4、7/8，照射時間 t 為∞或 > 7T 時，生成活度將為極大值 A_{max} 或 > 99%A_{max}。

體內劑量的累積現象中，體內劑量（D）為攝入放射性核種後，經過時間（t）的函數，公式為 $D = \dot{D}_0(1 - e^{-\lambda_E t})/\lambda_E$，其中，$\dot{D}_0$ 為初攝入放射性核種時，對人體造成的初劑量率。經過時間為 1、2、3 個放射性核種於體內有效半化期（λ_E）時，累積劑量將分別為極大值（$\dot{D}_0/\lambda_E$）的 1/2、3/4、7/8；照射時間 t 為∞或 > 7T 時，累積劑量將為極大值 $\dot{D}_0/\lambda_E$ 或 > 99%$\dot{D}_0/\lambda_E$，此極大值 $\dot{D}_0/\lambda_E$ 亦稱為劑量負擔（dose burden）。輻射屋居民累積的體外劑量（D），也符合公式 $D = \dot{D}_0(1 - e^{-\lambda t})/\lambda$，其中，$\dot{D}_0$ 為初住入輻射屋時，^{60}Co 對人體造成的初劑量率，λ 為 ^{60}Co 的衰變常數。

連續衰變過程中，母核（衰變常數為 λ_1）衰變為第一子核（衰變常數為 λ_2），t 時間後，第一子核的活度（A_2）與母核活度（A_1）的比值（A_2/A_1）為 $[\lambda_2/(\lambda_2 - \lambda_1)][1 - e^{-(\lambda_2-\lambda_1)t}]$，其中，$\lambda_2/(\lambda_2 - \lambda_1)$ 為常數，即此比值與時間的函數關係符合 $1 - e^{-\lambda t}$ 的指數行為現象，惟 $\lambda_2 - \lambda_1$ 必須為正值。我們通常將 $[1 - e^{-(\lambda_2-\lambda_1)t}]$ 分類成三種狀況，若 $\lambda_2 < \lambda_1$，$\lambda_2 - \lambda_1$ 為負值，不符合 $1 - e^{-\lambda t}$ 的指數行為現象，稱為不平衡，不會達到衰變平衡；若 $\lambda_2 > \lambda_1$，$\lambda_2 - \lambda_1$ 為正值，符合 $1 - e^{-\lambda t}$ 的指數行為現象，經過時間 t 為∞或 > 7T_2 時，$A_2/A_1 \fallingdotseq \lambda_2/(\lambda_2 - \lambda_1)$，稱為達成瞬時平衡；若 $\lambda_2 >> \lambda_1$，$\lambda_2 - \lambda_1$ 為正值且 $\fallingdotseq \lambda_2$，符合 $1 - e^{-\lambda t}$ 的指數行為現象，經過時間 t 為∞或 > 7T_2 時，$A_2/A_1 \fallingdotseq 1$，即 $A_2 = A_1$，稱為達成長期平衡。

8. Bateman 方程式（發表於 1910 年）如何應用於輻射安全？

答：連續衰變時，第 n 個衰變成員的原子數目以 N_n 表示，衰變常數以 λ_n 表示，則時間為 t 時，此成員的原子淨生成速率，以微分方程式 $dN_n/dt = \lambda_{n-1}N_{n-1} - \lambda_n N_n$ 表示。假設 t 為 0 時，只有第 1 個衰變成員（母核）存在，原子數目為 $_0N_1$，其他衰變成員均不存在，將此方程式積分，得 $N_n = C_1 e^{-\lambda_1 t} + C_2 e^{-\lambda_2 t} + \cdots + C_n e^{-\lambda_n t}$，其中，

$C_1 = {}_0N_1(\lambda_1\lambda_2 \cdots \lambda_{n-1})/[(\lambda_2 - \lambda_1)(\lambda_3 - \lambda_1)(\lambda_4 - \lambda_1) \cdots (\lambda_n - \lambda_1)]$，

$C_2 = {}_0N_1(\lambda_1\lambda_2 ...\lambda_{n-1})/[(\lambda_1 - \lambda_2)(\lambda_3 - \lambda_2)(\lambda_4 - \lambda_2) \cdots (\lambda_n - \lambda_2)]$，其餘常數 C_n 以此類推。

於是，吾人若取得已知量的 ^{238}U（第 1 個衰變成員），置於密封容器中一段時間後，其第 7 個衰變成員 ^{222}Rn（經 4 次 α 衰變與 2 次 β 衰變形成）的量，即可利用 Bateman 方程式求出。

針對前述衰變系列，最常見的為孿生器中 ^{99}Mo/^{99m}Tc 的例子，由於只計算第 2 個衰變成員（^{99m}Tc）的量，於是 $N_2 = {}_0N_1[\lambda_1/(\lambda_2 - \lambda_1)](e^{-\lambda_1 t} - e^{-\lambda_2 t})$。為了方便描述與使用此式，將 ^{99m}Tc 時間為 t 時的原子數目 N_2 改以活度（A_2）表示，再將 ^{99}Mo 的最初原子數目 ${}_0N_1$ 改以時間為 t 時的活度（A_1）表示，得 $A_2 = A_1[\lambda_2/(\lambda_2 - \lambda_1)][1 - e^{-(\lambda_2-\lambda_1)t}]$。當 t 趨近 ∞ 時，達成瞬時平衡，即 $A_2/A_1 = \lambda_2/(\lambda_2 - \lambda_1)$。

此方程式亦偶用於反應器中放射性核種產量的計算，此為反應物必須連續捕獲 2 個以上中子方得形成產物的特例，亦即在高入射粒子通量率、高反應截面積與長照射時間時，才需要考慮此狀況。以 ^{197}Au（中子捕獲截面為 99 b）形成 ^{199}Au($t_{1/2}$ = 3.14 d) 為例，^{198}Au($t_{1/2}$ = 2.70 d) 中子捕獲截面為 25000 b，φ 為單位靶（^{197}Au 或 ^{198}Au）面積內中子通量率（cm^{-2} s^{-1}）。^{199}Au 為第 3 成員，於是，$N_{199} = \lambda_{197}\lambda_{198}({}_0N_{197})$ $\{(e^{-\lambda_{197}t})/[(\Lambda_{198} - \lambda_{197})(\lambda_{199} - \lambda_{197})] + (e^{-\Lambda_{198}t})/[(\lambda_{197} - \Lambda_{198})(\lambda_{199} - \Lambda_{198})] + (e^{-\lambda_{199}t})/[(\lambda_{197} - \lambda_{199})(\Lambda_{198} - \lambda_{199})]\}$。其中，$\lambda_{197}$ 指 ^{197}Au 捕獲中子形成 ^{198}Au 的速率，即 φ×99b，λ_{198} 指 ^{198}Au 捕獲中子形成 ^{199}Au 的速率，即 φ×25000 b，Λ_{198} 指 198Au 的減少速率，即 φ×25000 b + [0.693/(2.70 d)]，λ_{199} 指 ^{199}Au 的減少速率，即 0.693/(3.14 d)。本例屬於 Bateman 方程式，但混入中子捕獲與分支衰變（^{198}Au 一方面捕獲中子形成 ^{199}Au，另一方面衰變形成其他核種，故 ^{198}Au 減少速率 Λ_{198} 有別於 ^{199}Au 的形成速率 λ_{198}），極為特殊。

Bateman 方程式也應用於隔室模型中，嚥入放射性核種，體內劑量的計算，例如時間為 *t* 時，初始活度（A_0）在大腸下段（第 4 個器官隔室）的

分 數 為 $\lambda_{ST}\lambda_{SI}\lambda_{ULI}$ {$e^{-\lambda_1 t}$/[$(\lambda_2 - \lambda_1)(\lambda_3 - \lambda_1)(\lambda_4 - \lambda_1)$] + $e^{-\lambda_2 t}$/[$(\lambda_1 - \lambda_2)(\lambda_3 - \lambda_2)(\lambda_4 - \lambda_2)$] + $e^{-\lambda_3 t}$/[$(\lambda_1 - \lambda_3)(\lambda_2 - \lambda_3)(\lambda_4 - \lambda_3)$] + $e^{-\lambda_4 t}$/[$(\lambda_1 - \lambda_4)(\lambda_2 - \lambda_4)(\lambda_3 - \lambda_4)$]]}，其中，$\lambda_{ST}$、$\lambda_{SI}$、$\lambda_{ULI}$ 分別代表胃、小腸排入大腸上段、大腸上段之生物排除速率，λ_1、λ_2、λ_3、λ_4 分別代表胃、小腸、大腸上段、大腸下段之有效排除常數。

9. 有一腫瘤含有 10^8 細胞，請計算要讓腫瘤僅剩一個細胞要多少輻射劑量？假設 D_0 = 1.45 Gy，D_q = 2.4 Gy。

答：根據題意，擬門檻劑量（quasithreshold, D_q）屬於單擊多靶學說（single-hit multi-target theory）的範疇，此題應以此學說解之：

$S/S_0 = 1 - (1 - e^{-D/D_0})^n$，其中，$S/S_0$ 為劑量為 D 時的殘存分率，n 為靶數，D_0 為平均致死劑量，

當 D 很大或 S/S_0 很小（例如題目中 10^8 個細胞降至 1 個細胞）時，S/S_0 $\doteqdot$ n e^{-D/D_0}

另 $D_q = D_0 \times (\ln n)$，2.4 = 1.45×(ln n)，n = 5.234，

代回 (1) 式，$1/10^8$ = 5.234 $e^{-D/1.45}$，$-20.1 = -D/1.45$，D = 29 Gy

第四章

法規

4.1 ｜游離輻射防護法

中華民國 91 年 1 月 30 日公布全文 57 條

第一章　總則

第　1　條　為防制游離輻射之危害，維護人民健康及安全，特依輻射作業必須合理抑低其輻射劑量之精神制定本法；本法未規定者，適用其他有關法律之規定。

第　2　條　本法用詞定義如下：

一、游離輻射：指直接或間接使物質產生游離作用之電磁輻射或粒子輻射。

二、放射性：指核種自發衰變時釋出游離輻射之現象。

三、放射性物質：指可經由自發性核變化釋出游離輻射之物質。

四、可發生游離輻射設備：指核子反應器設施以外，用電磁場、原子核反應等方法，產生游離輻射之設備。

五、放射性廢棄物：指具有放射性或受放射性物質污染之廢棄物，包括備供最終處置之用過核子燃料。

六、輻射源：指產生或可產生游離輻射之來源，包括放射性物質、可發生游離輻射設備或核子反應器及其他經主管機關指定或公告之物料或機具。

七、背景輻射：指下列之游離輻射：

(一) 宇宙射線。

(二) 天然存在於地殼或大氣中之天然放射性物質釋出之游離輻射。

(三) 一般人體組織中所含天然放射性物質釋出之游離輻射。

(四) 因核子試爆或其他原因而造成含放射性物質之全球落塵釋出之游離輻射。

八、曝露：指人體受游離輻射照射或接觸、攝入放射性物質之過程。

九、職業曝露：指從事輻射作業所受之曝露。

十、醫療曝露：指在醫療過程中病人及其協助者所接受之曝露。

十一、緊急曝露：指發生事故之時或之後，為搶救遇險人員，阻止事態擴大或其他緊急情況，而有組織且自願接受之曝露。

十二、輻射作業：指任何引入新輻射源或曝露途徑、或擴大受照人員範圍、或改變現有輻射源之曝露途徑，從而使人們受到之曝露，或受到曝露之人數增加而獲得淨利益之人類活動。包括對輻射源進行持有、製造、生產、安裝、改裝、使用、運轉、維修、拆除、檢查、處理、輸入、輸出、銷售、運送、貯存、轉讓、租借、過境、轉口、廢棄或處置之作業及其他經主管機關指定或公告者。

十三、干預：指影響既存輻射源與受曝露人間之曝露途徑，以減少個人或集體曝露所採取之措施。

十四、設施經營者：指經主管機關許可、發給許可證或登記備查，經營輻射作業相關業務者。

十五、雇主：指僱用人員從事輻射作業相關業務者。

十六、輻射工作人員：指受僱或自僱經常從事輻射作業，並認知會接受曝露之人員。

十七、西弗：指國際單位制之人員劑量單位。

十八、劑量限度：指人員因輻射作業所受之曝露，不應超過之劑量值。

十九、污染環境：指因輻射作業而改變空氣、水或土壤原有之放射性物質含量，致影響其正常用途，破壞自然生態或損害財物。

第 3 條　本法之主管機關，為行政院原子能委員會。

第 4 條　天然放射性物質、背景輻射及其所造成之曝露，不適用本法之規

定。但有影響公眾安全之虞者，主管機關得經公告之程序，將其納入管理；其辦法，由主管機關定之。

第二章　輻射安全防護

第 5 條　為限制輻射源或輻射作業之輻射曝露，主管機關應參考國際放射防護委員會最新標準訂定游離輻射防護安全標準，並應視實際需要訂定相關導則，規範輻射防護作業基準及人員劑量限度等游離輻射防護事項。

第 6 條　為確保放射性物質運送之安全，主管機關應訂定放射性物質安全運送規則，規範放射性物質之包裝、包件、交運、運送、貯存作業及核准等事項。

第 7 條　設施經營者應依其輻射作業之規模及性質，依主管機關之規定，設輻射防護管理組織或置輻射防護人員，實施輻射防護作業。

前項輻射防護作業，設施經營者應先擬訂輻射防護計畫，報請主管機關核准後實施。未經核准前，不得進行輻射作業。

第一項輻射防護管理組織及人員之設置標準、輻射防護人員應具備之資格、證書之核發、有效期限、換發、補發、廢止及其他應遵行事項之管理辦法，由主管機關會商有關機關定之。

第 8 條　設施經營者應確保其輻射作業對輻射工作場所以外地區造成之輻射強度與水中、空氣中及污水下水道中所含放射性物質之濃度，不超過游離輻射防護安全標準之規定。

前項污水下水道不包括設施經營者擁有或營運之污水處理設施、腐化槽及過濾池。

第 9 條　輻射工作場所排放含放射性物質之廢氣或廢水者，設施經營者應實施輻射安全評估，並報請主管機關核准後，始得為之。

前項排放，應依主管機關之規定記錄及申報並保存之。

第 10 條　設施經營者應依主管機關規定，依其輻射工作場所之設施、輻射作

業特性及輻射曝露程度，劃分輻射工作場所為管制區及監測區。管制區內應採取管制措施；監測區內應為必要之輻射監測，輻射工作場所外應實施環境輻射監測。

前項場所劃分、管制、輻射監測及場所外環境輻射監測，應擬訂計畫，報請主管機關核准後實施。未經核准前，不得進行輻射作業。

第 1 項環境輻射監測結果，應依主管機關之規定記錄及申報並保存之。

第 2 項計畫擬訂及其作業之準則，由主管機關定之。

第 11 條　主管機關得隨時派員檢查輻射作業及其場所；不合規定者，應令其限期改善；未於期限內改善者，得令其停止全部或一部之作業；情節重大者，並得逕予廢止其許可證。

主管機關為前項處分時，應以書面敘明理由。但情況急迫時，得先以口頭為之，並於處分後 7 日內補行送達處分書。

第 12 條　輻射工作場所發生重大輻射意外事故且情況急迫時，為防止災害發生或繼續擴大，以維護公眾健康及安全，設施經營者得依主管機關之規定採行緊急曝露。

第 13 條　設施經營者於下列事故發生時，應採取必要之防護措施，並立即通知主管機關：

一、人員接受之劑量超過游離輻射防護安全標準之規定者。

二、輻射工作場所以外地區之輻射強度或其水中、空氣中或污水下水道中所含放射性物質之濃度超過游離輻射防護安全標準之規定者。本款污水下水道不包括設施經營者擁有或營運之污水處理設施、腐化槽及過濾池。

三、放射性物質遺失或遭竊者。

四、其他經主管機關指定之重大輻射事故。

主管機關於接獲前項通知後，應派員檢查，並得命其停止與該事故有關之全部或一部之作業。

第 1 項事故發生後，設施經營者除應依相關規定負責清理外，並應依規定實施調查、分析、記錄及於期限內向主管機關提出報告。

設施經營者於第 1 項之事故發生時，除採取必要之防護措施外，非經主管機關核准，不得移動或破壞現場。

第 14 條　從事或參與輻射作業之人員，以年滿 18 歲者為限。但基於教學或工作訓練需要，於符合特別限制情形下，得使 16 歲以上未滿 18 歲者參與輻射作業。

任何人不得令未滿 16 歲者從事或參與輻射作業。

雇主對告知懷孕之女性輻射工作人員，應即檢討其工作條件，以確保妊娠期間胚胎或胎兒所受之曝露不超過游離輻射防護安全標準之規定；其有超過之虞者，雇主應改善其工作條件或對其工作為適當之調整。

雇主對在職之輻射工作人員應定期實施從事輻射作業之防護及預防輻射意外事故所必要之教育訓練，並保存紀錄。

輻射工作人員對於前項教育訓練，有接受之義務。

第 1 項但書規定之特別限制情形與第四項教育訓練之實施及其紀錄保存等事項，由主管機關會商有關機關定之。

第 15 條　為確保輻射工作人員所受職業曝露不超過劑量限度並合理抑低，雇主應對輻射工作人員實施個別劑量監測。但經評估輻射作業對輻射工作人員 1 年之曝露不可能超過劑量限度之一定比例者，得以作業環境監測或個別劑量抽樣監測代之。

前項但書規定之一定比例，由主管機關定之。

第 1 項監測之度量及評定，應由主管機關認可之人員劑量評定機構辦理；人員劑量評定機構認可及管理之辦法，由主管機關定之。

雇主對輻射工作人員實施劑量監測結果，應依主管機關之規定記錄、保存、告知當事人。

主管機關為統計、分析輻射工作人員劑量，得自行或委託有關機關

（構）、學校或團體設置人員劑量資料庫。

第 16 條　雇主僱用輻射工作人員時，應要求其實施體格檢查；對在職之輻射工作人員應實施定期健康檢查，並依檢查結果為適當之處理。

輻射工作人員因一次意外曝露或緊急曝露所接受之劑量超過五十毫西弗以上時，雇主應即予以包括特別健康檢查、劑量評估、放射性污染清除、必要治療及其他適當措施之特別醫務監護。

前項輻射工作人員經特別健康檢查後，雇主應就其特別健康檢查結果、曝露歷史及健康狀況等徵詢醫師、輻射防護人員或專家之建議後，為適當之工作安排。

第 1 項健康檢查及第 2 項特別醫務監護之費用，由雇主負擔。

第 1 項體格檢查、健康檢查及第 2 項特別醫務監護之紀錄，雇主應依主管機關之規定保存。

第 2 項所定特別健康檢查，其檢查項目由主管機關會同中央衛生主管機關定之。

輻射工作人員對於第 1 項之檢查及第 2 項之特別醫務監護，有接受之義務。

第 17 條　為提昇輻射醫療之品質，減少病人可能接受之曝露，醫療機構使用經主管機關公告應實施醫療曝露品質保證之放射性物質、可發生游離輻射設備或相關設施，應依醫療曝露品質保證標準擬訂醫療曝露品質保證計畫，報請主管機關核准後始得為之。

醫療機構應就其規模及性質，依規定設醫療曝露品質保證組織、專業人員或委託相關機構，辦理前項醫療曝露品質保證計畫相關事項。

第 1 項醫療曝露品質保證標準與前項醫療曝露品質保證組織、專業人員設置及委託相關機構之管理辦法，由主管機關會同中央衛生主管機關定之。

第 18 條　醫療機構對於協助病人接受輻射醫療者，其有遭受曝露之虞時，應

事前告知及施以適當之輻射防護。

第 19 條　主管機關應選定適當場所，設置輻射監測設施及採樣，從事環境輻射監測，並公開監測結果。

第 20 條　主管機關發現公私場所有遭受輻射曝露之虞時，得派員攜帶證明文件進入檢查或偵測其游離輻射狀況，並得要求該場所之所有人、使用人、管理人或其他代表人提供有關資料。

前項之檢查或偵測，主管機關得會同有關機關為之。

第 21 條　商品非經主管機關許可，不得添加放射性物質。

前項放射性物質之添加量，不得逾越主管機關核准之許可量。

第 22 條　商品對人體造成之輻射劑量，於有影響公眾健康之虞時，主管機關應會同有關機關實施輻射檢查或偵測。

前項商品經檢查或偵測結果，如有違反標準或有危害公眾健康者，主管機關應公告各該商品品名及其相關資料，並命該商品之製造者、經銷者或持有者為一定之處理。

前項標準，由主管機關會商有關機關定之。

第 23 條　為防止建築材料遭受放射性污染，主管機關於必要時，得要求相關廠商實施原料及產品之輻射檢查、偵測或出具無放射性污染證明。其管理辦法，由主管機關定之。

前項原料、產品之輻射檢查、偵測及無放射性污染證明之出具，應依主管機關之規定或委託主管機關認可之機關（構）、學校或團體為之。

第 1 項建築材料經檢查或偵測結果，如有違反前條第 3 項規定之標準者，依前條第 2 項規定處理。

第 2 項之機關（構）、學校或團體執行第 1 項所訂業務，應以善良管理人之注意為之，並負忠實義務。

第 24 條　直轄市、縣（市）主管建築機關對於施工中之建築物所使用之鋼筋或鋼骨，得指定承造人會同監造人提出無放射性污染證明。

主管機關發現建築物遭受放射性污染時，應立即通知該建築物之居民及所有人。

前項建築物之輻射劑量達一定劑量者，主管機關應造冊函送該管直轄市、縣（市）地政主管機關將相關資料建檔，並開放民眾查詢。

放射性污染建築物事件防範及處理之辦法，由主管機關定之。

第 25 條　為保障民眾生命財產安全，建築物有遭受放射性污染之虞者，其移轉應出示輻射偵測證明。

前項有遭受放射性污染之虞之建築物，主管機關應每年及視實際狀況公告之。

第 1 項之輻射偵測證明，應由主管機關或經主管機關認可之機關（構）或團體開立之。其辦法，由主管機關定之。

前項之機關（構）或團體執行第 3 項所訂業務，應以善良管理人之注意為之，並負忠實義務。

第 26 條　從事輻射防護服務相關業務者，應報請主管機關認可後始得為之。

前項輻射防護服務相關業務之項目、應具備之條件、認可之程序、認可證之核發、換發、補發、廢止及其他應遵行事項之管理辦法，由主管機關定之。

從事第 1 項業務者執行業務時，應以善良管理人之注意為之，並負忠實義務。

第 27 條　發生核子事故以外之輻射公害事件，而有危害公眾健康及安全或有危害之虞者，主管機關得會同有關機關採行干預措施；必要時，並得限制人車進出或強制疏散區域內人車。

主管機關對前項輻射公害事件，得訂定干預標準及處理辦法。

主管機關採行第一項干預措施所支出之各項費用，於知有負賠償義務之人時，應向其求償。

對於第 1 項之干預措施，不得規避、妨礙或拒絕。

第 28 條　主管機關為達成本法管制目的，得就有關輻射防護事項要求設施經

營者、雇主或輻射防護服務業者定期提出報告。

前項報告之項目、內容及提出期限，由主管機關定之。

第三章　放射性物質、可發生游離輻射設備或輻射作業之管理

第 29 條　除本法另有規定者外，放射性物質、可發生游離輻射設備或輻射作業，應依主管機關之指定申請許可或登記備查。

經指定應申請許可者，應向主管機關申請審查，經許可或發給許可證後，始得進行輻射作業。

經指定應申請登記備查者，應報請主管機關同意登記後，始得進行輻射作業。

置有高活度放射性物質或高能量可發生游離輻射設備之高強度輻射設施之運轉，應由合格之運轉人員負責操作。

第 2 項及第 3 項申請許可、登記備查之資格、條件、前項設施之種類與運轉人員資格、證書或執照之核發、有效期限、換發、補發、廢止及其他應遵行事項之辦法，由主管機關定之。

第 2 項及第 3 項之物質、設備或作業涉及醫用者，並應符合中央衛生法規之規定。

第 30 條　放射性物質之生產與其設施之建造及可發生游離輻射設備之製造，非經向主管機關申請審查，發給許可證，不得為之。

放射性物質生產設施之運轉，應由合格之運轉人員負責操作；其資格、證書或執照之核發、有效期限、換發、補發、廢止及其他應遵行事項之辦法，由主管機關定之。

第 1 項生產或製造，應於開始之日起 15 日內，報請主管機關備查；其生產紀錄或製造紀錄與庫存及銷售紀錄，應定期報送主管機關；主管機關得隨時派員檢查之。

第 1 項放射性物質之生產或可發生游離輻射設備之製造，屬於醫療用途者，並應符合中央衛生法規之規定。

第 31 條　操作放射性物質或可發生游離輻射設備之人員，應受主管機關指定之訓練，並領有輻射安全證書或執照。但領有輻射相關執業執照經主管機關認可者或基於教學需要在合格人員指導下從事操作訓練者，不在此限。

前項證書或執照，於操作一定活度以下之放射性物質或一定能量以下之可發生游離輻射設備者，得以訓練代之；其一定活度或一定能量之限值，由主管機關定之。

第 1 項人員之資格、訓練、證書或執照之核發、有效期限、換發、補發、廢止與前項訓練取代證書或執照之條件及其他應遵行事項之管理辦法，由主管機關會商有關機關定之。

第 32 條　依第 29 條第 2 項規定核發之許可證，其有效期間最長為 5 年。期滿需繼續輻射作業者，應於屆滿前，依主管機關規定期限申請換發。

依第 30 條第 1 項規定核發之許可證，其有效期間最長為 10 年。期滿需繼續生產或製造者，應於屆滿前，依主管機關規定期限申請換發。

前 2 項許可證有效期間內，設施經營者應對放射性物質、可發生游離輻射設備或其設施，每年至少偵測 1 次，提報主管機關偵測證明備查，偵測項目由主管機關定之。

第 33 條　許可、許可證或登記備查之記載事項有變更者，設施經營者應自事實發生之日起 30 日內，向主管機關申請變更登記。

第 34 條　放射性物質、可發生游離輻射設備之使用或其生產製造設施之運轉，其所需具備之安全條件與原核准內容不符者，設施經營者應向主管機關申請核准停止使用或運轉，並依核准之方式封存或保管。

前項停止使用之放射性物質、可發生游離輻射設備或停止運轉之生產製造設施，其再使用或再運轉，應先報請主管機關核准，始得為之。

第 35 條　放射性物質、可發生游離輻射設備之永久停止使用或其生產製造設

施之永久停止運轉，設施經營者應將其放射性物質或可發生游離輻射設備列冊陳報主管機關，並退回原製造或銷售者、轉讓、以放射性廢棄物處理或依主管機關規定之方式處理，其處理期間不得超過3個月。但經主管機關核准者，得延長之。

前項之生產製造設施或第 29 條第 4 項之高強度輻射設施永久停止運轉後 6 個月內，設施經營者應擬訂設施廢棄之清理計畫，報請主管機關核准後實施，應於永久停止運轉後 3 年內完成。

前項清理計畫實施期間，主管機關得隨時派員檢查；實施完畢後，設施經營者應報請主管機關檢查。

第 36 條　放射性物質、可發生游離輻射設備或其生產製造設施有下列情形之一者，視為永久停止使用或運轉，應依前條之規定辦理：

一、未依第 34 條第 1 項規定，報請主管機關核准停止使用或運轉，持續達 1 年以上。

二、核准停止使用或運轉期間，經主管機關認定有污染環境、危害人體健康且無法改善或已不堪使用。

三、經主管機關廢止其許可證。

第 37 條　本章有關放射性物質之規定，於核子原料、核子燃料或放射性廢棄物不適用之。

第四章　罰則

第 38 條　有下列情形之一者，處 3 年以下有期徒刑、拘役或科或併科新臺幣 300 萬元以下罰金：

一、違反第 7 條第 2 項規定，擅自或未依核准之輻射防護計畫進行輻射作業，致嚴重污染環境。

二、違反第 9 條第 1 項規定，擅自排放含放射性物質之廢氣或廢水，致嚴重污染環境。

三、未依第 29 條第 2 項、第 3 項規定取得許可、許可證或經同意登

記，擅自進行輻射作業，致嚴重污染環境。

四、未依第 30 條第 1 項規定取得許可證，擅自進行生產或製造，致嚴重污染環境。

五、棄置放射性物質。

六、依本法規定有申報義務，明知為不實事項而申報或於業務上作成之文書為不實記載。

前項第 1 款至第 4 款所定嚴重污染環境之標準，由主管機關會同有關機關定之。

第 39 條 有下列情形之一者，處 1 年以下有期徒刑、拘役或科或併科新臺幣 100 萬元以下罰金：

一、不遵行主管機關依第 11 條第 1 項或第 13 條第 2 項規定所為之停止作業命令。

二、未依第 21 條第 1 項規定，經主管機關許可，擅自於商品中添加放射性物質，經令其停止添加或回收而不從。

三、違反第 22 條第 2 項或第 23 條第 3 項規定，未依主管機關命令為一定之處理。

四、未依第 35 條第 2 項規定提出設施清理計畫或未依期限完成清理，經主管機關通知限期提出計畫或完成清理，屆期仍未遵行。

第 40 條 法人之負責人、法人或自然人之代理人、受雇人或其他從業人員，因執行業務犯第 38 條或前條之罪者，除處罰其行為人外，對該法人或自然人亦科以各該條之罰金。

第 41 條 有下列情形之一者，處新臺幣 60 萬元以上 300 萬元以下罰鍰，並令其限期改善；屆期未改善者，按次連續處罰，並得令其停止作業；必要時，廢止其許可、許可證或登記：

一、違反第 7 條第 2 項規定，擅自或未依核准之輻射防護計畫進行輻射作業。

二、違反第 9 條第 1 項規定，擅自排放含放射性物質之廢氣或廢水。

三、違反第 10 條第 2 項規定，擅自進行輻射作業。

四、反第 21 條第 1 項規定，擅自於商品中添加放射性物質。

五、未依第 29 條第 2 項規定取得許可或許可證，擅自進行輻射作業。

六、未依第 30 條第 1 項規定取得許可證，擅自進行生產、建造或製造。

七、違反第 35 條第 2 項規定，未於 3 年內完成清理。

第 42 條　有下列情形之一者，處新臺幣 40 萬元以上 200 萬元以下罰鍰，並令其限期改善；屆期未改善者，按次連續處罰，並得令其停止作業；必要時，廢止其許可、許可證或登記：

一、違反主管機關依第五條規定所定之游離輻射防護安全標準且情節重大。

二、違反主管機關依第 6 條規定所定之放射性物質安全運送規則且情節重大。

三、違反第 8 條、第 10 條第 1 項、第 13 條第 4 項或第 34 條規定。

四、規避、妨礙或拒絕依第 11 條第 1 項、第 13 條第 2 項、第 30 條第 3 項或第 35 條第 3 項規定之檢查。

五、未依第 13 條第 1 項規定通知主管機關。

六、未依第 13 條第 3 項規定清理。

七、違反第 18 條規定，未對協助者施以輻射防護。

八、商品中添加之放射性物質逾越主管機關依第 21 條第 2 項規定核准之許可量。

九、規避、妨礙或拒絕主管機關依第 22 條第 1 項規定實施之商品輻射檢查或偵測。

十、違反第 29 條第 4 項或第 30 條第 2 項規定，僱用無證書(或執照)人員操作或無證書（或執照）人員擅自操作。

十一、未依第 35 條第 2 項規定提出清理計畫。

第 43 條　有下列情形之一者，處新臺幣 10 萬元以上 50 萬元以下罰鍰，並令其限期改善；屆期未改善者，按次連續處罰，並得令其停止作業：

一、違反第 7 條第 1 項、第 14 條第 1 項、第 2 項、第 3 項、第 17 條第 1 項或第 2 項規定。

二、未依第 13 條第 3 項規定實施調查、分析。

三、未依第 15 條第 1 項規定實施人員劑量監測。

四、未依第 29 條第 3 項規定經同意登記，擅自進行輻射作業。

五、違反第 31 條第 1 項規定，僱用無證書（或執照）人員操作或無證書（或執照）人員擅自操作。

六、未依第 35 條第 1 項規定處理放射性物質或可發生游離輻射設備。

第 44 條　有下列情形之一者，處新臺幣 5 萬元以上 25 萬元以下罰鍰，並令其限期改善；屆期未改善者，按次連續處罰，並得令其停止作業：

一、違反主管機關依第五條規定所定之游離輻射防護安全標準。

二、違反主管機關依第 6 條規定所定之放射性物質安全運送規則。

三、未依第 14 條第 4 項規定實施教育訓練。

四、違反主管機關依第 15 條第 3 項規定所定之認可及管理辦法。

五、違反第 16 條第 2 項、第 3 項或第 27 條第 4 項規定。

六、違反第 23 條第 1 項或第 24 條第 1 項規定，未依主管機關或主管建築機關要求實施輻射檢查、偵測或出具無放射性污染證明。

七、違反第 25 條第 3 項開立辦法者。

八、違反第 26 條第 1 項規定或主管機關依同條第 2 項規定所定之管理辦法規定。

九、依本法規定有記錄、保存、申報或報告義務，未依規定辦理。

第 45 條　有下列情形之一者，處新臺幣 4 萬元以上 20 萬元以下罰鍰，並令其

限期改善；屆期未改善者，按次連續處罰，並得令其停止作業：

一、依第 15 條第 4 項或第 18 條規定有告知義務，未依規定告知。

二、違反第 16 條第 1 項、第 4 項或第 33 條規定。

三、規避、妨礙或拒絕主管機關依第 20 條第 1 項規定實施之檢查、偵測或要求提供有關資料。

四、違反第 31 條第 1 項規定，僱用未經訓練之人員操作或未經訓練而擅自操作。

第 46 條　輻射工作人員有下列情形之一者，處新臺幣 2 萬元以下罰鍰：

一、違反第 14 條第 5 項規定，拒不接受教育訓練。

二、違反第 16 條第 7 項規定，拒不接受檢查或特別醫務監護。

第 47 條　依本法通知限期改善或申報者，其改善或申報期間，除主管機關另有規定者外，為 30 日。但有正當理由，經主管機關同意延長者，不在此限。

第 48 條　依本法所處之罰鍰，經主管機關限期繳納，屆期未繳納者，依法移送強制執行。

第 49 條　經依本法規定廢止許可證或登記者，自廢止之日起，1 年內不得申請同類許可證或登記備查。

第 50 條　依本法處以罰鍰之案件，並得沒入放射性物質、可發生游離輻射設備、商品或建築材料。

違反本法經沒收或沒入之物，由主管機關處理或監管者，所需費用，由受處罰人或物之所有人負擔。

前項費用，經主管機關限期繳納，屆期未繳納者，依法移送強制執行。

第五章　附則

第 51 條　本法規定由主管機關辦理之各項認可、訓練、檢查、偵測或監測，主管機關得委託有關機關（構）、學校或團體辦理。

前項認可、訓練、檢查、偵測或監測之項目及其實施辦法，由主管機關會商有關機關定之。

第 52 條　主管機關依本法規定實施管制、核發證書、執照及受理各項申請，得分別收取審查費、檢查費、證書費及執照費；其費額，由主管機關定之。

第 53 條　輻射源所產生之輻射無安全顧慮者，免依本法規定管制。

前項豁免管制標準，由主管機關定之。

第 54 條　軍事機關之放射性物質、可發生游離輻射設備及其輻射作業之輻射防護及管制，應依本法由主管機關會同國防部另以辦法定之。

第 55 條　本法施行前已設置之放射性物質、可發生游離輻射設備之生產、製造與其設施、輻射工作場所、已許可之輻射作業及已核發之人員執照、證明書，不符合本法規定者，應自本法施行之日起 2 年內完成改善、辦理補正或換發。但經主管機關同意者得延長之，延長以 1 年為限。

第 56 條　本法施行細則，由主管機關定之。

第 57 條　本法施行日期，由行政院定之。

4.2 ｜游離輻射防護法施行細則

中華民國 91 年 12 月 25 日會輻字第 0910025075 號令
發布全文 25 條，97 年 2 月 22 日修正

第 1 條　本細則依游離輻射防護法（以下簡稱本法）第 56 條規定訂定之。

第 2 條　設施經營者依本法第 7 條第 2 項規定擬訂輻射防護計畫，應參酌下列事項規劃：

一、輻射防護管理組織及權責。

二、人員防護。

三、醫務監護。

四、地區管制。

五、輻射源管制。

六、放射性物質廢棄。

七、意外事故處理。

八、合理抑低措施。

九、紀錄保存。

十、其他主管機關指定之事項。

第 3 條 設施經營者依本法第 9 條第 1 項規定實施輻射安全評估,應以書面載明下列事項,向主管機關申請核准:

一、輻射作業說明。

二、計劃排放廢氣或廢水所含放射性物質之性質、種類、數量、核種及活度。

三、場所外圍情況描述。

四、防止環境污染之監測設備與處理程序及設計。

五、其他主管機關指定之事項。

設施經營者依本法第 9 條第 2 項規定記錄含放射性物質廢氣或廢水之排放,應載明排放之日期、所含放射性物質之種類、數量、核種、活度、監測設備及其校正日期。

前項排放紀錄,除報經主管機關核准者外,應於每年 7 月 1 日至 15 日及次年 1 月 1 日至 15 日之期間內向主管機關申報;其保存期限,除屬核子設施者為 10 年外,餘均為 3 年。

第 4 條 設施經營者依本法第 13 條第 3 項規定向主管機關提出實施調查、分析及記錄之報告,應載明下列事項:

一、含人、事、時、地、物之事故描述。

二、事故原因分析。

三、輻射影響評估。

四、事故處理經過、善後措施及偵測紀錄。

五、檢討改善及防範措施。

六、其他經主管機關指定之事項。

前項報告，除報經主管機關核准者外，應於事故發生之日起或自知悉之日起 30 日內，向主管機關提出之。

第 5 條　雇主依本法第 14 條第 4 項規定對在職之輻射工作人員定期實施之教育訓練，應參酌下列科目規劃，且每人每年受訓時數須為 3 小時以上，其中 1/2 訓練時數得以播放錄影帶、光碟或視訊等方式代之，並保存記錄：

一、輻射基礎課程。

二、輻射度量及劑量。

三、輻射生物效應。

四、輻射防護課程。

五、原子能相關法規。

六、安全作業程序及工作守則。

七、主管機關提供之相關資訊。

前項訓練之授課人員，應由輻射防護人員，或於教育部認可之國內、外大專校院相關科系畢業，且在公、私立機構、學校、研究單位從事輻射防護實務工作 5 年以上之人員擔任。

依第 1 項規定所為之紀錄，應記載參加訓練人員之姓名與參加訓練之時間、地點、時數、訓練科目及授課人員等相關資料，並至少保存 10 年。

第 6 條　本法第 15 條第 1 項但書所定劑量限度之一定比例，為劑量限度之 3/10；其有效劑量為 6 毫西弗，眼球水晶體之等價劑量為 50 毫西弗，皮膚及四肢之等價劑量為 150 毫西弗。

本法第 15 條第 1 項但書所稱作業環境監測，指作業場所具備有用於監測工作位置之輻射劑量（率）監測器，且其監測結果足以代表輻射工作人員所接受之劑量。

第 7 條　雇主依本法第 15 條第 1 項規定對輻射工作人員實施個別劑量監測，應記錄每一輻射工作人員之職業曝露歷史紀錄，並依規定定期及逐年記錄每一輻射工作人員之職業曝露紀錄。

前項紀錄，雇主應自輻射工作人員離職或停止參與輻射工作之日起，至少保存 30 年，並至輻射工作人員年齡超過 75 歲。

輻射工作人員離職時，雇主應向其提供第 1 項之紀錄。

第 8 條　本法第 16 條第 1 項所定之體格檢查、定期健康檢查及第五項之紀錄保存，準用勞工健康保護規則之規定。

第 9 條　本法第 16 條第 2 項所稱意外曝露，指於不可預料情況下接受超過劑量限度之曝露；所稱劑量，指有效劑量。

第 10 條　本法第 17 條第 1 項、第 2 項及第 18 條所稱醫療機構，指依醫療法規定供醫師執行醫療業務之機構及依醫事放射師法規定設立之醫事放射所。

第 11 條　本法第 23 條第 2 項所稱主管機關認可之機關（構）、學校或團體，指依輻射防護服務相關業務管理辦法之規定，報經主管機關認可從事輻射防護偵測業務之機關（構）、學校或團體。

第 12 條　依本法第 30 條第 1 項規定申請放射性物質生產設施之建造許可者，應於預定建造日期 6 個月前填具申請書，並檢附下列文件及資料，向主管機關申請審查：

一、公司登記證明文件或其他設立證件。

二、放射性物質之物理、化學及輻射性質。

三、生產方法、生產計畫及銷售計畫。

四、品質保證計畫。

五、輻射安全評估報告、輻射防護計畫及安全作業程序。

六、放射性廢棄物處理計畫。

七、其他主管機關指定之文件或資料。

第 13 條　依本法第 30 條第 1 項規定申請放射性物質之生產許可者，應於生產

設施建造完成後先提出試運轉計畫、運轉人員及輻射防護人員證書影本，向主管機關申請核准進行試運轉。

依前項規定進行試運轉完成後，應於計畫開始生產日期 3 個月前填具申請書，並檢附試運轉報告，向主管機關申請生產許可審查。

第 14 條　依本法第 30 條第 1 項規定申請可發生游離輻射設備之製造許可者，應於預定製造日期 6 個月前填具申請書，並檢附下列文件及資料，向主管機關申請審查：

一、公司登記證明文件或其他設立證件。

二、產品構造、圖說與其發生游離輻射之原理及設備原型。

三、製造計畫及銷售計畫。

四、檢驗規格與方法及品質保證計畫。

五、輻射安全評估報告及輻射防護計畫。

六、運轉人員執照及輻射防護人員證書影本。

七、測試場所屏蔽設計資料。

八、其他主管機關指定之文件或資料。

第 15 條　依本法第 30 條第 3 項規定應定期報送主管機關之各項紀錄，除報經主管機關核准者外，應於每季結束後 1 個月內，報送主管機關，並至少保存 5 年。

第 16 條　依本法第 32 條第 1 項或第 2 項規定向主管機關申請換發許可證之期限如下：

一、第 1 項規定之申請期限為許可證有效期限屆滿前 60 日至 30 日。

二、第 2 項規定之申請期限為許可證有效期限屆滿前 9 個月至 6 個月。

第 17 條　依本法第 32 條第 2 項規定向主管機關申請換發許可證者，應填具申請書，並檢附下列文件及資料：

一、公司登記證明文件或其他設立證件。

二、輻射安全評估報告。

第 18 條　設施經營者依本法第 32 條第 3 項規定所為之偵測，除其他法規另有規定外，應於每年 12 月 31 日前，將該年偵測證明提報主管機關備查。

第 19 條　本法第 34 條第 1 項所稱安全條件與原核准內容不符者，指有下列各款情形之一：

一、輻射作業場所依本法規定需由合格人員負責操作，其操作人員離職，而未於 30 日內補足者。

二、輻射作業場所依本法第 7 條第 1 項規定設置之輻射防護人員離職，而未於 3 個月內補足者。

三、放射性物質之機具、可發生游離輻射設備或其生產製造設施損壞，而未於 6 個月內修復者。

四、放射性物質活度衰減至無法達成原申請目的之用途，而未於 6 個月內更換者。

五、因外力不可抗拒因素致輻射作業場所屏蔽或防止輻射洩漏設施損壞，而未於 6 個月內修復者。

六、其他經主管機關認定之情形。

第 20 條　依本法第 34 條第 2 項規定申請停止使用之放射性物質、可發生游離輻射設備或停止運轉之生產製造設施之再使用或再運轉，應檢附下列文件及資料，報請主管機關核准：

一、前條第 1 款情形為合格人員證書及在職證明。

二、前條第 2 款情形為輻射防護人員認可證明及在職證明。

三、前條第 3 款情形為設備測試報告。

四、前條第 4 款情形為放射性物質之證明文件及測試報告。

五、前條第 5 款情形為場所輻射安全測試報告。

六、前條第 6 款情形為主管機關指定之文件或資料。

第 21 條　放射性物質、可發生游離輻射設備之永久停止使用或其生產製造設施之永久停止運轉，設施經營者依本法第 35 條第 1 項規定退回原製

造或銷售者、轉讓或以放射性廢棄物處理時，應依放射性物質與可發生游離輻射設備及其輻射作業管理辦法之規定辦理。

第 22 條　本法第 35 條第 1 項所稱主管機關規定之方式如下：

一、可發生游離輻射設備永久停止使用時，應報經主管機關核准，將主管機關指定之部分自行破壞至不堪使用狀態，並拍照留存備查或報請主管機關派員檢查。

二、非密封放射性物質使用設施及場所永久停止使用時，應依主管機關核准之計畫完成除污，並報請主管機關檢查。

第 23 條　設施經營者依本法第 35 條第 3 項規定擬訂設施廢棄清理計畫，應參酌下列事項規劃：

一、組織與責任及人員之教育訓練。

二、設施之運轉歷史描述。

三、設施之輻射狀況評估。

四、輻射劑量評估及防護措施。

五、除污方案。

六、放射性物質廢棄處理方案。

七、輻射意外事件應變方案。

八、品質保證方案。

九、其他主管機關指定之事項。

第 24 條　本細則所定書表文件格式，由主管機關另定之。

第 25 條　本細則自本法施行之日施行。

本細則修正條文自發布日施行。

4.3 ｜游離輻射防護安全標準

中華民國 92 年 1 月 30 日會輻字第 0920002499 號令發布全文 20 條及附表 1
至附表 5，自 92 年 2 月 1 日施行、94 年 12 月 30 日修正

第 1 條　本標準依游離輻射防護法第 5 條規定訂定之。

第 2 條　本標準用詞定義如下：

一、核種：指原子之種類，由核內之中子數、質子數及核之能態區
分之。

二、體外曝露：指游離輻射由體外照射於身體之曝露。

三、體內曝露：指由侵入體內之放射性物質所產生之曝露。

四、活度：指一定量之放射性核種在某一時間內發生之自發衰變數
目，其單位為貝克，每秒自發衰變一次為一貝克。

五、劑量：指物質吸收之輻射能量或其當量。

（一）吸收劑量：指單位質量物質吸收輻射之平均能量，其單位
為戈雷，一千克質量物質吸收一焦耳能量為一戈雷。

（二）等效劑量：指人體組織或器官之吸收劑量與射質因數之乘
積，其單位為西弗，射質因數依附表一之一（一）規定。

（三）個人等效劑量：指人體表面定點下適當深度處軟組織體外
曝露之等效劑量。對於強穿輻射，為十毫米深度處軟組織；
對於弱穿輻射，為 0.07 毫米深度處軟組織；眼球水晶體之
曝露，為 3 毫米深度處軟組織，其單位為西弗。

（四）器官劑量：指單位質量之組織或器官吸收輻射之平均能量，
其單位為戈雷。

（五）等價劑量：指器官劑量與對應輻射加權因數乘積之和，其
單位為西弗，輻射加權因數依附表一之一（二）規定。

（六）約定等價劑量：指組織或器官攝入放射性核種後，經過一
段時間所累積之等價劑量，其單位為西弗。一段時間為自

放射性核種攝入之日起算,對十七歲以上者以五十年計算;
對未滿十七歲者計算至七十歲。

(七) 有效劑量:指人體中受曝露之各組織或器官之等價劑量
與各該組織或器官之組織加權因數乘積之和,其單位為西
弗,組織加權因數依附表一之二規定。

(八) 約定有效劑量:指各組織或器官之約定等價劑量與組織加
權因數乘積之和,其單位為西弗。

(九) 集體有效劑量:指特定群體曝露於某輻射源,所受有效劑
量之總和,亦即為該特定輻射源曝露之人數與該受曝露群
組平均有效劑量之乘積,其單位為人西弗。

六、參考人:指用於輻射防護評估目的,由國際放射防護委員會提
出,代表人體與生理學特性之總合。

七、年攝入限度:指參考人在一年內攝入某一放射性核種而導致五
十毫西弗之約定有效劑量或任一組織或器官五百毫西弗之約定
等價劑量兩者之較小值。

八、推定空氣濃度:為某一放射性核種之推定值,指該放射性核種
在每一立方公尺空氣中之濃度。參考人在輕微體力之活動中,
於一年中呼吸此濃度之空氣二千小時,將導致年攝入限度。

九、輻射之健康效應區分如下:

(一) 確定效應:指導致組織或器官之功能損傷而造成之效應,
其嚴重程度與劑量大小成比例增加,此種效應可能有劑量
低限值。

(二) 機率效應:指致癌效應及遺傳效應,其發生之機率與劑量
大小成正比,而與嚴重程度無關,此種效應之發生無劑量
低限值。

十、合理抑低:指盡一切合理之努力,以維持輻射曝露在實際上遠
低於本標準之劑量限度。其原則為:

(一) 須符合原許可之活動。

(二) 須考慮技術現狀、改善公共衛生及安全之經濟效益以及社會與社會經濟因素。

(三) 須為公共之利益而利用輻射。

十一、關鍵群體：指公眾中具代表性之人群，其對已知輻射源及曝露途徑，曝露相當均勻，且此群體成員劑量為最高者。

十二、人體組織等效球：指直徑為 300 毫米，密度為每立方毫米 1 毫克之球體，其質量組成為：

(一) 氧：76.2%。

(二) 碳：11.1%。

(三) 氫：10.1%。

(四) 氮：2.6%。

第 3 條　前條活度、吸收劑量、個人等效劑量、器官劑量、等價劑量、約定等價劑量、有效劑量、約定有效劑量及集體有效劑量之計算公式，依附表二之規定。

第 4 條　第 2 條第 5 款第 7 目有效劑量，得以度量或計算強穿輻射產生之個人等效劑量及攝入放射性核種產生之約定有效劑量之和表示。

前項強穿輻射產生之個人等效劑量或攝入放射性核種產生之約定有效劑量於 1 年內不超過 2 毫西弗時，體外曝露及體內曝露得不必相加計算。

第 5 條　輻射示警標誌如下圖所示，圖底為黃色，三葉形為紫紅色，圖內 R 為內圈半徑。輻射示警標誌以蝕刻、壓印等特殊方式製作時，其底色及三葉形符號之顏色得不受前項規定之限制。輻射示警標誌得視需要於標誌上或其附近醒目位置提供適當之示警內容。

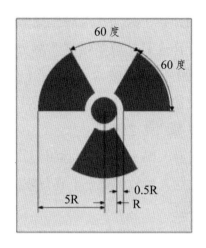

第 6 條　輻射作業應防止確定效應之發生及抑低機率效應之發生率，且符合
下列規定：

一、利益須超過其代價。

二、考慮經濟及社會因素後，一切曝露應合理抑低。

三、個人劑量不得超過本標準之規定值。

前項第 3 款個人劑量，指個人接受體外曝露及體內曝露所造成劑量
之總和，不包括由背景輻射曝露及醫療曝露所產生之劑量。

第 7 條　輻射工作人員職業曝露之劑量限度，依下列規定：

一、每連續 5 年週期之有效劑量不得超過 100 毫西弗，且任何單 1
年內之有效劑量不得超過 50 毫西弗。

二、眼球水晶體之等價劑量於 1 年內不得超過 150 毫西弗。

三、皮膚或四肢之等價劑量於 1 年內不得超過 500 毫西弗。

前項第一款五年週期，自民國 92 年 1 月 1 日起算。

第 8 條　雇主應依附表三之規定或其他經主管機關核可之方法，確認輻射工
作人員所接受之劑量符合前條規定。

供管制輻射工作人員體內曝露參考用之推定空氣濃度，依附表四之
一規定。

第 9 條　特別情形之輻射作業，經雇主及設施經營者評估採取合理抑低措施後，其對輻射工作人員之職業曝露如無法符合第 7 條第 1 項第 1 款規定者，應於輻射作業前檢具下列資料向主管機關申請許可，於許可之條件內不受第 7 條第 1 項第 1 款規定每連續五年週期之有效劑量不得超過 100 毫西弗之限制：

一、輻射作業內容、場所、期間及輻射工作人員名冊。

二、可能之最大個人有效劑量、集體有效劑量及其評估模式。

三、合理抑低措施。

四、載有同意接受劑量數值之輻射工作人員同意書。

五、輻射防護計畫。

前項輻射作業並應符合下列規定：

一、雇主及設施經營者應事先將可能遭遇之風險及作業中應採取之預防措施告知參與作業之輻射工作人員。

二、非有正當理由且經輻射工作人員同意，雇主不得以超過第 7 條第 1 項第 1 款規定之職業曝露限度為由，排除其參與日常工作或調整其職務。

三、所接受之劑量，應載入個人之劑量紀錄，並應與職業曝露之劑量分別記錄。

第 10 條　16 歲以上未滿 18 歲者接受輻射作業教學或工作訓練，其個人年劑量限度依下列規定：

一、有效劑量不得超過 6 毫西弗。

二、眼球水晶體之等價劑量不得超過 50 毫西弗。

三、皮膚或四肢之等價劑量不得超過 150 毫西弗。

第 11 條　雇主於接獲女性輻射工作人員告知懷孕後，應即檢討其工作條件，使其胚胎或胎兒接受與一般人相同之輻射防護。

前項女性輻射工作人員，其賸餘妊娠期間下腹部表面之等價劑量，不得超過 2 毫西弗，且攝入體內放射性核種造成之約定有效劑量不

得超過 1 毫西弗。

第 12 條　輻射作業造成一般人之年劑量限度，依下列規定：

一、有效劑量不得超過 1 毫西弗。

二、眼球水晶體之等價劑量不得超過 15 毫西弗。

三、皮膚之等價劑量不得超過 50 毫西弗。

第 13 條　設施經營者於規劃、設計及進行輻射作業時，對一般人造成之劑量，應符合前條之規定。

設施經營者得以下列兩款之一方式證明其輻射作業符合前條之規定：

一、依附表三或模式計算關鍵群體中個人所接受之劑量，確認一般人所接受之劑量符合前條劑量限度。

二、輻射工作場所排放含放射性物質之廢氣或廢水，造成邊界之空氣中及水中之放射性核種年平均濃度不超過附表四之二規定，且對輻射工作場所外地區中一般人體外曝露造成之劑量，於 1 小時內不超過 0.02 毫西弗，1 年內不超過 0.5 毫西弗。

第 14 條　含放射性物質之廢水排入污水下水道，應符合下列規定：

一、放射性物質須為可溶於水中者。

二、每月排入污水下水道之放射性物質總活度與排入污水下水道排水量所得之比值，不得超過附表四之二規定。

三、每年排入污水下水道之氚之總活度不得超過 1.85×10^{11} 貝克，碳 14 之總活度不得超過 3.7×10^{10} 貝克，其他放射性物質之活度總和不得超過 3.7×10^{10} 貝克。

第 15 條　設施經營者於特殊情況下，得於事前檢具下列資料，經主管機關許可後，不適用第 12 條第 1 款規定。但一般人之年有效劑量不得超過 5 毫西弗，且 5 年內之平均年有效劑量不得超過 1 毫西弗：

一、作業需求、時程及劑量評估。

二、對一般人劑量之管制及合理抑低措施。

第 16 條　主管機關為合理抑低集體有效劑量，得再限制輻射工作場所外地區

之輻射劑量或輻射工作場所之放射性物質排放量。

第 17 條　緊急曝露，應於符合下列情況之一時，始得為之：

一、搶救生命或防止嚴重危害。

二、減少大量集體有效劑量。

三、防止發生災難。

設施經營者對於接受緊急曝露之人員，應事先告知及訓練。

第 18 條　設施經營者應盡合理之努力，使接受緊急曝露人員之劑量符合下列規定：

一、為搶救生命，劑量儘可能不超過第 7 條第 1 項第 1 款單一年劑量限度之 10 倍。

二、除前款情況外，劑量儘可能不超過第 7 條第 1 項第 1 款單一年劑量限度之 2 倍。

接受緊急曝露之人員，除實際參與前條第 1 項規定之緊急曝露情況外，其所受之劑量，不得超過第 7 條之規定。

緊急曝露所接受之劑量，應載入個人之劑量紀錄，並應與職業曝露之劑量分別記錄。

第 19 條　液態閃爍計數器之閃爍液每公克所含氚或碳 14 之活度少於 1.85×10^3 貝克者，其排放不適用本標準之規定。

第 20 條　動物組織或屍體每公克含氚或碳 14 之活度少於 1.85×10^3 貝克者，其廢棄不適用本標準之規定。

第 21 條　本標準除第 2 條至第 7 條第 1 項、第 8 條至第 18 條修正條文，自中華民國 97 年 1 月 1 日施行者外，自發布日施行。

附表一　輻射防護常用量之加權因數

附表一之一　射質因數及輻射加權因數

(一) 射質因數

　　射質因數 Q(L) 為以國際放射防護委員會在第 60 號報告中規定之水中非限定線性能量轉移 L 表示之。

　　表一中各類輻射加權因數中未包括之輻射類型或能量，可以取人體組織等效球中 10 毫米深處之值作為 W_R 值，其公式如下：

$$\overline{Q} = \frac{1}{D} \int_0^\infty Q(L)D(L)dL \tag{1.1}$$

（1.1）式中 D 為吸收劑量，D(L) 為 D 對於 L 中之分布。

$$Q(L) = \begin{array}{l} 1 \ (\, L \leq 10 \,) \\ 0.32L - 2.2 \ (\, 10 < L \leq 100 \,) \\ 300/\sqrt{L} \ (\, L \geq 100 \,) \end{array} \tag{1.2}$$

（1.1）、（1.2）式中 L 之單位為千電子伏 / 微米（keV μm^{-1}）

(二) 輻射加權因數

　　輻射加權因數 WR 指為輻射防護目的，用於以吸收劑量計算組織與器官等價劑量之修正因數，係依體外輻射場之種類與能量或沉積於體內之放射性核種發射之輻射的種類與射質訂定者，能代表各種輻射之相對生物效應。本標準之輻射加權因數如下：

表一 ▌各類輻射加權因數 [1]

輻射種類與能量區間 [2]	輻射加權因數 W_R
所有能量之光子	1
所有能量之電子及 μ 介子 [3]	1
中子 [4] 能量 <10 千電子伏（keV）	5
10 千電子伏（MeV）-100 千電子伏（keV）	10
>100 千電子伏（MeV）-2 百萬電子伏（MeV）	20

輻射種類與能量區間[2]	輻射加權因數 W_R
＞2百萬電子伏（MeV）-20百萬電子伏（MeV）	10
＞20百萬電子伏（MeV）	5
質子 (回跳質子除外) 能量＞2百萬電子伏（MeV）	5
α粒子，分裂碎片，重核	20

(1) 表中數值均與入射至人體或發自體內之輻射有關。

(2) 表中未述及之輻射種類或能量範圍，其加權因數可依公式（1.1）及（1.2）求得。

(3) 束縛於去氧核醣核酸（DNA）之原子發射之奧杰電子（Auger electrons）除外。

(4) 中子之輻射加權因數詳如圖一所示。

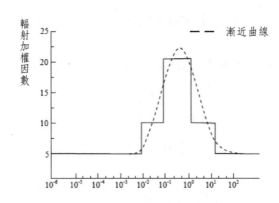

入射中子能量（百萬電子伏，MeV）

圖一 ‖中子之輻射加權因數

若中子輻射加權因數之計算必須使用連續函數，則可使用下列近似公式：

$$W_R = 5 + 17\, e^{-(\ln(2E))^2/6} \tag{1.3}$$

（1.3）式中 E 為中子能量（MeV）。

附表一之二　組織加權因數

組織加權因數 WT 指為輻射防護目的，用於以各組織或器官等價劑量 HT 計算有效劑量之修正因數。此一因數係考慮不同組織或器官對輻射曝露造成機率效應之敏感度而訂定，本標準之組織加權因數如下：

表二 ▌組織加權因數 [1]

組織或器官	組織加權因數 WT	組織或器官	組織加權因數 WT
性腺	0.20	肝	0.05
骨髓	0.12	食道	0.05
結腸	0.12	甲狀腺	0.05
肺	0.12	皮膚	0.01
胃	0.12	骨表面	0.01
膀胱	0.05	其餘組織或器官	0.05 [2][3]
乳腺	0.05		

[1] 表中的數值係由參考人口導出，此一參考人口具有相同人數之男女性別，及很廣之年齡範圍。在有效劑量之定義中，這些數值適用於工作人員、全人口及男女兩性。

[2] 其餘組織或器官：指腎上腺、腦、大腸之上段、小腸、腎、肌肉、胰、脾、胸腺以及子宮。這些組織或器官中包括可能受選擇性照射（selectively irradiated）之組織或器官。表中某些組織或器官已知易於受輻射誘發癌症。如果其他組織與器官未來經認定具癌之危險度，亦將納入本表，並引用指定之加權因數或納入其餘組織或器官。後者亦可包括可能受選擇性照射之組織或器官。

[3] 其餘組織或器官中其中單一項之等價劑量，若超過表中 12 個具有特定加權因數之組織或器官中任一具最高劑量者，則使用 0.025 為該組織或器官之加權因數，另 0.025 用以作為其餘組織或器官之平均劑量加權之用。

附表二　本標準使用之數學公式

1. 活度：在一定時刻，處於特定能態的一定量放射性核種在 dt 時間內發生自發衰變數目的期望值 dN 除以 dt，單位為貝克（Bq）。

   A = dN/dt

   其中：

   A：活度，單位為貝克（Bq)。每秒自發衰變一次為一貝克；

   dN：在時間間隔 dt 內，該核種從該能態發生自發衰變數目的期望值。

2. 吸收劑量：任何游離輻射，授予質量為 dm 的物質的平均能量 $d\bar{\varepsilon}$ 除以 dm，單位為戈雷（Gy）。

   $D = d\bar{\varepsilon}/dm$

   其中：

   D：吸收劑量，單位為戈雷（Gy）。一千克質量物質吸收一焦耳能量為一戈雷；

$d\bar{\varepsilon}$：平均能量，單位為焦耳（J）；

dm：授予質量，單位為千克質量（kg）。

3. 粒子通量：在空間之某點處射入以該點為中心的小球體的粒子數 dN 除以該球體的截面積 da。

$\Phi = dN/da$：粒子通量；

$\dot{\Phi} = d\Phi/dt$：粒子通量率。

4. 等價劑量：指器官劑量與對應輻射加權因數乘積之和。輻射 R 在組織或器官 T 中產生的等價劑量 $H_{T,R}$ 是組織或器官 T 中的平均吸收劑量 $D_{T,R}$ 與輻射加權因數 W_R 的乘積，單位為（$J \cdot kg^{-1}$），亦為西弗（Sv）。

$$H_{T,R} = D_{T,R} \cdot W_R$$

其中：

$H_{T,R}$：輻射 R 在組織或器官 T 中所產生的等價劑量，單位為西弗（Sv）；

W_R：輻射 R 的輻射加權因數，輻射加權因數依附表一之一規定；

$D_{T,R}$：輻射 R 在組織或器官 T 內的平均吸收劑量。

若輻射場是由具有不同 W_R 值的不同類型的輻射所組成時，等價劑量由下式表示：

$$H_T = \sum_R W_R D_{T,R}$$

其中：

H_T：組織或器官 T 中所受的等價劑量，單位為西弗（Sv）。

5. 有效劑量：指人體中受曝露之各組織或器官之等價劑量與各該組織或器官之組織加權因數乘積之和，單位為西弗（Sv）。

$$E = \sum_T W_T H_T$$

其中：

E：有效劑量，單位為西弗（Sv）；

H_T：組織或器官 T 所受的等價劑量，單位為西弗（Sv）；

W_T：組織或器官 T 的組織加權因數，組織加權因數依附表一之二規定。

由等價劑量的定義可得：

$$E = \sum_T W_T \cdot \sum_R W_R \cdot D_{T,R}$$

其中：

W_R：輻射 R 的輻射加權因數；

$D_{T,R}$：輻射 R 在組織或器官 T 內的平均吸收劑量。

6. 約定等價劑量：指組織或器官攝入放射性核種後，經過一段時間所累積之等價劑量，單位為西弗（Sv）。

$$H_T(\tau) = \int_{t_0}^{t_0+\tau} \dot{H}_T(t)dt$$

其中：

$H_T(\tau)$：約定等價劑量，單位為西弗（Sv）；

t_0：攝入放射性物質的時刻；

$\dot{H}_T(t)$：t 時刻組織或器官 T 的等價劑量率；

τ：攝入放射性物質之後經過的時間。

未對 τ 加以規定時，對 17 歲以上者，τ 取 50 年；對未滿 17 歲者，攝入計算至 70 歲。

7. 約定有效劑量：指各組織或器官之約定等價劑量與組織加權因數乘積之和，單位為西弗（Sv）：

$$E(\tau) = \sum_T W_T H_T(\tau)$$

其中：

$E(\tau)$：約定有效劑量，單位為西弗（Sv）；

$H_T(\tau)$：積分至 τ 時間時，組織或器官 T 的約定等價劑量；

W_T：組織或器官 T 的組織加權因數。

未對 τ 加以規定時，對 17 歲以上者，τ 取 50 年；對未滿 17 歲者，攝入計算至 70 歲。

8. 集體有效劑量：指特定群體曝露於某輻射源，所受有效劑量之總和，其定義為受到該特定輻射源曝露的人數乘該受曝露群組的平均有效劑量。對於一給定的輻射源受照群體所受的總有效劑量 S，單位為人西弗（man-Sv）：

$$S = \sum_i \overline{E}_i \cdot N$$

其中：

S：集體有效劑量，單位為人西弗（man-Sv）；

$\overline{E}_i$：群體分組 i 中成員的平均有效劑量；

N_i：該分組的成員數。

集體有效劑量亦可以用積分定義：

$$S = \int_0^\infty E \frac{dN}{dE} dE$$

其中：

$\frac{dN}{dE} dE$：所受的有效劑量在 E 和 E+dE 之間的成員數。

9. 個人等效劑量：以 $H_P(d)$ 表示，指人體表面定點下適當深度處軟組織體外曝露之等效劑量，單位為西弗（Sv）。

其中：

對於強穿輻射，d 取 10 毫米；

對於弱穿輻射，d 取 0.07 毫米；

若考慮眼球水晶體之曝露，d 取 3 毫米。

10. 周圍等效劑量：由國際輻射單位與度量委員會所定義，為地區監測之作業量。指輻射場中指定點之等效劑量，其定義為相應之擴展齊向場在人體組織等效球內逆齊向場之徑向，自球面起算深度軟組織處所產生之等效劑量。以 $H^*(d)$ 表示，單位為西弗（Sv）。

其中：

對於強穿輻射，d 取 10 毫米；

對於弱穿輻射，d 取 0.07 毫米；

若考慮眼球水晶體之曝露，d 取 3 毫米。

11. 定向等效劑量：由國際輻射單位與度量委員會所定義，為地區監測之作業量。指輻射場中指定點之等效劑量，其定義為相應之擴展場在人體組織等效球內沿徑向之自球面起算深度軟組織處所產生之等效劑量。以 $H'(d, \Omega)$ 表

示，單位為西弗（Sv）。

　其中：

對於強穿輻射，d 取 10 毫米；

對於弱穿輻射，d 取 0.07 毫米；

若考慮眼球水晶體之曝露，d 取 3 毫米。

12. 器官劑量：指單位質量之組織或器官吸收輻射之平均能量。人體某一特定組織或器官 T 內的平均吸收劑量。以 DT 表示，單位為戈雷（Gy）。

$$D_T = \frac{1}{m_T} \int_{m_T} D dm$$

　其中：

D_T：人體某一特定組織或器官 T 內的平均吸收劑量，單位為戈雷（Gy）；

m_T：組織或器官 T 的質量；

D：質量元 dm 內的吸收劑量。

13. 克馬 Kerma

克馬 K 定義為：

$$K = \frac{DE_{tr}}{dm}$$

dE_{tr} 為不帶電游離粒子在質量為 dm 的某一物質內釋出的全部帶電游離粒子的初始動能的總和。克馬的 SI 單位是焦耳每千克（$J \cdot kg^{-1}$），稱為戈雷（Gy）。

14. 工作基準：指空氣中之氡或 Rn-220 之各種短半化期子核完全衰變時，所發生阿伐粒子在單位體積空氣中的能量的總和，潛能濃度之計算單位，以 WL 表示。一 WL 指相當於一公升空氣中發射出之阿伐粒子能量為 1.3×10^5 百萬電子伏（MeV），如以國際制單位表示，一 WL 為每立方公尺 2.1×10^{-5} 焦耳（$J \cdot m^{-3}$）。

15. 工作基準月：指一個工作月期間（170 小時）曝露於氡或一工作基準之濃度下。以 WLM 表示。一 WLM 相當於每立方公尺 3.54×10^{-3} 焦耳・小時（$J \cdot h \cdot m^{-3}$），或 170WL・h。

附表三　個人劑量符合劑量限度之判斷及評估方法

一、有效劑量限度適用於主管機關規定之管制週期間由體外曝露產生之相關劑量與同一期間內攝入體內之放射性核種產生之約定有效劑量之和。

二、計算約定有效劑量之期限，對 17 歲以上者為自攝入之日起算 50 年，未滿 17 歲者為自攝入之日起至 70 歲止。

三、為確認或評定是否符合有效劑量限度，應視需要以指定期間內由強穿輻射曝露產生之個人等效劑量與同一期間內攝入放射性核種產生之約定有效劑量之和為評定依據。

四、應以下列方法之一評定有效劑量是否符合劑量限度：

(一) 計算總有效劑量 ET 是否符合有效劑量限度，公式如下：

$$ET = H_p(d) + \sum_j h(g)_{j,ing} \cdot I_{j,ing} + \sum_j h(g)_{j,inh} \cdot I_{j,inh}$$

式中 (1)$H_p(d)$ 係在指定期間內由強穿輻射之體外曝露產生之個人等效劑量。（註：$H_p(d)$ 為國際輻射單位與度量委員會（ICRU）定義之作業量，原則上適用於各種輻射，但能量範圍在一電子伏至 30 千電子伏之中子除外。當在這個能量範圍之中子造成之劑量占有效劑量之主要比例時，應蒐集適當之輔助資料以確定個人等效劑量與對應有效劑量間之關係）。

(2)$h(g)_{j,ing}$ 及 $h(g)_{j,inh}$ 分別為 g 年齡群組人員嚥入或吸入放射性核種 j 每單位攝入量產生之約定有效劑量。

(3)$I_{j,ing}$ 及 $I_{j,inh}$ 分別為在同一期間內經由嚥入或吸入途徑攝入放射性核種之量。

(二) 其他經主管機關認可之方法。

五、附表三之一為輻射工作人員吸入及嚥入每單位攝入量之放射性核種（氡子核與 Rn220 子核除外）產生之約定有效劑量 h(g)。

六、附表三之二為各種元素之化合物及用於計算輻射工作人員嚥入每單位攝入量放射性核種（氡子核與 Rn220 子核除外）所產生約定有效劑量對應之腸

轉移因數 f_1^1。

七、附表三之三為各種元素之化合物之肺吸收類別 [2,3] 及用於計算輻射工作人員吸入每單位攝入量放射性核種（氡子核與 Rn220 子核除外）所產生約定有效劑量之腸轉移因數 f_1。

八、附表三之四為一般人之個人嚥入每單位攝入量放射性核種（氡子核與 Rn220 子核除外）產生之約定有效劑量 h(g)。

九、附表三之五為一般人之個人吸入每單位攝入量放射性核種（氡子核與 Rn220 子核除外）產生之約定有效劑量 h(g)。

十、附表三之六為用於計算一般人之個人吸入每單位攝入量含放射性核種（氡子核與 Rn220 子核除外）之氣膠 [4,5]、氣體及蒸氣所產生約定有效劑量之肺吸收類別。

十一、附表三之七為輻射工作人員及一般人之個人吸入每單位攝入量含放射性核種（氡子核與 Rn220 子核除外）之可溶性或活性氣體及蒸氣產生之約定有效劑量 h(g)。

十二、附表三之八為氡子核及 Rn220 子核之攝入量及曝露量限度，附表三之九為用於附表三之八氡及氡子核之單位轉換係數；有關氡子核與 Rn220 子核之曝露，採用之劑量轉換係數（每單位阿伐潛能 [6] 產生之有效劑量）為：

（一）居室中之氡：1.1 西弗／（焦耳・小時・立方米 $^{-1}$）

（二）氡之職業曝露：1.4 西弗／（焦耳・小時・立方米 $^{-1}$）

（三）Rn220 之職業曝露：0.5 西弗／（焦耳・小時・立方米 $^{-1}$）

十三、附表三之十表為輻射工作人員及一般成年人受惰性氣體曝露之有效劑量率。

十四、體外輻射之作業量區分

體外輻射之作業量係為人員監測及輻射防護目的而定，區分為：

（一）人員監測使用之量為個人等效劑量 $H_p(d)$，d 為人體組織之深度。

（二）地區監測使用周圍等效劑量 [7,8,9]$H^*(d)$ 及定向等效劑量 [10,11]$H'(d, \Omega)$， d 指人體組織等效球之深度，Ω 為入射角。

　　在上述量中，對強穿輻射而言，d 取 10 毫米，對弱穿輻射而言，為評定皮膚與四肢劑量之目的，d 取 0.07 毫米；為評定眼球水晶體劑量之目的，d 取 3 毫米。

[1] 腸轉移因數：指攝入體內之放射性核種自胃腸道轉移至體液之量與攝入量之比值。
[2] 肺吸收類別：指國際放射防護委員會依其發展之呼吸道廓清模型將化合物粒子依經由呼吸攝入體內經由溶解或液化被血液吸收之吸收率所為之分類，區分為：
　　(1)F類：指經由呼吸道攝入，血液快速吸收後沉積於體內之物質，其生物半化期之預設值為：10分鐘。
　　(2)M類：指將自呼吸道攝入，血液以中速率吸收後沉積於體內之物質，其生物半化期之預設值為：10%為10分鐘，餘90%為140天。
　　(3)S類：指將自呼吸道攝入，血液以慢速率吸收後沉積於體內之難溶物質，其生物半化期之預設值為：0.1%為10分鐘，餘99.9%為7000天。
[3] 廓清：指物質以粒子轉移或血液吸收方式自呼吸道移除之過程。
[4] 氣膠：指含液體或固體微粒之氣態懸浮體。
[5] 微粒：指單獨存在之微小固體或氣體粒子，懸浮於氣態介質中。
[6] 阿伐潛能：指氡子核完全衰變為鉛210（不包括鉛210之衰變）和Rn220子核完全衰變為鉛208時所釋放出阿伐粒子之總能量。
[7] 周圍等效劑量：由國際輻射單位與度量委員會所定義，為地區監測之作業量。指輻射場中指定點之等效劑量，其定義為相應之擴展齊向場在人體組織等效球內逆齊向場之徑向，自球面起算深度軟組織處所產生之等效劑量，對於強穿輻射，指10毫米深度軟組織處；對於弱穿輻射深度軟組織處，指0.07毫米；若考慮眼球水晶體之曝露，指3毫米深度軟組織處。周圍等效劑量之單位為西弗。
[8] 擴展齊向場：國際輻射單位與度量委員會定義周圍等效劑量所假設之輻射場，由實際之輻射場導出。在此輻射場涵蓋體積範圍內，通量及能量分布與參考點上實際之輻射場相同，但通量為同向者。
[9] 粒子通量率：指單位時間內通過單位球截面積之粒子數目。
[10] 定向等效劑量：由國際輻射單位與度量委員會所定義，為地區監測作業量。指輻射場中指定點之等效劑量，其定義為相應之擴展場在人體組織等效球內沿徑向之自球面起算深度軟組織處所產生之等效劑量。對於強穿輻射，指10毫米深度軟組織處；對於弱穿輻射，指0.07毫米深度軟組織處；若考慮眼球水晶體之曝露，指3毫米深度軟組織處。定向等效劑量之單位為西弗。
[11] 擴展場：國際輻射單位與度量委員會為定義定向等效劑量目的所假設之輻射場，由實際之輻射場導出，在此輻射場涵蓋體積範圍內，通量、角分布及能量分布與參考點上實際之輻射場相同。

附表四　放射性核種管制限度

一、附表四之一列出每一放射性核種、肺吸收類別及輻射工作人員體內曝露參
　　考用之推定空氣濃度值。而附表四之二則列出每一放射性核種、肺吸收類
　　別、空氣與水中排放物平均濃度及污水下水道排放物濃度。

二、肺吸收類別：指國際放射防護委員會依其發展之呼吸道廓清模型將化合物
　　粒子依經由呼吸攝入體內經由溶解或液化被血液吸收之吸收率所為之分
　　類，區分為：

　　(一)F 類：指將自呼吸道為血液快速吸收之沉積於體內之物質，其生物半
　　　　　　化期之預設值為：10 分鐘。

　　(二)M 類：指將自呼吸道為血液以中速率吸收之沉積於體內之物質，其
　　　　　　生物半化期之預設值為：10% 為十分鐘，餘 90% 為 140 天。

　　(三)S 類：指將自呼吸道為血液以慢速率吸收之沉積於體內之難溶物質，
　　　　　　其生物半化期之預設值為：0.1% 為 10 分鐘，餘 99.9% 為 7000 天。

三、推定空氣濃度值係推定之限度，目的在管制長時期之曝露，其時間可長至
　　一年。

　　「推定空氣濃度」係依下列兩種情況之一推導出來：

　　(一) 對以攝入（約定有效劑量）為主要限制之核種：由輻射工作人員之
　　　　　年有效劑量限度 50 毫西弗除以 DCF×1000×2400。其中劑量轉換
　　　　　因數（DCF）為附表三之一輻射工作人員吸入每單位攝入量放射性核
　　　　　種產生之約定有效劑量 h(g)5μm；1000- 調整毫西弗至西弗之單位轉
　　　　　換；2400- 輻射工作人員參考人在輕度工作情況下每年吸入立方米之
　　　　　空氣體積 (參見 ICRP 第 66 號報告第 23 頁)。

　　(二) 對以氣態瀰漫（體外曝露）為主要限制之核種：由輻射工作人員之
　　　　　年有效劑量限度 50 毫西弗除以 DCN×1000×83.3。其中惰性氣體劑
　　　　　量轉換因數（DCN）為附表三之十成年人受惰性氣體曝露之有效劑
　　　　　量率；1000- 調整毫西弗至西弗之單位轉換；83.3- 調整天至年職業

曝露時間 2000 小時。

四、推定空氣濃度值與某單一核種進入體內之途徑有關,且包括母核種在體內衰變產生各子核種之適當容許量。但同時攝入母核種與子核種時,則應按混合物之方法處理之。

五、推定空氣濃度不能直接應用於工作人員同時嚥入及吸入一放射性核種,以及工作人員曝露於混合之放射核種,或曝露於同一核種但不同之 F、M、S 分級,或同時曝露於體外與體內兩方面之照射。

六、附表四之二中第四、五欄為含放射性物質之氣體或液體排放至一般環境之濃度推定限度,適用於評估及管制一般人之劑量。

「空氣中排放物濃度」係依下列兩種情況之一推導出來:

(一)對以攝入(約定有效劑量)為主要限制之核種:由一般人之年有效劑量限度 1 毫西弗除以 DCA×1000×22.2×365。其中劑量轉換因數(DCA)為附表三之五一般人之個人(> 17 歲)吸入每單位攝入量放射性核種產生之約定有效劑量;1000- 調整毫西弗至西弗之單位轉換;22.2- 一般人之個人(> 17 歲)每天吸入立方米之空氣體積(參見 ICRP 第 71 號報告第 11 頁);365- 調整天至年。

(二)對以氣態瀰漫(體外曝露)為主要限制之核種:由一般人之年有效劑量限度 1 毫西弗除以 DCN×1000×365。其中惰性氣體劑量轉換因數(DCN)為附表三之十成年人受惰性氣體曝露之有效劑量率;1000- 調整毫西弗至西弗之單位轉換;365- 調整天至年。

「水中排放物濃度」由一般人之年有效劑量限度 1 毫西弗除以 DCW×1000×1.095。其中水劑量轉換因數(DCW)為附表三之四一般人之個人(> 17 歲)嚥入每單位攝入量放射性核種產生之約定有效劑量;1000- 調整毫西弗至西弗之單位轉換;1.095- 一般人之個人(> 17 歲)每年嚥入立方米之水體積(參見 ICRP 第 23 號報告第 360 頁)。

七、附表四之二中第六欄「污水下水道月平均排放濃度」為本標準第十四條所訂之濃度,其值由一般人之年有效劑量限度 1 毫西弗除以 DCW×1000×

1.095×0.1。其中水劑量轉換因數（DCW）為附表三之四一般人之個人（>
17 歲）嚥入每單位攝入量放射性核種產生之約定有效劑量；1000- 調整毫
西弗至西弗之單位轉換；1.095- 一般人之個人（> 17 歲）每年嚥入立方米
之水體積（參見 ICRP 第 23 號報告第 360 頁）；0.1 －誤飲污水下水道水
量修正因數。

4.4 ｜輻射防護管理組織及輻射防護人員設置標準

中華民國 91 年 12 月 11 日發布全文 17 條及附表一、附表二

第 1 條　本標準依游離輻射防護法(以下簡稱本法)第 7 條第 3 項規定訂定之。

第 2 條　本法第 7 條第 1 項所稱之輻射防護管理組織，係指輻射防護業務單
位及輻射防護管理委員會。

前項輻射防護業務單位應置業務主管及輻射防護人員。

第 3 條　本標準所稱之專職輻射防護人員，係指任職於設施經營者內，具輻
射防護人員資格，並經設施經營者依規定提報主管機關，執行輻射
防護管理業務者。

本標準所稱之兼職輻射防護人員，係指具輻射防護人員資格，並經
設施經營者提報主管機關核准於設施經營者內兼任執行輻射防護管
理業務者。

第 4 條　設施經營者具有附表一所列設備、業務或規模者，應設立輻射防護
管理組織，並依表列名額配置輻射防護業務單位之各級輻射防護人
員。

第 5 條　設施經營者具有附表二所列設備、業務或規模者，應依表列名額配
置各級輻射防護人員。

第 6 條　設施經營者於同一處所設有前 2 條附表所列之設備、業務或規模二
項目以上者，其輻射防護人員應依目中最高標準配置之。

第 7 條　設施經營者之設施位於不同處所者，各該處所之單位應依第 4 條、

第 5 條規定設輻射防護管理組織或置輻射防護人員。

第 8 條　第 4 條所設之輻射防護業務單位應為設施經營者內直屬負責人指揮監督之單位或任務編組。

第 5 條所置之輻射防護人員執行之輻射防護管理業務應受負責人直接指揮監督。

第 9 條　業務主管具有輻射防護人員資格者，得由其兼任輻射防護業務單位之輻射防護人員。

第 10 條　第 4 條之輻射防護業務單位及第 5 條之輻射防護人員，應執行下列輻射防護管理業務：

一、釐訂輻射防護計畫、協助訂定安全作業程序及緊急事故處理措施，並督導有關部門實施。

二、釐訂放射性物質請購、接受、貯存、領用、汰換、運送及放射性廢棄物處理之輻射防護管制措施，並督導有關部門實施。

三、規劃、督導各部門之輻射防護管理。

四、規劃、督導各部門實施可發生游離輻射設備、放射性物質之輻射防護檢測。

五、規劃、實施游離輻射防護教育訓練。

六、規劃游離輻射工作人員健康檢查、協助健康管理。

七、規劃、協助辦理輻射偵檢儀器之定期校驗及檢查。

八、督導、辦理游離輻射工作人員劑量紀錄管理，與超曝露之調查及處理。

九、建立人員曝露與環境作業之記錄、調查、干預基準，及應採取之因應措施。

十、管理主管機關要求陳報之輻射防護相關報告及紀錄。

十一、向設施經營者提供有關游離輻射防護管理資訊及建議。

十二、其他有關游離輻射防護管理事項。

執行前項游離輻射防護管理業務時，應就執行情形保存紀錄，並由

輻射防護人員簽章確認。

第 11 條　輻射防護人員不足設置標準時，設施經營者應即補足。

設施經營者內無適當人選時，得報經主管機關核准後，聘請從事輻射防護偵測業務機構向主管機關報備之輻射防護人員兼任之。兼職期間每次不得超過 1 年。

前項執行輻射防護管理業務之兼職輻射防護人員，同一期間以兼任 1 家為限。

第 12 條　第 4 條規定之設施經營者應設置 7 人以上輻射防護管理委員會，委員由下列人員組成：

一、設施經營負責人或其代理人。

二、輻射防護業務單位之業務主管及至少 2 名以上之專職輻射防護人員。

三、相關部門主管。

輻射防護管理委員會應至少每 6 個月開會 1 次，研議第 10 條規定之業務內容執行情形及下列事項：

一、對個人及群體劑量合理抑低之建議。

二、輻射工作人員劑量紀錄。

三、意外事故原因及應採行之改善措施。

四、設施經營者內設備、物質及人員證照是否符合相關規定。

五、輻射安全措施是否符合法規規定。

六、輻射防護計畫。

七、設施經營負責人交付之輻射防護管理業務。

八、主管機關相關規定及注意事項。

前項會議紀錄應至少保存 3 年備查。

第 13 條　設施經營者依第 4 條、第 5 條規定，設輻射防護管理組織或置輻射防護人員時，應填具輻射防護業務單位（人員）設置申報表，送主管機關備查。異動時，亦同。

第 14 條　設施經營者依第 12 條規定，設立輻射防護管理委員會時，應製作、保存輻射防護管理委員會委員名冊。異動時，亦同。

第 15 條　本標準所訂各項表格、名冊之格式，由主管機關訂之。

第 16 條　設施經營者於本標準施行前已設輻射防護管理委員會或置輻射防護人員，並符合第 4 條或第 5 條所列之設備、業務或規模時，應於本標準發布日起，依第 13 條規定辦理。

第 17 條　本標準及附表自本法施行之日施行。

附表一、設施經營者應設置輻射防護管理組織、輻射防護業務單位，並依表列設備、業務或規模配置之輻射防護人員

事業類別	設備、業務或規模	輻射防護業務單位應配置之輻射防護人員
壹、核子設施	一、動力用核子反應器。	每 1 機組應至少配置輻射防護師 2 名，輻射防護員 5 名。設施內每一輪值應至少有 1 名輻射防護員當值。
	二、其他核子反應器。	每 1 反應器應至少配置輻射防護師 1 名，輻射防護員 2 名。設施內每一輪值應至少有 1 名輻射防護員當值。
	三、放射性廢棄物之處理、貯存、處置單位。	至少配置輻射防護師 1 名。設施內每一輪值應至少有 1 名輻射防護員當值。
貳、醫療院所	一、從事放射診斷、核子醫學、放射治療三項診療業務者。	至少配置輻射防護師 1 名、輻射防護員 2 名。從事核子醫學業務，並設有迴旋加速器或使用之放射性物質活度達 1.11×10^9 Bq 以上之高劑量治療者，應至少再配置輻射防護師 1 名。從事放射治療業務，並設有質子加速器者，應至少再配置輻射防護師 1 名。
	二、設有放射診斷、核子醫學、放射治療任二項診療業務者。	至少配置輻射防護師 1 名、輻射防護員 1 名。從事核子醫學業務，並設有迴旋加速器或使用之放射性物質活度達 1.11×10^9 Bq 以上之高劑量治療者，應至少再配置輻射防護師 1 名。從事放射治療業務，並設有質子加速器者，應至少再配置輻射防護師 1 名。
參、放射線照相檢驗業	使用或持有可發生游離輻射設備或放射性物質之機具達 21 部以上者。	至少配置輻射防護師 1 名、輻射防護員 3 名。

事業類別	設備、業務或規模	輻射防護業務單位應配置之輻射防護人員
肆、生產放射性物質機構		至少配置輻射防護師 1 名、輻射防護員 1 名。
伍、其他	一、登記證及許可證登載之密封放射性物質活度總和達 1×10^{15} 貝克以上者。	至少配置輻射防護師 1 名、輻射防護員 1 名。
	二、登記證及許可證登載之非密封放射性物質核種活度總和達豁免管制量 50 萬倍以上者；若登載之非密封放射性物質核種達 2 個以上者，則各核種活度與其豁免管制量比值之總和達 50 萬以上者。	至少配置輻射防護師 1 名、輻射防護員 1 名
	三、許可證登載之可發生游離輻射設備巔值電壓達 3000 萬伏（30MV）或產生粒子最大能量達 3000 萬電子伏（30MV）以上者。	至少配置輻射防護師 1 名、輻射防護員 1 名。

附表二、設施經營者應依表列設備、業務或規模配置之輻射防護人員

事業類別	設備、業務或規模	應配置之輻射防護人員
壹、醫療院所	一、僅從事放射治療業務者。	至少配置輻射防護師 1 名。
	二、僅從事核子醫學業務者。	至少配置輻射防護員 1 名。但使用之放射性物質活度達 1.11×10^9 Bq 以上之高劑量治療者，應至少配置輻射防護師 1 名。
	三、僅從事放射診斷業務者。	設有 10（含）部 X 光機以上者，應至少配置輻射防護員 1 名。
貳、放射線照相檢驗業	使用或持有可發生游離輻射設備或放射性物質之機具達下列規模者： 一、10（含）部以下。 二、11 至 15 部。 三、16 至 20 部。	一、至少配置輻射防護員 1 名。 二、至少配置輻射防護員 2 名。 三、至少配置輻射防護員 3 名。

事業類別	設備、業務或規模	應配置之輻射防護人員
參、製造可發生游離輻射設備機構		至少配置輻射防護員 1 名。
肆、其他	一、登記證及許可證登載之密封放射性物質活度總和達 1×10^{12} 貝克以上，未達 1×10^{15} 貝克者。	至少配置輻射防護員 1 名。
	二、登記證及許可證登載之非密封放射性物質核種活度總和達豁免管制量 100 倍以上，未達豁免管制量 50 萬倍者；若登載之非密封放射性物質核種達 2 個以上者，則各核種活度與其豁免管制量比值之總和達 100 以上，未達 50 萬者。	至少配置輻射防護員 1 名。
	三、許可證登載之可發生游離輻射設備巔值電壓達 500 仟伏（500kV）以上，未達 3000 萬伏（30MV）或產生粒子最大能量達 500 仟電子伏（500kV）以上，未達 3000 萬電子伏（30MeV）者。	至少配置輻射防護員 1 名。

4.5 | 輻射防護人員管理辦法

中華民國 91 年 12 月 11 日發布全文 14 條及附表一、附表二

93 年 11 月 17 日、95 年 8 月 8 日、97 年 7 月 9 日修正

第 1 條　本辦法依游離輻射防護法(以下簡稱本法)第 7 條第 3 項規定訂定之。

第 2 條　本法第 7 條所稱之輻射防護人員分為輻射防護師、輻射防護員。

輻射防護專業測驗分輻射防護師、輻射防護員兩級測驗（以下分別簡稱師級專業測驗與員級專業測驗）。

第 3 條　輻射防護人員申請認可之資格如下：

一、具有下列資格之一者，得申請輻射防護師認可：

（一）國內公立或立案之私立大學校院或符合教育部採認規定之國外大學校院理、工、醫、農科系以上畢業，曾修習 8 學分以上之輻射防護相關課程持有學分證明，或接受輻射防

護人員專業及進階訓練達 144 小時以上持有結業證書，經師級專業測驗及格後，再接受 3 個月以上輻射防護工作訓練者。

（二）國內公立或立案之私立專科或符合教育部採認規定之國外專科理、工、醫、農科系以上畢業，曾修習 8 學分以上之輻射防護相關課程持有學分證明，或接受輻射防護人員專業及進階訓練達 144 小時以上持有結業證書，經師級專業測驗及格後，再接受 6 個月以上輻射防護工作訓練者。

（三）具有輻射防護員資格，曾修習 8 學分以上之輻射防護相關課程持有學分證明，或接受輻射防護人員專業及進階訓練達 144 小時以上持有結業證書，經師級專業測驗及格者。

（四）具有輻射防護員資格期間，修習二學分以上之輻射防護相關課程持有學分證明，或接受 36 小時以上之輻射防護人員進階訓練持有結業證書，經師級專業測驗及格者。

（五）經下列之一考試及格後，再接受 3 個月以上輻射防護工作訓練者：

　　1. 公務人員薦任以上升官等考試原子能職系考試。

　　2. 公務人員高等考試或相當等級之特種考試原子能、保健物理、核子工程、公職輻射安全技術師、輻射安全類科考試。

二、具有下列資格之一者，得申請輻射防護員認可：

（一）國內公立或立案之私立大學校院或符合教育部採認規定之國外大學校院以上理、工、醫、農科系畢業，曾修習 6 學分以上之輻射防護相關課程持有學分證明，或接受 108 小時以上之輻射防護人員專業訓練持有結業證書，經員級專業測驗及格後，再接受 3 個月以上輻射防護工作訓練者。

（二）國內公立或立案之私立專科或符合教育部採認規定之國外

專科以上理、工、醫、農科系畢業，曾修習 6 學分以上之輻射防護相關課程持有學分證明，或接受 108 小時以上之輻射防護人員專業訓練持有結業證書，經員級專業測驗及格後，再接受 6 個月以上輻射防護工作訓練者。

(三) 國內公立或立案之私立高中（職）或符合教育部採認規定之國外高中（職）畢業，曾接受 108 小時以上之輻射防護人員專業訓練持有結業證書，經員級專業測驗及格後，再接受 9 個月以上輻射防護工作訓練者。

前項第 1 款第 1 目至第 4 目及第 2 款第 1 目、第 2 目之輻射防護相關課程，依附表之規定。

第 4 條　前條輻射防護人員申請認可所需之輻射防護工作訓練，以於下列單位接受之工作訓練為限：

一、主管機關。

二、領有主管機關核發許可證或同意登記之放射性物質或可發生游離輻射設備、核子反應器運轉執照、放射性廢棄物處理設施運轉執照、放射性廢棄物貯存設施運轉執照、放射性廢棄物最終處置設施運轉執照、核子燃料貯存設施運轉執照之設施經營者。

三、經主管機關認可從事輻射防護服務相關業務者。

輻射防護師或輻射防護員認可所需之輻射防護工作訓練證明文件須經設施經營負責人或雇主簽章。

第 5 條　符合第 3 條輻射防護人員認可資格者，得填具申請表，並檢具所需之證明文件，向主管機關申請。

第 6 條　輻射防護人員認可證書有效期限為 6 年。

前項人員申請換證書，應於期限屆滿前 3 個月內為之。

第 7 條　前條申請換發認可證書者，應填具申請表，並檢具認可證書有效期限內參加下列學術活動或繼續教育之證明文件，向主管機關提出申

請。

一、於國內公立或立案之私立大學校院或符合教育部採認規定之國外大學校院教授輻射防護相關科目者，每小時得積分 2 點。

二、參加政府機關、學校、研究機構、學（協、公）會或事業單位所舉辦之輻射防護相關繼續教育課程、學術研討會或國內外專家學者專題演講者，每小時得積分 1 點，授課或擔任演講者每小時得積分 2 點。

三、於國內公立或立案之私立大學校院或符合教育部採認規定之國外大學校院輻射防護相關科系進修者，每學分得積分 5 點。每學年積分超過 30 點者，以 30 點計。

前項所指學術活動或繼續教育之積分，輻射防護師至少 96 點以上，輻射防護員至少 72 點以上。

第 8 條　辦理前條輻射防護相關繼續教育課程、學術研討會或專題演講之單位，應於舉辦 15 日前檢附繼續教育積分申請表及講員履歷資格表，送主管機關核定。但由下列單位辦理者，不在此限：

一、主管機關。

二、開設輻射防護相關課程之科系之國內公立或立案之私立大學校院。

三、設有從事輻射防護相關學術研究部門之研究機構。

四、經主管機關認可之輻射防護訓練業務機構。

五、經主管機關每 2 年公告辦理輻射防護相關繼續教育課程、學術研討會或專題演講活動，於前 2 年內達 6 次以上，且績效良好之輻射防護相關學會、協會或公會。

辦理前項繼續教育課程、學術研討會或專題演講之單位應留存簽到名冊及合格人員名冊，並於舉辦繼續教育後 15 日內，將合格人員名冊送主管機關備查後始予採認。

具有下列資格之一者，得受聘擔任輻射防護人員繼續教育之講員：

一、取得輻射防護師資格者。

二、國內公立或立案之私立大學校院或符合教育部採認規定之國外大學校院相關科系之講師以上者。

三、國內公立或立案之私立大學校院或符合教育部採認規定之國外大學校院相關科系研究所碩士學位以上者。

四、國內公立或立案之私立大學校院或符合教育部採認規定之國外大學校院相關科系畢業，並從事有關輻射防護實務工作 5 年以上者。

第 9 條　輻射防護人員認可證書於有效期限遺失、損毀或變更登載事項者，得申請補發或換發。補發或換發之申請，應填具申請表，並檢附相關證明文件，向主管機關為之。

前項補發或換發之證書有效期限至原證書有效期限屆滿為止。

第 10 條　輻射防護人員有下列情形之一者，主管機關得廢止或撤銷其認可證書：

一、認可證書出租或借予他人使用者。

二、申請認可所附各項文件有虛偽不實之情事者。

三、其他經主管機關認定情節重大者。

輻射防護人員參加輻射防護專業測驗，有前項第二款情形時，其輻射防護專業測驗成績不予採計。

輻射防護人員認可證書，經主管機關廢止或撤銷者，自廢止或撤銷日起 1 年內不得重新申請。

輻射防護人員認可證書廢止或撤銷後，重新申請核發認可證書者，應填具申請表，並檢具第三條所列之證明文件，向主管機關提出申請。

第 11 條　輻射防護人員認可證書逾有效期限而重新申請核發者，應填具申請表，並檢具最近 6 年內參加主管機關認可之輻射防護訓練業務者舉辦之輻射防護訓練，或第 7 條第 1 項所列學術活動或繼續教育積分，合計訓練時數或積分達第 7 條第 2 項所列積分以上證明文件，向主

管機關提出申請。

第 12 條　本辦法施行前，已取得輻射防護人員資格且未於本法施行日起 2 年
　　　　　內申請轉換者，應依下列規定重新填具申請表，並檢附原領證明書
　　　　　及符合第 2 項規定之訓練時數或積分之證明文件，向主管機關申請
　　　　　輻射防護人員認可證書，其原領之證明書於本法施行日起 2 年後失
　　　　　其效力：

　　　　　一、高、中級輻射防護人員認可證明書，得換發輻射防護師認可證書。

　　　　　二、初級輻射防護人員認可證明書，得換發輻射防護員認可證書。

　　　　　前項規定之訓練時數或積分係指參加主管機關認可之輻射防護訓練
　　　　　業務者舉辦之輻射防護訓練，或第 7 條第 1 項所列學術活動或繼續
　　　　　教育積分，合計達下列規定比例之訓練時數或積分：

　　　　　一、逾本法施行日起 4 年未滿 6 年者，應檢附自本法施行日起，合
　　　　　　　計訓練時數或積分達第 7 條第 2 項所列積分 2/3 以上證明文件。

　　　　　二、逾本法施行日起 6 年者，應檢附最近 6 年內合計訓練時數或積
　　　　　　　分達第 7 條第 2 項所列積分以上證明文件。

第 13 條　本辦法施行前，已取得之輻射防護工作訓練年資，於本法施行後 2
　　　　　年內申請核發輻射防護人員認可證書時，得予採計。

第 14 條　本辦法自本法施行之日施行。

　　　　　本辦法修正條文自發布日施行。

附表　本辦法第 3 條之輻射防護相關課程一覽表

課程類別	相關學科
核心課程	輻射安全、保健物理等。
相關課程	放射物理、輻射生物、輻射度量、輻射劑量、輻射屏蔽、醫學物理、放射性廢棄物與處理、放射化學、環境輻射、同步輻射等。

註一：輻射防護相關課程應由國內公立或立案之私立專科以上學校或符合教育部採認規定之國內外專科以上學校開設之課程。

註二：申請輻射防護師認可者，擬認定課程學分數應包含「核心課程」2 學分以上及「相關課程」4 學分以上。

註三：申請輻射防護員認可者，擬認定課程學分數應包含「核心課程」及「相關課程」各 2 學分以上。

4.6 ｜放射性物質或可發生游離輻射設備操作人員管理辦法

中華民國 91 年 12 月 25 日發布全文 13 條及附表一、二
94 年 2 月 23 日、95 年 8 月 8 日、98 年 4 月 17 日修正

第 1 條　本辦法依游離輻射防護法（以下簡稱本法）第 31 條第 3 項規定訂定之。

第 2 條　本法第 31 條第 1 項但書規定之輻射相關執業執照，係指下列之一：

一、放射線科、核子醫學科專科醫師執業執照。

二、依醫事放射師法核發之執業執照。

三、依本法第 7 條第 3 項規定之輻射防護人員認可證書。

四、依本法第 29 條第 5 項及第 30 條第 2 項規定之運轉人員執照。

第 3 條　本法第 31 條第 1 項但書規定之基於教學需要在合格人員指導下從事操作訓練者，係指下列人員：

一、中等學校、大專校院及學術研究機構之教員、研究人員及學生。

二、主管機關認可之輻射防護訓練業務機構之學員。

三、接受臨床訓練之醫師、牙醫師或於醫院實習之醫學校院學生、畢業生。

四、接受職前訓練之新進人員。

前項第四款之人員在合格人員指導下從事操作訓練，最長以半年為限。

第一項人員於操作放射性物質或可發生游離輻射設備前，應接受合格人員規劃之操作程序及輻射防護講習。但操作主管機關核發許可證之移動式或無固定式屏蔽之放射性物質或可發生游離輻射設備時，仍應在合格人員直接監督下為之。

前項操作程序及輻射防護講習，時數不得少於 3 小時。除中等學校

及大專校院依教育主管機關核定課程所實施之操作訓練外，學術研究機構、醫院及設施應將包括講習課程、指導人員、講習地點及參訓人員姓名等資料留存備查，並保存 3 年。

第 4 條　操作放射性物質或可發生游離輻射設備之人員，除有本法第 31 條第 1 項但書規定之情形外，應符合下列要件之一並取得證明，經主管機關測驗合格後，填具申請書向主管機關申領核發輻射安全證書：

一、經主管機關認可之輻射防護訓練業務者依輻射防護服務相關業務管理辦法附表二規定辦理之訓練。

二、國內公立或立案之私立大學校院或符合教育部採認規定之國外大學校院以上學校取得輻射安全、保健物理、放射物理、輻射生物、輻射度量、輻射劑量或其他經主管機關認定之有關輻射防護相關科目達 4 學分以上。

三、本法施行前曾參加主管機關認可或委託辦理之游離輻射防護講習班。

前項第一款之訓練不得以第 6 條第 1 項第 1 款規定之訓練抵充計算之。

外國人因履行承攬、買賣、技術合作等契約之需要，在中華民國境內從事契約範圍內之工作，須操作放射性物質或可發生游離輻射設備時，應由訂約之設施經營者檢具該外國人之國外操作或輻射防護訓練證明文件影本，向主管機關申請審查合格後，始得為之。

第 5 條　本法第 31 條第 2 項規定之一定活度或一定能量之限值如下：

一、第四類及第五類密封放射性物質。

二、放射性物質在儀器或製品內或形成一組件，其活度為豁免管制量 1000 倍以下，且可接近表面 5 公分處劑量率為每小時 5 微西弗。

三、前 2 款以外之放射性物質活度為豁免管制量 100 倍。

四、可發生游離輻射設備其公稱電壓為 15 萬伏或粒子能量為 15 萬

電子伏。

五、櫃型或行李檢查 X 光機、離子佈植機、電子束焊機或靜電消除器，其可接近表面 5 公分處劑量率為每小時 5 微西弗。

六、其他經主管機關指定者。

第 6 條　本法第 31 條第 2 項規定之訓練係指下列之一，並取得證明者：

一、主管機關認可之輻射防護訓練業務者或設施經營者依輻射防護服務相關業務管理辦法附表二規定辦理之訓練。

二、國內公立或立案之私立大學校院或符合教育部採認規定之國外大學校院取得輻射防護人員管理辦法附表所定輻射防護相關課程二學分以上。

設施經營者辦理前項第 1 款之輻射防護訓練，應於辦理訓練前檢具參訓人員姓名、訓練時間及地點、訓練課程及時數、師資之資料，報請主管機關備查。相關資料並應記錄及保存至少 10 年。

第 7 條　輻射安全證書有效期間為 6 年，期限屆滿前 6 個月內，申請人得填具申請書，並檢附證書有效期限內接受下列訓練或積分合計時數 36 小時以上證明文件，向主管機關申請換發：

一、主管機關認可之輻射防護訓練業務者舉辦之輻射防護訓練。

二、輻射防護人員管理辦法第 7 條第 1 項所列學術活動或繼續教育積分。

三、本法第 14 條第 4 項之定期教育訓練。

輻射安全證書逾有效期限，重新申請核發者，應填具申請表，並檢附最近 6 年內接受前項所列訓練或積分合計時數 36 小時以上證明文件，向主管機關提出申請。

第 8 條　輻射安全證書於有效期限內遺失或損毀申請補發者，應填具申請書，並檢附相關證明文件，向主管機關申請補發。

輻射安全證書於有效期限內變更登載事項申請換發者，應填具申請書，並檢附相關證明文件，向主管機關申請換發。

前 2 項補發、換發之證書有效期限至原證書有效期限屆滿為止。

第 9 條　輻射安全證書持證人有下列情形之一，主管機關得撤銷或廢止其輻射安全證書：

一、申請輻射安全證書所附之各項文件有虛偽不實之情事者。

二、輻射安全證書出租或出借他人使用者。

三、因執行業務犯本法第 38 條或第 39 條之罪者。

四、其他經主管機關認定違規情節重大者。

輻射安全證書經主管機關撤銷或廢止者，自撤銷或廢止之日起 1 年內不得申請。

第 10 條　本辦法施行前，已取得主管機關核發之操作執照，或於本法施行前已取得非醫用操作執照鑑定測驗成績及格通知書或取得醫用游離輻射防護講習班結訓證書者，應自本法施行之日起 2 年內，填具申請書，並檢附原操作執照、非醫用操作執照鑑定測驗成績及格通知書或醫用游離輻射防護講習班結訓證書正本，向主管機關申請轉換輻射安全證書。

依前項規定轉換之輻射安全證書，其有效日期自本法施行之日起算。逾第 1 項規定期限申請轉換證書者，應填具申請表，並檢附第 1 項證明文件及接受第 7 條第 1 項之訓練或積分，向主管機關重新申請輻射安全證書：

一、未逾本法施行日起 4 年者，應檢附自本法施行日起，合計時數 12 小時以上證明文件。

二、逾本法施行日起 4 年未滿 6 年者，應檢附自本法施行日起，合計時數 24 小時以上證明文件。

三、逾本法施行日起 6 年者，應檢附最近 6 年內合計訓練時數 36 小時以上證明文件。

第 11 條　本辦法所定之書表格式，由主管機關定之。

第 12 條　本辦法自發布日施行。

4.7 | 高強度輻射設施種類及運轉人員管理辦法

中華民國 92 年 01 月 22 日發布全文 10 條

第 1 條 本辦法依游離輻射防護法（以下簡稱本法）第 29 條第 5 項規定訂定之。

第 2 條 高強度輻射設施（以下簡稱設施）之種類如下：

一、使用可發生游離輻射設備加速電壓值大於 3000 萬伏（30 MV）之設施。

二、使用可發生游離輻射設備粒子能量大於 3000 萬電子伏（30 MeV）之設施。

三、使用密封放射性物質活度大於 1000 兆貝克（1000 TBq）之設施。

第 3 條 領有輻射安全證書或領有本法第 31 條第 1 項但書規定主管機關認可之輻射相關執業執照之人員，經完成設施運轉訓練及運轉操作實務訓練者，得填具申請表，檢附下列證明文件，經由設施經營者向主管機關申請測驗，經測驗合格者，由主管機關發給運轉人員證書：

一、在職證明。

二、主管機關認可之輻射相關執業執照影本。

三、設施運轉訓練證明。

四、設施運轉操作訓練（含試運轉期間）證明。

第 4 條 前條之設施運轉訓練，設施經營者應將包括設施系統及運轉規範（包括正常、異常和緊急程序）之訓練時數、師資、學員名冊，報經主管機關核備後實施。訓練時數不得少於 54 小時。

第 5 條 本辦法之運轉人員證書有效期限為 6 年，有效期限屆滿前 60 日至 30 日內，申請人得填具換發申請書，檢附下列證明文件，經由設施經營者向主管機關申請換發：

一、在職證明。

二、依本法規定應實施之定期健康檢查合格證明。

三、申請前 6 年內，接受主管機關認可之輻射防護訓練業務者舉辦之輻射防護訓練及格，合計時數達 36 小時以上證明文件；或接受本法第 14 條第 4 項之定期教育訓練，合計時數達 36 小時以上證明文件。

第 6 條　運轉人員證書於有效期限內遺失、損毀或變更登載事項者，申請人應填具補發申請書，檢附相關證明文件，經由設施經營者向主管機關申請補發，其有效期限至原證書有效期限屆滿為止。

第 7 條　本法施行前已領有主管機關核發中級以上操作執照或經主管機關中級以上操作執照測驗及格之人員，得填具申請書，檢附操作執照或測驗及格證明，經由設施經營者向主管機關申請換發運轉人員證書。

第 8 條　申請運轉人員證書所附之各項文件有虛偽不實之情事者，撤銷其運轉人員證書。

有下列情形之一者，廢止其運轉人員證書：

一、執行業務造成污染環境或危害人體健康，情節重大者。

二、運轉人員證書出租或出借他人使用者。

三、違反專職規定者。

四、因執行業務犯本法第 38 條或第 39 條之罪者。

五、其他違規行為，經主管機關認定情節重大者。

證書經主管機關撤銷或廢止者，自撤銷或廢止之日起 1 年內不得重新申請。

第 9 條　本辦法所訂書表文件格式，由主管機關另定之。

第 10 條　本辦法自本法施行之日施行。

4.8 ｜放射性物質生產設施運轉人員管理辦法

中華民國 92 年 1 月 22 日發布全文 10 條

第 1 條　本辦法依游離輻射防護法（以下簡稱本法）第 30 條第 2 項規定訂定之。

第 2 條　放射性物質生產設施（以下簡稱生產設施）係指用電磁場、原子核反應等方法生產放射性物質之設施。

第 3 條　領有輻射安全證書或領有本法第三十一條第一項但書規定主管機關認可之輻射相關執業執照之人員，經完成生產設施運轉訓練及運轉操作訓練者，得填具申請表，檢附下列證明文件，經由設施經營者向主管機關申請測驗，經測驗合格者，由主管機關發給運轉人員證書：

一、在職證明。

二、主管機關認可之輻射相關執業執照影本。

三、生產設施運轉訓練證明。

四、生產設施運轉操作訓練（含試運轉期間）證明。

第 4 條　前條之生產設施運轉訓練，設施經營者應將包括設施系統及運轉規範（包括正常、異常和緊急程序）之訓練時數、師資、學員名冊，報經主管機關核備後實施。訓練時數不得少於 54 小時。

第 5 條　本辦法之運轉人員證書有效期限為 6 年，有效期限屆滿前 60 日至 30 日內，申請人得填具換發申請書，檢附下列證明文件，經由設施經營者向主管機關申請換發：

一、在職證明。

二、依本法規定應實施之定期健康檢查合格證明。

三、申請前 6 年內，接受主管機關認可之輻射防護訓練業務者舉辦之輻射防護訓練及格，合計時數達 36 小時以上證明文件；或接受本法第 14 條第 4 項之定期教育訓練，合計時數達 36 小時以

上證明文件。

第 6 條　運轉人員證書於有效期限內遺失、損毀或變更登載事項者，申請人
　　　　應填具補發申請書，檢附相關證明文件，經由設施經營者向主管機
　　　　關申請補發，其有效期限至原證書有效期限屆滿為止。

第 7 條　本法施行前已領有主管機關核發中級以上操作執照或經主管機關中
　　　　級以上操作執照測驗及格之人員，得填具申請書，檢附操作執照或
　　　　測驗及格證明，經由設施經營者向主管機關申請換發運轉人員證
　　　　書。

第 8 條　申請運轉人員證書所附之各項文件有虛偽不實之情事者，主管機關
　　　　得撤銷其運轉人員證書。

　　　　運轉人員有下列情形之一者，主管機關得廢止其運轉人員證書：

　　　　一、執行業務造成污染環境或危害人體健康，情節重大者。

　　　　二、運轉人員證書出租或出借他人使用者。

　　　　三、違反專職規定者。

　　　　四、因執行業務犯本法第 38 條或第 39 條之罪者。

　　　　五、其他違規行為，經主管機關認定情節重大者。

　　　　運轉人員證書經主管機關撤銷或廢止者，自撤銷或廢止之日起一年
　　　　內不得重新申請。

第 9 條　本辦法所訂書表文件格式，由主管機關另定之。

第 10 條　本辦法自本法施行之日施行。

4.9 ｜放射性物質與可發生游離輻射設備及其輻射作業管理辦法

中華民國 92 年 1 月 22 日發布全文 57 條及附件，94 年 2 月 23 日、94 年 12 月 29 日、96 年 10 月 24 日、97 年 7 月 11 日修正

第一章　總則

第 1 條　本辦法依游離輻射防護法（以下簡稱本法）第 29 條第 5 項規定訂定之。

第 2 條　本辦法用詞定義如下：

一、密封放射性物質：指置於密閉容器內，在正常使用情形下，足以與外界隔離之放射性物質。

二、改裝：指放射性物質、可發生游離輻射設備或其使用場所有下列情形之一者：

（一）變更密封放射性物質或可發生游離輻射設備主射束方向。

（二）增加密封放射性物質活度。

（三）增加 X 光機之公稱電壓。

（四）增加加速器之加速電壓。

（五）變更輻射防護屏蔽。

（六）其他經主管機關指定者。

三、標誌：指將放射性核種加入其他物質結合成放射性化合物之過程。

四、櫃型：指原設計或製造型式之放射性物質或可發生游離輻射設備，裝置於有適當屏蔽之櫃中，使用時能防止人員進入，但該櫃不為建築物之一部分。

五、高強度輻射設施指下列之一設施：

（一）可發生游離輻射設備加速電壓值大於三千萬伏（30MV）

之設施。

(二) 可發生游離輻射設備粒子能量大於三千萬電子伏(30MeV)
之設施。

(三) 使用密封放射性物質活度大於一千兆貝克（1000TBq）之
設施。

六、過境：指貨品經由我國機場、港口，未經卸載，以同一航空器
或運輸工具，進入其他國家或地區，所做一定期間之停留。

七、轉口：指貨品經由我國機場、港口，卸載後以同一或不同航空
器或運輸工具，進入其他國家或地區，所做一定期間之停留。

八、表面污染物體：指一本身不具放射性之固體其表面受放射性物
質污染者，但不包括放射性廢棄物。

第 3 條　密封放射性物質按其對人體健康及環境之潛在危害程度，依附表一
所列活度分為五類。

第二章　申請輸入、轉讓、輸出、過境或轉口之許可

第 4 條　申請放射性物質或可發生游離輻射設備之輸入、轉讓或輸出許可
者，應符合下列資格之一：

一、政府機關（構）。

二、高中（職）以上學校或學術研究機構。

三、公司或其他法人。

四、衛生主管機關核准設立之醫療院所、醫事放射所或醫事檢驗
所。

五、依獸醫師法核准設立之獸醫院所。

六、其他經主管機關核准者。

前項申請輸出者，應符合下列條件之一：

一、領有放射性物質或可發生游離輻射設備之許可證或經主管機關
同意登記者。

二、領有放射性物質生產許可或可發生游離輻射設備製造許可者。

三、其他經主管機關指定者。

第 5 條　輸入放射性物質或可發生游離輻射設備者，申請人應填具申請書，並檢附下列文件，向主管機關申請審查合格後，發給許可。但應申請登記備查之可發生游離輻射設備者得免附：

一、原廠輻射安全測試中文或英文結果文件。

二、型錄及圖說。

三、放射性物質應另檢附運送說明相關文件。

同一廠牌型式之放射性物質或可發生游離輻射設備經審查核准者，再行申請輸入時，得免附前項各款文件。

領有主管機關核發之非密封放射性物質使用許可證或經主管機關同意登記之設施經營者，申請輸入時，得免附第 1 項各款文件。

第 6 條　申請輸入附表二第 1 欄或第 2 欄放射性物質者，應於取得前條輸入許可後，將該許可影本給與輸出國主管機關或輸出機構。

申請人應於前項密封放射性物質港埠啟運作業 7 日前，將載明下列內容之書面文件通知主管機關：

一、預定輸出日期。

二、輸出機構名稱。

三、接收人姓名或名稱。

四、核種名稱、數量、活度及總活度。

五、製造廠商及型號、序號等特定識別。

附表二第 1 欄高風險密封放射性物質抵達目的港埠時，應即由申請人或其指定人員辦理提貨，非經主管機關許可，不得於港埠倉庫貯存。

第 7 條　轉讓放射性物質或可發生游離輻射設備者，受讓人應填具申請書，向主管機關申請審查合格後，發給許可。

前項申請轉讓放射性物質，應另檢附運送說明相關文件。

領有主管機關核發之非密封放射性物質使用許可證或經主管機關同意登記之設施經營者，受讓人申請非密封放射性物質轉讓時，得免附前項文件。

第 8 條　輸出放射性物質或可發生游離輻射設備者，申請人應填具申請書，向主管機關申請審查合格後，發給許可。

前項申請輸出放射性物質，應另檢附運送說明相關文件。

第 9 條　申請輸出附表二第 1 欄高風險密封放射性物質者，除前條規定之文件外，另應檢附輸入國主管機關同意輸入文件送主管機關審查。

前項同意輸入文件應載明下列事項：

一、接收人姓名或名稱。

二、接收人住居所、事務所或營業所。

三、核種名稱、數量、活度及總活度。

四、製造廠商及型號、序號等特定識別。

五、預定運送之起迄時間。

第 10 條　申請輸出附表二第 1 欄或第 2 欄高風險密封放射性物質者，應於進行密封放射性物質港埠啟運作業七日前，將載明下列內容之書面文件通知主管機關及輸入國主管機關、接收人：

一、預定輸出日期。

二、申請人姓名或名稱。

三、接收人姓名或名稱。

四、核種名稱、數量、活度及總活度。

五、製造廠商及型號、序號等特定識別。

第 11 條　申請表面污染物體之輸入或輸出許可者，應符合下列資格之一：

一、政府機關（構）。

二、大專校院或學術研究機構。

三、公司或其他法人。

四、衛生主管機關核准設立之醫療院所。

五、其他經主管機關核准者。

申請輸入或輸出之表面污染物體，應符合放射性物質安全運送規則之規定。

第 12 條　輸入或輸出表面污染物體者，應檢附下列文件，向主管機關申請審查合格後，發給許可：

一、包件或包裝擦拭測試及表面劑量率資料。

二、運送說明相關文件。

第 13 條　放射性物質之過境，託運人或運送人應檢附交運文件，向主管機關申請審查合格後，發給許可。

放射性物質之轉口，託運人或運送人應檢附下列文件，向主管機關申請審查合格後，發給許可：

一、交運文件。

二、輻射防護計畫。

三、退運計畫。

放射性物質過境或轉口之運送，應符合放射性物質安全運送規則之規定。

放射性物質以微量包件運送者，不適用第 1 項及第 2 項規定。

第 14 條　輸入、轉讓、輸出、過境或轉口許可之有效期間為半年。

第三章　申請使用、安裝、改裝或持有之許可、許可證或登記備查

第 15 條　申請放射性物質或可發生游離輻射設備之使用許可證或登記備查者，應符合下列資格之一：

一、政府機關（構）。

二、高中（職）以上學校或學術研究機構。

三、公司或其他法人。

四、衛生主管機關核准設立之醫療院所、醫事放射所或醫事檢驗

所。

五、依獸醫師法核准設立之獸醫院所。

六、其他經主管機關核准者。

　　前項申請使用者，應符合下列條件：

一、具有合格操作人員。

二、具符合輻射安全規定之使用場所或存放場所。

三、其他經主管機關指定者。

第 16 條　使用下列放射性物質者，應向主管機關申請登記備查：

一、附表一所列第 4 類及第 5 類密封放射性物質者。

二、放射性物質在儀器或製品內形成一組件，其活度為豁免管制量 1000 倍以下，在正常使用狀況下，其可接近表面 5 公分處劑量率為每小時 5 微西弗以下者。

三、前 2 款以外之放射性物質活度為豁免管制量 100 倍以下者。

四、其他經主管機關指定者。

　　使用前項規定以外之放射性物質者，應向主管機關申請許可證。

第 17 條　使用下列可發生游離輻射設備者，申請人應向主管機關申請登記備查：

一、公稱電壓為 15 萬伏（150kV）或粒子能量為 15 萬電子伏（150keV）以下者。

二、櫃型或行李檢查 X 光機、離子佈植機、電子束焊機或靜電消除器在正常使用狀況下，其可接近表面 5 公分處劑量率為每小時 5 微西弗以下者。

三、其他經主管機關指定者。

　　使用前項以外之可發生游離輻射設備者，應向主管機關申請許可證。

第 18 條　使用應申請許可之密封放射性物質或可發生游離輻射設備者，應於申請輸入或轉讓時，填具申請書，並檢附下列文件，向主管機關申

請審查。其需安裝者，審查合格發給安裝許可；無需安裝者，應於主管機關發給輸入或轉讓許可後，檢附第 2 項文件，送主管機關審查及檢查合格後，發給使用許可證：

一、經核准設立或登記之證明文件影本。政府機關（構）免附。

二、相關操作人員證明文件影本及在職證明。

三、作業場所輻射安全評估。無需安裝者得免附屏蔽規劃。

四、輻射防護計畫及輻射安全作業守則。

五、符合輻射防護管理組織及輻射防護人員設置標準規定者，應提送輻射防護人員認可證書影本。

六、使用附表一第 1 類或第 2 類之密封放射性物質者，應提送保安措施說明文件。

前項申請人取得安裝許可後，始得依核准之作業場所輻射安全評估、平面圖及屏蔽規劃進行安裝工程。工程完竣後 30 日內，檢附下列文件，送主管機關審查及檢查合格後，發給使用許可證：

一、輻射安全測試報告（以下簡稱測試報告）。

二、符合第 54 條第 1 項規定之密封放射性物質者，應提送密封放射性物質擦拭測試報告（以下簡稱擦拭報告）。

三、密封放射性物質，應提送放射性物質原始證明文件影本。

第 19 條　使用應申請許可之非密封放射性物質或分裝、標誌放射性物質者，申請人應填具申請書，並檢附下列文件，向主管機關申請審查合格後，發給安裝許可：

一、經核准設立或登記之證明文件影本。政府機關（構）免附。

二、相關操作人員證明文件影本及在職證明。

三、作業場所輻射安全評估。

四、輻射防護計畫及輻射安全作業守則。

五、從事標誌放射性物質者，應提送放射性物質之物理、化學性質及相關處理程序。

六、符合輻射防護管理組織及輻射防護人員設置標準規定者，應另
　　檢附輻射防護人員認可證書影本。

前項申請人取得安裝許可後，始得依核准之作業場所輻射安全評估
進行安裝工程。工程完竣後 30 日內，檢附測試報告，送主管機關審
查及檢查合格後，發給使用許可證。

第 20 條　第 18 條第 1 項第 3 款及前條第 1 項第 3 款之作業場所輻射安全評估，
　　　　　應依輻射作業之規模及性質，參酌下列事項為適當之評估：

一、場所平面圖及屏蔽規劃。

二、放射性污染物之處理措施。

三、移動型放射性物質或可發生游離輻射設備之防護措施。

四、人員劑量之評估。

第 21 條　使用許可證有效期間最長為 5 年，設施經營者應於期限屆滿前 60 日
　　　　　至 30 日內，填具申請書，並檢附下列文件，向主管機關申請審查及
　　　　　檢查合格後，換發使用許可證：

一、經核准設立或登記之證明文件影本。政府機關（構）免附。

二、原領使用許可證。

三、最近 30 日內測試報告。

四、符合第 54 條第 1 項規定之密封放射性物質者，應另檢附最近一
　　次擦拭報告。

第 22 條　領有使用許可證之放射性物質或可發生游離輻射設備改裝時，設施
　　　　　經營者應於改裝前填具申請書，並檢附下列文件，向主管機關申請
　　　　　審查合格後，發給改裝許可：

一、依第 20 條規定所為之作業場所輻射安全評估。

二、相關操作人員證明文件影本。

三、原領使用許可證。

前項改裝涉及輻射安全變更者，應檢附輻射防護計畫或輻射安全作
業守則。

設施經營者取得改裝許可後，始得依核准之作業場所輻射安全評估進行改裝工程。工程完竣後 30 日內，應檢附下列文件，送主管機關審查及檢查合格後，發給使用許可證：

一、測試報告。

二、符合第 54 條第 1 項規定之密封放射性物質者，應提送擦拭報告。

第 23 條　使用應申請登記備查之密封放射性物質者，申請人應於申請輸入或轉讓時，填具申請書並檢附下列文件，向主管機關申請審查。其需安裝者，審查合格後發給安裝許可；無需安裝者，應於主管機關發給輸入或轉讓許可後，檢附第二項文件，送主管機關審查合格後，同意登記：

一、經核准設立或登記之證明文件影本。政府機關（構）免附。

二、相關操作人員證明文件影本及在職證明。

三、場所平面圖及屏蔽規劃。無需安裝或符合第 16 條第 2 款者得免附屏蔽規劃。

四、輻射防護計畫。

前項申請人取得安裝許可後，始得依核准之場所平面圖及屏蔽規劃進行安裝工程。工程完竣後 30 日內，應檢附下列文件，送主管機關審查合格後，同意登記：

一、放射性物質原始證明文件影本。

二、測試報告。

三、符合第 54 條第 1 項規定之密封放射性物質者，應提送擦拭報告。

使用應申請登記備查之可發生游離輻射設備者，申請人應於使用前，填具申請書及下列資料，送主管機關審查合格後，同意登記：

一、經核准設立或登記之證明文件名稱及證號。

二、相關操作人員資格證明文件名稱及證號。

三、測試報告相關資料。

四、輻射防護計畫。

第 24 條　使用應申請登記備查之非密封放射性物質或分裝、標誌放射性物質者，申請人應填具申請書，並檢附下列文件，向主管機關申請審查合格後，同意登記：

一、經核准設立或登記之證明文件影本。政府機關（構）免附。

二、相關操作人員證明文件影本及在職證明。

三、場所平面圖及屏蔽規劃。

四、輻射防護計畫。

五、從事標誌放射性物質者，應提送放射性物質之物理、化學性質及相關處理程序。

第 25 條　經主管機關同意登記之放射性物質或可發生游離輻射設備，其設施經營者應每 5 年於同意登記日之相當日前後 1 個月內，實施輻射安全測試，並留存紀錄備查。

第 26 條 經主管機關同意登記之放射性物質改裝時，設施經營者應於改裝前填具申請書，並檢附下列文件，向主管機關申請審查合格，發給改裝許可：

一、場所平面圖及屏蔽規劃。

二、相關操作人員證明文件影本。

三、原領使用登記證。

設施經營者取得改裝許可後，始得依核准之場所平面圖及屏蔽規劃進行改裝工程。工程完竣後 30 日內，應檢附下列文件，送主管機關審查合格後，同意登記：

一、測試報告。

二、符合第 54 條第 1 項規定之密封放射性物質者，應提送擦拭報告。

經主管機關同意登記之可發生游離輻射設備改裝完竣後 30 日內，設

施經營者應填具申請書及下列資料，送主管機關審查合格後，同意登記：

一、相關操作人員資格證明文件名稱及證號。

二、測試報告相關資料及輻射偵檢數據。

可發生游離輻射設備之能量或放射性物質之總活度於改裝後已達應申請許可證之規定者，應依第 22 條規定辦理。

第 27 條　放射性物質或可發生游離輻射設備，遷移新址或變更作業場所而涉及安裝或改裝者，設施經營者應分別依第 18 條、第 22 條及第 23 條安裝或改裝規定申請使用許可證或登記備查。

領有非密封放射性物質使用許可證或經主管機關同意登記之設施經營者，增加使用場所、核種數量或活度，應分別依第 19 條及第 24 條規定申請使用許可證或登記備查。

第 28 條　使用高強度輻射設施者，申請人應填具申請書，並檢附下列文件，向主管機關申請審查合格後，發給安裝許可：

一、經核准設立或登記之證明文件影本。政府機關（構）免附。

二、作業場所輻射安全評估。

三、輻射防護計畫及輻射安全作業守則。

四、作業場所屏蔽與機械設備之結構及耐震程度證明。

五、運轉訓練及運轉實務訓練規劃。

六、試運轉計畫及期程。

七、密封放射性物質，應檢附放射性物質原始證明文件影本及保安措施說明文件。

八、意外事故處理程序。

前項第 2 款之作業場所輻射安全評估，應含下列內容：

一、場所平面圖及屏蔽規劃。

二、設施輻射劑量評估及防護措施。

三、放射性污染物（含活化物）處理措施。

四、其他經主管機關指定者。

申請人取得安裝許可後，始得依核准之輻射安全評估、平面圖及屏蔽規劃進行安裝工程。工程完竣後 30 日內，應檢附測試報告，送主管機關審查及檢查合格後，發給試運轉許可。

完成試運轉後，申請人應於 30 日內檢附包含下列事項之輻射安全分析報告，送主管機關審查及檢查合格後，發給使用許可證：

一、區域監測結果。

二、人員劑量監測結果。

三、試運轉紀錄。

四、其他經主管機關指定者。

第 29 條　高強度輻射設施之使用許可證有效期間最長為 5 年，設施經營者應於期限屆滿前 60 日至 30 日內，填具申請書，並檢附下列文件，向主管機關申請審查及檢查合格後，換發使用許可證：

一、經核准設立或登記之證明文件影本。政府機關（構）免附。

二、最近 30 日內測試報告。

第 30 條　放射性物質或可發生游離輻射設備之安裝或改裝，應依下列規定期限完成。未於期限內完成者，得於期滿前一個月向主管機關申請展延：

一、高強度輻射設施應自核准安裝或改裝之日起 2 年內完成。

二、使用前款以外之放射性物質或應申請許可之可發生游離輻射設備應自安裝或改裝核准之日起 1 年內完成。

三、使用應申請登記備查之可發生游離輻射設備應自核准輸入或轉讓之日起 1 年內完成。

第 31 條　從事銷售第 16 條第 1 項第 2 款之密封放射性物質，而申請密封放射性物質持有者，申請人應填具申請書，並檢附下列文件，向主管機關申請審查及檢查合格後，發給持有許可：

一、銷售服務業務認可證。

二、申請持有密封放射性物質之廠牌、型式、核種、活度及數量說明文件。

三、輻射防護計畫。

四、存放場所輻射安全評估。

經主管機關認可從事可發生游離輻射設備銷售業務者，得依認可項目持有可發生游離輻射設備。

第 32 條　有下列情形之一者，申請人應申請持有許可：

一、未能於第 30 條規定期限內完成安裝或改裝者。

二、經主管機關核准輸入或轉讓，於到貨後無法進行安裝者。

三、其他經主管機關核准者。

申請人應於第 30 條規定期滿前 30 日或放射性物質或可發生游離輻射設備到貨日起 30 日內，檢附下列文件，向主管機關申請審查。可發生游離輻射設備審查合格後，發給持有許可；放射性物質審查及檢查合格後，發給持有許可：

一、持有原因。

二、輻射防護計畫。

三、存放場所。放射性物質應提送存放場所之平面圖及屏蔽規劃。

四、符合第 54 條第 1 項規定之密封放射性物質者應提送擦拭報告。

前項持有許可有效期間最長為 2 年。

設施經營者得於放射性物質或可發生游離輻射設備持有許可期滿前 60 日至 30 日內，填具申請書並檢附第 2 項各款文件，向主管機關申請展延，展延以一次為限。

第 33 條　放射性物質及可發生游離輻射設備許可證或經主管機關同意登記時所指定之項目，有登載事項變更或許可證遺失、損毀者，設施經營者應自事實發生之日起 30 日內，填具申請書，向主管機關申請變更、補發或換發。

許可證之有效期間與原證相同。

第 34 條 設施經營者更換可發生游離輻射設備之 X 光管或加速管時，應依下列規定辦理，但更換靜電消除器 X 光管，不在此限：

一、領有使用許可證者，於更換後 15 日內檢附測試報告，送主管機關備查。

二、經主管機關同意登記者，其測試報告自行留存。

領有使用許可證或經主管機關同意登記之放射性物質，設施經營者拆除更換放射性物質，應於更換前填具申請書及檢附下列文件，送主管機關審查，並於更換後 15 日內檢附擦拭報告及新裝放射性物質原始證明文件影本，送主管機關備查：

一、運送說明相關文件。

二、更換後原放射性物質之處理方式。

前項更換放射性物質同時更換容器者，應於更換前依第 18 條、第 23 條規定辦理申請。

第四章　申請停止使用或永久停止使用之許可

第 35 條 放射性物質或可發生游離輻射設備需停止使用者，設施經營者應填具申請書，並檢附下列文件，向主管機關申請審查，可發生游離輻射設備審查合格後，發給停用許可；放射性物質審查及檢查合格後，發給停用許可：

一、領有許可證者應附原領使用許可證。

二、存放場所之描述。放射性物質應檢附存放場所之平面圖及屏蔽規劃。

前項許可有效期間最長為 2 年。

設施經營者得於放射性物質或可發生游離輻射設備停用期滿前 60 日至 30 日內，填具申請書並檢附第 1 項第 2 款文件，向主管機關申請展延。

第 36 條 經核准停止使用之放射性物質或可發生游離輻射設備，於申請恢復

使用時，應依第 18 條或第 23 條規定辦理。但於主管機關原核准場所使用者，得免申請安裝許可。

前項核准停止使用之原因為無合格操作人員者，於申請恢復使用時，設施經營者應填具申請書及操作人員資格證明資料，向主管機關申請審查合格後，發給使用許可證或同意登記。

第 37 條　設施經營者於放射性物質永久停止使用，而以放射性廢棄物處理時，應填具申請書，並檢附下列文件，向主管機關申請審查合格後，發給許可：

一、密封放射性物質廢棄計畫表。

二、放射性物質原始證明文件影本。

三、運送說明相關文件。

前項申請經主管機關核准後，設施經營者應於 3 個月內，將放射性廢棄物運送至接收單位。於完成接收後 30 日內，檢附輻射作業場所偵測證明、接收文件及領有許可證者應附原領使用許可證，送主管機關備查。

第 38 條　設施經營者於放射性物質或可發生游離輻射設備永久停止使用，而以輸出國外方式處理時，應填具申請書，輸出放射性物質應提送運送說明相關文件，向主管機關申請審查合格後，發給許可。

前項申請經主管機關核准後，設施經營者應於完成出口後 30 日內，檢附出口證明文件影本、領有許可證者應附原領使用許可證，輸出放射性物質另需檢附輻射作業場所偵測證明文件，送主管機關備查。

第 39 條　設施經營者於可發生游離輻射設備永久停止使用，而以轉讓方式處理時，受讓人應依下列方式辦理：

一、經指定應申請許可之可發生游離輻射設備，應依第 7 條及第 18 條規定辦理。

二、經指定應申請登記備查之可發生游離輻射設備，應依第 7 條及

第 23 條規定辦理。

前項受讓人申請持有者，應依第 7 條及第 32 條規定辦理。

第 40 條　設施經營者於可發生游離輻射設備永久停止使用，而以廢棄方式處理時，應填具申請書，領有許可證者另檢附原領使用許可證，向主管機關申請審查合格後，依主管機關指定之部分自行破壞至不堪使用狀態，並拍照留存備查或報請主管機關派員檢查。

第 41 條　設施經營者於非密封放射性物質永久停止使用時，應填具申請書，並檢附下列文件，向主管機關申請審查合格後，依核准之計畫完成除污，並報請主管機關檢查：

一、領有許可證者應附原領使用許可證。

二、除污計畫書。

前項第 2 款除污計畫書之內容應包括除污期程、除污方式、放射性廢棄物處理方式、除污作業區域劃分及人員管制措施。

第五章　申請展示或租借之許可

第 42 條　申請放射性物質或可發生游離輻射設備之展示許可者，應符合下列資格之一：

一、政府機關（構）。

二、大專校院或學術研究機構。

三、公司或其他法人。

四、其他經主管機關核准者。

前項申請展示者，應符合下列條件：

一、經主管機關認可之從事放射性物質或可發生游離輻射設備銷售服務業務者。

二、展示期間不得超過 2 個月。

第 43 條　靜態展示可發生游離輻射設備者，申請人應檢附下列文件，向主管機關申請審查合格後，發給許可：

一、型錄及圖說。

二、展示計畫書及展示期程。

第 44 條　下列放射性物質或可發生游離輻射設備，得申請動態展示：

一、第 16 條第 1 項第 1 款之放射性物質，且於儀器或製品內形成一組件者。

二、第 16 條第 1 項第 2 款之放射性物質。

三、第 17 條第 1 項第 1 款及第 2 款之可發生游離輻射設備。

四、其他經主管機關指定者。

前項展示，申請人應檢附下列文件，向主管機關申請審查合格後，發給許可：

一、型錄、圖說及輻射安全資料。

二、輻射防護計畫。

三、相關操作人員證明文件影本。

四、展示計畫書及展示期程。

第 45 條　申請放射性物質或可發生游離輻射設備之租借許可者，應符合下列資格之一：

一、政府機關（構）。

二、大專校院或學術研究機構。

三、公司或其他法人。

四、衛生主管機關核准設立之醫療院所、醫事放射所或醫事檢驗所。

五、依獸醫師法核准設立之獸醫院所。

六、其他經主管機關核准者。

前項申請租借者，應符合下列條件：

一、承租人或借用人需具合格操作人員或由出借人或貸與人提供。

二、具適當使用場所或存放場所。

三、放射性物質或可發生游離輻射設備需為移動型或車載型或供校

正用之放射性物質。

第 46 條　申請租借放射性物質或可發生游離輻射設備者，承租人或借用人應敘明理由，並檢附下列文件向主管機關申請審查合格後，發給許可：

一、領有許可證者應附原領許可證影本。

二、預定租借期間。

三、依第 20 條所為之作業場所輻射安全評估。應申請登記備查之放射性物質或可發生游離輻射設備得免附。

四、輻射防護計畫及輻射安全作業守則。

五、經核准設立或登記之證明文件影本。政府機關（構）免附。

六、相關操作人員證明文件影本及在職證明。

前項放射性物質或可發生游離輻射設備租借期滿，承租人或借用人應立即返還出借人或貸與人，並應於 1 個月內檢附測試報告送主管機關備查。符合第 54 條第 1 項規定之密封放射性物質者，應提送擦拭報告。

第六章　管理

第 47 條　放射性物質或可發生游離輻射設備之作業場所及屏蔽規劃，應依規模及性質，參酌附件之規定辦理。

第 48 條　放射性物質或可發生游離輻射設備之輻射作業，有下列情形之一者，主管機關得廢止其許可、許可證或登記：

一、主管機關令其停止全部作業，於 1 年內達 2 次者；或令其停止一部作業，於 1 年內達 3 次者。

二、放射性物質或可發生游離輻射設備經主管機關認定其輻射安全有疑慮，有危害人體健康、安全或環境生態之虞者，且無法改善、不堪使用或限期改善逾半年仍未改善者。

第 49 條　放射性物質或可發生游離輻射設備之輻射安全測試及密封放射性物質擦拭測試，應由經主管機關認可之輻射防護偵測業務者或設施經

營者指定之輻射防護人員為之。

第 50 條　設施經營者使用非密封放射性物質者，應於每週或每次作業完畢後，偵測其工作場所污染情形 1 次並記錄。每年應就排放之廢水取樣至少 2 次，並偵測分析其核種。

第 51 條　設施經營者對下列文件所載之放射性物質或可發生游離輻射設備，每半年應查核其料帳及使用現況，查核紀錄並應留存備查：

一、放射性物質使用或持有許可證及經主管機關同意登記者。

二、可發生游離輻射設備使用許可證或持有許可證。

第 52 條　使用、停止使用或持有密封放射性物質之設施經營者，應於每月 1 日至 15 日之期間內，向主管機關申報前月之使用、停止使用或持有動態。

前項申報作業，得以網際網路方式辦理。

第 53 條　放射性物質之輸入經主管機關許可後，申請人應於放射性物質到貨時，確認包裝、包件表面完整性，並偵測其表面劑量率及擦拭測試後記錄之。但放射性物質活度或活度濃度為豁免管制量 100 倍以下、微量包件或惰性氣體之放射性物質者，不在此限。

第 54 條　設施經營者使用或持有半化期大於 30 天之貝他或加馬核種活度大於 370 萬貝克（3.7MBq）或阿伐核種活度大於 37 萬貝克（370kBq）之密封放射性物質者，應依第 3 項規定時間，實施密封放射性物質擦拭測試，並留存紀錄備查。

下列密封放射性物質得免依前項規定，實施擦拭測試：

一、液態閃爍計數器中供校正用密封放射性物質。

二、氣態密封放射性物質。

三、其他經主管機關指定者。

密封放射性物質之擦拭報告，設施經營者應依下列規定時間實施：

一、遠隔治療設備、遙控後荷式治療設備用之密封放射性物質為半年實施 1 次。

二、其他用途之密封放射性物質為每年實施 1 次。

三、毒氣偵檢器中所含之鎇 241 為每 3 年實施 1 次。

四、其他經主管機關公告者應於規定時間實施。

第 1 項放射性核種為鐳者，其擦拭測試應包含氡氣洩漏測試。

第 1 項擦拭測試結果大於 185 貝克者，設施經營者應即停止使用，並於 7 日內向主管機關申報。

第 55 條　本辦法規定之測試報告、擦拭報告、廢水樣品偵測紀錄、工作場所偵測紀錄及定期查核紀錄，應保存 5 年。

第七章　附則

第 56 條　依本辦法申請或換發各項許可、許可證或申請登記備查，申請人應檢附審查之文件或填具之資料，除本辦法規定者外，主管機關得視需要公告指定之。

第 57 條　本法施行前，主管機關核發之放射性物質或可發生游離輻射設備執照，得繼續使用至有效期間屆滿。屆期繼續使用者，設施經營者應於期滿前 60 日至 30 日內，填具申請書，並檢附下列文件，向主管機關申請換發使用許可證或申請登記備查。應申請許可者，經審查及檢查合格後，發給使用許可證；應申請登記備查者，經審查合格後，同意登記：

一、經核准設立或登記之證明文件影本。政府機關（構）免附。

二、相關操作人員證明文件影本及在職證明。

三、原領可發生游離輻射設備或放射性物質執照。

四、最近 30 日內之測試報告。

本法施行前，業經豁免或經公告免申請放射性物質或可發生游離輻射設備執照，本法施行後應申請許可或登記備查者，申請人應自本法施行後 2 年內，填具申請書，並檢附下列文件，向主管機關申請審查合格後，發給使用許可證或同意登記：

一、經核准設立或登記之證明文件影本。政府機關（構）免附。

二、相關操作人員證明文件影本及在職證明。

三、測試報告。

四、輻射防護計畫。許可證者應另檢送輻射安全作業守則。

前 2 項換發或申請符合第 54 條第 1 項規定之密封放射性物質者，應檢附擦拭報告。

第 58 條　本辦法所規定之書表格式，由主管機關另定之。

第 59 條　本辦法自發布日施行。

附件

放射性物質或可發生游離輻射設備作業場所及屏蔽規劃之規定

一、固定型放射性物質或可發生游離輻射設備場所平面圖及屏蔽規劃內容：

（一）放射性物質或可發生游離輻射設備之位置描述及透視圖。

（二）場所四周之狀況（含樓上、樓下）描述。

（三）場所四周屏蔽材料及厚度。

（四）主射束照射方向。

（五）各進出大門位置。

（六）鉛玻璃位置及鉛厚當量；無此規劃者免。

（七）進出大門應安裝安全連鎖之位置。

（八）進出大門應張貼輻射警示標誌及裝置警示燈之位置。

（九）使用時之輻射劑量之描述或屏蔽計算過程。

（十）其他相關防護措施。

二、移動型放射性物質或可發生游離輻射設備場所規劃內容：

（一）放射性物質或可發生游離輻射設備之使用場所及場所四周描述。

（二）主射束照射方向之描述。

（三）使用時之輻射劑量之描述或屏蔽計算過程。

（四）設有可移動式鉛防護屏蔽者，並應註明屏蔽之鉛厚當量或其他相關

　防護措施。

三、醫用治療之放射性物質或可發生游離輻射設備，應於治療室中設置監視器及緊急停止等裝置。

四、高強度輻射設施之使用場所，應設置警報器、監視器、急停裝置及安全連鎖裝置。

五、移動型放射性物質或可發生游離輻射設備經常在同一地點使用者，應視為固定型。

六、醫用之可發生游離輻射設備，於同一治療室或 X 光室裝置兩部或兩部以上，各設備間應置有切換開關。放射性物質不得於同一治療室或 X 光室裝置兩部或兩部以上。

附表一　密封放射性物質分類活度一覽表（略）

附表二　高風險密封放射性物質進出口管制一覽表（略）

4.10 ┃ 放射性物質安全運送規則（摘要）

中華民國 60 年 12 月 15 日會台原夏字第 1274 號令發布

全文 106 條、89 年 12 月 27 日修正發布全文

96 條、92 年 1 月 8 日修正、96 年 12 月 31 日修正

第一章　總則

第 1 條　本規則依游離輻射防護法第 6 條規定訂定之。

第 5 條　有下列情形之一者，不適用本規則：

　　1. 放射性物質小於附表七規定之活度濃度豁免管制量或託運物品之總活度豁免管制量。

　　6. 含有天然放射性核種之天然物質或礦物，其活度濃度在附表七規定活度濃度之 10 倍以下，且其處理目的並非使用其中之放射性核種。

第 6 條　本規則所使用之專用名詞，其定義如下：

1. 放射性核種之比活度：指此核種單位質量之活度。物質中放射性核種均勻分布時，其比活度為此物質單位質量之活度。

2. 特殊型式放射性物質：指不會散開之固體放射性物質，或只能以破壞方式開啟之密封容器內所含之放射性物質；其型式應至少有一邊之尺寸在 0.5 公分以上，並符合附件四之相關規定。

3. 可分裂物質：指鈾 233、鈾 235、鈽 239、鈽 241，或以上放射性核種之任何組合。但不包括未照射之天然鈾、耗乏鈾及僅在熱中子反應器中照射之天然鈾或耗乏鈾。

4. 天然鈾：指用化學方法分離之鈾，其同位素之分布為鈾 238 約佔總質量百分之 99.28，鈾 235 約佔總質量百分之 0.72。耗乏鈾：指其所含鈾 235 質量百分數低於天然鈾。濃縮鈾：指其所含鈾 235 質量百分數高於天然鈾。未照射鈾：指每公克鈾 235 中所含之鈽在 2000 貝克以下，且每公克鈾 235 中所含之分裂產物在 900 萬貝克以下。

7. 低比活度物質：指比活度在一定限值以下之放射性物質，或預計其平均比活度限值可符合本規則之放射性物質。其類別見附件一。

8. 污染：指在物體表面每平方公分面積上之貝他、加馬及低毒性阿伐發射體在 0.4 貝克以上，或其他阿伐發射體在 0.04 貝克者以上。

9. 低毒性阿伐發射體：指礦物、物理或化學濃縮物中所含之天然鈾、耗乏鈾、天然釷、鈾 235、鈾 238、釷 232、釷 228、釷 230，或半化期小於 10 天之阿伐發射體。

10. 表面污染物體：指一本身不具放射性之固體其表面受放射性物質污染者。其類別見附件二。

13. 包裝：指完全包封放射性包容物必要裝備之組合。包裝可含有一個或多個盛器、吸收物質、分隔物、輻射屏蔽物及冷卻裝置、避震及防撞裝置、隔熱裝置等。包裝可為一箱匣、圓桶、或類似之

盛器，亦可為貨櫃或罐槽。

14. 包件：指交運之包裝及其放射性包容物。

15. 外包裝：指可將二個或多個包件結合成一處理單位以便搬運、裝卸及載運之容器。

23. 專用：指由託運人單獨使用，且其過程係由託運人或受貨人或其代理人在直接監督下裝卸之運送行為。

25. 運送指數：指為管制輻射曝露配賦予單一包件、外包裝、罐槽或貨櫃，或未包裝之第一類低比活度物質或第一類表面污染物體之單一數值。

26. 核臨界安全指數：指為管制盛裝可分裂物質之包件、外包裝或貨櫃之堆積，配賦予單一盛裝可分裂物質之包件、外包裝或貨櫃之單一數值。

31. A1 值：指允許裝入甲型包件之特殊型式放射性物質之最大活度。

A2 值：指允許裝入甲型包件之特殊型式以外其他放射性物質之最大活度。A1 及 A2 值之規定，見附表七。

32. 危險物：指物品具有符合聯合國訂定之九類危險性質一種以上者，其分類見附表十五。

第 9 條　放射性物質之運送，應依工作人員所受輻射曝露之大小及其可能性，採取下列輻射防護措施：

一、所接受之年有效劑量不可能超過 1 毫西弗者，毋需規定其特別工作模式及劑量之偵測或分析。

二、所接受之年有效劑量可能大於 1 毫西弗，未達 6 毫西弗者，應定期或必要時對輻射作業場所執行環境監測及輻射曝露評估。

三、所接受之年有效劑量可能大於 6 毫西弗，除應定期或必要時對輻射作業場所執行環境監測及輻射曝露評估外，並應執行個別人員偵測及醫務監護。

第 10 條　運送之放射性物質應與工作人員及民眾有充分隔離。計算工作人員

經常佔用地區之分隔距離或劑量率時，應使用每年 5 毫西弗之限值。計算一般民眾經常佔用地區或民眾經常接近地區之分隔距離或劑量率時，對關鍵群體應使用每年 1 毫西弗之參考值。

第二章　放射性物質、包裝及包件

第 19 條　放射性物質依其型式，分為低比活度物質、特殊型式放射性物質、低擴散性放射性物質、含有可分裂物質及六氟化鈾等。

包件以其盛裝放射性包容物之數量、性質及包裝之設計，分為甲型、乙型、丙型、工業、微量包件 5 種；包件含有可分裂物質或六氟化鈾者，應符合相關規定。含六氟化鈾之包件並應符合含有可分裂物質包件之管制相關規定。

放射性物質、包裝及包件應符合附件三及附件四之相關規定。

第 20 條　運送指數及核臨界安全指數之決定，見附件五。

第 21 條　包件及外包裝應按其運送指數及表面輻射強度，依附件六之規定予以分類。

運送時應遵守附件六中標示、標誌及標示牌之規定。

第 22 條　運送包件總質量在 50 公斤以上時，應將其允許盛裝之最大總質量，以清晰耐久之方式標示於包裝外面。

第 23 條　包件中之放射性物質，應受附件七及附件八中相關規定之限制。

第三章　交通、運送及貯存之管制

第 35 條　Ⅱ－黃及Ⅲ－黃類（見附件六）之包件或外包裝，不得裝載於客艙內。但為押運人員特設之艙室，不在此限。

第 37 條　放射性物質之包件、外包裝等應綑紮牢固放置平穩，且與其他危險物之隔離應依下列規定辦理：（略）

第 42 條　放射性物質之包件、外包裝、貨櫃及罐槽，裝入同一運送工具之數量，應受下列規定之限制：

三、在例行運送狀況下，運送工具外表面任一點之輻射強度不得大於每小時 2 毫西弗；距外表面 2 公尺處不得大於每小時 0.1 毫西弗。

專用運送不受前項第 1 款運送指數總和之限制。

第 43 條　託運物品除以專用運送外，其他個別包件或外包裝之運送指數均不得超過 10。

運送指數在 10 以上或核臨界安全指數在 50 以上之包件或外包裝，應以專用運送為之。

第 44 條　包件或外包裝除以專用運送，或作專案核定運送外，其外表面上之任一點，最大輻射強度不得大於每小時 2 毫西弗。

第 45 條　以專用運送之包件，其外表面上任一點之最大輻射強度，不得大於每小時 10 毫西弗。

第 50 條　微量包件應符合附件三中第 6 項之相關規定，且其外表面任一點之輻射強度不得大於每小時 5 微西弗。

第 51 條　微量包件外表面之非固著污染，不得超過附表十三規定之限值。

第 52 條　微量包件中含有可分裂物質時，應符合第 48 條之規定，且包件外表之任一尺寸不得小於 10 公分。

第 53 條　運送低比活度物質或表面污染物體之數量，以每一包件、物體、物體之集合，在無屏蔽情況下，距其外表面 3 公尺處之輻射強度，不得大於每小時 10 毫西弗。

第 55 條　含有低比活度物質或表面污染物體之包件，包括以罐槽或貨櫃包裝之包件，其表面之非固著污染不得超過附表十三之規定。

第 56 條　第一類低比活度物質（見附件一）及第一類表面污染物體（見附件二）符合下列規定者，得不包裝運送：（略）

第 57 條　低比活度物質（見附件一）及表面污染物體（見附件二）除符合前條規定者外，應依照附表二規定選擇適當之包件。第二類與第三類低比活度物質及第二類表面污染物體均不得以未包裝方式運送。

第 58 條　任何單一運送工具裝載之低比活度物質及表面污染物體之總活度，不得超過附表九規定之限值。

第 59 條　在例行運送中，包件外表面上之非固著污染，不得超過附表十三規定之限值。

外包裝、罐槽及貨櫃之外表面及內表面之非固著污染，亦不得超過附表十三規定之限值。

第 63 條　任何運送工具、設備或其一部分，在運送過程中遭受污染在附表十三規定之限值以上時，應在輻射防護人員監督下儘速除污，使其非固著污染低於附表十三規定之限值，且其表面固著污染之輻射強度小於每小時 5 微西弗，始可再使用。

第 69 條　裝載託運物品之車輛為專用者，其輻射強度應受下列規定之限制：

一、車輛備有車廂，在運送中可阻止人員接近車廂內部；車輛內部之包件或外包裝，於運送中能保持固定；且在運送途中無裝卸操作時，則每一包件或外包裝外表面任一點，不得超過每小時 10 毫西弗。

二、車輛外表面任一點，包括其上下兩表面，不得超過每小時 2 毫西弗。為開敞式車輛，則在車輛外緣投影之垂直平面上任一點，以及在載運物品上表面，車體下表面任一點，不得超過每小時 2 毫西弗。

三、在距車輛外側垂直平面 2 公尺處，不得超過每小時 0.1 毫西弗。

第 70 條　載運放射性物質之車輛為非專用者，或未能滿足前條第 1 款之各種限制，則每一包件或外包裝外表面上任一點，其輻射強度不得超過每小時 2 毫西弗，運送指數不得超過 10。

第 71 條　載運 II - 黃類或 III - 黃類（見附件六）包件、外包裝、罐槽或貨櫃之道路車輛，除駕駛人員及其助手外，非經核准，不得載乘其他人員。

前項車輛核定載人座位，其輻射強度不得超過每小時 0.02 毫西弗。

但配戴個人偵測設備之人員，不在此限。

第 73 條　表面輻射強度大於每小時 2 毫西弗之包件、外包裝，除經專案核定或依第 69 條規定裝載於專用車輛上，且運送中不自車輛上卸下時，得隨同車輛以船舶運送外，餘均不得以船舶運送。

第 76 條　乙（M）型包件（見附件三）及在專用下之託運物品，不得用客運航空器運送。

第 78 條　表面輻射強度大於每小時 2 毫西弗之包件，除經專案核定者外，不得空中運送。

第 81 條　任一供運送中貯存用之建築物、倉庫、貯存室或集合場，貯存 II - 黃類及 III - 黃類（見附件六）包件、外包裝、貨櫃及罐槽時，應符合下列之規定：

一、每堆核臨界安全指數之總和在 50 以下。

二、堆與堆間之間隔不得少於 6 公尺。

第 82 條　單一包件、外包裝、貨櫃或罐槽之核臨界安全指數在 50 以上者，或符合附表十規定在同一運送工具上之核臨界安全指數總和在 50 以上，貯存時應與其他包件、外包裝、貨櫃、罐槽或其他載運放射性物質之運送工具間，保持不少於 6 公尺之間隔。

第四章　核准作業規定

第 86 條　下列作業，應經主管機關核准：（略）

第 87 條　申請特殊型式放射性物質及低擴散性放射性物質設計之核准，其申請書應檢附下列資料：（略）

第 88 條　申請乙（U）型包件及丙型包件設計之核准，其申請書應檢附下列資料：（略）

第 89 條　申請乙（M）型包件設計之核准，其申請書除應檢附前條所列資料外，另應檢附下列資料：（略）

第 90 條　申請可分裂物質包件設計及含有在 0.1 公斤以上六氟化鈾包件設計

之核准，其申請書應檢附能認定設計已分別符合附件三中第 7 項含有可分裂物質包件或第 8 項含有六氟化鈾包件規定之各項必要資料，及其他經主管機關指定事項。

第 91 條　下列交運作業，應經多邊核准：(略)

第 92 條　申請前條交運作業之申請書，應檢附下列資料：(略)

第 93 條　專案核定之交運應提出申請，其申請書應檢附下列資料：(略)

第五章　附則

第 95 條　涉及軍事任務在緊急狀況或作戰時，其放射性物質運送有關作業，不適用本規則。

第 96 條　本規則自發布日施行。

本規則修正條文自中華民國 92 年 2 月 1 日施行。

本規則除中華民國 92 年 1 月 8 日修正發布之條文，自中華民國 92 年 2 月 1 日施行者外，自發布日施行。

附件一　低比活度物質之類別

附件二　表面污染物體之類別

附件三　放射性物質、包裝及包件之規定

附件四　主管機關規定之試驗

附件五　運送指數與核臨界安全指數之決定

附件六　包件及外包裝之分類及標誌

附件七　包件中放射性物質活度及可分裂物質與六氟化鈾質量之限制

附件八　混合放射性核種 A1 及 A2 值之計算

附件九　放射性物質交運文件應載明之事項

附表一　日照率

附表二　低比活度物質及表面污染物體工業包件選用規定

4.11 │輻射醫療曝露品質保證組織與專業人員設置及委託相關機構管理辦法

中華民國 93 年 12 月 8 日會輻字第 0930036753 號、
衛署醫字第 0930213494 號令會銜訂定發布全文 10 條，
96 年 12 月 31 日、97 年 7 月 1 日修正

第 1 條　本辦法依游離輻射防護法第 17 條第 3 項規定訂定之。

第 2 條　醫療機構使用下列之放射性物質、可發生游離輻射設備或相關設施時，應設置醫療曝露品質保證組織及專業人員或委託符合規定之相關機構，實施醫療曝露品質保證計畫（以下簡稱品質保證計畫）相關事項：

一、醫用直線加速器。

二、含鈷 60 放射性物質之遠隔治療機。

三、含放射性物質之遙控後荷式近接治療設備。

四、電腦斷層治療機。

五、電腦刀。

六、加馬刀。

七、乳房 X 光攝影儀。

前項專業人員資格、人數、委託之相關機構及相關事項依附表之規定。

第 3 條　醫療曝露品質保證組織之職掌如下：

一、擬訂品質保證計畫。

二、督導品質保證計畫之實施。

三、審查操作程序書。

四、審查校驗紀錄。

五、其他有關品質保證事項。

前項醫療曝露品質保證組織應置主管 1 人，綜理品質保證計畫相關

事項。

第 4 條　醫療曝露品質保證專業人員（以下簡稱專業人員）之職責如下：

一、推動執行品質保證計畫。

二、執行品質保證計畫所規定之校驗。

三、記錄校驗結果。

四、執行其他品質保證相關事項。

第 5 條　（刪除）

第 6 條　（刪除）

第 7 條　委託相關機構辦理品質保證計畫相關事項時，應檢具委託計畫報請主管機關核准後，始得為之。

前項委託計畫應載明下列事項：

一、受委託機構名稱及執行品質保證計畫專業人員姓名。

二、委託期限。

三、執行品質保證計畫之項目、頻次及方式。

四、品質保證紀錄之保存。

五、其他經主管機關公告之事項。

第一項委託計畫修正時，醫療機構應報請主管機關核准。

第 8 條　醫療曝露品質保證組織應每半年召開會議 1 次，檢討品質保證計畫執行情形，並作成紀錄備查。

第 9 條　本辦法規定之各項紀錄，應保存 3 年。

第 10 條　本辦法修正條文自發布日施行。

附表

項目	專業人員資格	專業人員人數	委託之相關機構	相關事項
一、醫用直線加速器	一、首次執行前須具備之資格 (一) 應具備下列資格之一： 1. 領有放射線科（腫瘤）專科醫師證書者。 2. 領有醫事放射師證書者。 3. 領有台灣放射腫瘤學會、中華民國醫事放射學會或中華民國醫學物理學會所核發之證書者。 (二) 應具執行品質保證相關工作經歷一年以上。 二、繼續教育與訓練每年應接受三小時以上之醫療曝露品質保證教育訓練，並留存紀錄備查。	每部醫用直線加速器，應置專業人員二人。超過一部者，每增加一部，應增置一人。	設置醫療曝露品質保證組織及專業人員之醫學中心。	一、專業人員資格一、(一)、3 所述之學會所核發之證書類別，由各學會向主管機關報備。 二、專業人員資格二所述繼續教育及訓練係指主管機關、台灣放射腫瘤學會、中華民國醫事放射學會、中華民國醫學物理學會或醫療院所辦理之相關訓練。

(其餘略)

4.12 ｜輻射源豁免管制標準

中華民國 92 年 1 月 29 日發布全文四條

第 1 條 本標準依游離輻射防護法（以下簡稱本法）第五十三條第二項規定訂定之。

第 2 條 放射性物質或可發生游離輻射設備符合下列情況之一者，免依本法規定管制：

一、放射性物質單位質量之活度濃度不超過附表第 2 欄所列者。

二、放射性物質之活度不超過附表第 3 欄所列者。

三、下列商品，其所含放射性物質不超過所訂之限量者：

(一) 鐘錶：所含氚不超過 10^9 貝克，或鉕-147 不超過 10^7 貝克者。

(二) 氣體或微粒之煙霧警報器：所含鋂-241 不超過 10^6 貝克者。

(三) 微波接收器保護管：所含氚不超過 6×10^9 貝克，或鉕

-147 不超過 107 貝克者。

（四）航海用羅盤：所含氚不超過 3×10^{10} 貝克者。

（五）其他航海用儀器：所含氚不超過 10^{10} 貝克者。

（六）逃生用指示燈：所含氚不超過 3×10^{11} 貝克者。

（七）指北針：所含氚不超過 10^{10} 貝克者。

（八）軍事用途之瞄準具、提把、瞄準標杆：所含氚不超過 4×10^{11} 貝克者。

四、下列可發生游離輻射設備，在正常操作情況下，距其任何可接近之表面 0.1 公尺處之劑量率每小時不超過 1 微西弗者：

（一）公稱電壓不超過三萬伏特之可發生游離輻射設備。

（二）電子顯微鏡。

（三）陰極射線管。

（四）電視接收機。

五、其他含放射性物質之商品或可發生游離輻射設備，在正常操作情況下，距其任何可接近之表面 0.1 公尺處之劑量率每小時不超過 1 微西弗，且其型式經主管機關核定公告者。

第 3 條　前條第一款、第二款之放射性物質為混合核種，而其個別放射性核種之含量與附表該核種豁免管制量比值之總和不超過一者，豁免其管制。

含未知核種之放射性物質，計算前項比值時，除設施經營者可提出更適合之數值外，應採用附表最後一列「其他未列之放射性核種」之數值。

第 4 條　本標準自本法施行之日施行。

附表　放射性物質之豁免管制量

1	2	3
核種名稱、符號、同位素	豁免管制活度濃度（貝克 / 克）	豁免管制活度（貝克）
氫		
含氚化合物	10^6	10^9
氚元素	10^6	10^9
鈹		
Be-7	10^3	10^7
Be-10	10^4	10^6

（其餘略）

4.13 ｜ 商品輻射限量標準

中華民國 91 年 12 月 4 日發布全文八條、96 年 12 月 31 日修正

第 1 條　本標準依游離輻射防護法第 22 條第 3 項規定訂定之。

第 2 條　適用本標準之商品如下：

一、飲用水（指供人飲用之水，含包裝水）。

二、食品。

三、電視接收機。

第 3 條　飲用水中總阿伐濃度限值為每立方公尺 550 貝克；鈾濃度限值為每立方公尺 1,110 貝克；鐳 -226 及鐳 -228 濃度限值各為每立方公尺 740 貝克。

前項總阿伐濃度超過每立方公尺 200 貝克時，應進行鈾、鐳 -226 及鐳 -228 之濃度分析。

第 4 條　飲用水中總貝他濃度限值為每立方公尺 1,800 貝克；氚濃度限值為每立方公尺 740,000 貝克；鍶 -90 濃度限值為每立方公尺 300 貝克。

前項總貝他濃度超過每立方公尺 550 貝克時，應進行氚及鍶 -90 之濃度分析。

第 5 條　飲用水中貝他及加馬所造成之年有效劑量限值為 40 微西弗。

導致年有效劑量 40 微西弗之人造放射性核種濃度，以每人每天飲用 2 公升之飲用水，每週曝露 168 小時之模式計算。飲用水中存在二種以上核種，其對全身每年之有效劑量限值為 40 微西弗。

第 6 條　食品中碘 -131 含量每公斤限值為 300 貝克，銫 -134 與銫 -137 之總和含量每公斤限值為 370 貝克。乳品及嬰兒食品中碘 -131 含量每公斤限值為 55 貝克。

第 7 條　電視接收機，其在正常操作條件下，距離任何可接近表面 10 公分處之劑量率限值為每小時 1 微西弗或所產生輻射之最大電壓不大於 3 萬伏特。

第 8 條　本標準自本法施行之日施行。

本標準修正條文自發布日施行。

4.14 | 嚴重污染環境輻射標準

中華民國 92 年 1 月 30 日發布全文四條

第 1 條　本標準依游離輻射防護法（以下簡稱本法）第 38 條第 2 項規定訂定之。

第 2 條　擅自或未依規定進行輻射作業而改變輻射工作場所外空氣、水或土壤原有之放射性物質含量，造成環境中有下列各款情形之一者，為嚴重污染環境：

一、一般人年有效等效劑量達 10 毫西弗者。

二、一般人體外曝露之劑量，於 1 小時內超過 0.2 毫西弗。

三、空氣中 2 小時內之平均放射性核種濃度超過主管機關公告之年連續空氣中排放物濃度之 1000 倍。

四、水中 2 小時內之平均放射性核種濃度超過主管機關公告之年連續水中排放物濃度之 1000 倍。

五、土壤中放射性核種濃度超過主管機關公告之清潔標準之 1000
倍，且污染面積達 1000 平方公尺以上。

第 3 條　前條第 3 款、第 4 款規定之放射性核種為混合物時，其計算方法如
下：(略)

前條第 5 款規定之放射性核種為混合物時，其計算方法如下：(略)

第 4 條　本標準自本法施行之日施行。

國家圖書館出版品預行編目資料

游離輻射防護＝Ioniaing radiation
protection／姚學華著. ――初版.――臺北
市：五南, 2009.09
　　面；　公分
ISBN 978-957-11-5775-7 (平裝)

1.輻射防護

449.8　　　　　　　　　　　　98015774

5BEO

游離輻射防護
Ionizing Radiation Protection

編　　者 ― 姚學華（156.2）

發 行 人 ― 楊榮川

總 經 理 ― 楊士清

總 編 輯 ― 楊秀麗

主　　編 ― 高至廷

責任編輯 ― 金明芬

封面設計 ― 郭佳慈

出 版 者 ― 五南圖書出版股份有限公司

地　　址：106台北市大安區和平東路二段339號4樓

電　　話：(02)2705-5066　　傳　　真：(02)2706-6100

網　　址：http://www.wunan.com.tw

電子郵件：wunan@wunan.com.tw

劃撥帳號：01068953

戶　　名：五南圖書出版股份有限公司

法律顧問　林勝安律師事務所　林勝安律師

出版日期　2009年 9 月初版一刷
　　　　　2020年 9 月初版四刷

定　　價　新臺幣650元

經典永恆・名著常在

五十週年的獻禮 —— 經典名著文庫

五南，五十年了，半個世紀，人生旅程的一大半，走過來了。

思索著，邁向百年的未來歷程，能為知識界、文化學術界作些什麼？

在速食文化的生態下，有什麼值得讓人雋永品味的？

歷代經典・當今名著，經過時間的洗禮，千錘百鍊，流傳至今，光芒耀人；

不僅使我們能領悟前人的智慧，同時也增深加廣我們思考的深度與視野。

我們決心投入巨資，有計畫的系統梳選，成立「經典名著文庫」，

希望收入古今中外思想性的、充滿睿智與獨見的經典、名著。

這是一項理想性的、永續性的巨大出版工程。

不在意讀者的眾寡，只考慮它的學術價值，力求完整展現先哲思想的軌跡；

為知識界開啟一片智慧之窗，營造一座百花綻放的世界文明公園，

任君遨遊、取菁吸蜜、嘉惠學子！